U0831245

国家电网公司
电力科技著作出版项目

特高压
变电站设计

TEGAOYA
BIANDIANZHAN SHEJI

主　编　韩先才　文卫兵
副主编　邱　宁　黄宝莹

中国电力出版社
CHINA ELECTRIC POWER PRESS

内 容 提 要

特高压交流输电主要用于构建大容量、远距离输电通道和坚强电网受端网架，作为其关键连接点，特高压变电站发挥着重要作用。

本书总结了我国十多年来的特高压变电站工程设计实践经验，从设计角度全面系统介绍了特高压变电站工程（包括苏通 GIL 综合管廊工程）的技术创新成果。本书共二十章，包括概述，电气主接线，过电压与绝缘配合，设备选择，电气总平面及配电装置布置，导体、金具及绝缘子串选择，站用电系统，接地，系统继电保护，系统调度自动化，监控系统，元件保护及自动装置，其他二次系统，站址选择及总平面布置，建（构）筑物设计，水工及暖通，消防，大件运输，环境保护与水土保持，苏通 GIL 综合管廊工程。

本书可供特高压变电站设计人员使用，也可以作为后续工程设计有益的参考资料。

图书在版编目（CIP）数据

特高压变电站设计/韩先才，文卫兵主编．—北京：中国电力出版社，2023.3
ISBN 978－7－5198－6941－0

Ⅰ.①特…　Ⅱ.①韩…②文…　Ⅲ.①特高压输电－变电所－设计　Ⅳ.①TM63

中国版本图书馆 CIP 数据核字（2022）第 134642 号

出版发行：中国电力出版社
地　　址：北京市东城区北京站西街 19 号（邮政编码 100005）
网　　址：http：//www.cepp.sgcc.com.cn
责任编辑：刘　薇（010－63412357）
责任校对：黄　蓓　常燕昆　王海南
装帧设计：张俊霞
责任印制：石　雷

印　　刷：北京博海升彩色印刷有限公司
版　　次：2023 年 3 月第一版
印　　次：2023 年 3 月北京第一次印刷
开　　本：787 毫米×1092 毫米　16 开本
印　　张：35.5
字　　数：730 千字
印　　数：0001—2000 册
定　　价：189.00 元

版 权 专 有　侵 权 必 究
本书如有印装质量问题，我社营销中心负责退换

编委会

主　编　韩先才　文卫兵

副主编　邱　宁　黄宝莹

参　编（按姓氏笔画排序）

丁玉洁　丁晓飞　马学礼　马怡晴　王　刚　王　宏
王　晖　王焱森　牛　霞　古银城　冯　川　冯　凯
刘　刚　刘　菲　刘晓宇　刘晓瑞　许　梁　杨小光
杨仁花　李龙才　李阳洋　李辰曦　李维达　李　超
肖　异　吴祎琼　汪　伟　张迎迎　陈　乐　陈礼平
陈枫楠　陈　玮　苟晓彤　周春雨　周菲霞　邹家勇
洪　倩　郭京谊　曹　尹　康　鹏　韩则隆　程继红
熊赟超　潘丽伊　潘益华　魏松蕾

主编及副主编简介

韩先才，男，59 岁，教授级高级工程师，全国特高压交流输电标准化技术委员会副主任委员，中国电力企业联合会专家委员会特聘研究员，现任国家电网有限公司特高压事业部三级顾问，长期在电网建设领域从事技术和建设管理工作，全过程参与了中国首个特高压工程及后续多项特高压交流输电工程。

文卫兵，男，57 岁，教授级高级工程师，国家电网有限公司高电压工程领域首席专家，享受国务院特殊津贴专家，中国电机工程学会会士，中国电机工程学会电力建设专委会、动能经济专委会副主任委员，中国能源研究会抽水蓄能专业委员会副主任委员，现任国网经济技术研究院有限公司副总经理，长期在电网工程建设领域从事设计和管理工作，参与组织多项特高压工程设计研究创新工作。

邱宁，男，49 岁，高级工程师，中国电力企业联合会输变电工程三维设计标准化技术委员会委员，现任国家电网有限公司特高压事业部变电处副处长，长期在电网工程建设领域从事设计和建设管理工作，全过程参与了中国首个特高压工程及后续多项特高压交流输电工程。

黄宝莹，女，50 岁，教授级高级工程师，电力行业过电压和绝缘配合标委会、气体绝缘金属封闭电器标委会、高压开关设备及直流电源标委会委员，现任国网经济技术研究院有限公司设计咨询中心二级专家，长期从事特高压工程设计组织管理、电网工程设计和咨询等工作。

前言

中华人民共和国成立以来，电力需求随着经济社会发展高速增长，2020 年全国年发电量是 1949 年的 1725 倍。我国能源资源主要分布在西北、西南部地区，70% 的用电负荷集中在中东部地区，两者之间的距离为 1000～3000km。这一能源资源与用电负荷中心呈逆向分布的基本国情，决定了必须实施“西电东送”战略。特高压输电具有输送容量大、输电距离远、输电损耗低、节约土地资源的突出优势，是适合中国国情的先进输电技术，是实施“西电东送”战略的重要手段。

我国于 1986 年开始特高压输电技术研究，2005 年全面开展特高压输电前期论证、关键技术研究、试验示范工程建设等工作。特高压交流输电主要用于构建大容量、远距离输电通道和坚强电网受端网架，作为其关键连接点，特高压变电站发挥着重要作用。中国提出发展特高压输电之时，世界上没有商业运行的工程，没有成熟的技术和设备，也没有相应的标准和规范。与技术成熟的超高压变电站相比，特高压变电站建设规模大、空气间隙尺寸大、设备体积与质量大、技术水平和可靠性要求更高，面临着一系列前所未有的严峻挑战。

2009 年 1 月 6 日，我国首个特高压交流工程——1000kV 晋东南—南阳—荆门特高压交流试验示范工程（简称试验示范工程）正式投入商业运行。作为我国发展特高压交流输电技术的依托工程，试验示范工程完全由我国自主设计，是当时世界上运行电压最高、技术水平最先进、我国具有完全自主知识产权的交流输电工程。2013 年 9 月 25 日，我国自主设计的世界上首个同塔双回特高压交流输电工程——皖电东送淮南—上海特高压交流输电示范工程正式投入商业运行。截至 2021 年底，我国已成功建设和投运了 32 项特高压交流工程，累计建成特高压变电站 32 座、串补站 1 座，输电线路总长度超过 14000km，全面验证了特高压交流输电的技术可行性、设备可靠性、系统安全性和环境友好性。

在特高压变电站设计过程中，设计人员围绕特高压输电基础性研究成果，根据工程需求，对设计关键技术问题和设计原则进行研究，确定了工程设计方案和技术原则，并持续不断地开展优化创新，总结经验和成果。综合考虑可靠性、灵活性、经济性，确定了特高压变电站电气主接线方案和设备型式，给出了配电装置最优布置形式；提出了 1000kV 导体、金具及绝缘子串型式，给出了设备与导线及金具的连接方式，满足了电气性能、机械性能、电磁环境指标和抗震要求；结合抗震研究成果，提出了全站全场域抗震设计方案；确定了 1000kV 构支架型式，并结合试验研究优化构支架设计方案，研究了变电站可听噪声声源特性，提出了有效的噪声控制措施。同时，在总结上述成果的基础上，制定了特高压变电站设计标准。

在工程设计和建设过程中，设计人员及时将科研成果转化应用，在总结特高压变电站工程建设、运行经验的基础上，不断进行技术积累，开展优化创新，推动了特高压交流输电技术的规模化应用。

本书总结了我国十多年来的特高压变电站工程设计实践经验，从设计角度全面系统介绍了特高压变电站工程（包括苏通 GIL 综合管廊工程）的技术创新成果，可以作为后续工程设计技术人员有益的参考资料。

编　者

2022 年 3 月

1000kV 特高压长治变电站

1000kV 特高压南阳变电站

1000kV 特高压荆门变电站

1000kV 特高压淮南变电站

1000kV 特高压芜湖变电站

1000kV 特高压安吉变电站

1000kV 特高压练塘变电站

1000kV 特高压兰江变电站

1000kV 特高压莲都变电站

1000kV 特高压榕城变电站

1000kV 特高压盱眙变电站（特高压交直流相邻建设）

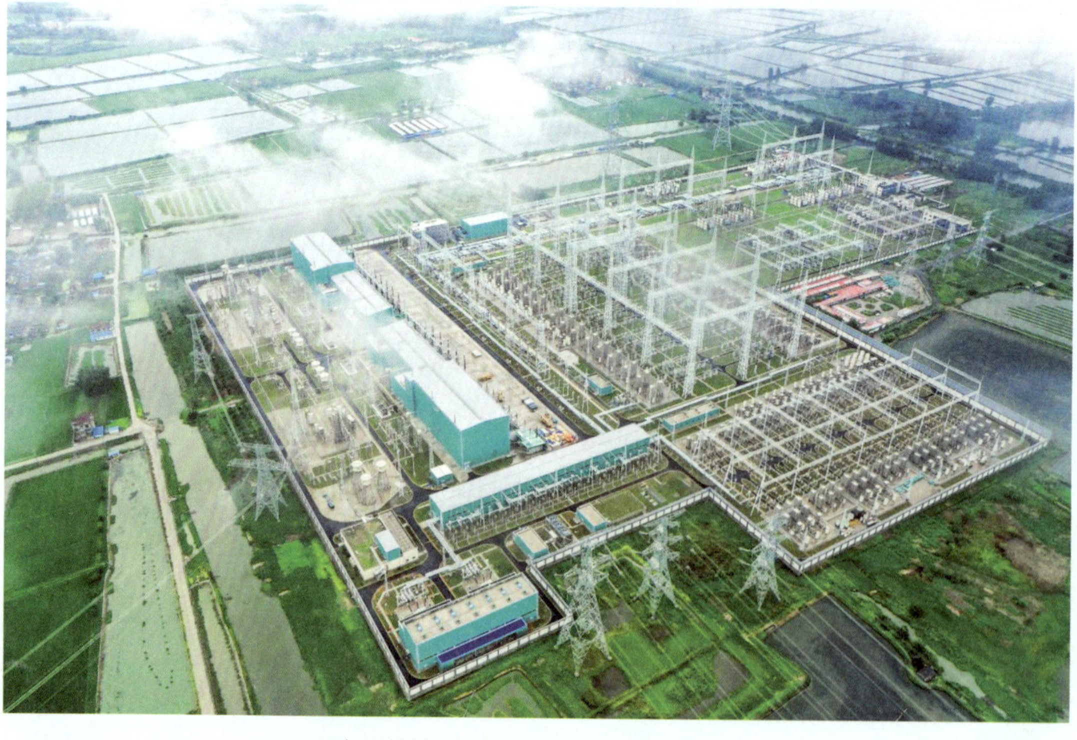

泰州换流站（特高压交直流合建）

1000kV 特高压东吴变电站

1000kV 特高压锡盟变电站

1000kV 特高压隆化串补站

1000kV 特高压廊坊变电站

1000kV 特高压泉城变电站

1000kV 特高压鄂尔多斯变电站

1000kV 特高压北岳变电站

1000kV 特高压保定变电站

1000kV 特高压海河变电站

1000kV 特高压横山变电站

1000kV 特高压洪善变电站

1000kV 特高压邢台变电站

1000kV 特高压昌乐变电站

1000kV 特高压胜利变电站

1000kV 特高压高乡变电站

1000kV 特高压微山湖变电站

1000kV 特高压曹州变电站

特高压豫南换流变电站

1000kV 特高压张家口变电站

1000kV 特高压赣江变电站

1000kV 特高压潇湘变电站

苏通 GIL 综合管廊工程

目 录

第一章　概述

我国发展特高压交流输电之初，鉴于国际上没有可供借鉴的经验、标准和规范，在特高压变电工程设计领域围绕电气主接线、过电压保护、绝缘配合、电气设备选择、配电装置型式、导体和金具选择、防雷接地、系统保护、1000kV 配电装置构支架设计、大件运输等方面开展了技术攻关和专题研究，提出了主要设计原则和工程实施方案，有力支撑了工程建设，填补了技术和标准的空白。

第一节　国内外特高压交流输电技术发展概况

一、国外特高压交流输电技术发展概况

从 20 世纪 60 年代开始，日本、苏联、意大利、美国等国家针对交流百万伏级特高压输电开展了基础性实用技术和设备研究，并取得了一些研究成果，这一研究热潮在国际电力工业界持续了近 20 年时间。

美国于 20 世纪 60 年代开始特高压输电技术研究。美国电力公司（AEP）与瑞典通用电气公司在南本德附近建成特高压试验场，包括 1km 试验线段和 2 个电晕笼，进行了各种结构导线的电磁环境特性研究。邦维尔电力局（BPA）建成莱昂斯试验场，包括三相 1200kV 线路，开展了电磁环境试验、操作冲击试验和雷电冲击试验；建成莫洛机械试验站，进行了线路结构和机械试验。美国电力研究所（EPRI）和通用电气公司（GE）建成雷诺试验场，包括 523m 1500kV 试验线路，开展了电磁环境试验、工频电压试验和操作冲击试验。进入 20 世纪 80 年代后，由于大容量、远距离输电需求不足，特高压输电技术研究处于停滞状态。

苏联的特高压输电技术研究始于 20 世纪 70 年代。1981 年开工建设 1150kV 交流输电工程，先后建成 5 段输电线路，总长度达到 2362km。1985～1988 年，苏联第一个工业性工程，包括 3 个 1150kV 交流变电站和 2 段总长 905km 的 1150kV 交流线路，实现全压运行，变电站均采用敞开式设备。但随着苏联解体，用电需求萎缩，无法实现

预定的特高压工程和配套电源建设计划。1992 年 1 月，该工程变电站及线路均降压至 500kV 运行，工程实际运行中发现线路电晕损失大、雷击跳闸率高等技术问题。

日本于 20 世纪 70 年代中期开始大规模建设 500kV 电网，但由于土地资源十分紧张，大量增加输电线路非常困难，以及 500kV 电网过于密集带来的短路容量超标等技术难题，日本同时开始研究 1000kV 交流输电技术。1988 年，日本东京电力公司开始建设 1000kV 交流输电线路，分别于 1993 年和 1999 年建成 187km 南北走廊和 238km 东西走廊两段线路，但未建设变电站。之后，因日本经济下滑，工程未能按计划升压，一直以 500kV 降压运行。1995 年，日本建成了新榛名实证试验场对特高压设备样机进行全电压带电考核，发现了变压器油流带电和开关动作特性不稳定等技术问题。

意大利于 20 世纪 70 年代初期开始在已有的 400kV 交流电网基础上开发 1000kV 交流电网。1976 年建设了萨瓦雷托试验站，其中包括 1km 特高压试验线路和电晕笼。20 世纪 90 年代进行扩建，建成了 3km 特高压试验线路、1 组 1050kV/400MVA 变压器及 GIS 开关设备，并于 1995～1997 年带电运行。运行期间发现了开关内部异物引发放电、漏磁导致金属连接件过热等技术问题。90 年代后期，意大利特高压交流输电开发计划因需求趋缓停滞。

此外，巴西、加拿大等国家也先后开展了一些特高压输电技术研究工作，但都没有实现工程应用。总之，因为需求趋缓，国外特高压输电研究热潮减退，并没有发展出成熟的技术和设备，也没有形成标准规范。

二、中国特高压交流输电技术发展概况

中国于 1986 年开始特高压输电技术论证和研究，在原武汉高压研究所建设了试验线段，进行了初步探索。2004 年底，国家电网公司根据中国的基本国情，提出了发展特高压输电技术、建设坚强国家电网的战略目标。在全面论证的基础上，国家发展和改革委员会于 2006 年 8 月 9 日核准建设 1000kV 晋东南—南阳—荆门特高压交流试验示范工程（简称试验示范工程）。我国特高压交流输电技术的发展历程，先后经历了技术研发、规模化建设和完善提升三个阶段。技术研发阶段以试验示范工程、试验示范工程扩建工程、皖电东送工程为标志，重点是技术研发；规模化建设阶段以浙北—福州、淮南—南京—上海、平圩电厂三期送出、锡盟—山东、蒙西—天津南、榆横—潍坊等一批工程为标志，重点是检验技术成熟度、批量设备稳定性和规模化建设能力；完善提升阶段包括随后建设的锡盟—胜利、特高压直流配套及电源接入等工程，重点是网架的完善、特高压输电技术和建设管理水平的提升。

（一）技术研发阶段

1. 试验示范工程

试验示范工程是中国首个特高压交流输电工程，于 2009 年 1 月 6 日建成投运。

工程起于山西晋东南（长治）变电站，经河南南阳开关站，止于湖北荆门变电站，线路全线采用单回路架设。依托试验示范工程，中国研发并掌握了全套特高压交流输电技术，具备了世界最高参数的高电压、强电流试验能力和大电网安全稳定分析能力，研制了全套特高压交流设备，实现了科研、设计、设备、施工、调试和运行的全面自主化，全面验证了特高压交流输电技术的工程应用可行性。

2. 试验示范工程扩建工程

为进一步发挥试验示范工程输电能力，验证特高压交流大容量、远距离、低损耗的输电优势，国家发展和改革委员会于 2010 年 12 月核准建设试验示范工程扩建工程。我国依托该工程在世界上首次研制了特高压串联补偿装置，晋东南至南阳段线路装设补偿度 40%的串联补偿装置（两侧各 20%），南阳至荆门段线路装设 40%的串联补偿装置（集中布置于南阳侧）。投运后进行了大负荷试验，最大输送功率达 572 万 kW，创造了单回交流输电工程输送能力的世界纪录。

3. 皖电东送工程

皖电东送淮南—上海特高压交流输电示范工程（简称皖电东送工程）是世界上首个实现商业运行的同塔双回特高压输电工程。工程起于安徽淮南变电站，经皖南（芜湖）、浙北（安吉）2 座变电站，止于上海沪西（练塘）变电站，线路全线采用同塔双回输电线路架设。依托皖电东送工程，我国全面掌握了特高压交流同塔双回输电技术，特高压设备大批量稳定生产，实现了工程建设的组织管理、科研、设计、制造、施工和运行等各方面的进步和提升，为特高压工程规模化建设奠定了坚实基础。

（二）规模化建设阶段

1. 浙北—福州工程

浙北—福州特高压交流输变电工程（简称浙北—福州工程）扩建浙北（安吉）变电站，新建浙中（兰江）、浙南（莲都）、福州（榕城）3 座变电站，全线单、双回路混合架设。首次在线路工程中因地制宜混合应用同塔双回输电线路、两个单回输电线路，进一步丰富、完善了系统研究、工程设计、设备研制、施工和运行维护技术。

2. 淮南—南京—上海等“四交”工程

2014 年 5 月，国家能源局围绕国务院发布的《大气污染防治行动计划》出台配套措施，建设 12 条贯穿我国东西部的输电通道，其中包含 4 个特高压交流工程，即淮南—南京—上海、锡盟—山东、蒙西—天津南和榆横—潍坊工程。

淮南—南京—上海 1000kV 特高压交流输变电工程（简称淮南—南京—上海工程）扩建淮南、沪西（练塘）变电站，新建南京（盱眙）、泰州、苏州（东吴）3 座变电站，与皖电东送工程组成华东特高压交流环网，工程建成后提高了华东地区接纳区外电力的能力。锡盟—山东 1000kV 特高压交流输变电工程（简称锡盟—山东工程）新建锡盟、承德（隆化）、北京东（廊坊）、济南（泉城）4 座变电（串补）站，其中承德串补站装设补偿度为 40%的串联补偿装置，集中布置在锡盟—北京东段线路距锡盟变电站 68km 处。蒙西—天津南 1000kV 特高压交流输变电工程（简称蒙西—天津南工程）新建蒙西（鄂尔多斯）、晋北（北岳）、北京西（保定）、天津南（海河）4 座变电站，并将锡盟—山东工程的北京东—济南线路开断 π 入天津南变电站。榆横—潍坊 1000kV 特高压交流输变电工程（简称榆横—潍坊工程）扩建济南（泉城）变电站，新建榆横（横山）、晋中（洪善）、石家庄（邢台）、潍坊（昌乐）4 座变电（开关）站，其中榆横站为开关站。华北地区 3 个工程通过济南、天津南变电站实现互联，奠定了华北特高压交流网架的基础。同一时期，平圩电厂三期送出工程是世界上首个发电厂直接升压至 1000kV 接入特高压交流电网的工程，减少了输变电中间环节，提高了电源送出通道输送能力，具有重要示范意义。

从 2014 年 4 月淮南—南京—上海工程核准，到 2017 年 8 月榆横—潍坊工程投运，三年多时间建成了 4 个大规模的工程，标志着我国的特高压交流工程应用技术已经成熟。

（三）完善提升阶段

淮南—南京—上海工程泰州—苏州段在苏通大桥上游穿越长江，原工程可研方案为大跨越，在长江下游黄金水道中立塔 2 基，工程难度大，行政审批困难。经综合论证，2016 年 1 月国家电网公司决定采用特高压气体绝缘输电线路（gas insulated line，GIL）替代架空线方案，在江底隧道中敷设特高压 GIL。隧道工程总长 5468.545m，穿越长距离密实砂层和有害气体地层，是穿越长江的大直径、长距离隧道之一，也是国内水压最高的水下隧道，水压高达 0.8MPa。GIL 双回路敷设，全长约 34200m（单相米），是目前世界上电压等级最高、输送容量最大、输送距离最长、技术水平最先进的 GIL 工程。2019 年 9 月，工程建成投运，华东特高压双环网正式形成。

山东—河北环网工程新建枣庄（微山湖）和菏泽（曹州）变电站，扩建石家庄、潍坊、济南变电站，线路全线同塔双回架设，2020 年 1 月建成投运。工程优化了华北电网结构，满足多个特高压直流工程接入要求，提高了系统安全稳定水平。

蒙西—晋中、北京西—石家庄工程加强了蒙西—天津南、榆横—潍坊两个输电通道之间的联络，提高了送电能力。张北—雄安工程满足了张北地区清洁能源外送及雄安地区用电需要。泰州和苏州变电站主变压器扩建工程进一步提高了电力交换和消纳能力。

驻马店—南阳、南昌—长沙、荆门—武汉、南阳—荆门—长沙、驻马店—武汉和武汉—南昌工程是构成华中特高压环网的 6 项工程，有利于提高华中电网安全稳定运行水平和大规模接受区外来电能力。驻马店—南阳工程于 2020 年 12 月建成投运，南昌—长沙工程于 2021 年 12 月建成投运，南阳—荆门—长沙工程于 2022 年 11 月投运，荆门—武汉工程于 2022 年 12 月投运，其他工程计划于 2023 年前建成投运。

大唐锡林浩特、神华胜利和北方胜利 3 个电厂通过 1000kV 送出工程接入胜利变电站，再通过新建胜利—锡盟工程、已建锡盟—山东工程外送华北电网。赵石畔、横山电厂通过 1000kV 送出工程接入榆横变电站，再通过已建榆横—潍坊工程外送华北电网。漳泽、高河和赵庄3个电厂通过1000kV输电线路接入晋东南变电站实现电力外送。青州换流站—潍坊变电站、皖南换流站—皖南变电站、临沂变电站—临沂换流站工程是相关特高压直流输电工程接入受端电网的配套工程。

第二节 中国特高压变电站设计创新成果

2009年1月，我国第一个拥有完全自主知识产权的特高压交流输电工程投运，成功实现了特高压交流输电由关键技术研究成果向工程应用的转化。截至2021年底，我国累计建成特高压变电站（开关站）32座、串补站1座。工程设计在继承以往超高压工程经验的基础上，坚持科研为先导、设计为龙头，取得了具有完全自主知识产权的特高压设计创新成果，在工程中得到成功验证，并随着后续工程不断优化提升。通过特高压输电技术攻关和工程实践，我国电力工程设计已经走在国际电力工程设计技术发展前沿，由“技术跟随”走向“技术引领”。

一、设计攻关成果

（一）试验示范工程

（1）提出全套1000kV主设备技术规范，为全面提升国内电工设备制造业总体水平奠定基础。基于1000kV输变电工程可靠性、经济性和技术先进性要求，系统编制了整套特高压主设备技术规范，在国内首次对特高压设备技术参数等提出详尽的要求，为指导设备制造厂进行产品研发，全面提升国内电工设备制造业总体水平奠定了基础。

（2）确定了适合我国电力系统特点的过电压保护方案，降低1000kV系统过电压水平。科学、合理地选择我国1000kV系统过电压保护方案。利用金属氧化物避雷器（metal oxide arrester，MOA）的暂时过电压耐受能力，1000kV系统线路侧避雷器的额定电压选取与变电站母线侧避雷器相同，减小了1000kV线路避雷器的残压值，从而降低了1000kV系统的过电压，提高了过电压保护水平，为合理确定变电站设备绝缘水平奠定了良好的基础。

（3）确定了1000kV配电装置GIS、HGIS设备最优布置形式。1000kV配电装置设计没有可供借鉴的经验，设计人员根据绝缘配合研究成果，综合考虑安装和运行检修的要求，通过对配电装置设计进行计算和校验，确定了配电装置的间隔宽度、进（出）线构架高度、纵向尺寸、配电装置道路规划等，并对配电装置的设计方案进行比选和优化，推荐经济合理、安全可靠、满足环保要求的配电装置布置方案。晋东南、荆门变电站鸟瞰图见图1-1、图1-2。

晋东南变电站1000kV配电装置采用GIS。通过对多种布置方案的对比甄选，GIS采用“一”字型布置，该布置方案进出线方向灵活，满足晋东南变电站接线方式、出线方向的要求，纵向尺寸最小，横向尺寸与1000kV配电装置间隔宽度相匹配，节约占地。"一"字型布置中，综合考虑设备吊装、运行人员巡视等因素，采用母线集中外置的"一"字型布置方案，并对GIS纵向尺寸进行了重点优化。

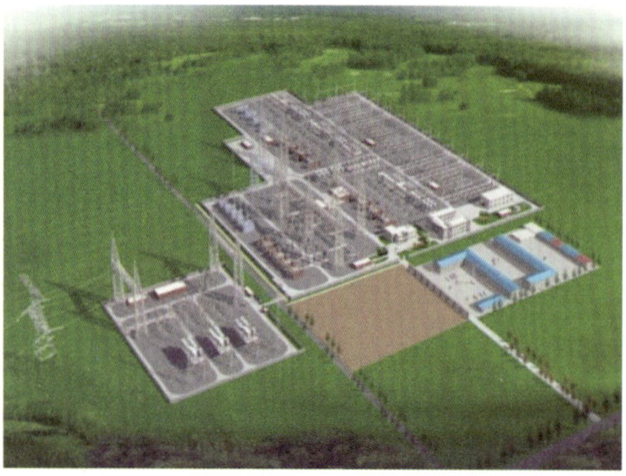

图1-1 晋东南变电站鸟瞰图

图1-2 荆门变电站鸟瞰图

南阳开关站和荆门变电站1000kV配电装置采用HGIS，串内设备采用断路器"2+1"配置模式的三列式布置。结合南阳开关站及荆门变电站的总体布局，主变压器1000kV侧采用低架横穿引出的方式。

（4）首次设计110kV电压等级的无功补偿装置。特高压变电站主变压器第三绕组侧无功补偿装置的电压更高、容量更大，需要重点考虑设备制造能力的限制，以及对补偿装置引起的操作过电压和谐振过电压、合闸涌流的限制。根据系统要求及设备制造能力，首次设计了110kV电压等级的无功补偿装置，确定了装置的额定参数、接线和保护方式及技术要求。其中，110kV并联电容器组采用首创的"H型—双TA"接线方式布置；110kV并联电抗器选用干式空心电抗器，每相由双线圈串联而成，采用单星形、中性点不接地的接线方式。

（5）首次提出1000kV变电站软导线的选型和4分裂结构形式。变电站内1000kV导线采用了4×JLHN58K-1600导线。其中，导线分裂间距取60cm，使导线表面最大场强最小；根据短路工况下次导线第一最大张力的计算结果，架空跨线的次档距选为7～15m，引下线的次档距选为5m，保证短路时次导线处于非接触状态，架构和绝缘子串的受力在允许范围内。工程投运后的现场实测结果表明，4×JLHN58K-1600导线的可听噪声和电晕无线电干扰均达到了预期的效果。

（6）确定了合理的1000kV变电金具结构及要求。在变电金具设计过程中，通过理论分析和特高压交流试验基地的带电试验实测结果，确定特高压金具优化控制条件为控制其表面的电场强度。根据确定的特高压金具研发技术路线及金具场强控制标准，对导线型式、连接方式、电场分布、地震影响、风荷载、冰雪影响进行了设计研究，确定合理的金具结构及要求，以满足1000kV设备连接及电磁环境参数控制的特殊要求。

（7）确定了特高压变电站绝缘子串的配置方案。根据特高压变电站空气间隙、设备引接方式等要求，1000kV配电装置中的悬垂绝缘子及母线耐张绝缘子均采用V形结构，跨线耐张绝缘子串采用双联结构，并完成了特高压变电站绝缘子串组装设计，为1000kV配电装置设计奠定了基础。运行结果表明，提出的绝缘子选用原则、绝缘子串组装方案是合理、适用的。

（8）优化接地系统设计，设置1000kV开关设备专用辅助接地网。为了保障开关设备的安全运行、限制暂态地电位升高、避免主接地网过热，设置特高压GIS/HGIS开关设备专用辅助接地网。利用EMTP－RV（电磁暂态计算程序）计算了GIS/HGIS外壳与接地网连接回路的感应电流分布，选择辅助接地网截面。

GIS/HGIS接地引下线和HGIS辅助接地网均采用铜材。由于试验示范工程3座变电站的主地网采用了热镀锌扁钢，为防止不同金属间的电化学腐蚀，根据腐蚀的机理提出了扁钢和铜材连接的防腐措施。

（9）完成超大尺寸1000kV变电构架设计。根据1000kV构架受力特点，确定采用全钢管格构式结构，合理选择钢材材质，采用了分段计算风振系数的原则，并进行了构架模型试验。构架柱采用矩形变断面，钢管主材、钢管腹杆、螺栓连接的格构式自立柱；构架梁采用矩形等断面，钢管弦杆、钢管腹杆、螺栓连接的格构式钢梁。构架柱、梁均采用单斜腹杆体系。柱、梁弦杆拼接接头采用刚性法兰连接。采用预埋地脚螺栓式柱脚。

（10）全面制定了1000kV变电站设计标准。试验示范工程全面确定了1000kV变电站（开关站）的电气主接线、设备选型、配电装置布置、导体及金具选型、接地设计、噪声控制设计、无功补偿配置、设备基础及构支架设计、系统及继电保护等设计原则。制定了1000kV变电站设计标准，在总结提炼试验示范工程设计成果及经验的基础上，制定了《1000kV变电站设计暂行技术规定（电气部分）》，为后续特高压交流变电工程的设计和建设提供了依据。

（11）特高压并联电抗器采取装设隔声罩的辅助降噪措施。特高压并联电抗器布置靠近围墙，对站界处噪声的贡献量最大，是变电站内主要的设备噪声源。晋东南变电站的特高压并联电抗器单台容量为320Mvar，本体噪声值最高。作为辅助降噪措施之一，为晋东南变电站的特高压并联电抗器装设了隔声罩。运行实测结果表明，站区周围环境敏感点噪声均符合相关标准要求；围墙外200m噪声控制区边界的最高噪声为45dB（A），满足环评批复的要求。

（二）试验示范工程扩建工程

（1）首次完成1000kV串联补偿装置工程设计。通过深入调研和论证，结合科研单位的研究成果，试验示范工程扩建工程在世界上首次采用了1000kV固定串联补偿装置成套设备，完成了特高压串联补偿装置总体设计，为今后特高压串联补偿设计奠定了基础。

（2）首次确定了1000kV串联补偿装置设备选型、布置及金具设计。开展1000kV串联补偿装置的全场域抗震校核计算，综合设备抗震性能、运行条件下的设备受力特性，以及金具制造、施工难度等因素，优化设备布置，确定1000kV串联补偿装置设备间连线采用管型铝导体和软连接相结合的设备连接方式，研发了相应的新型金具。

（3）首次采用1000kV/63kA断路器。1000kV配电装置首次采用6300A/63kA HGIS（GIS）断路器，具有开断能力强、检修维护方便等特点，实现了国际高压开关制造和试验技术的重大突破。

（4）首次采用HGIS负荷开关投切110kV电容器组。在世界上首次研制成功电气寿命为5000次的投切电容器组专用110kV开关，攻克了开关领域的世界级难题。南阳变电站投切低容的110kV开关采用了短路电流和负荷电流分别投切的创新方案，从设计源头大幅提高了开关频繁投切低容的能力。

（5）1000kV变电站首次采用阶梯式布置。南阳变电站为节约土地资源，在满足工艺要求的前提下合理利用地形，竖向布置采用阶梯式，有效避免了深挖厚填，减少了站区场地平整土（石）方量，扩建场地土方综合平衡，大大降低了工程费用，加快了工程建设进度。

（三）皖电东送工程

（1）开展全场域抗震性能仿真计算，优化1000kV高压并联电抗器（简称高抗）回路布置及导体与设备连接方式，压缩高抗回路纵向尺寸。根据全场域抗震性能仿真计算结果，提出1000kV高抗回路的“四元件”优化方案，替代了预初设“九元件”方案，即取消了接地开关、支柱绝缘子，并且出线与高抗回路共用1组避雷器，1000kV GIS套管、高抗高压套管经软导线与管型母线连接，1000kV电容式电压互感器和避雷器分别通过滑动金具和固定金具与管型母线连接，研发了相应的新型管型母线金具。“四元件”方案压缩纵向尺寸33.5m，节约了占地，节省了设备投资，提高了配电装置的抗震性能。该工程提出的出线和高抗回路“四元件”方案成为后续特高压工程典型设计。

（2）开展电场仿真计算，优化导体及设备均压环设计。通过电场仿真计算，高抗回路的管型母线管径由D250/230优化为D200/180，1000kV电容式电压互感器均压环由四环结构优化为双环结构。

（3）优化1000kV配电装置过电压保护方案。科学、合理地选择1000kV系统过电压保护方案，结合高抗回路的布置和可能的运行方式，经计算校核，确定出线与高抗回路共用1组避雷器，并取消母线避雷器，节约投资，提高经济性。

（4）优化1000kV配电装置设计。根据安装和运行检修的要求，通过对1000kV配电装置进行设计计算和校验，优化了各变电站1000kV间隔宽度和构架高度，与试验示范工程相比，1000kV主变压器进线构架的高度从45m优化为43m，并将主变压器 1000kV CVT 布置在 GIS 侧，压缩了主变压器区域的纵向尺寸。

（5）优化 110kV 配电装置布置。根据各变电站实际情况，110kV 配电装置布置较试验示范工程均进行了进一步优化。淮南、沪西变电站主变压器无功配电装置采用与主变压器布置相协调的“π”型布置型式，每组主变压器 110kV 侧装设两组分支母线，两组分支母线均垂直于主变压器汇流母线方向布置，相间距离 2m，布置紧凑，节约占地，并与各级配电装置尺寸相匹配。皖南、浙北变电站 110kV 配电装置采用“一”字型布置方案，110kV 分支母线和汇流母线平行布置，相间距离 2m，节省了占地；主变压器及 110kV 配电装置和邻近的 1000kV 配电装置长度相当，并充分利用了地形条件。变电站总体布置协调美观。

（6）优化 110kV 无功投切设备选型。为解决 110kV 断路器频繁投切无功设备问题，淮南、浙北变电站的 110kV 无功分支回路首次采用可满足投切 5000 次的带同步控制器的 SF_6 瓷柱式断路器，皖南、沪西变电站 110kV 无功分支回路采用可满足投切 5000 次的 HGIS 负荷开关，均可频繁投切 240Mvar 低压并联电抗器和 210Mvar 低压并联电容器。

（7）首次采用 1000kV 有载调压变压器。皖南变电站采用了 1000kV、3000MVA 有载调压变压器，调压范围为±10×0.5%，调度、运行方式灵活，同时解决了有载调压变压器的控制保护问题。1000kV 有载调压变压器作为后续特高压工程的技术储备，积累了运行经验。

（8）沪西变电站主变压器中性点采用隔直设备。沪西变电站距离直流接地极较近，当换流站单极大地运行时，主变压器中性点处直流电流将大大超出变压器允许值，对电容型和电阻型隔直设备进行综合比选，同时考虑对相邻变电站的影响，确定主变压器中性点采用电阻型隔直设备，明确了设备参数，解决了直流偏磁对沪西变电站的影响。

（9）浙北变电站首次采用 1000kV 钢管人字柱构架。浙北特高压变电站 1000kV 配电装置出线构架柱高 45m、构架梁跨度宽 51m，采用了钢管人字柱构架，钢管柱断面为 ϕ780mm，构架梁断面尺寸为 3m×3m。与格构式钢管构架相比，1000kV 配电装置采用钢管人字柱构架，构架外形简洁，构件数量减少，提高了现场组装速度。

（10）首次在特高压工程中实现全站通信规约的统一。变电站内站控层设备和间隔层设备，包括系统主机、数据服务器、二次保护、测控及其他辅助设备，均采用 IEC－61850 规约通信，实现全站不同厂家的设备互通信、互操作。

（11）沪西变电站与 500kV 练塘变电站合建，节省用地，节约投资。经充分论证，沪西变电站与 500kV 练塘变电站采用同址合建、分步实施设计原则。沪西变电站主变压器中压侧直接接入练塘变电站 500kV 侧。另外，沪西变电站站用变压器从练塘主变压器 35kV 侧引接，减少了 110/35kV 站用变压器，简化了站用电接线，进一步节约用地和投资。

（12）优化接地系统设计。皖电东送工程各变电站主接地网均采用铜材，1000kV GIS 设置辅助地网。淮南变电站考虑接地引线在大体积混凝土基础易发生位置移动，造成接地引下线难以准确定位的问题，采用在 GIS 混凝土面层下方埋设不锈钢接地盒措施，实现了准确定位，方便施工，工艺美观。皖南变电站将 1000kV GIS 区域辅助地网作为主接地网的一部分，采用单层地网，节省了地网工程投资。浙北、沪西变电站采用在基础上预埋铜块的方式，铜块下部通过铜绞线与辅助地网连接，铜块上部待 GIS 设备就位后现场钻孔再通过螺栓与 GIS 厂家提供的铜排连接，后续特高压变电站 1000kV GIS/HGIS 采用了此方案。

（四）苏通 GIL 综合管廊工程

（1）首次对长距离特高压 GIL 与架空混合输电线路的系统运行及过电压特性进行了深入分析研究。创新研究了特高压 GIL 与架空混合线路系统及过电压特性，掌握了工频运行电压、潜供电流、短路电流等电气参量，确定了 GIL 及其他电气主设备的关键参数；提出了特高压 GIL 的过电压保护及绝缘配合方案，保证苏通 GIL 综合管廊工程应用的安全性和可靠性。

（2）采用特高压感应电流快速释放装置并确定其操作联锁。每回 GIL 两端均配置感应电流快速释放装置，装置采用快速接地开关原理。若 GIL 内部发生故障，在继电保护装置动作跳开两侧变电站的断路器后，自动控制装置动作实现感应电流快速释放装置的迅速合闸，旁路感应电流，合闸时间不超过 10s，该自动装置安装在南、北岸引接站内。为确保感应电流快速释放装置合闸的可靠性，其对应的自动控制装置采用双重化配置方案。

（3）建立设备与管廊精确匹配的三维模型，实现 GIL 与隧道协同设计。本工程采用三维可视化设计，通过建筑信息模型（building information modeling，BIM）技术对 GIL 布置方案进行碰撞检测和安装模拟，确保设备布置满足空间要求。GIL 三维设计与隧道掘进同步推进，根据断面测量中间结果，动态优化柔性布置。隧道贯通后，最终完成断面测量和调线调坡，锁定三维设计，包括 15 个直线段、16 个纵向坡段和 3 个水平圆弧段。三维模型载入设备管控平台，实现了 GIL 工程设计、设备制造、施工安装、运行维护全过程数字化精准管控。

（4）构建了功能集成、信息互通、资源共享的特高压 GIL 综合监测系统。通过对特高压 GIL 综合监测系统研究，构建一体化综合监测平台，完成多专业系统的信息集成与整合、跨子系统的联动等，并实现外部子系统的安全有效接入。GIL 设备监测、避雷器监测、GIL 放电故障定位、巡检机器人系统、隧道结构健康监测系统等外部子系统，均接入到统一的一体化监控监测平台。根据管廊内设备的分布特点，以及各子系统的组成特点，管廊内综合监测网络采用有线和无线等接入方式，具备星网与环网等网络结构，实现了各终端设备接入方案的最优化。

（5）提出电力管廊通风设计方案和 SF_6 气体排除方案。提出了长距离电力 GIL 管廊通风系统的配置方案及布置形式，GIL 主通道通风系统可满足 GIL 设备平时安全运行的环境温度要求，将管廊内余热排出管廊外，保证管廊内空气质量，保障运行维护人员的人身安全。隧道内监测到 SF_6 气体泄漏时，将主通道风机开至最大风速，同时开启泄漏区域附近 SF_6 专用排风系统的风阀，保证 SF_6 气体在最短时间内排除，确保人员安全。

（6）提出长距离电力管廊接地设计方案，将两侧引接站和中间管廊段组成整体接地网。通过 CDEGS 软件❶进行接地网计算，建模时将南、北岸引接站接地网和管廊内隧道钢筋自然接地体三者合一作为整体接地网，尽可能还原接地网的实际情况。经计算，地电位升高、接触电势和跨步电势满足要求，从而实现主地网的最优配置设计方案。

（7）提出 1000kV GIL＋架空混合线路保护配置方案。全线路配置“大差动”保护，采用分相电流差动保护作为主保护，并包含完整的后备保护；针对 GIL 段配置“小差动”保护，采用电流差动保护。当“大差动”动作、“小差动”不动作时，为架空段发生故障。当“大差动”与“小差动”均动作时，为 GIL 段发生故障。通过独特的大小差保护，可以准确确定故障范围，有效动作切除故障。

二、设计优化成果

（一）浙北—福州特高压交流输变电工程

（1）首次采用 1000kV GIS 端部断路器折叠布置方式。在浙中和福州变电站 1000kV 配电装置设计中，结合 1000kV 进、出线构架位置，在满足设备吊装和检修要求的前提下，1000kV GIS 端部断路器采用折叠布置方式，缩小了 GIS 设备本体的横向占地尺寸，减少了 GIS 主母线长度，节省了投资。端部断路器折叠布置方式已成为特高压交流工程通用设计典型布置方案。

（2）首次提出高土壤电阻率地区特高压变电站接地设计降阻措施。福州变电站位于以凝灰岩为主的山体丘包之上，岩层厚度约 750m，表层覆土极薄。全站平均土壤电阻率高达 20000Ω·m，高出一般工程近两个数量级。工程中开展了专项研究，结合周边环境和地质条件，针对性地提出了综合降阻措施，实现了接地电阻控制目标，确保了人身和设备安全，节约了投资。

（3）进一步优化 1000kV 进、出线构架高度和构架柱设计。结合 1000kV 设备吊装和带电检修的需求，对 1000kV 构架进行优化，构架高度由以往工程的 43m 优化为 41m，宽度由 54m 分别优化为 49m 和 51m，节省了钢材和基础工程量，成为特高压交流工程通用设计方案。优化 1000kV 构架设计，构架柱根开断面尺寸由 10m×4m

❶ CDEGS 软件是由加拿大 SES 公司开发的，CDEGS 是电流分布（Current Distribution）、电磁场（Electromagnetic Fields）、接地（Grounding）和土壤结构分析（Soil Structure Analysis）英文首字母的缩写，它是解决电力系统接地、电磁场和电磁干扰等工程问题的强大工具软件，并可以解决阴极保护等问题。

优化为9m×3m，每榀构架节约钢材约10t；优化设备支架的杆件布置，柱身斜材正面与侧面反向布置，避免了因斜材单向布置而导致的柱身扭转问题，方便顶部设备精确就位。

（4）优化主接地网和设备接地线的截面。在皖电东送工程主接地网和设备接地线的截面计算中，短路等效持续时间 t_e 取0.4s。该工程根据实际保护动作时间和断路器开断时间，在留有一定裕度的同时，将短路等效持续时间 t_e 优化至0.35s，减小了接地材料截面积，降低了施工难度，节省了工程投资。

该工程主接地网采用扁紫铜或铜绞线，垂直接地极采用铜覆钢棒。由于施工中容易造成铜绞线断股，后续特高压变电站主接地网采用扁紫铜。

（二）锡盟—山东1000kV特高压交流输变电工程

（1）锡盟变电站1000kV配电装置首次采用户内布置方案。锡盟变电站处于高寒地区，极端最低气温达到−39.8℃。为解决1000kV GIS设备低温下 SF_6 气体液化引起设备性能下降问题，首次采用1000kV GIS主母线和串内设备户内布置、分支母线和套管户外布置方案，分支母线和套管不采取加热措施。锡盟变电站1000kV配电装置室见图1-3。

图1-3　锡盟变电站1000kV配电装置室

（2）首次采用先进的隔震、减震措施。北京东变电站位于高地震烈度地区（8度），为提升变电站整体抗震能力，确保设备可靠运行，主变压器、高抗和支柱类设备采取了抗震措施。主变压器、高抗加装隔震装置，隔震效率分别为51.76%、54.32%，有效地降低了地震作用。隔震装置设置调节机构，方便隔震装置的检测与维护。主变压器及高抗隔震框架采用钢框架结构，比起钢筋混凝土框架，具有质量轻、便于拆装、工厂化加工、施工精度高、工期短、便于维护、减轻框架局部受压损坏等优点。隔震措施示意图见图1-4。

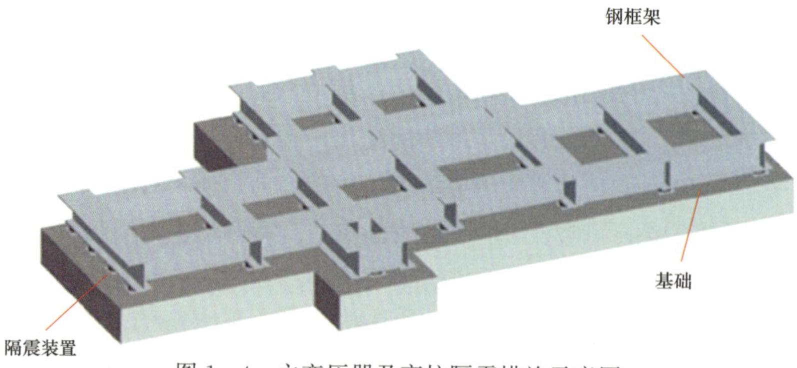

图1-4　主变压器及高抗隔震措施示意图

主变压器及高抗基础采用平板式筏形基础＋钢筋混凝土条形支墩形式，增大基础刚度，降低基底附加压力，减小基础的绝对沉降量和沉降差，增加基础在地震作用下的整体性。条形支墩之间形成检修通道，方便隔震支座的更换与检修。1000kV 及 500kV 避雷器、电压互感器等瓷柱类设备的安装底座加装减震器，在地震作用下减震器通过自身上下拉压变形来消耗能量，从而保护设备本体免受地震破坏。110kV 并联电抗器和串联电抗器采用低位布置方案，降低设备重心，提高了设备的抗震能力。

（3）特高压串补站首次采用站内设置单相铁塔引接方案。承德串补站每组串联补偿装置均采用站内设置单相铁塔与线路引接。与其他串补站内设置构架引接线路方式比较，布置更加紧凑，站内空间利用更加合理。承德串补站布置示意图见图 1－5。

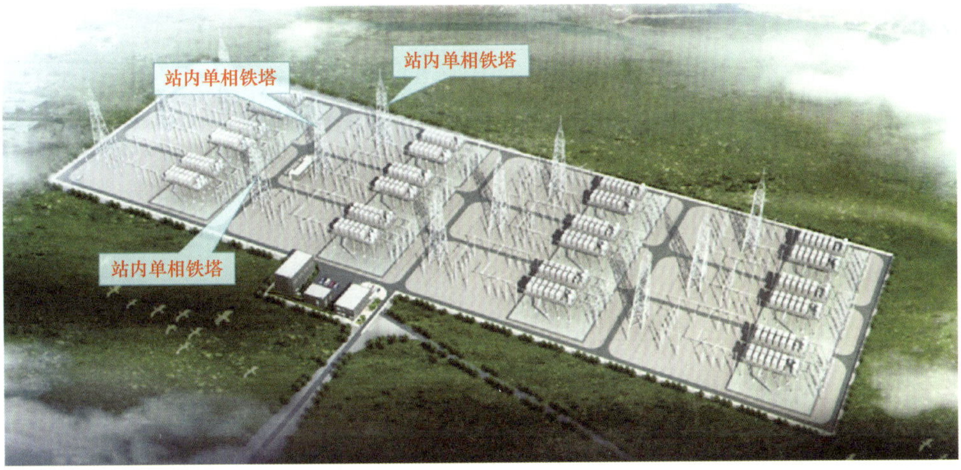

图 1－5　承德串补站布置示意图

（4）首次采用两级降压站用电母线、双负荷中心接线方案。锡盟变电站处于高寒环境导致站内加热负荷剧增，全站远景站用电负荷约为常规特高压变电站远景站用电负荷的 2 倍。综合考虑特高压变电站占地面积、减少电力电缆用量及 0.4kV 开关柜空气开关选择等因素，锡盟变电站站用电系统采用两级降压站用电母线、双负荷中心接线方案，即分别设置 10kV 和 400V 两个电压等级母线，设置 2 个 400V 站用电室，分别为 1000kV 配电装置和 500kV 配电装置—主变压器—110kV 配电装置 2 个区域供电。该方案为国内特高压变电站站用电系统首次采用。锡盟变电站站用电接线示意图见图 1－6。

（三）淮南—南京—上海工程

（1）首次采用特高压变电站、换流站工程相邻/合址建设方案。根据变电站、换流站系统落点安排，提出了变电站、换流站相邻/合址建设方案。南京站是世界上首个 1000kV 变电站和±800kV 换流站相邻建设的工程，两站中间不设围墙，共用综合楼、进站道路、站用电，南京站预留监控系统接口。泰州站是世界上首个 1000kV 变电站和±800kV 换流站合址建设工程，两站统一站址标高，中间不设围墙，共用 1000kV 配电装置，共用综合楼，统筹站用电系统，统一集中监控。特高压交、直流工程相邻/合址建设，有利于合理利用资源、避免重复建设、方便运行维护。南京变电（换流）站、泰州变电（换流）站鸟瞰图见图1-7、图1-8。

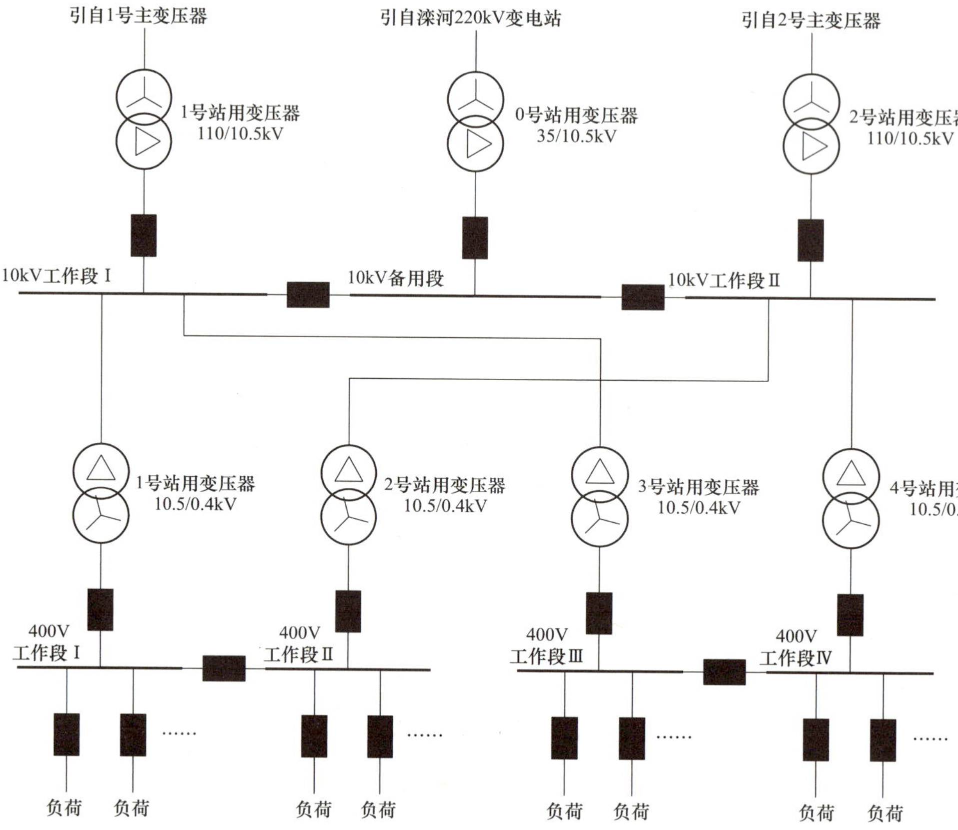

图1-6　锡盟变电站站用电接线示意图

图1-7　南京变电站鸟瞰图

图1-8　泰州变电站鸟瞰图

（2）1000kV GIS首次采用母线集中外置断路器双列式布置。苏州变电站两站（上海侧、江苏侧）同址建设。由于站址北侧出线受限，在断路器“一”字型布置的基础上优化提出了断路器双列式布置方案，将断路器分为两列集中布置在一起，中间设安装检修通道，主母线分别集中布置在断路器两侧，可直接向东西两侧出线。断路器双列式布置方案能够适应苏州变电站两侧出线的需求，满足了本工程两站同址建设的要求。此种布置方案除站前区等公用设施外，站区江苏侧和上海侧完全对称，布置清晰，区域划分明确。图1-9为苏州变电站特高压GIS双列式布置方案。

图1-9 苏州变电站特高压GIS双列式布置方案

（3）1000kV GIS母线过道路采用地下穿越方案。苏州变电站1000kV GIS双列式布置，GIS母线需穿越道路。经技术经济比选，1000kV GIS管道母线过道路处采用三相母线共沟道地下穿越方案。GIS母线过道路处的一侧考虑吊装母线所需安装检修空间，另一侧仅考虑人员进出所需空间。该方案与常规地上跨越道路方案相比，可降低起重机操作时吊臂与GIS母线碰撞的风险，提高了安全性。图1-10为1000kV GIS母线地下穿越示意图。

（四）蒙西—天津南工程

（1）北京西变电站首次采用额定电流9000A的GIS母线。根据系统规划和线路出线方向，北京西变电站1000kV出线中的6回电源出线集中在东侧，4回负荷出线集中在西侧，1000kV穿越功率大。经计算，GIS设备母线额定电流为9000A。

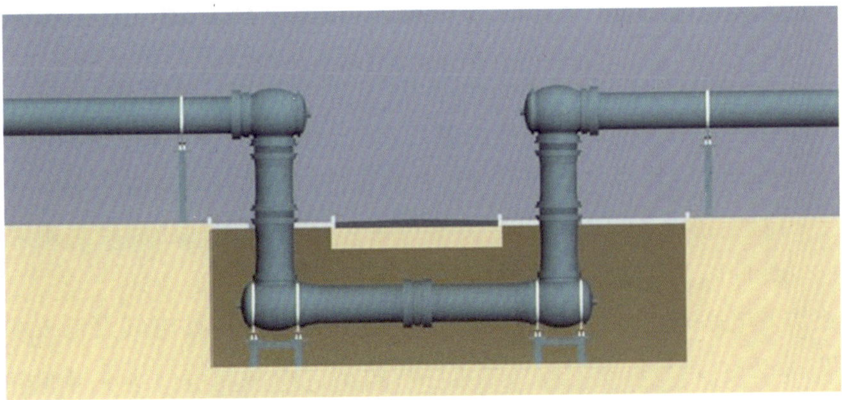

图1-10 1000kV GIS母线地下穿越示意图

（2）首次采用主变压器励磁涌流抑制技术。励磁涌流具有引起电压畸变、导致避雷器动作或损坏、降低变压器绕组机械强度、造成变压器保护误动等危害。为减小变压器励磁涌流，减少断路器合空载变压器暂态过程对电网的影响，晋北变电站首次采用变压器励磁涌流抑制技术。该工程装设的励磁涌流抑制装置是通过剩磁模式匹配技术进行智能选相，将励磁涌流控制在 0.3（标幺值）之内。加装励磁涌流抑制装置，实现了在不改变现有变电站设备结构的前提下，从源头上消除变压器的励磁涌流。

（五）榆横—潍坊工程

（1）首次采用特高压解体式变压器。特高压变压器运输难度大，尤其是在山区或运输条件受限区域。解体式运输、现场组装变压器是解决大型变压器运输难题的有效方案。晋中变电站首次采用了解体式运输、现场组装的特高压主变压器。解体式变压器的设计方案采用模块化设计，将变压器设计为 U 形铁芯框，在厂内试验完成后，拆卸上铁轭、绕组和铁芯，将油箱拆分为上、下两部分，并拆卸引线、导线夹及其他绝缘件等，加临时装置紧固运输。解体后单件最大运输质量 75t，运输进站后进入组装厂房（备品备件库）进行现场组装，见图 1-11。

图 1-11　解体式变压器现场组装

（2）首次在变电站设置主变压器组装厂房（兼作备品备件库）。为满足现场组装特高压变压器的要求，晋中变电站采用了备品备件库兼作主变压器组装厂房的设计方案（见图 1-12）。备品备件库兼组装厂房的主体结构采用钢筋混凝土排架承重结构体系，纵向轴线间距为 48m，横向轴线间距为 15m。

（3）潍坊变电站采用多种减隔震技术及措施。潍坊变电站电气设施按水平地震动峰值加速度 0.486g 进行抗震设防，是抗震设防水平最高的特高压变电站。工程设计中采用了多种抗震措施（见图 1-13），包括主变压器、高压电抗器底座设置隔震装置；支柱类设备底座加装减震器；1000kV 电压互感器及避雷器首次采用复合套管；110kV 配电装置母线采用悬吊式管型母线；1000kV 高抗回路、高抗中性点回路管型母线采用新型管型母线固定金具、伸缩金具和母线托架等特殊设计的固定连接金具，以满足地震位移的设计要求。

图 1-12 备品备件库兼作组装厂房

(a)

(b)

(c)

(d)

图 1-13 隔震减震优化措施

(a) 采用隔震装置；(b) 采用悬吊式管型母线；(c) 采用减震器；(d) 采用管型母线伸缩节

（六）锡盟—胜利 1000kV 特高压交流输变电工程

（1）首次采用特高压变电站主变压器和高抗备用相快速更换方案。主变压器备用相快速更换运输采用轨道（见图 1-14）整体运输方案，主变压器套管经加固后，可利用轨道整体运输，恢复供电时间短，故障相从退出到备用相投入累计用时约 13 天，节省约 23 天。高抗备用相更换运输采用平板车整装搬运方案，高抗备用相带套管利用平板车运输，恢复供电时间短，故障相从退出到备用相投入累计用时约 14 天。采用主变压器及高抗备用相快速更换的方案，可显著减少主变压器及高抗故障时更换的停电时间，经济及社会效益显著。

图 1-14 主变压器备用相快速更换运输轨道

（2）优化 1000kV 主变压器进线回路，便于主变压器备用相快速更换。将主变压器 1000kV 避雷器由主变压器套管附近移至 1000kV 配电装置区（见图 1-15），避免了主变压器备用相更换时拆除及安装避雷器，可缩短更换时间，减小主变压器套管受力，同时将主变压器 1000kV CVT 由敞开式设备改为罐式 TV，减小了配电装置纵向尺寸，但 CVT 设备投资有所提高。

图 1-15 1000kV 配电装置区

（3）构架避雷针采用格构式，提高抗风振能力。胜利变电站 1000kV 构架采用钢管格构式结构，500kV 构架及过渡构架采用角钢格构式结构，充分利用站区构架设置避雷针，站区不设独立避雷针，构架避雷针采用格构式，刚度大，避免在强风条件下发生大幅风振及在低风速条件下发生涡激振动。

（七）北京西—石家庄 1000kV 交流特高压输变电工程

首次在工程中应用 1000kV 可控避雷器。针对 1000kV 操作过电压问题，首次在 1000kV 交流工程中应用了基于可控避雷器的操作过电压柔性限制方案。通过控制开关灵活控制避雷器电阻片接入数量，从而改变避雷器的伏安特性。针对合闸/重合闸时操作电压幅值较高的情况，通过降低避雷器残压，可实现限制操作过电压的目的；其余工况下，避雷器为整体投入运行。

（八）潍坊—临沂—枣庄—菏泽—石家庄特高压交流工程

（1）主变压器和高抗备用相快速更换与隔震措施相结合方案。菏泽变电站电气设备按 9 度设防烈度设计，主变压器和高抗需要采取隔震措施，需要研究主变压器和高抗备用相快速更换与隔震措施相结合的方案。

菏泽变电站主变压器备用相快速更换方案采用轨道＋本体整体搬运方案，将轨道搬运与隔震措施相结合，隔震框架与隔震垫采用螺栓连接，主变压器本体隔震框架与调压补偿变压器隔震框架采用螺栓连接，快速更换时解开主变压器本体隔震框架与调压补偿变压器隔震框架之间的连接螺栓，主变压器本体带隔震钢框架一起运输。高抗备用相更换采用平板车整装搬运方案（带套管搬运），隔震框架与隔震垫及高抗本体均采用螺栓连接，解开高抗本体与隔震框架之间的连接螺栓，不带隔震框架进行整装搬运。

（2）首次采用单塔结构框架式电容器组。枣庄变电站采用单塔结构框架式电容器组，围栏尺寸由通用设计中双塔结构电容器组的 19m×12m 优化为 17m×8.5m，电容器间隔纵向尺寸减小 4m，单组电容器装置可节省占地约 40%，单组主变压器无功区域横向尺寸减小 8.5m，纵向尺寸减小 1m，整个主变压器及无功配电装置区节省占地约 $2800m^2$。单塔结构电容器组满足 0.4g 抗震要求，保护方式与双塔结构电容器组一致，造价与双塔结构电容器组基本相当。

（九）张北—雄安 1000kV 特高压交流输变电工程

首次应用 1000kV 可控高抗设备。1000kV 可控高抗是一种灵活交流输电装置，可根据系统运行情况灵活调节自身输出容量，解决特高压输电系统中无功补偿和限制过电压对并联电抗器不同需求之间的矛盾，降低无功损耗，提高系统调控灵活性，保障特高压交流电网安全、高效、经济运行。

考虑张北地区新能源的外送，张北变电站首次应用 1000kV 分级式可控高抗设备。可控高抗设备装设在 1000kV 雄安Ⅱ线出线侧，采用最大额定容量 600Mvar，分三级可调，单级容量为 200Mvar。设备布置在雄安Ⅱ线正下方，沿出线方向依次为可控高抗本体、辅助电抗器、GIS、取能电抗器、阀室和控制保护室。1000kV 可控高抗见图 1-16。

张北变电站 1000kV 可控高抗本体不单独设置备用相，利用 1000kV 晋北变电站的一台同厂家、同容量的固定高抗备用相实现区域备用。高抗基础埋件和隔声罩能满足两种电抗器的互换安装。

图 1-16　1000kV 可控高抗

（十）驻马店—南阳 1000kV 交流特高压输变电工程

（1）首次在特高压变电站应用 1000kV GIL 设备调整出线间隔。南阳变电站首次在特高压变电站中采用 1000kV GIL 设备，通过 GIL 实现了 1000kV 出线间隔的互换，避免了 1000kV 线路交叉或串联补偿搬迁。1000kV GIL 沿围墙敷设，占地面积小，不影响前期配电装置布置。图 1-17 为南阳变电站 1000kV GIL 布置图。

图 1-17　南阳变电站 1000kV GIL 布置图

（2）提出了特高压变电站消防提升的设计原则及措施。根据特高压变电站大型带油设备的特点，开展特高压变电站消防系统研究，在执行国家、行业相关标准和规定的基础上，采用水喷雾灭火系统提升、主变压器区域电缆沟及构架防火提升、消防控制提升、电缆防火提升等多项设计技术措施。这些措施在驻马店、张北变电站及后续新建和扩建特高压变电站得到应用。

（十一）皖南 1000kV 变电站扩建主变压器工程

特高压变压器在本体底部均设置了手动排油阀。由于变压器发生火灾时，人员无法靠近变压器启动排油阀，不利于火灾初期快速有效控制火灾。从皖南特高压变电站扩建主变压器工程开始，在特高压变压器主体变压器装设应急排油系统，通过远方控制可实现变压器主体变压器起火后快速排油，既能及时排除变压器存油，也能有效减少因热膨胀效应而溢出的油量，有利于降低火灾扑救难度。

（十二）南昌—长沙特高压交流工程

（1）首次在特高压变电站配置一键顺控系统。南昌—长沙特高压交流工程是国内首次在特高压变电站配置一键顺控系统，一键顺控在保障操作安全的前提下，可有效减少操作和停电时间，降低经济损失和对生产生活造成的不便，还能够有效降低倒闸误操作的概率，从而降低电网事故率。

（2）进一步优化变电站消防设计。南昌、长沙变电站在已有工程的经验上，进一步提升了消防设计水平：①首次设置消防营房，消防人员 24 小时驻站值守；②首次采用消防管沟形式设计消防管道，对主变压器和高抗区域等关键区域的消防管道提供技术保障，防止土壤的腐蚀，解决施工工艺控制困难、交叉施工易造成管道破坏等问题，便于运行人员检修和维护。

（十三）晋北 1000kV 变电站主变压器扩建工程

首次应用改进型 1000kV GIS。晋北变电站一期工程 1000kV GIS 断路器和隔离开关采用东芝技术路线，设备尺寸大、质量大、成本高。设备厂家在提高产品技术参数和可靠性的基础上，缩小产品体积，降低设备质量，改进内部结构，研制了改进型 1000kV GIS，并在扩建工程中应用。对于一个完整串间隔，改进型 1000kV GIS 的占地面积较一期工程采用的 1000kV GIS 节省 19.0%。设备布置及尺寸见图 1－18、图 1－19。

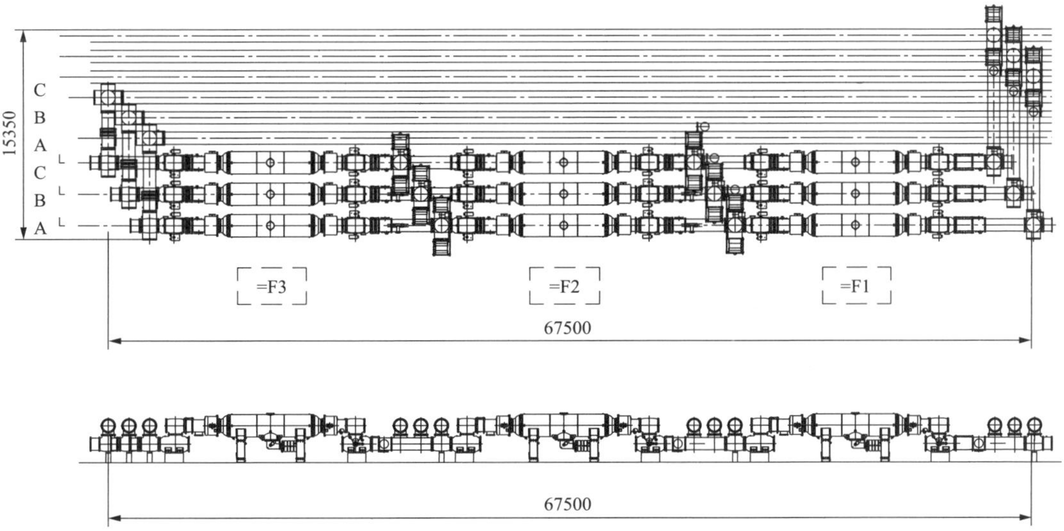

图 1－18　改进型 1000kV GIS 3/2 断路器接线的间隔布置图

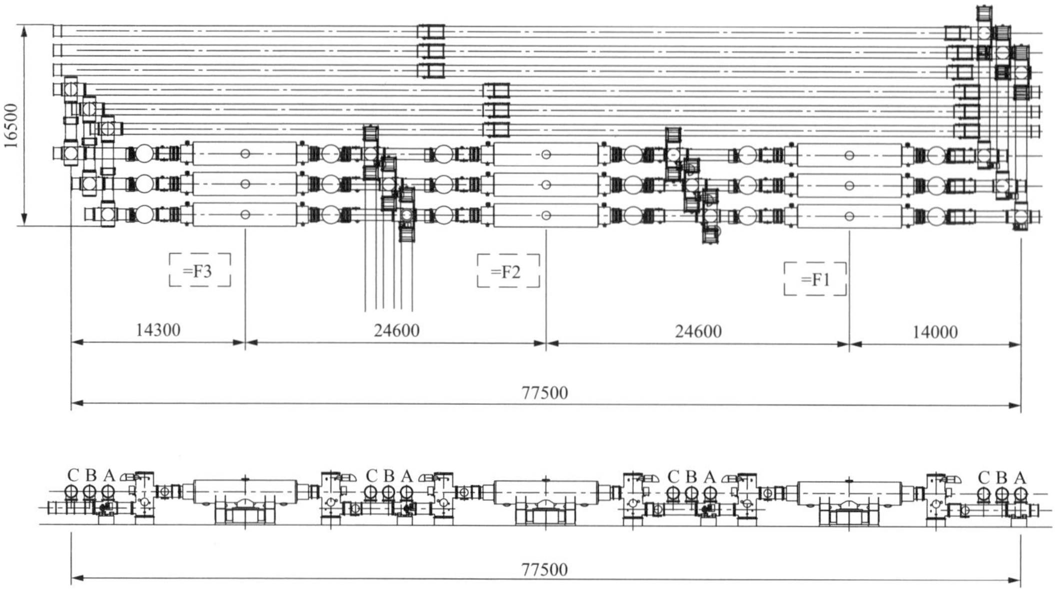

图 1-19　一期工程 1000kV GIS 3/2 断路器接线的间隔布置图

第二章　电气主接线

变电站电气主接线表示变电站内主要电气设备相互之间的连接关系，与电力系统整体及变电站本身运行的可靠性、灵活性和经济性密切相关，并且对电气设备选择、配电装置布置、继电保护等有着较大的影响，应根据电能输送和分配的要求进行设计。

与超高压电力系统相比，1000kV 系统电压等级高、输送容量大，对特高压变电站电气主接线可靠性提出了更高要求。

本章重点介绍 1000、110kV 电气主接线方案选择，对 500kV 电气主接线方案进行简单叙述，并给出 1000kV 变电站电气主接线典型方案。

第一节　特高压变电站电气主接线设计原则

特高压变电站电气主接线设计原则为：

（1）电气主接线方式需根据变电站在电力系统中的地位、变电站的规划容量、负荷性质、线路和变压器连接元件总数、设备性能参数等条件进行设计。

（2）主接线应满足可靠性、灵活性和经济性三项基本要求。具体要求如下：

1）主接线的可靠性建立在各组成元件可靠性的基础上，因此，主接线设计不仅要考虑一次设备（如变压器、母线、断路器、隔离开关、互感器、电缆、线路等）的故障率以及对供电的影响，还应考虑控制保护设备及其他设备对供电可靠性的影响。各组成元件的可靠性根据运行统计资料确定。主接线的可靠性很大程度上取决于设备的可靠性，同时考虑变电站在系统中的地位和作用。对特高压变电站可靠性的要求如下：任何断路器检修，不应影响对用户的供电；任何一台断路器检修时，另一台断路器故障或拒动，不宜切除两回以上超（特）高压线路；一段母线故障（或连接在母线上的进出线断路器故障或拒动），宜将故障范围限制在不超过整个母线的 1/4；当分段或母联断路器故障时，其故障范围宜限制在不超过整个母线的 1/2。

2）主接线还应满足调度、检修及扩建时的灵活性。调度时，可以灵活地投入和切除变压器和线路，调配电源和负荷，满足系统在事故运行方式、检修运行方式及特殊运行方式下的系统调度要求；检修时，可以方便地停运断路器、母线及其继电保护设备，进行安全检修而不致影响电网的运行和对用户的供电；扩建时，可方便地从初期接线过渡到最终接线，使扩建工程量最小，同时停电范围最小。

3）主接线在满足可靠性、灵活性要求的前提下做到经济合理，主要考虑投资省、占地面积小及电能损失少等方面。

第二节　特高压变电站高、中、低压侧接线

一、1000kV 电气接线

我国 500～750kV 超高压配电装置一般采用 3/2 断路器接线。当配电装置最终连接元件数较少时，在满足运行要求的前提下，可采用线路变压器组、桥形、单/双母线接线等简化接线方式。

从国外特高压实验结果和发展现状来看，日本推荐 1150kV 特高压变电站接线采用双母线双分段接线，苏联采用的是 4/3 断路器接线（枢纽变电站）、3/2 断路器接线（将母线一变压器组与线路连接）、混合接线（中间变电站）等接线方式。

1000kV 系统电压等级高、输送容量大，对 1000kV 变电站电气主接线可靠性提出了更高要求。针对建设规模为 4 组主变压器、8 回 1000kV 出线的典型 1000kV 变电站，对 1000kV 电气接线分别采用双断路器、3/2 断路器、4/3 断路器、双母线、双母线带旁路母线、双断路器和 3/2 断路器混合，以及 3/2 断路器和 4/3 断路器混合等接线方式进行了可靠性分析研究。

（一）1000kV 电气接线可靠性研究

电气接线可靠性计算中，设备可靠性参数包括变压器、断路器、隔离开关、架空线路、母线 5 类设备的故障率、修复时间、检修率、检修时间 4 个基本参数。

可靠性指标涵盖了连续性、安全性和充裕度 3 个方面，具体包括：①连续性指标，给出了任 1 回或任 2 回出线判据下的故障率（次/年）、年平均故障停电时间（小时/年）、故障频率、可用率、不可用率；②安全性指标，给出了任 1 台、2 台、3 台及所有机组停运的故障率（次/年）、年平均故障停电时间（小时/年）、故障频率、可用率、不可用率；③充裕度指标，给出了系统的期望故障受阻电力（expected power not supplied，EPNS）（MW/年），期望故障受阻电能（expected energy not supplied，EENS）（MWh/年）。

主要可靠性判据为：①任 1 回路（进、出）发生故障停运；②任 2 回路（进、出）发生故障停运；③用户指定高阶进、出回路组合停电事件；④全站发生故障。

根据计算结果，对不可用率、故障频率进行归一化处理后，各电气接线方案的可靠性指标对比情况如图 2-1～图 2-3 所示。

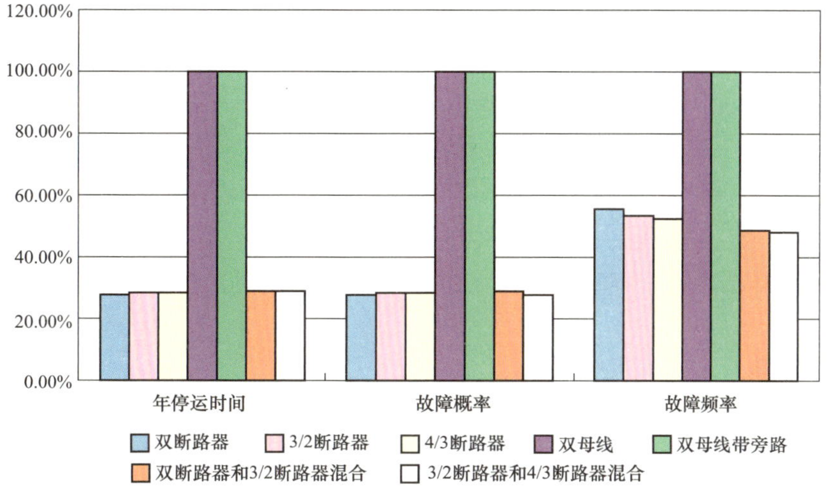

图 2-1　连续性指标比较

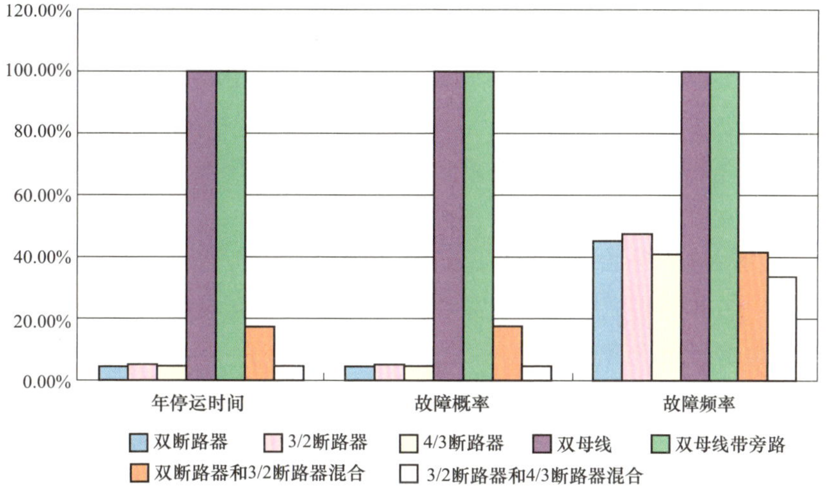

图 2-2　任 1 回进线停运判据下的安全性指标

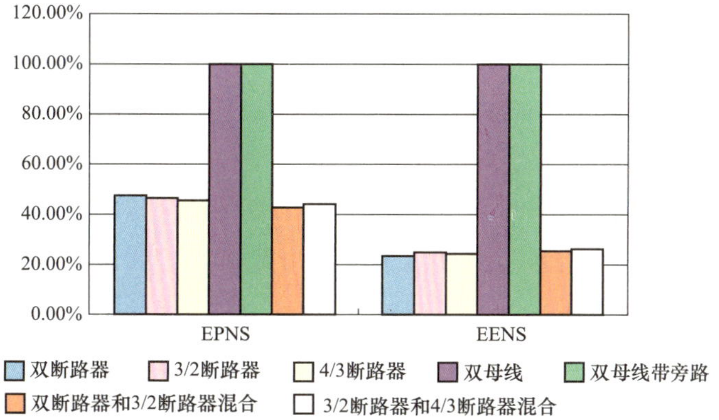

图 2-3　充裕度指标比较

计算结果显示，双断路器接线、4/3 断路器接线、3/2 断路器接线可靠性指标接近，明显优于双母线接线和双母线带旁路接线。电气接线方式还需结合设备制造能力、运行经验等因素综合考虑。对于 4/3 断路器接线，母线侧开关设备通流能力要求较高，设备较难满足其要求；对于双断路器接线，设备投资高、占地大。

鉴于 1000kV 变电站在电力系统中的地位和作用，综合考虑供电可靠性、运行灵活性、节省投资和扩建方便等要求，并结合设备制造能力，1000kV 电气接线采用 3/2 断路器接线。

（二）1000kV 电气设备配置原则

1000kV 电气接线采用 3/2 断路器接线，电气设备配置的原则为：

（1）同名回路应配置在不同串内，电源回路与负荷回路宜配对成串。当采用 GIS 方案时，同名回路宜接于不同母线，当接线或布置条件受限时，同名回路可接于同一侧母线。

（2）为限制工频过电压，1000kV 线路并联电抗器一般不允许退出运行，1000kV 线路并联电抗器回路采用不装设断路器和隔离开关的接线，电抗器与线路同时投退。

（3）为满足雷电过电压和抗震要求，进出线的接地开关可利用 GIS/HGIS 设备内置接地开关，不设置专门的敞开式接地开关。

（4）当变电站初期为 2 个完整串运行时，线路、变压器元件出口处宜装设隔离开关。当线路为同名回路时，根据系统条件，经技术经济比较后，同名回路接于不同母线时，可不装设出口隔离开关。

（5）在每回出线和主变压器进线装设三相电压互感器，在每组母线上装设单相电压互感器。

（6）采用 GIS 设备时，1000kV 每组母线装设 1 组接地开关；采用 HGIS 设备时，母线接地开关的配置需经计算后确定。

二、500kV 电气接线

500kV 电气接线采用 3/2 断路器接线，根据系统要求确定母线是否装设分段断路器。电气设备配置的原则为：

（1）500kV 电气接线同名回路应配置在不同串内，电源回路与负荷回路宜配对成串。当采用 GIS 方案时，同名回路宜接于不同母线；当接线或布置条件受限时，同名回路可接于同一侧母线。

（2）当变电站初期为 2 个完整串运行时，线路、变压器元件出口处宜装设隔离开关，当线路为同名回路时，根据系统条件，经技术经济比较后，同名回路接于不同母线时，可不装设出口隔离开关。

（3）在每回出线、主变压器进线装设三相电压互感器，在每相母线上装设单相电压互感器。

（4）采用 GIS 设备时，500kV 每组母线装设 1 组接地开关；采用 HGIS 设备时，母线接地开关的配置需经计算后确定。

三、110kV 电气接线

（一）110kV 电压等级的确定

我国 500kV 主变压器第三绕组电压通常选择为 35kV 和 66kV。为限制低压侧短路电流、控制主变压器中压侧母线电压变化，750kV 变压器第三绕组电压选择为 63kV。对于 1000kV 变压器，其第三绕组容量更大，结合设备制造能力，宜限制低压侧短路电流不大于 40kA，因此低压侧额定电压不宜低于 110kV。考虑我国和国际标准电压等级序列，低压侧额定电压可选用 110、132kV 或 145kV，其相应的额定电流分别为 5249、4374A 和 3982A，且均可通过控制低压无功补偿分组容量使投切一组补偿设备所引起的变压器中压侧的母线电压变化值不超过其额定电压的 2.5%。由于 132kV 和 145kV 电压等级均不在我国标准电压等级序列范围内，因此采用 110kV 电压等级。

（二）110kV 系统接地方式确定

主变压器低压侧 110kV 系统若采用接地系统，母线对地短路电流将超过 40kA，工程设备造价增加，且无运行经验，特别是继电保护方面；而若采用不接地系统，只需提高设备的绝缘水平，在设备制造技术方面不存在问题，设备造价增加不大，同时我国 500、750kV 变电站主变压器低压侧均为不接地系统，运行经验丰富，并且主变压器低压侧 110kV 系统仅配置无功设备，无 110kV 出线。因此，综合考虑特高压交流输变电工程的安全运行，确定主变压器低压侧 110kV 系统采用不接地系统。

（三）110kV 电气接线方式确定

110kV 电气接线采用以主变压器为单元的单母线接线。为减小 110kV 侧故障对主变压器安全运行的影响，提高功率输送的可靠性，在 110kV 进线侧装设总断路器。受 110kV 断路器制造能力的限制，每组主变压器低压侧装设 2 台总断路器，对应每台总断路器各设置一段 110kV 母线，每段母线上连接 3～4 组 110kV 无功补偿装置。

综上所述，特高压变电站 1000kV 及 500kV 采用 3/2 断路器接线，中性点直接接地或经小电抗接地；110kV 采用以主变压器为单元的单母线接线，中性点不接地。1000kV 变电站典型电气主接线如图 2－4 所示。

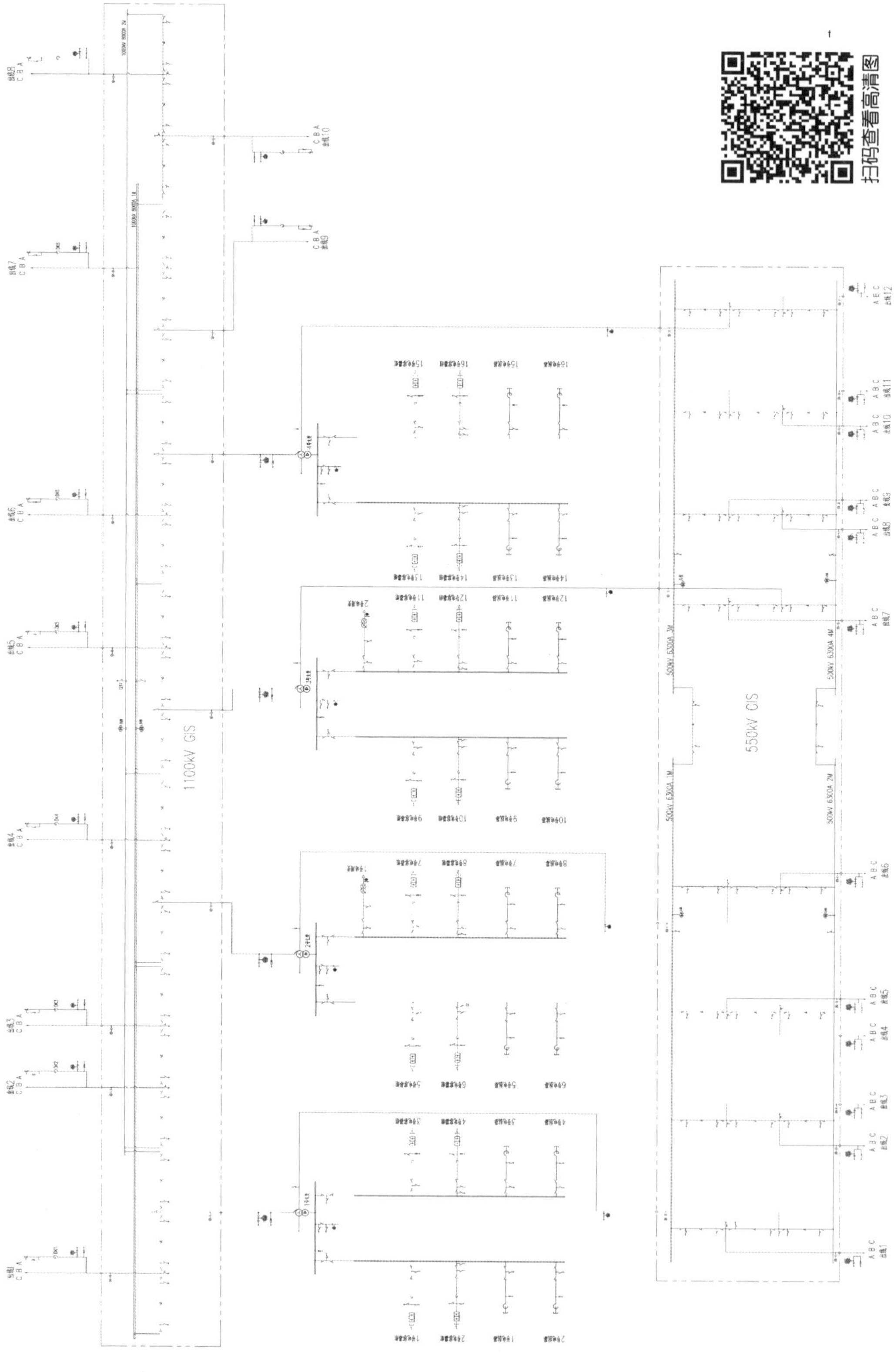

扫码查看高清图

图2-4 1000kV变电站典型电气主接线

第三章　过电压与绝缘配合

过电压保护就是根据电力系统过电压的特性，采取适当的过电压保护措施，将系统过电压限制在技术上能够接受的水平。绝缘配合就是协调系统中各种电压、过电压保护装置及其保护水平、设备绝缘耐受能力三者之间的配合关系，全面考虑设备制造能力、维修费用及故障损失等因素，实现最优配合方案，以取得较高的技术经济效益。

与超高压电力系统相比，1000kV 特高压系统的运行电压和过电压有了较大提高，其外绝缘操作冲击耐受特性呈现显著的饱和特性。若仅简单提高放电电压，将不利于设备制造和安全运行，且会导致最小空气间隙较大，配电装置尺寸大，经济性差。所以，采取措施将特高压系统的过电压限制在一个合理的较低水平，对降低设备制造难度、优化变电站设计意义重大。这一要求是特高压系统和超高压系统在过电压保护方面的显著不同之处。

本章主要介绍过电压分类，特高压变电站暂时过电压、操作过电压、雷电过电压的类型、特点及其限制措施，以及绝缘配合的方法、电气设备的绝缘配合、空气间隙的确定及高海拔修正的方法。

第一节　过电压分类

按照作用电压的起因和幅值、波形及持续时间划分，作用在变电站设备绝缘上的电压包括：①持续运行电压（其值不超过设备最高电压 U_m，持续时间等于设备设计的运行寿命）；②暂时过电压（包括工频过电压和谐振过电压）；③操作（缓波前）过电压；④雷电（快波前）过电压；⑤特快速瞬态过电压（very fast transient over - voltage，VFTO）。

特高压 1000kV 系统最高相电压为 $1100/\sqrt{3}$kV；工频过电压的基准电压为 $1100/\sqrt{3}$kV；谐振过电压、操作过电压和 VFTO 的基准电压为 $\sqrt{2}\times1100/\sqrt{3}$kV。

第二节　暂时过电压及其保护

暂时过电压包括工频过电压和谐振过电压，与系统结构、容量、参数、运行方式、地线的类型、接地方式，以及继电保护和自动调节装置特性等有关，工频过电压、谐振过电压除增大绝缘所需承受的电压外，对选择避雷器等过电压保护装置参数也有重要影响。暂时过电压特性由其幅值、波形和持续时间确定。

一、工频过电压及其限制措施

（一）工频过电压产生的原因

工频过电压主要由线路空载、甩负荷和接地故障引起，通常情况下甩负荷和接地故障两种故障组合引起的工频过电压比较严重。预测工频过电压，主要考虑下列故障类型：

（1）对单回输电线路，通常考虑正常输电状态下甩负荷和在线路单相接地故障情况下甩负荷两种故障。单回两相接地引起线路一端三相分闸的故障发生概率很小，可酌情考虑。

（2）对同塔双回输电线路，需考虑双回线路运行和一回线路停运的工况。双回线路运行工况下应考虑双回 6 相甩负荷。双回线路同名或异名两相接地故障发生概率很小，可酌情考虑此故障情况下的甩负荷。

（二）工频过电压持续时间

工频过电压是避雷器额定电压选择的基础。不仅工频过电压的幅值影响避雷器额定电压的选择，工频过电压的持续时间也直接影响避雷器的吸收能量，进而影响避雷器额定电压的选择。因此，需要采取措施将工频过电压的持续时间限制到允许范围内。

日本特高压线路最大的工频暂时过电压（transient over voltage，TOV）出现于双回线路同时 6 相甩负荷时，TOV 高达 1.5（标幺值），此过电压可使金属氧化物避雷器（metal oxide arrester，MOA）吸收过多能量。为了避免 MOA 热破坏，日本采用比较复杂的继电保护方案，在确定双回线路同时甩负荷且分闸侧 MOA 吸收能量超过预定值时，发出指令使线路对侧（电源侧）断路器快速分闸，使 TOV 的持续时间仅为 0.2s。

通过研究，我国特高压工程采用线路两侧断路器联动的方法，将两侧断路器分闸的最大时间差控制在 0.2s 以内，可使工频过电压持续时间小于 0.2s。即使考虑主保护失效、后备保护动作，也可使工频过电压持续时间小于 0.5s。对于 0.5s 的时间，避雷器的吸收能量也是在允许范围之内的。此方法比较简单，容易实现，同样可以缩短工频过电压持续时间。

（三）工频过电压水平

线路断路器变电站侧的工频过电压不大于1.3（标幺值）；线路断路器线路侧的工频过电压不大于1.4（标幺值，持续时间不大于0.5s）。

（四）限制工频过电压的措施

工频过电压的限制是一个系统问题。在电网规划时按照满足潮流分配、无功平衡、电压限制、设备制造水平及继电保护要求等综合考虑。限制工频过电压的措施主要有：①系统采用有效接地方式；②在线路上安装高抗；③采取措施降低电网的零序电抗；④适当确定输电线路长度；⑤制定合理的操作顺序，装设必要的系统继电保护装置等。

苏联特高压线路装设高抗来补偿线路电容，高抗补偿度接近100%，较好地限制了工频过电压，但是会带来线路输电容量降低等问题。日本特高压线路较短，没有安装高抗，相应的工频过电压高达1.5（标幺值）。我国特高压线路装设高抗，高抗的容量按满足无功补偿要求且避免非全相谐振考虑，补偿度为85%～88%。

二、谐振过电压及其限制措施

谐振过电压包括线性谐振过电压和非线性谐振（铁磁谐振）过电压。带大容性元件（长线路、串联补偿线路）和有非线性励磁特性的感性元件（变压器、并联电抗器）的回路合闸（或作为甩负荷的结果），可能因谐振和铁磁谐振产生谐波谐振过电压。限制谐振过电压的基本方法包括：①在设计中做出必要的预测，适当调整电网参数，尽量避免谐振发生；②缩短谐振存在的时间，降低谐振的幅值，削弱谐振的影响。在选择避雷器额定电压或进行绝缘设计时，通常不考虑谐振过电压。

（一）非全相谐振过电压

装有高抗的线路处于非全相状态时，由于健全相和断开相之间的相间电容耦合，可在断开相上引起非全相谐振过电压。

采用在高抗的中性点与大地之间安装接地电抗器的方法来防止非全相谐振过电压。接地电抗器的电抗值按基本上接近完全补偿并联电抗器所接线路的相间电容的原则来选择，同时综合考虑潜供电流的限制效果和对并联电抗器中性点绝缘水平的要求等。对于同塔双回线路，回路之间的耦合会影响接地电抗器电抗值的选择。

在计算非全相谐振过电压时，需注意以下因素：线路参数设计值和实际值的差异；高抗和接地电抗器的阻抗设计值与实测值的差异；故障状态下的电网频率变化。

（二）合空载变压器谐波谐振过电压

合空载变压器操作的过渡过程使变压器铁芯磁饱和，引起励磁涌流，以及使电感发生周期性变化，当励磁涌流谐波频率与系统的自振频率相匹配时，可能产生高次谐波谐振过电压，对此过电压应予以预测。

断路器装设合闸电阻，有利于减小合空载变压器的谐波谐振过电压幅值及励磁涌流，限制效果与不同运行方式下的系统特性有关；采用过电压继电保护，可以缩短合空载变压器谐波谐振过电压的持续时间。研究表明，500kV 侧合空载特高压变压器，不会产生过高的谐波谐振过电压和较大的励磁涌流，应尽量避免产生谐波谐振的运行方式和操作方式。500kV 侧合空载特高压变压器的断路器可以不带合闸电阻合空载特高压变压器，应尽量安排由 500kV 侧断路器合闸。

第三节　操作过电压及其保护

一、操作过电压

电网中的电容、电感等储能元件，在发生故障或操作时，由于其工作状态发生突变将发生能量转换的过渡过程，电压的强制分量与暂态分量叠加形成操作过电压。

（一）空载线路合闸及单相重合闸过电压

空载线路合闸及单相重合闸会产生操作过电压。操作过电压幅值取决于多种因素，包括断路器类型（有无合闸电阻、选相合闸装置等）、合闸线路电源侧的系统特性、合闸线路长度及无功补偿情况等。

单相重合闸过电压一般不高于空载线路合闸过电压。对于特殊的系统结构，如容量较小的电源送出系统，较长线路的单相重合闸过电压可能高于空载线路合闸过电压。对于同塔双回线路，主要考虑单回线路的单相接地故障后的单相重合闸过电压。双回同名相或异名相接地故障情况下的分相重合闸过电压可能高于单回单相重合闸过电压，但出现的概率极低。

（二）单相接地故障过电压及清除故障过电压

在超高压系统中，由于允许的过电压较高（2.0 倍额定电压），单相接地故障过电压及清除故障过电压一般不对线路操作过电压绝缘设计起控制作用，故可能不需要考虑或计算，但特高压系统允许的过电压倍数较低（线路侧为 1.7 倍、变电侧为 1.6 倍），故需要考虑这两类过电压。

线路单相接地故障时在健全相上会产生接地故障过电压，接地故障过电压的大小和线路长度、故障点的位置等因素有关。合闸电阻和分闸电阻无法限制此过电压，线路两端避雷器仅能对避雷器附近线段的接地故障过电压起限制作用。正因为如此，在日本认为单相接地故障过电压对线路绝缘水平选择起控制作用。

清除故障过电压包括三种：①故障线路健全相过电压，此过电压为线路发生单相接地故障，故障相两侧线路断路器分闸后在故障线路健全相上产生的过电压，其幅值较低；②相邻线路过电压，此过电压为线路发生接地故障，故障相两侧线路断路器分闸后，在故障线路的直接相邻或间接相邻线路上产生的过电压；③单相接地三相分闸过电压，带电作业时，若单相重合闸退出，单相接地会引起三相分闸，单相接地故障、单相重合闸不成功也会引起三相分闸，单相接地三相分闸时可能在故障线路的健全相或相邻线路上产生较高的过电压。

相邻线路过电压的幅值随接地故障相数的增加呈增高的趋势。一般考虑单相接地故障的条件对相邻线路过电压加以预测，并将其作为工程的设计条件。对于出现概率很小的两相短路、两相或三相接地故障，可根据预测结果酌情采取相应限制措施。

日本为限制清除故障分闸过电压，在每个线路断路器中装分闸电阻（与合闸电阻共用）。而我国研究表明，多数特高压线路断路器不需要装分闸电阻，可以降低断路器的造价。

（三）无故障甩负荷过电压

无故障甩负荷过电压与线路长度、线路无功补偿情况及潮流等有关。

（四）振荡解列过电压

在系统振荡状态下解列，将产生振荡解列过电压。应对可能出现的振荡解列过电压加以预测。预测该过电压时，线路送受端电动势功角差宜按系统可能出现的严重工况选取。

（五）投切空载变压器操作过电压

由500kV侧合空载特高压变压器，不会发生过高的谐波谐振过电压和较大的励磁涌流。500kV侧合空载特高压变压器的断路器可以不带合闸电阻，合空载特高压变压器，应尽量安排由500kV侧断路器合闸。

空载变压器的励磁电流很小，因此在开断时不一定在电流过零时熄弧，而是在某一数值下被强制开断。这时，储存在电感线圈上的磁能将转化成为充电于变压器杂散电容上的电能并振荡不已，使变压器各电压侧均出现过电压。

开断空载变压器由于断路器强制熄弧（截流）产生的过电压，与断路器型式、变压器铁芯材料、绕组型式、回路元件参数和系统接地方式等有关。

（六）主变压器110kV侧开断并联电容器组/并联电抗器过电压

主变压器110kV侧开断并联电容补偿装置，若断路器发生单相重击穿时，电容器组对地过电压可能达到4.0（标幺值）。开断前电源侧有单相接地故障时，该过电压将更高。开断时如发生两相重击穿，电容器组极间过电压可能超过 $2.5\sqrt{2}U_{n.C}$（$U_{n.C}$ 指电容器组的额定电压）。投切并联电容补偿装置，应采用重击穿率极低的断路器。一般可不考虑断路器发生两相重击穿。

主变压器110kV侧开断并联电抗器时，将产生断路器强制熄弧（截流）过电压。

（七）特快速瞬态过电压（VFTO）

GIS设备的重要优点之一就在于它的结构十分紧凑，GIS变电站的占地面积远小于AIS变电站。但是，GIS同时也带来一个突出的问题。由于GIS中隔离开关和断路器之间的连线非常短，其电容很小，操作形成的电压波在GIS内来回折反射的时间很短，因此会产生特快速瞬态过电压（VFTO）。VFTO的振荡频率极高（300k～100MHz），过电压的波前时间为3～100ns。

隔离开关操作过程中，由于其动触头移动速度较慢，会引起触头间的多次预击穿或重击穿。合闸过程中，两触头靠近会发生预击穿。由于操作速度慢，首次击穿必然发生在工频电压峰值时。击穿电流给容性负荷（短线）充电直至其电压幅值为电源电压，加在触头间的电位差下降，火花放电熄灭，残余电荷留在短线上。随后的击穿就类似于重合闸，可导致较高电压幅值的VFTO。

分闸过程中，同样由于其动触头移动速度较慢，两触头之间会发生重击穿，类似于重合闸，同样可导致较高幅值的VFTO。VFTO波前很陡、幅值很高，可能损害三类设备绝缘：①GIS本体；②带绕组的设备，如变压器、电磁式电压互感器；③二次设备。

对于GIS本体，由于VFTO的幅值影响较大而频率影响较小，仅考虑幅值的影响；对于变压器，变压器与GIS经过架空线路相连时，在变压器上的VFTO幅值不高，波前时间变缓至雷电过电压波前时间范围内。当变压器与GIS之间通过油气套管相连时，在变压器上的VFTO较严重，可能损害变压器匝间绝缘。

系统额定电压越高，设备的雷电冲击耐受电压（lightning impulse withstand voltage，LIWV）与系统额定电压U_n之比就越低。对于特高压GIS变电站，VFTO的问题更加突出。1000kV GIS变电站和500kV GIS变电站相比，额定电压增加1倍，VFTO的相对值基本相同，VFTO的绝对值增加1倍。但是1000kV GIS设备的LIWV仅比500kV GIS设备的LIWV增加55%，没有成比例增加，因此1000kV GIS的VFTO危害性比500kV GIS的更大。

（八）操作过电压波前时间

特高压线路操作过电压中，幅值最高的合空载线路过电压的波前时间一般在3000μs以上，单相接地故障过电压的波前时间在1500μs以上。在绝缘配合时操作冲击试验电压波前时间宜采用1000μs。其相应的外绝缘放电电压显著高于250μs标准波前时间下的放电电压。

二、操作过电压限制措施

（一）空载线路合闸及单相重合闸过电压限制措施

限制空载线路合闸和单相重合闸过电压的主要措施有：

（1）在断路器上装设合闸电阻。研究表明，线路断路器合闸电阻选为400～600Ω时，其合闸过电压较低。在一些方式下，合闸电阻为400Ω时的空载线路合闸过电压比600Ω时的合闸过电压稍低一点，但是合闸电阻吸收能量的要求值与合闸电阻值的大小成反比，400Ω的合闸电阻值吸收能量比600Ω的合闸电阻值吸收能量大50%。

兼顾对合闸电阻吸收能量的要求，合闸电阻投入时间为 8～11ms。

（2）采用无间隙金属氧化物避雷器（MOA）。MOA 的保护水平与 MOA 的额定电压 U_r 紧密相关。在一定的避雷器阀片制造水平下，具有较低额定电压的 MOA 的保护残压也较低。在超高压系统中，MOA 的额定电压按照不小于其安装处的最大工频暂时过电压来确定。特高压线路的最大工频暂时过电压（TOV）为 1.3（标幺值，母线侧）和 1.4（标幺值，线路侧）。若按照超高压系统中 MOA 额定电压的取值方法，即 U_r 不小于 TOV，则母线侧 MOA 的额定电压应选为 828kV，线路侧 MOA 的额定电压应选为 888kV。根据绝缘配合的研究成果，安装在线路侧的 1000kV 设备应选用比实际取值更高一级的绝缘耐受水平。

考虑到 MOA 具有优良的耐受短时工频暂时过电压的能力，额定电压为 828kV［对应 TOV 幅值为 1.3（标幺值）］的 MOA 可耐受幅值为 1.4（标幺值）的 TOV 的持续时间不小于 10s，而特高压系统实际的 TOV 最大持续时间不超过 0.5s。因此，特高压线路侧 MOA 和母线侧 MOA 的额定电压均选为 828kV。研究表明，在严酷的条件下，即最大工频过电压持续时间达 0.5s 时，额定电压为 828kV 的线路侧 MOA 吸收的能量为 4.71MJ；在线路断路器有一相合闸电阻失灵条件下合空载线路时，MOA 最大吸收能量为 3.26MJ。即使考虑 MOA 动作 2 次，其吸收能量也仅为 6.52MJ，均远小于 MOA 吸收最大能量允许值（40MJ）。因此，线路侧 MOA 的额定电压选为 828kV 具有很大的安全裕度。

特高压母线侧和线路侧的 MOA 额定电压均选 828kV，使线路侧 MOA 的额定电压和冲击保护水平降低，为降低变电站设备绝缘水平奠定了良好的基础。

（3）采用可控避雷器。操作过电压是小概率事件，按照“小概率事件，低成本解决”的设计思路，提出可控避雷器的概念。可控避雷器是将避雷器本体分成固定元件 MOA1 和受控元件 MOA2 两部分，MOA2 与控制单元快速开关 K 并联，K 可用机械开关或晶闸管实现，原理如图 3－1 所示。

通过控制快速开关 K 的投切，灵活控制避雷器电阻片接入数量以改变避雷器的伏安特性，从而使避雷器在系统正常运行时具有高可靠性；暂态情况下，残压低，可深度降低操作过电压。可控避雷器在运行过程中可承受工频电压、操作过电压和雷电侵入波过电压。工频电压下，正常运行时，K 断开，MOA1 和 MOA2 串联共同承受工频电压；操作过电压下，关合空载长线路的过电压较为严重，在断路器合闸或重合闸时，K

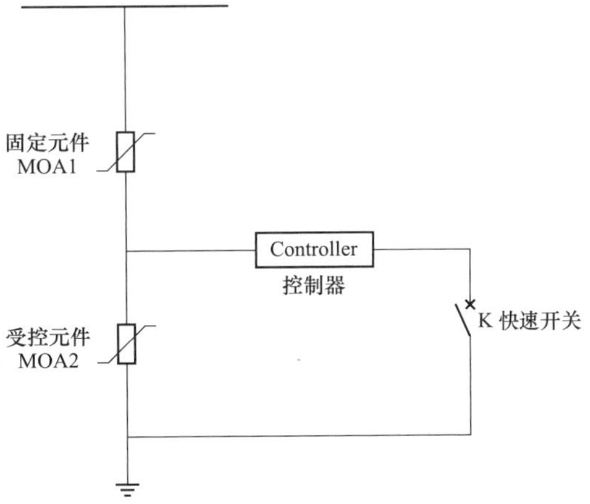

图 3－1 可控避雷器示意图

先于出线断路器合闸，MOA1 短接，残压低，可将操作过电压限制到较低水平；雷电侵入波过电压下，MOA1 和 MOA2 串联共同限压。

与常规避雷器相比，针对合闸/重合闸时操作电压幅值较高的情况，通过降低避雷器残压，可实现限制操作过电压的目的；其余工况下，避雷器整体投入运行，可靠性高。

将避雷器受控元件 MOA2 的额定电压与本体 MOA1＋MOA2 的额定电压的比值定义为可控比。可控比越高，暂态情况下伏安特性下降越多，对操作过电压的限制效果越好，但同时对避雷器固定元件 MOA1 的能量耐受要求越高。可控比的选择经系统过电压计算及对避雷器固定元件 MOA1 热特性的计算分析，综合比较后确定。

1000kV 可控避雷器在石家庄 1000kV 变电站扩建工程中挂网运行，线路长度约 219km，采用 15％可控比的可控避雷器。

（二）故障清除过电压限制措施

变电站和开关站有避雷器保护，故障清除过电压不高，不会损坏站内设备。对于线路上较高的故障清除过电压，可在线路中部装设 MOA 或在断路器上装分闸电阻予以限制。

（三）特快速瞬态过电压（VFTO）限制措施

一般来说，限制 VFTO 的方法主要有两种：①避免会出现危险的 VFTO 的隔离开关操作方式；②使用带投切电阻的隔离开关。采用第一种方法将限制变电站运行方式调整的灵活性；采用第二种方法能够有效抑制 VFTO，投切电阻要求的容量也不大。因此，特高压变电站主要使用带投切电阻的隔离开关限制 VFTO。此外，特高压变电站还开展了在隔离开关的电源侧或者负荷侧装设磁屏蔽环限制 VFTO 的研究，并在北京西和蒙西变电站中进行了试用。

隔离开关的并联分合闸电阻可共用一个投切电阻，其电阻值取值范围为 300～1000Ω。综合投切电阻阻值变化和 VFTO 幅值、电阻上的电压和电阻吸收能量的关系，投切电阻阻值取 500Ω 左右。

HGIS 变电站不同于 GIS 变电站，其母线采用架空线路连接。在组合电器设备内部的隔离开关操作过程中产生的 VFTO 传播到架空母线上时，损耗较大，其反射到组合电器设备内部的 VFTO 幅值不高。因此，HGIS 变电站的 VFTO 幅值一般不高。研究表明，试验示范工程 HGIS 变电站组合电器设备的最大 VFTO 低于 GIS 变电站，相对于组合电器设备 2400kV 的雷电冲击耐受电压（LIWV）峰值，其绝缘安全裕度为 23.8％，可以不采取措施限制。

GIS 变电站和 HGIS 变电站的变压器经过架空线路和 GIS 套管相连接，变压器上的 VFTO 幅值不大，上升速度较慢，其波前时间和雷电冲击相近。

（四）其他过电压限制措施

无故障甩负荷过电压、振荡解列过电压、投切空载变压器产生的操作过电压及主变压器 110kV 侧开断并联电容器组/并联电抗器过电压一般采用装设 MOA 加以限制。

第四节 雷电过电压及其保护

特高压变电站雷电过电压由直击雷或者雷电侵入波产生。

一、直击雷过电压保护

（一）直击雷过电压

直接雷击简称直击雷，是指雷云直接对地面上的建筑物或其他物体放电并导致物体损毁的现象。直击雷发生瞬间携带巨大的能量，若不能迅速将其泄放入大地，将导致其放电通道的物体遭受严重损害，甚至危及人身安全。雷击会严重损害电气设备和电子设备，数十乃至一二百千安的雷电冲击电流具有巨大的电磁效应、热效应和机械效应，雷电冲击电流流过被击物体形成幅值很高的冲击电压波，使电气设备绝缘破坏，冲击电流的电动力作用使被击物体炸裂，冲击电流使导线等金属物体温度突然升高，以致熔断毁坏。变电站若发生雷击事故，则可能造成大面积停电，因此，变电站的防雷保护必须十分可靠。

（二）特高压变电站的直击雷防护

与超高压变电站相比，特高压变电站占地面积更大，跨线高度更高，更易遭受直击雷害，直击雷防护要求更加严格。

我国超高压变电站直击雷防护设计方法主要为 DL/T 620—1997《交流电气装置的过电压保护和绝缘配合》、GB/T 50064—2014《交流电气装置的过电压保护和绝缘配合设计规范》的折线法，而国外普遍采用 IEEE 998—2012《变电站直接雷击屏蔽指南》中基于电气几何模型（electro geometric model，EGM）的滚球法。折线法是在苏联对单根及多根避雷针保护范围的研究成果上发展而来，其主要依赖于大量的模型试验数据及实际工程经验。折线法的基本原则是增加避雷针高度，实现更大的保护范围，对于较高的避雷针，没有考虑侧击的影响。当雷电先导不是从避雷针的上方而是从侧向发展且高度较低时，有发生绕击的可能。滚球法认为雷电先导在高空的发展不受地面物体感应作用的影响，将针、线的三维和二维不均匀电场当作一样处理，未考虑避雷针、避雷线形状不同所带来的电场的变化，这显然是过于简化和保守了，也与防雷装置的运行实践不符。

根据国外工程运行数据统计，当滚球半径为 30m 时，采用滚球法计算的避雷针保护范围内遭受雷击的概率为 0.1%，与折线法可靠性相同。当滚球半径为 45m 时，保护范围内遭受雷击的概率大约为 0.5%，略高于折线法。我国的变电站设计采用折线法计算避雷针保护范围，根据约 4272 个运行变电站的雷击数据统计，避雷针（线）保护范围内可能遭受雷击的概率为 0.1%，即保护范围内的可靠率达 99.9%。

从避雷设施投资来看，采用滚球法的避雷设施投资远大于折线法，这主要是因为特高压设备及跨线高度很高，而滚球法中当击距确定时，增加避雷针高度并不会增加其防雷保护范围，只能通过增加大量的避雷线来对其进行保护。同时，当避雷线高度增加时，为了防止侧击，又不得不在避雷线柱间侧面增加避雷线，且避雷线柱也占用了大量空间，使得站址占地面积及投资进一步增大。

因此，综合以上因素，结合特高压变电站直击雷防护研究的相关科研成果，我国特高压变电站的设计标准中规定将折线法作为直击雷防护计算方法。工程中也可以采用电气几何模型法或滚球法进行校核。我国特高压变电站的运行实践表明，采用折线法进行防直击雷防护计算是安全可靠的。

二、雷电侵入波过电压保护

（一）雷电侵入波过电压

雷击线路的机会远比雷击变电站的机会多。雷击输电线路的反击闪络或绕击导线（未闪络），均会形成雷电过电压行波，沿线路侵入变电站，在变电站设备上产生雷电过电压，即雷电侵入波过电压。雷电侵入波过电压对设备安全是一大威胁，所以雷电侵入波过电压保护是特高压变电站防雷保护研究的重点。由于特高压工程绝缘水平较高，反击雷电过电压幅值也较高，但发生概率很小，而杆塔高更易发生绕击，使绕击成为主要因素。

预测变电站雷电过电压时应考虑一般运行方式和特殊运行方式。特殊运行方式是指变电站线路侧断路器处于开路状态的运行方式，出现特殊运行方式的情况有三种：①特高压线路遭受多重雷击，第一次雷击使线路故障闪络，站内线路断路器分闸，形成线路末端断路器处于开断状态的单线运行方式，后续第二次雷击接踵而至，击在同一线路上，在线路末端断路器断口处形成电压全反射，形成雷电侵入波过电压；②特高压线路准备并网而尚未并网时，线路接地开关已拉开，线路遭受雷击；③特高压线路处于热备用状态，线路遭受雷击。特殊运行方式下的雷电过电压更严重，但出现的概率较小。

在进行特高压变电站雷电侵入波过电压绝缘配合时，同时考虑确定性法和统计法。采用确定性法时，内绝缘安全裕度要求不低于15%（特殊运行方式下内绝缘安全裕度要求不低于10%）；外绝缘安全裕度要求不低于5%。采用统计法时，特高压变电站的耐雷指标不宜低于1500年。

（二）特高压变电站雷电侵入波过电压保护

特高压变电站中比较严重的雷电侵入波过电压主要来源于2km架空进线段的导线受雷电绕击而形成的绕击侵入波过电压。日本对于特高压变电站雷电侵入波的保护主要依靠避雷器来限制过电压。特高压避雷器价格高，尤其是GIS内的避雷器。我国的HGIS变电站或开关站，不仅避雷器安装的数量增加，投资增加，而且有时布置也很困难。通过反复研究，根据我国国情，提出采用减小进线段最大绕击电流和安装高性能避雷器相结合的措施限制雷电侵入波过电压。在变电站进线段，即使是平原地区，也采取山区杆塔（酒杯塔），地线保护角为－4°以下。

在试验示范工程中，为了防止雷电绕击变电站进线段中相导线，单回线路采用三根地线（见图3－2）。采用此措施，用相对较少的MOA将过电压限制在允许范围之内，既经济又安全。此变电站雷电侵入波过电压保护方法在国际上是首创。在皖电东送工程及后续工程中，同塔双回线路采用两根地线及负保护角方式进行雷电侵入波过电压保护，如图3－3所示。

图3－2 进线段采用三根地线

综上所述，雷电侵入波过电压的主要限制措施有：

（1）安装无间隙MOA。

（2）提高杆塔耐雷水平。特高压线路2km架空进线段的杆塔耐雷水平宜大于250kA。

（3）选择适当的架空进线段地线保护角。为了限制绕击过电压，2km架空进线段地线保护角宜小于－4°。

（4）适当降低终端塔接地电阻。

其中，无间隙MOA是主要的过电压保护设备。特高压变电站一般在每组主变压器附近装设1组MOA；在每回特高压线路的入口处和特高压高抗附近装设MOA，MOA装设位置和数量应

图3－3 同塔双回线路采用双根地线及负保护角

通过雷电侵入波过电压计算确定。

第五节 绝 缘 配 合

绝缘配合是指根据系统中可能出现的各种电压和保护装置的特性来确定设备的绝缘水平；或者根据已有设备的绝缘水平选择适当的保护装置，以便将作用于设备上的各种电压所引起的设备损坏和影响连续运行的故障概率降低到在经济上和技术上能接受的水平。也就是说，绝缘配合时要正确处理各种电压、各种限压措施和设备绝缘耐受能力三者之间的配合关系，全面考虑设备造价、维修费用及故障损失三个方面，力求取得较高的经济效益。

一、绝缘配合的方法

为确定电网的绝缘水平，采用的方法有确定性法（惯用法）、统计法和简化统计法。

确定性法是在惯用过电压（即可接受的接近于设备安装点的预期最大过电压）与惯用耐受电压之间，按照设备制造和电力系统的运行经验选取适宜的配合系数。当设备故障率的统计数据无法通过试验获得时，一般采用确定性法。

统计法旨在对设备的故障率定量，并将其作为选取额定耐受电压和绝缘设计的一个性能指标。统计法将过电压和绝缘强度都看作是随机变量，在已知过电压幅值及绝缘闪络电压统计特性后，用计算方法求出绝缘闪络的概率来确定故障率。通过逐点对不同绝缘类型和不同网络状态的重复计算，可以得到由绝缘故障引起的系统的总故障率。统计法不仅定量地给出设计的安全程度，同时能在考虑设备年折旧费、年运行维修费用的基础上，按照事故损失最小的原则进行优化设计，选择最佳绝缘。统计法至今只用于自恢复绝缘主要是超高压设备外绝缘的设计。

在简化统计法中，对概率曲线的形状做了若干假定，如假定过电压满足已知标准偏差的正态分布，而绝缘强度满足修正的维泊尔（Weibull）概率分布，从而可用与一给定概率相对应的点来代表一条曲线。在过电压概率曲线中称该点的纵坐标为统计过电压，其概率不大于2%；而在绝缘耐受电压曲线中则称该点的纵坐标为统计耐受电压，设备的冲击耐受电压的参考概率取为90%。

综上所述，特高压变电站电气设备操作冲击绝缘水平，以及变电站绝缘子串、空气间隙的操作冲击绝缘强度，以避雷器保护为基础进行绝缘配合。配合时，对非自恢复绝缘采用确定性法（惯用法）；对自恢复绝缘采用仅将绝缘强度作为随机变量的统计法。变电站中电气设备和绝缘子串、空气间隙的雷电冲击强度，以避雷器保护为基础可采用确定性法和统计法（或简化统计法）进行绝缘配合。

目前尚无统一规定的VFTO的试验电压典型波形和耐受电压值。由于GIS绝缘放电的伏秒特性曲线比较平坦，在 VFTO 下的耐受电压比雷电冲击耐受电压升高不多，因此在绝缘配合时可用雷电冲击耐受水平来代替。变压器类设备的绝缘在 VFTO 下的耐受电压尚在考虑中。

设备绝缘配合研究可按照图 3-4 所示的流程进行。绝缘配合程序包括选取设备的最高电压和与之相应的、表征设备绝缘特性的一组标准耐受电压。选取额定耐受电压时，宜从标准额定耐受电压中选取。所选取的工频、冲击标准电压构成额定绝缘水平。

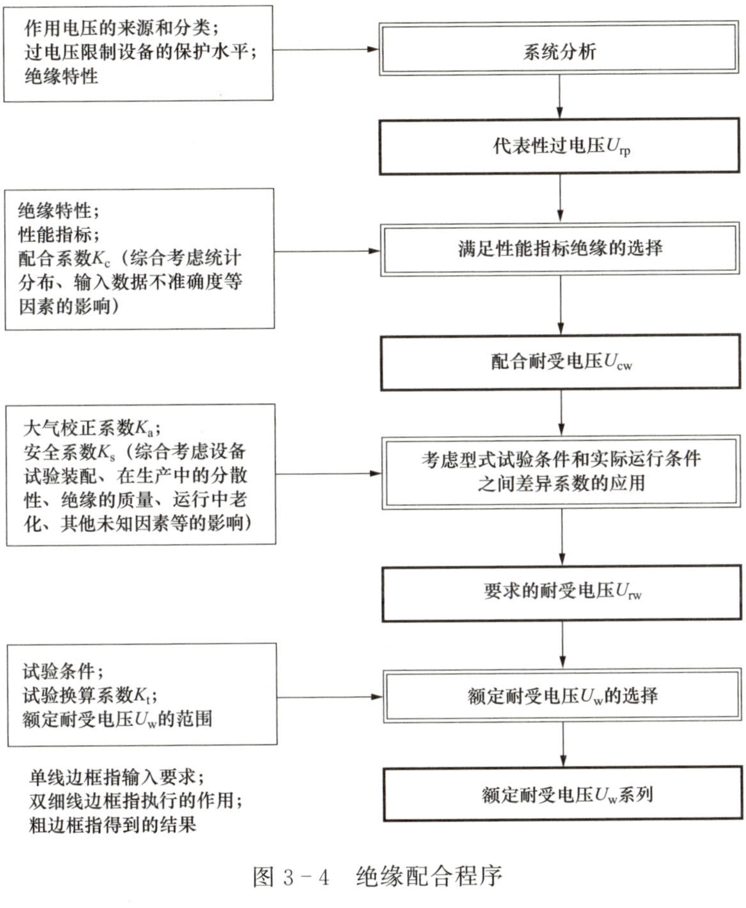

图 3-4　绝缘配合程序

二、电气设备的绝缘配合

（一）代表性过电压及绝缘配合系数

1. 持续运行电压和暂时过电压下的绝缘配合

变电站电气设备应能承受持续运行电压及一定幅值和时间的暂时过电压。以最大的工频过电压作为代表性过电压，取一定的配合系数和安全系数。电气设备内绝缘的额定耐受电压（有效值）等于代表性过电压乘以一定的配合系数和安全系数。电气设备外绝缘的额定耐受电压需依据海拔进行大气校正因数计算，电气设备外绝缘相对地额定工频耐受电压等于代表性过电压乘以一定的配合系数、安全系数及大气校正系数。

变电站电气设备外绝缘耐污闪能力应能满足变电站所在地区的相应污秽等级区的耐受持续运行电压作用要求。

开关设备的纵绝缘（断路器同极断口间内绝缘及断路器、隔离开关同极断口间外绝缘）的额定短时工频耐受电压应考虑反极性持续运行电压的影响。

2．操作过电压下的绝缘配合

电气设备内绝缘代表性过电压为变电站最大的操作过电压或避雷器操作冲击保护水平。电气设备内绝缘操作冲击耐受电压要求值为统计计算得到的最大操作过电压值乘以一定的确定性配合因数和安全因数，或者避雷器操作冲击保护水平乘以一定的配合系数。

电气设备外绝缘相对地绝缘代表性过电压为变电站相对地统计操作过电压或避雷器操作冲击保护水平；相间绝缘代表性过电压为变电站相间统计操作过电压或避雷器操作冲击保护水平。电气设备外绝缘相对地操作冲击耐受电压要求值为相对地统计操作过电压乘以一定的统计配合因数和安全因数，或者避雷器操作冲击保护水平乘以一定的配合系数；电气设备外绝缘相间操作冲击耐受电压要求值为相间统计操作过电压或避雷器操作冲击保护水平乘以一定的统计配合因数和安全因数。

3．雷电过电压下的绝缘配合

由变电站各个设备上的雷电侵入波过电压计算值或避雷器雷电冲击保护水平确定各个设备上的代表性过电压。计算时应考虑雷击位置、雷电流幅值、变电站可能出现的运行方式、避雷器特性及其布置方式等。

雷电冲击耐受电压要求值由代表性过电压（通过计算变电站各个设备上的雷电侵入波过电压来确定）乘以一定的安全系数确定，或者由避雷器雷电冲击保护水平乘以一定的配合系数。

对变压器类设备应做雷电冲击截波耐受电压试验，其幅值可比额定雷电冲击耐受电压值高10％左右。开关设备的纵绝缘（断路器同极断口间内绝缘及断路器、隔离开关同极断口间外绝缘）的全波雷电冲击耐压应考虑反极性持续运行电压的影响。

（二）1000kV 绝缘配合

1．1000kV 系统的过电压控制水平

综合采取过电压保护措施后，1000kV 系统的过电压水平限值如下：

（1）工频暂时过电压水平在线路断路器的变电站侧不大于 1.3（标幺值），在线路断路器的线路侧不大于 1.4（标幺值）。

（2）1000kV 线路沿线最大的 2％相对地统计操作过电压一般宜限制在 1.7（标幺值）以下，变电站的 2％相对地统计操作过电压一般宜限制在 1.6（标幺值）以下。

（3）变电站线路侧的相间最大操作过电压可限制在2.9（标幺值）以下，变电站母线侧的相间最大操作过电压可限制在2.8（标幺值）以下。

2. 1000kV金属氧化物避雷器（MOA）选择

MOA是限制操作过电压和雷电过电压的主要装置，其保护水平是变电站设备绝缘配合的基础，MOA按其安装位置分为母线侧MOA（布置在变电站间隔内或接于母线上）和线路侧（布置在变电站内线路出口处）MOA。

MOA的保护水平与其额定电压相关。MOA额定电压的选择主要取决于工频过电压的大小和持续时间。母线侧MOA的额定电压按母线侧最大工频过电压为1.3（标幺值，有名值为826kV）选为828kV；线路侧最大工频过电压为1.4（标幺值，有名值为889kV），但持续时间较短（小于0.5s），因此线路侧MOA额定电压也可选为828kV，这对于降低系统过电压水平有重要意义。

1000kV MOA的主要参数见表3-1。

表3-1　1000kV MOA的主要参数

系统标称电压（kV）	1000
额定电压（kV，有效值）	828
持续运行电压（kV，有效值）	638
标称放电电流（kA）	20
1/10μs、20kA下，陡波冲击残压（kV）	≤1782
8/20μs、20kA下，雷电冲击残压（kV）	≤1620
30/60μs、2kA下，操作冲击残压（kV）	≤1460
直流8mA参考电压（kV）	≥1114

3. 1000kV设备额定绝缘水平

1000kV设备额定绝缘水平如表3-2所示。

表3-2　1000kV设备额定绝缘水平

设备名称	设备试验电压（kV，峰值）			工频耐受电压（kV，有效值）	保护水平配合系数	
	雷电冲击耐受电压		操作冲击耐受电压		雷电冲击保护水平	操作冲击保护水平
	全波	截波	干、湿	干、湿		
主变压器、并联电抗器	2250	2400	1800	1100（5min）	2250/1620=1.39	1800/1460=1.23
GIS（断路器、隔离开关）	2400		1800	1100（1min）	2400/1620=1.48	1800/1460=1.23
支柱绝缘子、隔离开关（敞开式）	2550		1800	1100（1min）	2550/1620=1.57	1800/1460=1.23
电容式电压互感器（CVT）	2400		1800	1200（5min）	2400/1620=1.48	1800/1460=1.23

续表

设备名称	设备试验电压（kV，峰值）			工频耐受电压（kV，有效值）	保护水平配合系数	
	雷电冲击耐受电压		操作冲击耐受电压		雷电冲击保护水平	操作冲击保护水平
	全波	截波	干、湿	干、湿		
套管（变压器、电抗器）	2400	2760	1950	1200（5min）	2400/1620=1.48	1950/1460=1.34
套管（GIS）	2400		1800	1100（1min）	2400/1620=1.48	1800/1460=1.23
开关设备纵绝缘	2400+900		1675+900	1100+635（1min）		

注 1. 对海拔超过1000m的站址，设备外绝缘水平应做相应的海拔修正。
2. 开关设备断口间反相工频试验电压对操作取1.0倍的系统最高相对地工频电压（峰值）；对雷电取1.0倍的系统最高相对地工频电压（峰值）。

（三）500kV绝缘配合

1. 500kV过电压控制水平

（1）500kV工频过电压控制水平如下：线路断路器的变电站侧为1.3（标幺值）；线路断路器的线路侧为1.4（标幺值）。

（2）500kV操作过电压控制水平如下：500kV空载线路合闸和重合闸产生的相对地统计操作过电压不宜大于2.0（标幺值）。

2. 500kV MOA选择

超高压系统中多采用额定电压为420kV和444kV的MOA。近年来，随着750kV和1000kV MOA的相继生产应用，MOA制造技术有了大幅度提高，在500kV系统中采用更高性能的MOA（即高性能MOA）、选用更低的MOA保护水平已成为可能。特高压变压器500kV侧采用了高性能MOA（额定电压为414kV），一方面有助于降低变压器500kV侧的过电压水平，可阻止较高的操作过电压传递到1000kV侧，以减轻1000kV侧MOA负担；另一方面，能够进一步降低变压器500kV侧冲击绝缘水平，有利于改进变压器的内部结构，减小变压器阻抗和尺寸，对提高变压器容量等方面也具有非常重大的意义。另外，采用高性能MOA还可进一步抑制特高压变压器500kV侧的雷电侵入波传递到低压侧，降低低压侧的传递过电压，提高允许传递比。

仿真计算表明，变压器500kV侧采用高性能MOA后，高性能MOA的限压效果优于常规MOA，且MOA吸收的能量在允许范围内，高性能MOA的运行使用是安全可靠的。

500kV MOA的主要参数见表3-3。

表3-3　500kV MOA的主要参数（kV）

参　数	线路侧MOA	主变压器侧MOA
额定电压（有效值）	444	414

续表

参　数	线路侧 MOA	主变压器侧 MOA
最大持续运行电压（有效值）	324	318
操作冲击 2kA 残压（峰值）	907	785
雷电冲击 20kA 残压（峰值）	1106	950
陡波冲击 20kA 残压（峰值）	1238	1069

3. 500kV 设备额定绝缘水平

500kV 设备额定绝缘水平如表 3－4 所示。

表 3－4　　500kV 设备的额定绝缘水平

设备名称	设备试验电压（kV，峰值）			1min 工频耐受电压（kV）	保护水平配合系数	
	雷电冲击耐受电压		操作冲击耐受电压		雷电冲击保护水平	操作冲击保护水平
	全波	截波	干、湿	干、湿		
主变压器中压侧	1550	1675	1175		变电站 MOA 1.4×950＝1330(kV) 实际配合系数 1550/950＝1.63	变电站 MOA 1.15×785＝902.8(kV) 实际配合系数 1175/785＝1.5
GIS/HGIS（断路器、隔离开关）	1675		1175	740	线路 MOA 1.4×1046＝1464.4(kV) 实际配合系数 1675/1046＝1.6	线路 MOA 1.15×858＝986.7(kV) 实际配合系数 1175/858＝1.37
开关设备断口间	1675＋450	1675＋450	1175＋450	740＋315		
套管（GIS GIS/HGIS）	1675		1175	740	线路 MOA 1.4×1046＝1464.4(kV) 实际配合系数 1675/1046＝1.6	线路 MOA 1.15×858＝986.7(kV) 实际配合系数 1175/858＝1.37
电容式电压互感器	1550		1175	680	线路 MOA 1.4×1046＝1464.4(kV) 实际配合系数 1550/1046＝1.48	线路 MOA 1.15×858＝986.7(kV) 实际配合系数 1175/858＝1.37

注　对海拔超过 1000m 的站址，设备外绝缘水平应做相应的海拔修正。

（四）110kV 绝缘配合

1000kV 变压器低压绕组 110kV 侧采用系统不接地方式，装设容性和感性无功补偿装置。

1. 110kV MOA 选择

110kV 系统为中性点不接地系统，允许系统带单相接地故障运行 2h。单相接地故障时健全相电压升高到 126kV，因此 MOA 持续运行电压应不低 126kV。MOA 额定电压为持续运行电压的 1.25 倍，故 MOA 额定电压确定为 158kV。考虑串联电抗器引起的电容器组电源侧稳态电压升高，低压并联电容器组电源侧处装设的 MOA 额定电压为174kV。

110kV MOA的主要参数见表3－5。

表3－5　110kV MOA的主要参数（kV）

参　数	110kV汇流母线及并联电抗器首端MOA	110kV并联电容器首端MOA
额定电压（有效值）	158	174
最大持续运行电压（有效值）	126	138
操作冲击0.5kA残压（峰值）	284	313
操作冲击2kA残压（峰值）	301	331
雷电冲击10kA（峰值）	338	372
雷电冲击20kA（峰值）	363	400

注　并联电容器组的MOA 2ms方波通流容量经设备厂家计算后确定。

2. 110kV MOA的配置

（1）并联电容器组回路的MOA配置。开断并联电容器组时，若断路器发生单相重击穿，电容器高压端对地过电压可超过4倍最高相电压，并联电容器组应在电源侧配置MOA，由电容器厂家选择并供应。

（2）并联电抗器回路的MOA配置。并联电抗器回路装设一组MOA。

（3）主变压器低压侧的MOA配置。主变压器低压侧靠近变压器处装设一组MOA。

3. 110kV设备的额定绝缘水平

110kV设备的额定绝缘水平见表3－6。

表3－6　110kV设备的额定绝缘水平

设备名称	设备耐受电压值（kV）				
	雷电冲击耐压（峰值）			1min工频耐压（有效值）	
	全波		截波		
	内绝缘	外绝缘		内绝缘	外绝缘
主变压器低压侧	650	650	750	275	275
并联电抗器	650	650	715	275	275
其他电器	650	650		275	275

注　对海拔超过1000m的站址，设备外绝缘水平应做相应的海拔修正。

三、空气间隙的确定

（一）1000kV配电装置空气间隙确定

1. 最小空气间隙的分类

变电站最小空气间隙可分为A_1'、A_1''和A_2值三类。A_1'为导线对地的最小电气距离，A_1''为设备带电部分对地的最小电气距离，A_2为相间最小电气距离。

最小空气间隙是1000kV配电装置设计的基础条件之一，其本质属于空气间隙绝缘配合的范畴。

最小空气间隙的绝缘耐受性能由其操作冲击耐受特性、雷电冲击耐受特性以及工频电压下的耐受特性来表征和验证，其中，操作冲击耐受特性起着决定性作用。

2. 空气间隙上放电电压的确定

作用在空气间隙上的工频电压一般按照系统暂时过电压确定。作用在空气间隙上的正极性操作冲击放电电压采用简化统计法来计算。变电站中的雷电过电压取决于从架空导线侵入变电站的过电压幅值和波形及变电站本身的行波特性。其中，雷电冲击波的陡度、避雷器的保护水平，以及避雷器与被保护设备（间隙）的电气距离是决定变电站中雷电过电压的主要参数。一般采用电磁暂态程序（electro magnetic transient program，EMTP）计算变电站中的雷电过电压水平。

3. 变电站空气间隙外绝缘特性及放电曲线的选取

按照空气间隙上放电电压数值，根据50%放电曲线确定最小空气间隙。50%放电曲线由试验单位通过真型放电试验获得。

（1）变电站空气间隙外绝缘特性。

1）冲击电压极性对间隙放电电压的影响。冲击（操作和雷电）电压的极性有正极性和负极性两种，由于实际电极形状不对称，冲击电压的极性对冲击绝缘强度有很大影响。对于多数电极形状，其接地电极既可以是地面本身，也可以是构架，或者是两者的组合，而带电电极（如导线等）的尺寸比大地或构架小很多。因此，电极间的电场很不均匀，带电电极的场强最高。对于杆塔间隙，冲击电压的放电是由正极性流注引起，故正极性冲击放电电压低于负极性冲击放电电压（见图3－5）。因此，在特高压输变电技术研究中，冲击试验的波形极性只考虑正极性的情况（除非特别注明，一般都为正极性）。

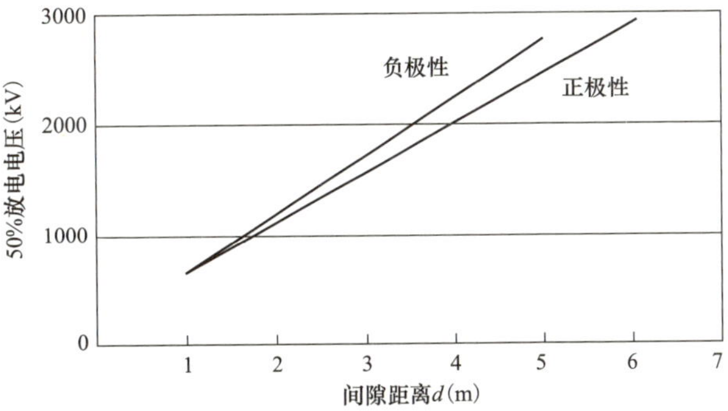

图3－5 杆塔间隙雷电冲击放电电压曲线（正极性和负极性）

2）间隙电极结构对放电电压的影响。间隙的电极结构（形状）对间隙的放电电压有很大影响，图3－6是“棒—板”和“棒—棒”两种典型间隙的工频电压放电特性曲线。从图3－6中可以看出，“棒—棒”间隙4m时的放电电压比“棒—板”间隙4m时的放电电压高32%。

研究表明，工程上采用的绝缘间隙结构的正极性冲击放电电压高于“棒—板”间隙的放电电压，但低于“棒—棒”间隙的放电电压，如图3－7所示。特高压工程如果按

“棒—板”间隙操作冲击放电电压曲线设计杆塔间隙，间隙距离将需要 11m 以上，工程经济性较差。因此，特高压的外绝缘特性研究采用 1∶1 模拟真型结构，真实反映工程线路和设备的绝缘特性，对合理选择线路和变电站设备外绝缘间隙十分必要。

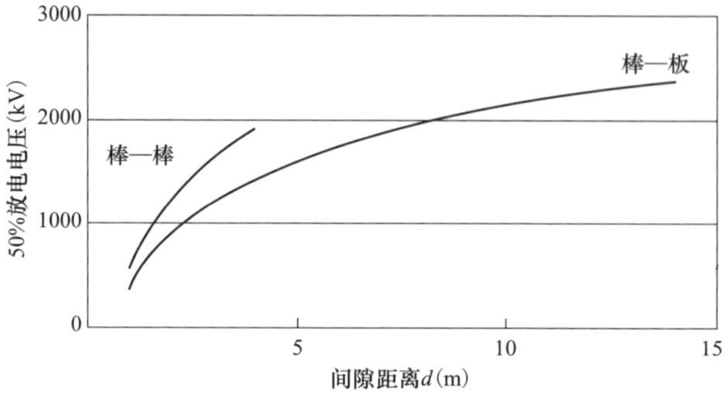

图 3－6　“棒—板”和“棒—棒”间隙的工频电压放电特性曲线

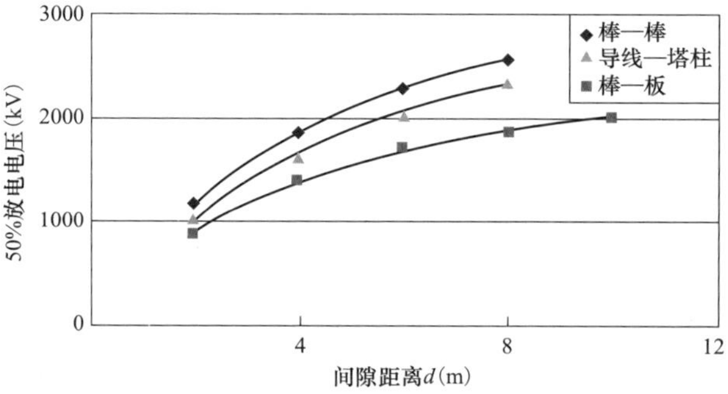

图 3－7　不同间隙结构冲击放电电压特性曲线

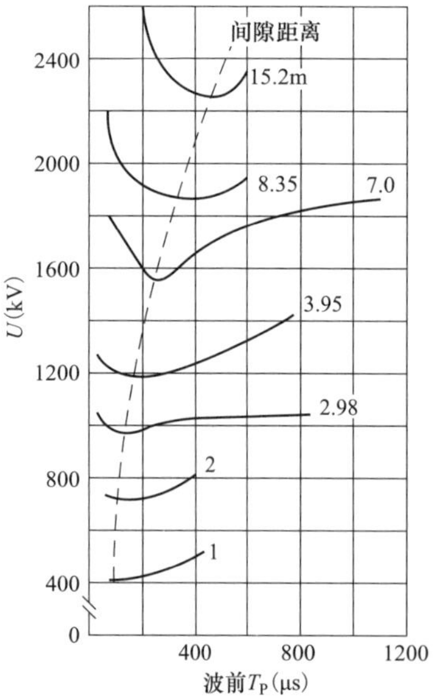

图 3－8　“棒—板”间隙正极性操作冲击放电电压与波前时间的关系

3）操作波波前时间对间隙放电电压的影响。极不均匀电场中操作冲击电压的波形对放电电压有很大影响。图 3－8 是“棒—板”间隙的正极性操作冲击 50％放电电压和波前时间的关系曲线。操作冲击下放电通常发生在波前部分，因此波尾对放电电压基本没有影响。由图 3－8 可知，50％放电电压曲线具有极小值，对应于极小值的波前时间随着间隙距离的增大而增加，对于 7m 以下的间隙，大致为 50～250μs。对于输电线路和变电站的各种形状的空气间隙，操作冲击电压也具有类似影响，均呈现出“U”形曲线，正极性情况尤为明显。

在以往 500kV 工程外绝缘设计中，通常采用标准操作波进行操作电压空气间隙设计。

1000kV交流输电系统线路长、导线分裂数多、设备参数高，操作过电压的波前时间远远高于超高压系统，可达1000μs以上。如果仍然沿用500kV超高压输电工程用标准操作波设计外绝缘间隙，绝缘裕度大而不经济。在试验示范工程的杆塔外绝缘试验中，开展了120、250、500、1000、3000μs和5000μs不同波前时间杆塔间隙操作冲击放电特性试验，获得了特高压杆塔间隙的放电电压与波前时间的"U"形曲线，如图3-9所示。绝缘配合中采用操作冲击波前时间1000μs的试验数据进行操作电压间隙的设计，比采用标准操作冲击设计的间隙小约10%。

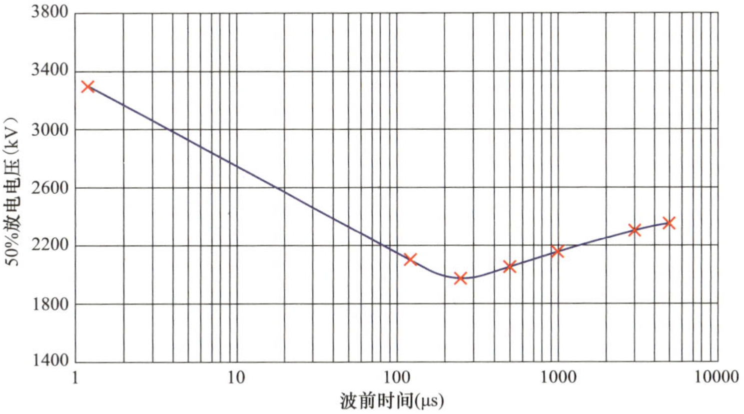

图3-9 杆塔间隙操作冲击放电电压与波前时间的关系

(2) 放电曲线的选取。

按照空气间隙上放电电压数值，根据50%放电曲线确定最小空气间隙。50%放电曲线由试验单位通过真型放电试验获得。放电试验采用的典型空气间隙包括4分裂导线—构架梁间隙、4分裂导线—构架柱间隙、管型母线—构架柱间隙、均压环—构架柱间隙、均压环—均压环间隙、4分裂导线—4分裂导线间隙、管型母线—管型母线间隙等。

4. 最小空气间隙的取值

海拔为1000m及以下时，最小空气间隙的取值见表3-7。

表3-7　1000kV配电装置最小空气间隙值（m）

序号	放电电压类型	相一地 A_1		相一相 A_2
		A_1'	A_1''	A_2
1	工频放电电压	4.20		6.80
2	正极性操作冲击电压波	6.80	7.50	9.20（4分裂导线—4分裂导线） 10.1（均压环—均压环） 11.3（管型母线—管型母线）
3	正极性雷电冲击电压波	5.00		5.50

5. 1000kV 配电装置的安全净距

1000kV 配电装置的安全净距既包括由空气绝缘强度确定的最小空气间隙、由地面场强控制的带电导体至地面之间的距离，还包括检修、设备运输及运行工况下的必要的安全距离。1000kV 配电装置的安全净距见表 3-8。

表 3-8　　1000kV 配电装置的安全净距（m）

符号	适用范围		安全净距
A_1'	4 分裂导线—地 管型母线—地		6.8
A_1''	均压环—地		7.50
A_2	带电导体相间	4 分裂导线—4 分裂导线	9.20
		均压环—均压环	10.10
		管型母线—管型母线	11.30
B_1	(1) 带电导体至栅栏； (2) 运输设备外轮廓线至带电导体； (3) 不同时停电检修的垂直交叉导体之间		8.25
C	带电导体至地面	单根管型母线	17.50*
		4 分裂架空导线	19.50
D	(1) 不同时停电检修的两平行回路的水平距离 (2) 带电导体至围墙顶部 (3) 带电导体至建筑物边缘		9.50

注　表中数据为海拔 1000m 时的安全净距。

*　C 值为带电导体至地面（单根管型母线）的安全净距，是为保证配电装置的静电感应场强水平限制到低于 10kV/m。皖电东送工程中，经仿真研究，当管型母线高度为 17.15m、相间距为 15m 时，高抗回路"四元件"方案大部分区域基地 1.5m 处的电场强度最高为 9.34kV/m（有效值），不超过 10kV/m。实际工程中经过计算，静电感应场强水平低于 10kV/m 时，此值可适当降低。

（二）500kV 及 110kV 配电装置空气间隙

1. 500kV 配电装置空气间隙

500kV 配电装置的 A_1 值为 3.8m，A_2 值为 4.3m。

2. 110kV 配电装置空气间隙

110kV 侧为中性点不接地系统，A_1 值为 1.0m，A_2 值为 1.1m。

四、1000kV 绝缘子串片数的选择

确定绝缘子串片数的方法通常有爬电比距法和污闪电压耐受法。

(1) 按爬电比距法，绝缘子串片数的计算式为

$$n \geqslant \frac{\lambda U_{\mathrm{m}}}{K_{\mathrm{e}} l_0} \tag{3-1}$$

式中　n——绝缘子串片数；

λ——爬电比距，mm/kV；

U_m——系统最高运行相电压，kV；

l_0——单片绝缘子的泄漏距离，mm；

K_e——绝缘子串爬电距离的有效系数。

绝缘子串选用不同绝缘子及不同串型时，其积污特性、自洁性能和耐污特性相差较大，因此，不同绝缘子串爬电距离的有效系数需根据大量试验和运行数据的统计分析结果确定。

式（3-1）适用于海拔1000m及以下地区，对于海拔大于1000m的地区需进行高海拔校正。

（2）按污闪耐受电压法，绝缘子串片数的计算式为

$$n \geqslant \frac{K_1 U_m}{U_w} \tag{3-2}$$

$$U_w = U_{i50\%}(1-3\sigma) \tag{3-3}$$

式中 U_w——单片绝缘子污闪耐受电压，kV；

K_1——可靠性系数；

$U_{i50\%}$——给定污秽等级下绝缘子片的50%闪络电压，kV；

σ——绝缘子片污闪耐受电压的变差系数。

通过试验，得到各污秽等级下绝缘子片的污闪耐受电压值。

通常影响人工污秽试验结果与自然污秽等效性的因素包括：①可溶盐的种类及其附着密度（即盐密）；②不溶物的种类及其附着密度（即灰密）；③污秽物在绝缘子上下表面不均压分布；④绝缘子及绝缘子串的型式等。

重盐密时，需对试验结果按上下表面积污不均匀分布情况和盐密灰密比进行修正。修正后的污闪耐受电压U'_w计算式为

$$U'_w = K_n K_d U_w \tag{3-4}$$

$$K_d = 1 - N\ln(T/B) \tag{3-5}$$

式中 K_n——灰密修正系数；

K_d——绝缘子上下表面污秽不均匀分布修正系数；

N——常数；

T/B——上下表面不均匀积污比。

绝缘子的型式，尤其是伞裙形状，对绝缘子串的污耐压特性影响较大。在重污秽条件下，普通型绝缘子局部放电更易短接部分爬电距离，使绝缘子串污闪耐受电压降低。同时，绝缘子串的不同组串型式也由于邻近效应等原因影响着绝缘子串的污耐压特性。科研单位在盐密、灰密分别为0.1、0.5mg/cm^{2}的条件下，对不同型式的绝缘子，主要是普通型（CA590-EZ）和双伞型（CA887-EZ），在不同组串形式下的污耐压特性进行了试验测量。试验结果表明：

1）双伞型单联绝缘子串的单片污闪耐受电压值较普通型单联绝缘子串提高约5%；

2）双伞型双联绝缘子串的单片污闪耐受电压值较双伞型单联串降低的6%；

3）双伞型单V绝缘子串的单片污闪耐受电压较双伞型单联绝缘子串提高约13%。

因此，若选用的绝缘子及绝缘子串的型式与试验有所差异时，需对试验结果进行修正。

（3）综合比较两种方法，爬电比距法简单易行，在超高压工程设计中被广泛采用且经过实践验证，但此方法没有与绝缘子串的污闪耐受能力建立起直接的联系，而且不同绝缘子串的爬电距离有效系数也还需结合人工污闪耐受电压的试验结果及长期运行经验确定。污闪耐受电压法根据试验得到绝缘子串在不同污秽等级下的污闪耐受电压，使选定的绝缘子串的污闪耐受电压大于连接导线的最大工作电压，并留有一定的裕度。此方法直接与绝缘子串的污闪耐受能力联系在一起，但需通过人工污秽试验确定绝缘子串的污闪耐受电压，且存在人工污秽试验结果和自然污秽下的等效性问题。

选择1000kV绝缘子串片数时，采用上述两种方法进行计算，综合分析比较后确定片数。其中，在试验示范工程中由于特高压变电站所选用的绝缘子串缺乏污闪耐受电压的试验数据，因此在污秽等级和绝缘子伞形相同的条件下，变电站悬式绝缘子串爬电距离可与线路绝缘子串爬电距离相同。

根据科研成果，在d级污秽条件下，线路绝缘子串若选用双伞型绝缘子，其单片绝缘子爬电距离为485mm，单串片数为64片。经计算，特高压变电站绝缘子串型式及片数选择见表3-9。

表3-9　特高压变电站绝缘子串型式及片数

绝缘子串类型	跨线耐张绝缘子串	悬垂绝缘子串	母线耐张绝缘子串	
绝缘子型式	三伞型瓷绝缘子	三伞型瓷绝缘子	三伞型瓷绝缘子	
额定机电破坏负荷（kN）	240	160	300	240
公称结构高度（mm）	170	170	195	170
爬电距离（mm）	545	545	635	545
片数	59	59	51	59
绝缘子串型式	双联	V型	V型	

五、高海拔修正

截至2021年年底，已投运和在建的特高压变电站站址均在海拔1500m以下，1000kV系统高海拔修正研究仅针对海拔1500m以下区域。1500～4000m高海拔修正研究尚未完成。

（一）空气间隙的海拔修正

变电站空气间隙的绝缘配合先根据代表性过电压或避雷器保护水平确定空气间隙放电电压要求值，再根据变电站所在地区的海拔进行相应的大气修正，然后再对照变电站典型空气间隙放电电压数据，选取空气间隙最小距离。

海拔为 H(m) 地区的外绝缘，其在标准气象条件下的放电电压或耐受电压要求值（U_{P_H}）可按式（3－6）校正

$$U_{P_H} = k_a U_{P_0} \tag{3-6}$$

$$k_a = e^{k_m(H/8150)} \tag{3-7}$$

式中 U_{P_0}——海拔 0m 时的放电电压或耐受电压要求值，kV；

k_a——海拔校正因数。

k_m——系数。

雷电冲击电压下，$k_m = 1.0$；操作冲击电压下，k_m 按 GB/T 24842—2018《1000kV 特高压交流输变电工程过电压和绝缘配合》图 C.1 选取，如图 3－10 所示，对于由两个分量组成的电压，电压值是各分量的和；空气间隙和清洁的绝缘子在短时工频电压下，$k_m = 1.0$。

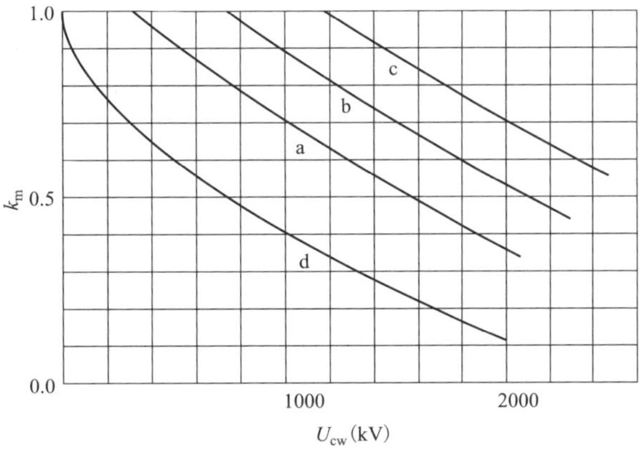

图 3－10 各种电压下的 k_m 值

a—相对地绝缘；b—纵绝缘；c—相间绝缘；
d—棒—间隙（标准间隙）

对污秽绝缘子，系数 k_m 是探讨性的。对长时间和短时工频耐受电压，试验标准绝缘子的 k_m 值最低可取至 0.5，防雾型绝缘子 k_m 值最高可取至 0.8。

（二）运行在海拔 1000～1500m 的设备外绝缘耐受电压海拔修正

设备外绝缘额定耐受电压已涵盖所有海拔 1000m 及以下的外绝缘要求。

当设备安装海拔高于 1000m 时，设备外绝缘额定耐受电压可能不满足设备外绝缘实际耐受电压的要求。在进行设备外绝缘耐受电压试验时，实际施加到设备外绝缘的耐受电压应根据额定绝缘水平进行海拔修正。

$$k_a = e^{k_m\left(\frac{H-1000}{8150}\right)} \tag{3-8}$$

k_m 取值按上述要求。

第四章　设备选择

特高压输变电工程的可靠性在很大程度上取决于主要设备的可靠性，正确地选择设备是使电气主接线和配电装置达到安全、经济的重要条件。因此，主要设备的选择应在满足可靠性、保障系统安全运行的前提下，注重特高压输变电工程的经济性，同时应尽量采用先进成熟技术。

与超高压输变电工程相比，特高压输变电工程 1000kV 电气设备电压等级高，设备外形尺寸大，电晕及无线电干扰、噪声、抗震等机械强度的问题都比较突出。110kV 电气设备采用中性点不接地系统，设备绝缘水平高，无功容量大，无功投切问题也比较突出。

本章主要研究特高压变电站 1000、500kV 和 110kV 主要设备型式选择和关键技术参数的计算确定等，给出了各电压等级主要设备选型的推荐意见和关键技术参数值，同时介绍了特高压输变电工程建设以来主要设备的技术优化成果。

第一节　环　境　条　件

选择设备时，应按当地环境条件校核。当温度、风速、湿度、污秽、海拔、地震、冰雪等环境条件超出一般设备的基本使用条件时，应通过技术经济比较分别采取相应措施，包括向制造部门提出补充要求，制订符合当地环境条件的产品，在设计或运行中采用相应的防护措施，如采用屋内配电装置、水冲洗、减震器等。

影响设备选择的环境条件包括温度、日照、风速、冰雪、湿度、污秽、海拔和地震等。

1. 温度

选择设备的环境温度如表 4－1 所示。

表 4－1　　选择设备的环境温度

安装场所	环境温度（℃）	
	最高	最低
屋外	年最高温度	年最低温度

续表

安装场所	环境温度（℃）	
	最高	最低
屋内电抗器	该处通风设计最高排风温度	—
屋内其他	该处通风设计温度，当无资料时，可取最热月平均最高温度加 5℃	—

注 1. 年最高（或最低）温度为一年中所测得的最高（或最低）温度的多年平均值。
2. 最热月平均最高温度为最热月每日最高温度的月平均值，取多年平均值。

需要注意的是，对于高寒环境（一般指最低温度低于－25℃），由于 SF_6 气体存在液化问题，SF_6 气体液化后将影响设备的安全运行，因此在设备选型、布置时，需重点考虑低温环境对 SF_6 气体绝缘设备的影响。当选用 GIS 设备时，可采用户内布置方案或气室加装伴热带等保温措施；当选用 HGIS 等设备时，可采用气室加装伴热带等保温措施。

2. 日照

日照对屋外设备的影响，由制造部门在产品设计中考虑。

3. 风速

1000kV 设备最大风速取离地面 10m 高、100 年一遇的 10min 平均最大风速；500kV 设备最大风速取离地面 10m 高、50 年一遇的 10min 平均最大风速。最大设计风速超过 35m/s 的地区，可在屋外配电装置的布置中采取措施。阵风对屋外设备及电瓷产品的影响，应由制造部门在产品设计中考虑。

4. 冰雪

在积雪、覆冰严重地区，应尽量采取防止冰雪引起事故的措施。隔离开关的破冰厚度应大于安装场所最大覆冰厚度。

5. 湿度

选择设备时，应采用当地湿度最高月份的平均相对湿度。对湿度较高的场所，应采用该处实际相对湿度。当无资料时，相对湿度可比当地湿度最高月份的平均相对湿度高 5%。

6. 污秽

特高压变电站污秽等级应根据污区分布图结合现场实际调研结果确定，设备的外绝缘设计应根据站址污秽水平确定。

7. 海拔

对安装在海拔超过 1000m 地区的设备外绝缘应予校验。

8. 地震

选择设备时，应根据当地的地震烈度选用满足地震要求的产品。抗震设防烈度 6～8 度地区新建、扩建的 1000kV 变电站内电气设施，按抗震设防烈度提高 1 度进行抗震设防。当抗震设防烈度为 7 度及以上时，电气设备应进行抗震计算。当抗震设防烈度为6度及以上时，安装在屋内二层及以上和屋外高架平台上的电气设备应进行抗震计算。

第二节 主变压器选择

一、容量选择

（一）容量选择一般原则

主变压器容量一般按变电站建成后5～10年的规划负荷选择，并适当考虑远期10～20年的负荷发展。

根据变电站所带负荷的性质和电网结构来确定主变压器的容量。对于有重要负荷的变电站，应考虑当一台主变压器停运时，其余变压器容量在计及过负荷能力后的允许时间内，应保证用户的一级和二级负荷。

（二）容量选择的具体因素

影响1000kV主变压器容量选择的具体因素包括系统发展需要、设备供应可行性和电网的技术经济性，现分析如下：

（1）系统发展需要。系统发展需要对主变压器容量的制约主要表现在“远近结合”方面，新电压等级投运初期系统潮流可能不大，如过分关注新电压等级服务后期的需要，将使主变压器容量选择偏大，但有利于简化容量系列。新电压等级投运后期电网结构发生较大变化，线路输送能力大幅度提高，选择接近或超过线路自然功率的主变压器容量也同样有利于简化电网结构。

（2）设备供应可行性。设备供应可行性对主变压器容量选择的约束主要是设备制造能力和大件运输的可行性。

（3）电网的技术经济性。设备供应应尽可能满足系统发展需要，以提高整个电网的技术经济性。根据国内外超高压电网发展的规律，变电站主变压器容量与电网输送能力、系统负荷密度、电网发展情况及厂站布置情况密切相关。一般来说，主变压器容量与线路输送能力能够匹配，则最有利于简化电网结构。如果主变压器容量取值偏小，将引起变电站主变压器台数增加，降低变电站技术经济效益并增加电气布置的困难；反之，如果主变压器容量取值偏大，将引起变电站高低压出线回路数增加，导致网络结构复杂化。

结合系统要求，1000kV主变压器的单相额定容量选1000MVA，三相总容量3000MVA。

二、型式选择

（一）三相和单相型式

主变压器采用三相还是单相型式，主要考虑主变压器的制造条件、可靠性要求及运输条件等因素。

国内 110～330kV 电压等级的主变压器一般采用三相共体式，500、750kV 主变压器多采用单相式。与单相变压器相比，三相共体式在节省材料和降低损耗方面有一定优势，但制造难度相对增加，运输也较困难。

对于特高压大容量主变压器，除需要考虑主变压器的制造条件、可靠性等因素外，还要考虑运输尺寸不得超过隧道、涵洞、桥梁的允许通过值，运输质量不得超过桥梁、公路、车辆、船舶等运输工具的承载能力。

由于单相容量为 1000MVA 的主变压器尺寸已达到约 11.5m×5m×5m（长×宽×高），因此，1000kV 主变压器采用单相式。

（二）芯式和壳式结构

变压器（电抗器）一般采用芯式结构，500（330）kV 变压器也有采用壳式结构的。对于 1000kV 主变压器，只有三菱公司生产的为壳式结构，其他生产厂家提供的均为芯式结构。由于部分 500kV 壳式变压器在运行 10 年后出现油流放电故障，需要进一步总结制造和运行经验。因此，我国 1000kV 主变压器采用芯式结构。

（三）多绕组和自耦型式

我国在 330、500kV 和 750kV 电力系统中，除升压变压器外，基本上全部采用了自耦变压器。自耦变压器与同容量的普通变压器相比具有很多优点，对减少投资、降低损耗、提高经济效益都极为有利。由于高、中压绕组的自耦联系，其阻抗小，对改善系统的稳定性有一定的作用，同时还可以扩大变压器的极限制造容量，便于运输和安装。因此在 330kV 及以上变电站中优先采用自耦变压器。

从各制造厂供货情况的不完全统计来看，500kV 及以上变电站的降压变压器及联络变压器均采用自耦变压器。日本新榛名变电站及苏联的特高压线路上的主变压器都为单相自耦变压器。

因此，根据国内外 500、750kV 及 1000kV 主变压器的制造情况，并考虑运输条件等因素，1000kV 主变压器采用单相三绕组自耦变压器。

三、参数选择

（一）第三绕组容量选择

我国超高压系统无功补偿的主要配置方式是在主变压器的第三绕组侧装设无功补偿装置，主变压器第三绕组容量一般按高、中压侧容量的 30%配置。北美、南美、南非等 750kV 主变压器第三绕组一般不装设无功补偿设备，第三绕组的主要作用是限制 3 次谐波，容量选择一般较小。巴西伊泰普水电工程 1500MVA 自耦变压器第三绕组容量取 500MVA，1650MVA 自耦变压器第三绕组容量取 500MVA。日本 1000kV 特高压主变压器为了满足 1000kV 输电线路最大视在功率的要求，第三绕组容量选为 1200MVA，该容量为其高、中压侧容量的 40%。

与超高压系统类似，我国 1000kV 变电站主变压器第三绕组容量选择取决于系统无功补偿的需要。根据对特高压变电站无功补偿装置配置方案的研究（详细内容见本章第五节），每组主变压器第三绕组侧无功补偿容量最大达到 4×240Mvar，即 960Mvar。因此对于容量为 3000MVA 的主变压器，第三绕组容量选择 1002MVA，该容量为主变压器高、中压侧容量的 33.4%。

（二）阻抗选择

变压器的阻抗实质就是绕组间的漏抗。阻抗的大小主要取决于变压器的结构和采用的材料。当变压器的电压比和结构、型式、材料确定以后，其阻抗的大小一般和变压器容量关系不大。因此变压器阻抗的上、下限范围决定于设备制造水平。

主变压器阻抗的取值对电力系统运行的诸多方面有较大的影响，包括对系统稳定的影响、对高低压环网运行的功率分配影响、对系统无功补偿容量的影响、对系统短路容量的影响等。

从提高电力系统稳定性和供电电压质量方面考虑，主变压器的阻抗越小越好；但阻抗偏小又会使系统短路电流增加，造成各侧设备选择的困难；从变压器的制造方面来讲，主变压器阻抗的取值需要有一个合理的范围，过大和过小都会增加变压器的制造困难。主变压器阻抗取值的原则是在设备制造允许的前提下尽量满足电力系统运行的期望值，以提高整个电网的技术经济性。

目前，500、750kV 单相三绕组自耦变压器的常用阻抗电压取值见表 4-2。

表 4-2　500、750kV 单相三绕组自耦变压器常用阻抗电压（%）

电压等级（kV）	高一中 U_{k1-2}	高一低 U_{k1-3}	中一低 U_{k2-3}
500	12～20	44～62	30～40
750	14～18	46～56	23～36

综合考虑系统稳定条件、限制系统短路水平要求、设备制造能力及变压器自身的经济性，已投运和在建的 1000kV 主变压器的短路阻抗值取值为：$U_{k1-2}=18\%$、$U_{k1-3}=62\%$、$U_{k2-3}=40\%$。

（三）第三绕组电压等级

500kV 主变压器第三绕组电压选择范围为 15.75、35、36、63、66kV。西北地区 750kV 主变压器第三绕组电压选择 63kV，若小于 63kV 将造成短路电流过大的问题。

对于 1000kV 主变压器，其第三绕组容量很大，选用 110、132kV 或 145kV（IEC 标准电压）作为额定电压，其相应额定电流见表 4-3。

表 4-3　1000kV 主变压器第三绕组额定电流（A）

第三绕组容量（MVA）	第三绕组电压（kV）		
	110	132	145
1002	5259	4383	3990

由于1000kV主变压器第三绕组侧的无功补偿装置组数达到了6～8组，为避免由于第三绕组侧母线或无功分组回路断路器故障导致主变压器退出运行，需要考虑装设总断路器。

由于132kV和145kV电压等级不在我国标准电压等级系列范围内，因此采用110kV电压等级。为解决总回路断路器额定电流过大的问题，装设2台总断路器。以第三绕组侧无功补偿装置组数8组为例，第三绕组侧接线示意图如图4-1所示。

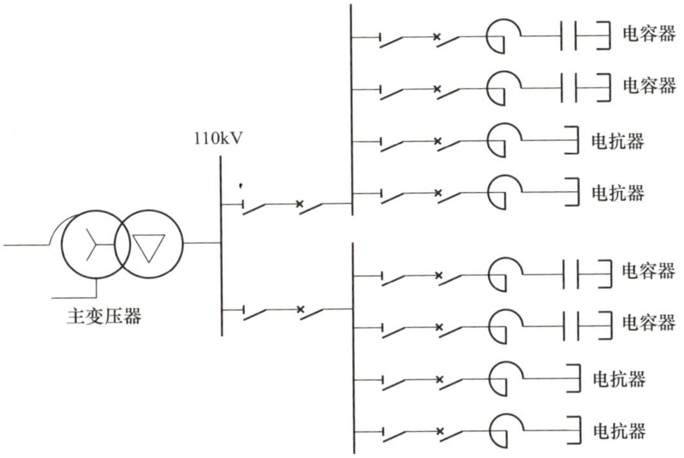

图4-1　主变压器第三绕组侧接线示意图

（四）绝缘耐受电压

根据特高压变电站绝缘配合研究成果（详细内容见第三章），我国1000kV主变压器的绝缘耐受电压见表4-4。

表4-4　1000kV主变压器绝缘耐受电压（kV）

绕组	额定短时工频耐受电压（方均根值）	额定操作冲击耐受电压（相对地，峰值）	额定雷电冲击耐受电压（峰值）	
			全波	截波
高压	1100（5min）	1800	2250	2400
中压	630（1min）	1175	1550	1675
低压	275（1min）	—	650	750
中性点	140（1min）	—	325	—

四、调压方式及调压范围

（一）调压方式的选用原则

变压器调压方式的选用原则为：

（1）无励磁调压变压器一般用于电压波动范围较小且电压变化较少的场所。

（2）有载调压变压器一般用于电压波动范围较大且电压变化频繁的场所。选用有载调压变压器时应经过技术经济论证。

（3）在满足使用要求的前提下，能用无励磁调压的尽量不采用有载调压。无励磁分接开关应尽量减少分接数目，可根据电压变动范围只设最大、最小和额定分接。

（4）自耦变压器采用公共绕组调压者，应验算第三绕组电压波动，避免超出允许值。在调压范围大、第三绕组电压不允许波动范围过大时，推荐采用中压侧线端调压。

（二）系统对调压方式的要求

根据系统计算，为满足输电系统无功调相调压的要求，分接头调压范围为±5%，调压级差为1.25%。

（三）调压位置的选择

由于1000kV主变压器的中压线端为500kV，在中压侧线端调压无论是从绝缘可靠性还是开关的选择上，都存在很大困难。如采用500kV线端调压，其调压开关目前无该电压等级产品。即使调压开关可以开发，对变压器本身来说，500kV调压线圈和调压引线也非常难处理，会影响变压器的绝缘可靠性。如采用外置调压器的方式，由于调压器线圈必然为500kV全绝缘结构，绝缘结构也较为复杂，从技术、安全、经济角度来说，都不理想。因此，1000kV主变压器采用中性点侧调压方式。

特高压自耦变压器公共绕组中性点侧调压对降低制造难度、提高安全可靠性和降低成本有利，但这种调压方式为变磁通调压，在调压时调压线圈的级间电压将比线端调压的调压线圈级间电压增大近一倍。由于调压开关制造困难，提出了分离设计的方案，即主变压器分为主体变压器和调压变压器两部分，调压开关设在调压变压器内。主体变压器油箱外设调压变压器，内有调压和补偿双器身、正反调压开关。其优点是调压部分与主体分开，当调压部分有问题时，主体仍可运行，同时简化了特高压变压器设计，提高了可靠性，有利于长期安全稳定运行。

主变压器采用中性点侧调压时，会发生第三绕组电压偏移现象，即当升高中压侧电压时，同时将降低第三绕组的电压。另外，在调压过程中，主绕组的感应电动势也随之变化，从而可能出现过励磁现象。当第三绕组连接有电抗器、电容器时，会增加电压变化的数值，使运行特性变坏。为此，设计了补偿绕组来补偿第三绕组电压波动，经计算，增加补偿绕组后第三绕组电压波动可控制在0.5%以内，且可将主变压器铁芯的过励磁水平控制在较好的水平范围内。

综合考虑上述因素，特高压交流工程主变压器均要求采用中性点无励磁调压（主变压器分为主体变压器和调压变压器两部分，调压开关设在调压变压器内），调压范围为±4×1.25%。皖南变电站主变压器首次研究应用了有载调压（主变压器同样分为主体变压器和调压变压器两部分，调压开关设在调压变压器内），调压范围为±10×0.5%。

五、1000kV 主变压器分接开关的控制

当 1000kV 主变压器采用无励磁调压变压器时，无励磁分接开关均带有外部电动操动机构，具有安全闭锁功能，以防止带电误操作、分接头未合在正确的位置时投运。无励磁分接开关有接收外部闭锁信号的接口，就地有挡位显示并能远传，挡位较多时采用 BCD 码传输。

当 1000kV 主变压器采用有载调压变压器时，有载分接开关带有外部电动操动机构，具有安全闭锁功能，以防止分接头未合在正确的位置时投运。有载分接开关有接收远方操作命令的接口，通过切换开关实现远方操作、就地操作和自动操作的功能，切换开关位置信号能远传，就地有挡位显示并能远传，挡位较多时采用 BCD 码传输。

由于 1000kV 主变压器为单相，为满足主变压器三相同步调压的要求，对于有载调压变压器，主变压器测控屏需设置 3 个重动继电器，分别对应有载调压开关的 3 个命令：升、降、急停；每个重动继电器扩展出 3 副接点，分别对应有载调压开关的 A、B、C 相，从而实现每个调压命令都能三相联动。

六、冷却方式

冷却系统是变压器的重要组成部分，它能保证变压器各部分的温度保持在规定值以内。变压器的冷却系统包括两个部分：①内部冷却系统，保证绕组、铁芯的热量散入油中；②外部冷却系统，保证油的热量散入周围空气中。

变压器的冷却方式有自然冷却（ONAN）、自然油循环风冷（ONAF）、强迫油循环风冷（OFAF）、强迫导向型油循环风冷（ODAF）、强迫油循环水冷（OFWF）和强迫导向型油循环水冷（ODWF）等冷却方式。为了适应不同负荷能力的情况，一台变压器可同时具备上述一种、两种或三种冷却方式。无自然冷却能力冷却器的布置形式有两种：①冷却器固定在变压器的油箱上；②冷却器集中固定在支架上，通过导油管与油箱连接。具有自然冷却能力的冷却器通常固定在变压器的油箱上。

目前国内变压器生产厂家所生产的户外 500kV 主变压器和 500kV 换流变压器，大都采用 ONAF 和 OFAF 的冷却方式，也有采用 ODAF 的冷却方式，户外 750kV 主变压器大多采用 OFAF 和 ODAF 的冷却方式。国外厂家生产的 1000kV 主变压器也大多采用 OFAF 的冷却方式。

从理论上来说，OFAF 和 ODAF 两种冷却方式的最主要差别在于是否在绕组和绝缘结构设计中采用导向结构。仅就冷却效果来说，有强迫油循环导向结构的冷却效果比无导向结构的要好一些，因为导向结构绕组内部油流有外部油泵的强力推动，因而油流更加充分，对降低绕组油温差和热点温升更为有利。但对高电压特别是电压等级高于 500kV 的主变压器来说，还有一个问题不容忽视，那就是油流带电问题。

1000kV 主变压器端部绝缘水平达到了 500kV 左右，端部绝缘、油流沿面长度都有所增加，油流带电问题势必更为突出。

为了避免油流带电带来的技术问题，1000kV 主变压器采用 OFAF 的冷却方式。

七、各级套管的平面布置位置

1000kV 单相变压器套管布置位置和变压器的结构有关，设计根据特高压变电站总体布置，对主变压器套管布置位置提出如下要求：

（1）1000kV 套管布置在变压器的一端，500kV 套管布置在变压器的另一端。

（2）110kV 套管布置在 500kV 套管的旁边，使得 110kV 侧母线引线方便。

（3）主变压器高、中压侧中性点套管应尽量与上述套管分开布置，以方便中性点的引接。

八、运输对制造尺寸的要求

大件设备适用于铁路运输的条件之一是其运输参数和构造需符合车型限制要求。铁路运输大型变压器时，一般采用 DK36 落下孔车，此车型对变压器运输参数的限制条件是：最大运输质量不超过 350t；最大运输长度不超过 13m，本体宽度不超过 3.5m，高度不超过 4.85m。1000kV 主变压器整体运输时，其长度和质量未超过铁路运输限界，宽度和高度超过了铁路运输限界。主变压器解体运输的制造工艺复杂，制造成本较高，需要考虑在变电站内设置组装车间，总体费用较高。因此，除晋中变电站出于后续技术储备的原因，主变压器采用了解体运输方案以外，其他已投运特高压交流工程主变压器均采用了整体运输方案。根据各站站址情况的不同，主变压器的运输可以选择公路运输或公路和水路的联合运输。

晋中变电站经研究采用了完全解体运输方案，1000kV 主变压器整体运输和完全解体运输的运输尺寸和质量比较见表 4－5。

表 4－5　**1000kV 主变压器运输参数**

运输方式		运输质量（t）	运输尺寸（mm）		
			长	宽	高
整体运输		388.0	11190	4070	4990
完全解体运输	上油箱	75	11600	5100	4500
	下油箱	35	11600	4300	600
	器身	55	4300（直径）	—	4200
	U 形铁芯	75	5100	4100	3500
	铁轭	6	7000	800	2600
	绝缘件运输箱	12	5500	3200	1500

晋中变电站将备品备件库兼作主变压器现场组装厂房使用，综合各变压器厂家对

组装厂房尺寸的要求，同时考虑组装厂房兼备品备件库在站区总平面布置上的限制，按照 48m×15m×22m（长×宽×高）尺寸设计。

九、其他技术要求

（一）备用相设置原则

1000kV 主变压器制造和运输难度大，各厂家的设备尺寸差异也较大。为减少主变压器故障后的停电时间，保证供电需要，工程中按站、按厂家分别设置了 1 台 1000kV 主变压器备用相，一般布置在站内预留的主变压器位置上或预留永久备用相位置。

（二）噪声

1000kV 主变压器的噪声由变压器本体噪声和冷却装置噪声两部分组成。变压器本体噪声包含铁芯、绕组、油箱等振动产生的噪声，属于低频噪声；冷却装置噪声包含冷却风扇和油泵产生的噪声，主要集中在中、高频，该噪声随距离增加衰减较快，一般不足以对噪声敏感点的噪声超标有本质性影响，但也应予以关注。

随着社会的发展，人们对噪声的关注度越来越高，噪声控制标准也相应提高，因此 1000kV 主变压器选用了低噪声设备。

（三）应急排油系统

根据规范要求，1000kV 主变压器在本体底部设置手动排油阀，变压器起火时，运维人员无法手动启动排油阀，不利于初期火灾快速有效控制。为解决这个问题，从芜湖 1000kV 变电站主变压器扩建、驻马店变电站建设开始，在 1000kV 主变压器的主体变压器设置应急排油系统。在远方控制排油，一方面能够及时排出变压器内部存油；另一方面，可有效减少因热膨胀效应而溢出的变压器油，有利于降低火灾扑救难度。

应急排油系统由本体排油阀、三通阀、检修阀、截止阀、电动球阀、泄漏检测仪及排油管道等部件组成。当主变压器发生火灾时，可远程启动电动球阀实现电动排油功能；在主变压器正常运行时，可监测应急排油系统的状态。远程控制和监测功能在应急排油控制屏上实现。

1000kV 主变压器应急排油系统主要技术要求如下：

（1）变压器起火后应能远程启动应急排油系统，并满足 2 小时内排空主体变压器油箱中变压器油的要求。

（2）应急排油系统安装于变压器的主体变压器，应急排油系统采用自然排油方式排油。

（3）变压器应急排油系统应根据有关标准规范，结合排油管道尺寸、油量、设备构造及油池水工条件等因素进行工程设计，并应对主排油管道的通水能力进行校核。

（4）应急排油系统设置专用的排油控制屏，排油控制屏安装在主控室内。为提高应急排油的可靠性，考虑冗余配置，安装两路并联的电动球阀，通过远程操作完成开启、关闭，实现电动排油功能。

（5）应急排油系统应满足防火要求，电动球阀增加专用防火罩作为防火措施，波纹管（如有）加装不锈钢材质的防护罩作为防火措施，防火罩耐火时间不低于90min。高地震烈度地区变压器应急排油系统应满足抗震要求。

（四）高压套管接线柱和接线端子

1000kV主变压器高压套管接线端子长期受力要求为：水平纵向4kN，水平横向2.5kN，垂直2.5kN。为满足受力要求，高压套管顶部采用ϕ80mm铝合金接线柱，接线端子为“一字形”。

十、主要技术参数表

1000kV主变压器主要参数见表4-6。

表4-6　1000kV主变压器主要参数

序号	参数名称		典型值
1	型式		单相、自耦、油浸式
2	额定频率（Hz）		50
3	额定电压（kV）	高压绕组	1050/$\sqrt{3}$
		中压绕组	525（520、515）* /$\sqrt{3}$
		低压绕组	110
4	调压方式		中性点无励磁调压/有载调压
5	调压范围（kV）		±4×1.25%/±10×0.5%
6	冷却方式		OFAF
7	额定容量（MVA）	高压绕组	1000
		中压绕组	1000
		低压绕组	334
8	相数		单相
9	连接组标号		Ia0i0
10	雷电冲击全波耐受电压（kV，峰值）	高压端子	2250
		中压端子	1550
		低压端子	650
		中性点端子	325
11	雷电冲击截波耐受电压（kV，峰值）	高压端子	2400
		中压端子	1675
		低压端子	750
12	操作冲击耐受电压（kV，峰值）	高压端子（对地）	1800
		中压端子（对地）	1175

续表

序号	参　数　名　称		典型值
13	短时工频耐受电压（kV，方均根值）	高压端子	1100（5min）
		中压端子	630（1min）
		低压端子	275（1min）
		中性点端子	140（1min）
14	主分接短路阻抗及偏差	高－中（%）	18±5
		高－低（%）	62±5
		中－低（%）	40±5
15	在 $1.5\times Um/\sqrt{3}$kV 下的局部放电水平（pC）	高压绕组	≤100
		中压绕组	≤200
		低压绕组	≤300
16	噪声水平［dB（A）］	冷却装置停运（0.3m）	≤75
		冷却装置开启（2m）	≤75
17	耐地震能力	水平加速度（m/s^2）	3
		正弦共振三个周期安全系数	≥1.67

*　中压侧额定电压根据系统要求进行选择。

第三节　高压并联电抗器选择

一、高压并联电抗器容量选择

（一）容量选择一般原则

特高压交流系统中，补偿线路充电功率用的高压并联电抗器成为特高压电网不可缺少的元件。根据我国电网的结构特点和调压方式，我国高压并联电抗器的选择主要依据下列条件：

（1）降低系统工频暂态过电压；

（2）降低系统工频稳态过电压；

（3）防止系统非全相运行工频谐振过电压；

（4）降低线路单相重合闸潜供电流，实现快速重合闸；

（5）消除同步电机可能出现的自励磁现象；

（6）调节系统无功平衡。

（二）1000kV 高压并联电抗器配置方案

1000kV 高压并联电抗器的配置，需协调限制工频过电压和无功补偿的关系，既要满足过电压限制和正常轻载时电压控制要求，又要避免给今后重载运行时的无功补偿和电压控制造成困难，因此高压并联电抗器的补偿度不能太高。补偿度在 0.95～

1.05 的情况下非全相运行时容易引起谐振，因此从防止谐振角度高压并联电抗器补偿度不宜接近全补偿。另外，选择同一个变电站内的高压并联电抗器时，要注意尽可能选用相同容量，以减少备用相。

1. 工频过电压校核

一般来说，高压并联电抗器补偿度为 80%～90%。在一级升压条件下，电源装机在 2×600MW 或 2×700MW 及以上且线路长度不超过 500km 或 2×300km（中间有开关站），工频过电压可以限制在 1.3～1.4（标幺值），可满足要求。

2. 潜供电流及谐振过电压计算

我国超高压输电线路一般都采用单相重合闸操作，以提高系统运行的稳定水平，另外单相重合闸的过电压水平也比三相重合闸低得多。特高压线路也采用单相重合闸。为了提高单相重合闸成功率，科研单位重点研究了特高压工程重合闸过程的潜供电流和恢复电压等问题。

当线路发生单相接地故障时，故障相两端断路器跳闸后，其他两相仍在运行。由于相间电容和互感的作用，故障点仍流过一定的电流，即为潜供电流（也称潜供电弧）。潜供电流由电容分量和电感分量（也称横分量和纵分量）两部分组成，电容分量是指正常相上的电压通过相间电容向故障点提供的电流，电感分量是指正常相上的负载电流经相间互感在故障相上感应出电动势，这个电动势通过相对地电容及高压并联电抗器形成回路，向故障点提供电流。当潜供电弧（电流）熄灭后，同样由于相间电容和互感的作用，在原弧道间出现恢复电压。

为了提高单相自动重合闸的成功率，潜供电流和恢复电压都应限制在较小值。在超高压长距离输电线路中，一般采用线路装设高压并联电抗器及其中性点通过小电抗接地的方法限制线路的潜供电流和恢复电压。

（三）高压并联电抗器容量系列

由于高压并联电抗器容量选择与线路长度相关，线路长度不同，补偿容量也不相同。根据特高压交流系统对高压并联电抗器配置的要求，试验示范工程中拟定了容量为 960/720/720/600Mvar、960/720/720/720Mvar、840/840/660/660Mvar 等多种高压并联电抗器配置方案，研究了各种运行方式下的工频过电压、操作过电压和非全相谐振过电压，分析了无功平衡、电压控制和沿线的电压分布，综合考虑了设备研制难度和备品备件运输、更换等因素，采用了 960/720/720/600Mvar 的方案。基于上述研究成果，后续工程根据线路长度、高压并联电抗器补偿度等要求，逐步优化、规范高压并联电抗器容量选择和配置方案，提出了 1000kV 并联电抗器单相容量系列为 320、280、240、200、160Mvar，级差为 40Mvar。

二、电抗器结构型式

从结构上看，电抗器主要有空心式、铁芯式和饱和式三种基本型式。

空心式电抗器只有绕组，没有铁芯，实质上是一个空心的电感绕组，磁路的磁导小，电感值也小，不存在饱和现象。电感值是常数，不随通过电抗器电流的大小而改变。

铁芯式电抗器的磁路是一个芯柱带间隙的铁芯，铁芯柱外面套有绕组。由于磁性材料的导磁率比空气大得多，所以在其他参数相同的情况下，铁芯式电抗器的电感值比空心式电抗器大，但超过一定电流后，电感值由于铁芯的饱和而逐渐减小。相同容量的铁芯式电抗器体积比空心式电抗器的小。

饱和式电抗器包括饱和电抗器和自饱和电抗器，它们的磁路是一个闭合的铁芯，无间隙，除交流工作绕组外，还有1套直流控制绕组装置，利用磁性材料非线性的特点工作，改变直流控制电压就可以改变铁芯饱和度和磁阻，从而改变交流侧的等效电感。

国内外的超高压大容量电抗器普遍采用分段铁芯式结构，段间间隙用非线性绝缘材料构成，以达到在一定线性度下尽量减小电抗器体积的目的。特高压并联电抗器由于容量大，考虑散热和布置因素，采用铁芯式，且由于特高压配电装置相间距离大，考虑设备布置、导体连接方便等要求，采用单相油浸铁芯式。

三、参数选择

（一）中性点小电抗

1000kV并联电抗器三相之间阻抗差小于±2%，参照有关的规定，假定特高压线路最大的三相电压偏差为±1.3%。以试验示范工程为例，晋东南、南阳和荆门变电站（开关站）1000kV并联电抗器中性点小电抗的长期运行最大可能电流分别为22.8、17.1A和14.1A。考虑谐波的影响并留有一定裕度，中性点小电抗的额定电流取30A，后续已投运工程1000kV并联电抗器中性点小电抗额定电流也均取30A，经计算可满足要求。根据对单相接地故障和重合闸过程、单相分合过程等各种运行方式下中性点小电抗的电压、电流和中性点避雷器能耗的计算结果，结合国家和行业标准等，已投运的工程1000kV并联电抗器中性点小电抗的绝缘水平和过电流能力见表4-7，后续工程仍应通过计算确定。

表4-7　1000kV并联电抗器中性点小电抗绝缘水平和过电流能力

高压端子1min额定工频耐受电压（kV，方均根值）	高压端子额定雷电冲击耐受电压（kV，峰值）	2s热稳定电流（A）	10s最大电流（A）
275/325	650/750	600	400

（二）绝缘耐受电压

根据对特高压变电站绝缘配合的研究（详细内容见第三章），我国1000kV并联电抗器的绝缘耐受电压见表4-8。

表 4-8　　1000kV 并联电抗器的绝缘耐受电压

绕组端子	额定短时感应或外施耐受电压（kV，方均根值）	相对地额定操作冲击耐受电压（kV，峰值）	额定雷电冲击耐受电压（kV，峰值）	
			全波	截波
高压端	1100（5min）	1800	2250	2400
中性点端	275（1min）	—	650	—

四、冷却方式

冷却系统是 1000kV 并联电抗器的重要组成部分，它保证电抗器各部分的温度保持在规定值以内。与变压器相同，电抗器的冷却系统也包括两部分：①内部冷却系统，它保证绕组、铁芯的热量散入油中；②外部冷却系统，它保证油的热量散入周围空气中。

750kV 及以下工程中，并联电抗器一般采用自然冷却（ONAN）方式，具有自然冷却能力的散热器通常固定在电抗器的油箱上。

由于 1000kV 并联电抗器的容量及损耗较 750kV 和 500kV 大，因此冷却方式采用自然油循环风冷（ONAF）方式，如容量较小，制造厂经计算满足要求也可采用自然冷却方式。

五、其他技术要求

（一）备用相设置原则

1000kV 线路侧高压并联电抗器发生故障后会导致线路停运。为保证供电需求，减少停电时间，特高压变电站在每站按容量分别设置 1 台 1000kV 并联电抗器备用相，布置在站内空余场地上。

（二）噪声及降噪措施

1000kV 并联电抗器产生噪声主要有以下三方面因素：①并联电抗器铁芯磁滞伸缩导致铁芯振动引起的噪声，此部分噪声较小；②主磁路间隙材料在麦克斯韦尔力作用下伸缩而引起的铁饼振动对电抗器整体产生的振动与噪声，对并联电抗器振动与噪声起主要作用；③并联电抗器冷却装置的噪声，由于 1000kV 电抗器容量及工作电流均较大，在设备设计时采用了风冷方式，与变压器的冷却装置一样，其噪声应予以关注。与主变压器相同，1000kV 并联电抗器也应选用低噪声设备，并且 1000kV 线路侧并联电抗器一般布置在靠近围墙的位置，对站界噪声值影响很大，实际工程中应进行噪声计算，当噪声超过环保要求时，应采取对电抗器本体加装隔声罩等辅助降噪措施。

1000kV 并联电抗器隔声罩主要技术要求如下：

（1）隔声罩的整体降噪量应不小于 23dB；

（2）降噪装置的燃烧性能分级应达到B级，其他辅助材料的燃烧性能分级不应低于B级；

（3）隔声罩的结构设计应考虑覆冰、大风、地震等组合工况的荷载要求；

（4）隔声罩采用自承重结构，主要由基础、声屏障板、隔声门、进/排风系统等构成，隔声罩的设计应满足电抗器消防要求，结构设计按永久性设施考虑，隔声罩采用螺栓连接，方便拆卸，可重复利用；

（5）隔声罩设计应考虑电抗器震动的影响；

（6）隔声罩应便于运行人员进出，隔声板及消防管线与电抗器本体四周间应留有净空不小于0.8m的巡视通道，隔声板与电抗器顶部间需运行人员巡视的部位应留有不小于0.5m的净空。

六、主要技术参数表

1000kV固定容量并联电抗器主要参数见表4-9。

表4-9　　1000kV固定容量并联电抗器主要参数

序号	参　数		典型值
1	型式		单相、油浸式
2	额定频率（Hz）		50
3	额定电压（kV）		$1100/\sqrt{3}$
4	额定容量（Mvar）		160/200/240/280/320
5	额定电抗（Ω）		2521/2016/1680/1440/1260
6	额定电抗容许偏差		-2.5%～+5%
7	三相间阻抗互差		±2%
8	三相连接方式		YN
9	冷却方式		ONAF/ONAN
10	振动限值（μm，峰值）	平均值	≤50
		最大值	≤90
		油箱底部	≤20
11	雷电冲击全波耐受电压（kV，峰值）	高压端子	2250
		中性点端子	650
12	雷电冲击截波耐受电压（kV，峰值）	高压端子	2400
13	操作冲击耐受电压（kV，峰值）	高压端子	1800
14	短时工频耐受电压（kV，方均根值）	高压端子	1100（5min）
		中性点端子	275（1min）
15	噪声水平［dB（A）］		≤75

续表

序号	参　数		典型值
16	耐地震能力	水平加速度（m/s^2）	3
		正弦共振三个周期安全系数	≥1.67

七、可控并联电抗器

特高压线路的充电功率大，就单位长度线路而言，其充电功率是500kV的4～5倍。为了限制工频暂态过电压和操作过电压，对于较长的特高压线路，需要在线路上装设补偿度接近90%的高压并联电抗器。在轻载和空载时，高压并联电抗器可补偿线路电容；但在线路重负荷运行时，其感性无功和容性无功接近平衡，高压并联电抗器就成为多余的负担，不仅使线路损耗增大，而且造成受端电压过低，影响特高压线路的输电能力，使其达不到设计值，严重影响特高压线路的经济效益，如果此时退出高压并联电抗器，无功可接近平衡，但在接地故障和甩负荷时工频过电压又可能会升高至超过允许值。为解决该问题，研制了随着线路潮流和电压自动调节电抗值（容量）的可控并联电抗器。

（一）可控并联电抗器的类型

超高压、特高压可控并联电抗器主要有磁控式可控电抗器和分级式可控电抗器两种类型。

磁控式可控电抗器由电抗器主体和控制系统组成，其原理是通过调节直流助磁磁通使2个分铁芯在工频的一个周期内轮流达到饱和状态，其容量取决于铁芯在一个周期中的磁饱和程度。磁控式可控电抗器具有可实现输出容量平滑调节的优点，但是存在响应速度较慢、继电保护灵敏度低，以及暂态过程中出现严重过补偿、发生谐振现象、产生一定谐波污染等缺点。

分级式可控电抗器实质相当于一个有多个低压绕组逐级依次工作于短路状态的多绕组变压器，每个控制绕组中串接反并联晶闸管和限流电抗器，通过依次将各个控制绕组投入工作并正确控制晶闸管的导通和关断，在满足电流谐波要求的前提下，实现无功功率的分级调节。分级式可控电抗器具有响应速度快、运行可靠、维护简单、无谐波污染等优点。

（二）可控并联电抗器的应用情况

我国大型变压器厂均进行了可控电抗器的研制，目前已有多台在运的750kV及以下可控并联电抗器，如荆州江陵换流站在运的500kV、3×40Mvar的磁控式可控电抗器，青海鱼卡开关站在运的750kV、3×110Mvar的磁控式可控电抗器，敦煌变电站在运的750kV、3×100Mvar的分级式可控电抗器等。

张北变电站北京西出线方向上首次安装了1组1000kV分级式可控并联电抗器。

（三）张北变电站可控并联电抗器容量及原理接线

张北变电站可控并联电抗器额定容量为600Mvar，分三级可调，单级容量为200Mvar，总可调容量为400Mvar。在可控并联电抗器二次侧串联两组辅助电抗器，通过各个辅助电抗器所并联的断路器和晶闸管阀组装置的短接或断开，来实现电抗器100％、67％、33％的三级容量调节。原理接线图见图4－2。

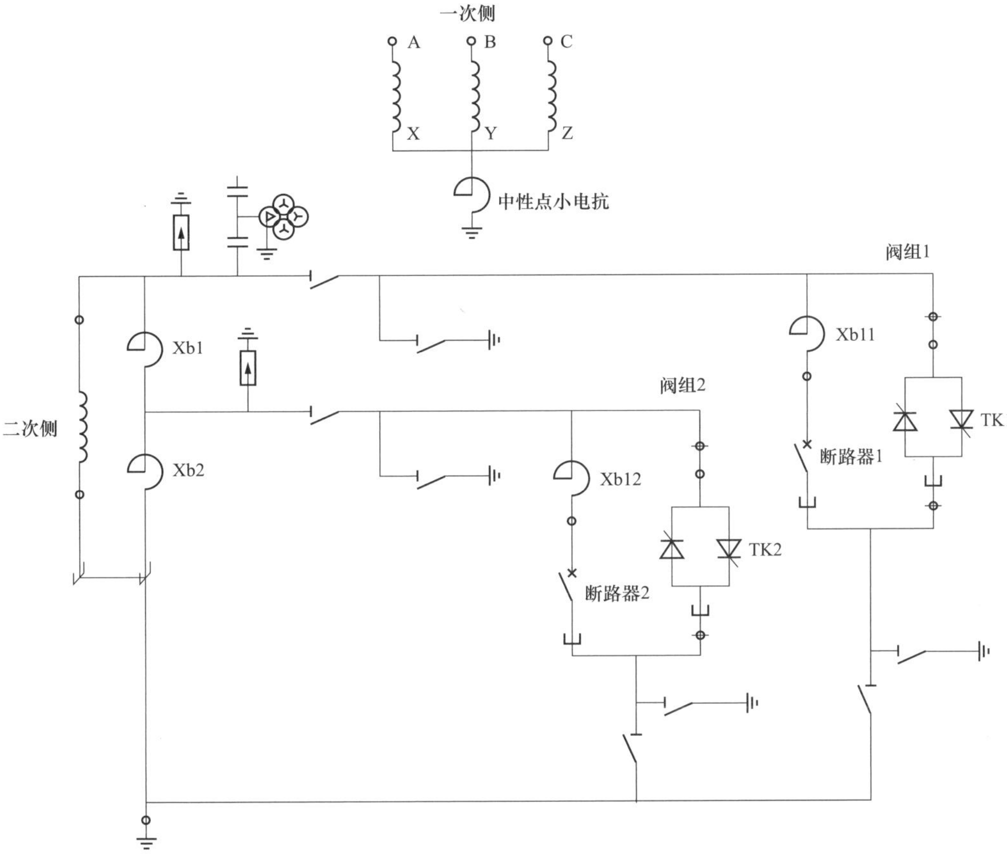

图4－2　1000kV分级式可控并联电抗器原理接线图

原理接线图中设备说明如下：

（1）两组阀为自冷阀组，分别对应100％、67％二级容量；

（2）Xb1、Xb2为可控电抗器低压侧容量配置电抗器，即辅助电抗器，其型式可采用油浸式或干式，张北变电站采用了干式空心型；

（3）Xb11、Xb12为断路器串联取能电抗器，为并联晶闸管阀提供取能和开通电压；

（4）旁路断路器和每级阀并联，承担长期工作电流；

（5）隔离开关用于各级阀或断路器的检修；

（6）避雷器用于保护晶闸管阀和电抗器。

为解决断路器频繁投切的问题，考虑采用断路器、断路器串联取能电抗器和晶闸管阀组组成复合开关的方案，由晶闸管阀组辅助断路器来开断电流。当从大容量向小容量调节时，拉开断路器前，由于小电抗的存在，对应晶闸管阀组的端间具有一定电压，具备导通条件，让晶闸管阀组先导通，该支路起到分流作用，晶闸管阀组导通后拉开断路器，再关断晶闸管阀组。断路器基本不承担开断电流，只需承担长期工作电流，可有效改善断路器工作条件，延长断路器使用寿命。

三级容量调节时，断路器的工作状态如下：

（1）当断路器 1、2 均处于断开状态时，辅助电抗器 Xb1、Xb2 均处于运行状态，此时电抗器容量为额定容量的 33%；

（2）当断路器 1 处于断开状态、断路器 2 均处于导通状态时，辅助电抗器 Xb1 处于运行状态，辅助电抗器 Xb2 处于断电状态，此时电抗器容量为额定容量的 67%；

（3）当断路器 1 处于导通状态时，辅助电抗器 Xb1、Xb2 均处于断电状态，此时电抗器容量为额定容量的 100%。

由于 1000kV 可控并联电抗器设备本体非常庞大，若再将辅助电抗器置于本体油箱之内，将导致其油箱尺寸进一步增大，造成生产和运输等困难。因此，需将串联电抗器与可控并联电抗器本体油箱分离，即每相可控并联电抗器本体外单独设置 2 个辅助电抗器油箱。

（四）张北变电站可控并联电抗器设备参数

1. 分级式可控并联电抗器本体

分级式可控并联电抗器本体参数设计应充分考虑低压侧电压和电流的选择。考虑绝缘成本，低压侧电压不宜过高；考虑晶闸管的通流能力，低压侧电流不宜过大。此外，电压要尽量选择现有电压等级，电流的大小不应使晶闸管、断路器及隔离开关等电气设备选择出现困难，并应留有一定裕度。

综合考虑上述因素，1000kV 可控并联电抗器低压侧额定电压选择 63kV，绝缘按 110kV 电压等级考虑；低压侧额定电流设计为 3175A。当以 67%额定容量状态工作时，低压侧电流为 2128A；当以 33%额定容量状态工作时，低压侧电流为 1048A。

电抗器本体漏抗的设计和容量配置应与电抗器、断路器、隔离开关和辅助电抗器相配合，满足各级输出容量的要求。

由于晶闸管阀组仅为短时工作，旁路断路器承担长期工作电流，晶闸管采用自冷式阀组，无需水冷系统，可靠性较高。

根据上面所列的选型条件，1000kV 分级式可控并联电抗器本体主要参数如表 4-10 所示。

表 4-10 1000kV 分级式可控并联电抗器本体主要参数

序号	参数名称	要求值
1	型式	单相、油浸式
2	额定容量（Mvar）	3×200
3	高压侧额定电压（kV）	$1100/\sqrt{3}$
4	低压侧额定电压（kV）	63
5	最高连续运行电压（kV）	$1100/\sqrt{3}$
6	最低连续运行电压（kV）	$900/\sqrt{3}$
7	高压侧额定电流（A）	315
8	低压侧额定电流（A）	3175
9	短路阻抗（%）	91.22
10	短路阻抗容许偏差	-5%~+5%
11	冷却方式	ONAF

2. 低压侧辅助电抗器、断路器取能电抗器

低压侧辅助电抗器、断路器取能电抗器参数选择主要满足以下条件：低压侧辅助电抗器应和断路器取能电抗器相配合，满足各级容量要求；断路器取能电抗器应能在系统电压为 900kV 时，满足晶闸管阀的取能要求。低压侧辅助电抗器、断路器取能电抗器主要参数如表 4-11 所示。

表 4-11 低压侧辅助电抗器、断路器取能电抗器主要参数

电抗器	阻抗值（Ω）	电感值（mH）	额定电流（kA）	额定容量（Mvar）
Xb1	9.303	29.61	2.116	41.67
Xb2	32.13	102.27	1.058	35.98
Xb11	2.05	6.525	2.7	14.94
Xb12	2.55	8.117	1.961	9.804

3. 晶闸管

晶闸管阀的控制采取全开通和关断两种运行状态的控制方式，即在触发导通状态下晶闸管阀的触发角为 90°（固定不变），不进行相控调节，在闭锁状态下，晶闸管阀处于关断状态。结合系统运行条件确定了晶闸管阀的主要参数，如表 4-12 所示。

表 4-12 晶闸管阀主要参数

晶闸管阀	最大电流（kA）	最大电压（kV）	阀层数
TK1	3.48	43.84	34
TK2	2.3	34	28

（五）张北变电站可控并联电抗器控制与保护

1. 分级式可控并联电抗器控制系统

每组可控并联电抗器配置一套监控系统，实现对可控并联电抗器的全面监控、调

节。可控并联电抗器监控系统分为控制层、设备层及现场层。

控制层包括运行人员工作站、打印机等。

设备层主要包括监控装置（包括调节运算单元、控制调节装置和I/O设备）、保护装置及网络通信设备。监测装置执行站内自动化系统无功控制指令，检测和计算相关的信息数据，通过控制阀组触发角及旁路断路器，关合不同容量的晶闸管阀，改变接入二次侧绕组的电抗器大小，控制可控并联电抗器的输出容量，实现容量的分级调节，对系统进行无功补偿，维持系统电压的稳定。

现场层主要包括晶闸管阀子监控单元和水冷系统子监控单元，以及对TA进行数字化处理的合并单元、就地智能终端等设备。

为了提高可控并联电抗器系统运行的可靠性、安全性和稳定性，控制系统采用双系统配置。控制系统由系统A、系统B两套独立的系统组成，两套系统配置完全相同，各自独立进行数据测量和采集及调节运算。两套系统工作在主从模式下，一套为主系统，一套为从系统（备用系统），当一套系统需要进行检修或故障退出运行时，另一套系统仍能稳定地继续工作，保证可控并联电抗器的正常运行。

分级式可控并联电抗器控制系统的自动控制功能包括稳态控制和暂态控制。

（1）稳态控制。

1）电压控制模式。控制目标为可控并联电抗器接入点电压，根据电压变化，通过控制阀组及旁路断路器来控制可控并联电抗器输出容量，对系统进行动态无功补偿，达到稳定系统电压的目的。

2）潮流控制模式。可控并联电抗器快速跟踪线路潮流变化，通过控制阀组及旁路开关来控制可控并联电抗器输出容量，对系统进行动态无功补偿，满足系统功率传输要求。

（2）暂态控制。根据线路断路器位置变化及线路保护动作信号（保护启动信号），通过控制阀组及旁路断路器来快速提升可控并联电抗器输出容量至最大，满足抑制线路空投及重合闸过电压，以及熄灭潜供电弧，保证快速重合闸的要求。

根据实际运行需要，可以手动进行容量的调节，满足运行要求，同时对某些控制参数和保护定值进行整定、调整。

2. 分级式可控并联电抗器保护系统

可控并联电抗器保护包括电量保护、非电量保护和监控系统保护功能等。

电量保护采取双重化配置，包括差动保护、匝间保护、过流保护、过负荷保护、零序过流保护等，保护动作于信号或者跳闸。

非电量保护采取单重化配置，包括轻/重瓦斯保护、绕组温度保护、压力释放保护等，保护动作于信号或者跳闸，非电量保护下放在就地智能控制柜。

监控系统保护功能包括晶闸管阀监测、击穿二极管过压保护（BOD过压保护）、同步信号保护、脉冲丢失保护、主监控机监测、监控系统内部电源监测、就地控制工作站通信监测、调节单元通信监测，动作于报警或跳闸。

可控并联电抗器保护整体配置如图 4－3 所示。

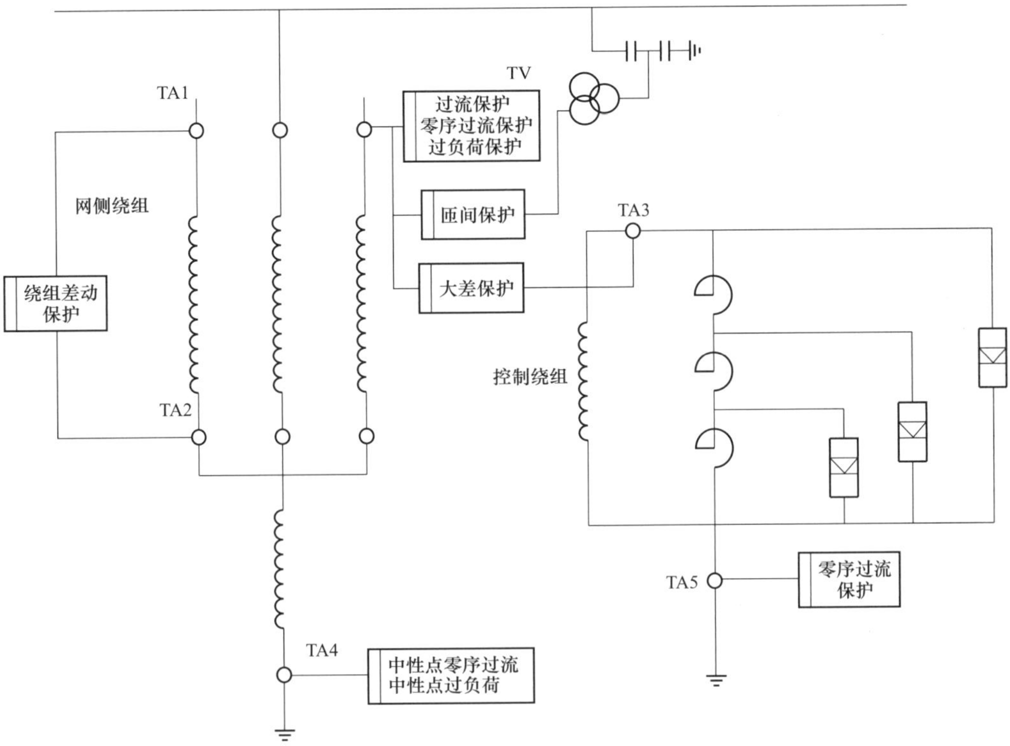

图 4－3　可控并联电抗器保护整体配置

3．控制与保护设备配置与布置

可控并联电抗器二次控制与保护系统主要包括可控并联电抗器（controllable shunt reactor，CSR）控制系统、阀控系统、电抗器本体保护系统、电力故障录波监测系统及直流电源等。

（1）CSR 控制系统。

CSR 控制系统主要实现可控并联电抗器的模拟量测量和调节控制。系统采用双冗余配置，当任一系统故障时可切换到另一系统，增强了可控并联电抗器装置运行的可靠性，减少因二次系统故障带来的停运概率。每套控制系统均设置了具备独立测量功能的测量单元及调节控制功能的控制单元。

测量单元主要用于采集可控并联电抗器本体及各级的电流量。具体采集信息量包括可控并联电抗器高压侧和低压侧电流及电压、100％级分支阀控电流及分支旁路电流、67％级分支阀控电流及分支旁路电流、1000kV 线路电流等。

控制单元具有调节、保护、I/O 测控及通信的功能。控制单元通过控制 100％级、67％级旁路断路器及阀基电子单元（VBE）来实现对容量的调节。控制单元需要采集的开关量包括100%级和67%级分支隔离开关及旁路断路器开关位置、VBE掉电信号、分支断路器（远方/就地）转换开关位置，相关保护动作信号，1000kV线路相关开关位置等。同时，控制单元还要完成100%级和67%级支路旁路断路器的控制功能。

控制系统装置的通信接口为双以太网，控制保护装置具有对时功能，能够接收时间同步系统同步时钟脉冲。

可控并联电抗器控制系统共设置2面屏柜，分别是电抗器控制柜1和电抗器控制柜2。

（2）阀控系统。

阀控系统是对可控并联电抗器调节的执行系统。当阀控系统接收到控制保护系统下发的命令时，通过控制晶闸管触发板（TE板）通断，实现控制晶闸管阀组的导通与关断，从而调节可控并联电抗器的容量。阀控系统控制逻辑见图4-4。

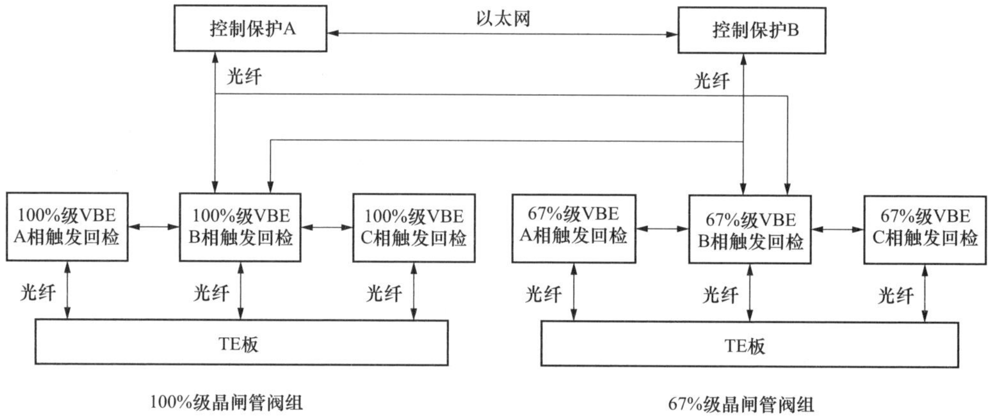

图4-4　阀控系统控制逻辑图

除控制功能外，阀控系统还具有阀过电压保护、阀拒触发保护、阀持续导通保护、阀裕度不足保护、取能小电抗故障而引起的取能不足故障保护等功能。

由于阀组设备区有较强的电磁干扰，因此为避免传输信号受到干扰，阀控系统的设备输入输出均为光信号，增强了抗干扰能力，提升了可靠性。

阀控系统共设置2面柜，分别是电抗器100%级VBE柜、电抗器67%级VBE柜。每面VBE柜内设置3台VBE设备。

（3）电抗器本体保护系统。

电抗器本体保护系统是对可控并联电抗器本体设置的保护。保护能够在设备本体发生单相接地、匝间短路及引出线的相间短路、单相短路时快速动作，切除故障。

可控并联电抗器电量保护具有如下保护功能（包括但不限于）：纵联差动保护、零序差动保护、匝间短路保护、过流保护、过负荷保护、中性点电抗器过流保护、中性点电抗器过负荷保护、零序过流保护、二次侧自产零序过流保护。

可控并联电抗器非电量保护具有如下保护功能：瓦斯保护、绕组温度保护、压力释放保护、油温油位保护、冷却系统故障保护。

可控并联电抗器保护动作时，启动断路器失灵保护，跳开线路断路器 1 和线路断路器 2。

可控并联电抗器保护系统设置 2 面柜，分别为电抗器保护柜 1（含 1 套电量保护和一套非电量保护）和电抗器保护柜 2（含 1 套电量保护）。

（4）电力故障录波监测系统。

为便于分析电力系统事故及继电保护装置的动作情况，配置故障录波装置，记录可控并联电抗器二次侧电压、各分支电流、阀保护动作、CSR 控制系统动作异常、电抗器本体保护动作及保护通道的允许情况等。录波装置与站内其他故障录波装置共同组网，形成电力故障录波监测系统。

可控并联电抗器设置 1 面故障录波装置柜。

（5）设备布置。

设置可控并联电抗器控制保护室，用于布置可控并联电抗器的控制、保护、录波等相关二次设备。为了便于接线，可控并联电抗器控制保护室与阀厅合建，缩短了一次设备与二次设备的连线距离。

第四节 开 关 设 备 选 择

一、1000kV 开关设备选择

（一）1000kV 开关设备型式选择

试验示范工程设计时，1000kV 开关设备考虑了常规敞开式设备（AIS 设备）、复合式组合电器（HGIS 设备）和气体绝缘金属封闭开关设备（GIS 设备）三种设备型式。对 AIS、HGIS 和 GIS 配电装置进行技术经济比较后，试验示范工程 1000kV 开关设备采用了 HGIS（南阳开关站和荆门变电站）和 GIS 设备（晋东南变电站）。

由于 1000kV HGIS 配电装置占地大，上跨线和设备连线相对比较复杂，因此后续特高压工程 1000kV 开关设备均采用了 GIS 设备。

（二）1000kV GIS/HGIS 参数选择及结构要求

1. 断路器

（1）额定电流。

高压电器没有明确的过载能力，所以在选择其额定电流时，应满足各种可能运行方式下回路持续工作电流的要求。

每回线路输送功率按 5000MVA 计算，考虑功率因数为 0.95 左右，则 1 回线路工作电流将达到 3039A。按照 $N-1$ 原则，当一回线路故障时，另一回线路应能输送全部的功率，此时要求的输送容量为10000MVA，每相通过的电流为6078A。对于3/2断路器接线，应考虑断路器事故或检修时，一个回路加另一最大负荷电流回路的可能，因此，回路持续工作电流为两回线路正常负荷电流。结合试验示范工程设计时国内各开关厂的1000kV GIS断路器生产水平，晋东南变电站和南阳开关站的1000kV断路器额定电流取6300A，荆门变电站的1000kV断路器额定电流取4000A。后续工程由于国内各开关厂的1000kV GIS断路器额定电流均已达6300A，结合系统输送容量要求，均选择了6300A。

（2）额定开断电流。

试验示范工程中，晋东南变电站2020年1000kV侧短路电流最大值介于50kA和63kA之间，南阳开关站和荆门变电站均小于50kA，但由于当时受1000kV GIS/HGIS设备制造能力和工期等因素的制约，三个站的1000kV断路器额定开断电流均按50kA考虑。后续特高压交流工程中，1000kV侧远景年短路电流计算值接近63kA，国内各开关厂的1000kV GIS/HGIS设备短路能力也已提高至63kA，因此从试验示范工程扩建工程开始，后续特高压交流工程1000kV断路器额定开断电流均选择了63kA。

（3）额定关合电流。

断路器的各种关合操作中，短路故障的关合是最严重的工作条件。由于非周期分量的存在，短路电流的最大值一般在短路发生后再过半个周期（$\pi/\omega=0.01$s）时出现。这一电流也称短路冲击电流I_{ch}，可由式（4-1）求出

$$I_{ch}=-I_{dm}\cos\pi+I_{dm}e^{-\frac{0.01}{T}}=(1+e^{-\frac{0.01}{T}})I_{dm}=K_{ch}I_{dm}=\sqrt{2}K_{ch}I_{d} \quad (4-1)$$

式中，$K_{ch}=1+e^{-\frac{0.01}{T}}$是短路冲击电流与短路电流周期分量幅值$I_{dm}$的比，称为冲击系数，$K_{ch}$可由回路的时间常数$T$决定。在感抗较大的高压和超高压电网内，一般可取$T\approx0.045$s，此时冲击系数$K_{ch}=1+e^{-\frac{0.01}{0.045}}=1.8$，也就是说，短路冲击电流一般为短路电流周期分量幅值的1.8倍，短路电流周期分量有效值I_d的2.55倍，即$I_{ch}=1.8I_{dm}=2.55I_d$。

根据科研单位研究结论，特高压交流电网的时间常数约为120ms。根据式（4-1），此时短路冲击系数$K_{ch}=1+e^{-\frac{0.01}{0.12}}=1.92$，以短路水平50kA为例，此时短路冲击电流的幅值为$I_{ch}=1.92I_{dm}=2.72I_d=2.72\times50=136$（kA），因此当1000kV断路器的额定开断电流选用50kA时，对应的额定关合电流取整后取135kA。同理，当1000kV断路器的额定开断电流选用63kA时，对应的额定关合电流取170kA。

（4）额定短时耐受电流及短路持续时间。

断路器的额定短时耐受电流等于断路器的额定开断电流。因此试验示范工程1000kV断路器的额定短时耐受电流取50kA，后续工程均取63kA。

从理论上讲，断路器的短路持续时间取决于后备保护整定的时间。后备保护的整定时间可以分成线路出口短路断路器拒动和线路出口短路保护拒动两种情况。当变电站的进、出线发生故障时，保护动作，而该处断路器拒动，一般由该断路器失灵保护启动，但一般不超过 2s，因此 1000kV 断路器额定短路持续时间取 2s。

（5）额定峰值耐受电流。断路器的额定峰值耐受电流等于额定短路关合电流，因此试验示范工程 1000kV 断路器的额定峰值耐受电流取 135kA，后续工程均取 170kA。

（6）合闸电阻。断路器合闸电阻示意图如图 4－5 所示。合闸时，辅助触头先合上，经过一段时间（称之为合闸电阻接入时间），主触头合上。以此达到限制合闸过电压的目的。

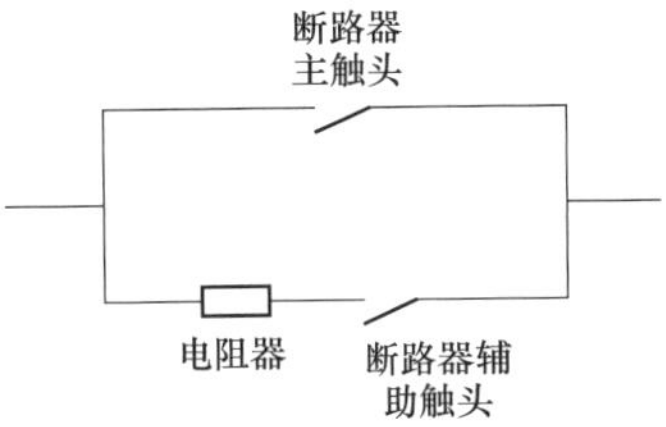

图 4－5 断路器合闸电阻示意图

根据过电压研究结论，使用额定电压 828kV 的避雷器及断路器合闸电阻（阻值 400～600Ω、接入时间 8～11ms）限制合闸和单相重合闸操作过电压，可以明显降低过电压水平。特高压工程线路断路器均配置了 600Ω 合闸电阻，线路两端统计操作过电压水平不大于 1.6（标幺值），线路沿线统计操作过电压水平不大于 1.7（标幺值），均在允许范围内。当线路与变压器配串时，变压器 1000kV 母线侧边断路器可不装设合闸电阻，在运行中优先考虑 500kV 侧合空载变压器，如需从 1000kV 侧合空载变压器，则应采用带合闸电阻的中断路器进行操作。

（7）断路器时间参量。

1）开断时间。断路器的开断时间包括固有分闸时间和燃弧时间。减少开断时间是提高系统动稳定极限输送功率和提高系统暂态稳定性的有效措施。从国外 500kV 断路器的运行经验看，系统故障切除时间即断路器开断时间减少 50%，线路的输送功率可以增加 20%。

对于 SF_6 断路器，因介质恢复速度快，其断路器的开断时间也较短。经调研，国内外 500kV SF_6 断路器的分闸时间一般在 30ms 以内，开断时间一般在 50ms 以内。1000kV 断路器的分闸时间不大于 30ms，开断时间不大于 50ms。

2）合闸时间。断路器合闸时间主要取决于设备机构的机械性能。国内 500kV 断路器的合闸时间为 90～130ms，国外 800kV 断路器的合闸时间为 90～100ms。参考国内外的断路器制造水平，1000kV 断路器的合闸时间不大于 120ms。

3）分合闸同期性要求。断路器的同期性对系统而言，关键在于三相分合闸时间的同期性。它对继电保护动作时间的整定值、操作过电压、断路器并联电阻的热容量选择等都有影响。

断路器的非同期时间越长，重合闸过电压就越大。因此要求断路器不同期时间小于规定值。国内 500kV 和 800kV SF_6 断路器的分合闸同期性要求见表 4－13。

表 4-13　国内 500kV 和 800kV SF_6 断路器分合闸同期性要求

项　目		要 求 值
分闸不同期时间（ms）	相间	≤3
	同相断口间	≤2
合闸不同期时间（ms）	相间	≤5
	同相断口间	≤3

参照国内 500kV 和 750kV 的制造和运行经验，1000kV 断路器的分闸不同期时间要求相间不大于 3ms，同相断口间不大于 2ms；合闸不同期时间要求相间不大于 5ms，同相断口间不大于 3ms。

（8）机械寿命。

500kV 系统运行经验表明，断路器的事故主要集中在机械部分，包括拒动、误动、各相不同时动作及不按要求动作等。国内断路器的事故统计表明，因机械故障引起的占 50%。增加试验操作次数可以加强对断路器机械部分的考核。

参考国家和行业标准的规定，1000kV SF_6 断路器 M1 级（基本的机械寿命）试验操作次数为 5000 次。

（9）绝缘耐受电压。

根据对特高压变电站绝缘配合的研究（详细内容见第三章），我国 1000kV 断路器的绝缘耐受电压见表 4-14。

表 4-14　1000kV 断路器的绝缘耐受电压

参 数 名 称		要 求 值
额定操作冲击耐受电压（kV，峰值）	相对地	1800
	断口间	1675+900
额定雷电冲击耐受电压（kV，峰值）	对地	2400
	断口	2400+900
额定工频 1min 耐受电压（kV，有效值）	对地	1100
	断口	1100+635

2. 隔离开关

GIS 设备的电场是稍不均匀电场，两极要做成同轴圆柱体形，为此 GIS 隔离开关不能和常规隔离开关一样，做成刀闸式的，而要做成动、静触头都是圆柱体且能互相插入的结构。

GIS 隔离开关根据用途不同分为三种：①切断无负荷电流回路的隔离开关，使电气回路有一个明显的断开点；②接地隔离开关，将主回路通过接地隔离开关直接接地；③高速接地隔离开关。前两种隔离开关不能切断负荷电流，只能切断电容电流和电感电流，而高速接地隔离开关能合上接地短路电流。高速接地隔离开关通常装设在出线侧。

隔离开关的技术参数有额定电压、额定电流、短时耐受电流及持续时间和峰值耐受电流等，这些参数基本上和断路器相同。

（1）开合母线充电电流能力。对于500kV及以上电压等级，当采用GIS隔离开关开合小的容性电流［如用隔离开关接通或断开空载的母线（管）段或断路器的并联电容器］时，可能会发生对地破坏性放电。因此工程中对GIS隔离开关开合小容性电流提出要求。参考国内750kV和500kV GIS隔离开关运行经验，结合科研单位研究结论，确定1000kV GIS隔离开关应具备开合2A的母线充电电流能力。

（2）开合母线转换电流能力。参考国内750kV和500kV GIS隔离开关的运行经验和制造能力，1000kV GIS隔离开关开合母线转换电流1600A，转换电压400V。实际运行经验表明，可满足工程要求。

（3）隔离开关电阻。SF_6 GIS隔离开关切合空载母线时，由于触头运动速度慢、隔离开关灭弧能力弱等原因，触头间可能会发生重击穿，产生波头很陡的行波，在GIS内发生多次折反射，形成VFTO，对GIS及其邻近的设备造成危害，因此需对VFTO及其抑制措施进行研究。1000kV GIS隔离开关是否装设投切电阻由GIS厂家计算确定。

（4）快速接地开关开合感应电流能力。在2回或多回同塔或邻近平行布置的架空输电线路中，当某一回或几回线路停电后，它与相邻线路之间由于电容和电感的耦合效应，在停电的回路上将产生感应电压及感应电流。因此用于这些线路接地的接地开关应能保证如下运行条件：①当接地连接线的一端开路，接地开关在另一端操作时，应能开断和关合容性电流；②当线路的一端接地，接地开关在另一端操作时应能开断和关合感性电流；③持续承载容性和感性电流。

其中，感性感应电流与线路电感参数有关，且与运行线路的输送潮流成正比，与线路长度和运行线路电压无关；感性感应电压与线路电感参数有关，且与运行线路电流（输送潮流）和线路长度成正比；容性感应电流与线路电容参数有关，且与线路长度和运行线路的电压成正比，与运行线路的输送潮流无关；容性感应电压与线路电容参数有关，在电容参数一定的情况下与线路运行电压成正比，而与线路长度和输送潮流无关。

当2条1000kV交流线路同塔双回布置时，电压高、输送潮流大，经计算，感应电压和电流一般均较大，通常采用装设在线路侧的GIS快速接地开关实现开合感性和容性电流。

3. 电流、电压互感器

（1）电流互感器。

电流互感器套装在GIS母线管的上面，将母线作为电流互感器的一次绕组，只有一匝；在母线管的外面包着环形铁芯，与母线同心，二次绕组套在铁芯外面，用环氧树脂浇铸在一起。

电流互感器的二次额定电流、额定负载和准确级按照保护和测量的需要确定。电子式互感器可配套用于GIS。对于特高压工程，应注意避免故障电流的直流分量导致电流互感器饱和。

（2）电压互感器。

GIS中可采用电磁式电压互感器，也可采用电容式电压互感器。与独立的电容式电压互感器相比，GIS用电容式电压互感器的绝缘性能、误差性能更容易保证，不会产生铁磁谐振，已投运的淮南变电站在GIS母线上试用了一台电容式电压互感器。已投运和在建的其他特高压变电站，GIS母线上均装设的是电磁式电压互感器。特高压建设初期，1000kV线路和主变压器出口侧均装设了敞开式电压互感器（其中主变压器出口侧电压互感器布置在主变压器与运输道路之间），后续工程为了满足特高压变电站主变压器备用相快速更换的要求，在主变压器与运输道路之间增设了变压器运输轨道，因此主变压器出口侧电压互感器改至GIS内，采用电磁式电压互感器。

4. 母线

1000kV GIS母线采用气体绝缘母线，额定电流按系统要求计算确定，已投运和在建的工程中北京西变电站不小于9000A，其他工程的母线电流为8000A。

特高压变电站GIS主母线的长度一般超过200m，且与变压器、断路器及出线部分连接的气体绝缘母线特别长。因此，整个母线不可能装设在一个完整的基础上，有必要针对不均匀沉降采取措施，同时，还有必要对热胀冷缩现象进行处理。因此，应在母线中适当加入伸缩节。伸缩节的配置由GIS厂家计算后确定。

气体绝缘金属封闭输电线路（gas - insulated transmission lines，GIL）是一种采用压缩的纯SF_6气体或SF_6和N_2、CO_2混合气体绝缘，外壳与导体同轴布置的电能传输设备。我国最早在南京变电站和泰州变电站单相试用了一段GIL代替分支母线，在苏州变电站三相试用了一段GIL代替主母线，实现了工程示范应用，且在国际上首次实现了特高压GIL的产品化。后续在苏通GIL综合管廊工程和南阳变电站扩建工程中实现了长距离应用。

5. 1000kV系统用GIS/HGIS结构要求

GIS/HGIS应能安全地正常运行、检查和维修、引出电缆的接地、定位电缆故障、进行绝缘试验、消除危险的静电电荷、校核和操作连锁安装或扩建后的相序等。

GIS/HGIS的结构设计，应保证在一定范围内的基础位移或热胀冷缩的热效应下正常运行，不影响其性能。

（三）技术参数

特高压变电站1000kV开关设备采用GIS和HGIS设备，除试验示范工程外，其他工程的GIS/HGIS基本参数如表4-15所示。

表 4-15 1000kV GIS/HGIS 基本参数

元件名称	基本参数	
通用技术条件	额定电压（kV）	1100
	额定电流（A）	6300
	额定短时耐受电流（kA/s）	63/2
	额定峰值耐受电流（kA）	170
断路器	额定短路开断电流（kA）	63
	标准操作顺序	O-0.3s-CO-180s-CO
	断口数	2/4
	操动机构型式	液压
	合闸电阻（Ω）	600（如有）
隔离开关	开合母线转换电流（A）	1600
	操作方式	电动并可手动
	投切电阻（Ω）	500（如有）
	开合小电容电流（A）	2
	开合小电感电流（A）	1
GIS 母线（如有）	额定电流（A）	8000/9000
电流互感器（TA）	型式	电磁式，环形铁芯
	准确级	TPY/5P20/0.2S（0.2）
电压互感器（TV）	型式	电磁式
套管	型式	SF_6 充气套管

二、500kV 开关设备选择

1000kV 主变压器容量 3000MVA，综合考虑过载倍数、经济电流密度等因素，主变压器 500kV 侧额定电流按 5000A 考虑，虽然超出常规 500kV 敞开式设备额定电流值，但 GIS/HGIS 设备制造能力可满足要求，且有非常成熟的运行经验，因此特高压变电站 500kV 开关设备均选用 GIS/HGIS 设备。

500kV GIS/HGIS（主变压器所在串）基本参数如表 4-16 所示。

表 4-16 500kV GIS/HGIS（主变压器所在串）基本参数

元件名称	基本参数	
通用技术条件	额定电压（kV）	550
	额定电流（A）	5000/6300
	额定短时耐受电流（kA/s）	63/2
	额定峰值耐受电流（kA）	160

续表

元件名称	基本参数	
断路器	额定短路开断电流（kA）	63
	标准操作顺序	O-0.3s-CO-180s-CO
	断口数	1/2
	操动机构型式	液压或弹簧
	合闸电阻（Ω）	400（如有）
隔离开关	开合母线转换电流（A）	1600
	操作方式	电动并可手动
	开合小电容电流值（A）	2
	开合小电感电流值（A）	1
GIS 母线（如有）	额定电流（A）	5000/6300
电流互感器（TA）	型式	电磁式
	准确级	TPY/5P/0.2S（0.2）
电压互感器（TV）	型式	电磁式
套管	型式	SF_6 充气套管

三、110kV 开关设备选择

（一）110kV 系统接地方式的确定

在我国 330、500kV 和 750kV 超高压系统中，主变压器第三绕组侧的额定电压一般不超过 66kV，第三绕组侧均按不接地方式考虑。

在特高压变电站中，主变压器第三绕组侧的额定电压为 110kV，试验示范工程设计时采用的标准《交流电气装置的过电压保护和绝缘配合》（DL/T 620—1997）规定："110～500kV 系统应该采用有效接地方式。"

根据我国特高压工程特点，结合超高压工程设计和运行情况，对特高压变电站主变压器第三绕组侧三种接地方式进行了研究。

1. 主变压器 110kV 侧接地方式

主变压器 110kV 侧接地方式考虑三种：①方式一，110kV 系统中性点不接地；②方式二，110kV 系统接入一台接地变压器，无功补偿装置中性点不接地；③方式三，110kV 系统接入一台接地变压器，同时无功补偿装置中性点直接接地。以主变压器第三绕组侧无功组数 6 组（4 容 2 抗）为例，三种 110kV 侧接地方式示意图分别如图 4-6～图 4-8 所示。

2. 不同接地方式比较及结论

（1）设备参数比较。主变压器 110kV 侧不同接地方式下设备参数选择见表 4-17。

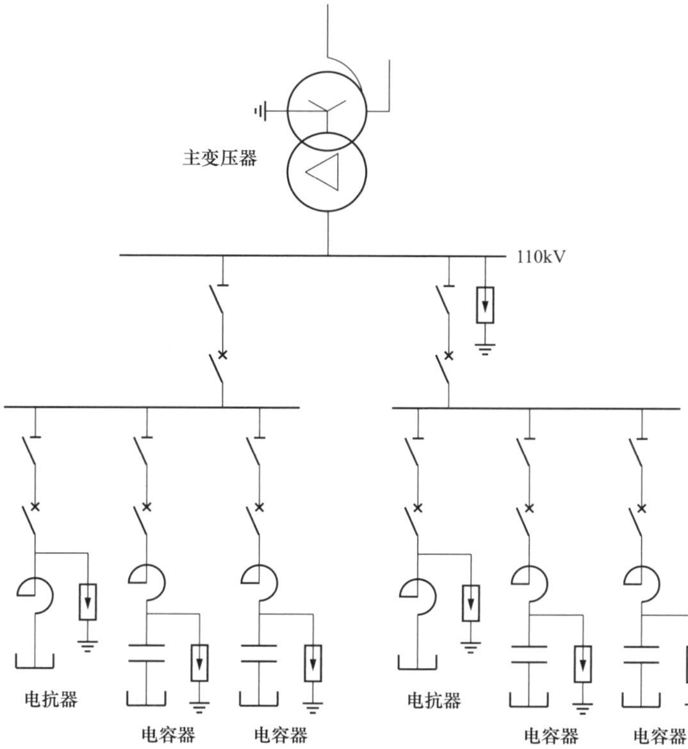

图 4-6　110kV 侧接地方式一示意图

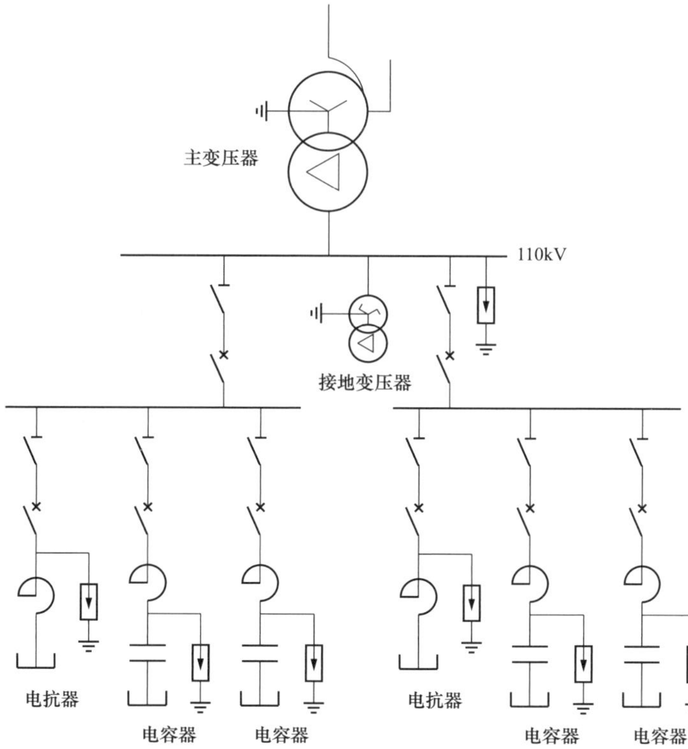

图 4-7　110kV 侧接地方式二示意图

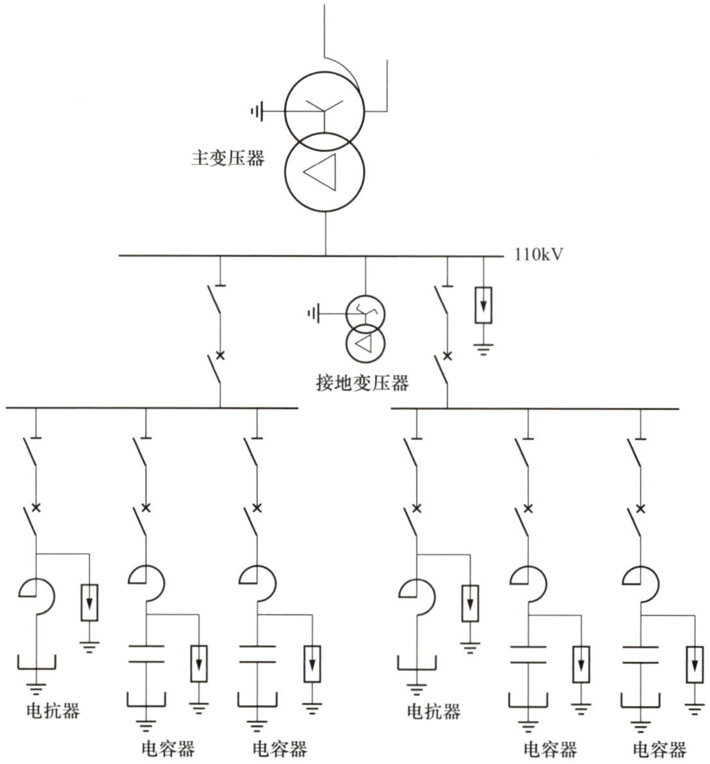

图 4-8　110kV 侧接地方式三示意图

表 4-17　　主变压器 110kV 侧不同接地方式下设备参数选择

设备	参数名称	接地方式		
		方式一	方式二	方式三
主变压器 110kV 侧	额定工频 1min 耐受电压（kV，有效值）	275	185	185
	额定雷电冲击耐受电压（kV，峰值）	650	450	450
110kV 母线避雷器	额定电压（kV，有效值）	158	100	100
	10kA 雷电冲击残压（kV，峰值）	410	260	260
无功补偿装置避雷器	额定电压（kV，有效值）	158	158	100
	10kA 雷电冲击残压（kV，峰值）	410	410	260
断路器	额定工频 1min 耐受电压（kV，有效值）	275	230	230
	额定雷电冲击耐受电压（kV，峰值）	650	550	550
	开断单相短路电流（A）	2400	4370	4370
	开断容性电流（A）	2200	2200	2200
并联电容器	额定电压（kV，有效值）	82.6/76.5①	82.6/76.5①	82.6/76.5①
	额定工频 1min 耐受电压（kV，有效值）	275	200	200
	对地额定雷电冲击耐受电压（kV，峰值）	650	550	550
	对地操作冲击绝缘水平（kV，峰值）	448	342	329
	极间操作冲击绝缘水平（kV，峰值）	334	282	329

续表

设备	参 数 名 称	接地方式		
		方式一	方式二	方式三
串联电抗器	额定工频 1min 耐受电压（kV，有效值）	275	140	140
	对地额定雷电冲击耐受电压（kV，峰值）	650	550	550
	极间额定雷电冲击耐受电压（kV，峰值）	325	325	325
并联电抗器	额定工频 1min 耐受电压（kV，有效值）	275	200	200
	额定雷电冲击耐受电压（kV，峰值）	650	550	550
中性点	额定工频 1min 耐受电压（kV，有效值）	200	200	—
	额定雷电冲击耐受电压（kV，峰值）	550	550	—

① 前者对应 12%的串联电抗器，后者对应 5%的串联电抗器。

（2）技术经济比较。主变压器 110kV 侧不同接地方式的技术经济比较见表 4－18。

表 4－18　　主变压器 110kV 侧不同接地方式技术经济比较

接地方式		特　点
方式一：中性点不接地	优点	1. 我国 110～750kV 系统主变压器第三绕组侧均为中性点不接地方式，设计和运行经验丰富； 2. 中性点不接地系统允许带单相接地故障运行 2 小时，可减少因单相接地引起的断路器跳闸次数； 3. 可减少中性点接地变压器设备
	缺点	1. 主变压器第三绕组、母线、断路器等设备的绝缘水平比中性点接地略有提高； 2. 避雷器的额定电压较高，保护电容器组用避雷器的吸收能量要求较高，制造上不存在问题，但造价会提高； 3. 中性点需要绝缘
方式二、三：中性点接地	优点	主变压器第三绕组、母线、断路器、避雷器等设备的绝缘水平可直接选用成熟的 110kV 电压等级设备参数，产品采购和供货方便
	缺点	1. 我国 110～750kV 系统没有主变压器第三绕组侧接地方式的运行经验，特别是继电保护方面； 2. 发生单相接地故障时，需要系统立即跳闸，与中性点不接地方式相比，跳闸次数增多； 3. 需要增加中性点接地变压器设备，增加工程造价； 4. 断路器开断单相短路电流值较大

（3）结论。根据上述技术经济比较分析，主变压器第三绕组侧中性点不接地方式的设计和运行经验丰富，设备制造不存在问题，造价提高不多，因此，1000kV 变电站主变压器 110kV 侧接地方式采用了方式一，即中性点不接地方式。

（二）110kV 开关设备型式选择

特高压变电站 110kV 开关设备可采用 HGIS 或敞开式设备。试验示范工程晋东南变电站和荆门变电站均采用了敞开式设备，后续工程中根据站址环境条件和工程需求，采用了 HGIS 或敞开式设备。对于处于严寒等特殊环境条件的特高压变电站，从环境适应性、运维成本和安全可靠性等方面综合考虑，基本采用了 HGIS 设备。

（三）无功回路投切开关设备选择

特高压变电站 110kV 无功回路投切开关能力要求为：电抗器回路开关能投切 240Mvar 电抗器，感性电流 1600A，开合次数不少于 5000 次；电容器回路开关能投切 210Mvar 电容器，容性电流 1600A，开合次数不少于 5000 次。

常规 SF_6 瓷柱式断路器用于无功回路（特别是电容器回路）投切的主要问题是触头烧损严重，其主要原因是常规 SF_6 瓷柱式断路器没有针对投切大容量的电容器电流进行专门设计，且国内也没有实际使用常规 SF_6 瓷柱式断路器进行投切大容量电容器电寿命次数（3000～10000 次）的型式试验验证。

试验示范工程晋东南、荆门变电站无功回路采用了常规 SF_6 瓷柱式断路器。为了满足特高压变电站投切 110kV 无功回路的能力要求，后续工程 110kV 无功回路开关设备采用了专用负荷开关或常规 SF_6 瓷柱式断路器加同步控制器两种形式。

1. 专用负荷开关

根据日本电力公司的运行经验，当变电站电容器的容量超过 40Mvar 时，常规 SF_6 瓷柱式断路器在多次投切无功补偿装置后出现的问题可通过专用的负荷开关来解决。日新电机株式会社在这方面具有 40 多年的研究与开发历史，根据无功回路投切的特点，进行了专门的多频次开合的特殊设计，对不同电压等级、不同容量的电容器、电抗器的开断性能及开断次数的负荷开关，有很详细的研究与验证，日本电力公司使用的负荷开关的型式试验均在日新电机株式会社的连续开合试验站完成。

我国特高压工程借鉴日本电力公司经验，考虑采用专用的负荷开关进行无功补偿装置的投切。专用负荷开关的使用彻底解决了常规 SF_6 瓷柱式断路器投切电容器存在的电寿命短、回路电阻超标及投切时重燃等问题，提高了开关的投切次数，减少了电容器回路开关频繁出现事故而导致的检修、维护的工作量，同时有效地保护了电容器，大大降低了电容器的故障率。

日新电机株式会社按照我国特高压工程主变压器 110kV 侧的无功配置和容量，在日新电机株式会社的连续开合试验站进行了电容器的连续开合型式试验，其 145kV 负荷开关已通过 5000 次电寿命验证。

由于专用负荷开关不具备开断短路电流的能力，因此，专用负荷开关仅用于无功补偿装置的正常投切，短路故障通过总断路器来开断。采用专用负荷开关的 110kV 接线示意图如图 4－9 所示。

2. 常规 SF_6 瓷柱式断路器加同步控制器

针对常规 SF_6 瓷柱式断路器（简称 SF_6 断路器）应用于无功回路出现的问题，除采用专用负荷开关外，还有另一种解决方案，即对 SF_6 断路器增加同步控制器。

同步控制器可通过控制开合时间，消除有害暂态电流或电压。控制过程中 SF_6 断路器的合闸或分闸命令被延时，使触头在相角处于最佳状态时接触或分离。它是基于开关动作相角监测，通过对开关动作相角进行优化选择，最终实现在电流或电压的最佳相位开断或关合的控制技术，其本质上是一种选相合分闸控制技术。

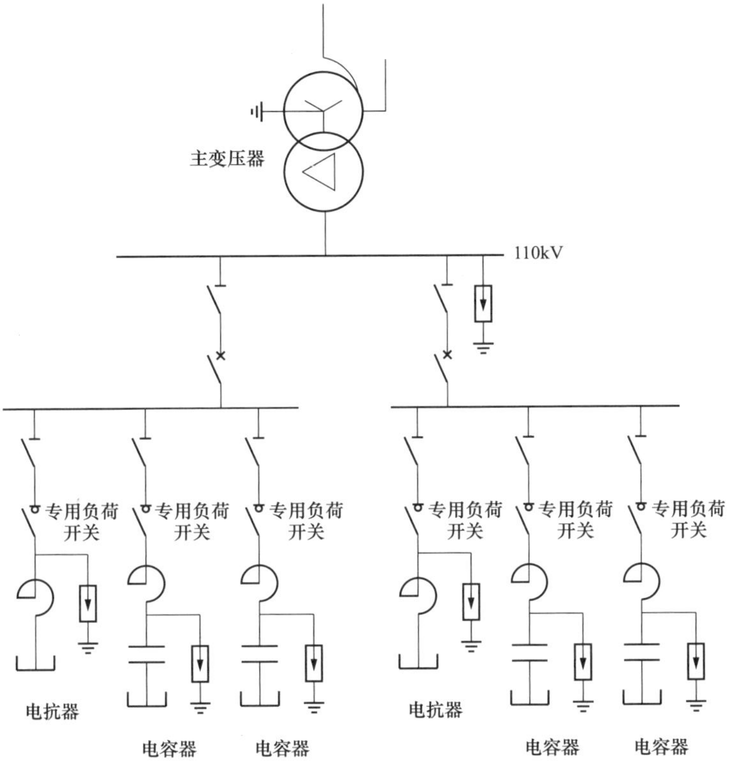

图 4-9 采用专用负荷开关的 110kV 接线示意图

对电容器回路来说，电容器组开关的控制主要是控制合闸。在关合过程中，同步控制器的主要目的是控制合闸瞬间使得断路器触头在电压过零点时接触，这样可以最大限度地降低涌流对触头的烧蚀。理想情况下触头刚好在电压过零点时接触，这样可完全消除关合涌流的影响；而实际过程中由于开关机械特性的分散性，目标的关合点设置在电压过零点稍后的时刻。

对电抗器回路来说，电抗器开关的控制主要是控制分闸。在电抗器的开断过程中会产生振荡截流过电压，若此时触头间隙较小，即燃弧时间较短，断路器可能发生复燃，这可能使电抗器产生幅值很高的高频振荡过电压，造成电抗器的绝缘击穿。使用同步控制器控制断路器触头的分离，增加燃弧时间，可有效避免重燃的发生，从而避免重燃过程中的振荡截流过电压和高频暂态电流。

ABB 公司按照我国特高压工程主变压器 110kV 侧的无功配置和容量，进行了电容器的连续开合型式试验，其 145kV SF_6 断路器（带同步控制器）已通过 5000 次电寿命验证。

综合考虑设备制造能力、运行业绩和投资等因素，特高压变电站无功回路开关设备基本采用了配专用负荷开关的 HGIS 设备或配同步控制器的 SF_6 断路器的常规敞开式设备。

（四）110kV 开关设备参数及结构要求

1. HGIS

110kV 无功回路 HGIS 参数如表 4－19 所示。

表 4－19　　110kV 无功回路 HGIS 参数

基本参数	额定电压（kV）		126
	额定电流（A）		1600
	额定短时耐受电流（kA/s）		40/3、50/3
	额定峰值耐受电流（kA）		100、125
负荷开关	布置型式		立式
	额定电流（A）		1600
	标准操作顺序		C－O、O、C
	断口数		1
	操动机构型式		液压或弹簧
	操作方式		三相机械联动
	额定雷电冲击耐受电压（kV，峰值）	断口	650＋126
		对地	650
	额定工频 1min 耐受电压（kV，有效值）	断口	275＋70
		对地	275
	开合并联电容器能力（电容器回路）	电容器容量（Mvar）	1×240
		容性电流（A）	1600
		开合次数	≥5000
	开合并联电抗器能力（电抗器回路）	电抗器容量（Mvar）	1×240
		感性电流（A）	1600
		开合次数	≥5000
隔离开关	额定电流（A）		1600
	操作方式		电动并可手动
	开合小电容电流值（A）		1
	开合小电感电流值（A）		0.5
电流互感器（TA）	型式		电磁式
	准确级		5P/0.2

2. 断路器

特高压变电站 110kV 主变压器进线回路的总断路器和站用变压器回路断路器一般采用 126kV SF_6 瓷柱式断路器，采用三相机械联动型式，其中总断路器要求具有开断系统短路电流和投切所连接的全部电容器和电抗器的能力。用于电容器和电抗器回路的断路器，要求具有开断系统短路电流和所在回路无功补偿装置的能力，由于特高压变电站无功分组容量大、电寿命要求高，因此选用带同步控制器的 126kV SF_6 瓷柱式断路器，采用分相操作方式。

126kV 瓷柱式断路器参数如表 4-20 所示。

表 4-20　　126kV 瓷柱式断路器参数

<table>
<tr><th>序号</th><th colspan="2">参 数 名 称</th><th>典型值</th></tr>
<tr><td>1</td><td colspan="2">断口数</td><td>1</td></tr>
<tr><td>2</td><td colspan="2">额定频率（Hz）</td><td>50</td></tr>
<tr><td>3</td><td colspan="2">额定电压（kV）</td><td>126</td></tr>
<tr><td>4</td><td colspan="2">额定电流（A）</td><td>1600（无功、站用变压器回路）/3150（总回路）</td></tr>
<tr><td rowspan="2">5</td><td rowspan="2">额定雷电冲击耐受电压（kV，峰值）</td><td>断口</td><td>650+126</td></tr>
<tr><td>对地</td><td>650</td></tr>
<tr><td rowspan="2">6</td><td rowspan="2">额定工频 1min 耐受电压（kV，有效值）</td><td>断口</td><td>275+70</td></tr>
<tr><td>对地</td><td>275</td></tr>
<tr><td>7</td><td colspan="2">额定短时耐受电流（kA/s）</td><td>40/3、50/3</td></tr>
<tr><td>8</td><td colspan="2">额定峰值耐受电流（kA）</td><td>100、125</td></tr>
<tr><td rowspan="6">9</td><td rowspan="4">开合并联电容器能力（电容器回路）</td><td>电容器容量（Mvar）</td><td>1×240</td></tr>
<tr><td>容性电流（A）</td><td>1600</td></tr>
<tr><td>开合次数</td><td>≥5000</td></tr>
<tr><td>C1/C2 级</td><td>C2</td></tr>
<tr><td rowspan="2">开合并联电容器能力（总回路）</td><td>电容器容量（Mvar）</td><td>2×240</td></tr>
<tr><td>容性电流（A）</td><td>3150</td></tr>
<tr><td rowspan="5">10</td><td rowspan="3">开合并联电抗器能力（电抗器回路）</td><td>电抗器容量（Mvar）</td><td>1×240</td></tr>
<tr><td>感性电流（A）</td><td>1600</td></tr>
<tr><td>开合次数</td><td>≥5000</td></tr>
<tr><td rowspan="2">开合并联电抗器能力（总回路）</td><td>电抗器容量（Mvar）</td><td>2×240</td></tr>
<tr><td>感性电流（A）</td><td>3150</td></tr>
</table>

3. 隔离开关

特高压变电站 126kV 隔离开关大多采用双柱水平伸缩式或双柱水平旋转式，较少采用单柱垂直伸缩式。操作方式为电动并可手动。额定电流、额定短时耐受电流、额定峰值耐受电流和绝缘水平均与 126kV 断路器相同。

第五节　110kV 无功设备选择

一、110kV 无功补偿装置的系统需求

电网的无功补偿应以分层分区和就地平衡为原则，并应随负荷（或电压）变化进

行调整，避免经长距离线路或多级变压器传送无功功率，330kV 及以上电压等级线路的充电功率应基本上予以补偿。

根据无功平衡计算结果，特高压变电站一般每组主变压器 110kV 侧配置 6 组或 8 组无功补偿装置。

二、110kV 无功补偿装置分组容量的确定

（一）容量的确定原则

（1）分组装置在不同组合方式下投切时，不得引起高次谐波谐振和有危害的谐波放大；

（2）投切一组补偿设备所引起的变压器中压侧的母线电压变化值，不宜超过其额定电压的 2.5%；

（3）应与断路器投切电容器组的能力相适应；

（4）当避雷器动作后，通过避雷器的电容器组放电容量不得超过其允许的通流容量值；

（5）不超过单台电容器的爆破容量和熔断器的耐爆容量；

（6）最大分组数满足变电站 110kV 配电装置的经济性要求；

（7）分组容量不宜超过 2～3 种。

（二）分组容量的确定

通过计算特高压变电站 110kV 无功投切引起的 500kV 母线电压波动，提出最大分组容量。计算结果表明，如按照变压器中压侧母线电压变动值不超过其额定电压的 2.5%控制分组容量，则 110kV 无功分组容量可以非常大，因此，控制电压波动在允许范围内的要求不成为系统对分组容量的制约因素。

超高压和特高压变电站由于系统容量的增大，系统无功扰动承受能力较强，主要的约束条件是开关的断流能力。根据开关设备的生产能力和试验能力，110kV 电容器组最大分组容量考虑 210Mvar，电抗器组最大分组容量考虑 240Mvar。

特高压变电站应综合考虑系统允许的最大分组容量和设备制造能力的限制，同时考虑电容器全部投入后主变压器第三绕组侧母线电压不超过 126kV 的要求，110kV 并联电容器组的最大分组容量确定为 210Mvar。按照高、低压并联电抗器 100%补偿 1000kV 线路充电功率的原则，确定 110kV 并联电抗器分组容量按照每组 240Mvar 设计。

三、低压无功补偿装置设备的选择

（一）并联电容器组的选择

1. 型式选择

根据设备制造能力和厂家供货情况，110kV 并联电容器组选用框架式。每相采用

两个绝缘台架（又称双塔结构）或一个绝缘台架（又称单塔结构）。两种布置型式造价相当，技术上各有优缺点，单塔结构的电容器组围栏内占地比双塔结构的电容器组小，但整体高度比双塔结构的高，检修稍显不便。实际工程中，可根据无功补偿装置布置和变电站总体布置需求选择。两种结构的电容器组平、断面图如图 4-10～图 4-13 所示。

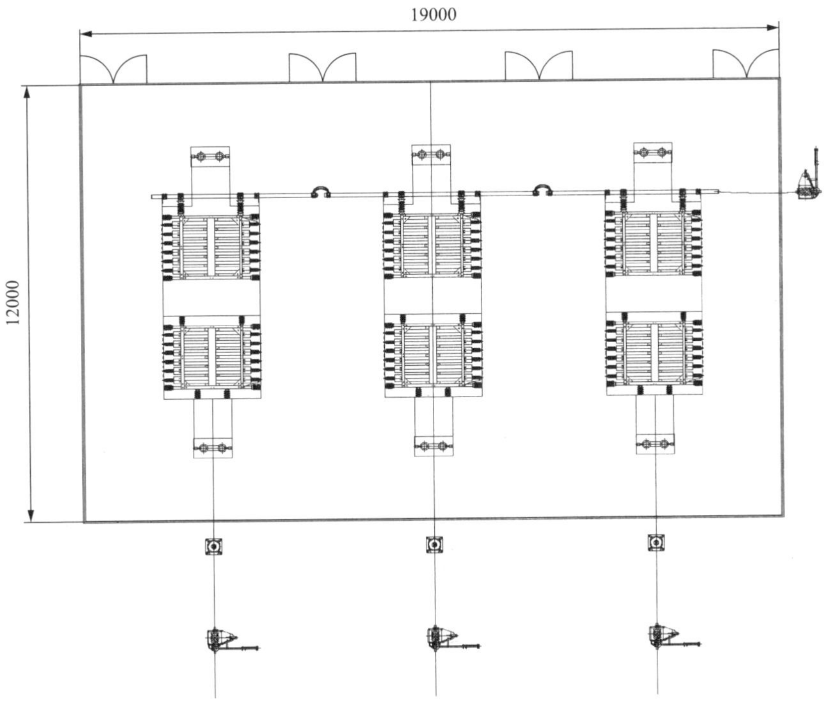

图 4-10　110kV 双塔电容器组平面图

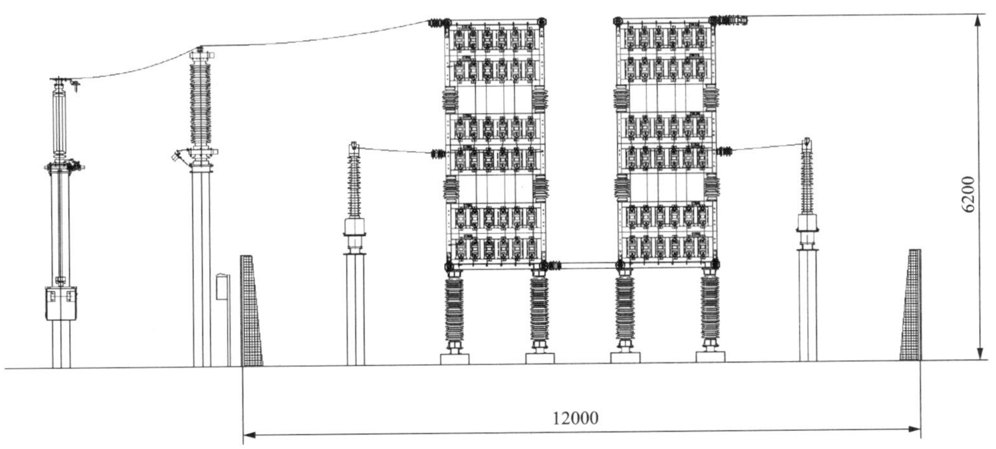

图 4-11　110kV 双塔电容器组断面图

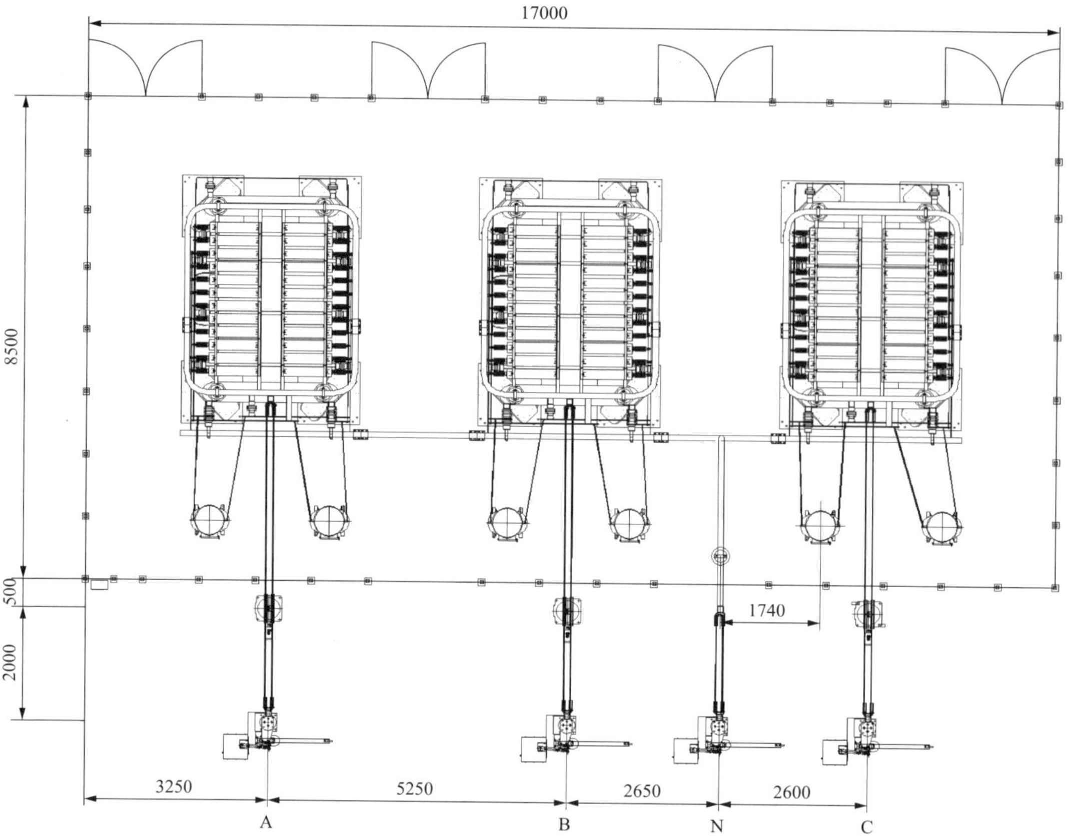

图 4-12　110kV 单塔电容器组平面图

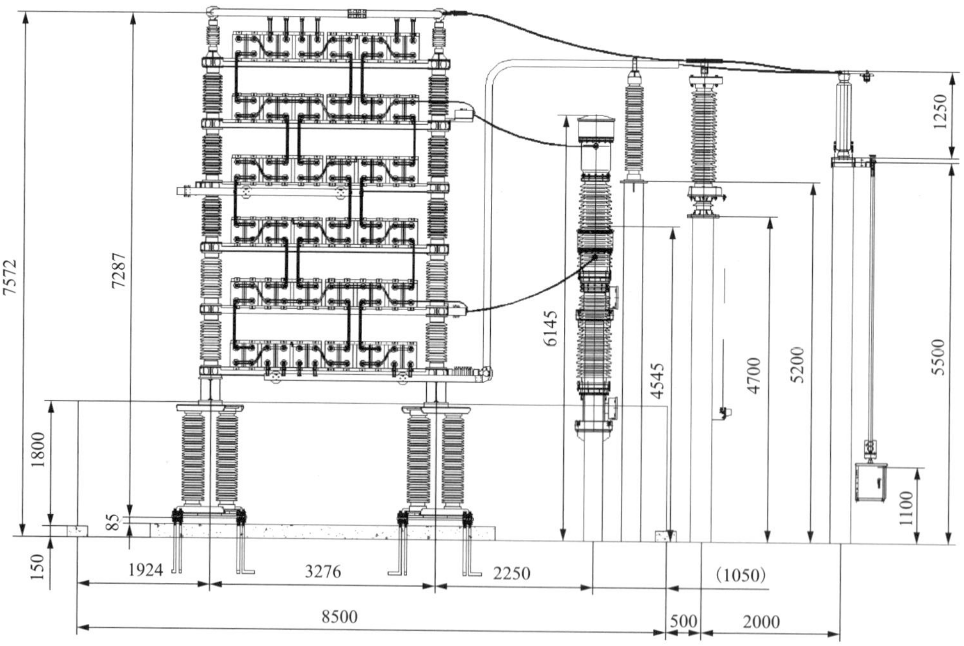

图 4-13　110kV 单塔电容器组断面图

2. 额定电压选择

（1）额定电压的选择原则。并联电容器组的无功补偿容量与其接入点的母线电压的平方成正比，因此，在确定并联电容器组的额定电压时，必须考虑下列各种运行情况下母线电压的变化：

1）并联电容器组接入电网后引起的电网电压升高；

2）谐波引起的电网电压升高；

3）装设串联电抗器引起的电容器端子电压升高；

4）相间和串联段间存在的容差，将导致电压分配不均，使部分电容器承受的电压升高；

5）轻负荷时引起的电网电压升高。

在特高压系统中，要求主变压器低压侧 110kV 母线最高运行电压为 126kV。在并联电容器组额定电压的选择上应留出适当的裕度。若额定电压选择过低，则会造成电容器介质上的电压过分增高，对电容器的性能与寿命不利；若额定电压选择过高，安全裕度取得过大，则电容器组输出容量将降低，而为了满足输出容量的要求，需增加安装容量，投资也相应增加。

（2）参照标准得出的额定电压选择结果。我国关于并联电容器额定电压的选择，各标准存在一定的差异。试验示范工程设计采用的标准 DL/T 604—1996《高压并联电容器装置订货技术条件》规定，并联电容器装置的额定电压 U_N 为装置接入系统处电网的标称电压，对特高压变电站 110kV 系统，装置的连续运行电压为 1.05U_N，即 115.5kV。电容器装置的稳态过电压能力要求如表 4－21 所示。

表 4－21　DL/T 604—1996 规定的电容器装置稳态过电压

工频过电压	最大持续时间	说　明
1.10U_N	长期	指长期工作电压的最高值不超过 1.1 倍额定电压
1.15U_N	30min（每 24h）	系统电压的调整和波动
1.20U_N	5min	轻载荷时电压升高
1.30U_N	1min	

由表 4－21 可以看出，若并联电容器装置的额定电压为 110kV 时，其允许长期运行的电压为 121kV，不能满足 126kV 电压下长期稳定运行的要求。因此，特高压变电站 110kV 并联电容器装置的额定电压不能按接入系统处电网的标称电压选取。

GB/T 11024.1—2019《标称电压 1000V 以上交流电力系统用并联电容器　第 1 部分：总则》规定，“电容器的额定电压应不低于该电容器所接入的网络的最高运行电压，并且还应考虑电容器本身的影响。”运行中允许的电压水平如表 4－22 所示。

表 4-22　　GB/T 11024.1—2019 规定的电容器运行中允许的电压水平

型式	电压因数	最大持续时间	说　明
工频	1.00	连续	电容器运行任何期间内的最高平均值
工频	1.10	12h（每 24h）	系统电压的调整和波动
工频	1.15	30min（每 24h）	系统电压的调整和波动
工频	1.20	5min	轻负荷下电压升高
工频	1.30	1min	

参照以上规定，以系统最高运行线电压 U_{SN}=126kV 作为装置额定电压，计及串联电抗器电抗率 α 的影响，电容器组额定线电压 U_{CN} 的计算结果如表 4-23 所示。

表 4-23　　参照 GB/T 11024.1—2019 计算的电容器组额定线电压 U_{CN}

电抗率 α（%）	5	12
电容器组额定线电压 U_{CN}（kV）	132.6	143.2

GB 50227—2017《并联电容器装置设计规范》和 DL/T 5014—2010《330kV～750kV 变电站无功补偿装置设计技术规定》对电容器额定电压的选择有如下规定：

1）宜按电容器接入电网处的运行电压进行计算；

2）电容器应能承受 1.1 倍长期工频电压；

3）应计入接入串联电抗器引起的电容器运行电压升高。

参照以上规定，考虑电容器长期工频电压为额定电压的 1.1 倍，系统最高运行线电压 U_{SN}=126kV，则电容器装置额定电压取 114.5kV。计及串联电抗器电抗率 α 的影响，电容器组额定线电压 U_{CN} 的计算结果如表 4-24 所示。

表 4-24　　参照 GB 50227—2017 和 DL 5014—2010 计算的电容器组额定线电压 U_{CN}

电抗率 α（%）	5	12
电容器组额定线电压 U_{CN}（kV）	120.6	130.2

国家电网公司《高压并联电容器装置技术标准》中对电容器工频稳态过电压及持续时间要求如表 4-25 所示。

表 4-25　　国家电网公司对电容器工频稳态过电压及持续时间要求

工频过电压	持续时间	说　明
$1.05U_N$	长期	
$1.10U_N$	8h（每 24h）	系统电压调整与波动
$1.15U_N$	30min（每 24h）	
$1.20U_N$	5min	轻载荷时电压升高
$1.30U_N$	1min	

参照以上规定，考虑电容器长期工频电压为额定电压的 1.05 倍，系统最高运行线电压 U_{SN}=126kV，则电容器装置额定电压取 120kV。计及串联电抗器电抗率 α 的

影响，电容器组额定线电压U_{CN}的计算结果如表4－26所示。

表4－26 参照《高压并联电容器装置技术标准》计算的电容器组额定线电压U_{CN}

电抗率α（%）	5	12
电容器组额定线电压U_{CN}（kV）	126.3	136.4

（3）额定电压选择结论。按照系统在120kV的母线电压下电容器装置输出容量为210Mvar的假定条件，考虑串联电抗器消耗无功的影响，参照我国各标准得出的并联电容器组额定线电压、额定容量计算结果如表4－27所示。

表4－27 并联电容器组额定线电压、额定容量计算结果

计算结果	结果一		结果二		结果三	
标准编号或名称	GB/T 11024.1—2019		GB 50227—2017 DL 5014—2010		《高压并联电容器装置技术标准》	
电抗率α（%）	5	12	5	12	5	12
并联电容器组额定线电压（kV）	132.6	143.2	120.6	130.2	126.3	136.4
并联电容器组额定容量（Mvar）	243.7	263.1	201.4	217.4	221.1	238.6

根据上述计算，结果一电容器组额定电压最高，运行最安全，但电容器组额定容量最大，因此投资也最高；结果二电容器组额定电压最低，过电压倍数最高，运行较不安全，但投资最低；结果三额定电压适中，运行较安全，投资也居中。综合考虑电容器的安全性和经济性，电容器组的额定电压按结果三选取。

3. 额定容量选择

除试验示范工程外，其他特高压工程均按照系统在120kV的母线电压下电容器装置输出容量为210Mvar，对2组采用12%电抗率、2组采用5%电抗率的串联电抗器进行初算，电容器组额定容量考虑三种方案：①方案一，电容器组不采用统一的标准容量，额定容量选221Mvar（5%电抗率）和239Mvar（12%电抗率），对应的装置输出容量均为210Mvar；②方案二，电容器组采用标准容量230Mvar，对应的装置输出容量为219Mvar（5%电抗率）和202Mvar（12%电抗率）；③方案三，电容器组采用标准容量240Mvar，对应的装置输出容量为228Mvar（5%电抗率）和211Mvar（12%电抗率）。

按照每组主变压器第三绕组侧配置4组电容器，投第一组电容器前，主变压器第三绕组侧母线电压为110kV，对电容器组全部投运后主变压器第三绕组侧母线电压进行计算，计算结果为：方案一，123.9kV；方案二，124kV；方案三，124.8kV。

从计算结果可知，110kV电容器组容量采用上述三种方案，主变压器第三绕组侧母线电压均未超126kV，可满足要求，结合电容器回路投切开关能力和实际无功需求，并考虑电容器单元容量标准化，除试验示范工程外的其他特高压交流工程均采用了方案三，即电容器组额定容量采用统一的标准容量240Mvar。试验示范工程按照系

统在 126kV 的母线电压下电容器组输出容量为 210Mvar 的要求，电容器组不采用统一的标准容量，而是根据不同电抗率计算的容量进行设计，试验示范工程电容器组额定容量为 200.5Mvar（5%电抗率）和 216.5Mvar（12%电抗率）。

4. 主要技术参数

110kV 并联电容器组（除试验示范工程外）主要参数见表 4－28。

表 4－28　　110kV 并联电容器组主要参数

序号	参数名称		典型值
一	电容器组		
1	额定电压（kV）	5%电抗率	126.3
		12%电抗率	136.4
2	额定频率（Hz）		50
3	额定容量（Mvar）		240
4	实际容量与额定容量偏差（%）		0～+3
5	接线方式		单星形双桥差
6	保护方式		双桥差不平衡电流保护
7	故障条件下爆破能量（kW·s）		≤15
二	单台电容器		
1	设计场强（K=1，kV/mm）		≤53
2	局部放电性能	局部放电量（pC）	≤20
		温度下限时局部放电熄灭电压（U_N）	≥1.3
3	电容器耐受爆破能量（kW·s）		≥15
4	单台电容器保护方式		内熔丝
5	内熔丝安装位置		元件之间
6	内熔丝结构电容器的完好元件允许过电压倍数		不大于 1.3 倍元件额定电压
7	固体介质		全膜
8	放电电阻放电要求		断电后，电容器电压在 5min 内由 U_N 降至不大于 50V
三	金属氧化物避雷器		
1	额定电压（kV）		174
2	持续运行电压（kV）		139
3	标称放电电流（kA）		10
4	标称放电电流下的残压（kV）		372
5	2ms 方波通流容量（A）		2000
6	耐受试验电压（工频/雷电）（kV）		275/650
7	吸收能量（MJ）		2
四	保护用电流互感器		
1	额定电压/最高运行电压（kV）		132/145

续表

序号	参 数 名 称	典型值
2	准确级	0.5
3	额定容量（VA）	5
4	耐受试验电压（工频/雷电）（kV）	275/650

（二）串联电抗器的选择

根据串联电抗器参数要求和运行经验，串联电抗器选用干式空心电抗器。

经科研单位监测，特高压变电站存在3次及以上的高次谐波。因此，串联电抗器电抗率的选择，不仅要考虑限制合闸涌流，还需抑制3次及以上的高次谐波。串联电抗器采用0.1%～1%的电抗率，只能起到限制合闸涌流的作用，随着电抗率的增大，限制的作用就更加明显。4.5%～6%的电抗率可以抑制5次及以上的谐波，12%～13%的电抗率可以抑制3次及以上的谐波。

结合并联电容器组接入电网处的背景谐波情况，串联电抗器的电抗率取12%和5%。

110kV并联电容器组回路串联电抗器的主要参数见表4-29。

表4-29　　110kV并联电容器组回路串联电抗器的主要参数

序号	参 数 名 称		典型值	
1	型式		户外、单相、干式、空心	
2	额定电压（kV）		145	
3	额定频率（Hz）		50	
4	额定端电压（kV）		3.65	9.45
5	额定容量（kvar）		4000	9600
6	额定电流（A）		1097	1016
7	额定电抗（mH）		10.58	29.59
8	电抗率（%）		5	12
9	额定绝缘水平	对地额定雷电冲击耐受电压（kV，峰值）	650	
		极间额定雷电冲击耐受电压（kV，峰值）	350	
		额定交流耐压（干/湿）（kV，有效值）	275	

（三）并联电抗器的选择

110kV并联电抗器额定电压105kV，最高运行电压115kV，额定容量为240Mvar。

110kV并联电抗器考虑单相、自冷油浸式电抗器和干式空心电抗器。干式空心电抗器机械强度高、抗短路能力强、维护工作量小，不需严格的防火措施，但是由于此电抗器电压等级高、容量大，综合厂家制造能力和运输尺寸要求等，采用每相双绕组串联方式，占地面积较大。油浸式电抗器可靠性高，占地面积小，但是造价昂贵。经技术经济比较，特高压变电站采用干式空心电抗器。

110kV并联电抗器主要参数见表4-30。

表 4-30　　110kV 并联电抗器主要参数

序号	参数名称		典型值
1	型式		户外、单相、干式、空心
2	额定电压（kV）		$105/\sqrt{3}$
3	连续最高工作电压（kV）		$115/\sqrt{3}$
4	额定频率（Hz）		50
5	额定容量（Mvar）		2×40
6	额定电流（A）		1320
7	额定电抗（mH）		2×73.1
8	额定绝缘水平	额定雷电冲击耐受电压（kV，峰值）	650
		额定截波冲击耐受电压（kV，峰值）	715
		额定交流耐压（干/湿）（kV，有效值）	275
9	接线形式		星形
10	温升极限（K，在 $115/\sqrt{3}$kV 下）		≤55（绕组平均）
11	绝缘材料耐热等级	匝间绝缘耐热等级	H 级
		整体绝缘耐热等级	F 级
12	过励磁能力		1.10U_N 下连续

第六节　1000kV 串联补偿装置选择

一、补偿度选择

特高压输电通道由于电气距离远，通道的输送能力易受系统稳定限制，为充分发挥特高压输电通道的经济效益，安装 1000kV 串联补偿装置成为一种有效手段。根据我国电网特点，1000kV 串联补偿装置补偿度的选择主要考虑以下因素：

（1）补偿度应根据电力系统本期和远期需要，综合考虑系统暂态稳定水平、系统潮流分布与调控、无功补偿、被补偿线路沿线电压分布、线路断路器暂态恢复电压、相关汽轮发电机组次同步谐振风险、投资影响等因素确定，当本期和远期不能协调时可考虑不同的补偿度要求；

（2）当串联补偿装置用于提高系统暂态稳定水平时，补偿度应主要根据线路的输电容量要求确定；

（3）当串联补偿装置用于优化、改善和控制并行线路或环网潮流分布时，补偿度及其分段应主要根据不同方式的潮流分布和控制要求确定；

（4）当串联补偿装置用于重载或潮流变化较大线路的无功补偿时，补偿度应主要根据系统不同运行方式下被补偿线路无功损耗和压降的要求确定；

（5）在确定补偿度时，应分析补偿度对被补偿线路的沿线电压分布的影响，必要时采用分散补偿方案或对线路及相关设备绝缘提出特殊要求；

（6）对于并行多回线路，宜采用相同的补偿装置以使设备标准化，必要时也可采用不同的补偿度以优化系统潮流分布，特殊情况下也可通过三相不同的补偿度来补偿线路三相电抗的不平衡；

（7）对近区有汽轮发电机组的系统，补偿度的确定应评估次同步谐振风险。

实际工程中，根据上述原则开展串补度选择研究。试验示范工程扩建工程在晋东南—南阳—荆门1000kV线路上加装串补度40%的串联补偿装置。锡盟—山东工程承德串补站装设了串补度40%的串联补偿装置。

二、型式选择

串联补偿装置按其调控性能可分为固定串联补偿（fixed series compensation，FSC）装置和可控串联补偿（thyristor controlled series compensation，TCSC）装置两种类型。固定串联补偿装置是将电容器直接串接在线路中，运行中电容器容量不能调节，补偿度确定；可控串联补偿装置是在固定串联补偿装置的基础上并联一条可控电抗器支路，正常工作时，串联补偿装置工作在容性区以补偿线路感抗，提高线路输送功率，当线路发生接地故障时，可调整晶闸管的触发角，使其工作在感性区，从而增加总电抗，减小短路电流。与固定串联补偿装置相比，可控串联补偿装置中增加了大功率晶闸管阀、水冷系统和相控电抗器等，使得造价大大增加，系统控制复杂。目前，大容量可控串联补偿装置在世界上尚无成功实施案例。因此，结合设备制造难度等因素，已投运的1000kV串联补偿装置均采用了固定串联补偿装置。

三、额定电流选择

1000kV串联补偿装置额定电流的选择原则如下：

（1）额定电流应根据本期和远期正常及事故后线路输送潮流的需要确定；

（2）额定电流应满足系统正常运行方式的需要；

（3）在计及短时过负荷能力的情况下，串联补偿装置的通流能力应满足系统中任何单一元件故障切除后的紧急状态的需要；

（4）当系统正常及任何单一元件故障后流过串联补偿装置的电流难以确定，或者线路需要运行在其热稳定极限附近时，串联补偿装置的额定电流可根据线路热稳定电流来确定，此时宜适当利用其短时过负荷能力；

（5）应分析系统故障时流过的故障电流、系统故障后流过的系统摇摆电流等因素，并综合电容器过电压保护设备投资和保护水平，确定串联补偿装置的额定电流。

以试验示范工程扩建工程为例，1000kV串联补偿装置额定电流及过负荷能力按以下原则确定：

（1）根据近远景电网规划，按照DL 755—2001《电力系统安全稳定导则》等要求进行系统潮流和稳定计算，确定串联补偿装置的正常输送功率及电力系统故障、异常时串联补偿装置的紧急输送功率。

（2）电容器的额定电流应大于最大正常功率输送所需的电流值。在此基础上，合理利用电容器的过负荷能力以适应故障、异常时紧急功率输送的需要。

GB/T 6115.1—2008《电力系统用串联电容器　第1部分：总则》规定了串联补偿装置电容器组典型的耐受过负荷和摇摆电流能力，包括耐受电流倍数和时间，如表4-31所示。

表4-31　电容器组典型的耐受过负荷和摇摆电流的能力

电流	持续时间	典型范围（标幺值）	最常见值（标幺值）
额定电流	连续	1.0	1.0
1.1倍额定电流	8h（每12h）	1.1	1.1
紧急过负荷电流（I_{EL}）	30min	1.2～1.6	1.35～1.50
摇摆电流	1～10s	1.7～2.5	1.7～2.0

标准对紧急过负荷电流及其持续时间的规定不是唯一的数值。最常见的紧急过负荷时间约定是30min，最常见的过负荷电流为1.35～1.50（标幺值）；在有些场合紧急过负荷电流（I_{EL}）持续时间规定为10min或4h，分别对应高于或低于表中过电流。

根据我国情况，若要求在30min内处理紧急情况，运行调度压力较大，因此过负荷持续时间按2～8h考虑。对电容器组过负荷能力要求如下：

（1）持续时间为8h条件下，电容器组过载能力为1.1（标幺值）。

（2）持续时间为2h条件下，电容器组过载能力为1.2（标幺值）。

（3）电容器组过载能力为1.8（标幺值）条件下，持续时间10s。

综上所述，试验示范工程扩建工程1000kV串联补偿装置电容器的过电流耐受能力要求如表4-32所示。

表4-32　试验示范工程扩建工程1000kV串联补偿装置电容器过电流耐受能力要求

持续时间	过电流（标幺值）	电容器允许电流（A）
连续	1.0	5080
8h（间隔12h）	1.1	5588
2h（间隔8h）	1.2	6096
30min（间隔6h）	1.35	6858
10min（间隔2h）	1.5	7620
10s	1.8	9144

四、安装位置

串联补偿装置的安装位置应综合考虑如下因素：①被补偿线路沿线电压分布；②串

联补偿装置规模、站址条件；③系统继电保护；④工程实施及投资；⑤运行维护。

当出现下列情况时，宜考虑分段方案：

（1）当系统潮流调控需要在运行中调节改变线路补偿度时；

（2）当串联补偿装置集中安装将引起线路电压分布不满足要求时；

（3）当远期线路开断需要将串联补偿装置分散安装在开断后的两段线路上时；

（4）当串联补偿装置容量较大造成设备选择困难时；

（5）当串联补偿装置在单一平台难以布置时。

串联补偿装置可安装在线路的端部或者中部，可集中安装或分散安装。当安装在线路端部时，一般与变电站合并建设。试验示范工程扩建工程中，在晋东南—南阳1000kV线路两端分别装设1组补偿度为20%的串联补偿装置，在南阳—荆门1000kV线路的南阳侧装设1组补偿度为40%的串联补偿装置（分成两段，每段补偿度20%），串联补偿装置与变电站合建。锡盟—山东工程中，根据系统要求，在距离锡盟变电站68km处建设了承德串补站，串补站内布置了2组补偿度为40%的串联补偿装置。

五、电气接线

串联补偿装置电气接线应根据其所处的电力系统状况、串联补偿装置功能特性及额定值的要求等条件确定，并综合考虑供电可靠、运行灵活、操作检修方便、投资节约等要求。

为便于串联补偿装置故障时可退出，在串联补偿装置两端装设检修用串联隔离开关，同时为保证线路继续供电，设置1组旁路隔离开关。串联隔离开关串联补偿装置平台侧设置接地开关。旁路隔离开关是否装设接地开关根据检修和运行等要求综合确定。

固定串联补偿装置的典型接线如图4-14所示。

晋东南变电站的1000kV串联补偿装置采用了上述典型接线，如图4-15所示。

当固定串联补偿装置分段配置时，典型接线如图4-16所示。当采用分段方式一时，任意一段检修均需停止整套串联补偿装置的运行；当采用分段方式二时，两段串联补偿装置可分别投运和退出。工程设计中，应根据系统要求、设备制造水平和投资等综合确定分段方式。

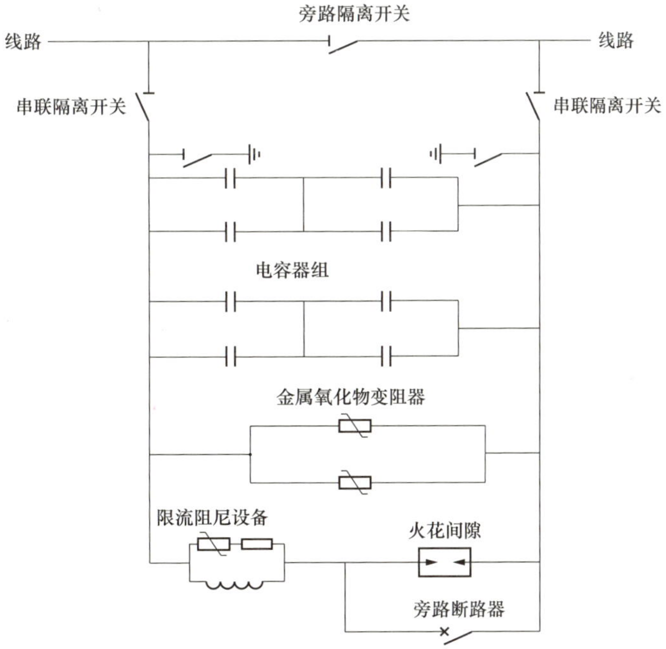

图4-14　固定串联补偿装置的典型接线

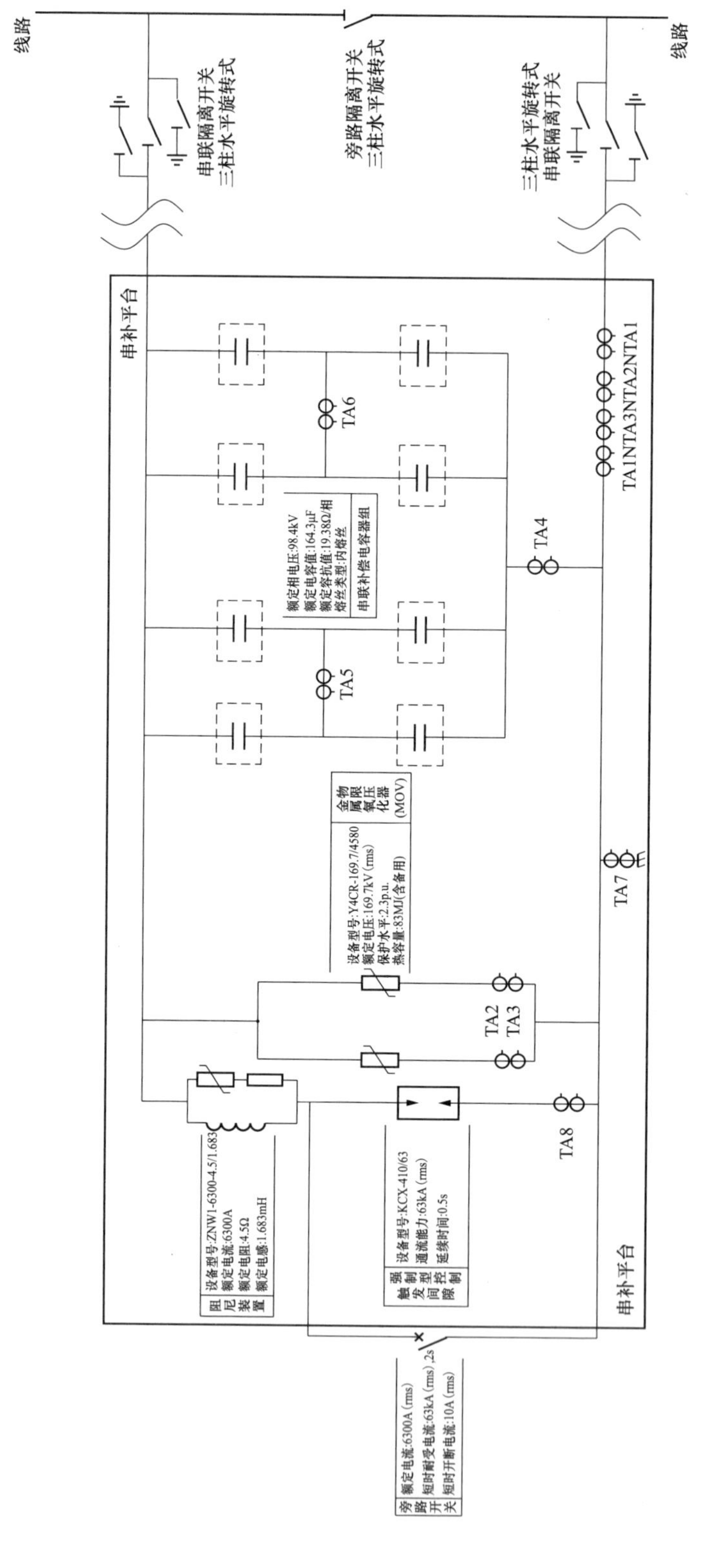

图 4-15　晋东南变电站 1000kV 串联补偿装置接线图

承德1000kV串补站的串联补偿装置接线采用了分段方式一，如图4-17所示。

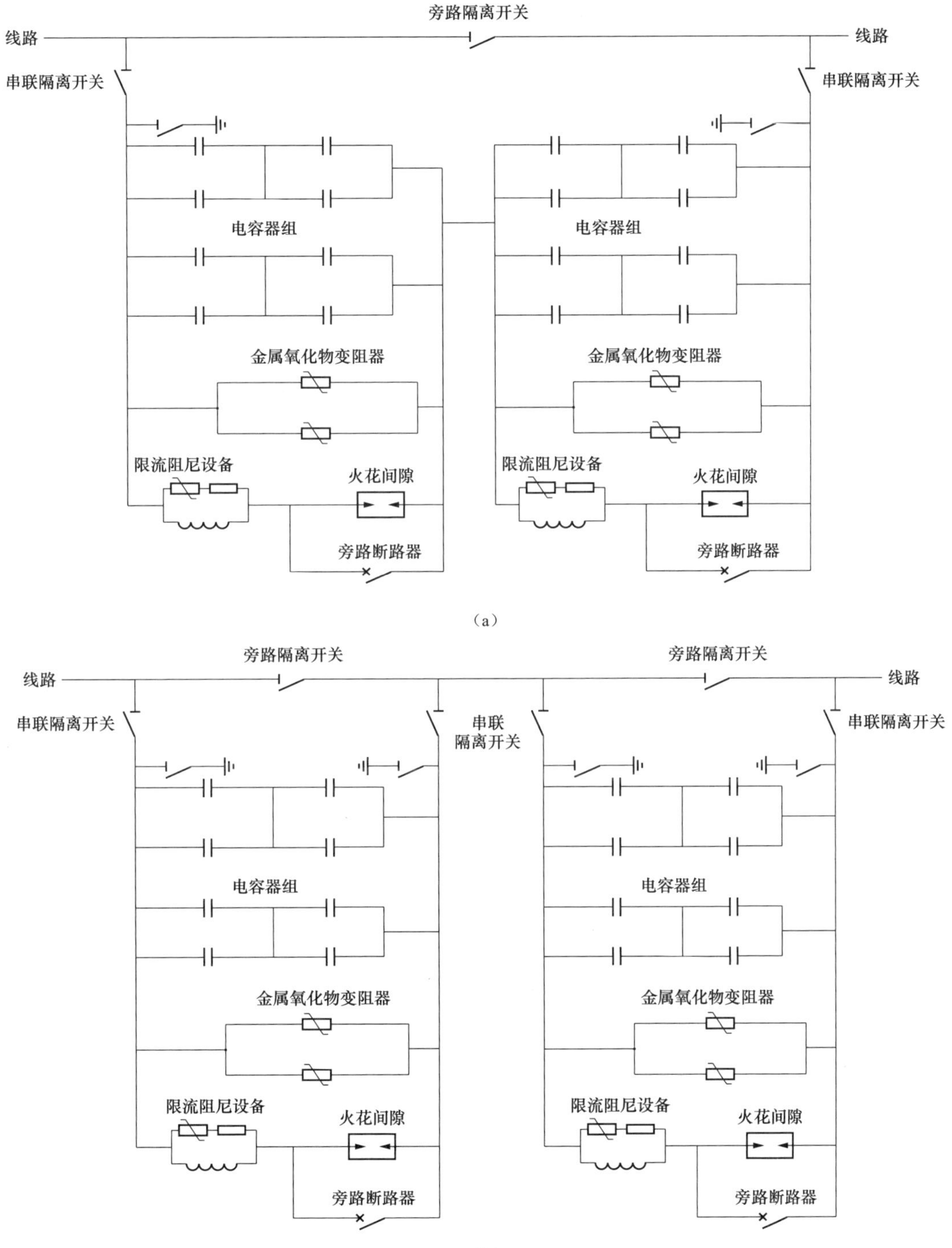

图4-16 分段的固定串联补偿装置的典型接线

(a) 分段方式一；(b) 分段方式二

扫码查看高清图

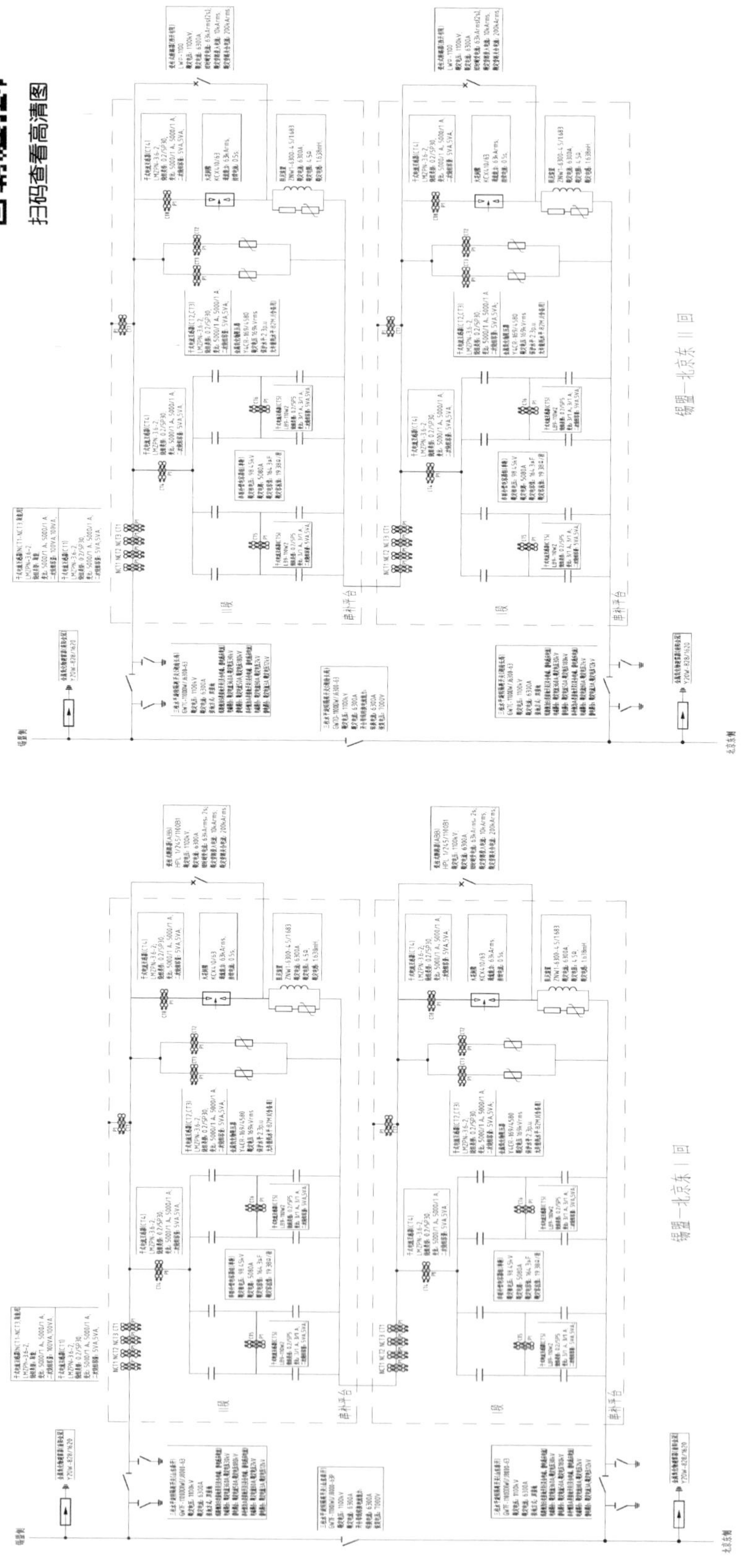

图 4-17 承德1000kV串补站串联补偿装置接线图

六、过电压保护和绝缘水平

（一）串联补偿装置的过电压保护

串联补偿装置过电压的情况主要有以下几类：

（1）线路短路时，电容器组流过很大的电流，造成电容器组产生较高的过电压；

（2）旁路断路器合闸时，电容器放电电流造成电容器组、火花间隙和旁路断路器过电压。

根据以上情况，串联补偿装置配置了火花间隙、金属氧化物变阻器（metal oxide varistor，MOV）和限流阻尼装置。当发生过电压时，金属氧化物变阻器首先动作，但由于其热容量限制，尤其是线路短路情况下，金属氧化物变阻器无法长时间吸收能量，此时火花间隙动作，将电容器组旁路，同时触发旁路断路器动作。限流阻尼装置由并联的电阻和电感组成，当火花间隙动作和旁路断路器合闸时，限流阻尼装置可以限制电容器组放电电流的幅值和频率，使其很快衰减，以改善电容器组、火花间隙和旁路断路器的工作条件。

（二）串联补偿装置的绝缘水平

电容器组、旁路断路器断口间、火花间隙等设备的绝缘水平应根据串联补偿装置的保护水平确定。

旁路隔离开关断口间的绝缘水平不宜低于 GB 311.1—2012《绝缘配合　第 1 部分：定义、原则和规则》中额定电压 550kV 所对应的额定绝缘水平。

串联补偿装置的额定绝缘水平见表 4－33。串联隔离开关的额定断口电压为 1100kV，旁路隔离开关和旁路断路器的额定断口电压应根据计算确定，并在表中给出的数值中选取。

表 4－33　　1000kV 串联补偿装置的额定绝缘水平（kV）

耐受电压	相对地	断口电压 U_{rp}				
		1100	800	550	363	252
额定雷电冲击耐受电压（峰值）	2400	2400 (+900)*	2100 (+650)*	1675 (+450)*	1175 (+295)*	1050 (+200)*
额定操作冲击耐受电压（峰值）	1800	1675 (+900)*	1300 (+650)*	1175 (+450)*	850 (+295)*	—
1min 工频耐受电压	1100	1100 (+635)**	960 (+460)**	740 (+315)**	510 (+210)**	460 (+145)**

注　表中数据适用于海拔不高于 1000m 的情况。

*　括号内的数值是施加在对侧端子上的工频额定电压峰值 $1.0U_{rp}\sqrt{2}/\sqrt{3}$；

**　括号内的数值是施加在对侧端子上的工频额定电压有效值 $1.0U_{rp}/\sqrt{3}$。

七、主要设备选择

（一）电容器组

电容器组的性能应满足以下要求：

（1）电容器组额定电流应满足线路最大连续输送容量的要求。

（2）电容器组的过电流能力应根据系统要求确定，应能承受系统摇摆电流、应急负荷、系统故障及某些运行条件下的谐波电流。当系统无要求时应符合 GB/T 6115《电力系统用串联电容器》系列标准的规定。

（3）电容器组的过电压保护水平应根据系统最大摇摆电流时的过电压、设备制造能力及综合造价等因素确定。

（4）电容器组的单相电容偏差应为－1％～＋1％，电容器单元的电容偏差应为－2％～＋2％。

（5）电容器组宜采用 H 型、桥差不平衡电流保护。

（6）电容器组的设计应能保证在极限电压下单台电容器损坏（包括元件损坏及内、外绝缘故障）时，电容器外壳不出现开裂、爆炸等。

（7）电容器单元宜采用容量为 500kvar 及以上的内熔丝结构。

（8）电容器单元应采用双套管。

（9）电容器单元内部应配有放电电阻，保证在断开电源后的 10min 内将电容器的剩余电压自峰值降低到 75V 或更低。

（10）环境温度为 20℃时，额定电压下，电容器单元损耗不应超过 0.2W/kvar（含熔丝和放电电阻）。

（11）电容器单元的额定耐受爆裂能量不应小于 15kJ。

（12）电容器单元绝缘介质的平均电场强度宜不高于 57kV/mm。

（二）金属氧化物变阻器

金属氧化物变阻器（MOV）的性能应满足以下要求：

（1）能承受在故障过程中积累的最大能量。

（2）能限制在正常、故障及摇摆过程中出现在电容器组两端的最大电压，其电压保护水平应与电容器组的过电压耐受能力相匹配。

（3）MOV 的容量应满足以下要求：

1）计算区外故障及其后摇摆过程中流过 MOV 的最大电流和 MOV 可能吸收的最大能耗，从而确定允许火花间隙触发的 MOV 启动能耗和启动电流。

2）根据火花间隙的触发条件，计算区内故障过程中 MOV 可能吸收的最大能耗，确定 MOV 的容量，并校核串联电容器的最高电压。

3）根据区内、区外故障计算结果提出 MOV 的允许能耗水平及其他参数。

MOV 容量计算时应考虑以下系统条件：

1）应考虑正常和一回线路检修工况时投产年及远景年对应 MOV 吸收能量最大的系统运行方式。

2）应校核系统故障后通过串联补偿装置摇摆电流对 MOV 的影响，当摇摆电流引起的 MOV 能耗过大时，可调整串联补偿装置额定参数。

3）应考虑不同故障发生时刻直流分量的影响。

4）区外故障主要考虑串联补偿装置线路两侧母线故障和相邻串联补偿装置线路出口故障；计算区内故障时，应沿线路选择若干典型的不同位置的故障点进行计算，并模拟实际的 MOV 保护控制电路计算最大的 MOV 能耗。

5）故障发生的时刻是随机的，采用统计方法，取 100 次统计次数中的最大值作为 MOV 的最大能耗、电流或最高电压。

（4）MOV 每柱的伏安特性应一致，以保证电流平衡分布。MOV 柱间的电流分布不平衡度应不超过 10%。

（5）MOV 外壳应采用瓷套或硅橡胶材料，其工频湿耐受电压（峰值）不应低于 1.2 倍的保护水平。MOV 应具备良好的防爆性能，当外壳采用瓷套时，每个瓷套均应有压力释放装置，在外壳不爆裂的前提下安全释放瓷套内由于阀片故障电流引起的高压力。

（6）MOV 的容量除根据线路区内、区外故障类型及其持续时间计算并考虑一定裕度外，宜留有 10%的热备用。

（三）火花间隙

火花间隙的性能应满足以下要求：

（1）火花间隙性能应与最大故障电流水平、故障清除时间及 MOV 保护水平相匹配。

（2）火花间隙的自触发电压应高于 MOV 建立的电压保护水平，且安全裕度不低于 1.1，触发最低击穿电压应与线路断路器恢复电压相匹配。

（3）火花间隙应为强制触发间隙，每个间隙应配备两套完全独立的间隙触发回路。

（4）火花间隙的触发动作不应受温度、湿度、大气压力、电磁干扰等外界环境因素的影响。

（5）火花间隙距离应可调，以适宜各种运行工况。

（6）在通过 63kA/50ms 的故障电流后间隔 500ms 时，火花间隙应至少能承受 1.8 倍的额定电压。

（7）从收到触发信号至主间隙击穿的时间不应大于 1.0ms。

（8）火花间隙的最小可靠触发放电电压不应大于 1.8（标幺值）。

（9）在不损坏间隙电极的表面及不需进行维护的条件下，火花间隙要求至少可以动作 25 次，故障电流通流能力要求在最大系统故障电流为 63kA 时至少持续 0.2s 动作 5 次或至少持续 0.5s 动作 1 次。

（四）限流阻尼设备

限流阻尼设备的性能应满足以下要求：

（1）限流阻尼设备应能将电容器组放电电流限制在电容器组、旁路断路器及火花间隙的耐受能力范围内。

（2）限流阻尼设备应能耐受线路故障过程中的工频暂态电流和电容器组的高频放电电流。

（3）限流阻尼设备宜使电容器放电电流第二个周波幅值衰减到第一个周波同极性幅值的50%以内。

（4）限流阻尼设备宜由阻尼电抗器和阻尼电阻器并联组成，阻尼电阻器应由线性电阻和非线性电阻片串联组成，且结构上这两种电阻应组成一个整体。

（5）阻尼电抗器应为单相、空心、自冷型，阻尼电阻器应为单相、空气绝缘、自冷型，限流阻尼设备应适于户外安装。

（五）旁路开关

旁路开关的性能应满足以下要求：

（1）旁路开关应具有在正常或事故时短接电容器组和过电压保护，以及重新投入电容器组的能力，且熄弧后不重燃。

（2）旁路开关的断口绝缘宜与串联电容器组保护水平相对应，对地绝缘应与系统电压水平相对应。

（3）旁路开关的额定电流应能满足切换和承载其使用位置所通过的电流要求。

（4）旁路开关合闸时应能同时承受电容器组放电电流和系统故障电流。

（5）旁路开关的合闸时间应不大于35ms。

（6）旁路开关的额定操作顺序宜为C－0.3s－OC－180s－OC。

（7）旁路开关应能实现快速自动重分闸及防止分闸跳跃。

（8）旁路开关的操作回路应配备双合闸线圈。

（9）旁路开关宜采用瓷柱式 SF_6 断路器。

（六）隔离开关

隔离开关的性能应满足以下要求：

（1）隔离开关的额定电压和额定电流应根据线路额定电压水平及载流量选择。

（2）旁路隔离开关分合转换电流不应低于串联电容器组被旁路情况下的线路电流，转换电压不应低于转换电流流过由旁路断路器组成的旁路回路中产生的电压，具体应根据阻尼回路的参数计算确定。

我国已建特高压工程的1000kV串联补偿装置旁路隔离开关转换电流为6300A，转换电压为7000V（有效值），满足开断次数100次CO操作循环。

为提高旁路隔离开关转换电流开合能力，可在主触头上加装由弧触头和真空断路器串联组成的并联支路。合闸时，在主导电杆操作下，通过弧触头合闸—真空断路器合闸—主触头合闸—弧触头分闸，完成合闸操作；分闸时，在主导电杆操作下，通过弧触头合闸—主触头分闸—真空断路器分闸—弧触头分闸，完成分闸操作。

隔离开关宜采用敞开式隔离开关。

（七）电流互感器和绝缘子

根据串联补偿装置的需要设置电流互感器，所有测量设备性能不应受所在位置电磁场的干扰。电流互感器满足保护、测量、监视等要求，能精确测量串联补偿装置运行时的动态电流值，并考虑正常电流值与故障电流值和放电电流值差异。

串联补偿装置平台支柱绝缘子和斜拉绝缘子的额定电压与线路额定电压一致，机械特性满足各种工况下平台荷载的要求；平台上设备的支柱绝缘子额定电压和绝缘水平根据所在位置计算确定。

（八）控制保护系统

串联补偿装置的控制保护系统根据串联补偿装置的过电压保护方式及相应的电气主接线、串联补偿装置规模等进行设计。

串联补偿装置的控制保护系统按照双重化原则配置。双重化的范围包括测量回路、电源回路、跳闸回路、通信回路、所有的保护装置等。双重化系统中的一套系统出现故障，不应影响另一套系统的运行，任一套系统均可独立启动、运行和退出。

串联补偿装置为分段接线时，其保护控制按段分别独立配置。每段串联补偿装置控制保护相互独立、协调配合，控制保护策略满足不同分段接线方式的运行要求：

（1）当采用不完全独立的分段串联补偿接线时，两段串联补偿装置可分别投入和退出，任意一段检修均需停止另一段串联补偿装置的运行。

（2）当采用完全独立的分段串联补偿接线时，两段串联补偿装置可分别投入和退出，任意一段串联补偿装置故障和检修，不应对另一段串联补偿装置的运行方式产生任何限制，更不应导致其停运。

串联补偿装置根据主要一次元件的故障及异常运行状态配置相应的保护：①电容器组配置电容器不平衡保护和电容器过负荷保护；②火花间隙宜配置间隙持续导通保护、间隙延时/拒绝触发保护及间隙自触发保护；③MOV 配置过负荷保护；④平台配置绝缘平台闪络保护；⑤旁路开关配置三相不一致保护、失灵保护；⑥对于分段串联补偿装置宜根据需要设置分段串联补偿联动保护。

第七节 其他设备选择

一、1000kV 避雷器和电容式电压互感器

（一）1000kV 避雷器选择

1. 型式选择

随着输电电压等级的提高，由于技术经济上的要求，特别是外绝缘的空气间隙对操作过电压放电特性的饱和趋势，需要大幅降低系统绝缘水平，以利于特高压输电设

备的制造和运输。在特高压交流工程绝缘配合上，各国研究的结果都倾向于采用高性能的避雷器，以提高输电系统可靠性，降低系统绝缘水平，从而减少输变电设备的体积和质量。特高压系统中操作波放电特性直接影响线路、设备的外形尺寸及造价。因此，采用高性能的避雷器是限制过电压不可或缺的措施，是电力系统绝缘配合的基础。

避雷器作为限制电力系统过电压的保护装置，按其发展历史和保护性能的改进过程，其主要型式有保护间隙、管式避雷器、普通阀式避雷器、磁吹避雷器、金属氧化物避雷器（MOA）等类型。其中，氧化锌避雷器具有优异的非线性伏安特性，不仅残压低，而且可有效避免放电间隙带来的一系列问题，因此 1000kV 避雷器选择无间隙氧化锌避雷器。

2. 主要参数选择

（1）参数的选择原则。

1）1000kV 避雷器既作为雷电过电压的保护，又作为操作过电压的保护（断路器作为限制操作过电压的主要措施）；

2）在绝缘配合中，以避雷器和被保护设备的全伏秒特性进行配合，并以雷电标准波形 8/20μs 下的 20kA 雷电流的残压为绝缘配合的基础；

3）按避雷器安装位置的不同（线路侧或母线侧），根据特高压变电站的使用要求确定避雷器的参数。

（2）持续运行电压 U_c 的选择。

1000kV 系统最高工作线电压 U_m 为 1100kV。由于 1000kV 避雷器没有串联间隙，正常工频相电压要长期施加在氧化锌避雷器的电阻片上，为了保证一定的使用寿命，避雷器的持续运行电压 U_c 必须不小于其所处工作点的系统持续运行电压，因此，U_c 按不小于系统最高相电压有效值 635kV 选取，取 638kV。

（3）额定电压 U_r 的选择。

系统的暂时过电压决定避雷器的额定电压。暂时过电压包括接地故障过电压、甩负荷过电压、谐振过电压、自励磁过电压，后两种过电压由于时间长、能量大，在特殊情况下才会发生，可用其他方式避免。与避雷器参数选择有关的暂时过电压实际上只有接地故障过电压和甩负荷过电压两种。

避雷器用于线路入口、变压器、电抗器等的过电压保护。避雷器的额定电压 U_r 与最高工作线电压 U_m 的关系是：$U_r=\beta U_m/\sqrt{3}$，选择一定的暂态过电压倍数 β 就可以确定避雷器的额定电压。

按线路断路器的变电站侧工频过电压不超过 1.3（标幺值）、线路断路器的线路侧工频过电压不超过 1.4（标幺值）控制，经计算，1000kV 母线侧避雷器额定电压 U_r 可取 828kV，线路侧避雷器额定电压 U_r 可取 888kV。

由于幅值在 1.3～1.4（标幺值）之间的工频过电压持续时间小于 0.1s，其作用时间接近于操作过电压，额定电压 828kV 的避雷器完全可以承受，而且有足够裕度，因此线路侧也可考虑采用 828kV 的避雷器。全部采用单一额定电压 828kV 的避雷器，既满足了技术要求，又减少了避雷器的规格，节省了投资。因此，1000kV 避雷器的额定电压 U_r 取 828kV。

(4) 标称放电电流 I_n 的选择。

选择避雷器标称放电电流时主要考虑以下因素：

1) 变电站的重要性，即可以接受的绝缘损坏的危险率，通常随着系统电压的提高重要性也随之加强；

2) 高于标称放电电流的放电电流出现的概率。

按照试验示范工程设计时采用的规范 DL/T 620—1997《交流电气装置的过电压保护和绝缘配合》的规定，110kV 及以上的架空线路，绝大部分为沿全线架设避雷线，保护角也比较小。按远方雷击的侵入波统计，通过避雷器的雷电流绝大多数为：

1) 110～220kV 系统一般不大于 5kA，在雷电活动特别强烈的地区、进线保护不完善或进线段耐雷水平达不到规定时可能大于 5kA，但小于 10kA；

2) 330kV 系统一般不大于 10kA；

3) 500kV 系统在一个变电站内有多组避雷器时，每组不大于 20kA。

近区雷击一般不作为选择标称放电电流的依据，但避雷器应该具有足够的大电流冲击耐受能力。

关于标称放电电流 I_n，即流过避雷器的冲击电流值，可按式 (4-2) 进行估算

$$I=\frac{2U_{in}-U_{r1}}{Z} \tag{4-2}$$

式中 U_{in}——进入变电站的雷电过电压幅值，kV；

U_{r1}——雷电流在避雷器上的残压，kV；

Z——线路波阻抗，Ω。

特高压变电站按安全运行 1500 年考虑，U_{in} 为 2479～2832kV，U_{r1} 为 1620kV，Z 为 243.7～244.5Ω。按式 (4-2) 估算，流过 1000kV 避雷器的冲击电流值为

$$I=\frac{2U_{in}-U_{r1}}{Z}=\frac{2\times 2832-1620}{243.7}=16.6(\text{kA})$$

结合 500kV 和 750kV 变电站设计经验，1000kV 避雷器的标称放电电流取 20kA。

(5) 直流 8mA 下参考电压 U_{8mA} 及荷电率。

在试验示范工程设计时采用的规范 GB11032—2000《交流无间隙金属氧化物避雷器》中，规定了直流 1mA 下的参考电压 U_{1mA}。在避雷器设计中，对于额定电压 U_r 为 420kV 及以上的避雷器，一般采用 $U_{1mA}\approx\sqrt{2}U_r/1.05$ 进行估算。对于特高压避雷器，由于避雷器阀片较以往高压及超高压工程采用的避雷器要大，存在不均匀系数，且避雷器结构为 4 柱并联，因此，取 8mA 作为直流参考电压。在上式中代入 U_r=828kV，得出 $U_{8mA}\approx$1114kV。

持续运行电压 U_c 的峰值与直流 1mA 下参考电压 U_{1mA} 的比值称为荷电率。荷电率的高低直接影响避雷器的老化过程。荷电率偏高，即 U_{1mA} 偏低时，会加速避雷器的老化并降低暂时过电压的耐受能力；荷电率偏低，即 U_{1mA} 偏高时，避雷器的保护性能将随之下降。因此，荷电率是影响避雷器老化性能和保护水平的一项重要参数。

对于 1000kV 避雷器，计算得出持续运行电压 U_c 的峰值与直流 8mA 下参考电压 U_{8mA} 的比值为 81%。一般来讲，荷电率不能大于 95%，考虑 1.1 的电位分布不均匀系数后，荷电率不能大于 86%，并应考虑一定裕度。因此，U_{8mA} 取不小于 1114kV 可满足要求。

（6）最大雷电冲击残压。选择 20kA 雷电流下的残压 U_{rl}(8/20μs，20kA) 不高于 1620kV。核算氧化锌避雷器压敏电阻片的残压比，残压比 $=U_{rl}$(8/20μs，20kA)/U_{8mA}=1620/1114=1.72。残压比取 1.72，设备制造没有困难。

（7）最大陡波冲击残压。在相同的电流值下，陡波冲击残压比雷电冲击残压高 9%～10%。因此，选择 1/20μs、20kA 下的陡波冲击残压不高于 1782kV。

（8）最大操作冲击残压。对于额定电压为 828kV 的避雷器，取 30/60μs、2kA 下的操作冲击残压不高于 1460kV。

（9）4/10μs 大电流耐受能力。根据 GB 11032—2000《交流无间隙金属氧化物避雷器》的规定，1000kV 避雷器的线路放电等级属于 5 级，其标称放电电流为 20kA，4/10μs 大电流耐受 2 次的值是 100kA。

（10）2ms 方波耐受电流。1000kV 避雷器的 2ms 方波电流值 I_{2ms} 为并联柱数×2000，避雷器为 4 柱并联结构，所以 I_{2m} 为 4×2000=8000（A）。

因此，对于适用于线路放电等级 5 级的避雷器，其方波电流值 I_{2ms} 统一取 8000A，是可以保证避雷器安全运行的。

（11）压力释放等级。

为使在避雷器内部故障时通过避雷器的故障电流不致引起避雷器外壳的严重爆炸，避雷器所能耐受的短路电流应不小于避雷器安装处的最大故障电流，并按此选定避雷器的压力释放电流等级。

从避雷器的使用寿命出发，在选择压力释放电流等级时一般可考虑安装处 10 年内系统发展可能达到的最大短路电流（周期分量）有效值。

（12）局部放电量和无线电干扰电压要求。

试验研究证明，无间隙氧化锌避雷器内部局部放电会引起电阻片的劣化，当同时存在局部放电和潮湿现象时，情况更加严重。无间隙氧化锌避雷器在污秽条件下，有外部瓷套表面闪络、局部电阻片温度升高、局部放电电量增大三种效应。国外一些厂家对此很重视，很多制造厂规定出厂试验的无间隙氧化锌避雷器局部放电量要求不大于 3pC 或 5pC，施加电压比 GB 11032—2010 规定的 $1.05U_c$ 高，取 $0.9U_r=0.9\times1.25U_c=1.125U_c$。试验还表明，无间隙氧化锌避雷器在干燥条件下内部局部放电量实际为零时，在污秽条件下仍会产生局部放电。

因此，规定1000kV避雷器在1.05U_c下的局部放电量应不大于10pC，晴天无线电干扰电压值应不大于500μV。

3. 主要技术参数表

1000kV避雷器主要参数见表4-34。

表4-34 1000kV避雷器主要参数

序号	参数名称	典型值
1	型式	无间隙氧化锌避雷器
2	额定电压（kV）	828
3	持续运行电压（kV）	638
4	标称放电电流（kA）	20
5	20kA下陡波冲击残压（kV）	≤1782
6	20kA下雷电冲击残压（kV）	≤1620
7	2kA下操作冲击残压（kV）	≤1460
8	直流8mA下参考电压（kV）	≥1114
9	工频参考电压（kV）	≥828
10	2ms方波耐受电流（A）	8000
11	线路放电等级	5
12	4/10μs大电流冲击耐受电流值（kA）	100/柱
13	操作动作负载试验两次预注入总能量（折算到整只避雷器，MJ）	≥40
14	并联柱数	4
15	柱间电流分布不均匀系数	≤1.1

（二）1000kV电容式电压互感器选择

在工程中采用的电压互感器，按照工作原理可分为电容式电压互感器和电磁式电压互感器两种。

电容式电压互感器的优点在于：①高电压等级（大于110kV）的电容式电压互感器造价小于电磁式电压互感器；②不存在谐振问题；③当用于线路上时可以兼作高频通道的结合电容器。电磁式电压互感器虽然具有较好的暂态响应特性，但容易产生谐振，且造价较高，因此1000kV线路侧电压互感器均采用电容式电压互感器，早期的特高压交流工程主变压器1000kV侧电压互感器也采用了电容式电压互感器。后续工程为满足主变压器快速搬运要求，将主变压器1000kV侧避雷器移至原电容式电压互感器位置，电压互感器改至GIS内，采用电磁式电压互感器。

电容式电压互感器采用瓷柱式设备时，包括将电容分压器与电磁单元叠装和非叠装两种结构形式。采用叠装形式时，电容分压器与电磁单元为一个整体，电容分压器下端电容器容易受电磁单元运行温升的影响，影响电压互感器的测量精度；由电容分压器引出的高压线易与电磁单元内部元件或外壳等发生闪络放电。采用非叠装形式时，将电容分压器与电磁单元分离，在避免叠装式互感器缺陷的同时，降低了设备高度，并且当调试或试验时，也可方便地将电容分压器和中间变压器分开进行试验。因此，1000kV 瓷柱式电容式电压互感器采用非叠装式结构。

1000kV 电容式电压互感器额定一次电压为 $1000/\sqrt{3}$ kV，额定二次电压为 $100/\sqrt{3}$ V，对于接成开口三角的剩余电压绕组，额定电压为 100V，额定电容为 5000pF。

二、500kV 避雷器和电容式电压互感器

特高压变电站 500kV 进出线避雷器和电压互感器选型与 500kV 变电站相同，采用常规敞开式设备，避雷器选用无间隙氧化锌避雷器，电压互感器选用电容式电压互感器。

500kV 出线避雷器参数选择与 500kV 变电站出线相同，选用 Y20W－444/1106 型，即额定电压 444kV，标称放电电流 20kA，雷电冲击电流下的最大残压不大于 1106kV，本节不再赘述。

主变压器 500kV 侧避雷器选用 Y20W－414/950 型，主要技术参数见表 4－35。

表 4－35　　Y20W－414/950 型避雷器主要参数

序号	参数名称	典型值
1	型式	无间隙氧化锌避雷器
2	额定电压（kV）	414
3	持续运行电压（kV）	318
4	标称放电电流（kA）	20
5	20kA 下陡波冲击残压（kV）	≤1069
6	20kA 下雷电冲击残压（kV）	≤950
7	2kA 下操作冲击残压（kV）	≤785
8	直流 1mA 参考电压（kV）	≥557
9	工频参考电压（kV）	≥414
10	2ms 方波耐受电流（A）	2000
11	线路放电等级	5
12	4/10μs 大电流冲击耐受电流值（kA）	100

500kV 电容式电压互感器参数选择与 500kV 变电站进出线相同，选用单相、户外、叠装式，额定电压比为 $500/\sqrt{3}/0.1/\sqrt{3}/0.1/\sqrt{3}/0.1/\sqrt{3}/0.1$kV。

三、110kV 避雷器和电压互感器

特高压主变压器 110kV 侧采用中性点不接地方式运行，经计算，主变压器

110kV 侧避雷器和 110kV 电抗器回路避雷器选用 Y10W－158/338 型无间隙氧化锌避雷器，主要技术参数见表 4－36。

表 4－36　　Y10W－158/338 型无间隙氧化锌避雷器主要参数

序号	参 数 名 称	典型值
1	型式	无间隙氧化锌避雷器
2	额定电压（kV）	158
3	持续运行电压（kV）	126
4	标称放电电流（kA）	10
5	10kA 下雷电冲击残压（kV）	≤338
6	2kA 下操作冲击残压（kV）	≤301
7	500A 下操作冲击残压（kV）	≤284
8	直流 1mA 下参考电压（kV）	≥214
9	工频参考电压（kV）	≥158
10	2ms 方波耐受电流（A）	2000
11	4/10μs 大电流冲击耐受电流值（kA）	100

110kV 电压互感器除晋北变电站外均选用了电容式电压互感器，型式为单相、户外、叠装式，额定电压比为 $110/\sqrt{3}/0.1/\sqrt{3}/0.1/\sqrt{3}/0.1/\sqrt{3}/0.1/3$kV，额定电容为 10000pF。

晋北变电站为满足主变压器励磁涌流控制装置对 110kV 电压互感器暂态精度的要求，110kV 侧选用了电磁式电压互感器，型式为单相、户外、单级式铁芯、油浸式，额定电压比为 $110/\sqrt{3}/0.1/\sqrt{3}/0.1/\sqrt{3}/0.1/\sqrt{3}/0.1/3$kV。

四、1000kV 可控避雷器

由于空气间隙的操作冲击放电电压呈饱和特性，在特高压输电系统中，操作过电压水平对设备绝缘水平影响更加显著。

可控避雷器技术是一种新型操作过电压柔性限制方法，通过动态控制避雷器电阻片的投入数量改变避雷器的伏安特性，既可满足正常工况下的高可靠性要求，又能够在保证固定元件能量耐受的前提下，深度限制暂态情况下操作过电压水平。1000kV 可控避雷器已在北京西—石家庄线路两端变电站挂网运行。

（一）可控避雷器工作原理

可控避雷器本体分成固定元件 MOA1 和受控元件 MOA2 两部分，MOA2 与控制单元开关 K 并联，K 可用机械开关或晶闸管阀实现，目前在运行的 1000kV 可控避雷器通过机械开关实现，原理图如图 4－18 所示。

可控避雷器重点是限制合闸操作过电压，其安装位置是特高压变电站的线路出口处，技术原理是：合闸或重合闸时，K 先于断路器合闸，避雷器固定元件 MOA1 残压低，可深度限制操作过电压；其余工况下，K 断开，避雷器整体投入运行。

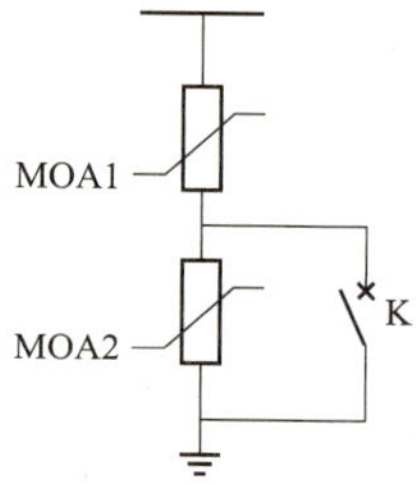

图 4-18　开关型可控避雷器原理图

（二）可控避雷器关键参数选择和控制策略

1. 额定电压

可控避雷器额定电压与常规 1000kV 避雷器相同，为 828kV。

2. 可控比

可控避雷器的可控比是指避雷器受控元件 MOA2 额定电压与本体 MOA1＋MOA2 额定电压的比值。可控比越高，暂态情况下伏安特性下降越多，对操作过电压的限制效果越好，但对避雷器固定元件 MOA1 能量耐受能力要求越高。

科研单位根据应用可控避雷器后的实际过电压特性，以合闸操作闪络率作为主要控制指标，研究了可控比要求。经计算，北京西—石家庄线路 1000kV 可控避雷器可控比初步选择结果如表 4-37 所示。

表 4-37　1000kV 可控避雷器可控比初步选择结果

特高压线路	线路长度（km）	可控避雷器可控比（%）
北京西—石家庄	219	15

特高压可控避雷器本体能量耐受能力为 35MJ，其固定元件 MOA1 暂态能量耐受能力和裕度计算结果如表 4-38 所示。

表 4-38　1000kV 可控避雷器固定元件 MOA1 暂态能量耐受能力和裕度计算结果

可控避雷器可控比（%）	MOA1 最大能耗（MJ）	MOA1 暂态能量耐受能力（MJ）	裕度（%）
15	3.2	29.8	831

3. 控制策略

可控避雷器控制单元开关 K 需与 1000kV 主断路器 QF 联动配合，K 在 QF 合闸前闭合，在 QF 合闸后断开，其预合闸时间和延时分闸时间的确定非常关键。其中 K 的预合闸时间需考虑限制操作过电压的要求，而延时分闸时间既需考虑完全限制操作过电压的要求，也需满足避雷器固定元件 MOA1 的工频耐受要求。结合 K 的分闸和合闸时间（分闸时间小于 60ms，合闸时间为 80～110ms），确定 K 的预合闸时间应为 110ms～1s（1000kV 线路重合闸时间），可取 110～150ms，延时分闸时间取 40ms。

可控避雷器控制单元开关 K 的分合闸操作由控制器控制，控制器应具备控制开关自动分/合闸、控制开关遥控分/合闸、控制开关合闸失灵报警、控制开关分闸失灵跳开关、闭锁线路开关合闸、强制退出压板和避雷器漏电流监测等基本功能，还应具备实时数据采集与处理、控制操作及防误闭锁、报警处理、事件顺序记录、时钟同步、系统自诊断、自恢复及远程维护、运行管理、对各种特定控制参数或保护整定值的设定和调整等其他功能。

（三）控制单元开关主要技术参数

1000kV 开关型可控避雷器的控制单元开关主要技术参数如表 4-39 所示。

表 4-39　控制单元开关主要技术参数

序号	设备名称	参数名称		典型值
1	控制单元开关	型式		瓷柱式
2		断口数（个）		1
3		额定电压（kV）		126
4		额定频率（Hz）		50
5		额定电流（A）		2000
6		额定工频 1min 耐受电压（kV）	断口	230
			对地	10
7		断口额定雷电冲击耐受电压峰值（1.2/50μs）（kV）		550
8		额定开断电流（交流分量有效值，kA）		2
9		额定关合电流（kA）		5
10		额定短时耐受电流及持续时间（kA/s）		2/3
11		额定峰值耐受电流（kA）		5
12		合分时间（ms）		≤60
13		分闸时间（ms）		≤30
14		合闸时间（ms）		≤100
15		机械稳定性（次）		≥10000
16	控制器	额定交流电压（V）		$100/\sqrt{3}$（相电压），100（线电压）
17		额定交流电流（A）		1
18		额定直流电压（V）		DC220
19		电流量、电压量测量误差		≤0.2
20		交流电压回路过载能力		$1.5U_N$，连续工作
21		接点启动电压（V）		直流操作电压的 55%～70%
22		接点动作时间（ms）		<40（额定直流电源电压下）
23		模拟信息响应时间（从 I/O 输入端至远动通信装置出口）（s）		≤3
24		状态量变化响应时间（从 I/O 输入端至远动通信装置出口）（s）		≤2
25		控制执行命令从生成到输出的时间（s）		≤1
26		控制器平均无故障间隔时间（h）		30000

五、主变压器中性点设备

（一）主变压器高、中压侧中性点接地方式及接线

特高压主变压器中性点一般为直接接地。工程中，根据系统要求和特高压变电站所处位置，主变压器中性点也有装设或预留中性点小电抗和限（隔）流装置的情况。

当500kV侧单相或两相短路电流超过现有的500kV设备短路承受能力时，一般在主变压器中性点加装小电抗。

若变电站距离直流接地极较近，直流输电线路在系统调试、检修或故障情况下以单极大地回线方式运行时，直流电流会经主变压器中性点侵入主变压器绕组影响主变压器运行，严重时甚至会造成主变压器损坏，因此，应校验直流偏磁电流是否超过主变压器承受能力。若超过，则需在主变压器中性点加装限（隔）流装置，限（隔）流装置按其作用原理又可分为电阻型限流装置和电容型隔流装置两种。

特高压主变压器高、中压侧中性点有直接接地、经小电抗接地、经限（隔）流装置接地、同时经小电抗和限（隔）流装置接地6种接线方式，接线图如图4－19所示。

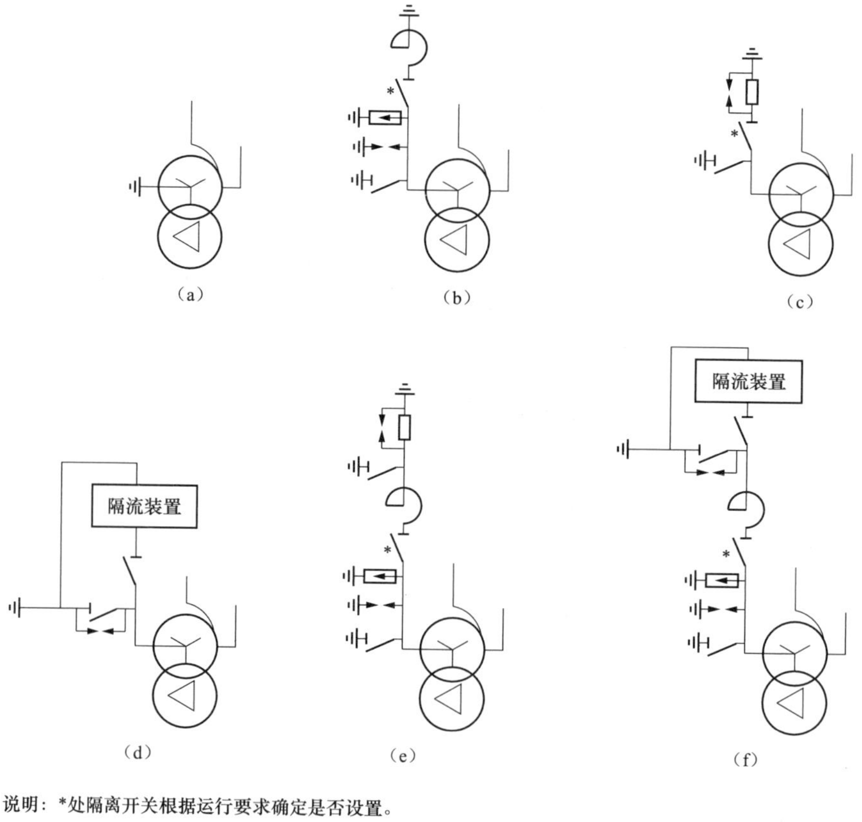

图4－19　特高压主变压器中性点接线示意图

（a）直接接地；（b）经小电抗接地；（c）经限流装置接地；（d）经隔流装置接地；（e）经小电抗和限流装置接地；（f）经小电抗和隔流装置接地

（二）主要设备选择

1. 中性点小电抗

中性点小电抗的电抗值应根据系统情况计算确定，一般按加装小电抗后500kV侧不对称故障短路电流值小于设备短路耐受能力并留有一定裕度来选取，且应考虑中、远期规划和电抗值的允许偏差。

中性点小电抗的额定热稳定电流大于单相或两相接地时流过小电抗的最大短路电流的周期分量并留有一定裕度，动稳定电流大于流过小电抗的最大暂态电流并留有一定裕度。

特高压主变压器中性点小电抗绝缘水平一般按 66kV 电压等级选取，型式多选用干式空心型。

中性点避雷器按额定电压大于接入小电抗后变压器中性点工频过电压计算值选取，其操作冲击残压和雷电冲击残压与小电抗绝缘水平的配合系数应满足绝缘配合的要求。

2. 电阻型限流装置

电阻型限流装置的电阻值应根据系统情况计算确定，通常为 1.5～3.5Ω，如有电阻分接抽头，则每隔 0.5Ω 设一档。电阻型限流装置的额定热稳定电流大于单相或两相接地时流过装置的最大短路电流的周期分量并留有一定裕度，动稳定电流大于流过装置的最大暂态电流并留有一定裕度。

电阻型限流装置绝缘水平应根据计算确定，通常按 35kV 电压等级选取。过电压保护通常采用石墨放电间隙作为后备保护，石墨间隙操作冲击动作电压和工频击穿电压应经计算确定。

3. 电容型隔流装置

电容型隔流装置典型接线如图 4-20 所示。

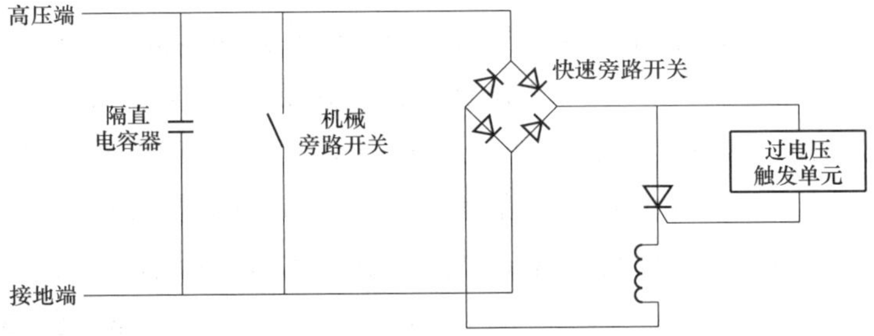

图 4-20　电容型隔流装置典型接线图

电容型隔流装置在额定频率（50Hz）下的容抗一般应小于 1.2Ω，承受短路动、热稳定能力，设备绝缘水平等均应根据计算确定。

电容型隔流装置应有两种工作状态：①直接接地状态，此时旁路开关闭合；②隔直工作状态，此时旁路开关开断，使电容器接入变压器中性点，起到抑制直流电流流入变压器中性点的作用。

装置有“手动”和“自动”两种控制模式，当处于“自动”控制模式时，应具有工作状态切换功能：①当主变压器中性点直流电流超过设定限值并达到时限时，装置应能自动由直接接地状态转为隔直工作状态；②当装置工作在隔直工作状态时，一旦出现主变压器中性点交流电流超过设定限值或电容器两端直流电压低于设定限值的情况，装置应自动切换为直接接地状态。

六、主变压器励磁涌流抑制装置

由于铁芯内磁通不能突变，变压器空载合闸的相位角不匹配或铁芯内部存在剩磁时，会在铁芯中产生一个磁通的初始非周期分量，导致铁芯迅速饱和。铁芯饱和后，磁路从漏磁通道流通，形成励磁涌流。

励磁涌流具有引起电压畸变、导致避雷器动作或损坏、降低主变压器绕组机械强度、造成主变压器保护误动等危害。针对变压器空载合闸励磁涌流问题，在晋北变电站采用了选相合闸的励磁涌流抑制技术，为后续工程提供了参考和借鉴。

（一）励磁涌流抑制装置控制策略

励磁涌流抑制装置的控制策略可分为不计算剩磁和计算剩磁两种。

（1）不计算剩磁的峰值合闸策略。选相合闸策略为：第一相在电压峰值处合闸，另外两相在第一相电压过零点时合闸。这种策略可以将励磁涌流降低到随机合闸最大值的30%～50%。这种策略适用于系统可以承受一定的励磁涌流或预算有限（不需要计算剩磁模块）的情况。

（2）计算剩磁的选相角合闸策略。当变压器存在剩磁时，对剩磁情况进行计算，通过计算决定断路器的合闸角度。选相合闸策略为：第一相在与变压器剩磁水平相同时进行合闸，另外两相在合闸相电压过零点时同时合闸。

由于策略（2）较策略（1）抑制效果更明显，因此晋北变电站采用了基于剩磁计算的选相合闸技术。

（二）励磁涌流抑制装置对受控断路器的要求

励磁涌流抑制装置对受控断路器有如下要求：

（1）合闸时间必须是机械可重复的，偏差值越小越好，建议控制在±1ms内。

（2）在操作条件（如电压、温度、油压等）改变时，断路器动作时间可预测。断路器的动作时间可能会由于控制电压、操作温度、机构油压和闲置时间等因素影响而不同。断路器制造厂家需提供一份在不同操作条件下的断路器动作时间数据，用于励磁涌流抑制装置预测在不同操作条件下的断路器动作时间。

（3）绝缘强度降低率应大于0.7（标幺值），以便在变压器出现高剩磁时，控制断路器在系统的任何一点进行合闸。

（三）配置方案

需为主变压器高中压侧相关断路器（对特高压变电站而言，即主变压器1000kV和500kV侧相关串内变压器侧边断路器和中断路器）各配置1台励磁涌流抑制装置，每2台励磁涌流抑制装置组1面屏，布置在受控断路器保护屏所在继电器小室。

（四）二次接线方案

通过与主变压器 110kV 侧相连的三相电压互感器计算得到变压器剩磁，由其中一相的剩磁得到该相合闸角并合闸，另外两相在合闸相电压过零点时同时合闸。测量电压可以取自变压器任意一侧，但必须与变压器直接相连，保证断路器励磁涌流抑制装置始终能测量到变压器电压。

断路器的合闸时间随着控制电压、机构温度、机构油压等操作条件改变而不同。励磁涌流抑制装置采集模拟量测控信息，结合在不同操作条件下的断路器动作时间数据，预测在不同操作条件下的断路器动作时间。其中，控制电压直接从励磁涌流抑制装置的控制电源采集，要求此控制电源与断路器控制电源来自同一路直流馈线。机构温度及机构油压由装设于断路器本体的传感器采集，通过 4～20mA 信号送至励磁涌流抑制装置。

励磁涌流抑制装置采集受控断路器对侧的电压，这个电压可以是母线电压（边断路器），也可以是串内线路电压（中断路器），用于监测系统电压，控制断路器在指定角度合闸。

励磁涌流抑制装置采集受控断路器电流，通过监测合闸瞬间断路器励磁涌流及检测断路器动作时间偏差，判断选相合闸是否成功。

（五）其他需考虑的问题

1. 事故总信号和重合闸

断路器配置选相合闸后，控制断路器合闸命令从励磁涌流抑制装置直接传到断路器机构，不经过断路器操作箱，导致操作箱手合继电器无法启动，事故总信号及重合闸功能不能正常使用。为避免出现上述问题，控制回路需做相应修改，测控装置发合闸命令给励磁涌流抑制装置，同时发信号至操作箱单独启动手合继电器，用于闭锁事故总信号和闭锁重合闸。

2. 110kV 电磁式电压互感器消谐

电容式电压互感器具有较高的绝缘强度、较好的抗谐振能力等优点，因而广泛地应用于电力系统中，但是其暂态精度不及电磁式电压互感器。为准确计算断路器分闸后变压器内剩磁，特高压变压器 110kV 侧需采用暂态特性较好的电磁式电压互感器。110kV 电磁式电压互感器一、二次侧需采取消谐措施，防止铁磁谐振。

第五章　电气总平面及配电装置布置

节约工程投资和占地面积是特高压变电站工程设计的重要原则，这两者与电气总平面及配电装置布置密切相关。变电站设计需结合站址环境条件、地形地貌、出线走廊规划、建设时序等对各级配电装置布置、总平面布置方案进行详细分析和比较，提出适合工程特点的总平面布置方案，以满足安全可靠、先进适用、经济合理、环境友好的要求。

与超高压变电站相比，特高压变电站占地面积较大，对其配电装置及总平面布置进行优化，可产生较大的经济和社会效益。因此，特高压变电站的电气总平面及配电装置布置对于工程设计而言，显得尤为重要。

本章主要介绍了特高压变电站电气总平面布置、各电压等级配电装置布置方案及尺寸要求，同时还介绍了主变压器及高抗备用相快速更换对平面布置的影响。

第一节　变电站布置原则

一、电气总平面布置总的原则

电气总平面布置是将变电站内各电压等级配电装置、生活辅助设施等根据电力系统规划、变电站出线规划、站区地理位置、站区环境、地形地貌等条件进行合理布局和设计，使变电站工艺流程顺畅、功能分区明确、运行与维护方便、减少占地指标、降低噪声污染、对周围环境影响小。进行电气总平面布置时，应注意以下几点要求：

（1）应做到技术先进、节约占地、整齐美观、投资优化。

（2）应根据系统规划，按照变电站最终建设规模进行设计，布置方案应统筹考虑近期规模及远期规划的合理衔接。

（3）应结合变电站各电压等级出线走廊规划合理调整变电站布置方位，尽量避免出现交叉跨越的情况。

(4) 控制变电站噪声及电磁干扰水平，加强变电站周边水土保持，尽量减少变电站对周围环境的影响。

二、配电装置布置的主要要求

(一) 配电装置布置的主要原则

配电装置布置应遵循国家有关法律法规及规程规范，根据电力系统条件、自然环境特点、运行检修方面的要求，合理选用设备型式和设计布置方案，应积极慎重地采用新设备、新布置、新材料、新结构，使配电装置设计不断创新，做到技术先进、经济合理、布置清晰、运行与维护方便、减少占地。

在配电装置布置时，必须满足以下要求：

(1) 符合电气主接线要求，满足本期接线、适应过渡接线、远期扩建方便。根据系统规划的要求并结合线路出线条件，对可能采用的配电装置布置方案进行比较分析，重点考虑制约配电装置选型的因素，包括系统规划、站区可用地面积、出线条件、分期建设和扩建过渡的便利性等。

(2) 设备选型合理。各电压等级配电装置常用的断路器型式包括瓷柱式、罐式、HGIS、GIS等，设备选型应结合设备制造水平、区域地理位置、环境条件进行，考虑设备覆冰、抗风、抗低温、抗震、耐污等性能，同时结合全寿命周期因素，进行详细的技术经济比较后确定。

(3) 节约投资。应采取有效措施降低工程量，降低造价。

(4) 安装和检修便利。应妥善考虑安装和检修条件，给运行带来便利。特别注意1000kV设备吊装及检修空间、主变压器及高抗是否需整装运输、是否需设置检修车间、GIS室所需设备安装空间等因素。

(二) 标准环境条件

(1) 海拔：≤1000m；

(2) 环境温度：－25～＋40℃；

(3) 最热月平均最高温度：35℃；

(4) 覆冰厚度：10mm；

(5) 基本风速：30m/s；

(6) 污秽等级：国标d级；

(7) 日照强度：0.1W/cm^2；

以上所述为标准环境条件。当变电站所处站址条件超出此要求时，配电装置设计需结合实际条件进行修正调整。

(三) 最小空气净距

海拔1000m条件下的高压配电装置安全净距按表5－1执行。

表 5-1　　高压配电装置安全净距（mm）

符号	适应范围	系统标称电压（kV）		
		110	500J	1000J
A_1	1. 带电部分至接地部分之间 2. 网状遮拦向上延伸线距地 2.5m 处与遮拦上方带电部分之间	1000	3800	4 分裂导线—地、管型母线—地：6800 均压环—地 7500
A_2	1. 不同相的带电部分之间 2. 断路器和隔离开关断口两侧引线带电部分之间	1100	4300	4 分裂导线—4 分裂导线：9200 均压环—均压环：10100 管型母线—管型母线：11300
B_1	1. 设备运输时，其外廓至无遮拦带电部分之间 2. 交叉的不同时停电检修的无遮拦带电部分之间 3. 栅状遮拦至绝缘体和带电部分之间 4. 带电作业时的带电部分至接地部分之间	1750	4550	8250
C	1. 无遮拦裸导体至地面之间 2. 无遮拦裸导体至建筑物、构筑物顶部之间	3500	7500	单根管型母线：17500 4 分裂架空导线：19500
D	1. 平行的不同时停电检修的无遮拦带电部分之间 2. 带电部分与建（构）筑物的边沿部分之间	3000	5800	9500

注 1. 1000kV 导体至地面的最小距离：1000kV 交流户外配电装置内的静电感应场强（离地 1.5m 处空间场强）一般不应超过 10kV/m，个别地区允许达到 15kV/m。
2. 当海拔高于 1000m 时，空气间隙需进行修正。

第二节　1000kV 配电装置布置

一、国内外 1000kV 配电装置及其布置

目前，世界上已建 1000kV 特高压变电站或试验站的国家只有苏联、日本、意大利和中国，其中苏联采用了敞开式设备，日本和意大利采用了 GIS 设备。我国 1000kV 晋东南—南阳—荆门特高压交流试验示范工程晋东南变电站采用了 GIS 设备，南阳开关站和荆门变电站采用了 HGIS 设备。后续特高压交流工程 1000kV 配电装置均选用了 GIS 设备，其中锡盟、胜利、张北变电站 1000kV 配电装置采用 GIS 设备户内布置。

对于常规户外 1000kV GIS 配电装置，我国已建工程主要采用"一"字型布置方案，大部分户外 GIS 采用母线集中外置"一"字型布置方案，而苏州变电站采用了断

路器双列式布置方案。对于户内1000kV GIS配电装置，胜利、张北变电站采用母线集中外置“一”字型布置方案，锡盟变电站采用母线集中内置“一”字型布置方案。对于1000kV HGIS配电装置，南阳、荆门变电站均采用户外母线中型布置方案。

此外，从节约造价、便于站内实现出线交叉等方面考虑，在苏州、南阳变电站扩建等工程中应用了1000kV GIL。

二、1000kV配电装置特点及要求

1. 1000kV配电装置特点

1000kV配电装置电压等级高、输送容量大，有以下特点：

（1）内过电压在绝缘配合中起控制作用；

（2）内过电压及静电感应电压对安全净距（A、B、C、D值）的确定有重要影响；

（3）必须考虑静电感应对人体危害的防护措施；

（4）要满足电晕和无线电干扰允许标准的要求；

（5）采用扩径空芯导线、多分裂导线、大直径铝管型母线；

（6）节约用地问题更为突出；

（7）要考虑机械化等便于运行检修的措施；

（8）要限制噪声。

2. 1000kV配电装置布置要求

根据1000kV配电装置特点，其布置要求可归纳为：

（1）尽量减小尺寸，压缩占地；

（2）结构简单、布置清晰；

（3）设备横向尺寸与出线间隔宽度、主变压器配电装置尺寸匹配；

（4）应具有良好的运输和吊装条件，满足GIS设备安装（不带电）和设备检修（周围设备带电）时吊装和运输的空间活动范围要求；

（5）应避免1000kV出线交叉跨越；

（6）便于运行维护；

（7）检修和扩建时应尽量缩短停电时间或不停电。

三、设备选型及布置尺寸要求

（一）设备选型对配电装置布置的影响

由于GIS与HGIS设备价格相差不大，而HGIS配电装置占地较GIS配电装置大很多，因此，除南阳、荆门变电站外，其他特高压变电站均采用了GIS设备。

GIS与其他型式配电装置相比，其显著优点为：①可以大幅度缩小占地面积；②设备带电部分全部封闭在金属外壳内，可避免高电压对环境的电磁污染；③设备绝

缘性能不受周围大气条件影响，能提高运行可靠性；④可大幅度简化设备连接、金具型式和架构设计；⑤耐震性能强。

已投运及在建的特高压变电站中，设备厂家供货的1000kV GIS按断路器型式可分为双断口串联断路器和四断口串联断路器两种。根据各厂家资料，双断口串联断路器的GIS设备与四断口串联断路器的GIS设备在外形尺寸上的最大区别是：双断口串联断路器的GIS设备横向尺寸较大，而纵向（进出线套管间）尺寸较小；四断口串联断路器的GIS设备则恰好相反。同时，各厂家同种型式的GIS设备外形也有差异。考虑到设备订货的不确定性，在考虑配电装置布置时，需综合考虑各厂家的设备尺寸要求。

根据近年来我国特高压工程设备供货情况，国内主要GIS厂家设备外形及最大元件质量如图5-1、表5-2所示。

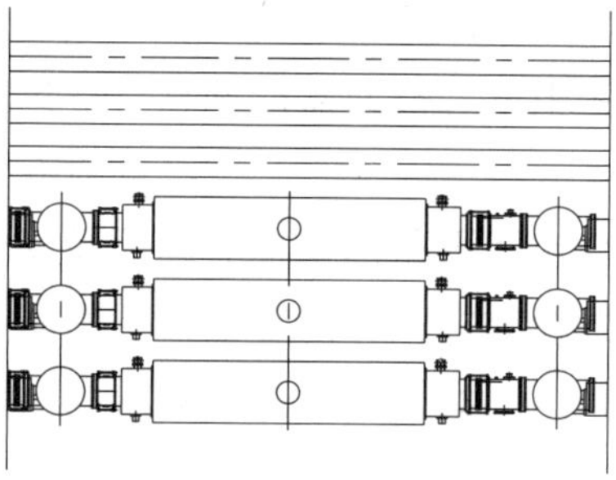

（a）

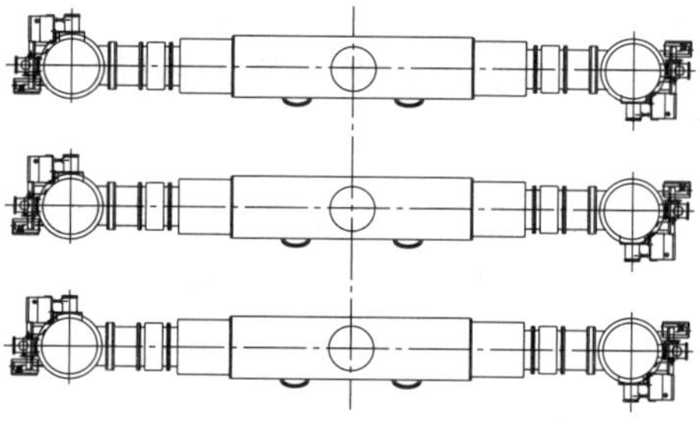

（b）

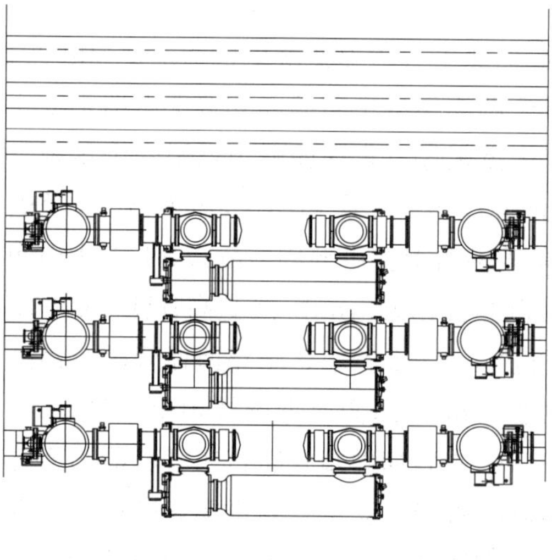

（c）

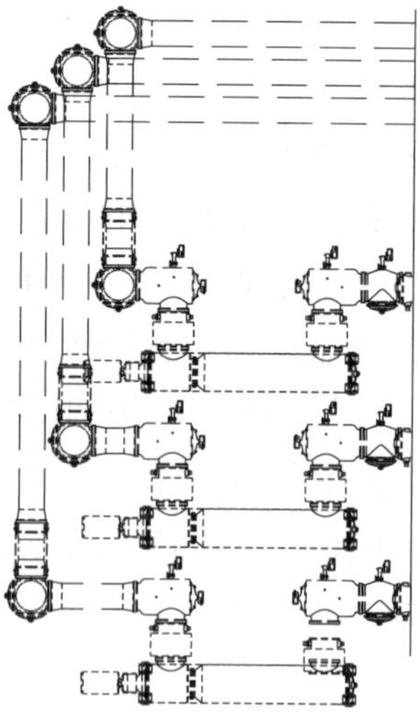

（d）

图5-1　不同厂家断路器布置方案示意图

（a）平高断路器；（b）新东北、山东日立双断口断路器；

（c）新东北四断口断路器；（d）西开断路器

表 5-2 国内主要 GIS 厂家设备外形及最大元件质量

厂家	单台断路器尺寸（长×宽，m×m）	两相断路器间纵向尺寸（m）	一个完整串横向尺寸（m）	最大元件质量（t）
平高（双断口）	11.46×1.892	2.50	74.5	断路器，33
新东北（双断口）	6.25×1.92	2.50	70.5	断路器，19
新东北（四断口）	6.25×1.92	3.70	70.5	断路器，11
西开（四断口）	9.693×1.36	5.50	45.5	断路器，10

（二）1000kV GIL 管道母线的应用

作为特高压工程重要的技术储备，1000kV GIL 管道母线在淮南—南京—上海等特高压交流工程中得到局部试用。例如，苏州变电站 1000kV GIS 设备的部分主母线采用了 GIL 管道母线，详见图 5-2、图 5-3。

GIL 管道母线较常规母线具有以下优点：可变角度，转角灵活；单元长度长，现场对接面少，方便安装；采用绝缘台支撑，便于现场检修；采用槽面连接，节约盆式绝缘子，节省母线费用 10%左右；盆式绝缘子内置，减少对接面清理等工作。

此外，为满足配电装置出线要求，1000kV GIL 管道母线在南阳变电站扩建工程中也得到了应用。为避免 1000kV 线路发生交叉，南阳变电站扩建驻马店 1 线采用 GIL 管道母线由串内引接至站区东侧出线构架向东出线。1000kV GIL 管道母线采用三相分箱式，在 GIL 两侧均装设内置式电流互感器，以实现对 GIL 管线的独立保护。同时，在 GIL 两侧各设置 1 组内置式接地开关，用于 GIL 设备的检修接地。1000kV GIL 沿围墙敷设，占地面积小，且不影响前期配电装置布置，见图 5-4。

（三）1000kV GIS 配电装置间隔宽度和进、出线构架高度的确定

1. 1000kV GIS 配电装置间隔宽度的确定

配电装置间隔宽度的确定一般包括以下几个步骤：

（1）确定导线经济弧垂；

（2）计算内过电压风偏摇摆；

（3）计算大气过电压风偏摇摆；

（4）计算最大工作电压风偏加短路摇摆，初步确定相间距离；

（5）对初步确定的相间距离进行临界电晕电压校验；

（6）对初步确定的相间距离进行电晕无线电干扰校验，最后确定架空软导线相间距离；

（7）进行相间道路运输电气设备的尺寸校验。

1000kV 间隔宽度主要受跳线的摇摆控制，因此采用 V 形悬垂绝缘子串限制跳线摇摆，压缩配电装置间隔宽度。从 1000kV 配电装置平、断面来看，跳线均为单边跳线配引下线，为减小跳线和引下线的风偏摇摆，并改善 GIS 套管端部受力，同样采用 V 形悬垂绝缘子串，跳线和引下线摇摆也不再是决定性控制条件。因此，上跨线风偏

扫码查看高清图

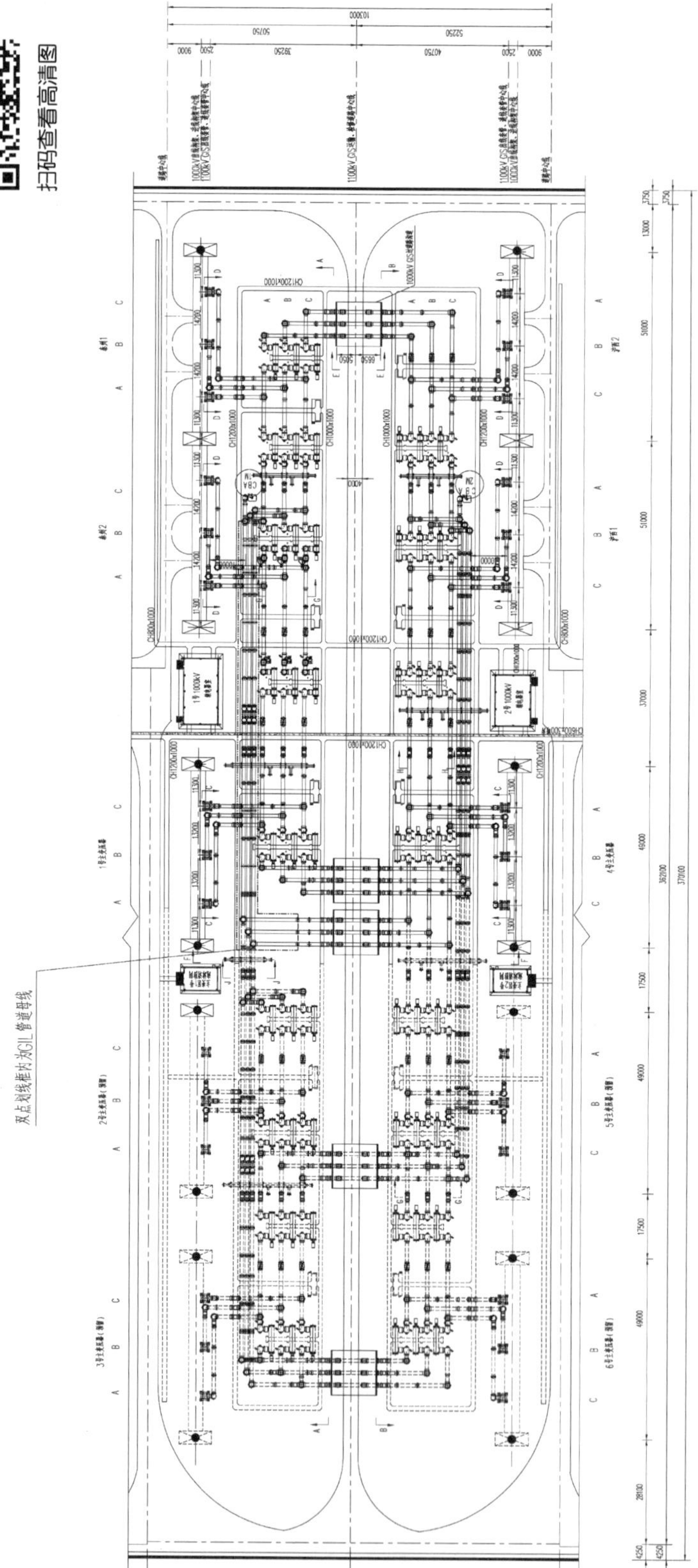

图5-2 苏州变电站1000kV GIL管道母线布置图

图 5-3　苏州变电站 1000kV GIL 管道母线安装效果图

摇摆和设备均压环的尺寸成为确定进出线构架宽度的重要因素。1000kV 间隔宽度校验情况见表 5-3。

表 5-3　1000kV 间隔宽度校验情况

校验内容	相间距离要求值（m）	相地距离要求值（m）	校验结论
跳线和引下线风偏	采用 V 形悬垂串，不作为控制因素	采用 V 形悬垂串，不作为控制因素	满足要求
上跨线风偏（以武汉变电站为例，按照百年一遇、离地 10m 高的 10min 平均最大风速为 23.4m/s 计算）	10.82	8.28	满足要求
绝缘子串均压环	2.74（均压环外缘最大尺寸）+10.1（均压环之间相间距离要求值）=12.84	7.5+2.2/2+3/2+0.62/2（相地距离要求值+悬垂串均压环外缘最大尺寸的一半+构架宽度的一半+格构钢管直径的一半）=10.41	满足要求
出线设备电气距离	3.8（避雷器均压环外缘尺寸）+10.1（均压环之间相间距离要求值）=13.9	11.15（三维空间校验）	满足要求
进线设备电气距离	2.2（电压互感器均压环外缘尺寸）+10.1（均压环之间相间距离要求值）=12.3	10.35（三维空间校验）	满足要求
高抗及中性点小电抗布置	—	—	满足要求
临界电晕电压校验和电晕无线电干扰	—	—	满足要求

表 5-3 中，间隔宽度校验中相地距离是基于格构式构架（构架柱柱脚尺寸为 3m×9m）计算的，当构架型式改变时需进行修正。

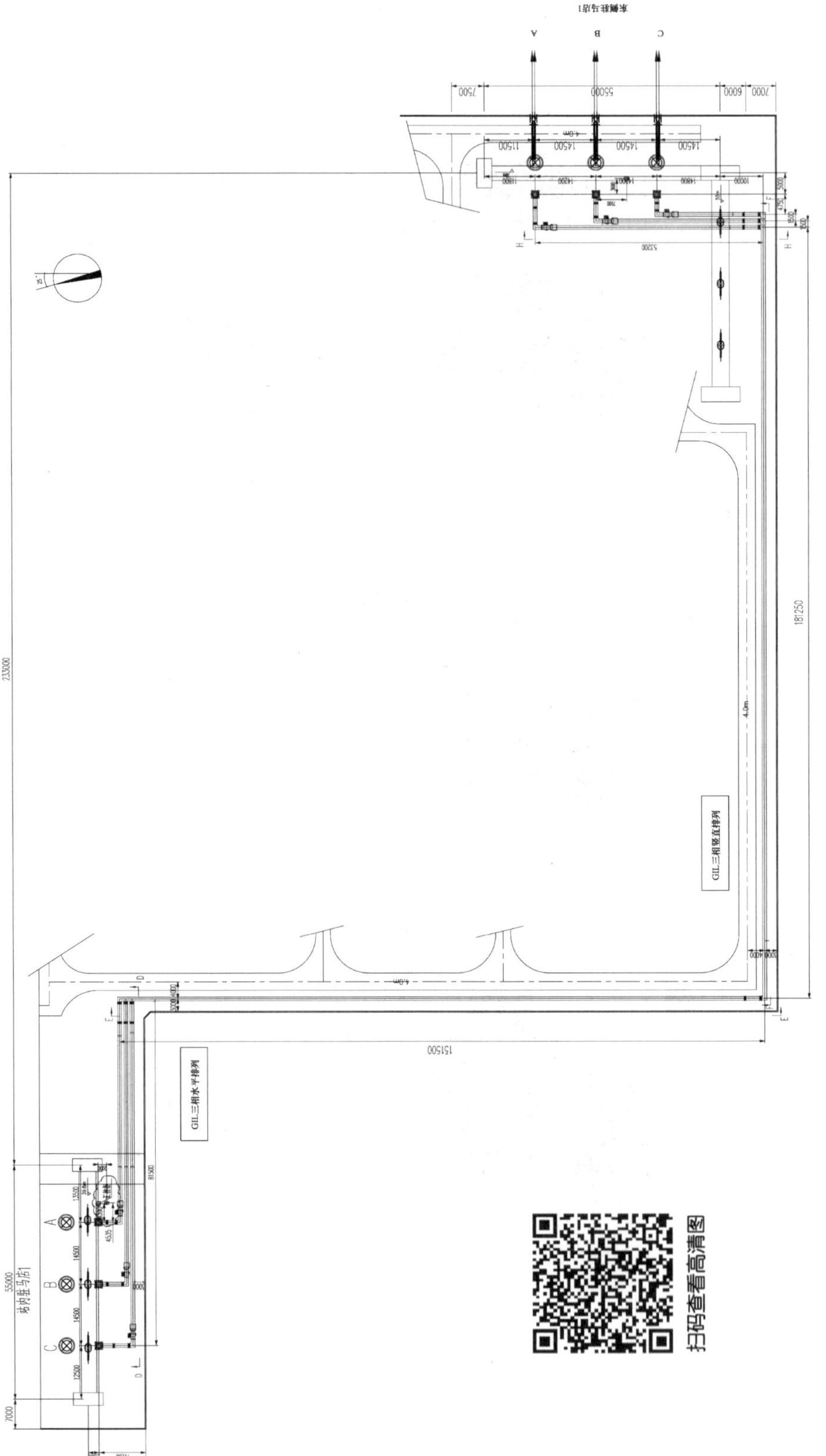

图 5-4　南阳变电站 1000kV GIL 管道母线布置图

扫码查看高清图

综合导线风偏摇摆计算、设备相间及相地距离校验、电晕无线电干扰校验的结论，并考虑适当的裕度，1000kV GIS 配电装置出线间隔宽度取 51m，相间距离取 14.2m，相地距离取 11.3m；进线间隔宽度取 49m，相间距离取 13.2m，相地距离取 11.3m。

当 1000kV 进、出线构架采用钢管人字柱时，柱截面缩小，出线间隔宽度可取 49m，相间距离取 14.2m，相地距离取 10.3m；进线间隔宽度可取 47m，相间距离取 13.2m，相地距离取 10.3m。

2. 1000kV 进、出线构架高度的确定

1000kV 构架有主变压器进线构架和出线构架两种，高度主要考虑 GIS 套管及高抗套管的不带电吊高要求、满足高抗和主变压器运输及线路对设备的交叉跨越要求。

当进、出线套管带电时，若需要吊装或检修除套管之外的设备，只要起重机满足对套管的带电距离，则也能够满足对构架上导线的带电距离。同时，若需要对套管进行吊装或检修，则对应回路的构架上的导线需要同时停电，而其他回路的导线和设备即使带电，在平面布置上也可以保证作业时的带电距离要求。因此，构架高度的确定只需要满足套管不带电时的检修施工要求即可。

套管的吊装主要有两大步骤：①起立，套管由水平状态立起为竖直状态，并放置在安装台上；②吊装，套管改为竖直状态后，拆卸运输用保护罩后安装在 GIS 上。

起重机吊装套管时，要求的作业半径一般不大，选用一台 50t 和一台 25t 的起重机共同起吊即可满足要求。出线套管吊装时，起重机位于出线电压互感器与避雷器之间的 4m 运行维护通道上。

各厂家的 GIS 套管升高座高度不同，按其中最高的产品 5.91m 考虑，GIS 套管长度约为 12.5m，基础高度按 0.2m 考虑，起吊高度约 2m，起吊质量约 7t，考虑采用一台 50t 和一台 25t 的起重机共同起吊，连接板和吊绳长度考虑约 3m，起重机吊钩及吊索长度约 3m，吊装套管时，绝缘子串长度取 12.5m。则吊装 GIS 套管时，当套管为完全竖直状态时，构架挂点最低高度应不小于 h=5.91m（升高座高度）+12.5m（套管长度）+0.2m（基础高度）+2m（起吊高度）+3m（连接板及吊绳长度）+3m（起重机吊钩及吊索长度）+12.5m（绝缘子串长度）=39.11（m）。考虑到出线构架离围墙较远，线路导线弧垂较大，线路导线高度需满足高压并联电抗器吊装套管要求的高度，同时，构架高度的确定还与线路终端塔的高度有关。因此考虑一定裕度后，1000kV GIS 出线构架高度取 41m。实际工程需结合线路出线条件进一步计算确定。

对于 1000kV 主变压器进线构架，为满足在主变压器进线构架下方吊装 GIS 套管的要求，1000kV 主变压器进线构架挂点高度与出线构架保持一致，取 41m。此高度能满足套管吊装时起重机布置在 GIS 本体与套管之间或道路上，运行维护比较方便。

（四）1000kV HGIS 配电装置间隔宽度和进、出线构架高度的确定

1. 1000kV HGIS 间隔宽度的确定

（1）导线风偏摇摆要求的相间与相地距离。

HGIS配电装置导线风偏摇摆计算与GIS配电装置基本相同，1000kV跨线和跳线的电气校验条件从安全方面考虑，取最大可能弧垂值；操作过电压下1000kV配电装置相地及相间值分别取6.8m和9.2m。

对跳线加装悬垂绝缘子串进行固定，以限制跳线的摇摆，从而可以减小间隔宽度。跳线加装悬垂绝缘子串后，悬垂绝缘子串对跳线风偏有一个拉力，限制了跳线的风偏摇摆，同时由于不同相导线间还存在一个非同期摇摆，因此可使跳线要求的相间距离缩小。为了限制跳线的弧垂以降低构架高度，跳线悬垂绝缘子串采用V型结构，对V型绝缘子串可几乎不考虑跳线的摇摆。

跳线加装V型悬垂绝缘子串限制摇摆后，风偏摇摆计算要求的间隔宽度根据最大风速工况下跨线的摇摆来确定。对跨线取7m弧垂时，相间距离要求不小于13.66m；对跨线取8m弧垂时，相间距离要求不小于14.64m。

1000kV构架爬梯设置在构架柱内，不考虑跳线摇摆时，构架上人与带电体保持B_1值所要求的相地距离为：$D_1 \geqslant B_1 + b/2 + s_1 = 8.25 + (4 + 0.4)/2 + 2.24/2 = 11.57\text{m}$。式中，$s_1$为带电体即悬垂绝缘子串均压环外径的一半，$b$为构架立柱外径。

综上所述，1000kV配电装置导线风偏摇摆所需的最小相间距离，对跨线取7m时弧垂，应不小于13.66m；对跨线取8m弧垂时，应不小于14.64m。相地距离不小于11.57m。

（2）设备要求的相间及相地距离。

1）设备要求的相间距离。HGIS设备要求的相间距离与GIS设备相同。即1000kV避雷器均压环处相间距离要求最大，应不小于13.9m。

2）设备要求的相地距离。对于HGIS配电装置，一般将敞开式的母线接地开关及母线避雷器布置在两个间隔之间的母线构架下方，如图5-5所示。

1000kV接地开关均压环外径为2m，支柱绝缘子顶部均压环最大外径为1.8m，HGIS套管均压环最大外径为2.55m（按照复合套管校核）或1.5m（按照瓷套管校核）。1000kV避雷器均压环最大外径为3.8m。

1000kV母线接地开关布置在母线下方，与间隔内设备应满足A_2值的要求，满足上述要求的间隔内设备最小相地距离要求为12.575m（按照复合套管校核）。

1000kV母线避雷器布置在母线下方，与间隔内设备应满足A_2值的要求，满足上述要求的间隔内设备的最小相地距离要求为13.475m（按照复合套管校核）。

1000kV出线避雷器布置在出线构架的下方，相地距离要求为12.0m。

1000kV出线接地开关布置在出线构架的下方，相地距离要求为10.7m。

3）临界电晕电压要求的相间距离。相间距离取11m及以上时，4×JLHN58K-1600导线能满足晴天及雨天均不起晕的要求。

4）满足电晕无线电干扰要求的相间距离。相间距离取12m及以上时，4×JLHN58K-1600导线均能满电晕无线电干扰的要求。

5）1000kV HGIS间隔宽度的确定。取进、出线导线经济弧垂7～8m，按雷电过

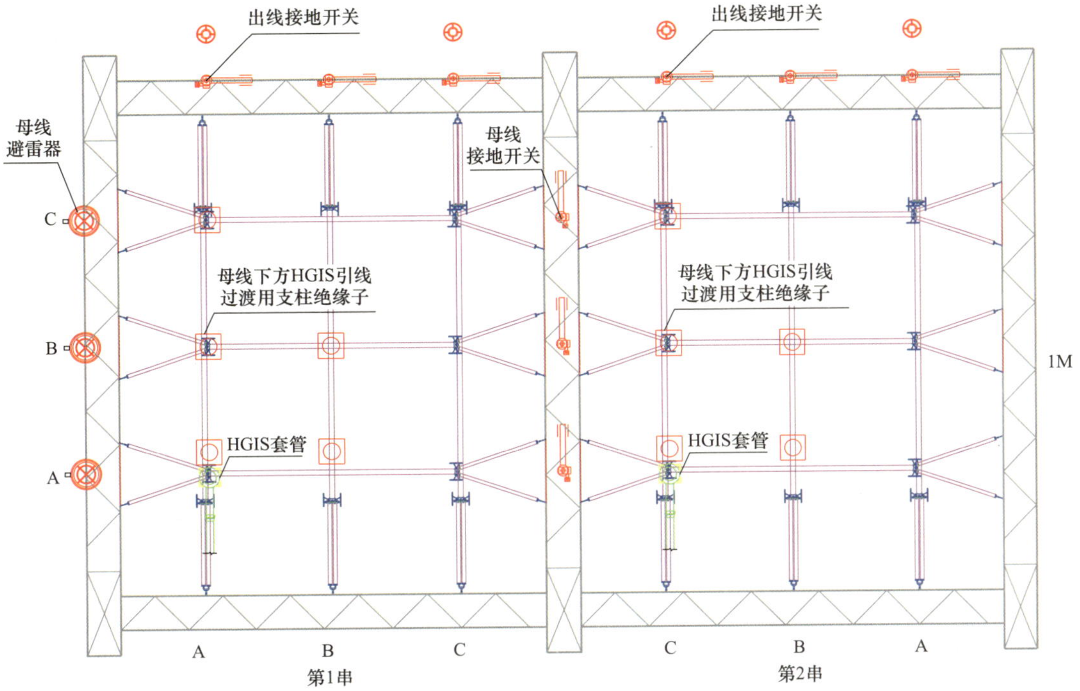

图 5－5　1000kV HGIS 母线布置图

电压风偏摇摆、操作过电压风偏摇摆和最大工作电压风偏摇摆进行相间和相地距离校验，非同期摇摆后导线相间和相地距离要求满足三种情况下规程规定的最小距离值。由此得出的相间和相地距离，再经导线临界电晕电压校验及设备所需的相间及相地距离校核，确定 1000kV 配电装置的间隔宽度为：

a. 对于 HGIS 变电站，站内导线的最大跨度在 61m 左右，变电站跨线最大弧垂不超过 7m。1000kV 配电装置出线间隔宽度可取 53m，相间距离为 14.5m，相地距离取 12m。

b. 对于串补站等站内跨线较长的情况，弧垂按照不超过 8m 考虑，1000kV 配电装置间隔宽度可取 55m，相间距离为 15m，相地距离取 12.5m。

需要注意的是，若间隔侧面布置有母线避雷器、电压互感器或接地开关时，应适当增加相地距离。

2. 1000kV HGIS 进、出线构架高度的确定

（1）1000kV HGIS 母线高度的确定。

在 3/2 断路器接线方案中，HGIS 出线套管通过过渡支柱绝缘子由软导线连接到上层母线上。HGIS 母线高度主要由母线下方的支柱绝缘子及过渡管型铝导体对跳线的带电距离所决定。支柱绝缘子接线端子及管型铝导体的对地高度由 C 值决定，C 值要求不小于 17.5m。支柱绝缘子及管型铝导体对上方跳线要保持 A_2 的净距。母线高度校验示意图见图 5－6。

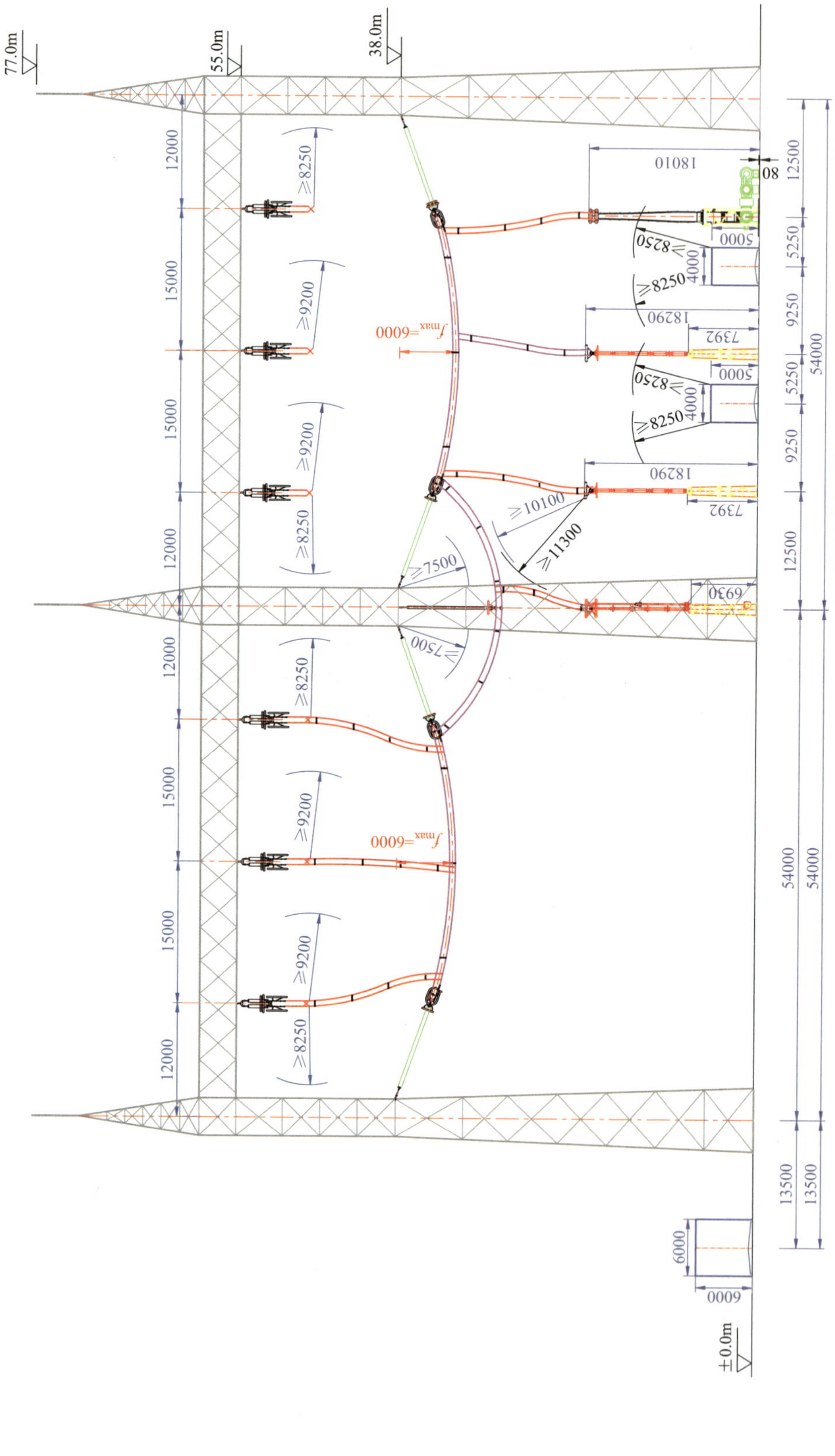

图 5-6　母线高度校验示意图

试验示范工程中，1000kV HGIS配电装置母线构架高度为38m。

（2）进、出线构架高度的确定。

1000kV HGIS配电装置架空进、出线一般都需要跨越主母线，所以进、出线构架高度受上层进（出）线与下层主母线之间应保持最小电气距离的条件控制。一般需要考虑以下几种情况：

1）正常运行、进线与母线垂直交叉。正常运行时，上层进线与下层母线在最靠近处应满足不同相导体最小电气距离 A_2 值。经计算，采用软母线时进、出线门型构架高度为51.36m。

2）进线带电、母线停电检修。软母线检修时，不考虑母线上人，检修人员站在升降作业车上进行检修，经计算，采用软母线时进、出线门型构架高度为49.77m。

3）母线带电、进线停电检修。母线正常运行时，当需要检修进线导线的间隔棒时，考虑检修人员从门型构架上进线导线，检修人员骑在导线上进行检修，这时人身体下半身的高度为1m，经计算，采用软母线时进、出线门型构架高度为49.07m。

4）进线及母线都带电，检修母线。母线及进线均带电时，母线构架上人检修耐张线夹，此时应保证上层进线与带电作业人员上半身之间不发生放电，因此，最小电气距离应是不同相带电导体之间的最小电气距离 A_2 加上人和工具的活动范围0.75m，即10.75m。经计算，采用软母线时进、出线门型构架高度为52.49m。

5）进线及母线都带电，检修进线。母线及进线均带电时，进线上人检修引下线夹，人跨越母线上方，此时，人的脚对母线的净距不得小于 A_2 值，经计算，采用软母线时进、出线门型构架高度为51.82m。

6）母线构架横梁上人的校验。母线构架上人伸手时，手对进线的距离不得小于 A_1 值。

进、出线构架高度确定。将上述各种检修情况要求的1000kV进、出线构架计算高度列于表5-4中，并根据其中最严重的情况确定进、出线构架高度。

表5-4　各种检修情况要求的1000kV进、出线构架计算高度（m）

序号	各种检修情况	进、出线构架高度
1	正常运行、进线与母线垂直交叉	51.36
2	进线带电、母线停电检修	49.77
3	母线带电、进线停电检修	49.07
4	进线及母线都带电，检修母线	52.49
5	进线及母线都带电，检修进线	51.82
6	母线构架横梁上人	满足要求
进、出线构架高度最终取值		55

四、1000kV GIS配电装置布置

(一) GIS配电装置布置类型及布置尺寸确定

1. GIS配电装置布置类型及特点

1000kV GIS布置方案，根据不同的GIS断路器布置方式，主要分为三列式、单列式、“一”字型和双列式四大类方案。针对3/2断路器接线的1000kV GIS，对上述四大类方案进行研究对比，提出了GIS的十种典型布置方案，详见表5-5。

表5-5　3/2断路器接线的1000kV GIS典型布置方案

序号	类别	布置方案
1	三列式布置	平行出线三列式布置
2	单列式布置	典型接线单列式布置
		常规斜连式单列式布置
		高式斜连式单列式布置
		同名相套管内置单列式布置
		同名相套管外置单列式布置
3	“一”字型布置	母线分相的“一”字型布置
		母线集中内置的“一”字型布置
		母线集中外置的“一”字型布置
4	双列式布置	母线集中外置的断路器双列式布置

对于表5-5所列1000kV GIS的四大类十种典型布置方案进行初步比较，见表5-6。

表5-6　1000kV GIS布置方案初步比较

布置方案		优点	缺点	对整体布置方案的适应性
三列式布置	平行出线三列式布置	对3/2接线模拟性强，便于生产运行	横向尺寸小，不便于交叉接线，占地面积大	差
单列式布置	典型接线单列式布置	串内设备连接管道较短	不便于交叉接线，需要设置横跨主母线的工作台	差
	常规斜连式单列式布置	易于实现交叉接线	串内设备连接管道长，造价高，运行维护不便	差
	高式斜连式单列式布置	易于实现交叉接线	串内设备连接管道较长，母线高度高，需要加强支持件	差
	同名相套管内置单列式布置	套管布置于GIS本体内侧，相间距离大，节省分支母线	GIS检修与带电距离等问题较突出，布置不清晰，不便于交叉接线	方案无法实施
	同名相套管外置单列式布置	串内设备连接管道较短	布置不清晰，不便于交叉接线，否则将拉开GIS设备间距	较差

续表

布置方案		优点	缺点	对整体布置方案的适应性
"一"字型布置	母线分相的"一"字型布置	纵向尺寸小，交叉接线、进出线方向灵活，串中连接母线较短	需选用大吨位起重机跨过主母线吊装断路器；主母线较高，抗震性能降低	较好
	母线集中内置的"一"字型布置	纵向尺寸小，交叉接线、进出线方向灵活，出线分支母线不与主母线交叉	设备吊装、运行人员巡检较不便	较好
	母线集中外置的"一"字型布置	纵向尺寸小，交叉接线、进出线方向灵活，设备吊装、运行巡检较方便	出线分支母线与主母线交叉，分支母线较长	好
双列式布置	母线集中外置的断路器双列式布置	横向尺寸小；交叉接线、进出线方向灵活，更好地适应两侧出线的要求；节省GIS管道母线；设备吊装、运行巡检更方便	出线分支母线与主母线交叉，分支母线较长；管道母线过道路处需要设置沟道地下穿越	好

经过分析比较，可以得出以下结论：

（1）三列式布置纵向尺寸较大，横向尺寸较小，难以与1000kV主变压器区域及出线构架宽度匹配，且不便于交叉接线，因此该布置方案不适用于1000kV变电站。

（2）典型接线单列式布置方案，3/2断路器接线同一串中的两个元件只能向不同的方向出线，因此该布置方案不适用于1000kV变电站。

（3）常规斜连式单列式布置方案，分支母线较长，串内连接管道弯头及伸缩节最多，设备造价增加，运行维护不变，因此该布置方案不适用于1000kV变电站。

（4）高式斜连式单列式布置方案，斜连分支母线较高，且不占横向空间，其横向尺寸较常规斜连式单列式布置方案更小，因此与出线构架宽度更不匹配；同时，由于断路器的斜连分支母线采用高式布置，检修维护断路器时，需拆除部分串中连接母线，尤其是检修断路器期间会导致全串停电；而且串中连接母线较高，需加强支撑件，因此该布置方案不适用于1000kV变电站。

（5）同名相套管内置单列式布置方案，GIS检修与带电距离等问题较突出，且布置不清晰，不便于交叉接线，因此该布置方案不适用于1000kV变电站。

（6）同名相套管外置单列式布置方案，布置不清晰，不便于交叉接线，因此该布置方案不适用于1000kV变电站。

（7）母线分相的"一"字型布置方案，交叉接线、进出线方向灵活，满足接线方式、出线要求。纵向尺寸最小、横向尺寸最长，占地面积小。主母线高位布置，日常运行巡视方便，但检修维护断路器时需跨过主母线吊装断路器，且最外侧相断路器较远，需选用大吨位起重机；同时主母线较高，需加强支撑件；母线高位布置降低了GIS的抗震性能。因此特高压变电站未采用该布置方案。

（8）母线集中内置的“一”字型布置方案，满足接线方式、出线方向的要求，且横向尺寸与出线架构宽度相匹配。出线的分支母线与主母线不交叉，分支母线总长度较短。但断路器单元的吊装、运行人员巡检相对母线集中外置的“一”字型布置方案较不便。若起重机布置在断路器侧，则需延长出线分支母线的长度；若起重机布置在主母线侧，则起重机的吊装半径加大，需选用大吨位的起重机。因此特高压变电站一般不采用该布置方案。

（9）母线集中外置的“一”字型布置方案，满足接线方式、出线方向的要求，且横向尺寸与出线架构宽度相匹配。该方案断路器单元靠近主变压器运输道路侧，设备的吊装及运输可利用主变压器运输道路；起重机可布置在断路器侧，吊装半径较小，可选用较小吨位的起重机；同时，运行巡视均较方便。但该布置方案由于出线的分支母线与主母线交叉，分支母线总长度较长。

（10）母线集中外置的断路器双列式布置方案，满足接线方式、出线方向的要求，横向尺寸小，且能更好地满足两侧出线的需求；节省GIS管道母线长度；安装检修通道设置在两列断路器中间，起重机可直接驶入该通道，无需拐弯即可方便地安装检修断路器等GIS设备，节约大量时间；但是GIS管道母线过道路处需要设置沟道，地下穿越。

综上所述，母线集中外置的“一”字型布置方案比三列式和单列式布置方案，具有纵向尺寸小、横向长度与进出线架构宽度匹配、吊装距离短、检修方便、运输便利等优势。综合考虑技术经济性，特高压变电站的户外GIS设备大多采用母线集中外置的“一”字型布置方案，典型布置方案见图5-7。锡盟变电站户内GIS设备采用母线集中内置的“一”字型布置方案，由于GIS设备吊装在户内完成，此方案可节约GIS分支母线长度，布置方案见图5-8。

苏州变电站1000kV GIS配电装置布置采用了母线集中外置的断路器双列式布置方案。此方案的特点是适应苏州变电站1000kV两侧出线的需求，将断路器分为两列集中布置在一起，中间设安装检修通道。断路器双列式布置和“一”字型布置相比，设备制造、安装检修、运行维护及备品备件方面并无特殊之处，但其主母线分别集中布置在断路器两侧，出线构架分别布置在两组主母线两侧，可以方便地向两个方向出线。由于安装检修通道设置在两列断路器中间，起重机可直接驶入该通道，安装检修GIS设备较方便，GIS母线较短，但串内连接SF_6气体绝缘母线（gas insolated bus，GIB）较长。其平面布置见图5-9。

2. GIS配电装置布置尺寸确定

采用母线集中外置的断路器“一”字型布置或断路器双列式布置方案时，起重机均可按布置在断路器侧考虑，断路器“一”字型布置方案起重机出入可利用主变压器运输道路，断路器双列式布置方案起重机出入利用GIS运输检修道路。

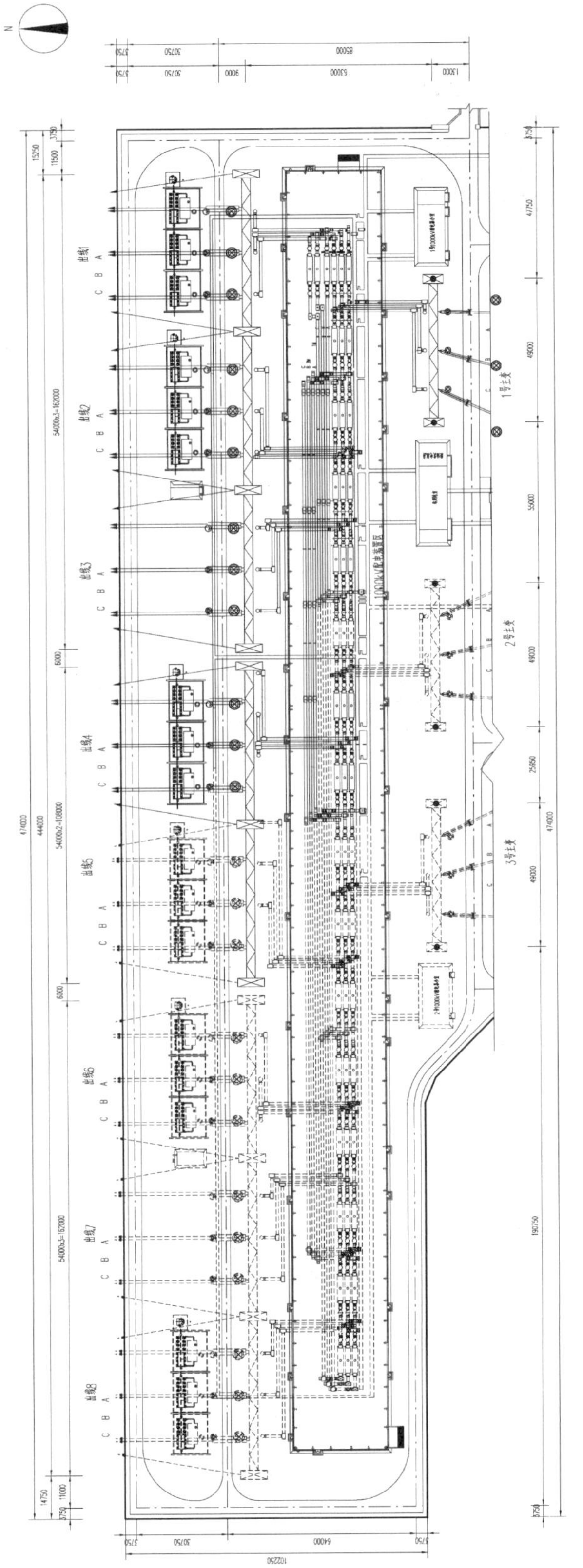

图 5－7　典型 1000kV GIS 母线集中外置的“一”字型布置方案

扫码查看高清图

扫码查看高清图

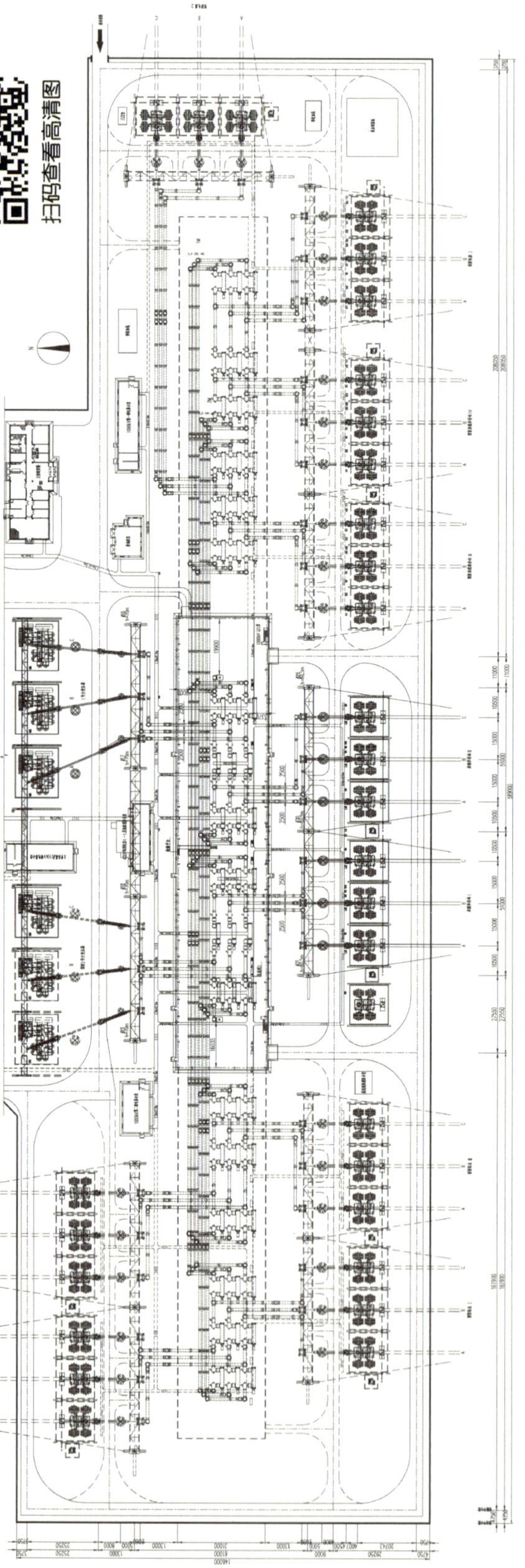

图5-8 锡盟变电站1000kV GIS母线集中内置的“一”字型布置方案

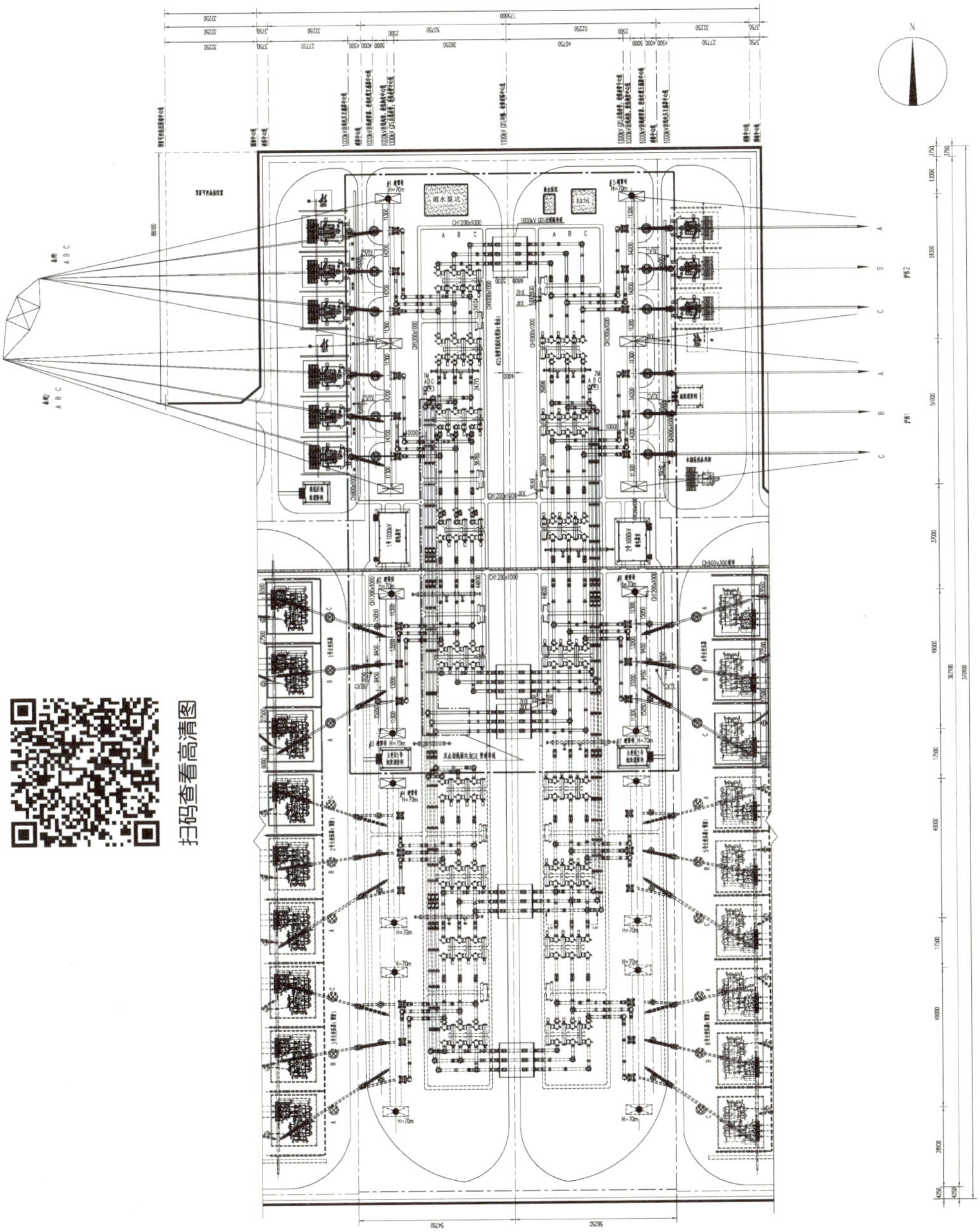

扫码查看高清图

图 5－9　1000kV 配电装置平面布置图（断路器双列式布置）

根据各厂家断路器的质量，结合断路器的布置，确定起重机的选型及起重机作业半径见表5-7。

表5-7　　各厂家断路器吊装起重机作业半径及选型

设备厂家	断路器吊装质量（t）	起重机作业半径（m）	起重机选型（t）
平高	33	14	160
沈高双断口	27	16	160
沈高四断口	12	18	100
西开	10	28	160

“一”字型布置方案的1000kV GIS设备纵向尺寸主要取决于GIS的运输、吊装要求及设备本体的纵向尺寸。纵向尺寸的大小直接影响进、出线分支母线的长度，对设备造价影响较大。因此，1000kV GIS结构尺寸的优化重点为GIS纵向尺寸的优化。设备本体的纵向尺寸由厂家的结构设计决定，因此GIS纵向尺寸的优化重点主要是以下两个方面：

（1）进线侧纵向尺寸优化，即进线套管至设备本体距离的优化；

（2）出线侧纵向尺寸优化，即出线套管至设备本体距离的优化。

进线侧纵向尺寸主要由以下因素决定：

（1）起重机带电吊装时与进线高压套管均压环保证相地安全净距；

（2）起重机支脚中心与本体基础外沿及电缆沟边的距离不应小于1000mm；

（3）起重机支脚间的纵向间距；

（4）基础外沿与最内侧断路器的间距。

图5-10表示了母线集中外置的“一”字型布置方案中使用160t起重机带电吊装断路器时要求的进线侧纵向尺寸，GIS进线侧的纵向尺寸可取为18555mm。

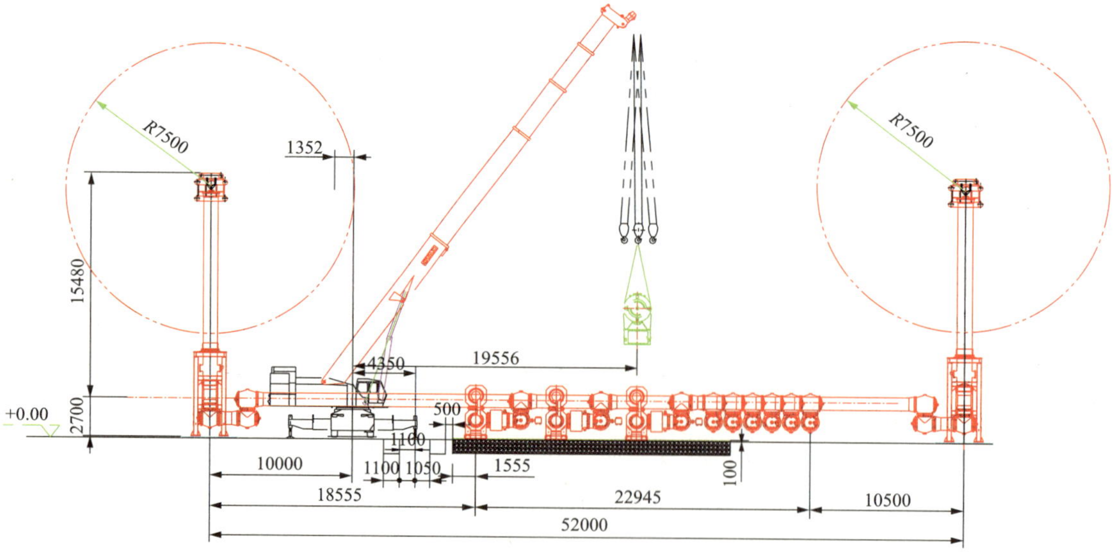

图5-10　GIS进线侧纵向尺寸示意图（单位：mm）

出线侧纵向尺寸由以下因素决定：带电吊装母线或母线设备时与出线高压套管均压环保证相地安全净距。图 5-11 表示使用 160t 起重机带电吊装母线时要求的出线侧纵向尺寸。其中，160t 起重机吊钩摇摆范围按 1000mm 考虑；摇摆时对出线线套管均压环的距离应满足安全净距要求，裕度按 650mm 考虑，因此出线侧纵向尺寸取 10500mm。

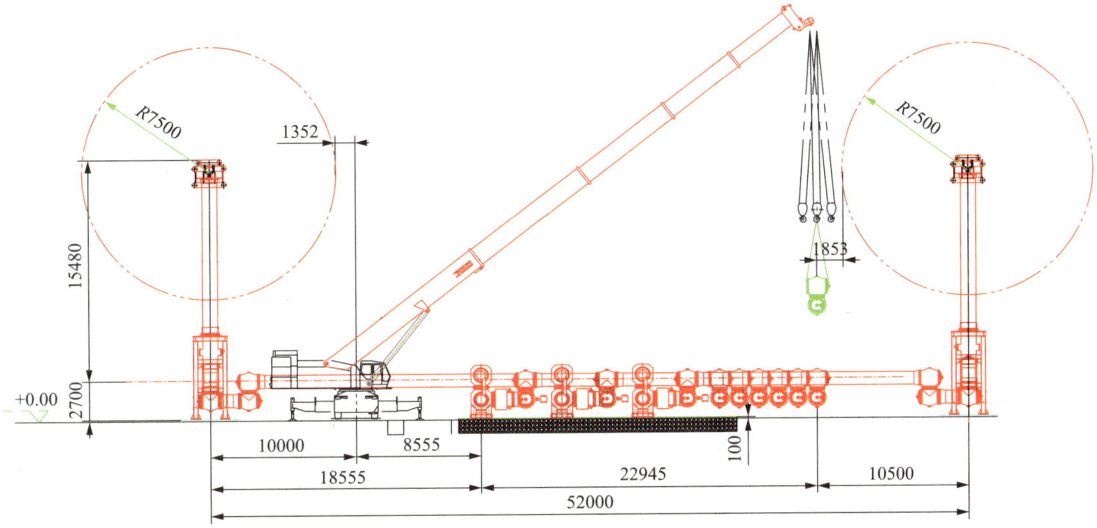

图 5-11　GIS 出线侧纵向尺寸示意图（单位：mm）

综上所述，GIS 进出线套管之间的纵向尺寸取 52m 可满足吊装要求。套管距离进、出线构架中心线的距离可取 2.5m，则进、出线构架间距可取 57m。该尺寸可适应各厂家的 GIS 设备纵向布置。

采用断路器双列式布置方案时，由于起重机从两列断路器中间驶入吊装，起重机距离两侧电缆沟及设备基础距离较大，该距离主要受 GIS 过道路沟道尺寸及两侧管线布置尺寸限制。出线侧纵向尺寸与断路器“一”字型布置方案确定原则一致。

采用断路器双列式布置方案时，各厂家 GIS 设备出线套管与运输检修道路之间的距离如表 5-8 所示。

表 5-8　　出线套管与运输检修道路间距

生　产　厂　家	平高	新东北	新东北	西开
设备型式	双断口	双断口	四断口	四断口
安装检修道路中心与进、出线套管间距（m）	35.8	36.3	42.5	42.5

综上所述，当采用断路器双列式布置方案时，安装检修道路中心与出线套管间距可取 42.5m，满足各厂家不同型式断路器的布置要求。

（二）1000kV GIB 过道路方案

采用断路器双列式布置时，存在 GIB 过道路问题。GIB 过道路处可采用地上或地下两种方案，其中地下穿越方案更为美观，详见图 5-12。

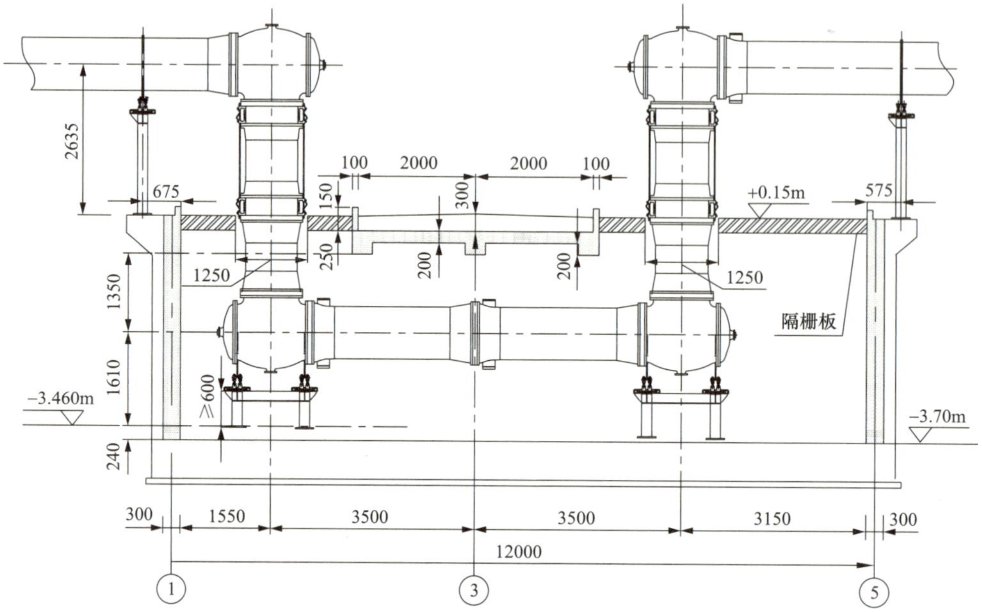

图 5-12　1000kV GIB 过道路沟道详图

该方案在道路正下方沟道顶板采用每相三块钢筋混凝土盖板，其上覆土与路面同材料处理。两侧沟道顶板采用格栅板，方便母线安装检修和通风散热；设置挡雨坎、沟道放坡及水泵强排措施；设置照明、接地、火灾报警、图像监视、SF_6 气体监测等辅助系统，确保正常安全运行；沟道内温湿度传感器与风机联动，风机具有手动开启功能。运行人员下沟道前可提前手动开启。

沟道内检修方案分为两种：

方案 A：沟道正下方母线用伸缩节分为长约 3m 的两部分，首先将沟道一侧格栅板打开，将此处垂直段母线吊出后，通过小车将道路正下方约 3m 长的管道母线运至格栅板位置，再用起重机吊出，见图 5-13。

方案 B：除去沟道顶部盖板上覆土，将沟道顶部道路板块吊开后，GIS 跨路处与户外布置无异，直接吊出即可。此方案作为备用手段。

（三）户内 GIS 配电装置布置

当站址极端最低气温低于－35℃时，为保证 GIS 设备的正常运行，1000kV GIS 可采用户内布置方案，户内运行温度控制在－25℃以上。对于高海拔、大风沙、重污秽、高湿度、昼夜温差大等环境条件地区，经过技术经济比较后也可选用户内 GIS。

户内布置时，配电装置的布置需充分考虑各厂家设备尺寸的适应性。结合各厂家 GIS 特点，综合考虑运行维护的便利性和设备安装、检修要求，分析比较 GIS 半户内（主设备户内布置，主母线户外布置）和全户内（主设备和主母线均户内布置）布置方案，确定各厂家两种方案的配电装置尺寸，各方案对应的配电装置尺寸见表 5-9。

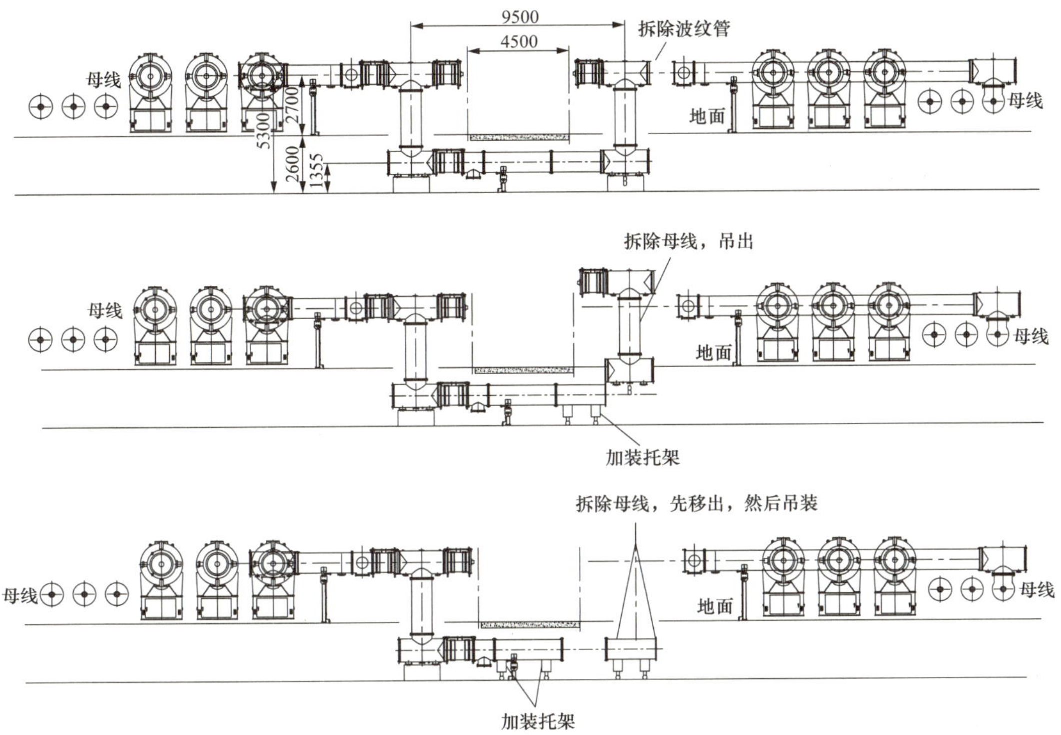

图 5－13　GIB过道路沟道检修图

表 5－9　　各方案配电装置尺寸（m）

方案	厂家	GIS 室跨度	进出线套管间距
半户内	西开	22	56
	平高	19	53
	沈高	21	55
全户内	西开	31	55
	平高	29	53
	沈高	31	55

胜利变电站采用全户内布置方案，见图 5－14、图 5－15。

在户内布置方案中，为避免检修断路器时用桁车跨越运行设备、长距离运输断路器造成安全隐患，结合各厂家设备特点分别采取不同的措施。对于西开 GIS，每隔两串设置检修区域和运输门；对于平高和沈高 GIS，GIS 室内设置通长的断路器运输通道。GIS 室两端预留尺寸满足运输车的出入要求。按照以上方案，确定配电装置区的宽度。

（四）1000kV GIS 采用现场移动式装配车间安装及其对总平面布置的影响

特高压变电站 1000kV GIS 均考虑采用现场移动式装配车间方案进行安装。移动式装配车间宽度约为一个 GIS 完整串宽度，车间整体框架全跨主设备和主母线，道轨

扫码查看高清图

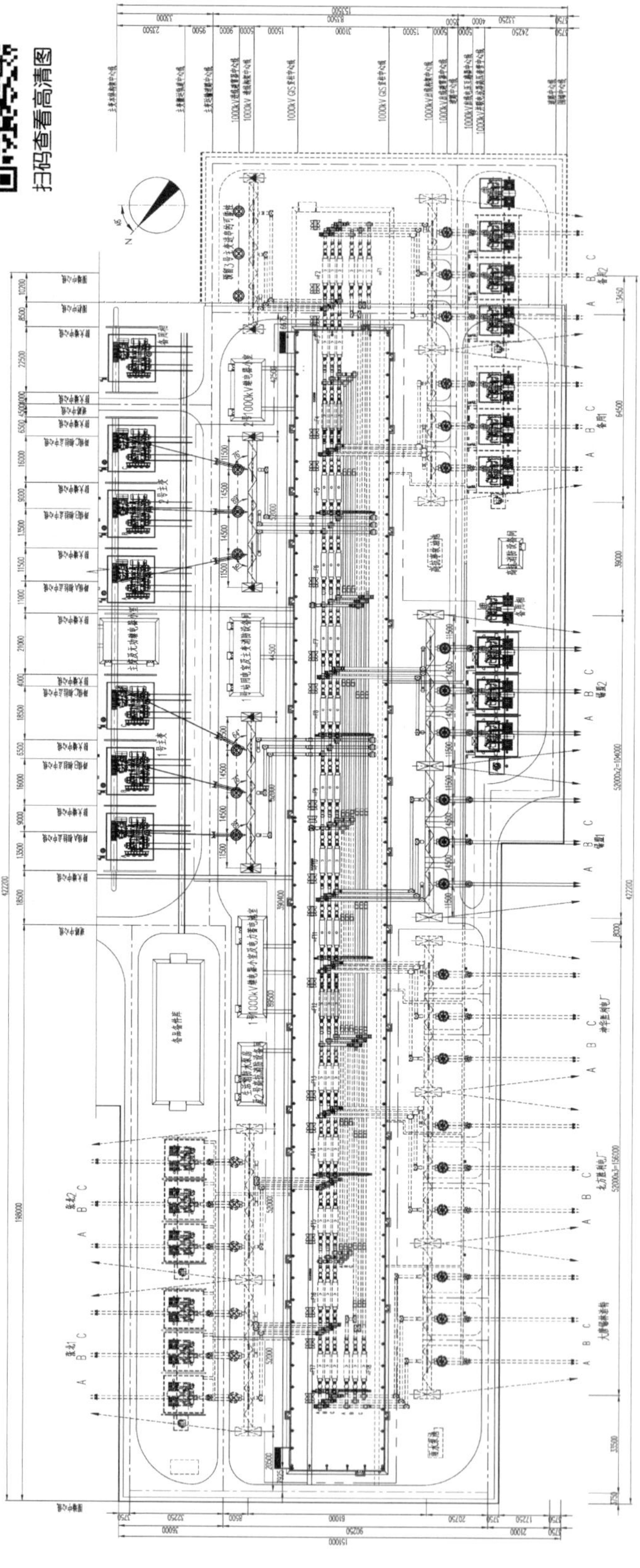

图5－14　胜利变电站1000kV配电装置平面布置图

扫码查看高清图

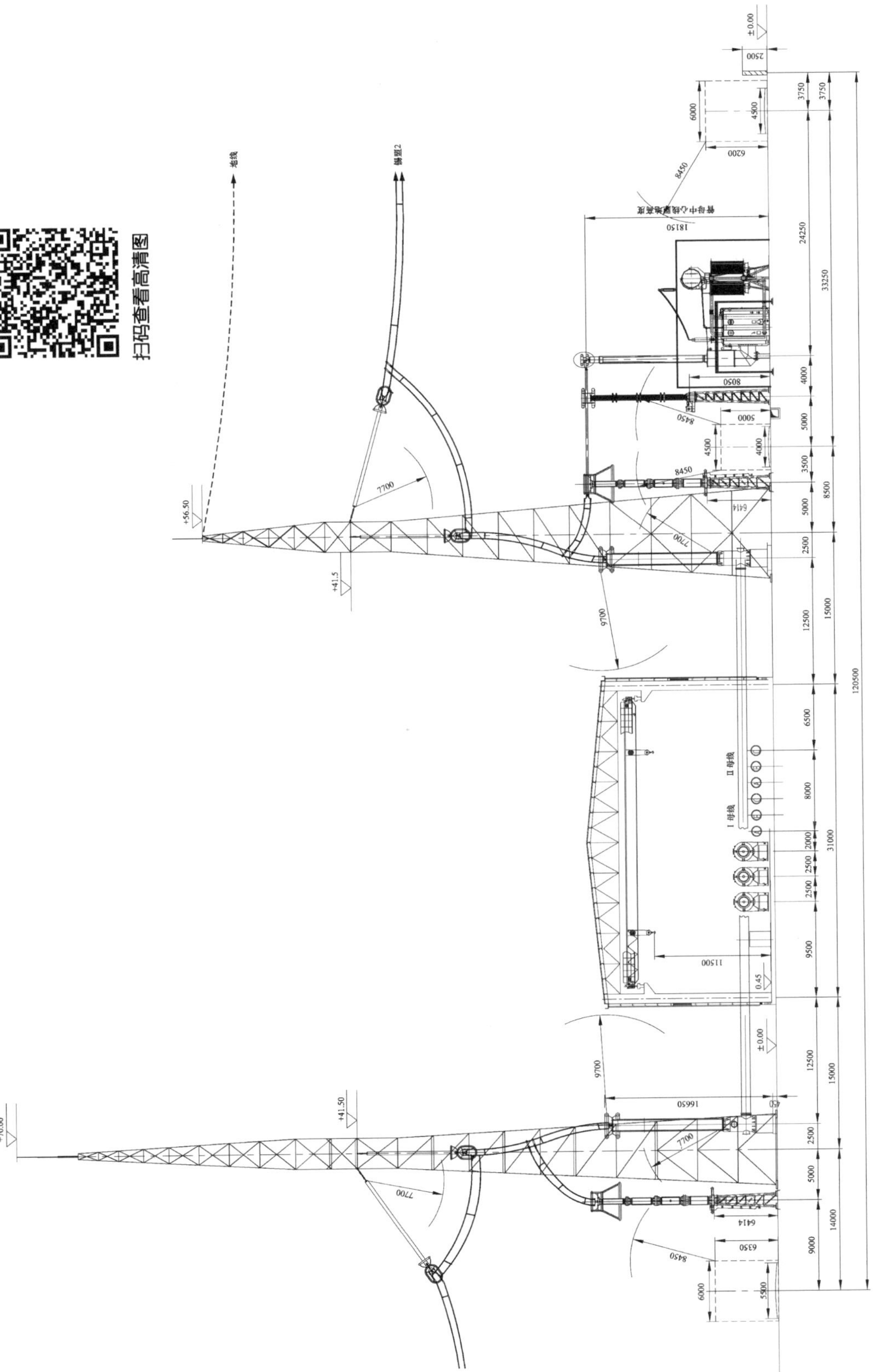

图 5-15　胜利变电站 1000kV 配电装置典型断面图

铺设在设备两侧，使用内置的龙门起重机实现主设备和主母线的安装。使用防尘帐篷实现分支母线的安装。各间隔均先采用户外起重机将设备吊至GIS大板基础范围内，再将装配车间移至此处，采用车间内桁车进行具体对接安装。这种安装方式可最大限度地减小户外环境对GIS安装的不利影响，防尘效果较好，且节约施工时间。

移动式装配车间内置10t和15t龙门起重机各一台，可同时开展工作。15t起重机用于设备对接面的安装，10t起重机用于设备对接前的倒运/清理准备工作和除带合闸电阻的断路器外的GIS设备安装工作。起重机的运动方向垂直于GIS的布置方向，吊钩的运动方向平行于GIS的布置方向。两台起重机在车间内存在重叠的工作区域，并且两台起重机吊钩的最小距离不小于3m。起重机性能参数见表5-10。

表5-10　起重机性能参数

参数名称	单位	数值	参数名称	单位	数值	
起吊质量	t	10、15	轨距	m	小车运行机构	19.5
起吊高度	m	7.5			大车运行机构	28.5
起吊速度	m/min	0.4～8	运行速度	m/min	小车运行机构	0.5～5
					大车运行机构	2～20

1000kV GIS设备端部预留约20m的移动式装配车间拆卸空间。GIS主设备侧移动式装配车间的道轨铺设于GIS主设备电缆沟之间，主母线侧的道轨铺设于GIS主母线全大板水泥基础上，基础向宽度方向外延约3m，以便安装移动式装配车间的道轨。装配车间基础道轨采用预埋地脚螺栓压紧固定的方式，道轨基础总宽度800mm，可与GIS大板基础同时建设，并不影响设备本体布置尺寸。

五、1000kV HGIS配电装置布置

（一）布置方案比较

试验示范工程中南阳开关站和荆门变电站均采用了1000kV HGIS设备。由于1000kV HGIS占地面积较大，站址选择相对困难，在后续工程中未再应用。

在没有地形条件限制的情况下，对于采用3/2断路器接线的1000kV HGIS配电装置，可采用断路器三列式布置方案。断路器三列式布置方案一般采用进线跨线垂直于出线（简称垂直出线）方案或进线跨线平行于出线（简称平行出线）方案。两种方案的技术比较见表5-11。

因此，采用3/2断路器接线的1000kV配电装置，若最终规模为2组主变压器，可采用垂直出线三列式布置方案。若最终规模为3组及以上主变压器，可通过方案比较，因地制宜地选择平行出线三列式布置方案或垂直出线三列式布置方案。

表 5－11　两种三列式布置方案的比较

比较项目	垂直出线三列式布置	平行出线三列式布置
占地面积	布置紧凑，占地面积较小	布置不够紧凑，占地面积较大
主变压器架空进线方式	低架横穿，增加进线门型架	顺列进线，不增加进线门型架
与变电站总平面布置的协调性	较好	较差，很难与下一级电压配电装置的布置协调
扩建便利性	适合最终规模为 2 台主变压器的变电站，扩建较困难	较便利，无太大限制
2 台主变压器进线接入不同母线	可满足	较困难，需增加间隔数量，增加占地面积

大部分情况下，由于特高压变电站出线回路较主变压器进线回路更多，因此一般按垂直出线三列式布置方案设计，主变压器垂直架空进线选用低架横穿的方式，远景主变压器可通过增加纵向构架，从两侧绕进接入母线的方式。1000kV HGIS 配电装置布置的主要特点如表 5－12 所示。

表 5－12　1000kV HGIS 配电装置布置的主要特点

序号	技术方面	HGIS 联合构架方案（推荐方案）
1	基本特点	1. 设有传统相间道路； 2. 分相共体布置，3 方向出线，主变压器低架横穿，出线高架； 3. 采用 4 分裂软母线及跨线，设备间连线采用管型母线
2	构架	母线及出线采用联合结构，节约占地
3	技术先进性	基于 GIS 制造技术开发的 HGIS 设备，技术成熟先进
4	维护和检修	除母线和出线设备为常规设备外，其他均与 GIS 设备要求相同
5	设备适用情况	500kV HGIS 已在国内变电站中大量使用

HGIS 配电装置采用户外软母线分相中型布置，配电装置外侧设有环行道路，间隔中相间设纵向通道，满足各间隔内设备及母线运输、安装和检修方便的要求。

（二）HGIS 断路器单元组合模式

对于 3/2 断路器接线的一个完整串，HGIS 单元组合有 3 种模式：

（1）“1＋1＋1”模式：3 个断路器单元均独立，通过导线连接构成一个完整串，如图 5－16 所示。

（2）“2＋1”模式：2 个断路器单元联成一个整体，另 1 个断路器单元独立，通过导线连接构成一个完整串，如图 5－17 所示。

（3）“3＋0”模式：3 个断路器单元连成一个整体构成一个完整串，如图 5－18 所示。

为了减少开关套管数量、节约投资，HGIS 配电装置布置均按“3＋0”模式设计。当不完整串扩建为完整串时，需要停电完成已建和扩建设备的对接。

（三）1000kV HGIS 配电装置布置方案

1000kV HGIS 配电装置采用软母线中型、断路器三列式布置。进、出线间隔宽度为 53m/55m（弧垂为 7m/8m），母线间隔宽度为 62m；进、出线构架挂点高度为 55m，母线构架挂点高度为 38m；进、出线相间距离为 14.5m/15.5m（弧垂为 7m/8m），相地中心距离为 12m；母线相间距离为 12m，相地距离为 16m。

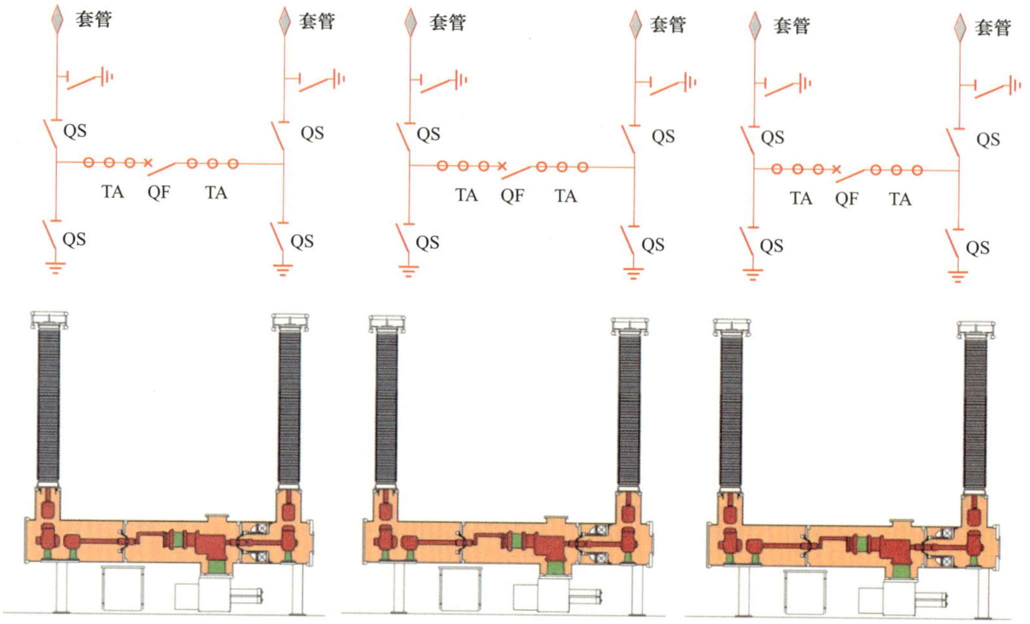

图 5-16 “1+1+1”模式示意图

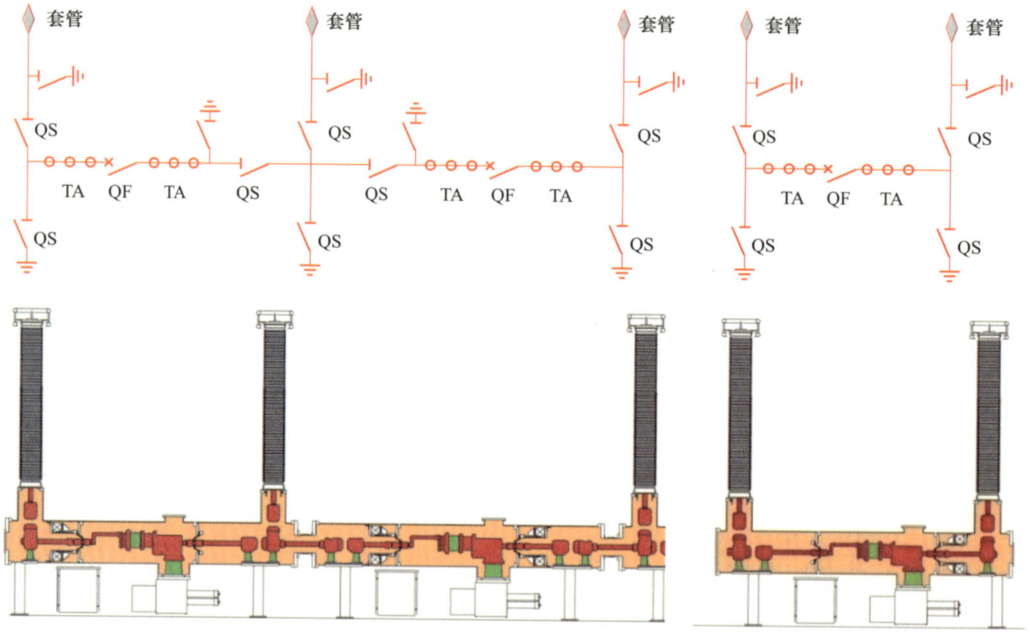

图 5-17 “2+1”模式示意图

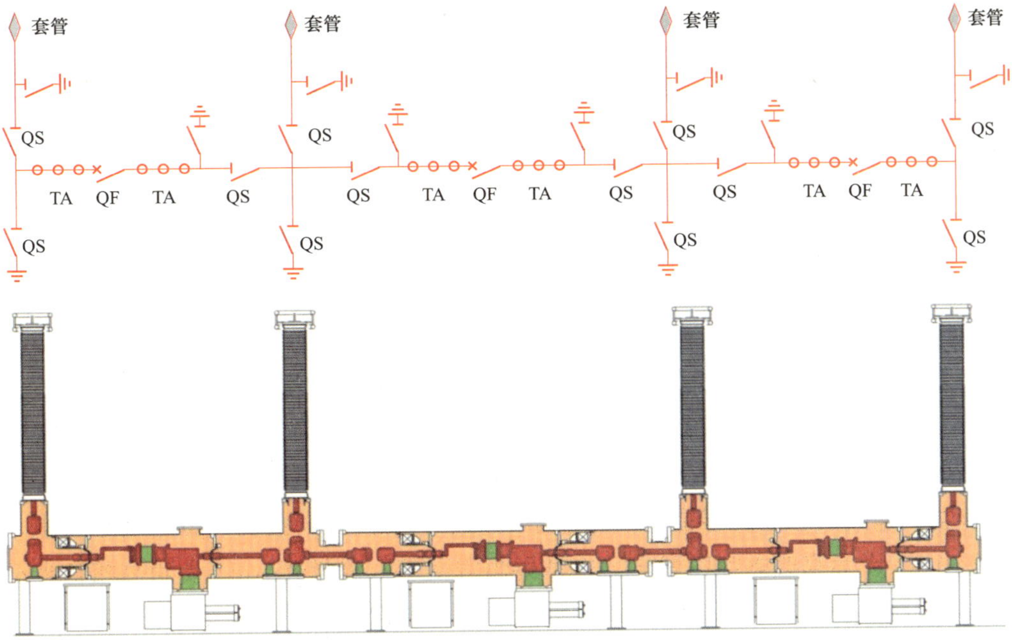

图 5-18 “3+0”模式示意图

线路及主变压器侧的1000kV避雷器和电容式电压互感器采用敞开式设备。主变压器进线避雷器靠近主变压器侧布置，进线电压互感器靠近1000kV HGIS侧布置。HGIS按照“3+0”模式设计，1000kV配电装置外侧设有环行道路，间隔中设3m宽相间道路，可以满足各间隔内设备及HGIS运输、安装和检修方便的要求。

（四）1000kV HGIS配电装置纵向尺寸的确定

纵向尺寸除保证安全运行外，还应满足巡视、操作、维护、检修、测试、运输、扩建方便等方面的要求，影响纵向尺寸的因素有以下几个：

（1）配电装置安全净距的要求。必须满足安装、检修人员及电气设备与带电部分之间的安全净距的要求。

（2）运行方面的要求。满足对电气设备定期巡视及进行各项操作，以及必要时进行消除缺陷等维护工作的需要。考虑到人体活动及携带工具所需的空间，通道宽度以0.8～1.0m为宜。

（3）设备运输的要求。配电装置运输设备一般采用汽车运输和滚杆运输。汽车运输车厢要求的最小间距为6m。滚杆运输中需在两侧不断调整方向，设备两侧各保持1m空间为宜。

（4）设备检修起吊的要求。一般的起吊工具有汽车式起重机、三脚架、人字扒杆、单扒杆等，其中常用的是汽车式起重机和扒杆。

由于HGIS采用“3+0”模式，因此，纵向尺寸主要由母线构架的宽度及各处带电距离控制，需结合具体工程情况确定。

六、1000kV 高抗回路配电装置布置

（一）1000kV 高抗引线方式的选择及纵向尺寸优化

1. 1000kV 高抗引线方式的选择

根据科研单位对高抗回路外过电压的计算结果，高抗回路的避雷器可采用与线路避雷器合用的方案。在试验示范工程中高抗回路采用 7 个元件方案，使用支柱绝缘子支撑管型母线，如图 5－19 所示。

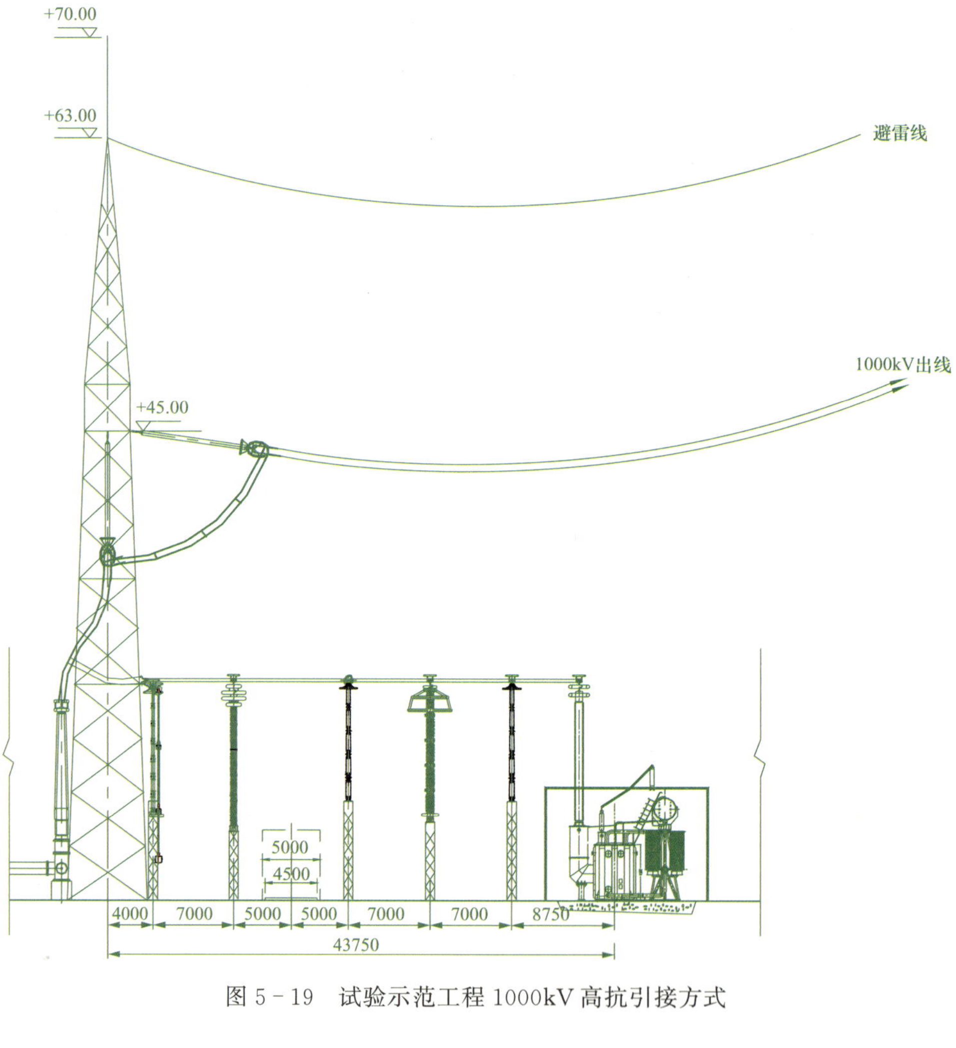

图 5－19　试验示范工程 1000kV 高抗引接方式

管型母线完全由支柱绝缘子和接地开关的支柱绝缘子进行固定支撑，避免了设备接线端子承受过大的应力。但该方案每相增加了两个支柱绝缘子，高抗区域纵向尺寸较大，增加了占地面积。

皖电东送工程中，由于 GIS 出线处配置有快速接地开关，当该回路停运需检修高抗时，可合上此快速接地开关，即可满足安全检修要求，因此取消了为高抗检修设置

的敞开式接地开关。后续工程设计中，高抗回路采用 4 元件方案，从 GIS 线路侧套管至高抗套管之间布置有出线电压互感器、避雷器，设备之间采用管型母线连接。如图 5－20 所示。

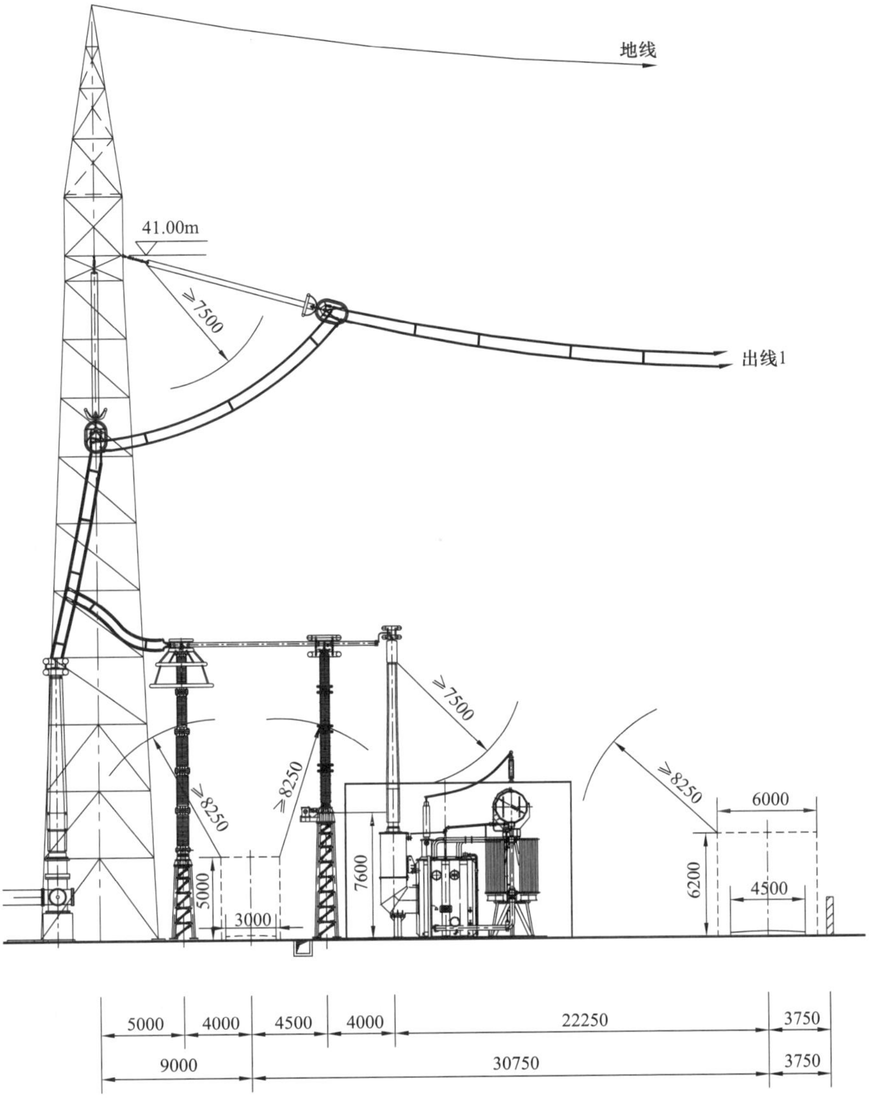

图 5－20　1000kV 高抗回路断面图（4 元件方案）

2．1000kV 高抗回路抗震方案

根据锡盟—南京、皖电东送及淮南—南京—上海等工程的抗震仿真计算，以及高抗回路联合真型抗震和减震试验结果，在不采取减震措施的情况下，4 元件方案的特高压设备能够满足 0.2*g* 水平加速度的抗震性能要求，安全系数大于 1.67。

在高地震烈度区，当站址地震水平加速度超过 0.2*g* 时，需进行抗震计算复核，必要时采取柱式设备加装减震装置、高抗加装隔震装置等抗震措施。图 5－21 为 1000kV 高抗隔震装置。

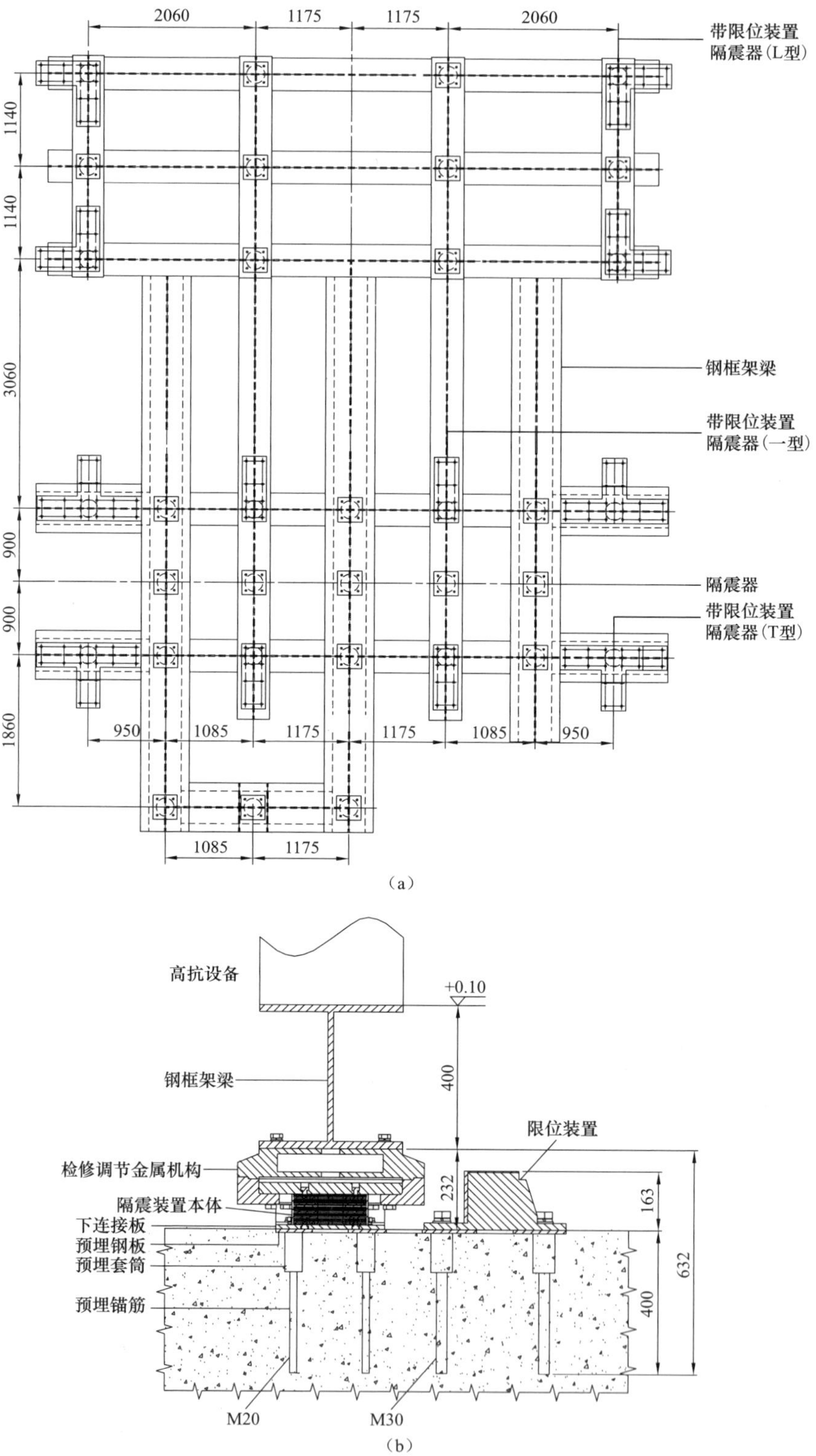

图 5-21　1000kV 高抗加装隔震装置方案

(a) 隔震装置安装俯视图；(b) 隔震装置安装固定详图

3. 1000kV高抗检修道路及纵向尺寸设计

浙北—福州工程的高抗回路检修道路至运输道路中心距离为30.75m（高抗按照水喷雾消防方式布置管道）。自蒙西—天津南工程的特高压变电站不设置噪声控制区后，特高压变电站高抗均需采取加装隔声罩等措施降低噪声影响。高抗加装隔声罩后，高抗本体沿中性点方向纵向尺寸增加了0.5m，同时考虑高抗消防管线、电缆沟、基础等布置尺寸，后续工程中将高抗检修道路与高抗运输间距调整为31.25m。

根据现场耐压试验要求，高抗检修道路宽度（避雷器至电压互感器之间）按4m设计，避雷器至出线套管附近设置3.5m相间道路。

（二）1000kV高抗备用相快速更换方案

1000kV高抗备用相主要考虑放置在站内远期预留空地位置，备用相更换时，若拆除套管搬运，停电时间较长。为了减少线路停电时间，采取高抗备用相快速更换方案，对高抗备用相拆套管不带油运输方案、过渡跨线方案、轨道整体运输方案和平板车整体运输方案等高抗备用相快速更换方案进行了技术经济比较。

（1）高抗备用相拆套管不带油运输方案，恢复供电时间在36天左右，停电时间较长。但对配电装置接线和布置无影响，风险相对较小，并可利用原有高抗的隔声罩、消防系统、散热系统、照明系统等。

（2）过渡跨线方案，在缩短恢复供电时间方面具有一定优势，但一、二次接线复杂，故障相修复后重新投运需要二次停电且时间较长。方案受备用相容量、布置位置和出线高抗位置限制，切换接入非常不灵活，甚至可能无法实现切换，且投资增加较多。此外，一次改接线时需要动用起重机，现场安全运行有一定风险。

（3）轨道整体运输方案，在缩短恢复供电时间方面与过渡跨线方案基本相当，受备用相容量、布置位置和出线高抗位置限制，当出线高抗较多且容量不同、厂家不同时，占地会增加，投资增加更多。另外，当变电站1000kV有反向出线时，会引起占地和投资的进一步增加。设备生产厂家需要对高压套管及高压出线升高座部位，在站内带套管及隔震框架整体更换备用时的加固措施、受力情况及水平、垂直方向的加速度限值进行研究分析，确保高压套管在1g水平加速度下安全可靠，不出现任何损伤。

（4）平板车整体运输方案，在缩短恢复供电时间方面与过渡跨线方案基本相当，由于设备带套管运输，对地面平整度、荷载及地面强度要求较高，对运输过程中的加速度控制和牵引都有较高要求。与轨道整体运输方案相同，设备生产厂家需要进行研究分析，确保高压套管在1g水平加速度下安全可靠，不出现任何损伤。

根据技术经济比较，工程中高抗备用相快速更换采用平板车整体运输方案，该方案具有现场一、二次改接线工作量最小，恢复供电时间短，布置灵活等优势。在校验设备安全净距时只需要满足均压环对地B_1值（8250mm）即可。快速更换高抗备用相的平板车整体运输方案带电距离校验图见图5-22。

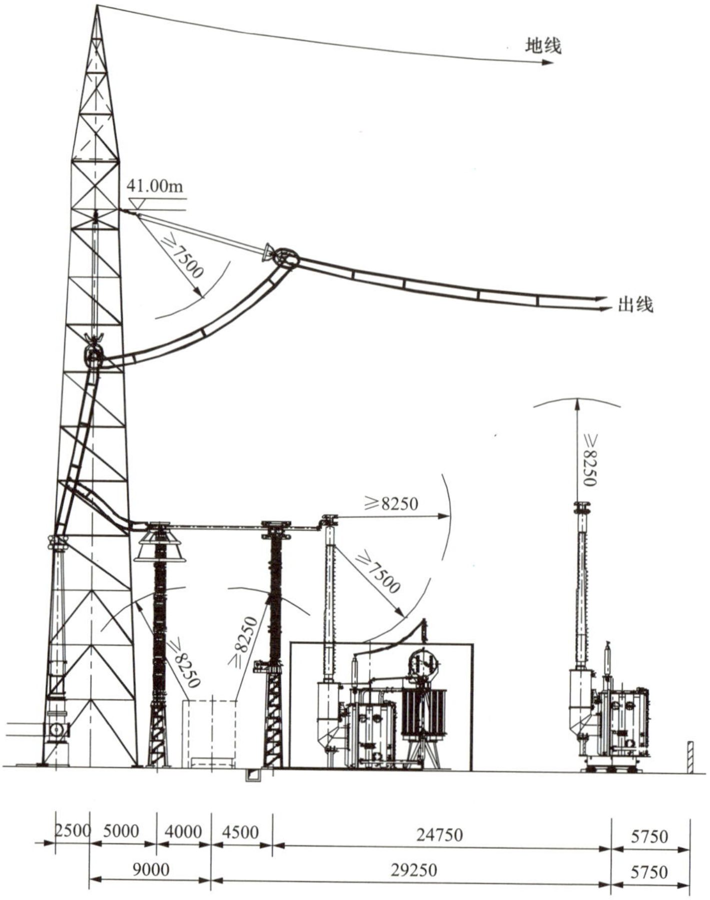

图 5－22　快速更换高抗备用相平板车整体运输方案带电距离校验图

第三节　500kV 配电装置布置

一、设备选型及布置要求

特高压变电站 500kV 配电装置一般采用 GIS 方案或 HGIS 方案。进、出线避雷器和电压互感器均采用常规敞开式设备。

500kV 配电装置布置应与主变压器及 1000kV 区域相协调。

二、500kV GIS 和 HGIS 配电装置布置

1. 500kV GIS 配电装置布置

特高压变电站的 500kV GIS 布置与国家电网有限公司通用设计相同。500kV GIS 设备有“一”字型和“Z”字型两种布置方案，“一”字型较“Z”字型布置的横向尺

寸大，“Z”字型布置占地较省。两种方案的平面布置图如图5－23所示。

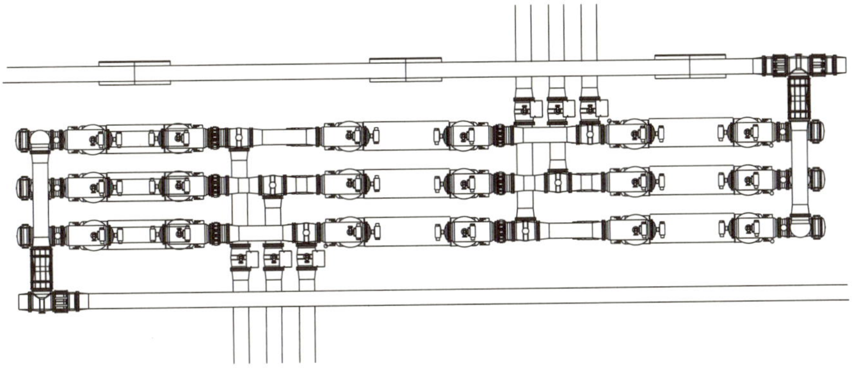

（a）

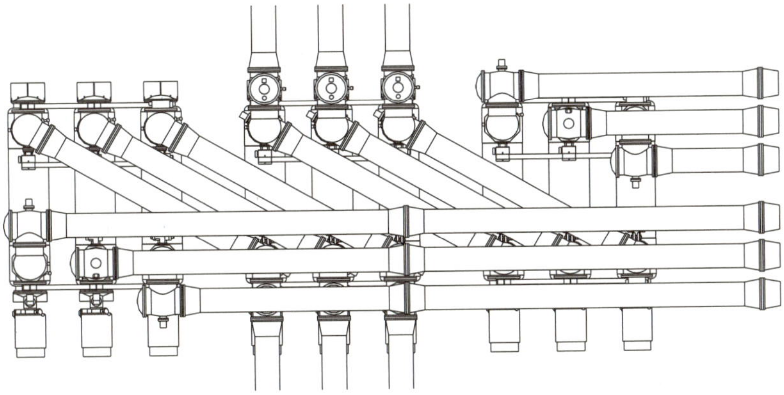

（b）

图5－23　500kV GIS两种布置方案

（a）“一”字型布置；（b）“Z”字型布置

两种方案的断路器距地高度基本一致，但“一”字型布置方案主母线采用垂直布置，最上层主母线中心距地高度为5m左右；“Z”字型布置方案主母线采用水平布置，主母线中心距地高度近8m。

当变电站站址地处七度及以下地震区时，对设备的抗震性能要求不高，从节约占地、节省分支母线长度考虑，500kV GIS可采用断路器“Z”字型布置方案。当变电站站址地处八度及以上地震区时，500kV GIS可采用断路器“一”字型布置方案。

500kV进、出线构架宽度为26m，高度为24m。

500kV配电装置区尺寸应保证满足不同厂家的设备布置要求。500kV配电装置的布置应力求运维方便；设备布置整齐划一，功能分区合理；与主变压器及1000kV交流配电装置区配合协调；按照具体工程地理位置及500kV出线方向，结合远期过渡和合理配串原则，尽量减少线路交叉和避免线路倒换间隔，同时要结合站区总平面进行布置。

2. 500kV HGIS 配电装置布置

500kV HGIS配电装置主要布置原则与GIS基本相同。

500kV HGIS配电装置采用断路器三列式布置，优先采用“3+0”模式。线路及主变压器避雷器和电压互感器均采用敞开式设备。出线构架宽度为27m，高度为26m。

第四节　主变压器及110kV配电装置布置

一、设备选型及布置要求

1000kV主变压器为单相三绕组自耦变压器，配调压补偿变压器。在布置上需预留调压补偿变压器退出运行时将其运出所需的空间。

综合考虑设备制造能力、运行业绩和投资等因素，特高压变电站无功回路开关设备基本采用了配专用负荷开关的HGIS设备或配同步控制器的瓷柱式SF_6断路器的常规敞开式设备。总断路器回路、站用变压器回路和母线设备回路开关设备基本采用了常规敞开式设备。

110kV低压电容器组均采用了组合框架式电容器，双塔或单塔布置方案，其中串联电抗器选用干式空芯型，高式或低式布置方案。110kV低压电抗器均采用了干式空芯电抗器，高式或低式布置方案。

二、主变压器布置

1. 主变压器区域布置方案

1000kV变压器为单相变压器，主变压器布置在站区中部，“一”字型布置。

主变压器构架高度的确定主要考虑两个控制条件：①主变压器进线的架空导线带电时，满足主变压器运输的要求；②满足主变压器套管的吊高要求。主变压器的运输高度按照6.5m考虑，B_1值为8.25m，由此可知，横跨主变压器运输路上的导线最低高度应大于14.75m，因此主变压器构架高度不受主变压器带电运输的控制。主变压器1000kV套管高度约18m，起吊高度约1.5m，采用一台50t和一台25t的起重机共同起吊，吊臂活动范围考虑约2m，吊绳长5m，共计26.5m。试验示范工程设计阶段，1000kV主变压器构架高度取30m。通过对试验示范工程施工情况的调研得知，在对主变压器套管进行部分试验时存在一定的难度，因此为了方便主变压器套管的相关试验，并适当考虑裕度，主变压器构架高度确定为32m。

主变压器构架置于防火墙上，构架宽度由防火墙间距确定。考虑到调压补偿变压器故障退出时主体变压器仍可独立运行，确定防火墙间距时，应满足在不拆除主体变压器的情况下运输调压补偿变压器的要求。调压补偿变压器退出运行工况，主体变压器低压侧采用临时支柱绝缘子支撑导线至110kV汇流母线，临时支柱绝缘子支架埋件提前预留，见图5-24。

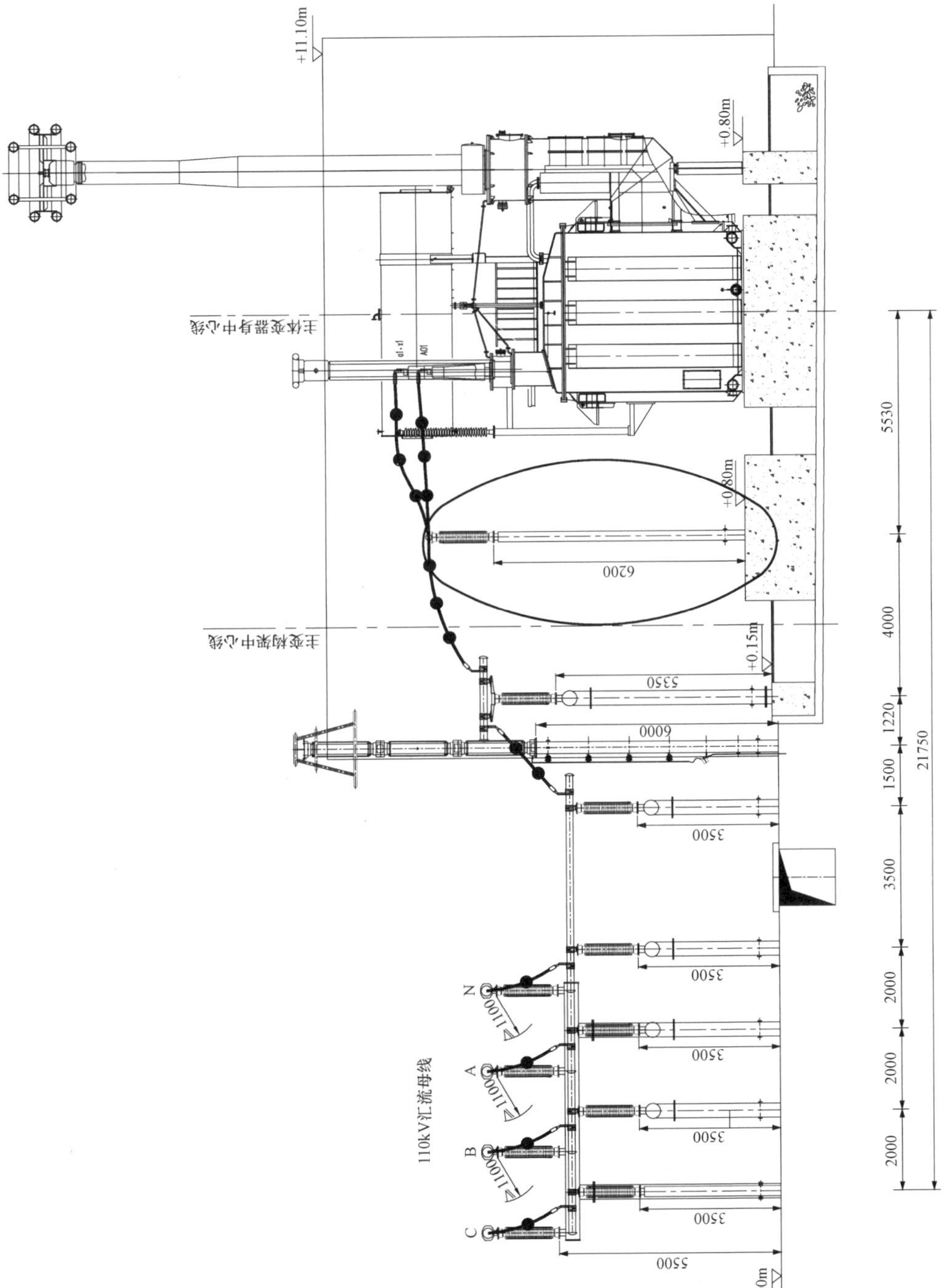

图5－24　调压补偿变压器退出时采用临时支柱绝缘子过渡

3000MVA 主变压器构架按 32m（高）×67.5m（宽）设计。

主变压器区域配电装置布置方案还需考虑是否预留隔声屏障位置。实际工程中需根据噪声计算结果确定是否设置隔声屏障。

2. 主变压器 1000kV 侧接线优化

综合考虑与其他配电装置区整体协调性、设备安装检修的便利性、设备研发制造、工程投资等因素，特高压变电站 1000kV GIS 与主变压器的连接采用架空软导线，主变压器进线电压互感器、避雷器采用敞开式设备。为避免雷电侵入波对变压器绕组的损坏，主变压器进线避雷器尽量与主变压器靠近布置，工程设计时应通过计算最高雷电反击和绕击侵入波过电压幅值确定主变压器与进线避雷器的距离。

为满足主变压器套管接线端子受力要求，通过试验研究，将主变压器高压套管引下线连接方式由传统的“人”字型 T 接方案优化为单引下线方案，主变压器接线端子由传统的羊角型优化为“一”字型，见图 5-25。并且，进线跨尽量布置在主变压器套管正上方，以减小引下线对主变压器套管的拉力。同时，高压套管接线柱采用铝合金接线柱，以增加其强度。

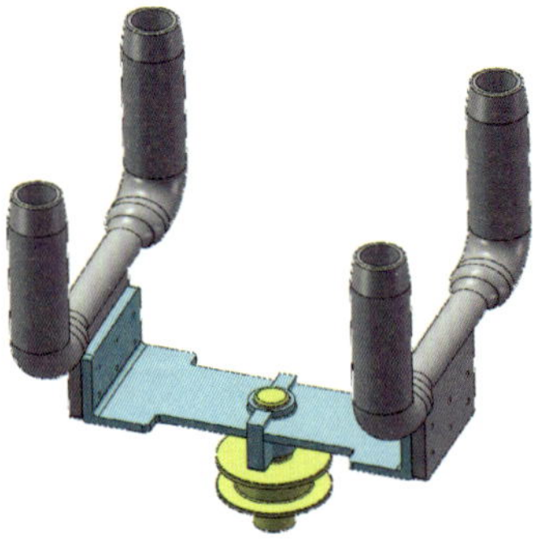

(a)

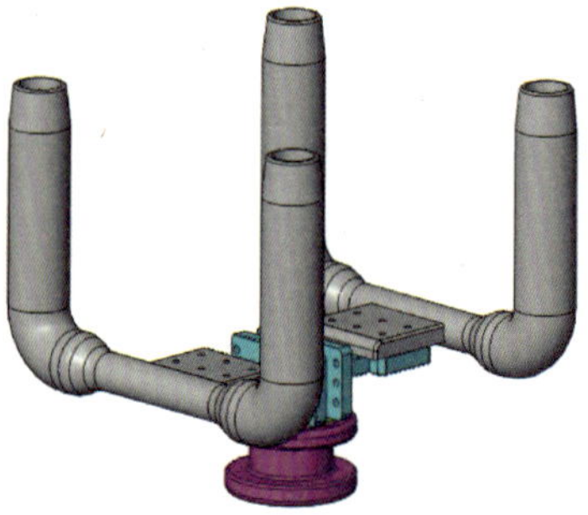

(b)

图 5-25 主变压器接线端子

(a) 羊角型；(b)“一”字型

1000kV 主变压器进线间隔的典型断面如图 5-26 所示。

3. 主变压器备用相快速更换方案及其对平面布置的影响

特高压变电站主变压器备用相均考虑放置在远期运行相位置，备用相更换时，若拆除套管搬运，停电时间较长。胜利变电站及后续工程中采用了备用相快速更换方案。备用相快速更换采用轨道整体运输方案，该方案具有现场一、二次改接线工作量最小，恢复供电时间短，不需二次停电等优势。典型平面布置见图 5-27。

在校验设备安全净距时只需要满足设备均压环对地 B_1 值（8250mm）即可，见图 5-28。

主变压器备用相快速更换方案相比于常规备用相拆除套管运输更换方案，1000kV 进线电压互感器与主变压器运输道路之间的纵向距离由 8m 调整为 11m，1000kV 进线避雷器与主变压器运输道路之间的纵向距离由 8.5m 调整为 16.5m。该纵向尺寸较常规设计共增加 11m，以满足快速更换主变压器备用相采用轨道整体运输方案时的带电距离要求。同时，考虑将主变压器进线避雷器支架做成可拆卸式，方便主变压器故障相快速移出，并将轨道布置在主变压器前广场，邻近主变压器运输道路外侧，不利用主变压器运输道路，避免远期扩建分支轨道时破坏主变压器运输道路，影响扩建工程建设。

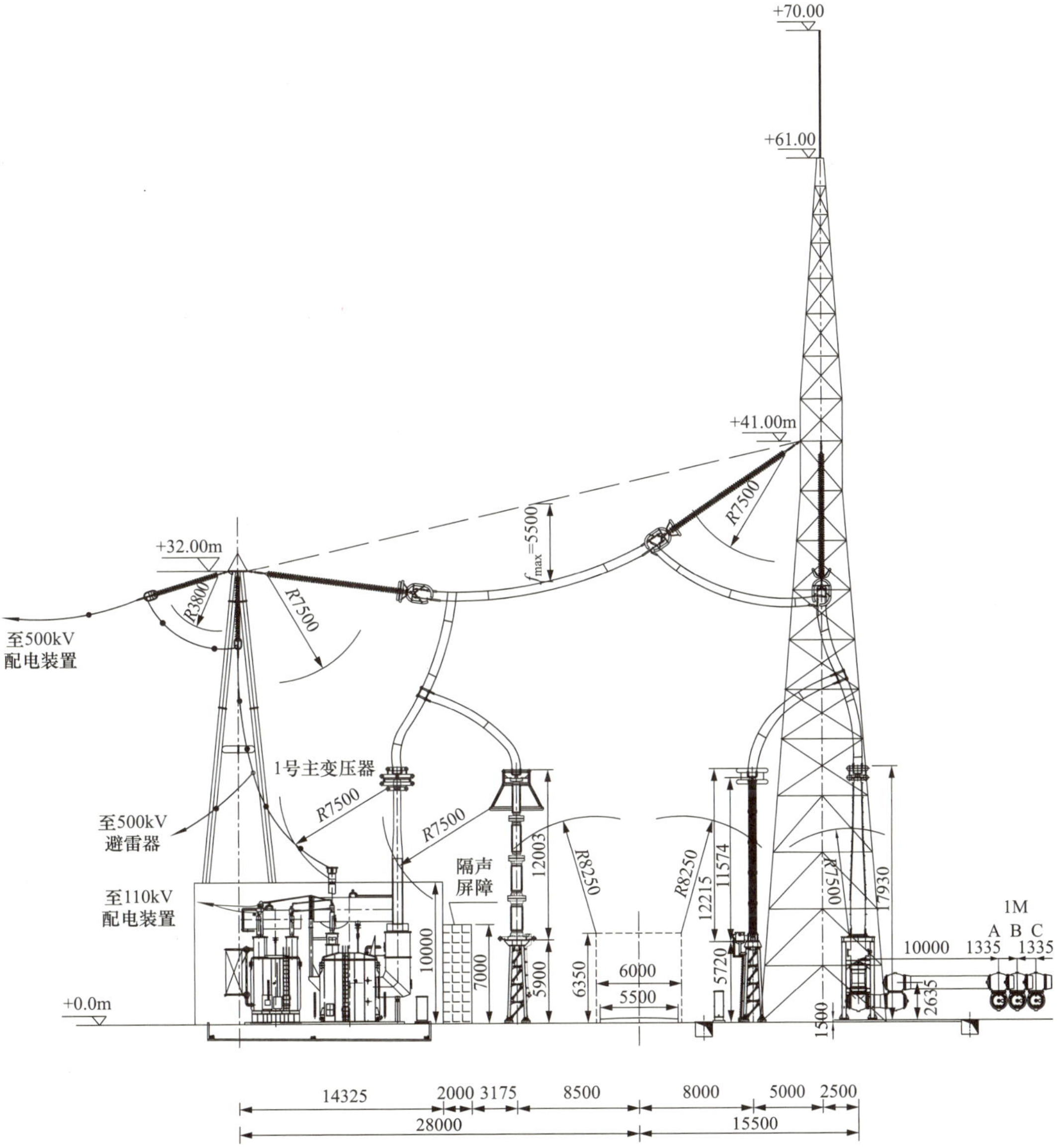

图 5-26　1000kV 主变压器进线间隔典型断面

为进一步节约占地，将主变压器进线电压互感器内置于 1000kV GIS 设备中，主变压器进线避雷器布置于 1000kV 进线构架侧，见图 5-29。

4. 高地震烈度区对主变压器布置的影响

在高地震烈度区，当站址地震水平加速度超过 0.2g 时，需进行抗震计算复核，必要时采取主变压器本体加装隔震装置等抗震措施。图 5-30 为 1000kV 主变压器隔震装置。

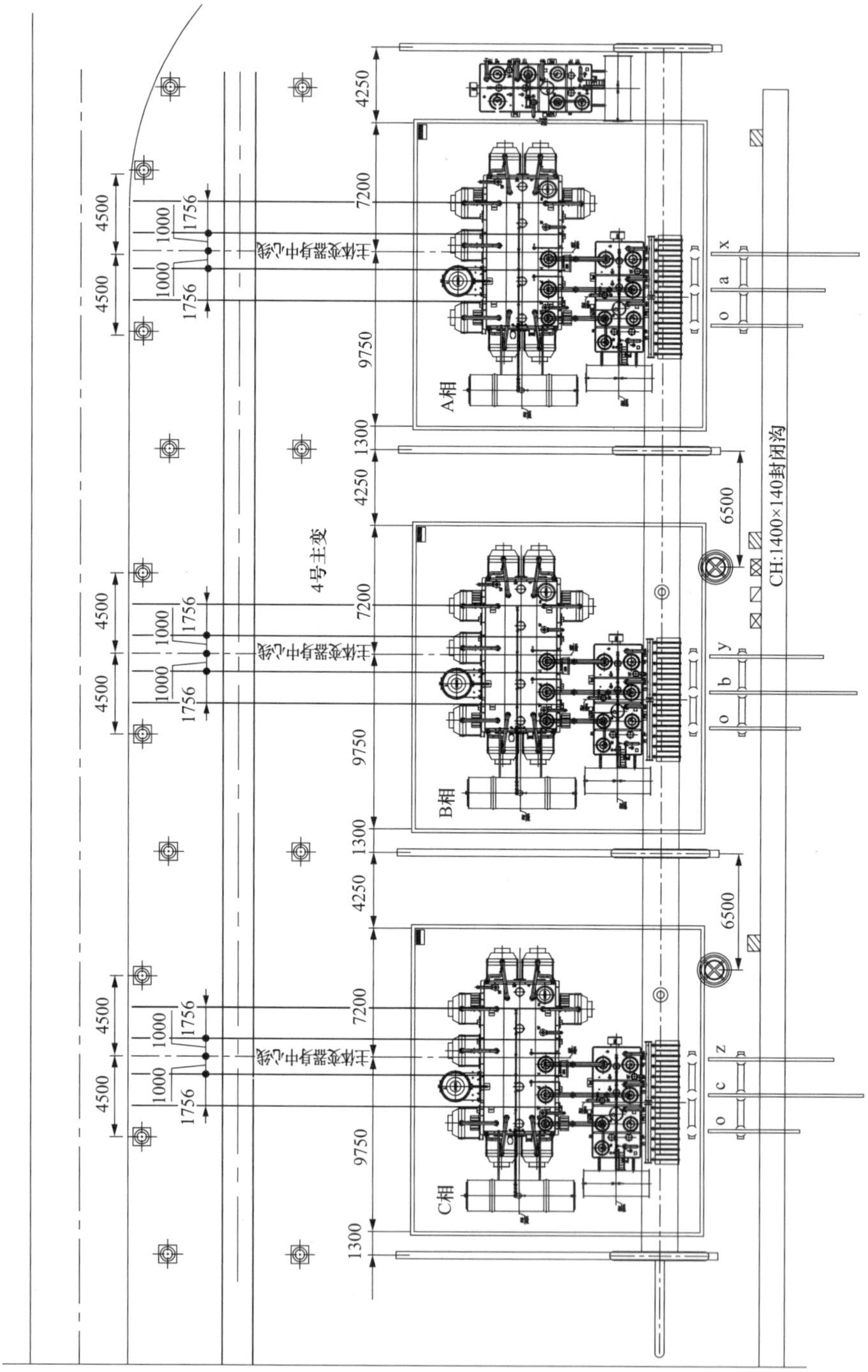

图 5-27 1000kV 主变压器采用轨道运输平面布置图

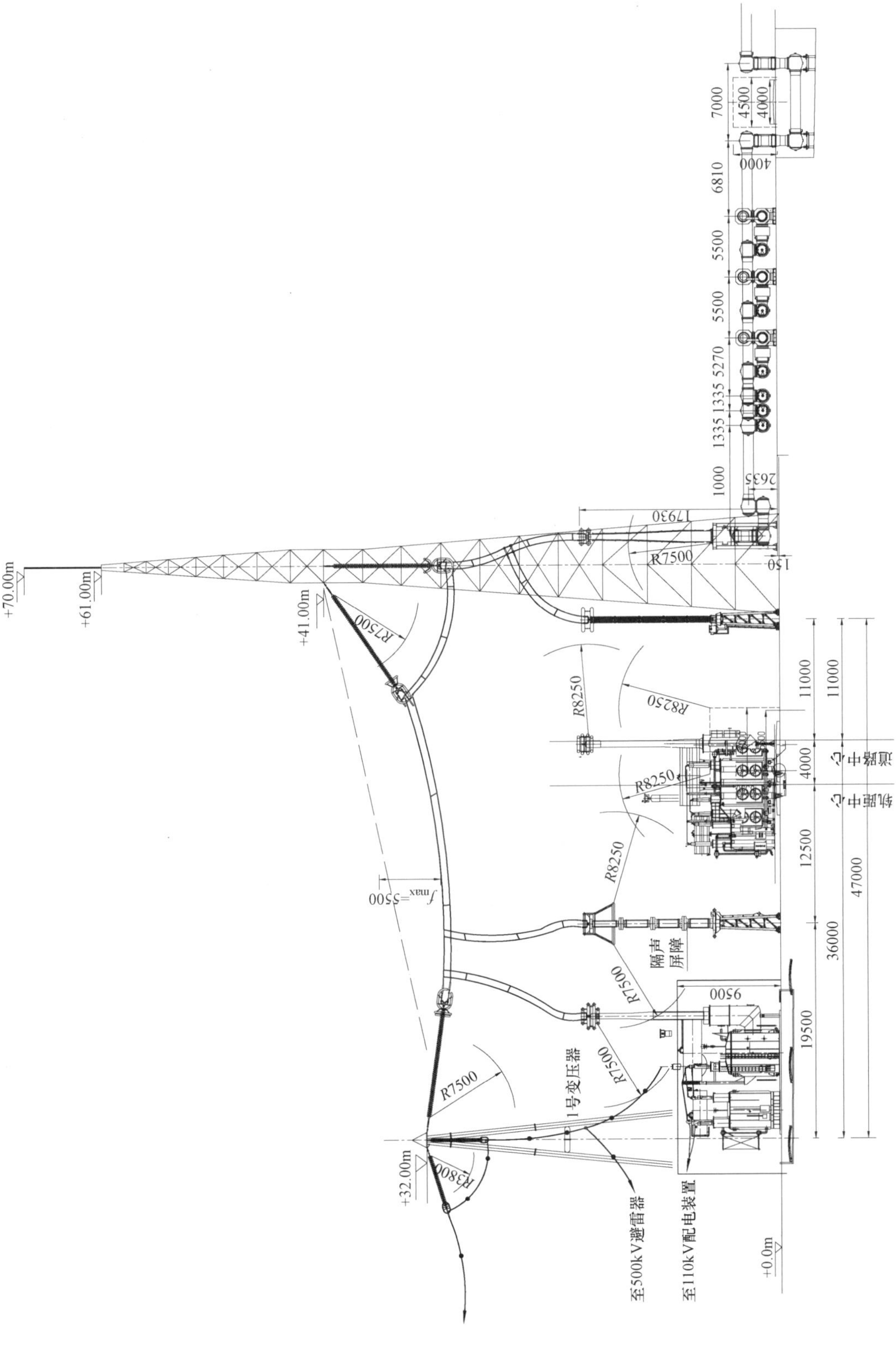

图 5－28　快速更换主变压器备用相轨道整体运输方案带电距离校验图

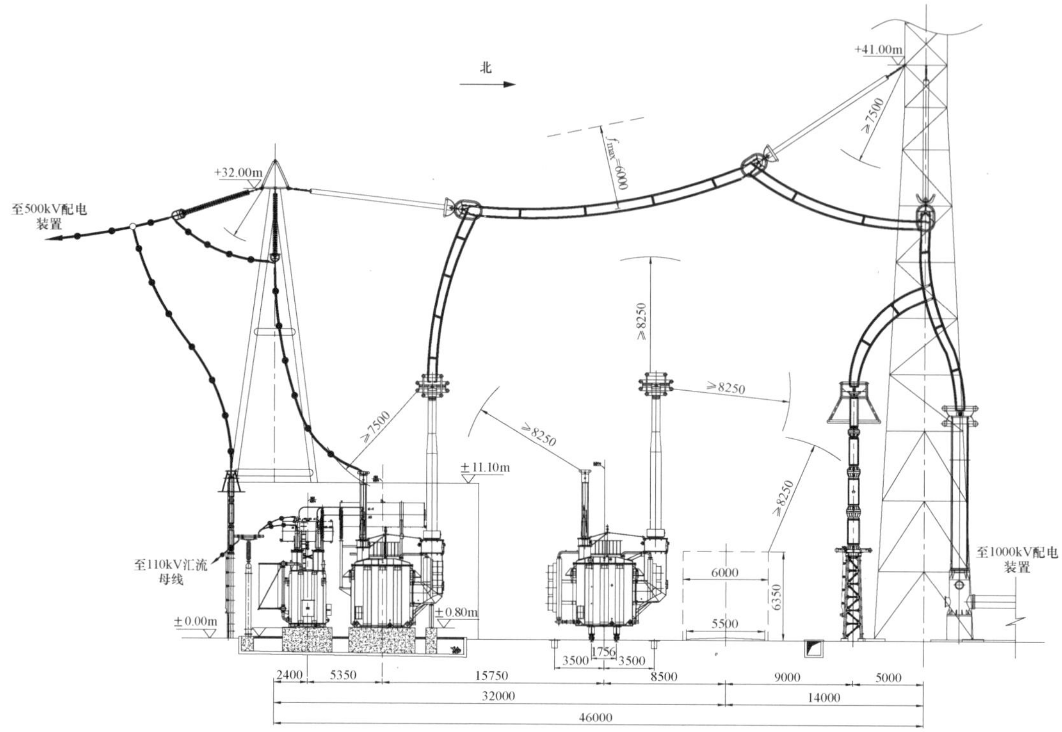

图 5-29　快速更换主变压器备用相轨道整体运输方案带电距离校验图

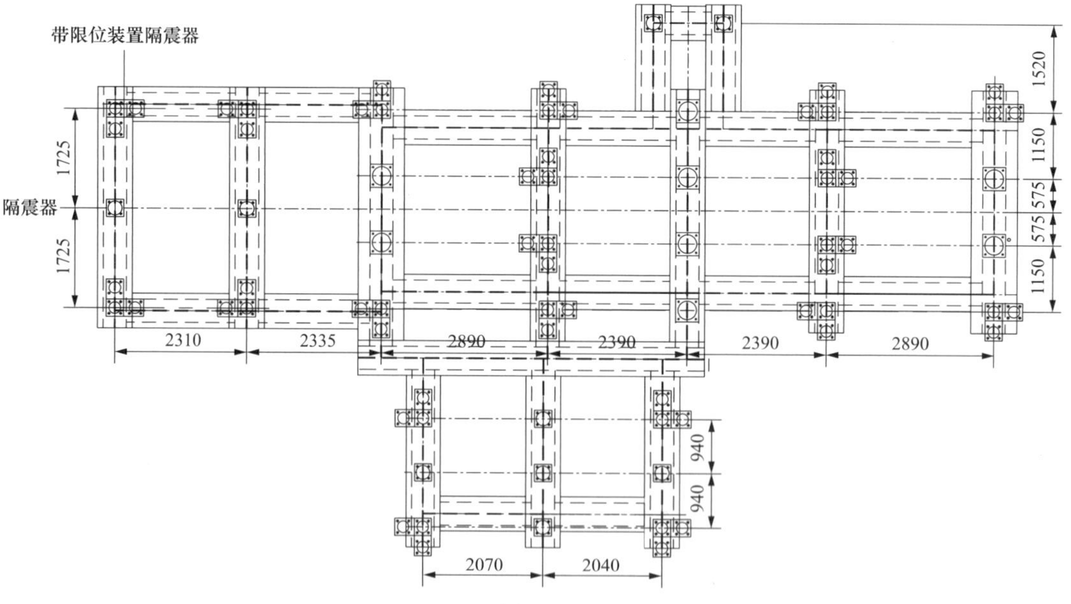

（a）

图 5-30　1000kV 主变压器隔震装置（一）

（a）隔震装置安装俯视图

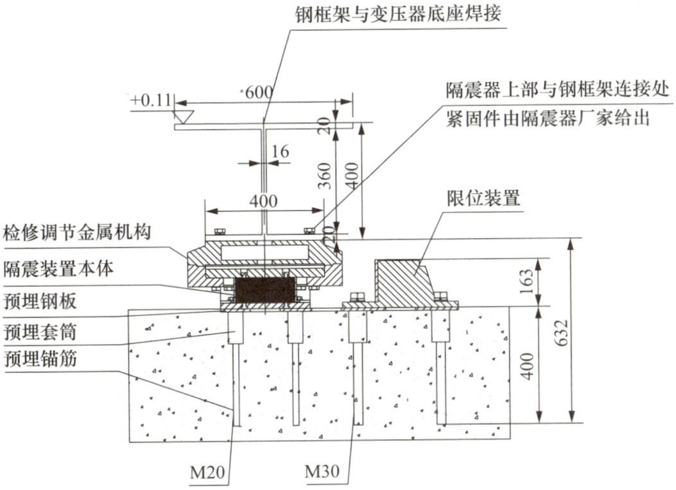

（b）

图 5－30　1000kV 主变压器隔震装置（二）

（b）隔震装置安装固定详图

5．主变压器专用检修车间

特高压变电站利用站内空地搭建 1000kV 主变压器（兼顾高抗）专用检修车间，在不增加占地的情况下，实现变压器、高抗故障相的快速检修。对专用检修车间的外形尺寸、结构要求、室内温湿度及降尘量等环境参数，参照 Q/GDW 11423—2015《超、特高压变压器现场工厂化检修技术规范》的要求，并结合实际经验，专用检修车间轴线尺寸为 30m×15m×22m（长×宽×高，其中高度为外轮廓高度尺寸）。

检修车间采用钢结构件和彩钢板组装式结构，配置 75t 桥式起重机用于组部件的起吊，其基础承重应能够满足桥式起重机满载运行。检修车间内部分隔为内外两室（见图 5－31），配置用集装箱改装的人员休息室和工装储存室。检修车间需提供不小于 150kW 的专用检修电源。

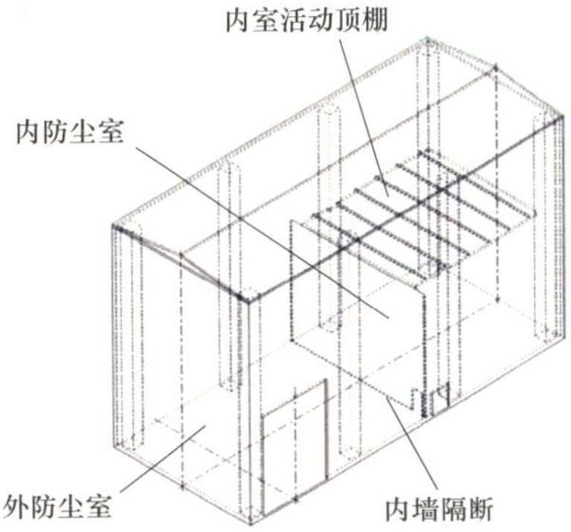

图 5－31　专用检修车间结构示意图

三、110kV 配电装置布置

1．总体布置原则

主变压器低压侧 110kV 配电装置布置于 1000kV 与 500kV 配电装置之间。配电装置布置应结合变电站总平面布置综合考虑，满足总体规划要求，工艺布置合理，功能分区明确，交通便利，节约用地。结合配电装置选型开展配电装置布置优化设计，应满足施工、运行和检修及噪声、通道布置、对建（构）筑物的要求等。110kV并联电抗器尽量远离主控楼，降低噪声对运行的影响。

110kV侧为中性点不接地系统，根据DL/T 5352—2018《高压配电装置设计规范》规定，110kV配电装置安全净距 A_1 值为1.0m，A_2 值为1.1m。110kV导体至地面之间的最小距离 C 值取3.5m。

主变压器低压侧110kV配电装置采用户外支持式管型母线中型布置。汇流母线与中性线母线平行布置，母线相间距离取2m，支架高度取5.5m。主变压器低压套管及中性点套管通过软导线引接至母线连接。考虑调压补偿变压器可能退出运行后需控制软导线风偏摇摆及受力，预留支持绝缘子位置。主变压器中性点小电抗器和隔直装置可布置在中性线母线空余场地。

2. 110kV电容器组布置方案

与主变压器低压侧汇流母线相同，110kV分支母线也采用支持式管型母线，母线相间距离取2m，支架高度取5.5m。根据布置需要，110kV无功回路连接隔离开关可选择垂直伸缩式、水平开启式或水平伸缩式隔离开关。并联电容器采用组合框架式，布置在围栏内，围栏间预留巡视检修通道。

依据110kV开关设备选型的不同，110kV电容器组布置方案主要包括3种方案，其断面分别如图5－32～图5－34所示。

高地震烈度区，110kV电容器组串联电抗器采用低位布置方案，设围栅，围栅采用不导磁材质。

此外，部分工程采用了单塔电容器方案，电容器围栏尺寸较双塔电容器有所减小。单塔电容器围栏尺寸见表5－13。

表5－13　不同厂家紧凑型单塔电容器围栏尺寸

设备厂商	设备围栏尺寸（纵向×横向，m×m）	设备厂商	设备围栏尺寸（纵向×横向，m×m）
新东北	17×8.5	西安ABB	16.75×7.5
西容	17×8.5	日新电机	16×8.5
桂容	17×8.5	合容	16×8.5
上海思源电气	17×8.5		

单塔电容器方案的围栏纵向尺寸较小，工程设计时可调整并联电抗器布置，减小其纵向尺寸，使其与单塔电容器方案的布置协调。110kV采用紧凑型单塔电容器布置，见图5－35。

3. 110kV电抗器组布置方案

110kV并联电抗器一般采用高位布置，不设围栏。与电容器回路布置方案类似，依据110kV开关设备选型的不同，110kV电抗器组布置方案主要包括3种方案，其断面分别如图5－36～图5－38所示。

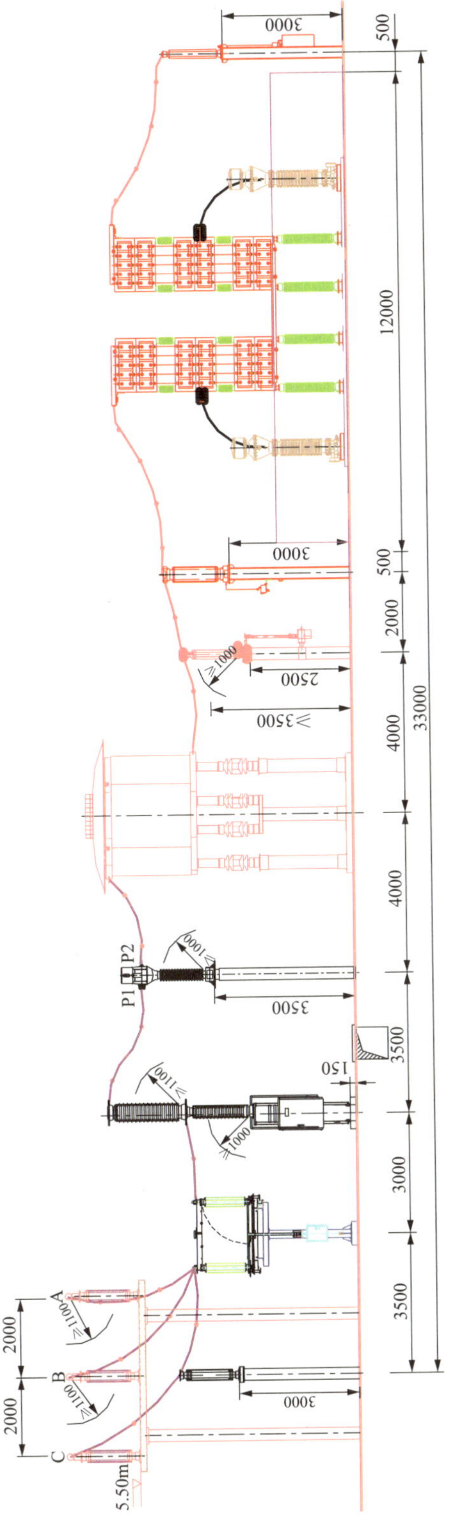

图 5-32　110kV 电容器组断面图（方案一）

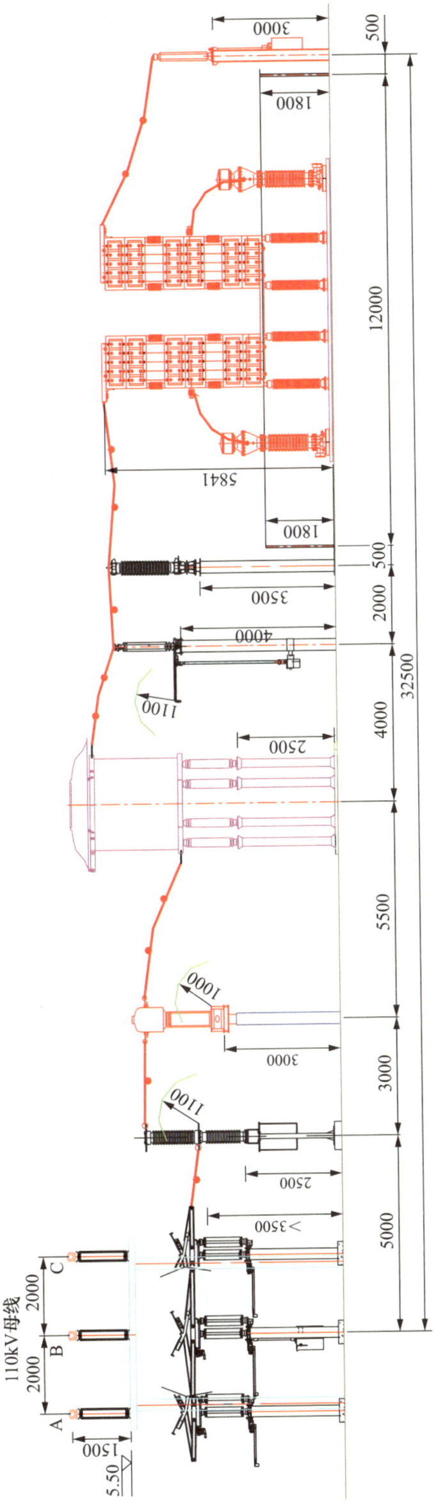

图 5-33　110kV 电容器组断面图（方案二）

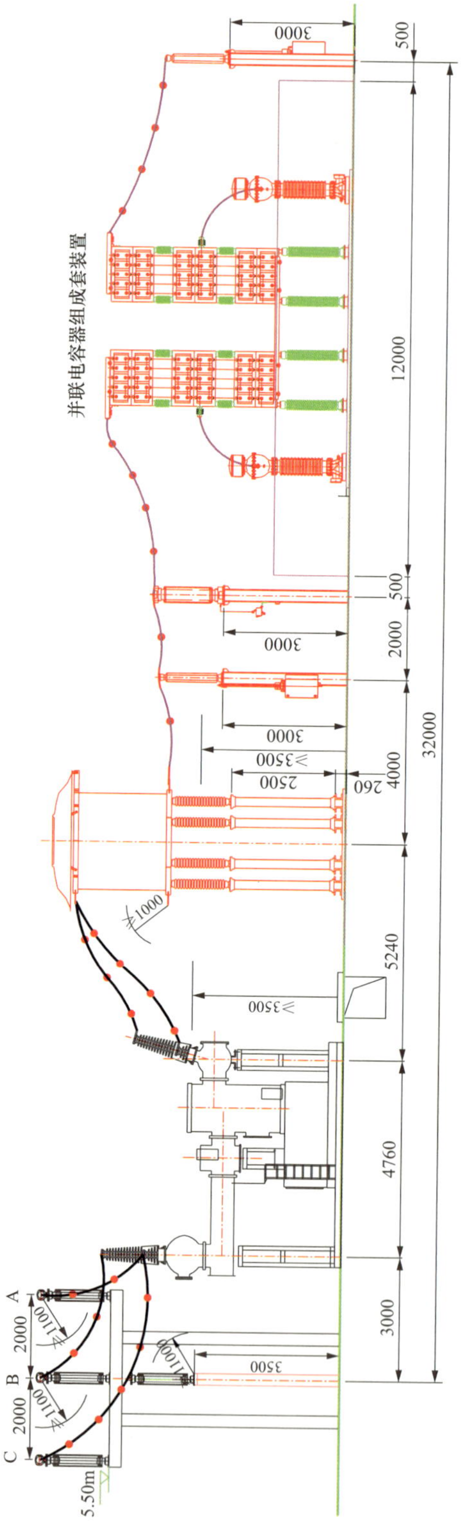

图 5-34　110kV 电容器组断面图（方案三）

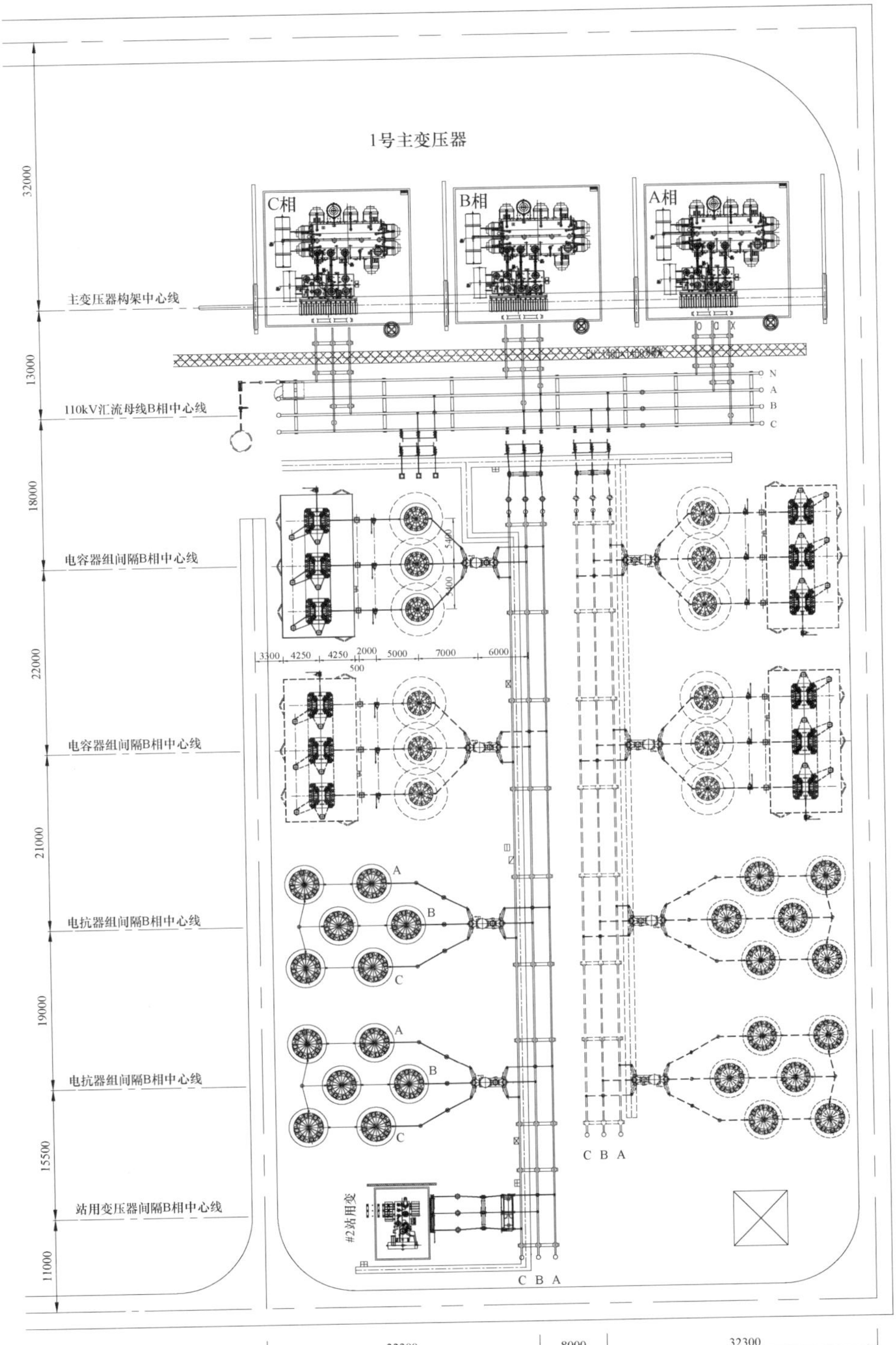

图 5－35 110kV 单塔电容器布置图

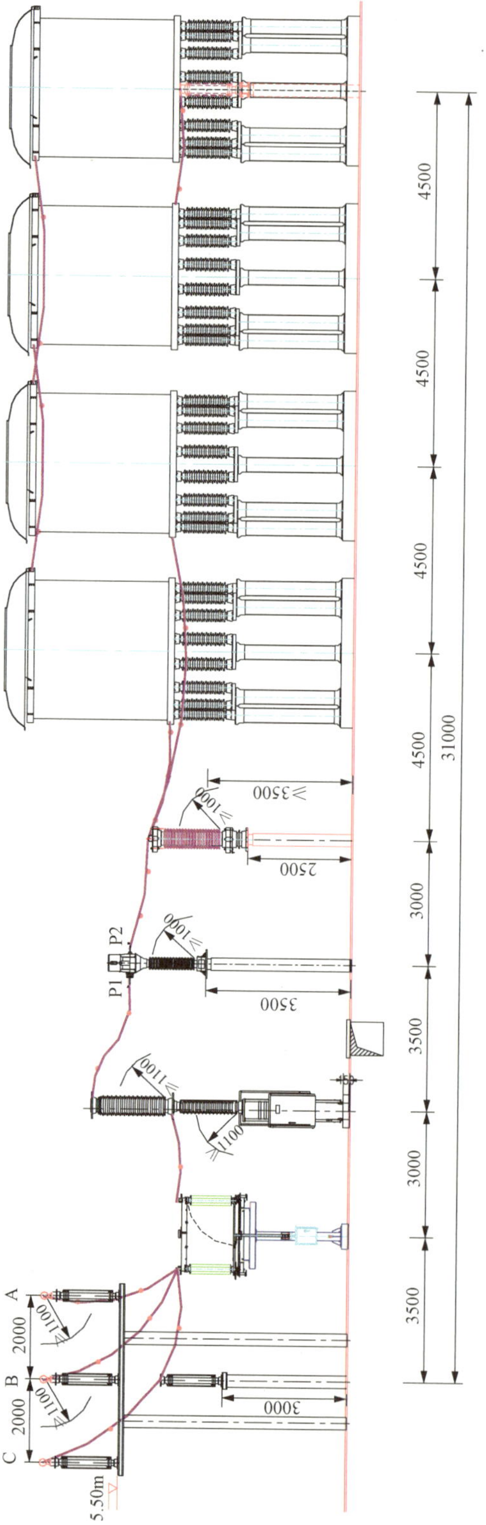

图 5 - 36　110kV 电抗器组断面图（方案一）

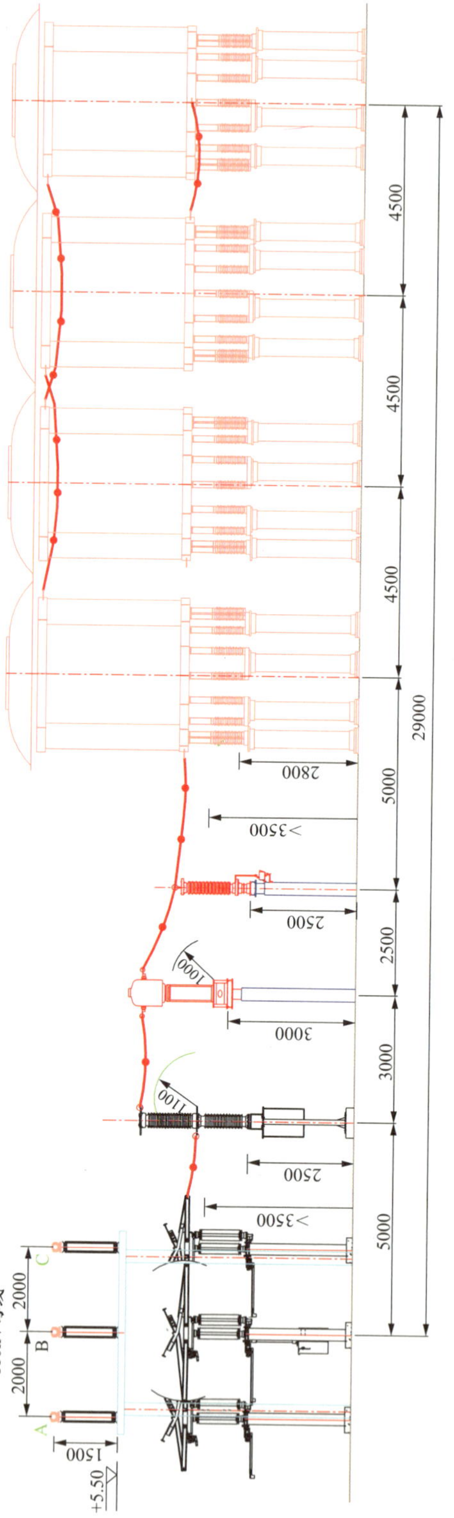

图 5 - 37　110kV 电抗器组断面图（方案二）

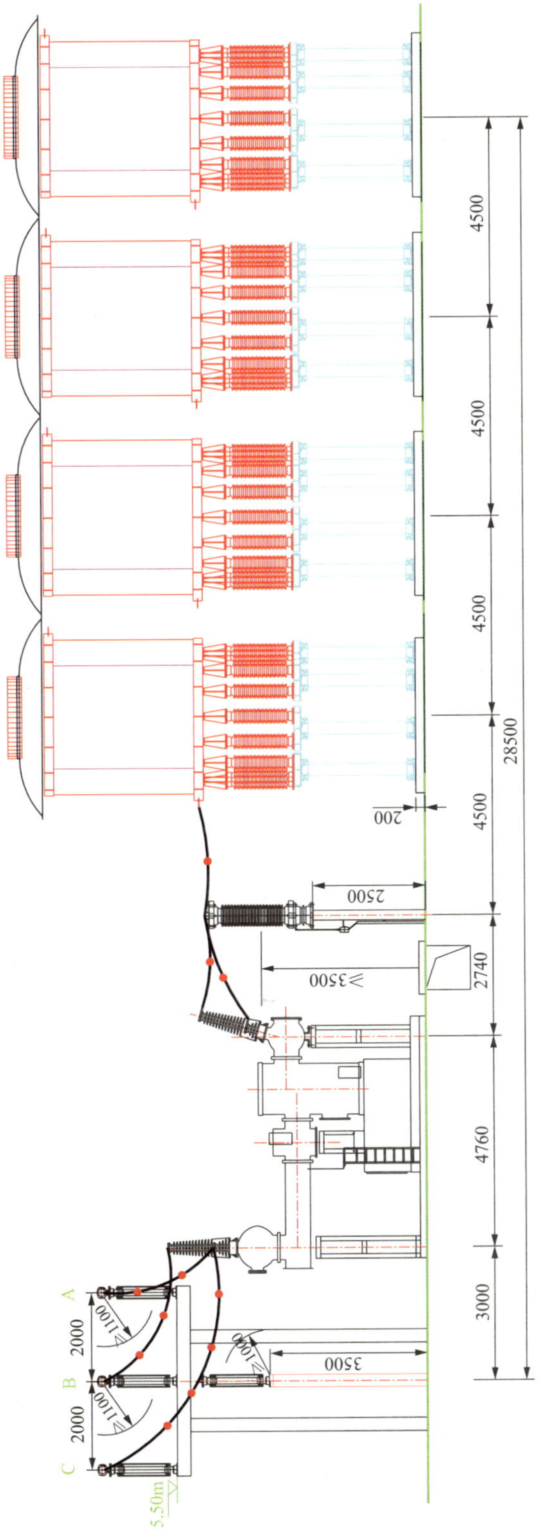

图 5－38　110kV 电抗器组断面图（方案三）

在高地震烈度区，110kV 并联电抗器采用低位布置方案，设围栅，围栅采用不导磁材质。

4. 主变压器低压侧配电装置方案

110kV 配电装置采用户外中型布置。一般采用支持式管型母线，主变压器汇流母线相间距为 2.0m，母线构架高度为 5.5m；110kV 配电装置母线相间距为 2m，母线构架高度为 5.5m。

1000kV 主变压器 110kV 侧一般采用双分支进线回路。为与其他电压等级配电装置区域相匹配，按照主变压器低压侧 110kV 汇流母线与分支母线的相对布置方式，110kV 配电装置可采用“一”字型“非”字型布置方案，见图 5-39、图 5-40。

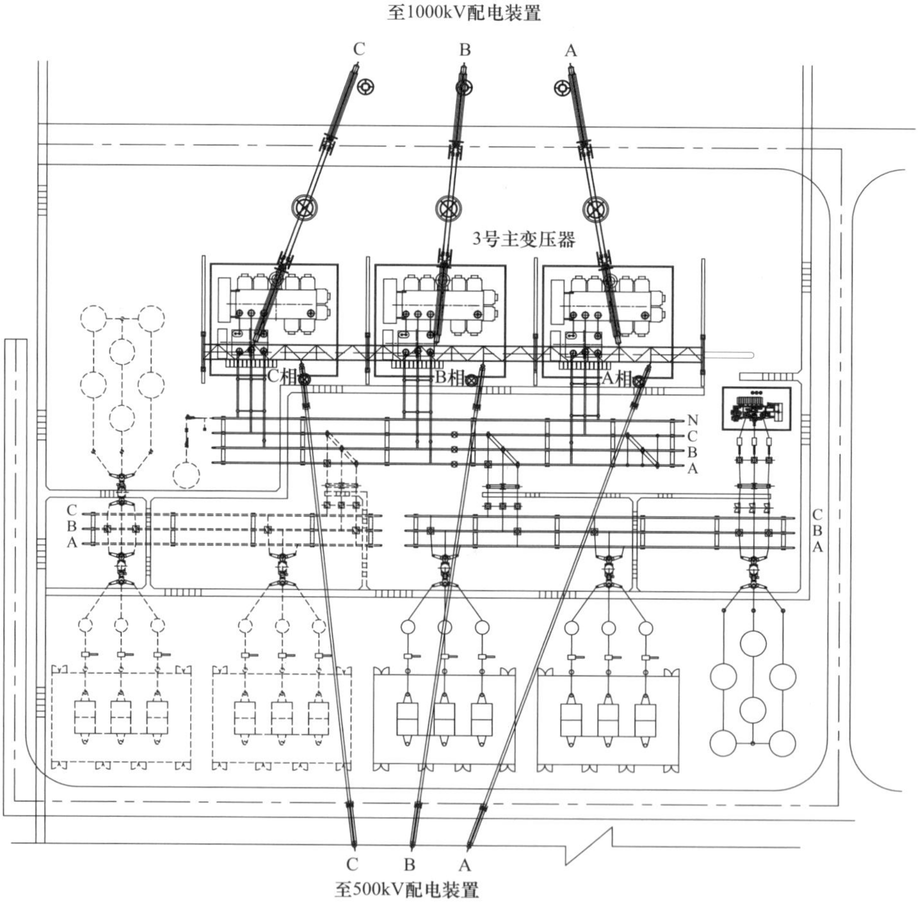

图 5-39　110kV 配电装置平面布置图（双分支“一”字型）

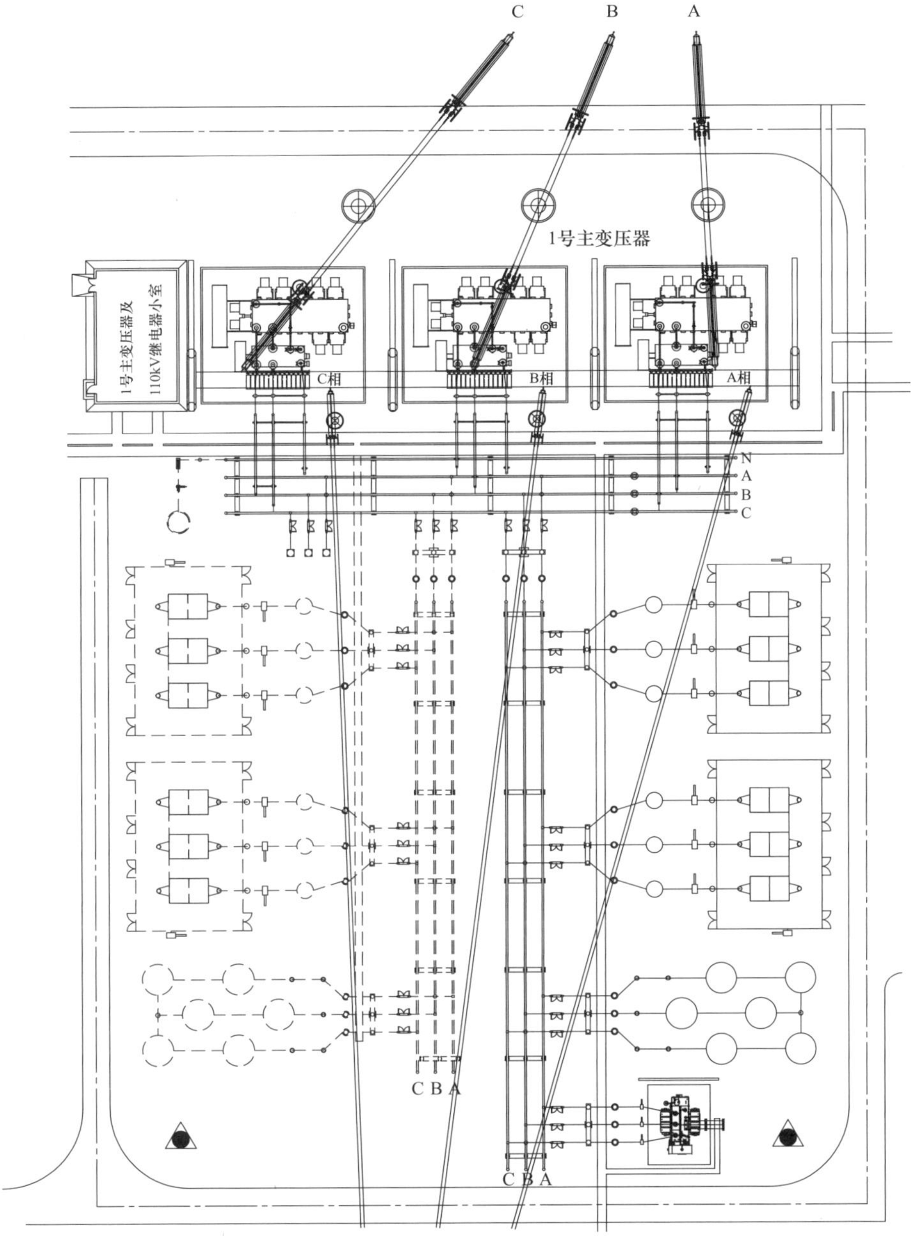

图 5-40　110kV 配电装置平面布置图（双分支“非”字型）

5. 110kV 悬吊式管型母线布置方案

对于高地震烈度地区，通过技术经济比较，110kV 配电装置也可采用悬吊式管型母线。潍坊变电站的 50 年超越概率为 2%的动峰值加速度为 0.486g，工程设计中采用了悬吊式管型母线，同时，低压并联电抗器、电容器组串联电抗器采用低位布置方案并加装不导磁材质围栅。见图 5-41～图 5-44。

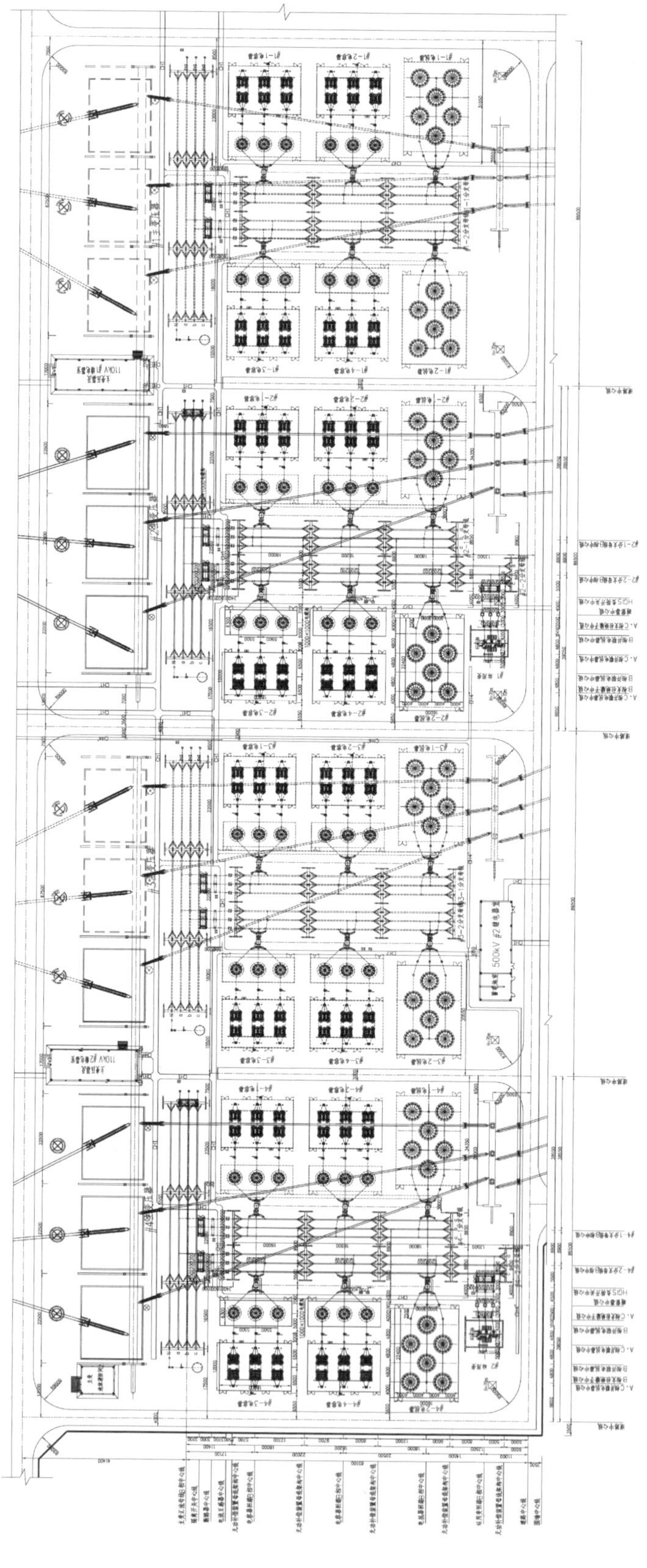

扫码查看高清图

图5-41 潍坊变电站110kV配电装置平面布置图

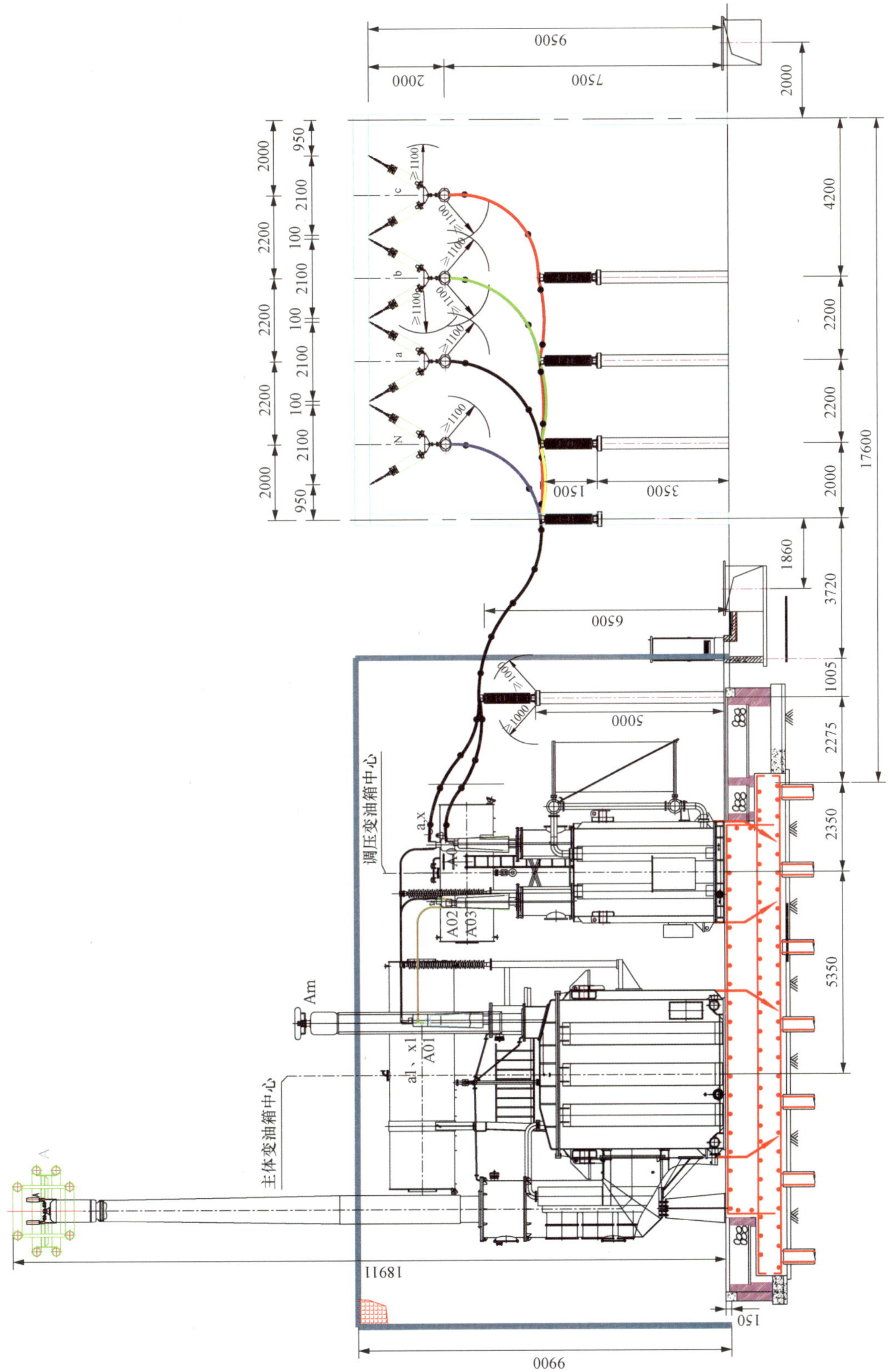

图 5 - 42　潍坊变电站主变压器低压侧断面

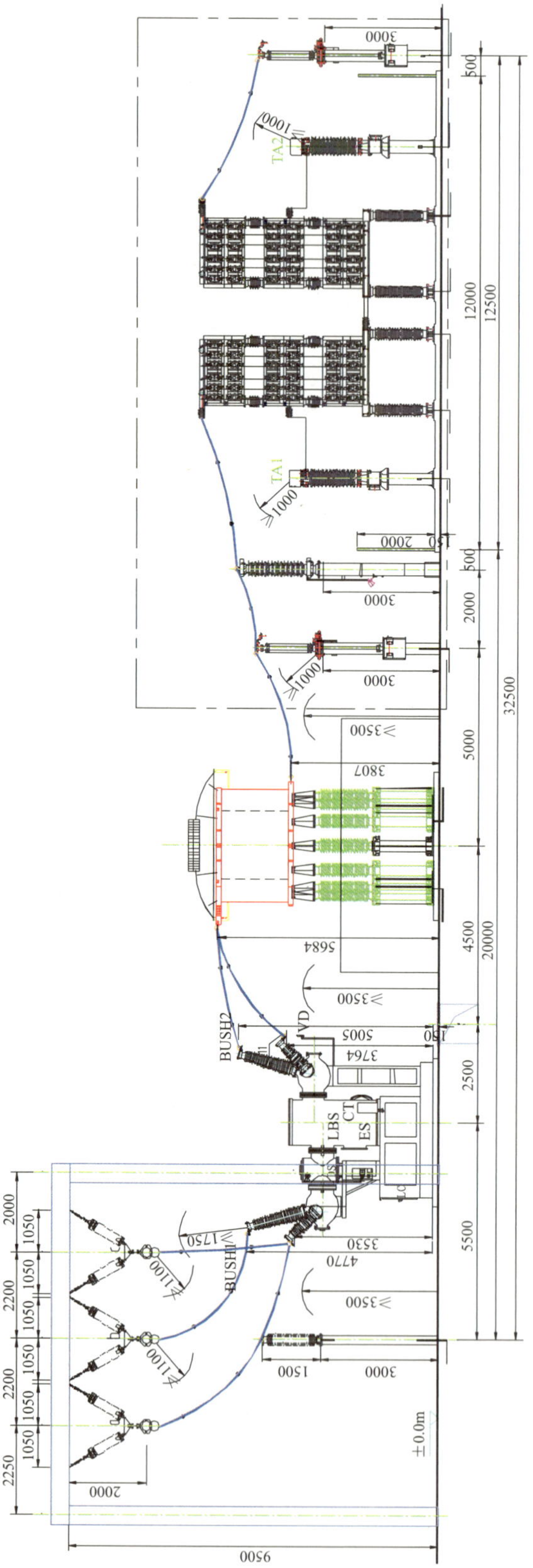

图 5－43　110kV 并联电容器组间隔断面图

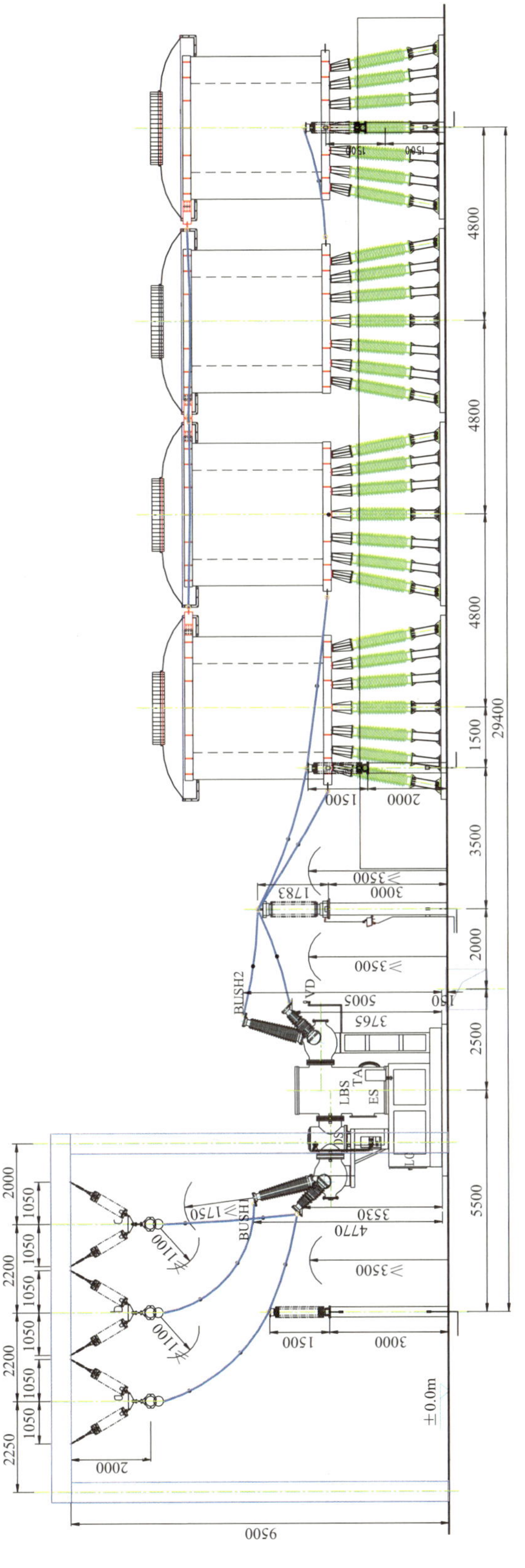

图 5-44　110kV 并联电抗器间隔断面图

第五节　1000kV 串联补偿装置布置

一、串补装置平台布置

（一）1000kV 串补装置布置原则

相对于 500kV 和 750kV 串补装置，1000kV 串补装置容量更大、电压更高、设备均压环及导体表面电场强度更大，因此过电压及电晕控制等问题更加突出。同时，设备安装高度及设备重心更高，抗震性能有所降低。因此，1000kV 串补装置布置在满足电气性能和机械特性要求的前提下，应尽可能地降低对环境的影响，提高抗震性能。

1000kV 串补装置布置的主要原则为：

（1）压缩占地；

（2）降低电晕、无线电干扰及可听噪声等环境影响；

（3）减小静电感应的影响；

（4）结构简单、布置清晰，便于主要设备与线路之间及各设备间的连接，简化连接金具的形式；

（5）提高抗震性能，满足地震烈度的要求；

（6）具有良好的运输条件，方便运行和检修。

（二）1000kV 串补装置平台组成及布置

1000kV 串补装置最早应用于试验示范工程扩建工程，即在长Ⅰ南线及南Ⅰ荆线上分别装设 1 组 1000kV 固定串补装置，串补度 40%。其中，长南Ⅰ线串补装置分别布置在晋东南变电站和南阳变电站，每站串补度均为 20%；南荆Ⅰ线串补装置集中布置在南阳变电站。

1000kV 串补装置主要技术参数如表 5－14 所示。

表 5－14　　1000kV 串补装置基本技术参数

项目	长南Ⅰ线 长治侧串补装置	长南Ⅰ线 南阳侧串补装置	南荆Ⅰ线 南阳侧串补装置
串补度（%）	20	20	20×2
电容器额定容抗（Ω）	19.38	19.38	14.77×2
电容器额定电流（A）	5080	5080	5080
电容器额定电压（kV）	98.4	98.4	75.0×2
三相额定容量（Mvar）	1500	1500	1144×2
MOV 容量（MJ/相）	≥83	≥83	≥70
过电压保护水平（标幺值）	2.3	2.3	2.3

1000kV串补装置设备主要包括串补装置平台及设备、旁路开关、旁路隔离开关、串联隔离开关、氧化锌避雷器（MOA）、电容式电压互感器（CVT）和支柱绝缘子。

1000kV串补装置平台上的设备主要包括串联电容器组、MOV、限流阻尼装置和火花间隙。1500Mvar的串补装置采用单相单平台结构，2287Mvar的串补装置采用单相双平台串联结构。串补电容器单元采用H桥接线方式，每个H桥分别安装一台不平衡电流互感器；金属氧化物变阻器（MOV）根据不同厂家设计，采用双排单层或者单排单层的布置形式；火花间隙采用双间隙＋单间隙单侧布置；阻尼回路采用单层双阻尼电抗器加阻尼电阻结构布置。串补装置平台上的设备对地绝缘水平与线路绝缘水平相同，设备相互间绝缘水平要求较低，因此将其安装在同一平台上，由1000kV支柱绝缘子支撑，与地面绝缘。单相串补装置平台设计尺寸为27.0m（长）×12.5m（宽），串补装置平台基础高度为1.2m，支柱绝缘子高度约为10.0m，安装后平台上平面对地高约12.5m，平台上设备最高点对地约20m，装置出线高度约为16m。

单相串补装置平台平、断面图分别见图5-45和图5-46。

由于旁路开关和旁路隔离开关体积、质量较大，直接安装在平台外部设备支架上，与平台上电气设备采用管型母线或软导线连接。

串补装置平台的尺寸主要是由串补装置设备的型式、串补装置的容量、MOV的容量以及串补装置中主要设备元件的配置和布置决定的。串补装置平台的尺寸与串补装置的额定容量和MOV的额定容量密切相关，容量大则串补装置平台的尺寸较大。但随着容量的增大，一般是平台长度增加、宽度变化不大。不同生产厂家、不同主要设备元件的外形尺寸，不同主要设备元件的配置，都会直接影响串补装置平台的外形尺寸，其中电容器组的不同规格对平台尺寸影响最大。

二、串补装置引接方式

（一）串补装置平台引接方式

近年来，国内外相继有220、330、500、750、1000kV电压等级的串联补偿装置投入运行。几种具有典型代表性的串补站平面布置及其引接方式见图5-47～图5-49。

串补装置平台的引接方式分类如下：

（1）按线路引接到串补装置平台的方式，可分为以下两种：

1）门型构架引接方式。此方式中，串补配电装置区内采用门型构架改接线路破口后，将线路跨接至串补配电装置区设置的门型架，串补装置利用门型架引接。采用此方式的串补站有浑源串补站、承德串补站、沽源串补站、河池串补站、百色串补站等。

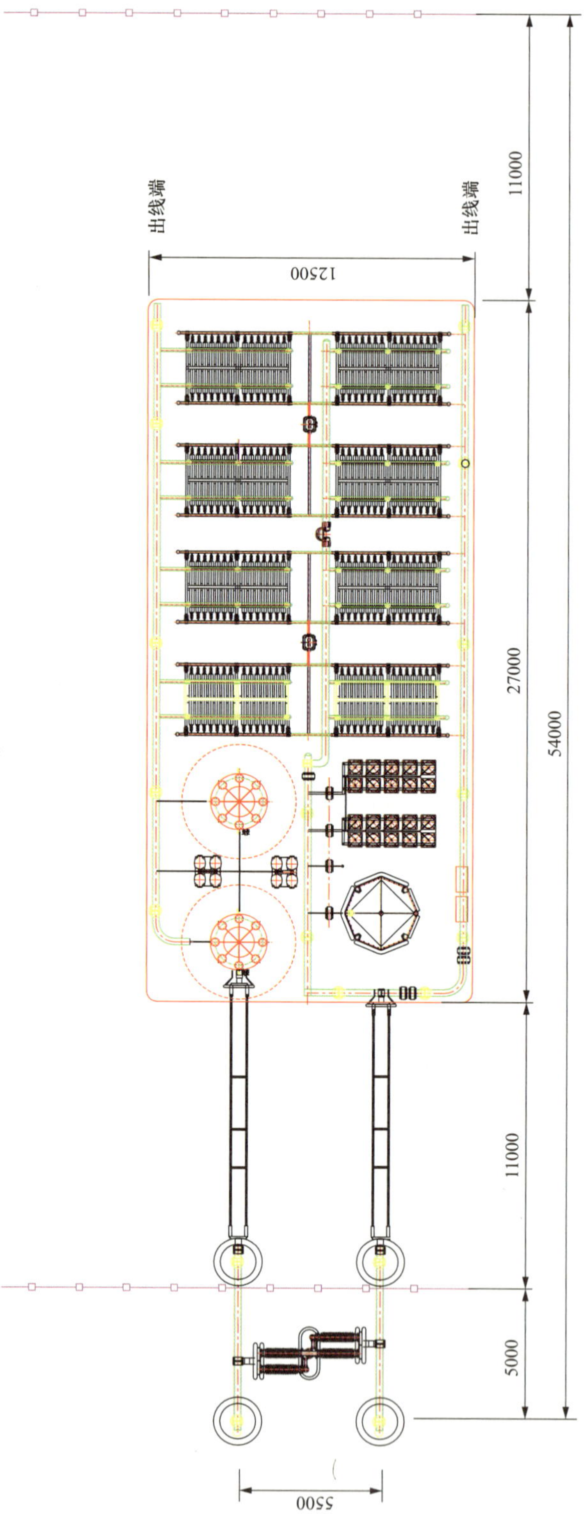

图5－45　1000kV 单相串补装置平台平面图

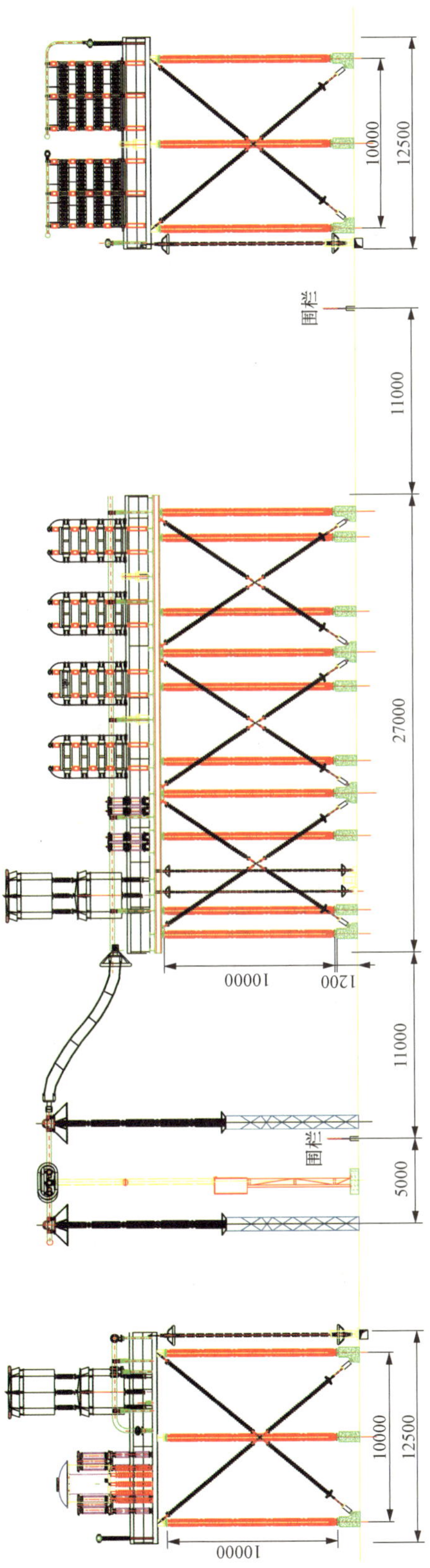

图 5-46　1000kV 单相串补装置平台断面图

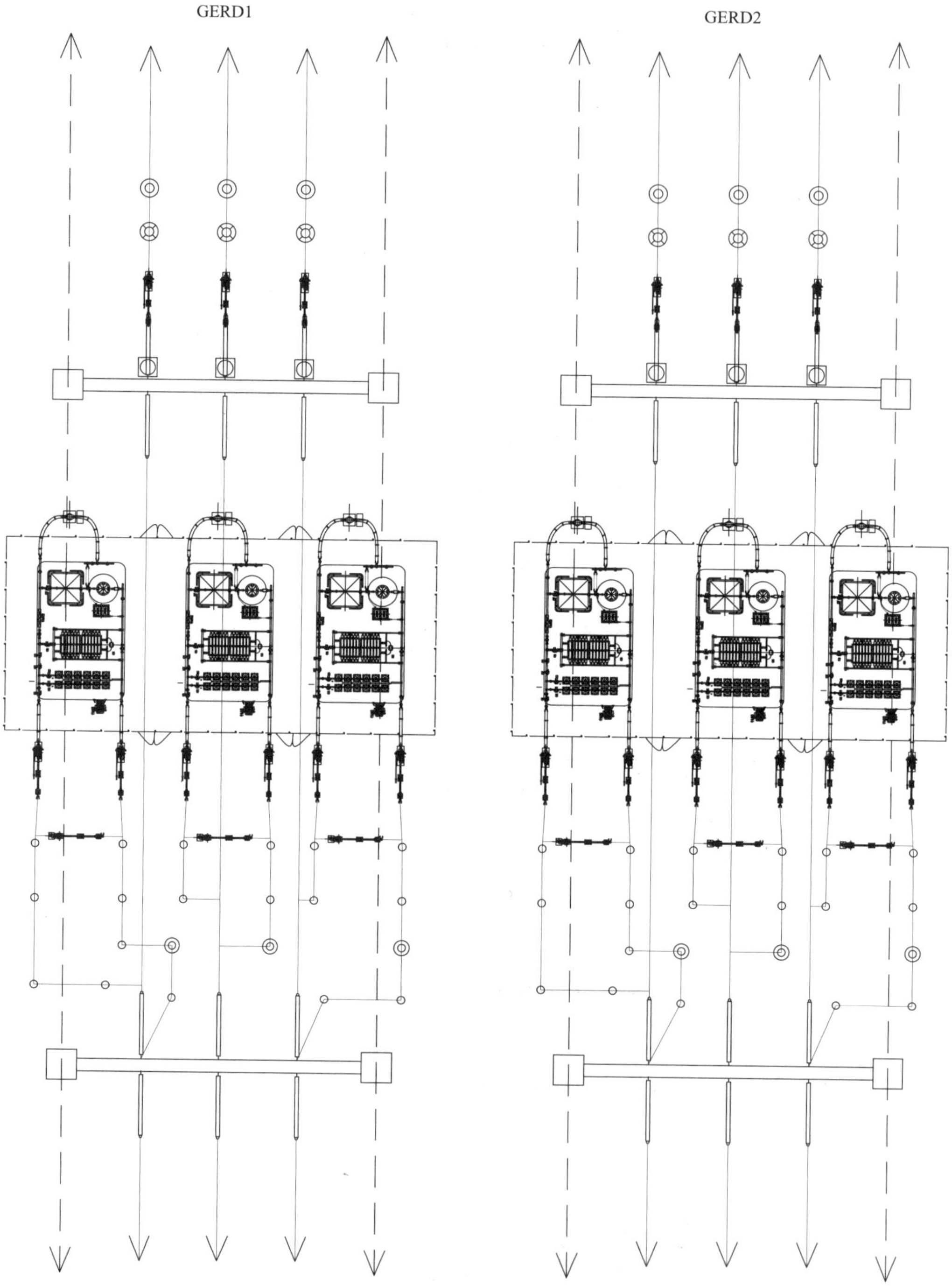

图 5-47　国外某 500kV 串补装置平面布置图

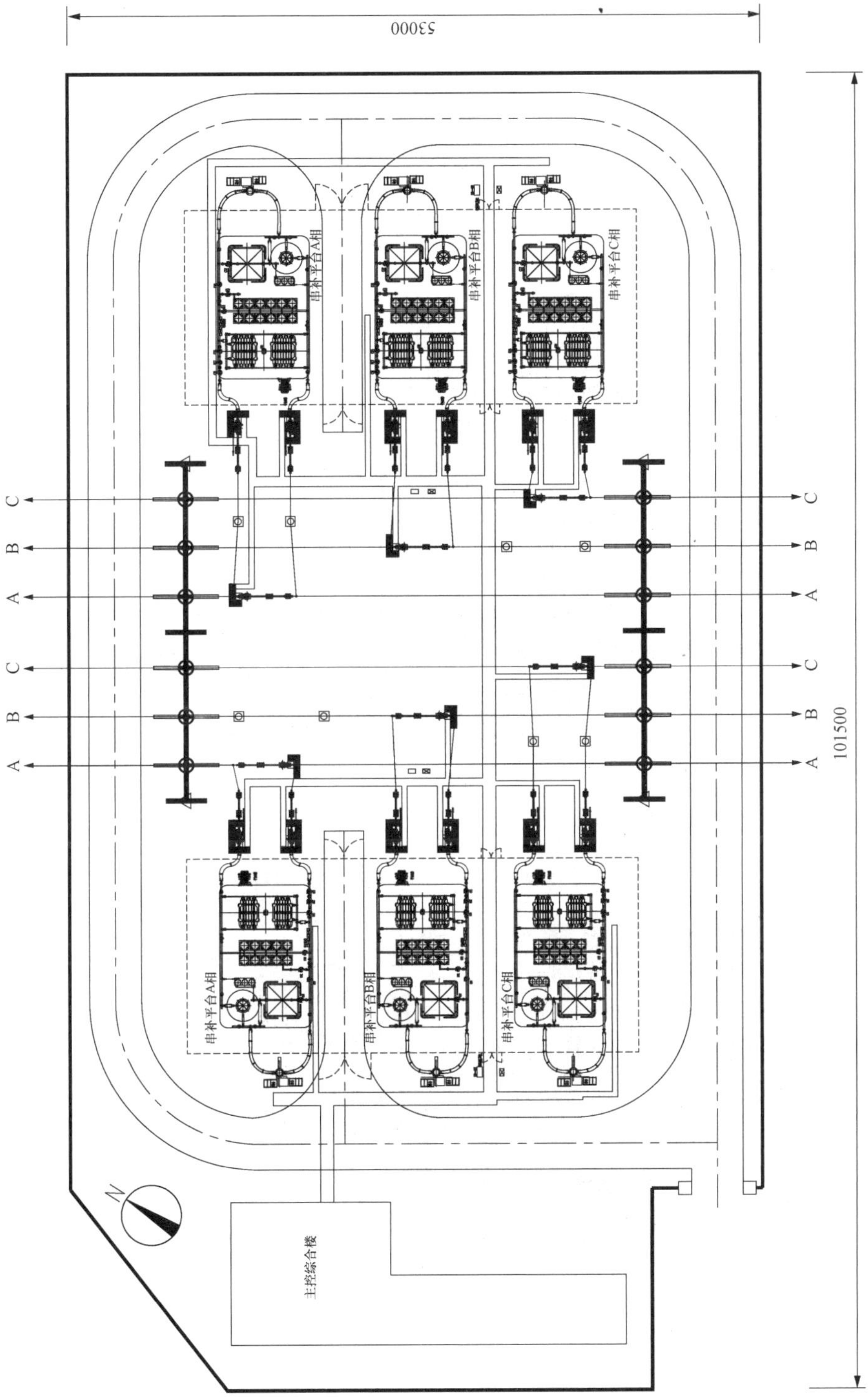

图 5-48　国内某 220kV 串补装置平面布置图

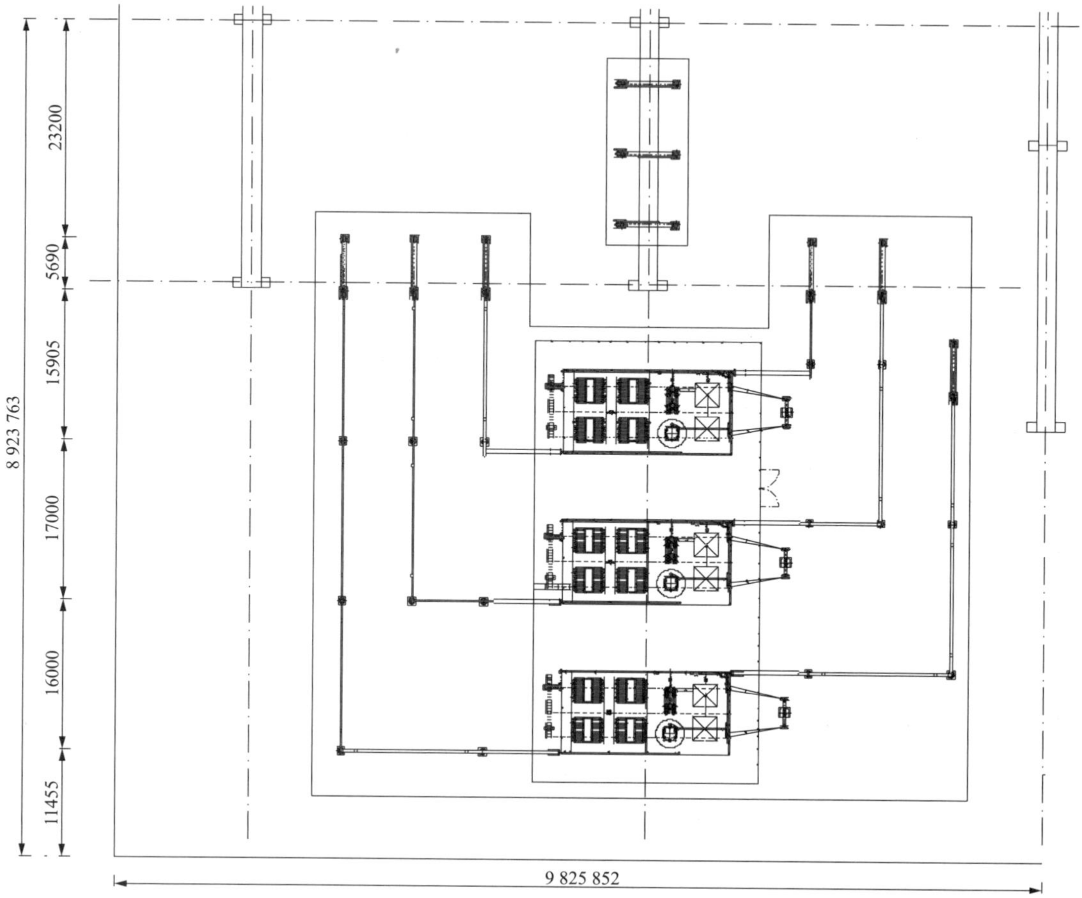

图 5-49　国内某 500kV 串补装置平面布置图

2）单相单柱式线路塔引接方式。此方式中，站区内采用单相塔改接线路，即将线路引接至为串补装置设立的单相塔（每相设置一级塔），并从塔处将线路用导线直接引下。采用此方式的串补站有平果可控串补站、奉节串补站等。

（2）按串补装置平台布置与加装串补装置的线路相对关系，可分为以下三种：

1）串补装置平台垂直于线路、在线旁布置。采用此方式的串补站有浑源串补站、承德串补站、沽源串补站、奉节串补站等。

2）串补装置平台平行于线路、在线旁布置。采用此方式的串补站有大房串补站、河池串补站等。

3）串补装置平台在线路下方布置。采用此方式的串补站有百色串补站备选方案、酒泉串补站、国外某些 500kV 串补站等。

（二）1000kV 串补装置平台引接方式

结合现有国内外 500、750kV 串补站布置及引接经验，在 1000kV 串补装置平台的布置及引接方案研究过程中，提出了以下六种串补装置平台布置方式及引接方案。

方案一：门型构架引接，串补装置平台垂直于线路、在线旁布置；

方案二：门型构架引接，串补装置平台平行于线路、在线下布置；

方案三：门型构架引接，串补装置平台平行于线路、在线下布置，旁路隔离开关倒装；

方案四：线路塔引接，采用单相单柱线路塔引接，串补装置平台垂直于线路、在线旁布置；

方案五：线路塔引接，采用单相单柱线路塔引接，串补装置平台平行于线路、在线间布置；

方案六：线路塔引接，采用三相式铁塔引接，串补装置平台平行于线路、在线旁布置。

对六种方案的特点及其对 1000kV 串补装置的适应性进行分析如下。

1. 方案一：串补装置平台垂直于线路、在线旁布置

此方案中，旁路隔离开关沿出线方向布置在线路下方，串补装置平台垂直于线路、在线旁布置。串补装置一端引自上层跨线，另一端通过支柱绝缘子接至另一段跨线。为节省支柱绝缘子，在跳线处引接。旁路隔离开关分别与两侧的导体连接，经过支柱绝缘子、串联隔离开关等引接到串补装置平台。避雷器、电压互感器和支柱绝缘子等辅助设备布置在构架及跨线下方。

对于单相单平台串补装置，可设置二级门型构架，三相串补装置从同一跨线路引接，如图 5－50（a）所示；对于单相双平台串补装置，为缩短跨距、降低导线拉力，可设置三级门型构架，三相串补装置分别从不同跨线路引接，如图 5－50（b）所示。

2. 方案二：串补装置平台平行于线路、在线下布置

此方案中，1000kV 串补配电装置区内采用门型构架改接线路破口后，将线路跨接至串补配电装置区设置的门型架，将双接地的旁路隔离开关横置，其一端的端子与上跨线相连，另一端与另两个旁路隔离开关直接相连，与门型架间的上层跨线形成线路的旁路通道，并通过出线构架将线路隔开，串补装置平台及隔离开关直接布置在线路下方，避雷器布置在出线构架处，如图 5－51 所示。

由图 5－51 可以看出，串补围栏按三相平台布置，充分利用了线路下方空间布置串补装置，因此电气设备布置非常紧凑。在所有布置方案中，此方案最为节省占地，但由于串补装置平台正上方有架空导线，制约了平台串补设备检修的灵活性，即当上层导线带电时，不宜对平台进行维护检修。

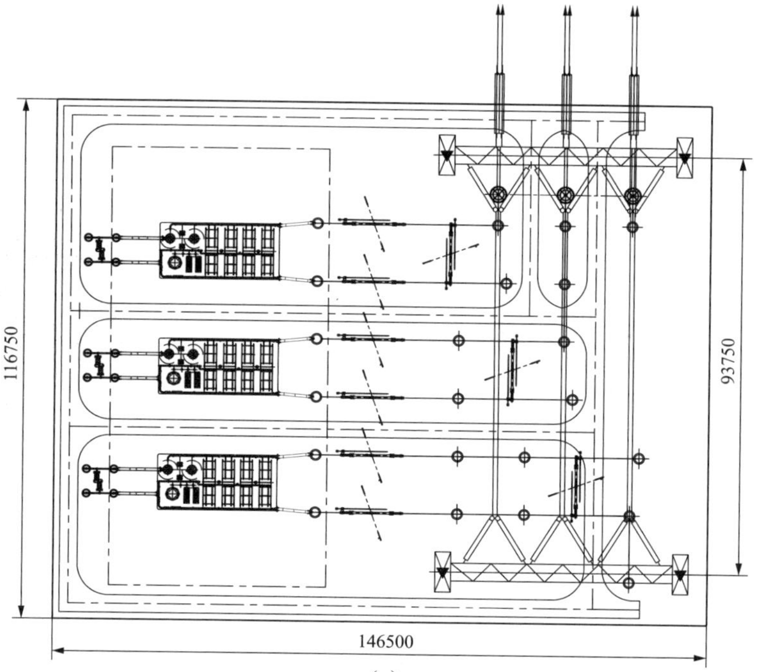

（a）

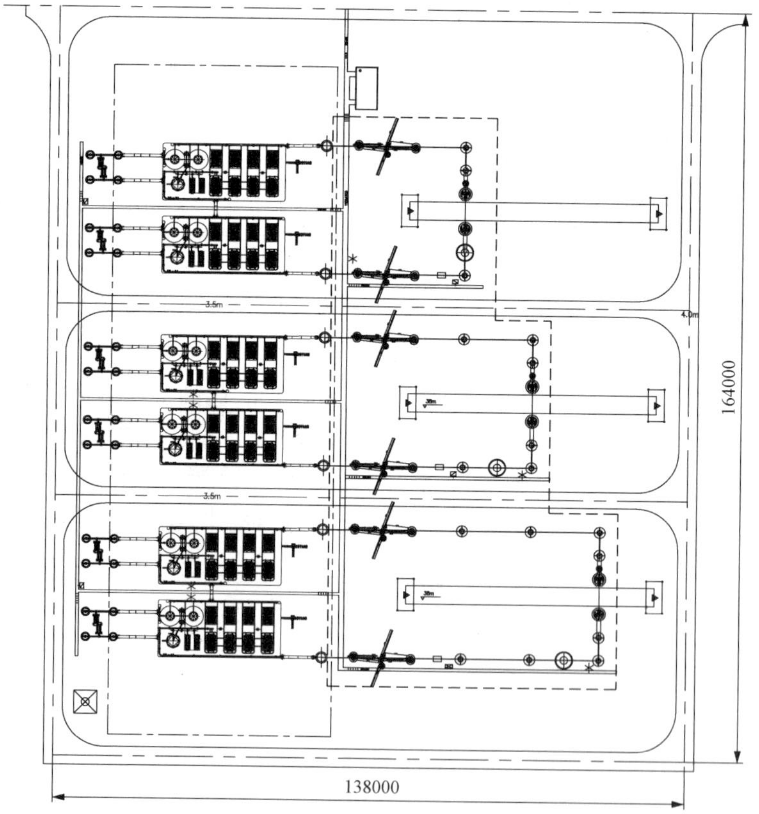

（b）

图 5－50　门型构架引接方案一布置示意图

（a）单相单平台串补装置；（b）单相双平台串补装置

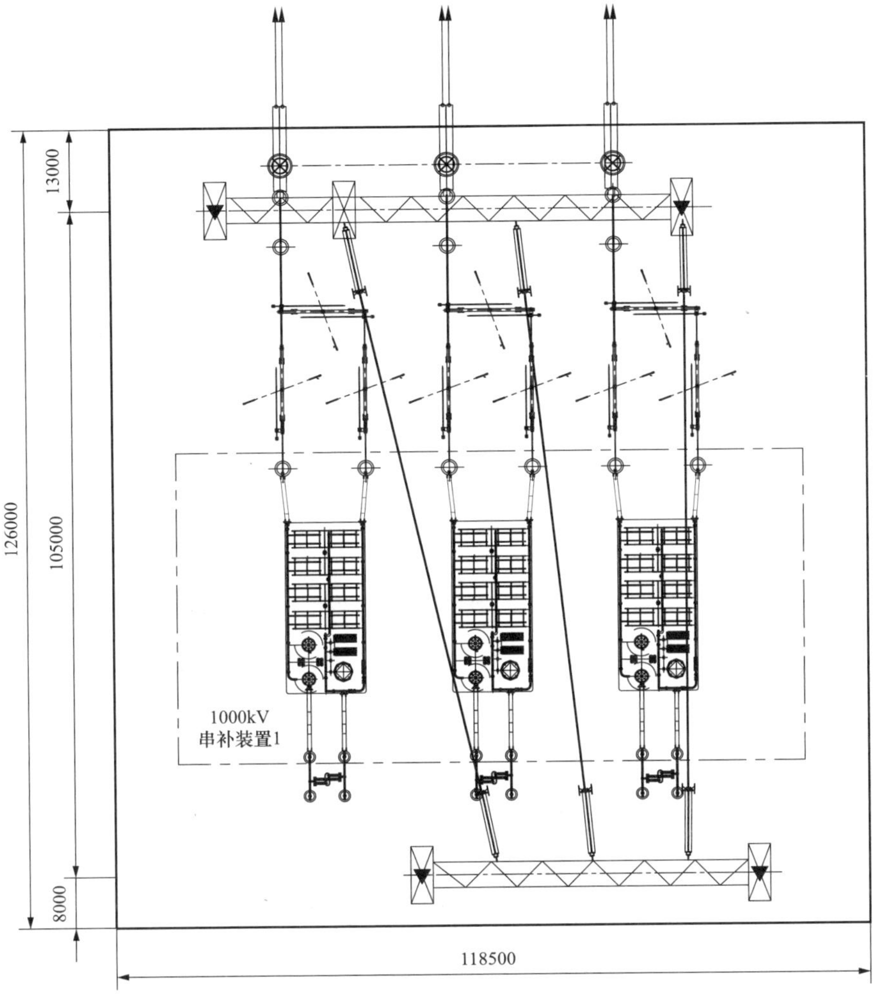

图 5 - 51　门型构架引接方案二布置示意图

3. 方案三：串补平台平行于线路、在线下布置，旁路隔离开关倒装

参考 500kV 串补配电装置线下布置方案，站区内采用门型构架改接线路，线路破口后，将线路引接至串补站内设置的门型架，将旁路隔离开关倒装在一侧门型架上，与门型架间的上层跨线形成线路的旁路通道，串补装置及平台隔离开关直接布置在线路下方，避雷器布置在线路两侧，如图 5 - 52 所示。

由图 5 - 52 可以看出，旁路隔离开关悬挂于门型架下，因而电气布置紧凑，但考虑到特高压旁路隔离开关的外形、质量及操作电动力均较大，不适合采用旁路隔离开关倒装的安装方式。

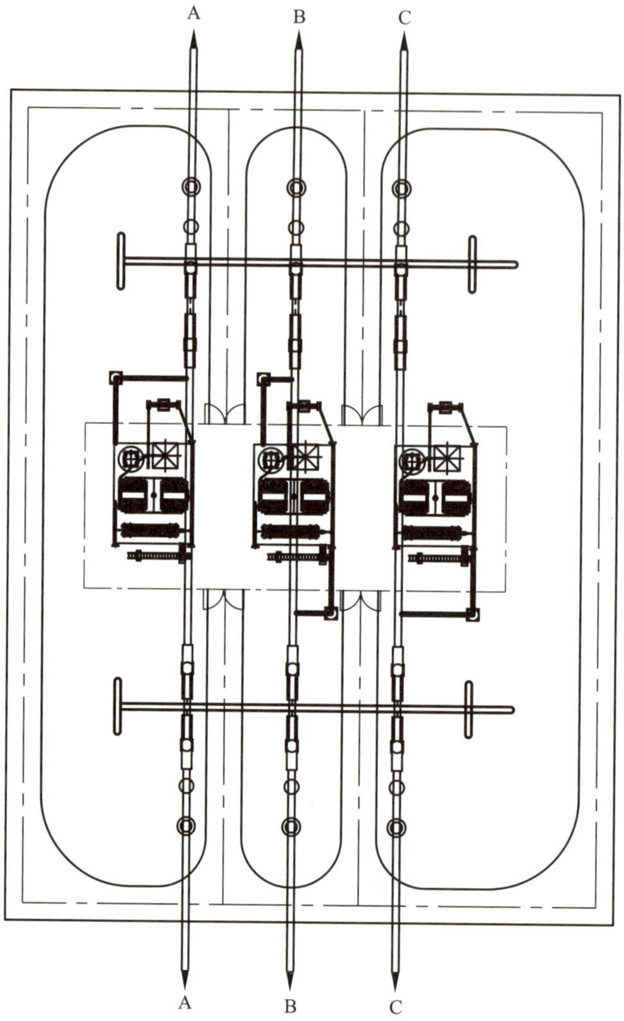

图 5－52　门型构架引接方案三布置示意图

4．方案四：采用单相单柱线路塔引接，串补装置平台垂直于线路、在线旁布置

此方案中，站区内采用单相塔改接线路，即将线路引接至为串补装置设立的单相塔（每相设置一级塔），并从塔处将线路用导线直接引下，通过避雷器、支柱绝缘子、旁路隔离开关等引接到串补装置。串补装置平台及配电装置按相布置，其他辅助设备（如避雷器、旁路隔离开关）布置在单相塔周围。电气设备布置较为集中，节约占地，省去了大量引线用支柱绝缘子。

对于1000kV单相单平台串补装置，单平台宽度为12.5m，为满足平台进、出线导体对线路塔的安全距离（A_1=7.5m），需增加进、出线导体间的距离，从而使配电装置区的纵向长度增加，增大占地面积，如图5-53（a）所示。

对于1000kV单相双平台串补装置，双平台宽度为28.5m，可满足平台进、出线导体对线路塔的安全距离，不增加占地面积，如图5-53（b）所示。此方案为减小出线跨距，控制导线拉力，A、C相需采用二级塔，同时在1、2号塔处实现导线跳线较为困难，塔结构复杂，且塔材量大幅增加。

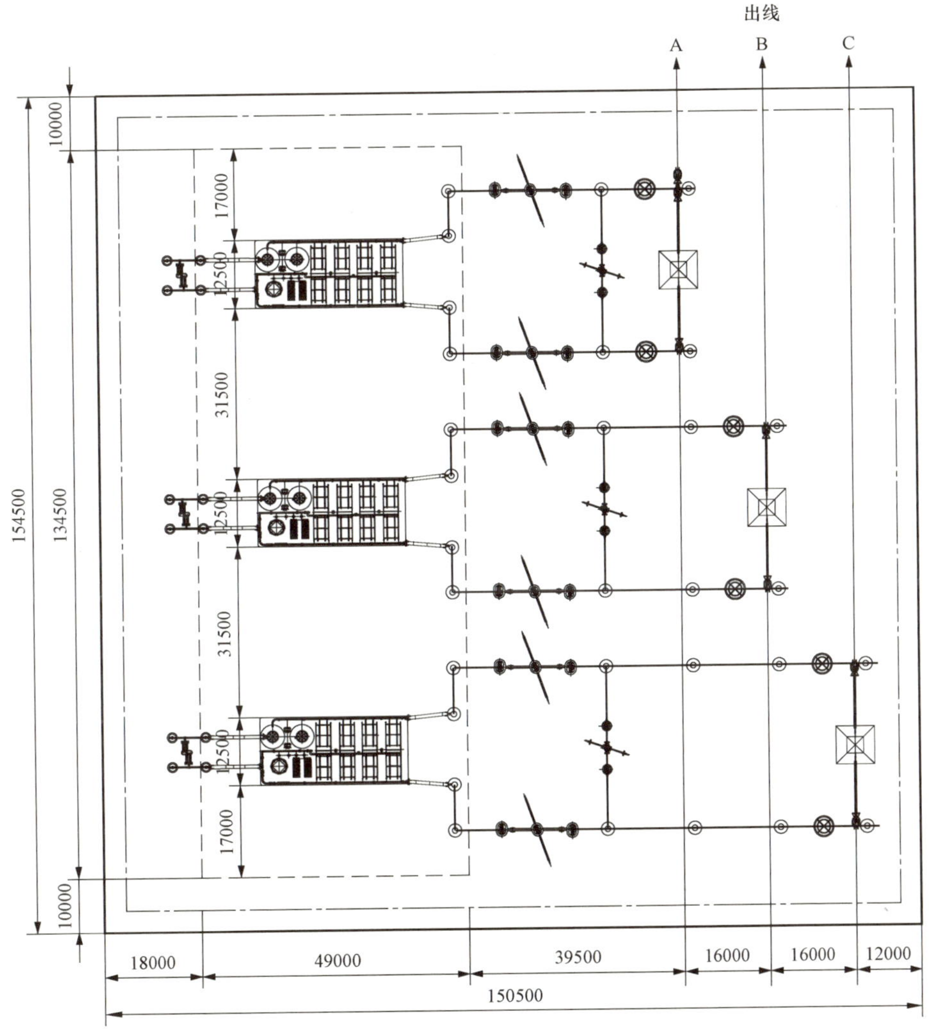

（a）

图5-53　线路塔引接方案四布置示意图（一）

（a）单相单平台串补装置

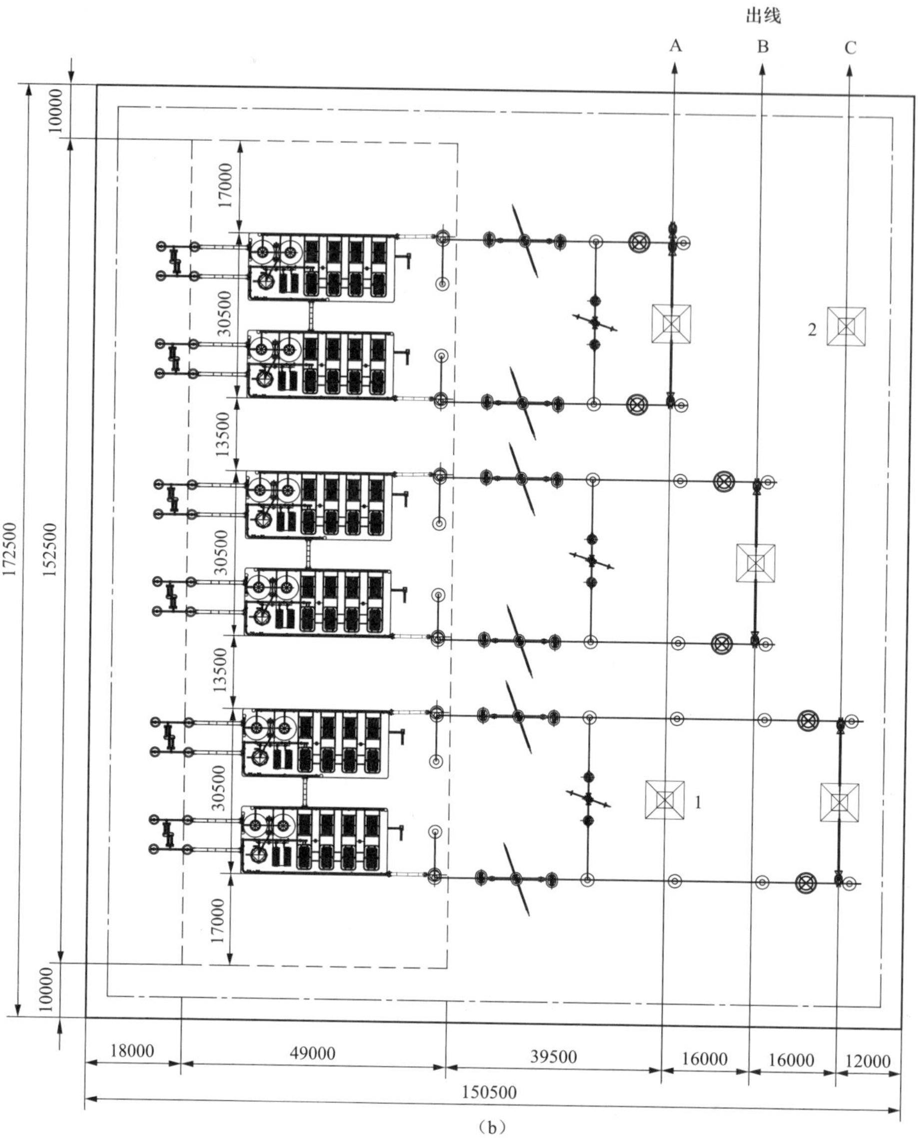

（b）

图 5-53　线路塔引接方案四布置示意图（二）

（b）单相双平台串补装置

5. 方案五：采用单相单柱线路塔引接，串补装置平台平行于线路、在线间布置

此方案中，站区内采用单相塔改接线路，即将线路引接至为串补装置设立的单相塔，串补装置平台在跨线相间、平行于线路布置，在站内从线路用导线直接引下，通过避雷器、支柱绝缘子、进线隔离开关等引接到串补装置平台。旁路隔离开关布置于线下，用合成绝缘子将两级单相塔之间的导线隔离，并从合成绝缘子串两侧分别向旁路隔离开关端子引线。

此方案的特点是，串补装置的设备布置紧凑、整齐，大大节省了支柱绝缘子，但平台和线路导线布置较密，安装时不便于起吊平台，也不便于检修，并且由于每相串补装置平台分别设置围栏，导致线路相间距要达到 55m 才能满足串补装置布置要求，串补配电装置区横向尺寸很大，如图 5－54 所示。此方案中，每回线的串补配电装置占地约为 72m×183m（平行线路方向×垂直线路方向）。

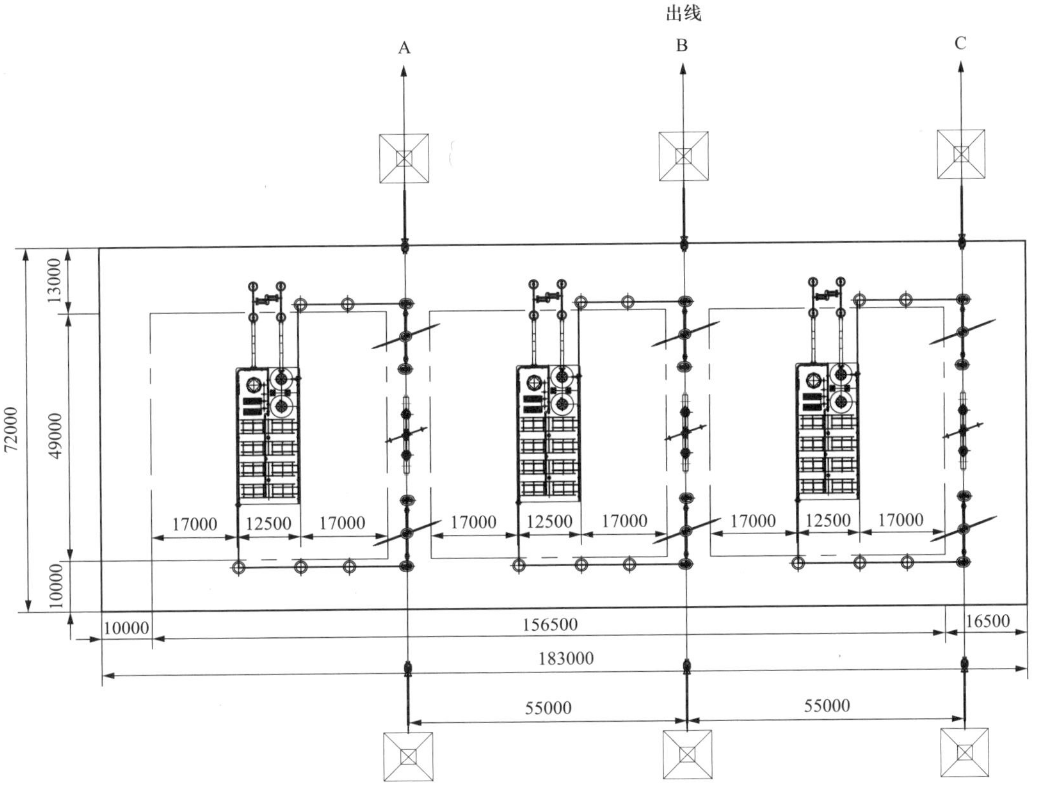

图 5－54　线路塔引接方案五布置示意图

受 1000kV 合成绝缘子及金具研发的影响，此方案还需进一步论证才能实现。最优方式是研发出双侧均能引线的合成绝缘子，串长 12～14m。国内 500kV 串补站曾采用过合成绝缘子方案，但在 1000kV 线路中串接合成绝缘子尚须进一步论证。

6. 方案六：采用三相式铁塔引接，串补装置平台平行于线路、在线旁布置

此方案中，站区内采用 1 基三相式铁塔改接线路，并用导线通过支柱绝缘子、旁路隔离开关等引接到串补装置平台。串补装置平台按三相设置平台围栏，每套串补装置的其他辅助设备（如避雷器、平台隔离开关、旁路隔离开关等）布置在三相式铁塔和各相平台之间。

此方案的特点是：设备布置清晰，与接线方式对应较好，但配电装置区占地面

积较大、横向尺寸较大，区内电气设备分散，各相平台与串补装置其他设备间的连接线较长，采用的支柱绝缘子较多，设备投资大，抗震性能下降，如图5-55所示。同时，因引下线较长，需增加跨线相间距以满足安全净距的要求。

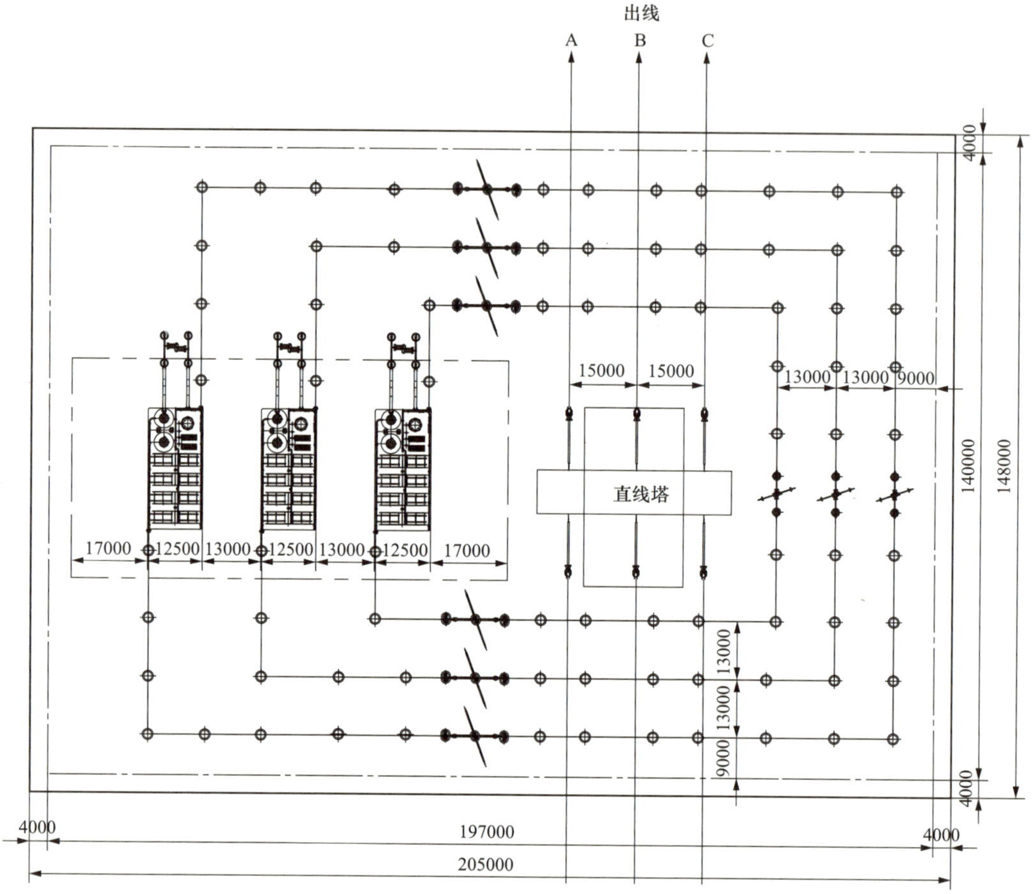

图5-55　线路塔引接方案六布置示意图

（三）1000kV串补装置平台布置和引接方式方案比较

根据对1000kV串补装置适应性的分析结果，方案一、二及方案四是1000kV串补装置布置的可选方案。这三种布置方案的技术经济比较见表5-15，其中配电装置尺寸均按照单相单平台串补装置考虑。

表5-15　**1000kV串补装置布置方案比较**

方案	门型构架引接方案一	门型构架引接方案二	线路塔引接方案四
引接方式	Π型构架	Π型构架	三相式铁塔
平台布置	垂直于线路、线旁布置	平行于线路、线下布置	垂直于线路、线旁布置
纵向长度（m，沿线路方向）	116.75	126	154.5

续表

横向宽度（m）	146.5	118.5	150.5
占地面积（m^2）	17104	14931	23252
布置特点	接线简单清晰、布置紧凑、功能分区明确，对相邻间隔出线影响较小	接线较复杂、配电装置布置集中，对相邻间隔出线影响较大	接线简单清晰、布置紧凑、功能分区明确，对相邻间隔出线影响较小
维护检修	方便，线路带电也可对平台设备进行维护检修	较不方便，线路带电时不宜对平台设备进行维护检修	方便，线路带电也可对平台设备进行维护检修
投资估计	较小	最小	较高

由表 5-15 可见，方案一占地较小、布置清晰，线路带电也可对平台设备进行维护检修，抗震性能较高；方案二占地最小，抗震性能也较高，但接线较复杂，线路带电时不宜对平台设备进行维护检修；方案四布置清晰，线路带电也可对平台设备进行维护检修，抗震性能较高，但占地最大。综合考虑布置、检修及抗震等性能，已投运的 1000kV 串补装置布置采用方案一。

实际工程中，1000kV 串补装置采用何种引接方式应根据具体工程出线走廊特点和当地地形情况，并结合串补装置设备外形尺寸确定。

三、串补配电装置布置

（一）串补配电装置设计尺寸

单相单平台串补装置的设计尺寸如图 5-56 所示。

1. 同相串补隔离开关布置间距

根据隔离开关厂家图纸资料，旁路隔离开关两侧的接线端子板间距约 13m，由图 5-56 可以看出，为方便旁路隔离开关引线，将其平行于线路布置，因此串补隔离开关间距取为 13m。

2. 不同相串补隔离开关布置间距

不同相串补隔离开关的间距主要由图 5-56 中 W_1、W_2 和 W_3 值确定。W_1 和 W_2 分别为不同相串补隔离开关静触头均压环和支柱绝缘子均压环之间的净距，此处用 A_2 值（均压环—均压环 10.1m）来校验，W_3 为不同相管型母线之间的净距，此处用 A_2 值（管型母线—管型母线净距 11.3m）来校验。根据厂家资料，隔离开关均压环直径约为 2m，支柱绝缘子均压环直径约为 2.5m，管型母线直径取为 0.25m，综合考虑，上述设备的相间距取 13m，均可满足带电距离要求。

3. 串补装置平台相间距

1000kV 串补装置平台的相间距应同时满足最小空气间隙及安装检修的要求。根

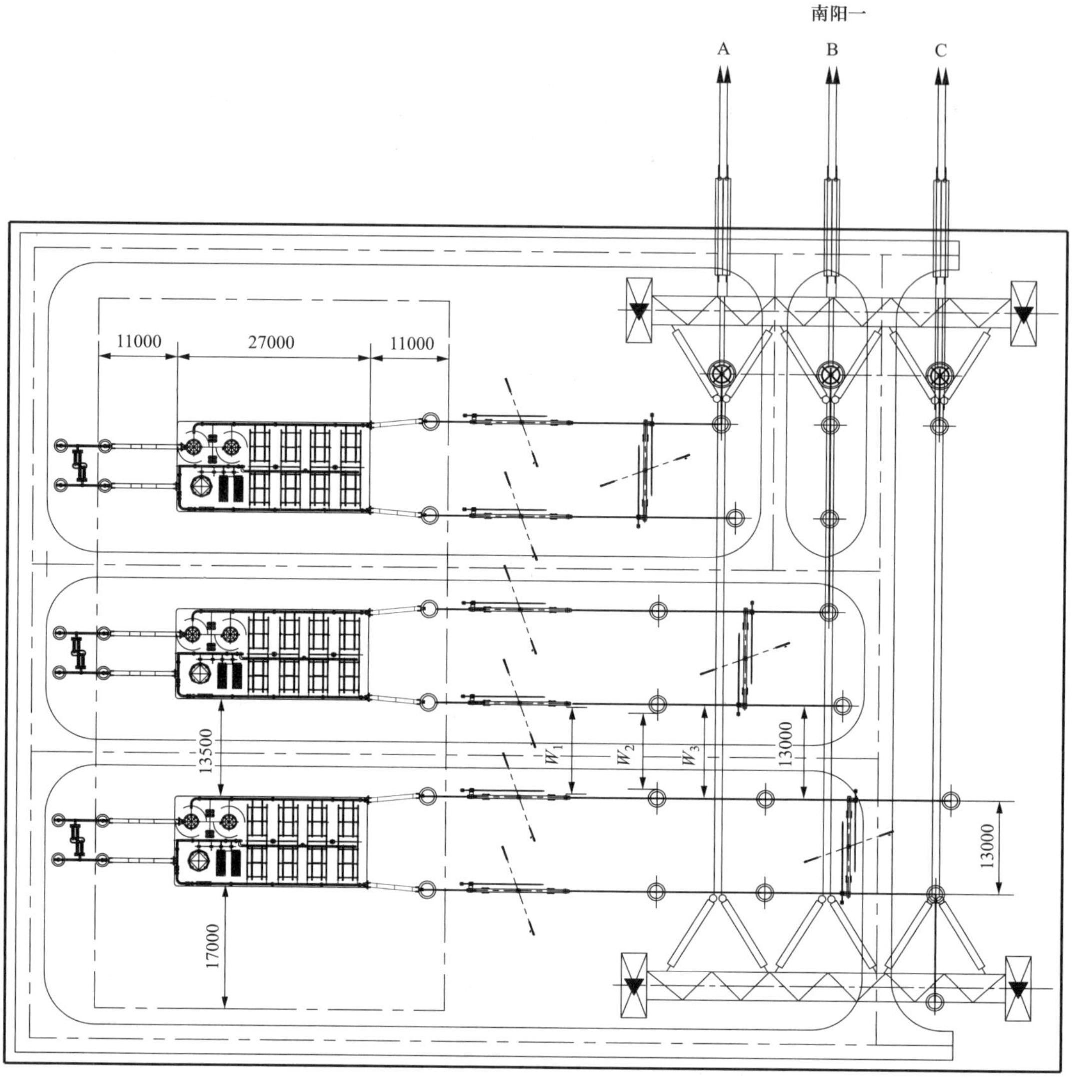

图 5-56　单相单平台串补装置的设计尺寸

据 1000kV 串补装置平台相间操作冲击放电试验结果，在 2 倍避雷器操作冲击残压（2920kV）下，串补装置平台相间最小空气间隙距离约为 9.7m。串补装置平台宽 12.5m，同相串补隔离开关和不同相串补隔离开关布置间距确定后，同时考虑串补装置吊装空间的要求，串补装置平台相间距取 13.5m。

4. 管型母线跨距

管型母线跨距主要决定于管型母线挠度要求、支持元件（支柱绝缘子、隔离开关等设备）的受力限值及抗震要求。按设备参数验算，管型母线最大跨距不宜超过 15m。

综上所述，同相串补隔离开关布置间距和不同相串补隔离开关布置间距均取13m，串补装置平台相间距取13.5m，管型母线最大跨距按15m控制。

（二）串补配电装置构架挂点高度

母线高度校验示意图如图5－57所示，构架挂点高度 H 为

$$H \geqslant h_1 + h_2 + (1+5\%)f_{max} + D_1 + D_2 + R$$

式中　h_1——管型母线中心线对地高度；

h_2——带电距离要求；

f_{max}——跨线最大弧垂，计算时考虑较严重情况，计入5%施工正误差；

D_1——跨线分裂半径，取0.3m；

D_2——母线半径，取0.125m；

R——跨线子导线半径，取0.035m。

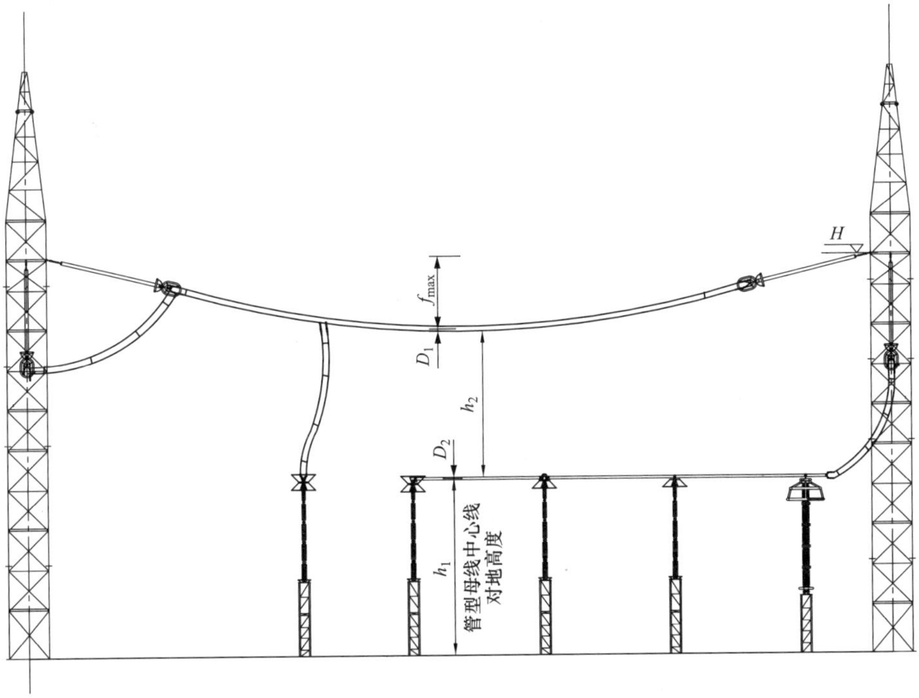

图5－57　母线高度校验示意图

管型母线架设高度由 C 值（17.5m）决定，管型母线直径为0.25m，计及管型母线挠度和施工误差后，管型母线中心线距地 h_1 取18m即可满足要求。

从串补配电装置典型断面中可以看出，串补引线由上跨线经管型母线引至串补装置平台中，需要进行管型母线与上跨线的不同相带电距离校验，此处 A_2 和 B_2 值为控制条件，其中 A_2 值（管型母线至管型母线）为11.3m，B_2 值为8.25m，因此，图5－57中 h_2 带电距离校验值取11.3m。

经计算，得出1000kV软母线构架挂点计算高度为37.635m，串补装置构架高度取38m即可满足要求。晋东南变电站内出线构架高度为45m，线路终端塔挂点高度为48m，考虑适当裕度，试验示范工程扩建工程串补装置构架高度取40m。

（三）串补装置相间道路的设置

1000kV串补装置平台的安装一般可采用龙门起重机起吊、2台履带式起重机或汽车式起重机抬吊等方法。晋东南变电站3个串补装置平台使用2台300t起重机抬吊，在空中进行平移后下落就位；南阳变电站长治Ⅰ线3个串补装置平台使用2台250t履带起重机抬吊，起吊后空中平移后下落就位；南阳变电站南荆Ⅰ线6个串补装置平台使用60t龙门起重机吊装，起吊后空中平移后下落就位。起重机均需布置在相间道路上。

1000kV串补装置平台底平面距地面高约12m，串补装置平台上设备的最高处距离地面约20m。串补装置平台的检修维护必须借助于检修起重机。因此，应设置相间道路以满足串补装置平台设备检修维护的要求。

试验示范扩建工程中，围栏内各相平台之间均设置了相间道路，以满足安装及检修的要求。串补装置平台相间距为13m，围栏内相间道路宽度取3.5m，因此无需增加占地面积，围栏内相间道路与站内道路相通，围栏相间位置设置网门，满足设备检修过车要求，为检修维护创造便利条件。

（四）串补装置围栏尺寸

串补装置围栏尺寸应满足安全净距和静电感应场强水平要求。

根据GB 50697—2011《1000kV变电站设计规范》的要求，围栏至平台带电部分的距离不应小于8.25m（B_1值）。1000kV串补装置平台高约12.5m，围栏高1.8m，其高差即大于带电安全距离要求，因此安全距离一般不作为串补装置围栏尺寸确定的控制条件。

根据GB 50697—2011《1000kV变电站设计规范》的要求，1000kV屋外配电装置场地内的静电感应场强水平（离地1.5m空间场强）不宜超过10kV/m，少部分地区允许达到15kV/m。1000kV串补配电装置场地内的静电感应场强计算结果如下：

（1）支柱绝缘子高度为10m时，钢平台及母线对地场强较高，当离钢平台边沿31m左右时，对地1.5m处场强才降至10kV/m以下。

（2）在钢平台边沿11m处安装围栏，对电场分布改变较小，围栏附近电场仍较高，且围栏外侧母线下场强超过20kV/m。

（3）以10m为界，降低支柱绝缘子高度，会使对地1.5m处场强升高，每降低1m对地1.5m平面上10kV/m等场线向外扩大约1m；增大支柱绝缘子高度，会使对地1.5m处场强降低，每升高1m对地1.5m平面上10kV/m等场线向内缩小约2m。

（4）围栏高1.8m时，在其上方加1.5m宽罩子可以改善其周围电场，人可安全在其下行走，但围栏外侧母线下仍有电场较高处，达到14.4kV/m。

（5）围栏高 3.6m 时，也可改善其附近电场分布，1.5m 处场强较低，效果不如在围栏上方加罩子，且其外侧母线场强仍较高，达到 14.2kV/m。

（6）由于支柱绝缘子及断路器支架横断面尺寸较大、高度较高，对其周围电场有良好的屏蔽作用，在进线管型母线下方安装支柱绝缘子后，围栏外侧母线下电场分布得到显著改善，对地 1.5m 处最高场强仅为 11.4kV/m。

综合以上结论，1000kV 串补装置三相共用围栏，且围栏至平台的水平距离在短轴方向不小于 11m，长轴方向不小于 17m，同时宜在围栏顶部适当采取屏蔽措施，可改善围栏处场强。实际工程中，应进行场强计算后确定围栏尺寸。

第六节　电气总平面典型布置

一、变电站功能分区

总平面布置应结合站区的总体规划及工艺要求统一布置，在满足自然条件和工程特点的前提下，充分考虑安全、防火、消防、卫生、运行、检修、交通运输、环境保护等因素。

变电站功能区域应划分明确、工艺流畅、连接合理。特高压变电站的功能分区按照电压等级和功能的不同，分别为 1000kV 配电装置区、500kV 配电装置区、主变压器及 110kV 配电装置区和站前辅助功能区四个功能区。在对每个功能分区进行设计时，力求做到布置合理、结构简洁，在每个功能分区满足各自功能的前提下做到占地最优，各功能分区的衔接应合理、规整，整个变电站的布局才能做到节约占地、技术先进、整齐美观、投资合理。

根据总体规划和工艺专业要求，配电装置区一般采用三列式的布置格局，站前辅助功能区布置在进站道路方向，布置位置应方便主变压器等大件设备运输。

二、电气总平面布置

特高压变电站电气总平面应根据电力系统规划、1000kV 及 500kV 出线方向、站区地理位置及具体地形等条件，并按照布置清晰、工艺流程顺畅、功能分区明确、运行与维护方便、减少占地、总平面尽量规整以减少代征地面积、尽量减少站区的噪声污染、对周围环境影响小、便于各配电装置协调配合等基本原则进行优化布置。

典型的特高压变电站电气总平面布置详见图 5－58。1000kV GIS 断路器双列式布置、1000kV GIS 户内布置、1000kV HGIS 布置、与串补装置合建等非常规的特高压变电站或串补站的电气总平面布置详见图 5－59～图 5－63。

扫码查看高清图

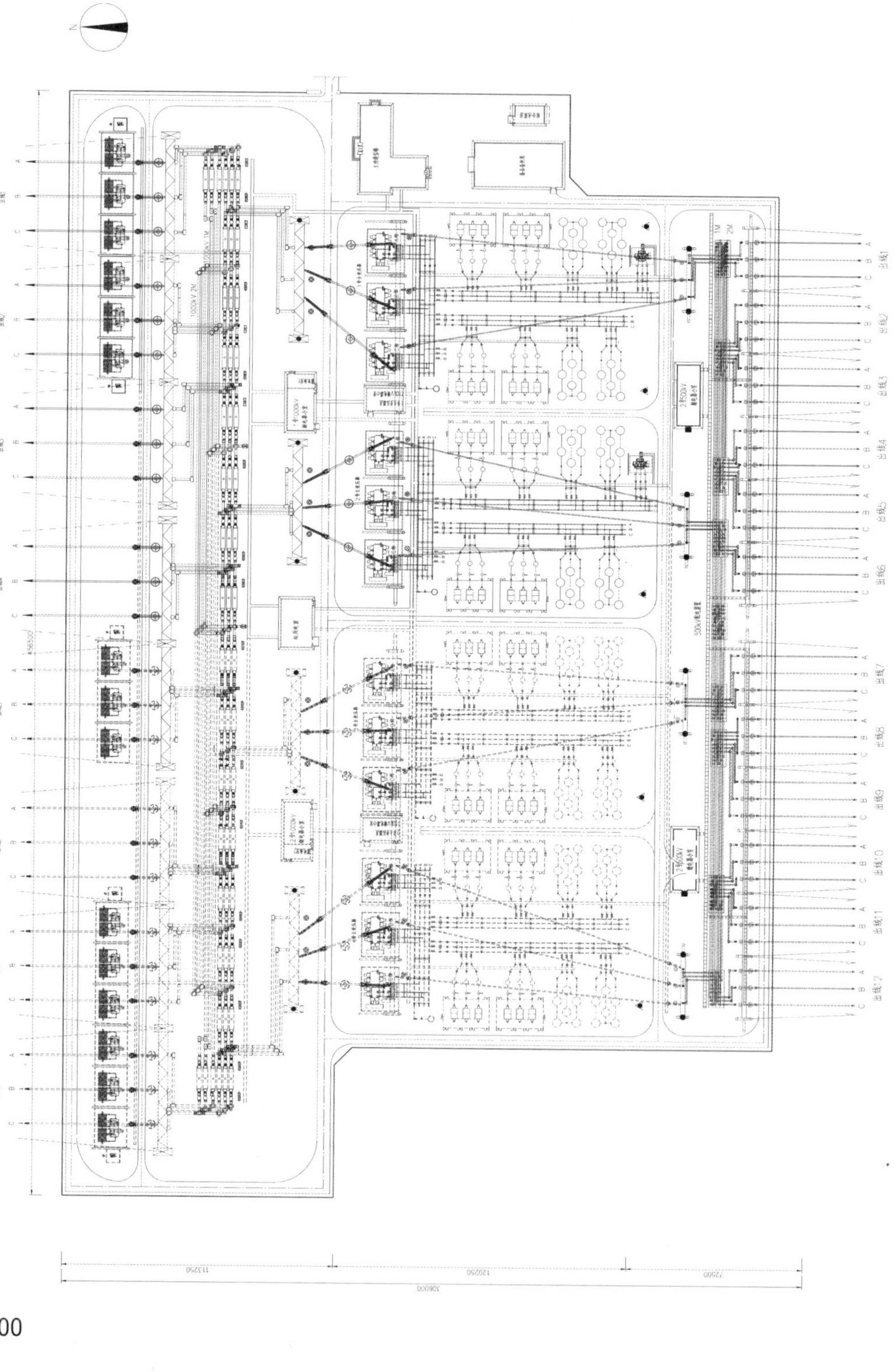

图 5-58 典型的特高压变电站电气总平面布置图

扫码查看高清图

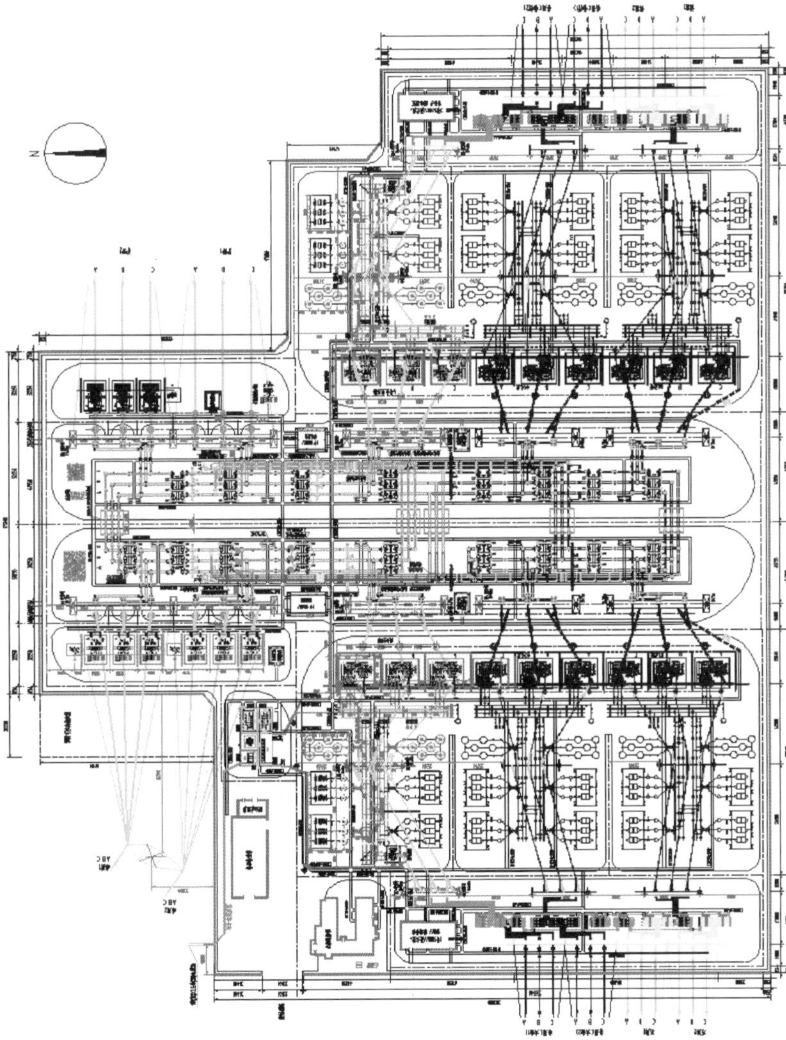

图 5-59　1000kV GIS断路器双列式布置的特高压变电站电气总平面布置图

扫码查看高清图

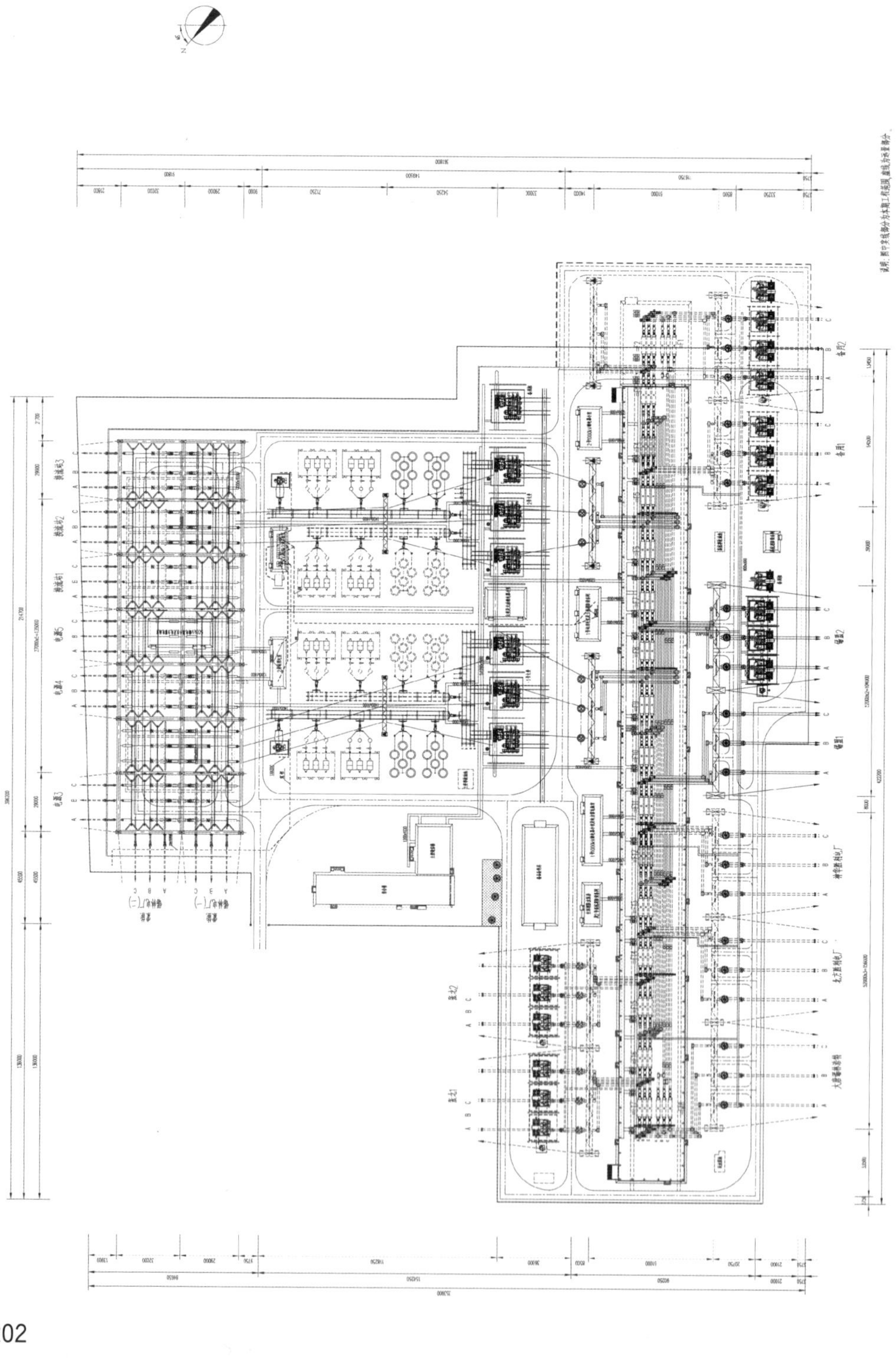

图5-60　1000kV GIS户内布置的特高压变电站电气总平面布置图

扫码查看高清图

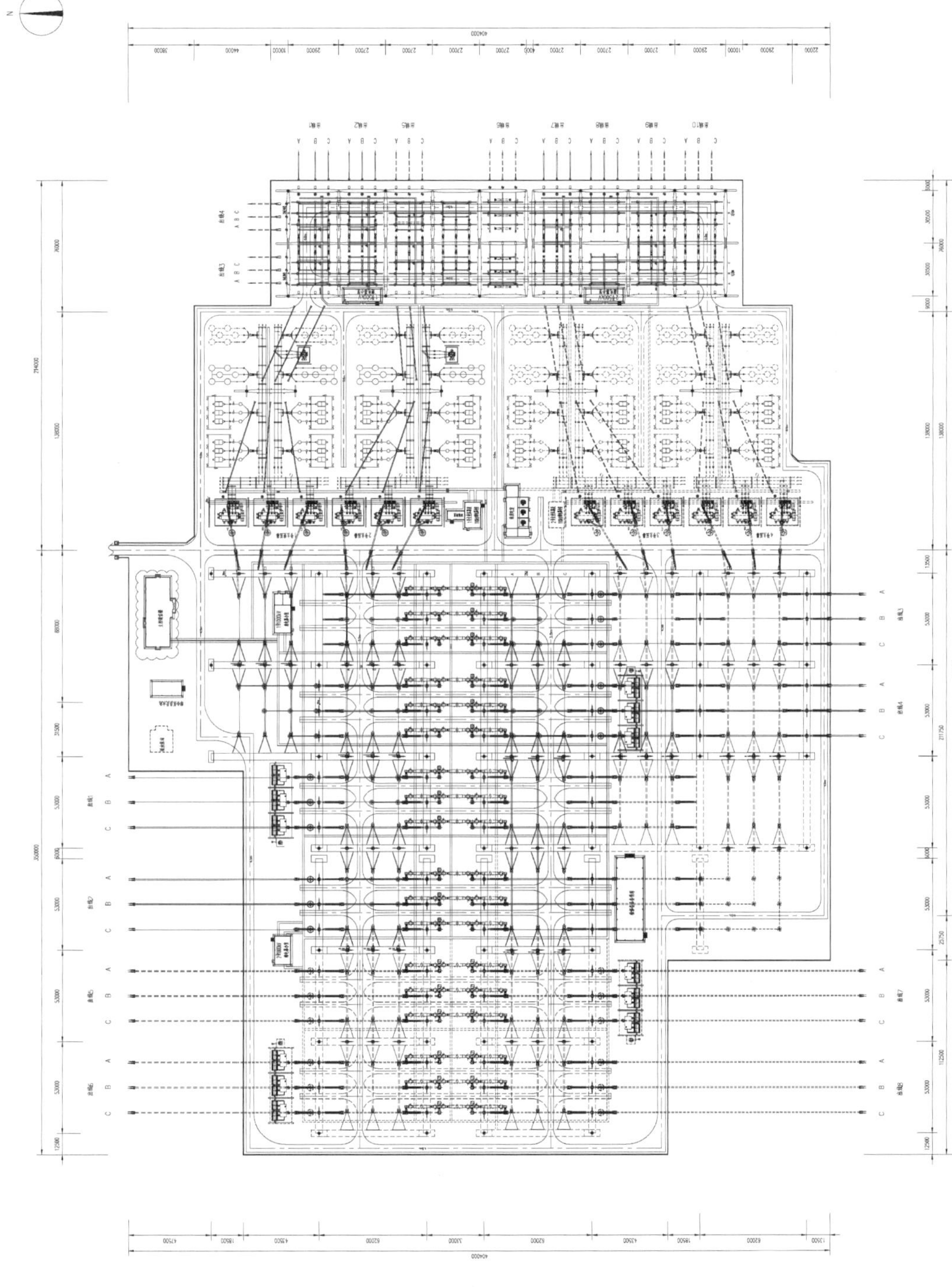

图5－61　1000kV HGIS布置的特高压变电站电气总平面布置图

扫码查看高清图

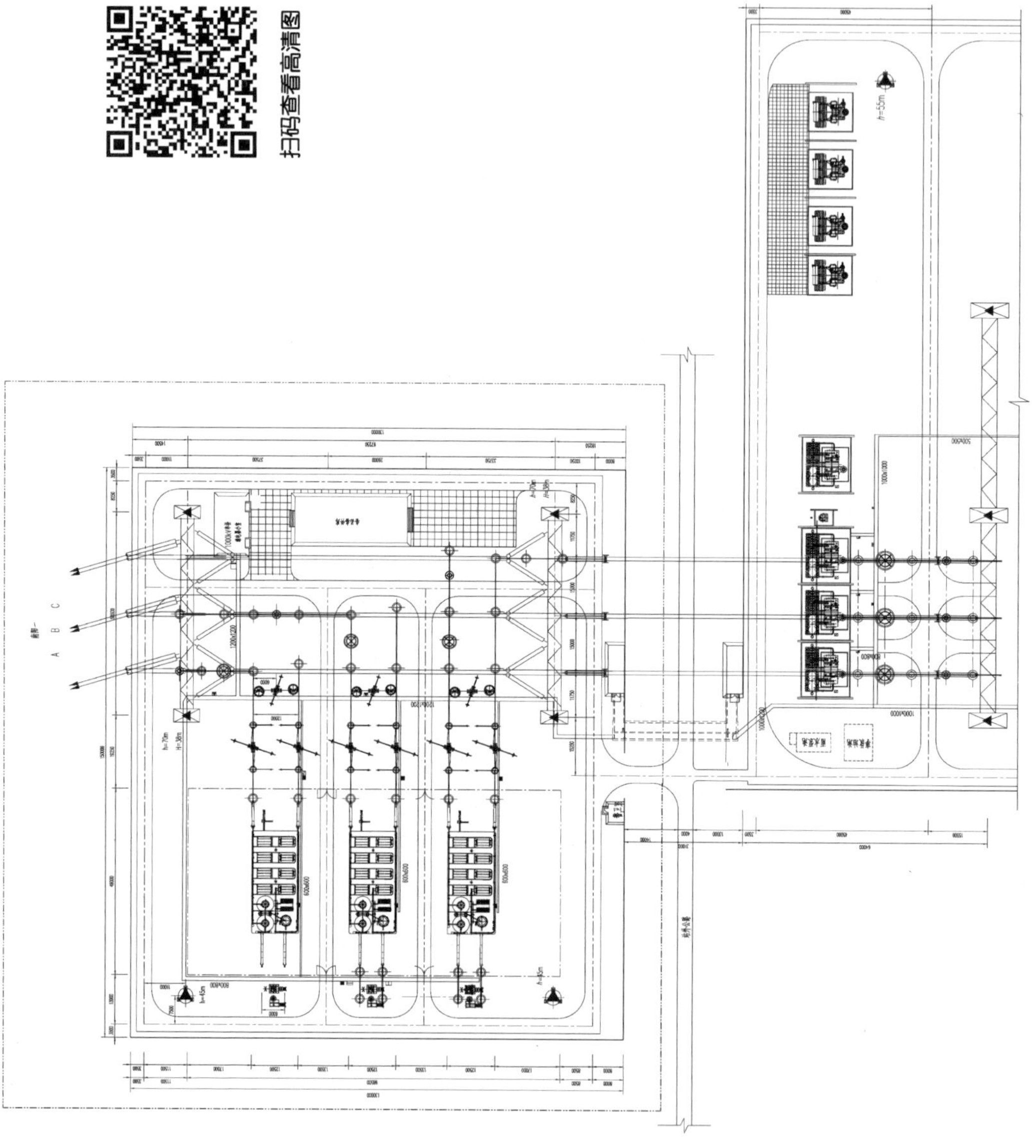

图5-62 与特高压变电站合建的1000kV串联补偿装置布置图

扫码查看高清图

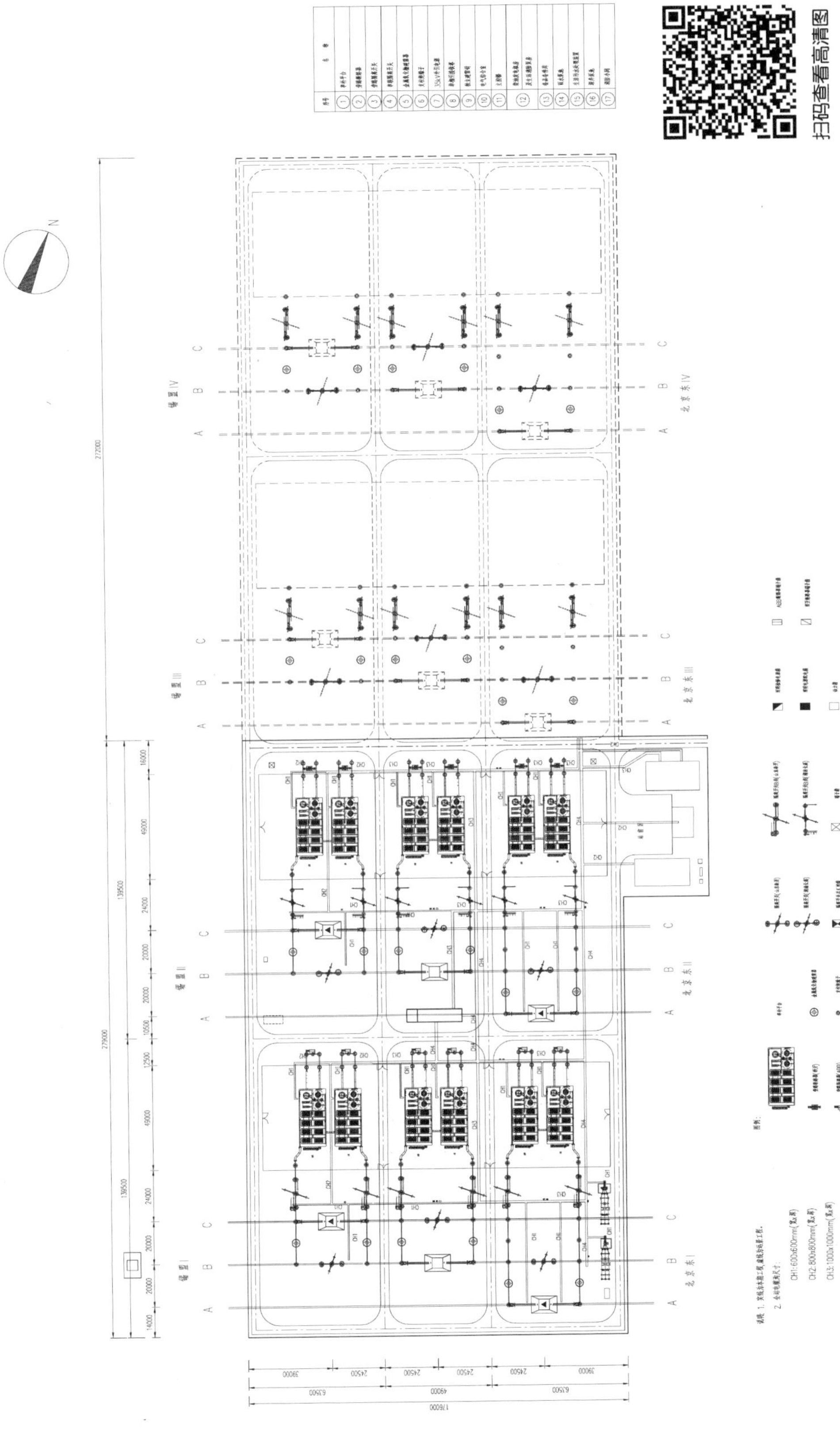

图5－63　1000kV串补站电气总平面布置图

第六章　导体、金具及绝缘子串选择

导体、金具和绝缘子串作为变电站/开关站的主材料，是保证变电站安全稳定运行的重要组成部分。

与超高压输变电工程相比，1000kV 配电装置导体及金具表面的场强控制要求更高，电晕放电带来的环境影响问题更加突出，尤其是可听噪声、无线电干扰及静电感应问题。特高压变电站用绝缘子要求更高的机械强度、良好的电气性能和防污秽性能，同时考虑特高压绝缘子串更长，检测和更换极不便利，因此要求有更高的运行可靠性。

本章主要研究了特高压变电站/开关站 1000、500kV 和 110kV 导体选择及校验，1000kV 金具设计的要求，1000kV 绝缘子型式、片数、串型选择等内容；给出了各电压等级导体的选择结果，1000kV 金具设计的基本要求、分类和具体要求，1000kV 绝缘子型式、片数、串型选择结果，V 型绝缘子串夹角推荐值，绝缘子串均压屏蔽装置的设置要求。

第一节　导　体　选　择

特高压变电站设计中，应根据环境条件（环境温度、日照、风速、污秽、海拔）和导体载流量、电晕、动稳定或机械强度、热稳定、经济电流密度等常规技术条件对导体结构型式进行选择和校验。同时，由于 1000kV 导体相对于 500kV 导体，其运行电压更高，导体表面场强更大，电晕放电产生的环境影响问题更加突出，尤其是可听噪声、无线电干扰及静电感应问题，因此，在导体满足电气性能和机械特性要求的前提下，尽可能降低其对环境的影响也是导体选择时必须考虑的关键因素之一。

一、导体选择及校验要求与环境条件

（一）导体选择及校验要求

根据《电力工程电气设计手册（电气一次部分）》以及 DL/T 5222—2005《导体和电器选择设计技术规定》的相关规定，裸导体应结合工程实际情况，按以下要求进

行选择和校验：

（1）根据回路持续工作电流或者经济电流密度进行初选。

（2）根据环境温度、海拔及分裂导线的分裂数量等条件进行载流量校核。

（3）热稳定校核。

（4）对硬导体需进行动稳定或机械强度校验。

（5）对110kV及以上电压等级导体需进行电晕电压校验。

（6）导体型式的选择还需考虑污秽的影响。在空气中含盐量较大的沿海地区或周围气体对铝有明显腐蚀的场所，硬导体可选用铜排，软导线应尽量选用防腐型铝绞线或铜绞线。

此外，对于进、出线跨线及设备连线，导线选型还应注意减小对构架的拉力，并使导体金具简单，施工方便，安装工程量小。

（二）导体选择的环境条件

根据DL/T 5222—2005《导体和电器选择设计技术规定》，导体选型的环境温度如表6-1所示。

表6-1　导体选型的环境温度

类别	安装场所	环境温度	
		最高	最低
裸导体	屋外	最热月平均最高温度	—
	屋内	该处通风设计温度。当无资料时，可取最热月平均最高温度加5℃	—

根据工程经验，屋外最热月平均最高温度一般不大于35℃，因此特高压变电站导体选型按环境温度35℃考虑。

二、1000kV导体选择及校验

（一）1000kV进出线、设备连线及母线载流量

一回1000kV线路的自然输送功率在5000MW左右，考虑功率因数为0.95左右，则一回线路的工作电流约为3039A。按照$N-1$原则，当一回线路故障时，另一回线路应能输送全部功率，即10000MW，每相通过的电流为6078A。

对于3/2断路器接线，需考虑断路器事故或检修工况下，一个回路加另一最大回路负荷电流的可能，因此，回路持续工作电流取6078A。

母线通流容量与进出线的配串方案密切相关，已投运的特高压变电站仅南阳变电站和荆门变电站1000kV母线采用软导线，南阳变电站远景母线通流要求为9724A，荆门变电站远景母线通流能力要求为12702A。

1000kV高压电抗器回路按最大容量3×320Mvar考虑，额定电流为503.9A。

（二）1000kV导体选择及校验内容

变电站内导体选择时，应根据持续工作电流、热稳定要求进行初选，在此基础上

对电气性能、机械强度等进行校验。

1. 导体选择及载流量校验

对于进出线跨线、除高压电抗器外的设备连线和引下线，由于其持续工作电流要求值较大，单根软导线或扩径导线已不能满足要求，因此需采用管型母线或分裂导线型式。对分裂导线而言，由于各次导线相互靠近，使次导线内的电流密度分布不均匀而产生邻近效应。邻近效应使导线总的允许电流下降。因此，在计算分裂导线实际载流量时应考虑导线排列方式、分裂根数、分裂间距等因素的影响。考虑分裂导线的邻近效应后，导线实际载流量按式（6-1）计算。

$$I = nI_{xu}\frac{1}{\sqrt{B}} \tag{6-1}$$

$$B = \left\{1 - \left[1 + \left(1 + \frac{1}{4}Z^2\right)^{-\frac{1}{4}} + \frac{10}{20+Z^2}\right] \times \frac{Z^2 d_0}{(16+Z^2)d}\right\}^{-\frac{1}{2}} \tag{6-2}$$

$$Z = 4\pi\lambda\frac{S}{\rho+1} \tag{6-3}$$

式中 I——导线载流量；

I_{xu}——单根导线长期允许工作电流；

n——每相导线分裂根数；

B——邻近效应系数；

S——次导线计算截面积，mm^2；

d_0——次导线直径，cm；

ρ——绞合率，一般取 0.8；

λ——$1cm^2$ 次导线的电导，铝导线 $\lambda=3.7\times10^{-4}$；

d——分裂导线的分裂间距，cm。

经初步计算，进出线跨线、设备连线和引下线选用 4×JLHN58K-1600、4×NAHLGJQ-1440、4×LGJQT-1400、6063G-T6-ϕ250/230、6063G-T6-ϕ200/180 可满足载流量要求，母线选用 4×JLHN58K-1600 可满足载流量要求。1000kV 初选导体技术参数详见表 6-2。

表 6-2　1000kV 初选导体技术参数

导线型号	JLHN58K-1600	NAHLGJQ-1440	LGJQT-1400	6063G-T6-ϕ250/230	6063G-T6-ϕ200/180
计算截面积 S（mm^2）	1582.9	1440	1533.9	7540	4825
计算直径 d（mm）	70.0	51.36	51	250	200
温度膨胀系数（1/℃）	23×10^{-6}	23×10^{-6}	20.4×10^{-6}	—	—
弹性模量 E（N/mm^2）	50000	71852	57300	—	—
计算质量 q_1（kg/m）	4.475	4.942	4.962		—
允许拉断力 F（kN）	215	338.59	336	—	—

续表

单根导线长期允许载流量 I（A，环境温度35℃）	3000（导线温度110℃）3445（导线温度130℃）	2143（导线温度110℃）	1675（导线温度80℃）	7596（环境温度35℃，导体温度80℃）	6981（环境温度35℃，导体温度80℃）
邻近效应系数 B	1.06	1.05	1.05	—	—
4根导线长期允许载流量 I（A，环境温度35℃）	11655（导线温度110℃）13384（导线温度130℃）	8365（导线温度110℃）	6538（导线温度80℃）	—	—

2. 导体热稳定校验

特高压变电站1000kV短路水平按63kA考虑。

$$S \geqslant \frac{\sqrt{Q_d}}{C} = \frac{\sqrt{63^2 \times 0.35}}{87} \times 10^3 = 428(\text{mm}^2) \tag{6-4}$$

式中　S——导线截面积，mm^2；

Q_d——短路电流热效应，$\text{A}^2 \cdot \text{s}$；

C——热稳定系数。

经校验，上述五种导体型式均可满足短路热稳定要求。

3. 导体电气特性校验

由于电压等级高，导体电晕、场强的影响更为突出，因此需对1000kV导体电气特性进行校验。

（1）临界电晕电压校验。

1000kV导体按雨天不出现可见电晕控制，要求导体的最高工作电压与雨天的临界电晕电压之比不大于0.9，即

$$U_g/U_0 \leqslant 0.9 \tag{6-5}$$

$$U_0 = 84 m_1 m_2 k \delta^{\frac{2}{3}} \frac{n r_0}{k_0}\left(1 + \frac{0.301}{\sqrt{r_0 \delta}}\right) \times \lg \frac{a_{jj}}{r_{eq}} \tag{6-6}$$

$$\delta = \frac{2.895 p}{273 + t} \times 10^{-3} \tag{6-7}$$

$$k_0 = 1 + \frac{r_0}{d} 2(n-1) \sin \frac{\pi}{n} \tag{6-8}$$

式中　U_g——回路工作电压，kV；

U_0——临界电晕电压（线电压有效值），kV；

m_1——导线表面粗糙系数，一般取0.9；

m_2——天气系数，晴天取1.0，雨天取0.85；

k——三相导线水平排列时，中间导线电容比平均电容大的不均匀系数，一般取0.96；

δ——相对空气密度，1000m 以下为 1；

n——分裂导线根数；

r_0——次导线半径，cm；

d——分裂间距，cm；

k_0——次导线电场强度附加影响系数，对 4 分裂导线，取 $k_0=1+\frac{4.24r_0}{d}$；

r_{eq}——分裂导线等效半径，cm；

a_{jj}——导线相间几何均距，三相水平排列时取 $1.26a$；

a——相间距离；

p——大气压力，Pa；

t——空气温度，℃，$t=25-0.005H$；

H——海拔，m。

依据上述公式，取相间距离 a 为 15m，分别计算 4×NAHLGJQ－1440（4×LGJQT－1400 电晕特性与其基本相同，不做重复计算，可参考 4×NAHLGJQ－1440 计算结果）及 4×JLHN58K－1600 电晕电压。不同分裂间距下导体临界电晕电压情况详见表 6－3 和图 6－1、图 6－2。

表 6－3　1000kV 分裂导线临界电晕电压计算结果

相间距（m）	15								
分裂间距（mm）	300	350	400	450	500	550	600	650	700
导线型号	4×NAHLGJQ－1440								
晴天临界电晕起始电压（kV）	1218	1234	1244	1249	1251	1250	1248	1245	1241
雨天临界电晕起始电压（kV）	1092	1106	1114	1118	1120	1119	1116	1113	1109
导线型号	4×JLHN58K－1600								
晴天临界电晕起始电压（kV）	1452	1486	1509	1525	1535	1541	1544	1545	1544
雨天临界电晕起始电压（kV）	1234	1263	1283	1296	1304	1309	1312	1313	1312

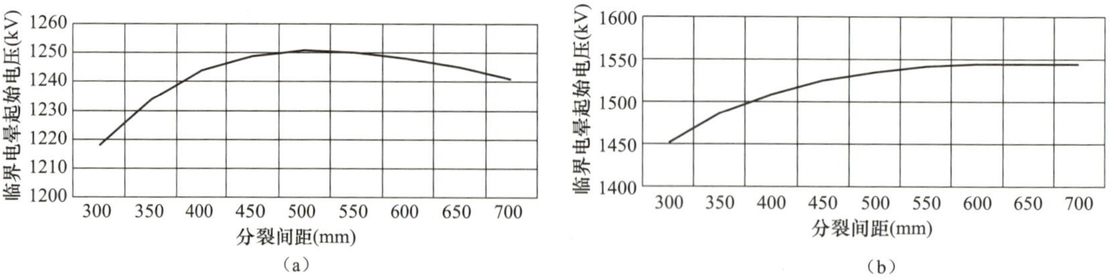

图 6－1　分裂导线电晕电压校验（晴天）

（a）4×NAHLGJQ－1440；（b）4×JLHN58K－1600

1000kV 管型导体临界电晕电压校验结果如表 6－4 所示。

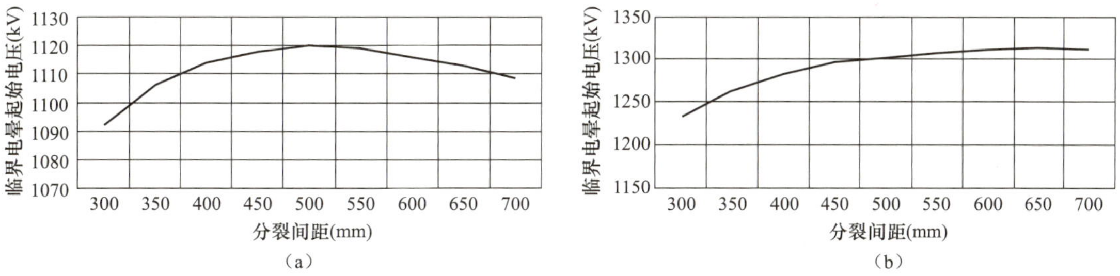

图 6-2 分裂导线电晕电压校验(雨天)

(a) 4×NAHLGJQ-1440;(b) 4×JLHN58K-1600

表 6-4　　1000kV 管型导体电晕电压校验

导体型号	6063G-T6-ϕ250/230	6063G-T6-ϕ200/180
相间距(m)	15	14
晴天临界电晕起始电压(kV)	1972	1642
雨天临界电晕起始电压(kV)	1676	1396

按 U_g/U_0 不大于 0.9 计算,U_g 取 1100kV,则 U_0 应不小于 1222.2kV,结合表 6-3、表 6-4 可看出,4×NAHLGJQ-1440 和 4×LGJQT-1400 分裂导线按照雨天校验不满足要求,其他三种导体型式可满足要求。

(2)电晕无线电干扰校验。

国际无线电干扰特别委员会(CISPR)推荐的计算输电线路无线电干扰的方法有经验公式法和激发函数法两种。经验公式法适用于分裂数不大于 4 的线路,激励函数法适用于分裂数大于 4 的线路。根据上述结论,1000kV 采用 4 分裂导线,因此采用 CISPR 推荐的经验公式法进行计算。

根据 GB 15707—1995《高压交流架空送电线无线电干扰限值》,干扰频率为 0.5MHz 时,无线电干扰的计算公式如下

$$N = 3.5E_{max} + 12r_0 - 30 + 33\lg\frac{20}{D_0} \tag{6-9}$$

式中 N——无线电干扰值,dB(μV/m);

E_{max}——次导线表面最大场强,kV/cm;

r_0——次导线半径,cm;

D_0——被干扰点距导线的直接距离,m。

式(6-9)计算的是晴天时的 50%无线电干扰场强值,80%时间、具有 80%置信度的无线电干扰场强值可由该值增加 6~10dB(μV/m)得到。

特高压变电站的电晕无线电干扰按照距离变电站围墙 20m 处不超过线路水平控制[500kV 为 55dB(μV/m),750kV 为 55~58dB(μV/m)]。

经计算,当跨线采用 4×JLHN58K-1600 导线,边相导线至围墙水平距离按 20m、导线最低点距离地面按 32.5m 计算时,具有 80%置信度的无线电干扰场强值

为 51.88～55.88dB（μV/m），可满足要求。

（3）可听噪声预测校验。

美国 BPA 推荐的预测公式是根据各种不同的电压等级、分裂方式的实际试验段导线上的长期实测数据推算出来的，具有较好的代表性和准确性。美国 BPA 推荐的高压输电线路可听噪声的预测公式如下

$$SL_{\mathrm{A}} = 10 \times \lg \sum_{i=1}^{Z} \lg^{-1} \left[\frac{PWL_{(i)} - 11.4 \times \lg(R_i) - 5.8}{10} \right] \tag{6-10}$$

$$PWL_{(i)} = -164.4 + 120\lg E + 55\lg r_{\mathrm{eq}} \tag{6-11}$$

式中 SL_{A}——A 计权声级；

R_i——测点至被测 i 相导线的距离；

Z——相数；

$PWL_{(i)}$——i 相导线的声功率级；

E——导线的表面梯度，kV/cm；

r_{eq}——导线等效半径，$d_{\mathrm{eq}}=0.58\,n^{0.48}d_0$，mm；

n——导线分裂数；

d_0——次导线直径，mm。

上述公式预测的噪声值为雨天时的 50%A 计权声级，晴天时的可听噪声比雨天时的低 10～15dB（A）。

该预测公式对于分裂间距为 30～50cm、导线表面梯度为 10～25kV/cm 的常规对称分裂导线均是有效的。

由于变电站内的导线、设备布置复杂，站界的噪声是站内导线、金具、设备等声源的声功率共同作用的结果。单纯的导线对站界的噪声量计算结果满足要求，并不代表实测的变电站站界噪声能够满足要求。

根据变电站的实际布置情况，借助噪声预测软件对变电站内的声源（主变压器、高压电抗器、导线、金具等）进行建模计算，以分析变电站内各种声源对站界噪声的贡献量。计算结果表明：1000kV 采用 4×JLHN58K－1600 导线，其表面的噪声声功率对站界噪声不起控制作用；站界噪声主要受主变压器和高压电抗器噪声的影响。

（4）静电感应地面电场强度校验。

特高压变电站具有许多错综复杂的带电体，在它们周围空间形成了一个比较复杂的高电场。同时，变电站内又存在着很多接地体，如端子箱、架构等，对电场有屏蔽作用，地面杂草及地面凹凸不平也会引起电场畸变，使电场强度沿高度在离地面 2m 范围内不再均匀分布。而且，如果在高电场中放入被感应物体时，电场也会发生畸变，畸变的程度与被感应物体的几何形状、位置等因素有关。因此，近地面静电场的电场强度很难精确计算出来。

带电的架空线路产生静电场，当电场范围内有设备、车辆等设施时，电场强度的

计算非常困难，所以有必要进行适当的简化假设，即假定：

1）大地为无穷大平面；

2）导线为相互平行且同时与地面平行的无限长光滑圆柱形导体；

3）导线支撑物（包括铁塔、金具和绝缘子等）及任何其他邻近物体的影响可忽略不计。

工程经验表明，在上述假设基础上计算地面电场强度，其精度可满足工程需要。

1000kV 配电装置的静电感应场强控制标准为：离地 1.5m 高处一般应不超过 10kV/m，个别区域允许达到 10～15kV/m 的水平，与我国 500、750kV 变电站保持一致。

依据通用曲线，4×JLHN58K－1600 导线相间距为 15m，分裂导线对地高度 *H* 为 32.5m 时，静电感应地面电场强度计算结果见表 6－5。

表 6－5　　1000kV 上跨线地面电场强度计算结果

导体类型	4×JLHN58K－1600								
相间距离（m）	15								
导体对地高度（m）	32.5								
分裂间距 *d*（mm）	300	350	400	450	500	550	600	650	700
地面静电感应最大场强（kV/m）	3.07	3.4	3.56	3.72	3.88	4.04	4.21	4.37	4.53

根据 1000kV 设备与导体及金具连接方式研究结论（详见本章第二节），设备连线采用 6063G－T6－ϕ250/230、6063G－T6－ϕ200/180，导体对地高度按 17.5m 考虑，静电感应地面电场强度计算结果见表 6－6。

表 6－6　　1000kV 设备间连线地面场强计算结果

导体类型	6063G－T6－ϕ250/230	6063G－T6－ϕ200/180
相间距离（m）	15	15
导体对地高度（m）	17.5	17.5
地面静电感应最大场强（kV/m）	4.4	8.8

从上述计算结果可知，上跨线采用 4×JLHN58K－1600 导线，分裂间距为 300～700mm，最低点距地面 32.5m 高时，地面静电感应最大场强可控制在 5kV/m 以内，满足要求。设备连线采用 6063G－T6－ϕ250/230、6063G－T6－ϕ200/180，导体对地高度不小于 17.5m 时，地面静电感应最大场强可控制在 10kV/m 以内，满足要求。

4. 1000kV 分裂导线次档距长度选择

次档距长度是指间隔棒安装的距离，它与短路张力、短路电流大小、短路时次导线允许的接触状态、对架构受力的限制有关。

分裂导线短路张力具有其特殊性。当分裂导线受到大的短路电流作用时，同相次导线间由于电磁吸引力作用，使次导线受到拉伸，产生弹性拉力，这种力即为分裂导线的第一最大张力。第一最大张力发生在短路的瞬间，在严重情况下，其值可达到故障前初始张力的几倍甚至十几倍，对导线、绝缘子串及构架受力影响很大。

在给定的短路电流下，第一最大张力的大小与次档距长度有密切的关系，从小到大依次改变次档距长度，使次导线处于三种不同的状态：①非接触状态，次档距长度较小，在短路电流作用下次导线之间还有一定距离，并不接触，次导线相对伸长形变较小，第一最大张力不大；②临界接触状态，次档距长度增大到某一值时次导线处于接触与不接触的临界状态，这时次导线有最大的相对伸长形变，第一最大张力最大；③接触状态，次档距长度继续增大，在一个安装距离内次导线有一部分互相紧贴在一起，次导线的相对伸长形变反而相对减小，短路拉力逐渐下降。

工程设计时，应考虑导线、绝缘子串和架构受力的限制，准确计算第一最大张力与次档距长度的关系，确定适当的次档距长度。以南阳开关站 55m 高上跨线为例，计算用参数见表 6－7。

表 6－7　　1000kV 分裂导线第一最大张力计算用参数

原始数据		导线参数	4×JLHN58K－1600
导线跨距 l（m）	62	导线半径 r_0（mm）	35
次导线初始张力 $T_0/4$（kN）	20	导线截面积 S（mm^2）	1582.9
次导线分裂间距 d（mm）	600	温度膨胀系数（1/℃）	23×10^{-6}
三相短路电流 I_k（kA）	50/63	弹性模量 E（N/mm^2）	50000
次导线短路电流 I（kA）	12.5/15.75	单位质量 q_1（kg/m）	4.475

（1）计算方法。

《电力工程电气设计手册　电气一次部分》给出了 2 分裂导线的计算方法。对于 4 分裂导线，在短路工况下，每根次导线均受到其他三根次导线的吸引力，其合力的方向为沿 4 分裂导线正方形导线笼对角线方向。基于上述分析，4 分裂导线非接触状态及临界接触状态下第一最大张力的计算方法如下。

导线变形后的长度为

$$l_{\overset{\frown}{AB}}=l_0+\frac{8}{3}\times\frac{f^2}{l_0} \tag{6-12}$$

$$f=\frac{\sqrt{2}\ (d/1000-b)}{2}$$

式中　l_0——次档距长度，m；

f——弧垂，m；

d——次导线分裂间距，mm；

b——次导线最接近点的距离，m。

该次档距内导线在电磁吸力作用下的伸长率为

$$\varepsilon=\frac{l_{\overset{\frown}{AB}}-l_{AB}}{l_{AB}}$$

式中　l_{AB}——导线在正常状态的长度。

导线伸长变形后产生的附加张力为

$$F_E = ES\varepsilon$$

短路后每根次导线的实际张力为

$$T = T_0/4 + F_E$$

产生上述张力导线间必须存在的电动力为

$$F_m = \frac{8fT}{l_0}$$

导线间的电磁吸力合力为

$$F_e = 0.319 I^2 l_0 \sqrt{\frac{1}{b(d-b)}} \arctan\sqrt{\frac{d-b}{b}}$$

根据受力平衡，应有

$$F_e = F_m$$

上面式中变量与表6-7一致。

（2）计算结论。

4×JLHN58K-1600导线短路时，张力与次档距长度关系的计算结果如表6-8所示。

表6-8　短路时次导线张力与次档距长度关系表

短路电流50kA		短路电流63kA	
次档距长度（m）	导线短路时张力（kN）	次档距长度（m）	导线短路时张力（kN）
5	85.2	5	91.8
10	97.7	10	114.8
15	114.9	15	144.3
20	138.5	20	190.1
25.2（临界接触）	281.4	22（临界接触）	344.2

从计算结果可知，当短路电流为50kA、次档距长度为25.2m时，次导线处于临界接触状态，短路后导线张力最大，为281.4kN，约为初始张力的3.5倍；当短路电流为63kA、次档距长度为22m时，次导线处于临界接触状态，短路后导线张力最大，为344.2kN，约为初始张力的4.3倍。

次档距长度小于上述临界接触次档距长度时，次导线处于非接触状态，随着次档距长度减小，间隔棒安装得越来越密，短路后导线的第一最大张力也随之下降，最后趋近于初始张力。

由于JLHN58K-1600导线为扩径空心导线，不允许次导线发生短路撞击，因此1000kV导线不考虑接触状态，且安装时应避开临界接触状态。

考虑架构和绝缘子串的受力限制，如进出线跨线采用240kN双I型绝缘子串，则间隔棒的设置应满足短路工况下导线的第一最大张力不超过绝缘子短时允许荷载，绝缘子荷载短路作用时的安全系数为3.3，则导线第一最大张力不应超过240×2/3.3＝145.5（kN）。因此对于初始张力在80kN以内的4×JLHN58K－1600导线，分裂间距取60cm，当短路水平为50kA时，次档距长度不宜大于20m；当短路水平为63kA时，次档距长度不宜大于15m。综合考虑跨距和4分裂导线形状等，对于1000kV进出线跨线，次档距长度取6～10m。经计算，该次档距长度对1000kV母线也适用。

5. 1000kV管型母线机械强度校验

（1）弯矩、应力校验。

6063G－T6型铝合金管型母线屈服强度不小于175MPa。

材料的正常允许应力为

$$\sigma=\frac{\sigma_{0.2}}{1.6}=10937.5\ (\mathrm{N/cm^2})$$

式中 $\sigma_{0.2}$——以产生0.2%残余变形的应力值作为屈服极限的屈服强度。

材料的短路及地震时允许应力为

$$\sigma=\frac{\sigma_{0.2}}{1.4}=12500\ (\mathrm{N/cm^2})$$

1）正常状态时管型母线所受的最大弯矩和应力计算公式。

母线自重产生的垂直弯矩

$$M_{cz}=0.125\times G_1 l_{js}^2\times 9.8$$

集中荷载产生的垂直弯矩

$$M_{cf}=0.188\times P l_{js}\times 9.8$$

最大风速时产生的水平弯矩

$$M_{sf}=0.125\times f_v l_{js}^2\times 9.8$$

$$f_v=a_v K_v D\frac{v_{max}^2}{16}$$

式中 G_1——管型母线自重，kg/m；

l_{js}——计算跨距，m；

P——集中荷载，kg；

a_v——风速不均匀系数，取$a_v=1$；

K_v——空气动力系数，取$K_v=1.2$；

D——管型母线外径，m；

v_{max}——最大风速，m/s。

正常状态时管型母线所承受的最大弯矩及应力

$$M_{max}=\sqrt{(M_{cz}+M_{cf})^2+M_{sf}^2} \qquad (6-13)$$

$$\sigma_{max}=100\frac{M_{max}}{W} \qquad (6-14)$$

式中　W——管型母线的截面系数，cm^3。

2）短路状态时管型母线所受的最大弯矩和应力计算公式。

短路电动力产生的水平弯矩为

$$M_{sd}=0.125\times f_d l_{js}^2\times 9.8$$

其中

$$f_d=1.76\frac{i_{ch}^2}{a}\beta$$

式中　i_{ch}——三相短路电流峰值，kA；

a——相间距离，cm；

β——振动系数，取$\beta=0.58$。

内过电压时计算风速产生的水平弯矩为

$$M'_{sf}=0.125\times f'_v l_{js}^2\times 9.8$$

其中

$$f'_v=a_v K_v D_1\frac{v^2}{16}$$

式中　v——内过电压下的风速，取50%最大风速，m/s；

短路状态时管型母线所承受的最大弯矩及应力为

$$M_{max}=\sqrt{(M_{sd}+M'_{sf})^2+(M_{cz}+M_{cf})^2} \tag{6-15}$$

$$\sigma_{max}=100\frac{M_{max}}{W} \tag{6-16}$$

3）地震状态时管型母线所受的最大弯矩和应力计算公式。

地震力产生的水平弯矩为

$$M_{dx}=0.5M_{cz}$$

地震时计算风速产生的水平弯矩为

$$M''_{sf}=0.125\times f''_v l_{js}^2\times 9.8$$

其中

$$f''_v=a_v K_v D_1\frac{v_d^2}{16}$$

式中　v_d——地震时的风速，取25%最大风速，m/s。

地震状态时管型母线所承受的最大弯矩及应力为

$$M_{max}=\sqrt{(M_{dx}+M''_{sf})^2+(M_{cz}+M_{cf})^2} \tag{6-17}$$

$$\sigma_{max}=100\frac{M_{max}}{W} \tag{6-18}$$

上述三种工况下计算得到的应力值与管型母线允许应力值比较，如$\sigma_{max}<\sigma$，即满足机械要求。

4）校验。

1000kV管型母线最大跨距为18m，集中载荷P为50kg，最大风速取35m/s，覆冰厚度取10mm，短路电流取63kA，计算结果如表6-9所示。

表 6－9　　1000kV 管型母线最大弯矩、应力计算值

管型母线型号	6063G－T6－ϕ200/180			6063G－T6－ϕ250/230		
校验状态	正常	短路	地震	正常	短路	地震
最大弯矩 M_{max}（N·m）	11874	13017	10205	18617	18318	16475
最大应力 σ_{max}（N/cm^2）	4395	4818	3777	4278	4209	3786

经校验，$\sigma_{max}<\sigma$，两种规格管型母线均可满足机械应力要求。

（2）挠度校验。

按单跨考虑，均布荷载产生的跨中挠度为

$$y_1=1.3\times\frac{G_1 l_{js}^4}{100EJ}$$

式中　E——弹性模数，N/cm^2；

J——惯性矩，cm^4。

集中荷载产生的跨中挠度为

$$y_2=2.08\times\frac{Pl_{js}^3}{100EJ}$$

合成挠度为

$$y=y_1+y_2$$

如无冰无风状态下 $y<0.5D$（D 为管型母线外径），即满足挠度要求。

经计算，1000kV 管型母线挠度如表 6－10 所示。

表 6－10　　1000kV 管型母线挠度计算值

管型母线型号	合成挠度（cm）		挠度最大容许值（cm）
	母线跨度 18m	母线跨度 15m	
6063G－T6－ϕ200/180	16.147	8.094	10
6063G－T6－ϕ250/230	12.345	6.393	12.5

经校验，管型母线跨距为 18m 时，仅 6063G－T6－ϕ250/230 管型母线满足挠度要求。管型母线跨距不大于 15m 时，两种规格管型母线均可满足挠度要求。

（3）1000kV 管型母线校验结果。

根据以上对 6063G－T6－ϕ200/180 和 6063G－T6－ϕ250/230 两种管型母线弯矩、应力及挠度的校验，可以得出如下结论：两种管型母线在跨度 18m、50kg 集中载荷作用下弯矩和应力都可以满足机械强度要求，仅 6063G－T6－ϕ250/230 管型母线在此条件下满足挠度要求；当管型母线跨距不大于 15m 时，两种规格管型母线均可满足挠度要求。

（三）结论

根据上述分析计算，1000kV 导体选择结论如下：特高压变电站 1000kV 软母线可采用 4×JLHN58K－1600，分裂间距取 60cm，该导线在环境温度 35℃、工作温度

130℃下载流量为13384A，可满足系统对母线穿越功率的要求，且也可满足电晕、可听噪声、地面场强等其他要求。

1000kV进出线及设备引下线选用4×JLHN58K－1600，分裂间距采用60cm。

1000kV大电流回路设备连线采用6063G－T6－ϕ250/230管型母线。高抗回路设备连线在跨度不大于15m时可采用6063G－T6－ϕ200/180管型母线，当跨度大于15m时采用6063G－T6－ϕ250/230管型母线。

三、500kV导体选择及校验

（一）500kV敞开式母线的选择及校验

特高压变电站设计中，500kV敞开式母线采用悬吊式管型母线，以压缩高压配电装置占地面积。

1. 导体载流量、热稳定校验

根据特高压变电站典型参数，500kV母线通流按6300A考虑，选用6063G－T6－ϕ250/230铝管型母线，经校验，载流量和热稳定可满足要求。

2. 临界电晕电压校验

根据DL/T 5222—2005《导体和电器选择设计技术规定》，对外径不小于ϕ60的500kV管型导体，可不进行电晕校验。因此500kV敞开式母线无需进行电晕校验。

3. 挠度校验

无冰无风时，悬吊式管型母线的挠度允许值为：$y \leqslant 1.0D$（D为管型母线外径）。

悬吊式管型母线挠度计算条件如图6－3所示，经计算，选用6063G－T6－ϕ250/230铝管型母线无冰无风时跨中挠度约为12cm，可满足要求。

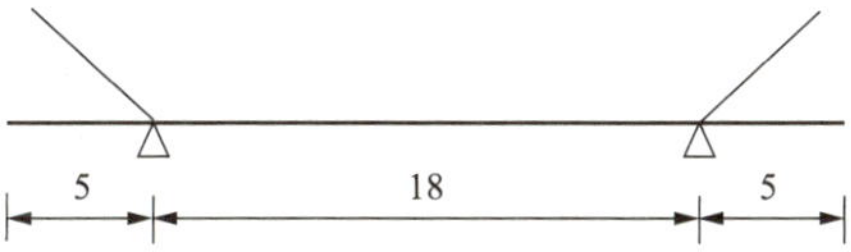

图6－3 500kV管型母线挠度计算示意图

4. 机械强度校验

在图6－3所示计算条件下，短路电流取63kA，相间距离取6m，振动系数β取0.35，6063G－T6－ϕ250/230管型母线正常、短路、地震状态下的最大弯矩和应力如表6－11所示。

表6－11 500kV管型母线最大弯矩和应力计算表

状态	正常状态	短路状态	地震状态
最大弯矩M_{max}（N·m）	18617	20229	16475
最大应力σ_{max}（N/cm²）	4278	4649	3786

由表 6－11 可见，6063G－T6－ϕ250/230 管型母线满足机械应力要求。

（二）500kV 其他导体的选择

考虑主变压器 1.3 倍过载，则主变压器进线回路工作电流 $I_g = 1.3 \times \frac{3000 \times 10^3}{\sqrt{3} \times 500} = 4503$（A），因此，选用分裂导线。500kV 主变压器进线回路选用 2×JLHN58K－1600（环境温度 35℃，导线温度 90℃）、2×NAHLGJQ－1440（环境温度 35℃，导线温度 130℃），可以满足载流量要求。次导线分裂间距与 500kV 变电站相同，取 400mm。热稳定、临界电晕电压等均满足要求。

（三）结论

500kV 母线通流为 6300A 时，敞开式母线采用悬吊式管型母线 6063G－T6－ϕ250/230。当母线通流要求不同或布置形式不一样时，也可采用其他类型的导体。

主变压器进线回路采用 2×JLHN58K－1600 或 2×NAHLGJQ－1440，次导线分裂间距为 400mm。出线回路可根据系统要求选用其他类型的导体。

四、110kV 导体选择及校验

110kV 主变压器汇流母线工作电流按最多 4 组 110kV 电容器考虑，约为 5500A，可选用 ϕ250/230 管型母线。主变压器出口回路工作电流约为 3175A，可选用 ϕ200/180 管型母线和 2×NAHLGJQ－1440 型耐热铝合金导线。

110kV 分支母线回路的最大工作电流约为 2750A，可选用 ϕ170/154 管型母线。总断路器回路电流约为 3175A，可选用 2×NAHLGJQ－1440 型耐热铝合金导线。

110kV 并联电容器组回路的工作电流为 1097A（5%串抗率），考虑谐波等影响，该回路导体的长期允许电流取额定电流的 1.3 倍，即 1426A，因此该回路可选用单根 NAHLGJQ－800 型耐热铝合金导线或 2×LGJ－500 型钢芯铝绞线。并联电抗器回路选用的导线与电容器组回路基本相同，中性点侧为了避免导体发热，选用单根导线或铝管型母线。110kV 站用电回路导线可选用单根 LGJ－500 钢芯铝绞线。

110kV 各回路也可选用其他经校验满足要求的导体型式。

第二节　金　具　选　择

一、1000kV 变电金具设计基本要求

根据导体选择结论，特高压变电站 1000kV 导体选用 4×JLHN58K－1600 型大截面软导线和 ϕ250/230、ϕ200/180 两种规格的管型母线。

由于在特高压变电站中首次应用 4 分裂导线，因此针对 4 分裂导线间及其与管型母线、8 分裂导线间的复杂连接形式，对 1000kV 金具提出了新的型式要求。同时，

1000kV 金具的电晕高、载流量大、温升高、机械强度要求高，也对 1000kV 金具的电气、机械性能提出了更高的技术要求。

1000kV 变电金具设计基本要求如下：

（1）在实际运行中，金具应避免损坏导线。

（2）金具应具有良好的电气性能，满足通流要求，通过金具的连续额定载流量，应在允许的温升条件下，不小于回路的额定电流值。

（3）金具应承受安装、维修及运行中可能出现的各种机械载荷，并能经受工作电流、短路电流、工作温度及周围环境条件等各种情况的考验。

（4）与耐热导线配套的金具应为耐热型，导线运行温度＋150℃时，耐热金具的温度不得大于＋120℃。

（5）金具的标称破坏载荷及连接尺寸应符合 GB/T 2315—2017《电力金具标称破坏荷载系列及连接型式尺寸》的规定。

（6）金具的各连接部件应能有效锁紧，在运行中不松脱，涉及带电检修的金具应保证安全和便于操作。

（7）在海拔 1000m 及以下地区，金具应满足晴天夜晚在工频电压（1000kV 金具为 699kV，500kV 金具为 349kV）下不产生可见电晕，无线电干扰水平不高于 55dB（A），高海拔地区的金具起晕电压和无线电干扰水平按照相关标准进行修正。

（8）金具应采用合适的材料和生产制造工艺以防止产品的脆变。

（9）金具应有防积水措施。

（10）金具本身应具有耐受大气污染的能力，且能防止运输、库存及运行中的腐蚀。所有运行中暴露在大气中的铁制件应进行热浸镀锌或采取其他防腐措施。

二、1000kV 设备与导体的连接方式

1000kV 设备与导体及金具的连接方式关系到设备、导体和金具在现场能否正常安装，并对设备机械受力及电磁干扰水平有重要的影响。

随着电压等级的升高，1000kV 配电装置设备高度和布置尺寸与 500kV 电压等级相比有很大的变化。为满足地面场强、空气间隙等要求，1000kV 设备端子距离地面高度在 17m 左右，敞开式母线构架挂点高度为 38m，HGIS 配电装置进出线构架挂点高度为 55m，GIS 配电装置进出线构架挂点高度为 41m，间隔宽度为 49～51m。

1000kV 设备之间的连接考虑两种方案：①软导线连接，连接导线选用 4×JLHN58K-1600；②管型母线连接，连接导体选用 ϕ250/230 或 ϕ200/180 管型母线。

采用软导线连接存在以下几方面问题：

（1）为了满足地面场强的要求，软导线对地高度比管型母线增加 2～3m，相应设备支架和构架高度均需增加 2～3m。

（2）软导线变形对设备端子板的拉力比较大。例如，在软导线跨距为 12.5m、弧垂取 1.2m 的情况下，在最大荷载工况下导线对设备端子板的拉力将超过 5000N。

（3）4 分裂软导线分裂间距为 600mm，从侧边与设备端子板连接时，与设备均压环之间的接口很难处理，且为保证导线连接的美观，对施工要求很高，施工难度比较大。

考虑到上述因素，1000kV 设备间连接采用管型母线。

采用管型母线连接时，设备需起到支撑管型母线的作用，并通过管型母线连接成一个整体。特高压设备安装高度较高，设备重心高，抗震能力差，且各个设备的自震频率不同，对于地震波将具有完全不同的频率反应，在水平方向以完全不同的振幅和频率进行强迫振动。当它们用管型母线连接起来时，就可能在连接处拉裂甚至折断，在其内部产生很大的应力，如超过瓷体的破坏应力，将造成严重的破坏。因此，需对 1000kV 设备与导体及金具连接的具体方式进行研究，重点考虑 1000kV 设备均压环、端子板如何通过金具与导体合理连接及接口关系，在满足安装和电场强度要求的前提下，尽量使之满足设备制造和运行需要，同时对改善设备连接体的抗震性能提出相应措施，降低地震时由于设备间的硬连接而造成的破坏力。

1000kV 配电装置典型连接回路包括 1000kV 串内 HGIS 设备连接回路、主变压器进线回路和高压电抗器连接回路，以下对这些回路连接方式分别说明。

（一）1000kV 串内 HGIS 设备连接回路

1000kV 串内 HGIS 设备连接回路典型断面见图 6－4。

HGIS 套管与管型母线之间采用管型母线夹加多股软导线或多股软铜编织线的软连接，与上跨线之间采用 4×JLHN58K－1600 型软导线连接，可避免因管型母线热胀冷缩或地震工况下对 HGIS 套管产生附加作用力。支柱绝缘子金具采用管型母线固定金具和管型母线伸缩金具。

已投运工程中仅荆门变电站和南阳变电站 1000kV 采用了 HGIS 配电装置，荆门变电站和南阳变电站正常情况和地震工况下各设备受力均在允许范围内。

（二）1000kV 主变压器进线回路

特高压交流工程建设初期，主变压器备用相未按快速搬运考虑，典型断面如图 6－5 所示。胜利变电站及后续工程根据运行对主变压器故障更换时间的要求，主变压器备用相考虑快速搬运，典型断面如图 6－6 所示。

避雷器、电容式电压互感器和主变压器高压套管均通过 4×JLHN58K－1600 型软导线向上与跨线或引线连接。已投运工程设备端子受力均满足要求。并且，在软连接方式下，地震时设备为相对独立的振动系统，抗震性能较好。

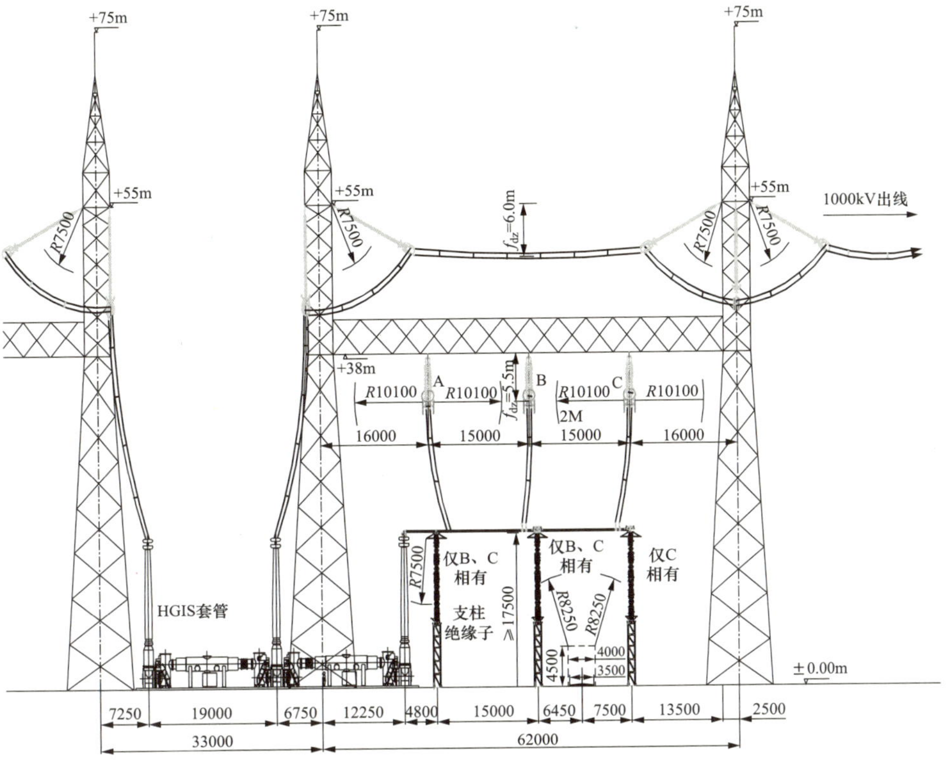

图 6－4　1000kV 串内 HGIS 设备连接回路典型断面图

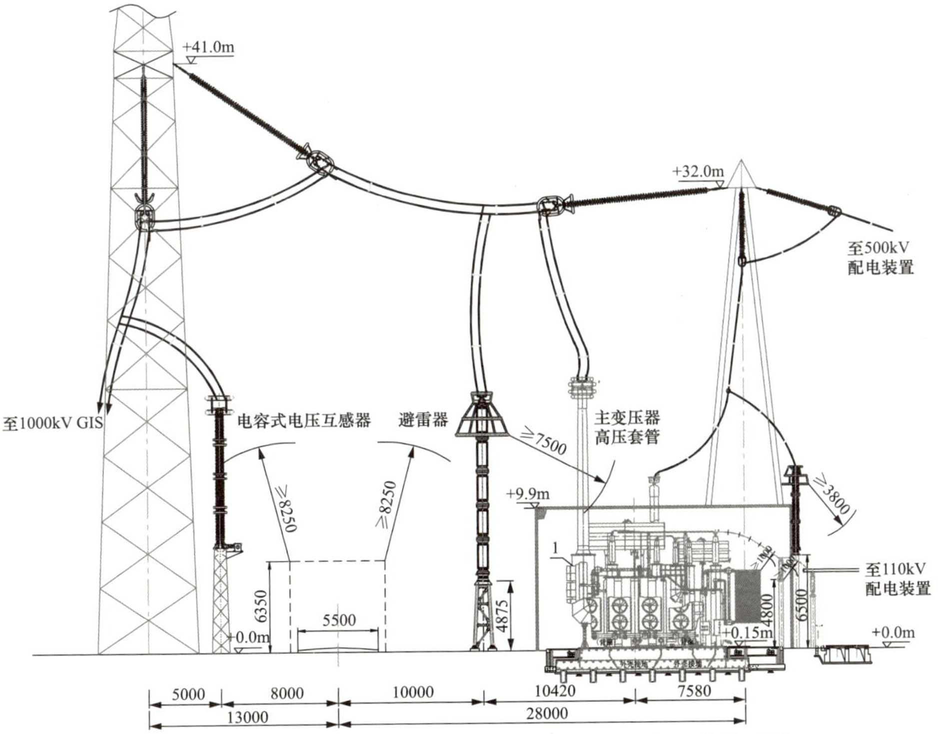

图 6－5　不考虑快速搬运 1000kV 主变压器进线回路断面图

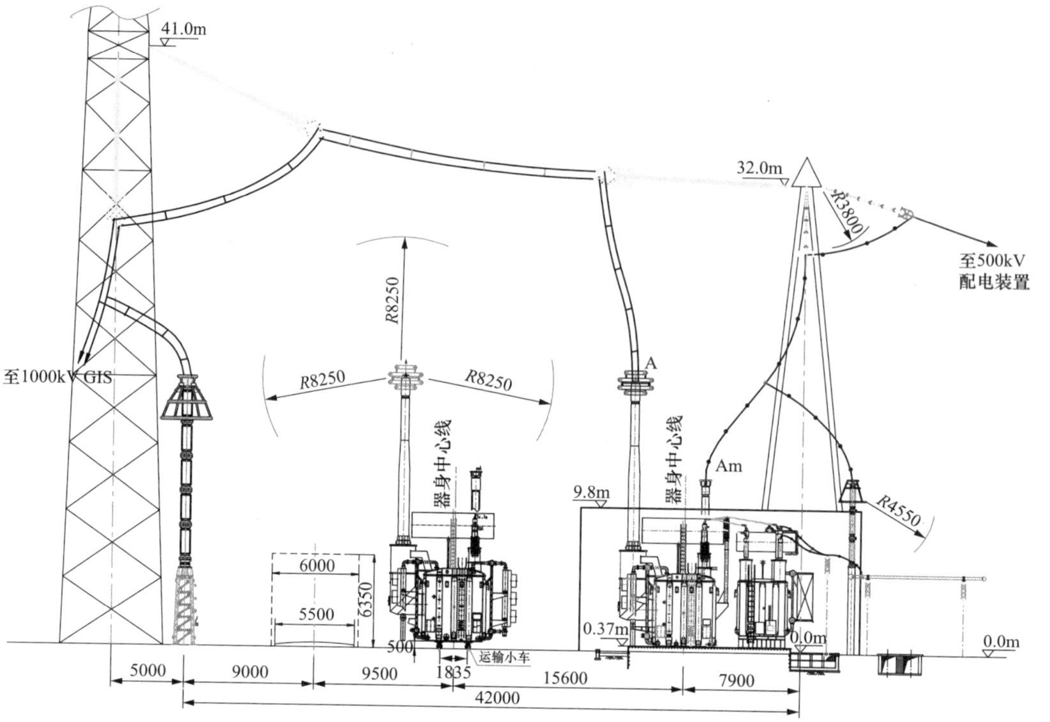

图 6-6　考虑快速搬运 1000kV 主变压器进线回路断面图

（三）1000kV 高压电抗器连接回路

1000kV 高压电抗器连接回路的典型断面如图 6-7 所示。

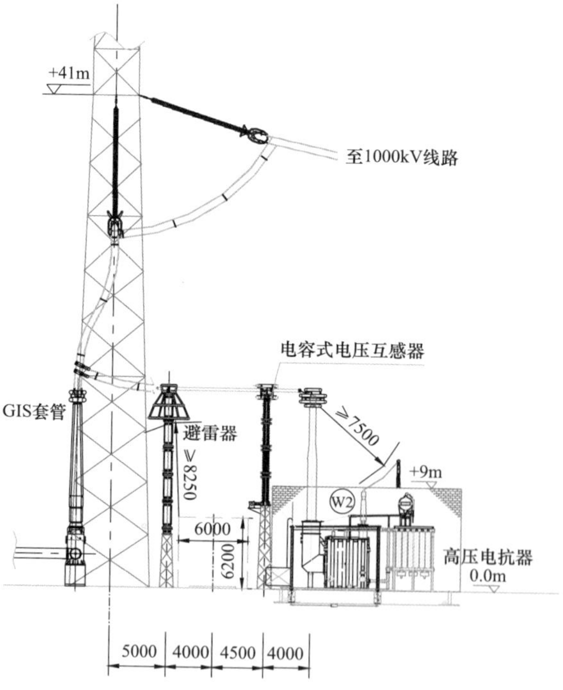

图 6-7　1000kV 高压电抗器连接回路典型断面图

避雷器和电容式电压互感器采用管型母线连接，电容式电压互感器顶部采用滑动型管型母线固定金具，避雷器顶部采用固定型管型母线固定金具，高压电抗器套管与管型母线之间采用管型母线夹加多股软导线或多股软铜编织线的软连接，GIS套管采用4×JLHN58K－1600型软导线与线路侧连接。

三、1000kV金具的分类及具体要求

（一）1000kV金具的特殊要求及设计技术措施

随着电压等级的提高，在复合场强的作用下，1000kV金具表面场强控制更加困难。特高压交流试验基地的实践经验表明，1000kV金具不能简单沿用超高压金具的设计原则和制造工艺，必须从结构设计、材料选用、表面处理等方面采用更高的标准。国内外经验表明，金属表面场强达到30kV/cm时，一般会发生电晕。考虑海拔修正、空气湿度、金属表面光洁度的影响，特高压设备均压环、屏蔽环及连接金具表面的设计场强按15kV/cm的水平控制（最高运行电压下，峰值）；跨线及母线绝缘子串的均压环、屏蔽环及金具的表面场强按20kV/cm的水平控制（最高运行电压下，峰值）。

为满足金具表面电场强度控制要求，科研单位在国内首次应用有限元三维仿真分析方法对变电站设备、导线及金具连接方式进行了电场分析计算，为金具的设计提供了有效支撑。研究结果表明，管型导体端部、母线及跨线端部、设备连线转角等区域为电场集中部位，需采取特殊的均压屏蔽措施，其余部位主要依靠设备均压环和导体进行屏蔽。为控制上述区域电场强度，1000kV金具设计主要采取以下技术措施：

（1）1000kV带跳线或引下线的耐张绝缘子串采用单均压环加双侧屏蔽环配置，不带跳线或引下线的耐张绝缘子串采用双均压环加双侧屏蔽环配置；引下线用悬垂绝缘子串采用单均压环加双侧屏蔽环配置，跳线用悬垂绝缘子串采用单均压环配置。

耐张及悬垂绝缘子串均压屏蔽环管径为120～150mm。

（2）管型母线终端及转角位置需装设屏蔽环，以防止场强过于集中而产生电晕。管型母线终端屏蔽环管径不小于150mm，转角处屏蔽环管径不小于240mm。

实际运行表明，采取上述措施后，特高压变电站导体和金具表面电场强度满足设计要求。

（二）1000kV软导线金具

1000kV软导线采用4分裂扩径型耐热铝合金导线4×JLHN58K－1600，软导线金具用于母线和进出线回路的跨线、引下线及跳线回路，主要包括间隔棒、设备线夹、“8变4”线夹、软导线T接金具、耐张线夹、悬垂线夹。

1. 间隔棒

间隔棒采用刚性十字型间隔棒，刚性间隔棒具有通流特性，能补偿4根子导线电流不均衡的效应。间隔棒短路电流向心力不小于12kN，并有不小于1.1倍的安全

裕度。

2. 设备线夹

设备线夹采用两个2分裂软导线设备线夹分体组合的结构方式，具有易实现标准化的结构设计，便于生产制造和安装检修，能够方便适应特高压设备单端子板和双端子板结构要求等特点。当设备采用铜端子板时，设备线夹的铜铝过渡采用钎焊方案。

3. “8变4”线夹

特高压交流线路选用8分裂软导线，站内选用4×JLHN58K－1600型导线。线路与站内导线的连接需要通过“8变4”线夹实现。

“8变4”线夹采用组合式，4分裂导线从8分裂线路中间引下，采用导线T接方式，该方式金具内部采用硬连接，外观清晰，且现场施工比较方便。

4. 软导线T接金具

软导线T接金具采用分体组合方案，其结构设计的基本原则是考虑制造方便、连接不发生干扰、接触可靠、导流性能良好。软导线T接金具采用双导线单引下（2变1）结构形式，该结构简单可靠、易于制造、安装简单。

（三）1000kV管型母线金具

根据设备连接要求，研发了管型母线固定金具、管型母线伸缩金具、管型母线T接金具、管型母线终端线夹，以及为满足配电装置抗震的特殊要求而设计的管型母线软连接金具。管型母线金具应保证管型母线与金具有充分的摆动自由度。在满足电气功能的前提下，管型母线固定金具宜与抗震性能强、方便连接的设备端子连接。

1. 管型母线固定金具

管型母线固定金具包括固定型和滑动型两种，为适应设备连接的需要，还设计了一些带引流线的特殊固定金具。

管型母线固定金具应能承受抗弯荷载，其值与所安装的设备的要求相配合。滑动型管型母线固定金具滑动范围应通过抗震计算确定，一般要求不小于±250mm，应保证管型母线在热胀冷缩时能自由伸缩，且滑动部分与固定部分应有可靠的等电位连接。同时根据受力分析，1000kV管型母线固定金具短时受力允许值要求为：水平方向和垂直方向分别不应小于6000N和8300N，安全系数1.67。

2. 管型母线伸缩金具

管型母线伸缩金具由1套托架、2套管型母线固定金具及金具间的多根软导线构成，软导线根数不应小于6根，布置应规整，顺管型母线方向看，导线应排列为标准半圆结构，通过氩弧焊固定在固定金具本体上。伸缩金具的通流量与管型母线的通流量应匹配，通流导体的表面温度不得超过导线的使用温度。管型母线伸缩金具的伸缩量应通过抗震计算确定。

3. 管型母线软连接金具

管型母线软连接金具由常规管型母线T接金具（或管型母线终端线夹）加软铜编织线或纯铝绞线等构成。其中，软铜编织线或纯铝绞线的长度由地震波作用下设备顶部的摇摆范围决定，保证设备可相对于管型母线自由摆动，避免设备在地震时受迫振动，改善了设备连接体的抗震性能，降低地震时由于设备间的硬连接而可能造成的破坏力，1000kV并联电抗器高压端子管型母线软连接金具示意图见图6-8。

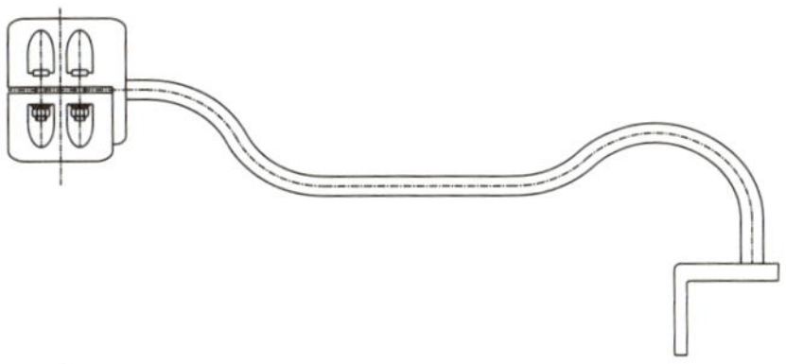

图6-8 1000kV并联电抗器高压端子管型母线软连接金具示意图

（四）1000kV绝缘子串组装金具

1000kV绝缘子串金具的配置与绝缘子串的选型密切相关，详见本章第三节的论述。

第三节 绝缘子串选择

特高压变电工程对绝缘子提出了比750kV及以下绝缘子更多更高的要求。绝缘子悬挂的相导线根数多、截面大，加之风力、覆冰等运行条件，使其承受更大的机械荷载；绝缘子运行中需要承受更高的工作电压和操作过电压的作用，要求提高过电压耐受能力；绝缘子串长度更长，元件数量急增，检测和更换极不便利，要求每个元件可靠性更高；尽可能地降低对环境的影响，降低无线电干扰。

本节针对变电站实际情况，对1000kV绝缘子串型式、吨位、片数、组串方式、V型绝缘子串夹角的选择等进行说明。

一、1000kV绝缘子型式选择

（一）绝缘子制造水平及参数性能

1. 绝缘子制造水平

试验示范工程设计之初，绝缘子制造水平情况如下：

（1）日本已有330、420、540kN瓷绝缘子用于1000kV输电线路，并已开发出700～840kN瓷绝缘子产品。为了避免瓷绝缘子在雷击闪络时造成损坏，日本在特高压线路绝缘子两端均装上了引弧间隙，悬垂串的引弧间隙为6.3m，耐张串的引弧间隙为5.9m。玻璃绝缘子已有300、400、530kN级产品。复合绝缘子从生产条件上来讲，已具备生产1000kN级的能力，在实际工程中广泛采用160～400kN级产品。

（2）从国内技术水平和生产能力来看，瓷绝缘子主要制造企业大连电瓷厂、NGK唐山电瓷有限公司已有300、400、530kN产品；玻璃绝缘子主要制造企业自贡SEDIVER公司、南京电瓷厂有300、400、530kN产品，天津DIELVE绝缘子有限公司有300、400kN产品。

2. 国产悬式绝缘子参数性能

针对我国重污秽的运行条件，特高压变电站可选用国产悬式绝缘子。悬式绝缘子可分为瓷绝缘子、玻璃绝缘子和复合绝缘子。

（1）瓷绝缘子。

电瓷材料具有良好的化学稳定性和热稳定性，几乎永不变质和老化，具有良好的电气性能和机械性能，是制造绝缘子的理想材料。瓷绝缘子是应用历史最长、使用数量最多的绝缘子，也是运行经验最丰富、最成熟的绝缘子。瓷绝缘子包括盘式绝缘子和长棒形绝缘子，其中盘式绝缘子有普通型、防污双伞型和防污三伞型，以 NGK 唐山电瓷有限公司部分产品为例，各种盘式绝缘子的典型技术参数分别如表 6－12、表 6－13 所示。

表 6－12　　交流防污双伞型盘式绝缘子技术参数

绝缘子型式			交流防污双伞型			
额定机电破坏负荷（kN）			160	210	240	300
瓷件公称盘径（mm）			290	300	300	330
公称结构高度（mm）			160	170	170	195
爬电距离（mm）			450	450	450	485
1h 机电负荷（kN）			120	160	180	225
逐个拉伸负荷（kN）			80	105	120	150
最小闪络电压（kV）	工频	干	90	90	90	90
		湿	50	50	50	50
	50%雷电	正	130	130	130	130
		负	130	130	130	130
耐受电压（kV）	工频	干	85	85	85	85
		湿	45	45	45	45
	雷电全波冲击		120	120	120	130
工频击穿电压（kV）			120	120	120	130
质量（kg）			8.5	9.5	10.0	13.0

表 6－13　　交流防污三伞型盘式绝缘子技术参数

绝缘子型式	交流防污三伞型			
额定机电破坏负荷（kN）	160	210	240	300
瓷件公称盘径（mm）	325	325	325	400
公称结构高度（mm）	160	170	170	195
爬电距离（mm）	545	545	545	635
1h 机电负荷（kN）	120	160	180	225
逐个拉伸负荷（kN）	80	105	120	150

续表

绝缘子型式			交流防污三伞型			
最小闪络电压（kV）	工频	干	90	90	90	110
		湿	50	50	50	65
	50%雷电	正	130	130	130	160
		负	130	130	130	160
耐受电压（kV）	工频	干	85	85	85	100
		湿	45	45	45	60
	雷电全波冲击		120	120	120	150
工频击穿电压（kV）			120	120	120	140
质量（kg）			11.5	12.0	12.0	18.5

上述技术参数和试验结果表明，外伞形绝缘子具有优越的污秽附着特性，积污程度远低于普通钟罩深棱形绝缘子；同时，外伞形绝缘子由于泄漏距离长且积污量少，具有优越的污秽耐受电压特性。由三伞型绝缘子组成的绝缘子串较由双伞型组成的绝缘子串短，无论是采用双伞型绝缘子组串还是三伞型绝缘子组串，工程中均需保证绝缘子串均压环对构架的最小空气间隙的要求。

长棒形绝缘子由多节组成，一般情况下 110kV 为 1 节，220kV 为 2 节，500kV 为 3 节，每节之间均有均压环和招弧角，绝缘体由氧化铝高强度瓷制作，与同样棒型的合成绝缘子相比，在相同的结构高度下，空气间隙缩短。因此，要达到一般合成绝缘子所要求的雷电冲击耐受电压和操作冲击耐受电压，瓷棒绝缘子的结构高度将大于合成绝缘子，作为悬垂串使用时存在一定的局限性。使用长棒形瓷绝缘子时，需在运输和安装过程中特别小心。瓷件大而笨，在运输和安装时有碰撞和损坏的危险。另外，如果制造过程中内部产生细微的缺陷，在运行中发热和机械应力的长期作用下会降低绝缘子的机械强度，且巡视时常规的观察和检测无法发现故障绝缘子，可能导致瓷件意外折断和导线落地。

（2）玻璃绝缘子。

含碱量大于 5%的 Na－Ga－Si 玻璃可作为交流绝缘子的材料。玻璃的抗拉和抗压强度比陶瓷大，因此同等级的玻璃绝缘子可以做得更轻一些。玻璃钢化以后，其耐热冲击、耐机械冲击性能大大提高，被电击穿后玻璃的伞盘会粉碎性地坠落，因此玻璃绝缘子具有零值自爆的优点，不需检测零值，可节省大量的运行维护费用。同时，玻璃绝缘子具有透明性，在出现损伤时容易发现。

玻璃绝缘子为深棱的钟罩形。在风力场中，深棱使伞裙下表面场发生畸变，气流遇到阻力后产生的湍流容易使空气中的尘埃粒子吸附在棱槽中，尤其是在污秽物中含有高比例的 $CaSO_4$ 成分时，很容易形成一层清洗不掉的污垢，一旦下表面被充分润湿，污层电导率增加后即可形成放电通道。而且玻璃本身即为亲水性物质，在潮湿条件下其绝缘性能也会急剧下降。

特高压变电站架空导线下方布置了设备或设备连接线，且运行人员经常巡视，玻璃绝缘子自爆或破裂掉落后可能会导致下方设备和人员损伤，因此特高压变电站中不采用玻璃绝缘子。

（3）复合绝缘子。

复合绝缘子采用抗拉强度极高的玻璃纤维增强树脂引拔棒作为绝缘子芯棒，以承受机械负荷；芯棒外部有耐老化性能优异的硅橡胶制作的护套和伞裙，以承受电负荷。

复合绝缘子具有以下特点：良好的机械性能，质量轻，体积小，不易破碎，成型温度低，制造工艺简单，成品率高，最重要的是硅橡胶为憎水性物质，在潮湿条件下仍能保持其绝缘性能。正是由于这些优点，复合绝缘子在国内外都得到了广泛的应用和发展。

我国复合绝缘子研制已达国际先进水平。复合绝缘子的伞裙护套成形工艺和组装方式主要有整体注射成型、挤包护套单伞套装、整体模压成型三种工艺，端部连接结构又分为内（外）锲式、压接式、胶装式三种。近年来，复合绝缘子的生产工艺已完成芯棒与护套界面的连续挤压、整体注射的改进，端部金具与芯棒连接逐渐采用压接式，两端金属附件连接区的界面采用高温硫化工艺，并采用耐酸芯棒。

（二）各种绝缘子性能比较

1. 瓷绝缘子

瓷绝缘子应用时间长，运行经验丰富，生产技术成熟。存在的主要问题有：

（1）特高压的绝缘子片数和串长增加较多；

（2）质量大；

（3）需要定期检测零值及更换失效绝缘子。

2. 玻璃绝缘子

玻璃绝缘子的最大优点为零值自爆，不需要检测零值，可节省大量的运行维护费用。存在的主要问题有：

（1）特高压的绝缘子片数和串长增加较多；

（2）质量大；

（3）自爆率较高（1‰左右），需更换自爆绝缘子；

（4）深棱的钟罩形，自洁能力差，积污重，不适合在中、重污区使用；

（5）在变电站中自爆后，可能会造成下方设备和人员损伤，且运行经验少。

3. 复合绝缘子

复合绝缘子具有质量轻、耐污性能良好等优点，单位爬电距离的污闪电压是瓷和玻璃绝缘子的2.5～3.0倍，在中、重污秽地区可显著缩短绝缘子串长。存在的主要问题有：

（1）运输和安装要求高；

（2）不易发现故障绝缘子；

（3）在变电站中的运行经验少。

（三）绝缘子型式选择结论

仅就绝缘子的耐污闪性能而言，钟罩型绝缘子比较适用于雨量充沛的沿海地区；双伞型绝缘子比较适用于内陆工业污秽、粉尘性污秽的地区；三伞型绝缘子比较适用于粉尘性污秽、沙漠污秽的地区；长棒型绝缘子适用于大气严重污染地区，但正处于试用阶段，缺少运行经验，在特高压变电站中不推荐使用。

伞型瓷绝缘子的污闪耐受电压较高，且随着海拔的升高污闪电压的降低也不显著，同时自洁性能好、积污少，在变电站中的运行经验丰富。因此，特高压变电站1000kV绝缘子串选用盘式防污伞型瓷绝缘子。已投运和在建的变电站为控制1000kV绝缘子串串长，均选用了三伞型瓷绝缘子。

不同型式的悬式绝缘子性能比较见表6－14。

表6－14　不同型式的悬式绝缘子性能比较

绝缘子型式	瓷绝缘子	玻璃绝缘子	复合绝缘子
额定机械负荷（kN）	100～300	200～500	200～400
串长	最长	较长	最短
质量	重	较重	轻
自洁能力	较好	较差	较好
维护	需定期检测零值	需更换自爆绝缘子	需定期检测零值
运行经验	多	少	少
运输安装	较易	较不易	较不易

二、1000kV绝缘子片数选择

（一）不同国家或组织确定绝缘子片数的方法

1. IEC

IEC 60815推荐采用爬电比距法进行污秽绝缘设计，关于污秽水平和爬电比距之间关系的规定与GB/T 26218《污秽条件下使用的高压绝缘子的选择和尺寸确定》系列标准相同。

2. 苏联

苏联对污秽绝缘设计考虑人工污秽耐受电压值及爬电比距有效系数。确定绝缘子串片数的方法是通过长串试验求取50%人工污秽耐受电压单片折算值$U_{50\%}$，计及标准偏差后计算污耐受电压来确定绝缘子片数。

3. 美国

美国污秽设计与苏联基本相同，但标准偏差取值不同。强调污秽绝缘设计应对不同型式和不同串型绝缘子进行真型试验来确定$U_{50\%}$。

4. 日本

日本直接按不同等值盐密（equivalent salt deposit density，ESDD）下不同型式和

不同串型绝缘子的最大污耐受电压试验值 U_W 来选择绝缘子片数，不使用爬电比距概念。

5. 中国

我国特高压变电站的 1000kV 绝缘子串片数按照爬电比距法进行计算，并按污闪耐受电压法进行校核。同时，考虑绝缘子老化及均压环的影响，并且其绝缘水平应不低于变电站出线侧线路绝缘子串。

（二）按爬电比距法选择

根据 DL/T 5222—2005《导体和电器选择设计技术规定》的规定，绝缘子串的片数按下式计算

$$N \geqslant \frac{\lambda U_m}{K_e l_0} \tag{6-19}$$

式中 N——每串绝缘子串片数；

λ——爬电比距，cm/kV；

U_m——系统最高电压，kV；

l_0——每片绝缘子的几何爬电距离，cm；

K_e——绝缘子爬电距离的有效系数。

式（6-19）可用于海拔 1000m 及以下地区。在海拔为 1000～4000m 的地区，当需要增加绝缘子数量来加强绝缘时，耐张绝缘子串的片数应按下式修正

$$N_H = N[1+0.1(H-1)] \tag{6-20}$$

式中 N_H——修正后的绝缘子片数；

N——海拔 1000m 及以下地区绝缘子片数；

H——海拔，km。

需要说明的是，双 I 型和 V 型绝缘子串的片数选择应考虑邻近效应，增加的片数需要通过绝缘子串场强分析后确定。根据科研成果，双 I 型绝缘子串的串间中心距不小于 600mm 时可不考虑邻近效应。

根据 DL/T 5222—2005《导体和电器选择设计技术规定》的规定，选择悬式绝缘子应考虑绝缘子的老化，每串绝缘子串要预留的零值绝缘子数量为：①35～220kV，耐张串 2 片，悬垂串 1 片；②330kV 及以上，耐张串 2～3 片，悬垂串 1～2 片。

在空气清洁无明显污秽的地区，同型绝缘子的悬垂绝缘子串的绝缘子片数可比耐张绝缘子串的绝缘子片数少 1 片，但污秽地区由于悬垂绝缘子串不便于雨水冲洗，故要求污秽地区的悬垂绝缘子串的绝缘子片数与耐张串应相同。

因此考虑 1000kV 耐张绝缘子串和悬垂绝缘子串的零值绝缘子均取 2～3 片。

（三）按污闪耐受电压法选择

1. 污闪耐受电压法计算绝缘子串的片数

污闪耐受电压法是根据试验得到绝缘子在不同污秽程度下的污闪耐受电压，使选

定的绝缘子串的污闪耐受电压大于导线的最大工作电压，并留有一定的裕度。这种方法和实际绝缘子的污耐受能力直接联系在一起，但需要通过试验确定绝缘子的耐污特性，并且人工污秽试验结果和自然污秽下绝缘子的耐污闪电压还存在着等价性的问题。

按污闪耐受电压法，绝缘子串的片数按下式计算

$$N \geqslant \frac{K_1 U_m}{U_w} \tag{6-21}$$

式中　U_m——系统最高运行相电压，kV；

U_w——单片绝缘子污闪耐受电压，kV；

K_1——按系统的重要性考虑的修正系数，取 1.1。

单片绝缘子的污闪耐受电压 U_w 按下式确定

$$U_w \geqslant U_{i50\%}(1-3\sigma) \tag{6-22}$$

式中　$U_{i50\%}$——给定污秽度下，绝缘子片的 50%闪络电压，kV；

σ——绝缘子污闪耐受电压的变差系数。

通常影响人工污秽试验结果与自然污秽等效性的因素除盐密外，还有可溶盐的种类、不溶物的种类及其附着密度（即灰密）和污秽物在绝缘子上下表面不均匀分布等。低盐密和中等盐密时，不对试验结果做上下表面积污分布不均匀修正，重盐密时需修正试验结果，另外还需按盐密灰密比进行修正。修正后的污闪耐受电压按下式确定

$$U'_w = K_n K_d U_w \tag{6-23}$$

式中　K_n——灰密修正系数；

K_d——绝缘子上下表面污秽不均匀分布修正系数，$K_d = 1 - N\ln(T/B)$；

N——常数，对于普通绝缘子取 0.054，对于伞型绝缘子取 0.17；

T/B——上下表面不均匀积污比。

通过试验，得到各污秽等级下单片普通绝缘子 CA590－EZ 最大污闪耐受电压值，同时对各站所在地的污秽物特性进行分析，其中不溶物大多数为 $CaSO_4$，含量约为 30%～49%，并按最小值 30%和平均值 41%对 *ESDD* 进行了修正，同时对试验结果做上下表面积污分布不均匀修正，得出了修正后的单片绝缘子最大污闪耐受电压。$CaSO_4$ 含量取最小值 30%，即单片绝缘子最大污闪耐受电压取较小值，经盐密灰密比和上下表面不均匀积污比修正后的单片绝缘子最大污闪耐受电压如表 6－15 所示。

表 6－15　单片普通绝缘子 CA590－EZ 不同污秽等级下的最大污闪耐受电压值

污秽等级	附盐密度（SDD，mg/cm^2）	U_w（kV）
0	0.031	13.1
Ⅰ	0.052	11.8

续表

污秽等级	附盐密度（SDD，mg/cm²）	U_w（kV）
Ⅱ	0.08	10.8
Ⅲ	0.185	9.2
Ⅴ	0.255	8.6

2. 绝缘子型式的影响

绝缘子的型式，尤其是伞裙形状，对绝缘子串的污耐压特性影响较大。在重污秽条件下，普通型绝缘子局部放电更易短接部分爬电距离，使绝缘子串污闪耐受电压降低。同时，绝缘子串的不同组串型式也由于邻近效应等原因影响着绝缘子串的污耐压特性。在盐密、灰密分别为0.1、0.5mg/cm² 的条件下，对不同型式的绝缘子，主要是普通型（CA590－EZ）和双伞型（CA 887－EZ），在不同组串型式下的污耐压特性进行了试验测量。试验结果表明：

（1）双伞型单联绝缘子串的单片污闪耐受电压值较普通型单联绝缘子串提高约5%；

（2）双伞型双联绝缘子串的单片污闪耐受电压值较双伞型单联串降低6%；

（3）双伞型单V绝缘子串的单片污闪耐受电压值较双伞型单联绝缘子串提高约13%。

3. 绝缘子伞型的影响

三伞型绝缘子由于泄漏距离长且积污量少，具有更优越的污秽耐受电压特性，因此选用三伞型绝缘子可减少绝缘子串片数，使绝缘子串小型化，减小安装和维护的工作量。但三伞型绝缘子缺乏试验数据暂无法按污耐压方法确定绝缘子串片数。

（四）按与线路绝缘子串的绝缘水平配合法选择

变电站绝缘子串绝缘水平应按不低于变电站出线线路绝缘子串的原则考虑，因此变电站绝缘子串的片数可按与线路绝缘子串的绝缘水平配合法确定。

根据科研结论，在相同条件下，特高压变电站选用的瓷绝缘子和出线线路选用的瓷绝缘子具有相同的爬电距离有效系数，因此不同伞型的瓷绝缘子串如果具有相同的爬电距离，可认为绝缘子串具有相当的绝缘水平。因此，可按变电站绝缘子串的爬电距离略高于线路绝缘子串来确定变电站绝缘子串片数

$$n \geqslant \frac{n_1 l_1}{l_0} \tag{6-24}$$

式中 n_1——相同污秽等级下，变电站出线线路绝缘子串的片数；

l_1——变电站出线线路绝缘子单片的爬电距离，cm；

l_0——变电站绝缘子单片的爬电距离，cm。

1000kV架空输电线路绝缘子串片数的选择采用污闪耐受电压法选择，根据研究结果，在Ⅲ级污秽水平下，线路绝缘子串若选用双伞型300kN绝缘子，单片绝缘子

爬电距离485mm，片数应为64片。因此，变电站绝缘子串片数选择结果见表6-16、表6-17。

表6-16　Ⅲ级污秽地区的1000kV交流防污双伞型绝缘子片数

绝缘子型式	交流防污双伞型							
额定机电破坏负荷（kN）	160		210		240		300	
公称结构高度（mm）	160	170	170	170	170	170	195	195
爬电距离（mm）	450	525	450	525	450	525	485	480
片数	70	61	70	61	70	61	64	70
绝缘子本体长度（m）	11.2	10.37	11.9	10.37	11.9	10.37	12.48	13.65

表6-17　Ⅲ级污秽地区的1000kV交流防污三伞型绝缘子片数

绝缘子型式	交流防污三伞型					
额定机电破坏负荷（kN）	160		210	240	300	
公称结构高度（mm）	160	170	170	170	195	195
爬电距离（mm）	545	545	545	545	635	550
片数	59	59	59	59	51	58
绝缘子本体长度（m）	9.44	10.03	10.03	10.03	9.945	11.31

变电站绝缘子串的片数按与线路绝缘子串的绝缘水平配合法确定，一方面可以保证变电站绝缘子串的绝缘水平不低于变电站出线线路绝缘子串的绝缘水平；另一方面，由于出线线路绝缘子串的片数是根据真型试验数据按污闪耐受电压法选取的，因此可与实际绝缘子的污耐受能力直接联系在一起。

（五）绝缘子串片数选择结论

综合比较以上两种方法，爬电比距法简单易行，在超高压工程中被广泛应用且经过实践验证，但此方法没有与绝缘子串的污闪耐受能力建立起直接的联系，而且不同绝缘子串的爬电距离有效系数也还需结合人工污闪耐受电压的试验结果及长期运行经验确定；污闪耐受电压法根据试验得到绝缘子串在不同污秽程度下的污闪耐受电压，使选定的绝缘子串的污闪耐受电压大于连接导线的最大工作电压，并留有一定裕度，此方法直接与绝缘子串的污闪耐受能力联系在一起，但需通过人工污秽试验确定绝缘子串的污闪耐受电压，且存在人工污秽试验结果和自然污秽下的等效性问题。

1000kV绝缘子串片数的选择同时采用以上两种方法计算，经综合分析比较后确定。由于特高压变电工程所选用的绝缘子串缺乏污闪耐受电压的试验数据，因此按变电站悬式绝缘子串爬电距离略高于线路绝缘子串爬电距离选择绝缘子串片数。

根据科研成果，在d级污秽条件下，线路绝缘子串若选用双伞型绝缘子，其单片绝缘子爬电距离为485mm，单串片数为64片。若选用三伞型瓷绝缘子，经计算，1000kV变电工程绝缘子串型式及片数选择见表6-18。

表 6-18　　1000kV 变电工程绝缘子串型式及片数

绝缘子串型式	跨线耐张绝缘子串	悬垂绝缘子串	母线耐张绝缘子串	
额定机电破坏负荷（kN）	240	160	300	240
公称结构高度（mm）	170	170	195	170
爬电距离（mm）	545	545	635	545
片数	59	59	51	59
绝缘子串型式	双联	V型	V型	

三、1000kV 绝缘子串选型

（一）绝缘子串型式选择

1. 绝缘子串型式

根据导线风偏摇摆的初步计算结果可知，由于跨线的绝缘子串质量占比相对较大，其弧垂占跨间总弧垂的 80%～90%，在不采取任何措施的情况下，考虑导线的不同期摇摆，在工频大风的工况下，采用单 I 或双 II 绝缘子串可以将相间距离控制在 15m 以内。

结合配电装置布置和受力计算，1000kV 进出线跨线采用双 I 型耐张绝缘子串，引下线采用 V 型悬垂绝缘子串，敞开式主母线采用 V 型绝缘子串。

2. V 型绝缘子串的夹角选择

采用 V 型绝缘子串的目的是限制导线摇摆，以减小构架宽度。V 型绝缘子串与构架的连接方式应能保证在断线时平行导线方向灵活转动。在导线最大风偏时，应能避免绝缘子串受压松弛，以防止绝缘子脱落或受压损坏。同时，绝缘子串的机械强度应能满足最大使用载荷的要求。

在导线最大风偏时，绝缘子串是否受压松弛，取决于 V 型绝缘子串的夹角，如图 6-9 所示，夹角 α 与风偏角 φ 有关，其计算式为

$$P=\sqrt{P_H^2+W_V^2} \tag{6-25}$$

$$P_1=\frac{\sin(\varphi-\alpha)}{\sin2\alpha}P \tag{6-26}$$

$$P_2=\frac{\sin(\varphi+\alpha)}{\sin2\alpha}P \tag{6-27}$$

式中　P——最大风时导线的综合载荷，N；

P_H——导线最大风载荷，N；

W_V——导线自重载荷，N；

P_1——综合载荷 P 在绝缘子串 1 上的分力，N；

P_2——综合载荷 P 在绝缘子串 2 上的分力，N；

φ——导线最大风偏角；

α——V 型绝缘子串夹角的一半。

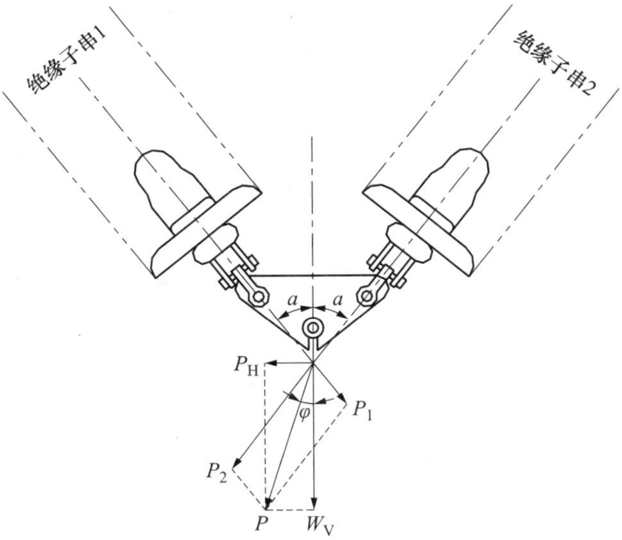

图 6-9　V 型绝缘子串受力分析图

导线最大风载荷可按下式计算

$$P_H = K_1K_2FW_0\sin^2\theta \tag{6-28}$$

$$W_0 = \frac{\rho}{2}v^2 \tag{6-29}$$

式中　K_1——风速不均匀系数；

K_2——空气动力系数；

W_0——理论风压，Pa；

F——导线受风投影面积（直径×线长），m^2；

θ——风向与导线轴向的夹角；

v——风速，m/s；

ρ——空气密度，标准值为 $1.2255kg/m^3$。

表 6-19 列出了当 V 型绝缘子串的夹角 α 与导线最大风偏角 φ 呈一定关系时，作用在两绝缘子串上的分力 P_1 和 P_2 的数值，以表示绝缘子串受拉或受压的情况。

表 6-19　　V 型绝缘子串受力分析

φ 与 α 的关系	**P_1**	**P_2**	**绝缘子受力情况**
$\alpha > \varphi$	$\frac{\sin(\varphi-\alpha)}{\sin2\alpha}P$，$<0$	$\frac{\sin(\varphi+\alpha)}{\sin2\alpha}P$，$>0$	两个绝缘子串均受拉
$\alpha = \varphi$	0	P	绝缘子串 1 不受力， 绝缘子串 2 受全部综合载荷 P
$\alpha < \varphi$	$\frac{\sin(\varphi-\alpha)}{\sin2\alpha}P$，$>0$	$\frac{\sin(\varphi+\alpha)}{\sin2\alpha}P$，$>0$	绝缘子串 1 受压， 绝缘子串 2 受拉

由表 6-19 的分析可知，V 型绝缘子串的夹角 α 需大于导线最大风偏角 φ，才能避免绝缘子串受压。

根据计算，特高压变电站导线最大风偏角 φ 在一般情况下不会超过 10°，兼顾绝缘子串和构架受力限制，同时由于 V 型绝缘子串的夹角 α 的增加有助于减少 V 型绝缘子串的邻近效应，因此，V 型绝缘子串的夹角 α 大于 20°，实际工程取 40°左右。

（二）绝缘子串保护金具的型式

1. 保护金具的配置原则

330kV 及以上电压的绝缘子串应装设均压和屏蔽装置，以改善绝缘子串的电压分布及防止连接金具发生电晕。受杂散电容的影响，导线侧和杆塔侧绝缘子电场畸变比较严重，特别是靠近导线侧的几片绝缘子，承受比中部绝缘子高 4 倍左右的电压。要改善绝缘子串上的电压分布及其周围的电场分布，导线侧应配置适当的均压环。杆塔侧由于绝缘子及其周围电场强度相对较低，绝缘子承受电压在 20kV 以下，可不配置均压环。

随着电压等级的提高，在复合场强作用下，特高压金具表面场强控制更加困难。特高压交流试验基地的实践经验表明，特高压变电金具不能简单沿用超高压金具的设计原则和制造工艺，必须从结构设计、材料选用、表面处理等方面采用更高的标准。国内外工程经验表明，金属表面电场强度达到 30kV/cm 时，一般会发生电晕。考虑海拔修正、空气湿度、金属表面光洁度的影响，特高压变电站跨线及母线绝缘子串的均压环、屏蔽环及金具的表面场强按不大于 20kV/cm 控制（最高运行电压下，峰值）。

为满足金具表面电场强度控制要求，科研单位针对 1000kV 变电站瓷绝缘子串采用有限元三维电场对绝缘子串的电压分布、绝缘子串金具表面场强及对地 1.5m 处的场强分布进行了计算。计算结果表明：

（1）在同等条件下，跑道型均压环和马鞍型均压环的总体均压效果差异不大，从导线侧绝缘子的分布电压看，跑道型均压环比马鞍型均压环稍均匀一些，而从均压环表面最大场强看，马鞍型均压环比跑道型均压环略低一点。

（2）均压环上扛位置对绝缘子串导线侧的分布电压及导线侧均压环表面场强影响较大，对杆塔侧的分布电压基本没有影响。当均压环的上扛位置在 2～4 片绝缘子之间变化时，导线侧绝缘子分布电压随上扛位置的增高而下降，导线侧均压环表面场强随着上扛位置的增高而上升，因此，确定均压环位置时应综合考虑多方面因素。

（3）当环中心距从 900mm 增大至 1100mm 时，导线侧绝缘子分布电压略有下降，均压环表面场强也略有降低，但影响幅度较小。

（4）均压环的环截面直径大小对均压环表面场强影响较大，当截面直径从 110mm 增大到 150mm 时，峰值下环表面最大场强值可下降 3～7V/mm。均压环的环截面直径变化对绝缘子串的分布电压影响很小，环截面直径增大，导线侧绝缘子承受的电压略有下降。

根据对1000kV绝缘子串多种均压环及屏蔽环配置方案进行的电位、电场分布计算结果，保护金具配置方案为：1000kV带跳线或引下线的耐张绝缘子串采用单均压环加双侧屏蔽环配置，不带跳线或引下线的耐张绝缘子串采用双均压环加双侧屏蔽环配置；引下线用悬垂绝缘子串采用单均压环加双侧屏蔽环配置，跳线用悬垂绝缘子串采用单均压环配置。耐张及悬垂绝缘子串均压屏蔽环管径为120～150mm。

2. 保护金具的型式选择

（1）单环结构的均压环及屏蔽环。1000kV带跳线或引下线的耐张绝缘子串防护金具采用单环结构的均压环加双侧屏蔽环，单环结构的均压环为跑道型，双侧屏蔽环为轮型。1000kV带跳线或引下线的双联跨线耐张绝缘子串和V型母线耐张绝缘子串防护金具见图6-10，具体配置见表6-20。

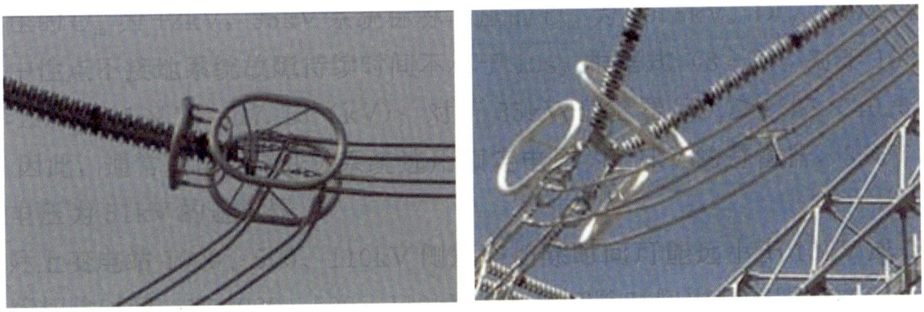

（a）　　　　　　　　　　　　　　（b）

图6-10　绝缘子串单环防护金具

（a）双联跨线耐张绝缘子串防护金具；（b）V型母线耐张绝缘子串防护金具

表6-20　带跳线或引下线耐张绝缘子串防护金具配置表

绝缘子串型式		双联跨线耐张绝缘子串	V型母线耐张绝缘子串
防护金具型式		单跑道均压环＋两侧轮形屏蔽环	单跑道均压环＋两侧轮形屏蔽环
均压环的配置参数	圆弧部分中心距（mm）	900～1000	900～1000
	两圆弧连接部分的长度	由联间距确定	由联间距确定
	管径（mm）	120～140	120～140
	罩入深度（mm）	环置于3～4片之间，环上平面距联板600	环置于3～4片之间，环上平面距联板600
屏蔽环的配置参数	圆弧部分中心距（mm）	900～1000	900～1000
	两圆弧连接部分的长度	由金具应屏蔽区域确定	由金具应屏蔽区域确定
	管径（mm）	120～130	120～130
	安装位置	由金具屏蔽区域确定	由金具屏蔽区域确定

图 6－11　V 型悬垂绝缘子串防护金具

为了限制跳线的风偏摇摆及绝缘子串的长度，悬垂绝缘子采用 V 型绝缘子串。由于绝缘子串片数较多，V 型绝缘子串在自重的作用下会变为 U 型。采用常规的跑道型均压环会导致均压环上扛的绝缘子数量增加，同时绝缘子距离均压环的净距减小，在雨雪天气下容易造成短接而减小绝缘子的有效片数。因此 1000kV 悬垂绝缘子串采用马鞍形均压环，环中心位于 3～4 片绝缘子之间，如图 6－11 所示。

带引下线的悬垂绝缘子串采用马鞍型均压环加双侧轮型屏蔽环结构，具体配置如下：圆弧部分中心距为 1000mm；环截面直径为 120mm；鞍部弧段曲率半径为 800mm（中心距）。

双侧轮型屏蔽环配置要求与带跳线或引下线的耐张绝缘子串相同。

（2）双环结构的均压环及屏蔽环。1000kV 不带跳线和引下线的耐张绝缘子串防护金具采用双环结构的均压环及双侧屏蔽环，双环结构的均压环为跑道型大小环，双侧屏蔽环为轮型。1000kV 不带跳线或引下线的双联跨线耐张绝缘子串和 V 型母线耐张绝缘子串防护金具见图 6－12，具体配置见表 6－21。

表 6－21　不带跳线或引下线耐张绝缘子串防护金具配置表

绝缘子串型式			双联跨线耐张绝缘子串	V 型母线耐张绝缘子串
防护金具型式			双跑道均压环＋两侧轮形屏蔽环	双跑道均压环＋两侧轮形屏蔽环
均压环的配置参数	小环	圆弧部分中心距（mm）	1200	1200
		联间距（mm）	600	1000
		管径（mm）	150	150
		罩入深度	环置于 3～4 片之间，环上平面距联板 600mm	环置于 4～5 片之间
	大环	圆弧部分中心距（mm）	1400	1400
		联间距（mm）	600	1000
		管径（mm）	150	150
	两均压环中心平面间距（mm）		200	200
屏蔽环的配置参数	圆弧部分中心距（mm）		1400	1400
	联间距（mm）		600	600
	管径（mm）		150	150

续表

屏蔽环的配置参数	安装位置	靠近大均压环的圆弧部分罩入第1片绝缘子	靠近大均压环的圆弧部分罩入第1片绝缘子
	两屏蔽环中心平面间距（mm）	1880	1880

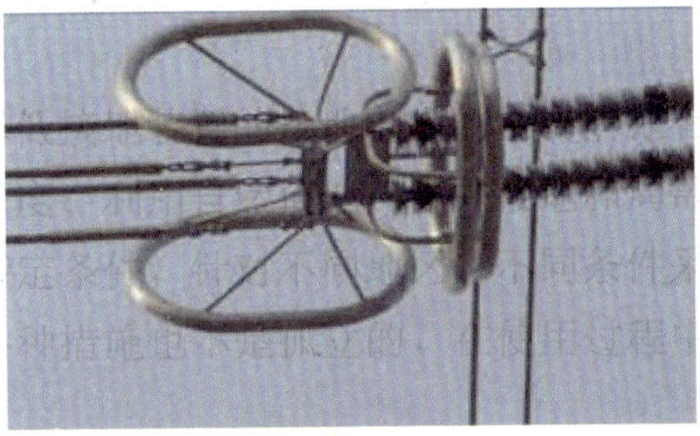

（a）

（b）

图6-12　绝缘子串双环防护金具

（a）双联跨线耐张绝缘子串防护金具；（b）V型母线耐张绝缘子串防护金具

（3）单环结构的均压环。1000kV双侧带跳线的悬垂绝缘子串防护金具采用单环结构的均压环，单环结构的均压环为马鞍型，环中心位于3～4片绝缘子之间，如图6-13所示，具体配置与带引下线的悬垂绝缘子串相同。

图6-13　绝缘子串单环防护金具

第七章　站用电系统

变电站站用电系统的供电可靠性是变电站正常运行的重要保证。变电站工程设计中，应根据工程特点和建设规模，在确保站用电系统可靠性的基础上，满足近期要求的同时兼顾远期需要，进行站用电系统设计。

与超高压输变电工程相比，特高压工程站用电负荷较大、辐射距离较长，需根据工程特点及建设规模，选择经济、合理的站用电设计方案。本章主要研究了特高压变电站站用电系统设计，针对几种典型建设规模提出推荐的站用电接线及布置方案。

第一节　站用电系统概述

为提高站用电供电可靠性，特高压变电站一般设置 3 回站用电源，其中 2 回工作站用电源分别引自 2 组主变压器 110kV 侧，另 1 回备用站用电源引自站外可靠的专用线路。初期只有 1 组主变压器时，除由站内引接 1 台站用工作变压器外，宜再从站外引接 2 回来自 2 个不同变电站的可靠电源。当难以引接第 2 回可靠电源时，可在站内设置自备应急电源，如配置快速自启动柴油发电机组等。自启动柴油发电机组的配置要求，应按 GB 29328—2018《重要电力用户供电电源及自备应急电源配置技术规范》的有关规定执行。

两路站用工作变压器电源引自主变压器 110kV 母线，一般采用 110/10kV 和 10/0.4kV，或 110/35kV 和 35/0.4kV 两级降压方式；站用备用变压器电源一般采用 35/0.4kV 或 10/0.4kV 一级降压方式。对于变电站、换流站合建工程，变电站第三回站用电源可引自换流站站用电 10kV 系统，采用 110/10kV 和 10/0.4kV 两级降压方式。

380V 站用电采用单母线接线，分为 2 段工作母线。引自站内的 110kV 电源经两级降压后，与引自站外的备用电源降压后分别接入 380V 站用电工作母线。为满足电缆压降要求，同时为减少电缆数量、节约投资，分别在各区域设置配电分屏或动力配电箱，就近供电。400V 站用电系统为直接接地系统。

站用电负荷按停电影响可分为三类：①Ⅰ类负荷，短时停电可能影响人身或设备安全，使生产运行停顿或主变压器减载的负荷；②Ⅱ类负荷，允许短时停电，但停电时间过长，有可能影响正常生产运行的负荷；③Ⅲ类负荷，长时间停电不会直接影响生产运行的负荷。

每台站用工作变压器和站用备用变压器的容量均按全站计算负荷确定。若设置快速自启动柴油发电机组，其容量应满足全站Ⅰ类负荷和部分Ⅱ类负荷（包括全站高压电抗器冷却负荷）的用电要求，具体容量可根据工程实际需求考虑。

负荷计算原则：连续运行及经常短时运行的设备应予计算，如变压器强油风冷装置电源、深井泵电源等；不经常短时及断续运行的设备不予计算，如雨水泵电源等。

根据站用电负荷统计，已投运特高压交流工程35/0.4kV或10/0.4kV站用变压器容量选择2500、3150kVA。考虑到站用变压器设备生产容量序列（110kV变压器最小容量5000kVA），110/10kV或110/35kV变压器容量按5000kVA选择。

针对北方寒冷地区冬季GIS等设备伴热负荷、建筑物内采暖负荷较大的问题，在统计负荷容量时需特别注意。

第二节　站用电系统电气接线

一、初期建设2组及以上主变压器的站用电系统电气接线

1000kV变电站初期有2组及以上主变压器时，2路站用电源取自2组主变压器110kV侧母线，备用电源采用35kV或10kV外引电源。对于交直流合建工程，备用电源可以引自换流站站用电系统。站用电系统接线如图7-1所示。

二、初期建设1组主变压器的站用电系统电气接线

1000kV变电站初期只建设1组主变压器时，1路站用工作电源取自1组主变压器110kV侧母线，另1路站用工作电源和1路备用电源采用35kV或10kV取自2路不同供电区域外引电源；若为交直流合建，另1路站用工作电源和备用电源中1路可以引自换流站站用电系统。后期当变电站扩建主变压器时，另1路站用工作电源需由外引电源改接至110kV侧母线。站用电系统接线如图7-2所示。

三、初期建设为开关站的站用电系统电气接线

1000kV变电站初期建设为开关站时，宜从站外引接2回可靠电源。根据工程实际需要，考虑是否设置快速自启动柴油发电机组，其容量仅需满足全站Ⅰ类负荷和部分Ⅱ类负荷（包括全站高压电抗器冷却负荷）用电要求。站用电系统接线如图7-3

所示。

初期柴油发电机作为站用电保安电源，直接接入380V工作母线联络段。正常工作时两段工作母线分段运行，当一回工作电源故障失电时，由另一回工作电源带全站负荷；当两回工作电源同时失电时，柴油发电机保安电源将代替故障电源接入工作母线（需切除部分非重要负荷）。站用电源不应并列运行。

远期拆除柴油发电机，将一回站外电源切改至400V工作母线联络段作为备用电源。

四、其他特殊情况下的站用电系统电气接线

当实际工程站用电负荷大于400V断路器最大额定电流6300A（对应变压器容量为3150kVA），或有其他特殊情况需在站内引接10kV负荷时，可设置10kV作为站用电系统中间电压等级。10kV母线采用单母线接线方式，设置2个工作段和1个备用段，即2路站内电源经2台主变压器低压侧110/10kV降压变压器后分别接入10kV Ⅰ、Ⅱ段工作母线段。工作段与备用段母线之间设置分段开关，正常情况下，各段母线分列运行，当任一工作段母线失去电源时可自动投切至备用段母线供电。400V站用电系统采用单元接线方式，根据最终规模分为2个单元，每个单元内400V为单母线分段接线，不设备用段，正常运行时，2段工作母线分列运行，任意一段工作母线失电，2段工作母线之间联络开关自动投上，由正常工作段给该单元所有负荷供电。苏州、锡盟变电站采用了此种站用电接线方式。设置10kV母线的站用电系统接线如图7-4所示。

第三节 站用电设备选择

一、110/10kV（110/35kV）站用高压变压器

站用高压变压器采用户外油浸式有载调压变压器，容量为5000kVA（序列中最小制造容量），短路阻抗为10.5%。由于110kV母线接入了无功补偿装置，电压波动范围较大，因此调压范围为110±8×1.25%/10kV或110±6×1.25%/35kV。

二、10/0.4kV站用变压器

10/0.4kV站用变压器采用三相双绕组、干式或油浸式，由站内主变压器引接的站用变压器采用无励磁调压，连接外引电源的站用备用变压器可根据电压波动范围选择无励磁或有载调压，容量为2500kVA或3150kVA，短路阻抗为6%；接线组别为YNd11，调压范围为10±2×2.5%/0.4kV（无励磁）或10±4×2.5%/0.4kV（有载）。

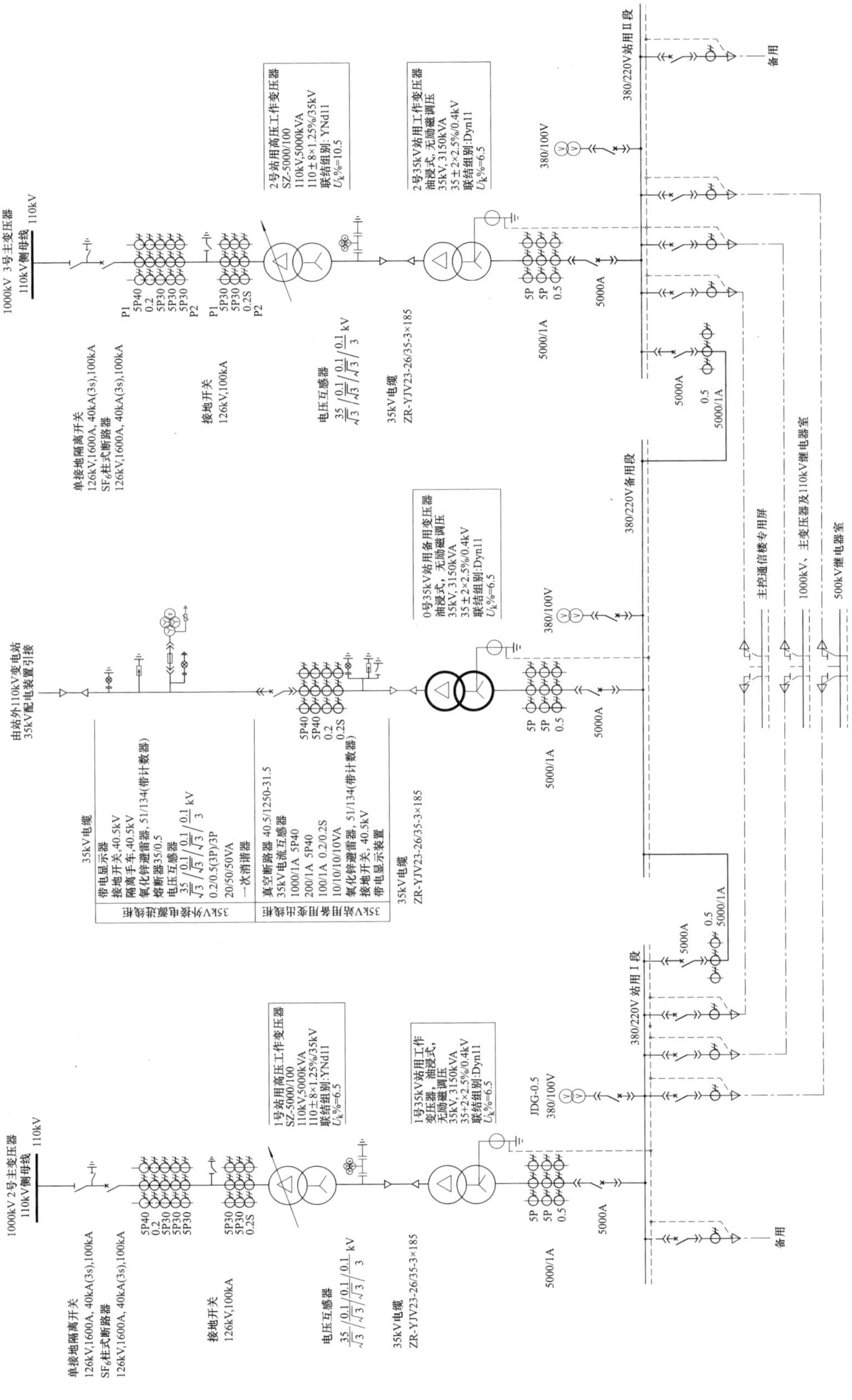

图7-1 初期建设2组及以上主变压器的站用电系统接线图

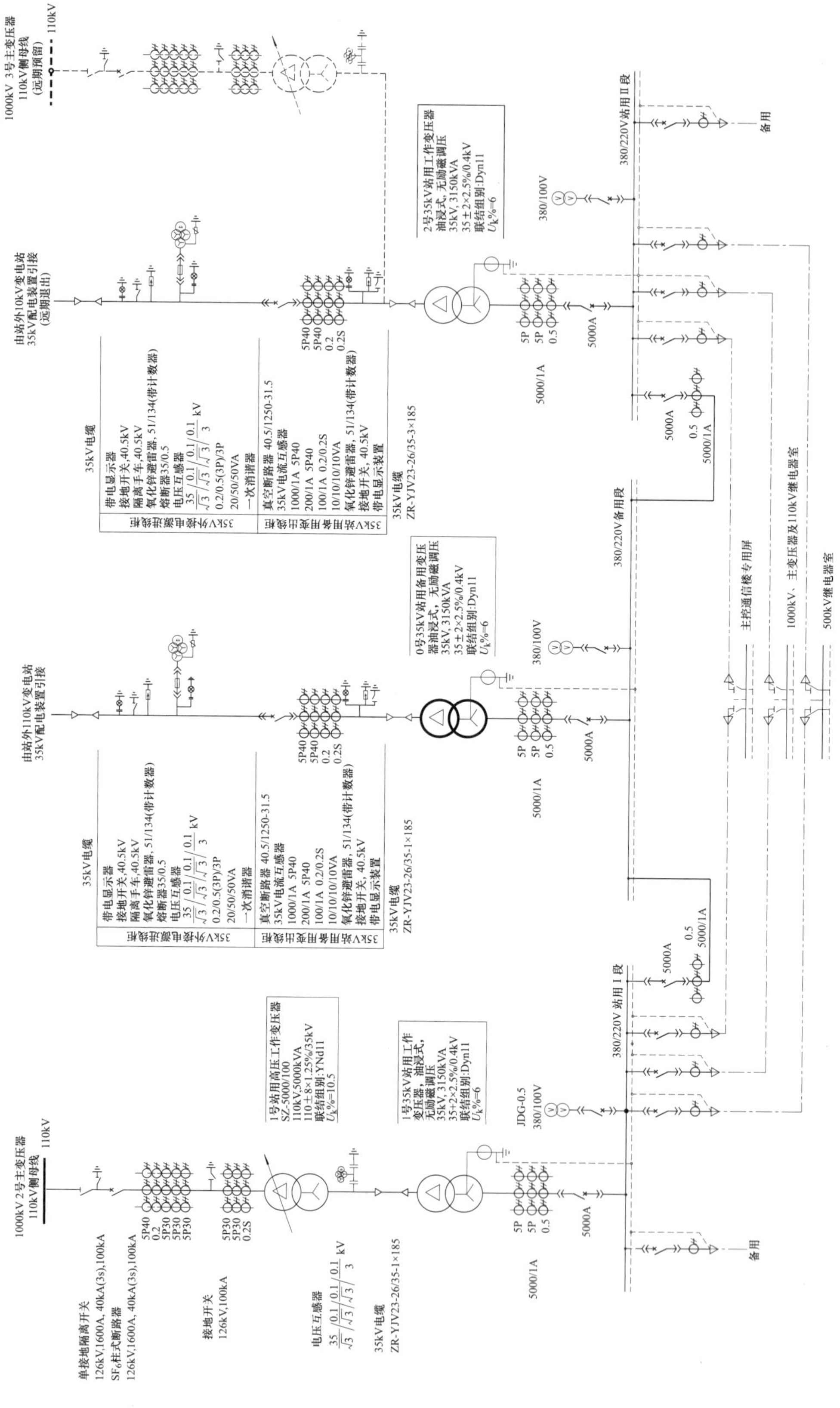

图7-2　初期建设1组主变压器的站用电系统接线图（站外引接2路电源）

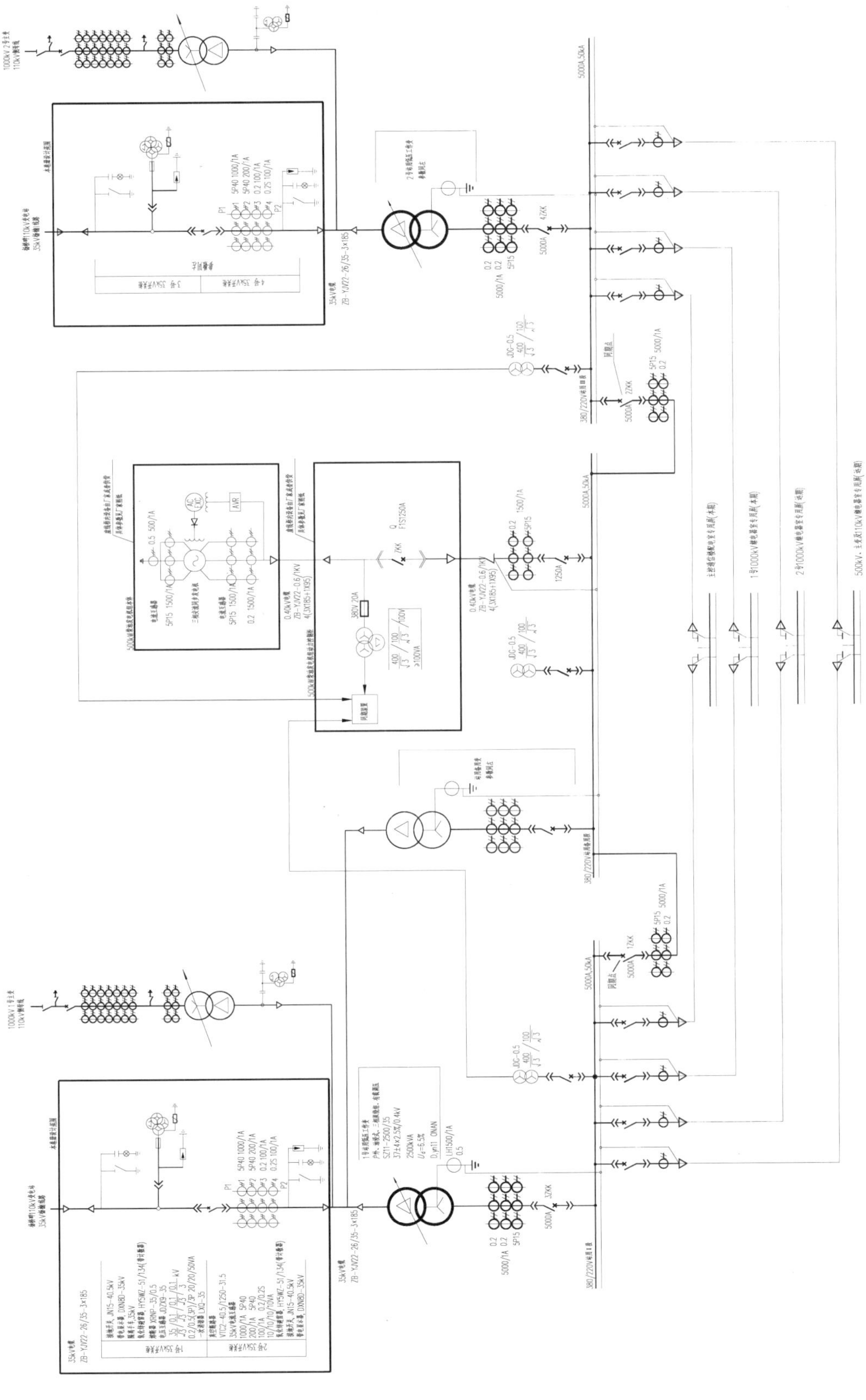

图 7－3　初期建设为开关站的站用电系统接线图（设置柴油发电机）

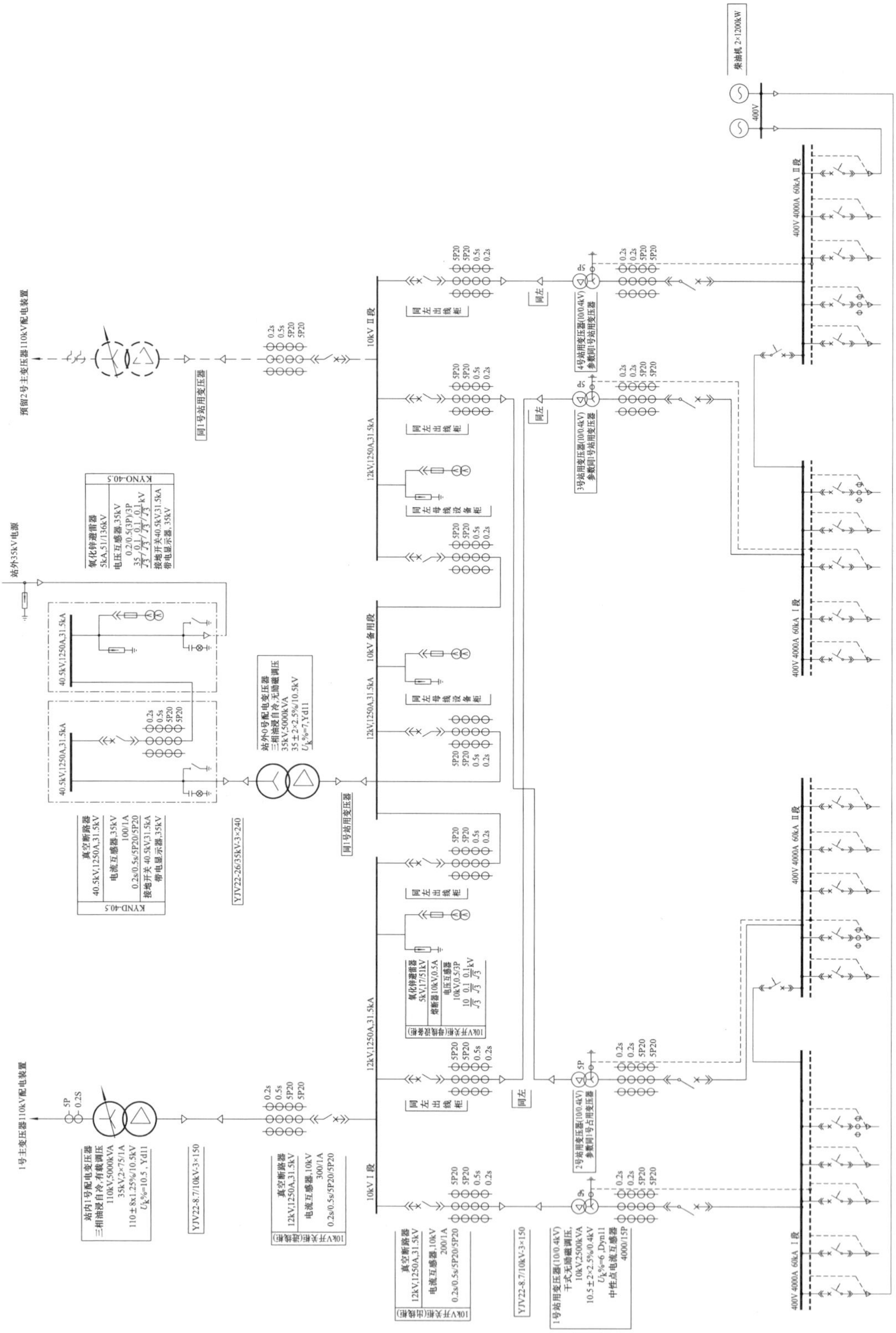

图 7-4 设置 10kV 母线的站用电系统接线图

三、35/0.4kV站用变压器

35/0.4kV站用变压器采用三相双绕组、干式或油浸式，由站内主变压器引接的站用变压器采用无励磁调压，连接外引电源的站用备用变压器可根据电压波动范围选择无励磁或有载调压，容量为2500kVA或3150kVA，短路阻抗为6%；接线组别为YNd11，调压范围为35±2×2.5%/0.4kV（无励磁）或35±4×2.5%/0.4kV（有载）。

四、柴油发电机

柴油发电机一般在开关站中使用，作为保安电源，带Ⅰ类负荷和部分Ⅱ类负荷。南阳站一期为开关站时，其柴油发电机容量为600kW。实际工程中应根据负荷计算确定柴油发电机容量。

柴油发电机一般采用空气冷却方式、闭式循环带热交换器。

第四节 站用电设备布置

110kV站用高压变压器布置在110kV无功补偿区域，与并联电抗器、电容器组协调布置。当与周围设备或者建筑物防火距离不满足要求时，应设置防火墙。

若10/0.4kV（35/0.4kV）站用变压器采用油浸式变压器，宜布置在站用配电室一侧，采用电缆或母线桥与室内400V配电屏连接；若10/0.4kV（35/0.4kV）站用变压器采用干式变压器，可与400V配电屏联合布置在站用配电室内，并应按照标准要求进行消防设计。

在各区域设置配电分屏或动力配电箱，就近供电。所有的主变压器、1000kV并联电抗器、消防负荷、配电分屏等重要负荷均由两段工作母线双回路供电。

站用配电室宜布置在站区中央。柴油发电机布置在柴油发电机房。

第八章　接地

接地系统设计直接关系到特高压变电站的设备及人身安全，同时也在一定程度上影响特高压变电站工程投资。

与超高压变电站相比，特高压变电站站址占地面积大，1000kV 输电网络系统阻抗小，短路电流及入地电流较大，需进行详细的接地计算，确定接地方案。

本章主要针对特高压变电站的特点，并结合接地系统设计工程经验，从分流系数、故障地电位升允许值、降阻措施、接地系统对二次设备影响等几个方面进行研究，提出了特高压变电站接地系统设计原则。

第一节　特高压变电站接地系统设计特点

特高压变电站的电压等级高、容量大，系统结构及设备、导线参数均与常规超高压变电站有很大的不同，这使得其接地系统设计与常规超高压变电站有所区别，主要体现在如下几点：

（1）特高压变电站系统阻抗小，短路电流及入地电流均较大，需研究地线分流系数取值。

（2）在高土壤电阻率地区，大入地电流使得单相接地故障时地电位大幅度升高，导致接触电压难以满足要求，同时地电位升高也会导致低压避雷器反击问题。

（3）1000kV GIS 设备外壳感应环流较大，使得其辅助接地网设计与超高压 GIS 有较大区别。

基于特高压变电站接地系统设计的上述特点，有必要对接地进行深入研究。

第二节　土壤电阻率测量

土壤电阻率的测量方法分为电测深法与电磁测深法。电测深法的基本原理是对被测量区域和电流极间施加电流，根据电流在电位极上产生的电位来确定电阻率。电测深法根据插入地中的电极数可分为两极法、三极法和四极法，在常规变电站中应用较多的为四极法。电磁测深法是通过将交变电磁场入射大地，由于不同周期的电磁场信号具有不同穿透深度，因此通过地面电磁场的观测值即可确定地下介质的电阻率分布信息。电磁测深法分为大地电磁测深法（MT）、音频大地电磁测深法（AMT）、可控音频大地电磁测深法（CSAMT），目前常用的为CSAMT。

相较于电测深法，CSAMT方法的主要特点是：①地形影响小，基本不受地形条件的限制；②高阻层屏蔽作用小；③垂直方向分辨能力及水平方向分辨能力高；④勘测范围广，能测量几十米到3km的深度范围。CSAMT虽然具有上述优点，但其测试设备较为复杂、费用较高，因此比较适合大型接地网和工程地质复杂的情况。工程中较为常用的仍是电测深法。

对于特高压变电站而言，由于其站址面积比超高压变电站大，入地电流在地下流过的区域更深更广。当站址土壤电阻率高、地质条件复杂时，为获得更为准确的土壤模型以便于接地系统设计，也可采用电磁测深法进行土壤电阻率测量。

采用电测深法测量变电站站址的土壤电阻率时，最大的极间距应为变电站区域的对角线的长度，以反映变电站工频短路时散流区域的土壤特性。为了测量得到土壤的视在土壤电阻率随极间距的变化特性，测量时的极间距应包括1、2、5、10、20、40、75、100、150、200、250、300m，大致以50m的间隔直到最大极间距。

第三节 分流系数计算

一、短路电流分析

由于输电线路的架空地线和变电站接地网连为一体，短路故障电流从接地网入地时，一部分电流会通过变电站的地线从杆塔的接地装置和远端变电站入地。入地电流与总故障电流的比值（分流系数）受变电站接地电阻、线路地线电阻、杆塔接地电阻等的影响比较大。此外，架空地线与相导线之间的互感也会起很大作用。实际变电站发生短路故障时，故障电流由线路的相导线提供，即相导线作为电流引线，如图8-1所示。

由于相导线与地线保持长距离平行且二者之间的距离非常近，这会产生很大的线路互感。相导线提供的故障电流会通过互感的作用在地线中感应出很大的反向电流，这部分电流是分走故障电流的主要部分之一。对于多回输电线路，由于互感的作用，提供故障电流多的线路地线分走的电流多，其他线路地线分走的电流少。同时，地线电阻和杆塔接地电阻也会对分流起到一定作用。图8-2为变电站短路故障时的等效电路图。

变电站站内短路时，短路故障电流为I_0，该电流是由变压器两侧的无穷远端的电

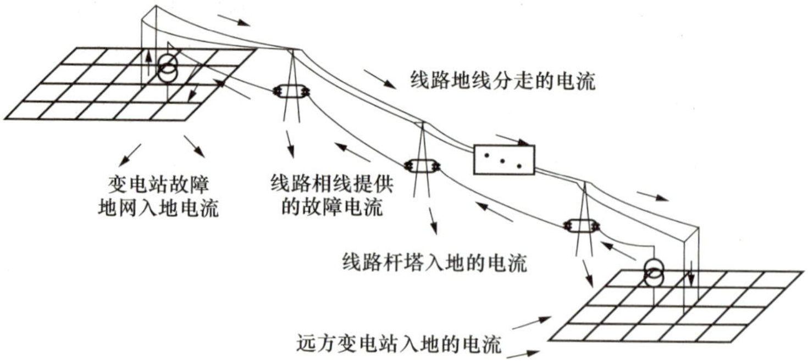

图 8－1　变电站站内故障电流路径示意图

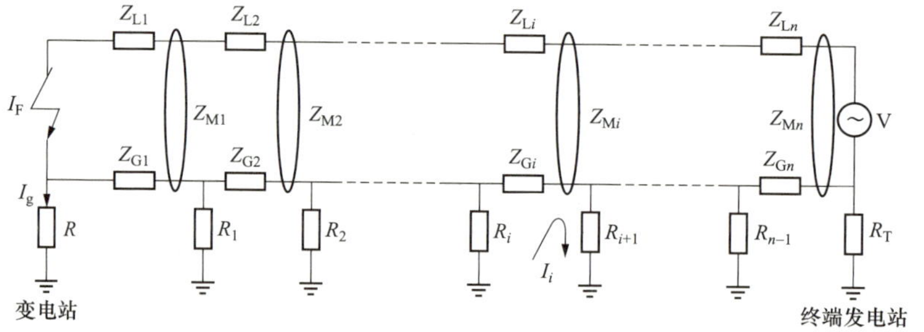

图 8－2　变电站短路故障时的等效电路图

Z_{Gi}—架空地线的零序自阻抗；Z_{Li}—导线的零序自阻抗；Z_{Mi}—导线和架空地线间的零序互阻抗；R_i—输电线路杆塔的接地电阻；R—变电站接地电阻；R_T—终端发电站的接地电阻；V—发生短路故障前的电压源

源提供的（无穷远端的电源未表示在图 8－2 中），而不仅仅来自短路侧的电源。根据基尔霍夫定律，这些短路电流终将流回两侧的电源。由于是站内短路，因此部分电流 I_g 会直接通过接地系统由大地流向无穷远端的电源；由于变压器中性点和线路地线都连接在地网上，因此也有部分电流通过变压器中性点（有时也包含发电机的中性点）和高低压侧线路地线流出接地网，即 I_N、I_{w1} 和 I_{w2}。对于通过地线流回电源的电流 I_{w1} 和 I_{w2}，在逐级经过杆塔时又会有部分电流通过杆塔接地系统流向大地，即 I_{w12} 和 I_{w22}，剩余电流 I_{w11} 和 I_{w21} 则继续通过地线流回电源。图 8－3 为变电站站内短路情况下的电流分布。

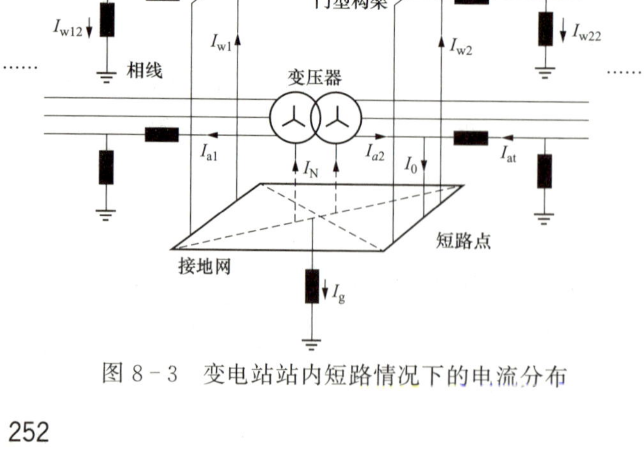

图 8－3　变电站站内短路情况下的电流分布

二、分流系数计算方法

数值计算是分流系数最准确的计算方法，即建立接地系统、输电线路、架空地线等电气元件的等值电路，然后利用电磁暂态分析程序进行求解。传统意义上，为简化模型及计算过程，一般考虑电力系统为三相对称，而采用序分量法进行计算。但实际上，考虑线路换位、架空地线接地、各导线间互感等实际情况，故障条件下各相电量之间的关系是不对称的，正序、负序、零序分量存在相互耦合，采用序分量法计算会带来较大的计算误差，因此，特高压变电站短路电流分流系数计算不能采用传统的序分量法进行求解。与序分量法相对应的是相分量法，相分量法是通过对三相线路进行独立建模，使得导线、架空地线和电缆外皮等线路参数没有对称条件的约束，其更为直观也更为精确。

第四节 接 地 电 阻 限 值

对于接地系统，降阻目标的确定是设计人员要慎重考虑的问题。工程设计中，应对该问题进行重点分析，综合评估地电位升对一次设备、二次设备、人身安全的影响，在确保安全的基础上合理选择接地电阻值，而非盲目追求降低接地电阻。

一、接地系统对一次设备的影响

由于变电站高、中压设备耐压值较高，变电站内耐压值最小的一次设备是变压器低压侧设备。对于特高压变电站而言，由于其变压器低压侧电压等级为110kV，其设备绝缘水平较高，不易受地电位升反击影响。但特高压变电站一般存在10kV或35kV站用电源供电系统，由于站用变压器中性点不接地，且其本身为感性设备，考虑故障电流的暂态特性，变电站有故障电流入地，地电位升高时（注意不是35kV或10kV短路，而是1000、500、110kV侧短路。35kV或10kV短路时，其避雷器电压最多上升到线电压，避雷器可承受），10kV或35kV各相的电位并不一定同时升高，而是可能存在滞后效应。由此，考虑到三相之间的相位差，很可能10kV或35kV电源供电系统设备某相的电位与变电站的地电位升反相，造成35kV或10kV其中一相承受的电位是$10kV/\sqrt{3}$或$35kV/\sqrt{3}$与本变电站地电位升的和。该电位差将首先加在10kV或35kV电源供电系统的避雷器上，如果电位差过高，将导致避雷器动作以保护10kV或35kV电源供电系统的安全。可见，变电站受地电位升影响最大的一次设备是10kV或35kV避雷器。

二、接地系统对二次设备的影响

对于二次设备，由于其全部位于变电站内，其承受的电压即为变电站内两端接地点之间的电位差，不是全部的地电位升。变电站有故障电流入地时，如图8-4所示，二次系统的参考地为各接地点的地电位升，因此二次系统承受的最大电压为其两端接地点之间的电位差，影响该电位差的主要因素是二次系统两接地点之间接地网的连通性，并不是接地网的绝对地电位升。减小接地点之间的电位差的最有效方式是使用良导体接地网、增加接地网密度，包括沿电缆沟并铺铜排等。当接地系统连接紧密时，变电站接地体之间的最大电位差最多只有几百伏，而目前二次设备的工频耐压至少在2000V以上，因此可以保证二次电缆的安全。

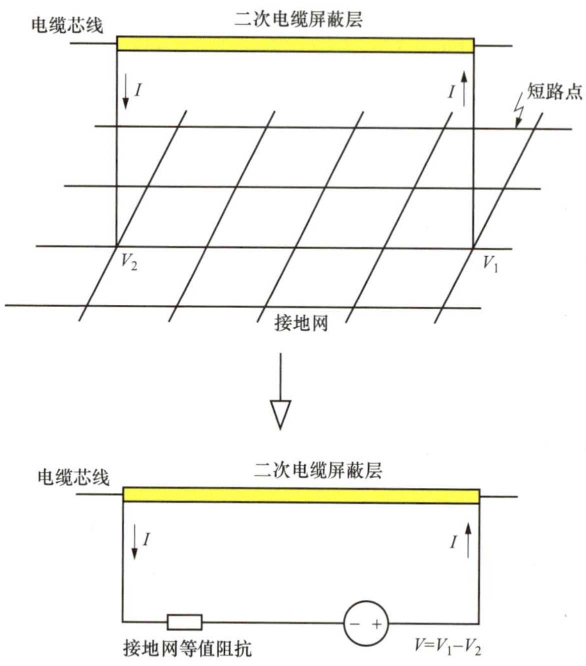

图8-4　接地系统在电缆两端的等效电路

对于二次系统所传递的信号，其参考地也为各接地点的地电位升，并不是相对于无穷远的绝对地电位升。此时，接地网给二次系统提供了一个公共的参考地，并保证二次信号通过该参考地顺利流回源端。因此保证二次系统所传递的信号准确性需要接地系统尽量等电位且接地点之间电流畅通，这与绝对地电位升也没有直接关系。与前述相同，保证接地系统尽量等电位且接地点之间电流畅通的有效方式也是使用良导体接地网、增加接地网密度，包括沿电缆沟并铺铜排等，而减少绝对地电位升却和土壤电阻率相关。总之，二次系统的安全并不受工频地电位升的影响，而是受接地系统连通性的影响。接地电阻较低并不等于二次系统安全，接地电阻较高也并不等于二次系统危险，只有接地网连通性好才是二次系统安全的根本保证。

三、变电站地电位升限值分析

从前面的分析可以看到，从保障设备安全的角度，对于导通性良好的接地网，限制变电站地电位升限值的设备是10kV或35kV电源供电系统的避雷器。变电站1000、500、110kV侧短路，有故障电流入地，地电位升高时，施加在该避雷器的最大电位将是$10\text{kV}/\sqrt{3}$或$35\text{kV}/\sqrt{3}$与本变电站地电位升的和。

为了保证地电位升高时避雷器不动作，就需要明确避雷器的额定电压。按照GB/T 11032—2020《交流无间隙金属氧化物避雷器》的定义，避雷器的额定电压就是施加到避雷器端子间的最大允许工频电压有效值，按照此电压所设计的避雷器，能在所规定的动作负载试验中确定的暂时过电压（包括工频和谐振两大类）下正确地工作，它是表明避雷器运行特性的一个重要参数，但它不等于系统标称电压。10kV和35kV属于中性点不直接接地系统，其设备的绝缘等级是按照线电压来选择的。即当某相接地时，另两相对地电压升高为线电压10kV或35kV，此时允许系统继续运行，所以避雷器的额定电压必须大于线电压 10kV 或 35kV。DL/T 804—2014《交流电力系统金属氧化物避雷器使用导则》中给出了避雷器额定电压的选择

$$U_r \geqslant KU_t \tag{8-1}$$

$$U_t = 1.1U_m（3\sim20\text{kV 系统}） \tag{8-2}$$

$$U_t = 1.0U_m（35\sim66\text{kV 系统}） \tag{8-3}$$

式中 K——切除单相接地故障的时间系数；

U_t——暂时过电压，kV；

U_m——系统最高电压。

10s 以内切除，$K=1.0$；10s 以上切除，$K=1.25\sim1.3$（$K=1.25$ 主要用于保护并联补偿电容器及其他绝缘较弱设备的避雷器）。

DL/T 804—2014《交流电力系统金属氧化物避雷器使用导则》规定，10kV 系统标称电压的 U_m 为 12kV，35kV 系统标称电压的 U_m 为 40.5kV。DL/T 804—2014 还规定，中性点不接地系统故障持续时间不小于 10s。根据式（8-1），对于 10kV 避雷器 $U_r \geqslant 1.3\times1.1\times12=17.16$（kV）；对于 35kV 避雷器，$U_r \geqslant 1.25\times40.5=50.6$（kV）。因此，通常变电站 10kV 系统选用额定电压为 17kV 的避雷器，35kV 系统选用额定电压为 51kV 的避雷器。

实际上变电站 1000、500、110kV 侧短路切除时间可能远小于 10kV 或 35kV 系统的故障切除时间，在 1000、500、110kV 侧短路切除时间内避雷器能够耐受更高的电压。但国内外没有针对这一故障时间考核 10kV 或 35kV 避雷器，因此特高压变电站 1000、500、110kV 侧短路时避雷器能够承受的电压取标准规定的避雷器的额定电压。

由于 10kV 系统的相电压为 $10\text{kV}/\sqrt{3}$，约等于 5.77kV，35kV 系统的相电压为 $35\text{kV}/\sqrt{3}$，约等于 20.21kV，因此，为保护 10kV 或 35kV 电源供电系统的避雷器安全，故障时，对于 10kV 电源供电系统，变电站地电位升不应超过 11.23kV；对于 35kV 电源供电系统，变电站地电位升不应超过 30.79kV。实际故障电流存在瞬态过程，变电站地电位升分析应当考虑瞬态过程的影响。

四、提升地电位升限值方法

由于特高压 1000kV 系统的短路电流较 500kV 系统进一步加大，有时即使变电站分流系数和接地电阻均较小，故障时实际的入地电流也会较大，地电位升可能会较高，超过 10kV 外接电源供电系统对应的地电位升限值 11.23kV 和 35kV 电源供电系统对应的地电位升限值 30.79kV。此时，一方面可以采取措施降低接地电阻或采取分流措施；另一方面，也可以采取措施提高变电站地电位升的限值。比如，可以选用容量更大的 10kV 或 35kV 避雷器，以保证避雷器动作时可以吸收足够的能量。

五、跨步电压和接触电压安全限值分析

变电站接地系统设计的基本目的就是确保设备和人身安全。有时，即使接地电阻满足要求，也不能完全确保人身安全。因此将变电站内外的接触电压、跨步电压限制在安全值以内是接地网设计的重要目标。

按照 GB 50065—2011《交流电气装置的接地设计规范》将人体电阻取为 1500Ω，并按照 IEEE 标准引入表层衰减因数，提出采用下式计算跨步电压 U_{S50} 和接触电压 U_{T50}

$$U_{S50} = (1500 + 6\rho_S C_S)\frac{0.116}{\sqrt{t}} = \frac{174 + 0.7\rho_S C_S}{\sqrt{t}} \tag{8-4}$$

$$U_{T50} = (1500 + 1.5\rho_S C_S)\frac{0.116}{\sqrt{t}} = \frac{174 + 0.17\rho_S C_S}{\sqrt{t}} \tag{8-5}$$

$$C_S = 1 - \frac{0.09\left(1 - \frac{\rho}{\rho_S}\right)}{2h_S + 0.09} \tag{8-6}$$

式中 t——故障切除时间；

C_S——表层衰减因数；

ρ_S——地表铺设层的电阻率；

h_S——地表铺设层的厚度；

ρ——地表铺设层下面的电阻率（相当于未铺设高阻层时的表层土壤电阻率）。无高阻层时 $C_S=1$，$\rho_S=\rho$。

在有些地区，要将变电站接地系统地表面的接触电压和跨步电压限制在人体可以接受的水平比较困难，这时可以通过采用地表高阻层来提高人体可以耐受的接触电压和跨步电压，从而达到提高变电站安全性能的目的。高阻层的材料主要有砾石或鹅卵石、沥青、沥青混凝土、绝缘水泥。在站内道路上敷设沥青或沥青混凝土，即使在下雨天，砾石或沥青混凝土仍能保持 5000Ω·m 的电阻率。在设备周围敷设鹅卵石。特别应当注意，普通的混凝土路面不能用来作为提高表层电阻率的措施，因为混凝土具有吸水性能，属于半导体材料，在下雨天其电阻率将降至几十欧姆·米。

六、变电站的降阻目标

通过以上分析可知，确定特高压变电站接地系统接地电阻（地电位升）需要考虑两个方面：①保护 10kV 或 35kV 站用电源供电系统避雷器安全，即考虑入地电流暂态过程的影响，对于 10kV 系统变电站地电位升不应超过 11.23kV，对于 35kV 系统变电站地电位升不应超过 30.79kV；②保护二次系统可靠运行，接地电阻应小于 4Ω。实际变电站降阻目标确定时，应同时满足以上两个要求。

当保护 10kV 或 35kV 电源供电系统金属氧化物避雷器而限制地电位升成为降阻

目标时，可以适当考虑选用容量更大的避雷器。

确定降阻目标后，还应当校核变电站内的接触电压和跨步电压是否满足要求。如果不满足，可以通过铺设高阻层、加密接地网、四边不等间距布置来保障人身安全。

第五节 降阻措施分析

降低接地装置的接地电阻的主要措施有扩大接地网面积、引外接地、增加接地网的埋设深度、利用自然接地、深井接地和局部换土等。应当注意，各种降阻措施都有其应用的特定条件，针对不同地区、不同条件采用不同的方法才能有效地降低接地电阻。另外，各种措施也不是孤立的，在使用过程中可以相互配合，以获得明显的降阻效果。

一、降低接地电阻的基本思路

影响接地网接地电阻的因素归结起来主要有两方面：①土壤电阻率，如果土壤电阻率很低，则接地电阻会很低；②接地网的规模，包括接地网横向的占地面积和接地网纵向的跨越深度。因此，降低接地网接地电阻的思路可以归结为三类：①改变土壤电阻率的方法；②扩大接地网横向占地面积的方法；③增加接地网纵向跨越深度的方法。实际工程中的接地网降阻问题均可以从这三类思路中寻求解决措施。

二、降低接地电阻的主要方法

（一）改变土壤电阻率的降阻方法

1. 降阻剂

降阻剂一方面降低了接地极和土壤之间的接触电阻；另一方面，相当于增大了接地极的直径，减小了散流电阻。另外，降阻剂降低接地电阻的另一个原因是其具有很强的渗透性能，在接地极周围形成了一个渗透了降阻剂的区域，因此可以在接地装置周围较大范围内改善土壤的散流性能，降低散流电阻。接地降阻剂必须满足以下几方面的要求：

（1）对人畜及植物无害，具备安全性；

（2）在电气性能上应具备良导电性；

（3）基本上不会造成对接地电极的腐蚀，即具备低腐蚀性；

（4）性能上具备长效性；

（5）施工时应具备简便性。

2. 局部换土

土壤电阻率的高低直接影响接地电阻的大小。对于某些位于高土壤电阻率地区的接地装置，如果采用其他方法降阻困难，可以采用局部换土的方法。用土壤电阻率较低的土壤来更换接地装置周围的高电阻率土壤，以获得较低的接地电阻。这种方法必须从技术经济上做全面的比较，避免造成经济上的浪费。

3. 电解离子接地系统和接地模块

电解离子接地系统和接地模块品种繁多，但基本原理都大同小异。电解离子接地是将某种陶瓷合金化合物（固体）装入有孔的铜管或铜合金管中，由于管内含有电解离子化合物，每根铜管就变成一个电解离子接地极。铜管的作用有：①保证电极有较高的导电性能；②保护管内电解离子化合物有较长的使用寿命（减缓管内电解离子化合物随雨水流失的速度）。当铜管埋入地下时，通过铜管呼吸孔，电解离子化合物吸收水分，发生潮解，将活性电解离子通过管孔有效地释放到周围土壤中。由于铜管不断释放活性电解离子，不但能降低周围土壤的电阻率，还可以较长时间地保持土壤电阻率，起到长效的作用。在实际使用时，电解离子铜管往往多根、直线排列或交叉垂直排列，形成一个电解接地极列阵。接地模块也是在焦炭的基础上加入离子，一方面保持周围土壤的水分；另一方面，向周围释放离子，起到降低土壤电阻率的作用。

从降阻原理的本质上来看，该项技术对于降低接地网接地电阻的作用与传统的降阻剂并无太大区别，只是延长了降阻剂的使用寿命；如果用电解接地极列阵大范围改善土壤的电阻率，则能起到扩大散流区域的作用，达到降低接地电阻的效果，与局部换土的降阻效果在原理上一致。

（二）扩大接地网横向占地面积的降阻方法

1. 扩大变电站接地网的面积

均匀土壤下变电站的接地电阻 R 可以用下式计算

$$R=\frac{0.443\rho}{\sqrt{A}}+\frac{\rho}{L}\approx\frac{0.5\rho}{\sqrt{A}} \tag{8-7}$$

式中 L——接地极的总长度（包括水平与垂直的），m；

ρ——地表铺设层下面的电阻率；

A——接地网的面积，m^2。

从式（8－7）可以看出，变电站接地网的接地电阻与接地网面积的平方根成反比，接地网面积越大，其接地电阻也就越低。增大变电站接地网的面积是降低其接地电阻的一种行之有效的方法。扩大变电站接地网面积来降低接地电阻的方法应因地制宜。建在山区或市内的变电站可能难以扩大其接地网面积。

2. 引外接地

引外接地是指将变电站主接地网与主接地网区域以外某一低土壤电阻率区域敷设的辅助接地网相连的方法，以达到降低整个接地系统接地电阻的目的。在变电站和远处接地设备之间存在显著的电位差，特别是在雷电等高频冲击作用时电位差将更大，设计时应确保主接地网与引外接地有多根接地导体连接。

3. 利用自然接地体

自然接地体包括建筑物的钢筋混凝土钢骨架等。这些自然接地体本身具有较低的接地电阻，因此在设计变电站接地网时应充分考虑利用这些自然接地体与主网相连，以达到降低接地网接地电阻的目的。

（三）增加接地网纵向跨越深度的降阻方法

1. 增加接地网的埋设深度

埋设深度指水平接地网埋设处到地面的距离。在接地网其他参数不变的情况下增加接地网的埋深会使接地电阻减小，但其降阻效果不是很明显，在高土壤电阻率地区更是如此。因此工程中一般不采用这种方法。

2. 长垂直接地极、爆破接地和深水井接地

如果接地系统所处土壤存在下层低电阻率层，则可采用长垂直接地极、爆破接地或深水井接地。

土壤电阻率通常沿纵深和横向分布是不均匀的，就纵深来说，不同深度的土壤电阻率是不同的。一般接近地面几米以内的电阻率不稳定，随季节气候的变化而变化，土壤越深越稳定。在表层为高土壤电阻率地区，采用长垂直接地极与主接地网相连是一种有效降低接地电阻的方法。在有地下含水层的地方，接地极可能深入穿透水层，这时降阻效果将更好。长垂直接地极不受气候、季节条件的影响，除了降阻以外，还可以克服场地窄小的缺点，这在城市和山区是一种行之有效的方法。接地井由于增加接地极的直径（接地棒加上回填低电阻率材料）而能明显降低总体接地电阻。如果接地井与地下水层相连，则将减少接地电阻的季节变化，同时增加电极的通流，而不导致电极过热或使接地井中的回填材料变干。深水井接地配合使用低电阻率材料可以取得较好的降阻效果。回填材料可以采用高导电率的黏土（如膨润土）和水组成的泥浆。另外，也可以采用深孔爆破制裂—压力灌降阻剂法来形成一个很大的低电阻率区域，以达到降阻的目的。

3. 深斜井接地

深斜井接地是将长垂直极斜向埋入土壤，兼顾扩大散流面积和向深度发展两方面的特点，在接地网面积受限的变电站接地工程中应用可以取得很好的降阻效果。

三、降阻方法技术总结

上述降阻方法的技术比较见表 8－1。实际工程中，应根据具体情况进行技术经济比较后，选择合理、有效的降阻方法。

表 8－1　各种降阻方法总结

序号	降阻方法	降阻原理	适应性分析
1	降阻剂	改变土壤电阻率、减小土壤接触电阻	可作为降阻辅助手段，推荐用于地网边沿及垂直接地极处
2	换土	改变土壤电阻率	只有换土层达到相当厚度才能明显降低接地电阻，换土工程量大，不经济，一般不推荐。 为减小接地导体与土壤的接触电阻，推荐沿主接地导体敷设少量低电阻率土壤

续表

序号	降阻方法	降阻原理	适应性分析
3	电解离子接地极或接地模块	改变土壤电阻率	在难以找到低电阻率土壤或不易开挖的地方，使用电解离子接地系统较换土经济，考虑到有效性，推荐沿主接地网外沿敷设
4	扩大接地网面积	扩大接地网横向占地面积	扩网是降阻的有效方法之一。 受限于周边条件，需要征地，围墙外地网维护及安全均比较困难
5	外引接地	扩大接地网横向占地面积并引接一低阻区域	如果站址周边（不超过2km，最好1km范围内）有低阻区域，低阻区域与变电站间路径具备引接条件。 如果采用埋地敷设，应注意外引水平接地带沿线的跨步电压不超过安全限值
6	利用自然接地体	扩大接地网横向占地面积，利用站外已有接地系统	利用周围水库、水井降低接地电阻。 注意自然接地体周围的跨步电压不超过安全限值
7	增加接地网埋设深度	增加接地网纵向跨越深度	仅在冻土地区使用效果较好。 增加了接触电压，但可减小跨步电压，工程中需平衡考虑
8	长垂直接地极	增加接地网纵向跨越深度	适用于地下土壤电阻率比表层低的情况。 大面积接地网降阻效果较差，密集使用2～3m的垂直接地棒可以改善季节对接地系统的影响
9	深水井接地	增加接地网纵向跨越深度，改变土壤电阻率	适用于深层有低电阻率或含水层的地方，接地体要深入低阻区域，降阻效果显著，站内维护管理方便，有条件推荐优先采用
10	深斜井接地	扩大接地网横向占地面积，增加纵向跨越深度	兼顾扩网和长垂直接地极的特点。 在接地网面积受限的接地工程中可起到很好的降阻效果
11	爆破接地技术	增加接地网纵向跨越深度，改变土壤电阻率	适用于常规方法降阻困难的地区，尤其在高土壤电阻率地区效果明显，但应考虑对地基影响

四、特高压变电站高土壤电阻率降阻实例

福州1000kV变电站位于东南山区，经采用四极法测量土壤电阻率，表层10m左右土壤电阻率为1000～1500Ω·m，表土层以下为岩石层，电阻率约为6500Ω·m，站区整体土壤电阻率较高。

在福州变电站接地方案的设计过程中，结合站址实际情况，综合比较了外引接地、长垂直接地极、深水井接地、爆破接地等多种方案，最终确定采用外引接地+爆破接地混合接地处理方案，取得了较好的降阻效果。

1. 外引接地

增大变电站接地网的面积是降低其接地电阻的一种行之有效的方法，但前提是站址周边有足够大的低电阻率区域，且能够保证人身安全。

福州 1000kV 变电站周边仅站址西侧区域具备外引接地条件。另外，进站道路及两侧已征地，且表层土质良好，也可考虑铺设水平网。

福州变电站在站内敷设接地网的基础上，增加冲沟处外引导体延伸到溪流，增加入站道路两侧的延伸导体，如图 8－5 所示。

经计算，上述接地体外引后，不同土壤模型条件下，接地电阻为 5.6～6.1Ω，约为水平网的 85%。不同土壤模型的接地电阻见表 8－2。

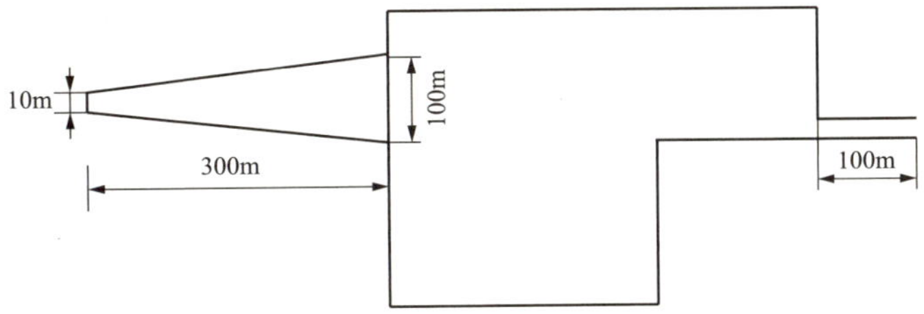

图 8－5 冲沟内铺设导体示意图

表 8－2 不同土壤模型的接地电阻

土壤模型	基础方案接地电阻（Ω）	外引后接地电阻（Ω）	比例（外引/基础）
A 模型	7.2	6.1	0.85
B 模型	6.7	5.6	0.84
C 模型	7.0	5.8	0.83

2. 斜接地极

斜接地极具有垂直接地极和扩网双重功效。在福州变电站，未将斜接地极作为主要措施来实施，主要原因是当地表层覆土薄，地下多岩层且厚度多超过 1m，施工难度大。

3. 垂直接地极

福州变电站考虑在水平网适当外引的基础上增加垂直接地极。因接地网较大，为避免屏蔽，垂直接地极长度较长。经计算，外引接地后再在站内增加 20 根 100m 长的垂直接地极，接地电阻为 5.3～5.6Ω。表 8－3 为垂直接地极方案的接地电阻。

表 8－3 垂直接地极方案的接地电阻

土壤模型	外引后接地电阻（Ω）	加垂直极（Ω）	比例（加垂直极/外引）
A 模型	6.1	5.6	0.92
B 模型	5.6	5.3	0.95
C 模型	5.8	5.3	0.91

4. 深水井接地

对于高土壤电阻率地区，改变接地极周围土壤的导电性能是接地降阻的关键。潮湿和干燥土壤电阻率存在明显差别。土壤含水量为 2.5%时，实验测得土壤电阻率为 1400Ω·m；土壤含水量为 10%时，实验测得土壤电阻率为 200Ω·m。土壤含水量为

25%时，实验测得土壤电阻率仅为15Ω·m。

地下水可以填充土壤中的空隙，增大土壤的散流面积，缩短土壤的散流通道，这是地下水影响土壤电阻率的原因。深水井接地技术是指利用水井积水的原理制作接地极。如图8-6所示，在地中挖一深井，则井壁的压力P_1为大气压力，同等高度的土壤中的地下水分子承受的压力P_2为大气压力加上土壤的压力，压力不平衡，因此，水分子在压力差作用下朝水井方向运动。深水井周围土壤地下水往井内聚集，同时井内的重力水向井的下半部土壤扩散，气态水和毛细水向井的上半部土壤扩散，使接地极周围土壤的湿度增大甚至饱和，最终在水井中聚集一定深度的水，在水井周围形成含饱和水的土壤区域。水分子的运动最终达成动态平衡，形成等湿线。因此，由于地下水的聚集，水井周围的电阻率明显降低。

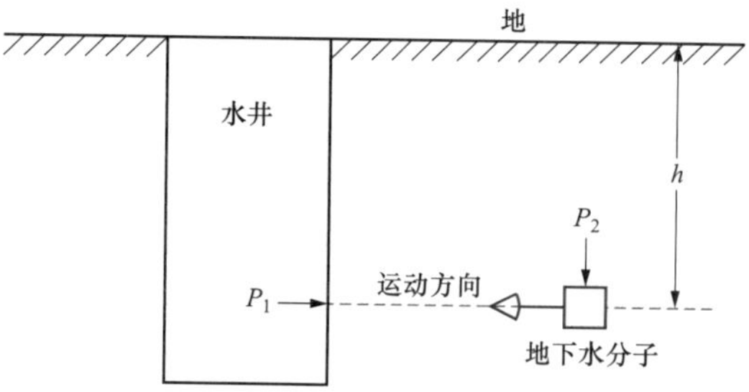

图8-6　水井积水原理图

福州变电站考虑在水平网适当外引的基础上增加深水井接地极。深水井接地极布置如图8-7所示。

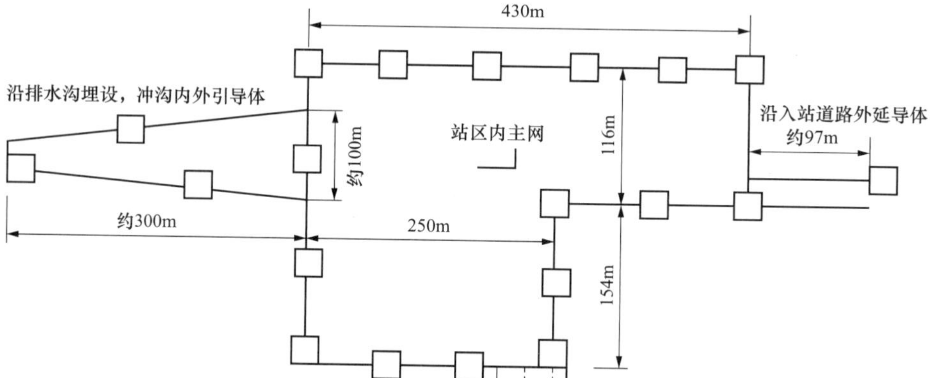

图8-7　深水井接地极布置示意图

经计算，外引接地后，站内增加了60～100m深的接地深井20眼，接地电阻为3.63～4.77Ω，见表8-4。

表8-4　20眼不同深度的水井的接地电阻值

井深（m）	外引后接地电阻（Ω）	加深水井（Ω）	比例（加深水井/外引）
100	5.6	3.63	0.65
80	5.6	4.10	0.73
60	5.6	4.77	0.85

5. 爆破接地

爆破接地技术是指采用钻孔机在地中垂直钻一定直径、一定深度的孔，在孔中插入接地电极，然后沿孔的整个深度隔一定距离安放一定的炸药进行爆破，将岩石爆裂、爆松，然后用压力机将调成浆状的低电阻率材料压入深孔中及爆破致裂产生的缝隙中，以达到通过低电阻率材料将地下巨大范围的岩石内部沟通及加强接地电极与土壤（岩石）的接触，从而较大幅度降低接地电阻的目的。垂直孔深一般在30～120m。

由爆破技术的基本原理，以及通过现场开挖，对爆破结果进行验证，发现填充了低电阻率材料后，低电阻率材料呈树枝状分布在爆破致裂产生的缝隙中，填充了低电阻率材料的裂隙向外延伸很远。因此，可以认为单根垂直接地极采用爆破接地技术之后形成的低电阻率区域如图8－8所示。图8－9为变电站接地网采用爆破接地技术后形成的三维网状结构接地体。

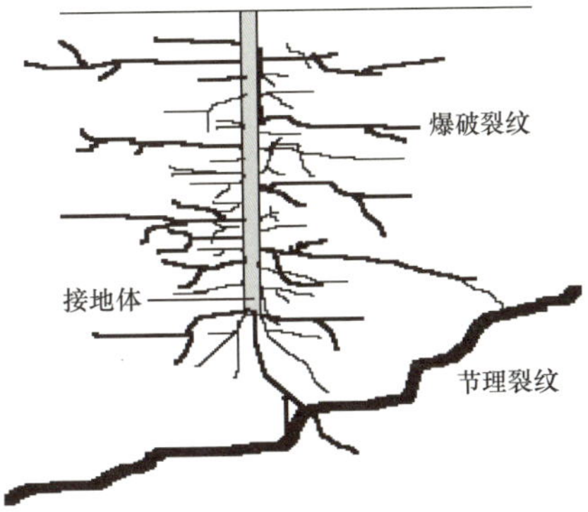

图8－8 单根垂直接地体采用爆破接地技术形成的低电阻率区域

考虑在图8－10所示位置实施20根爆破极，当爆破深度分别为100、80、60m时，接地电阻分别为1.04、1.72、2.66Ω（见表8－5），降阻效果较好。

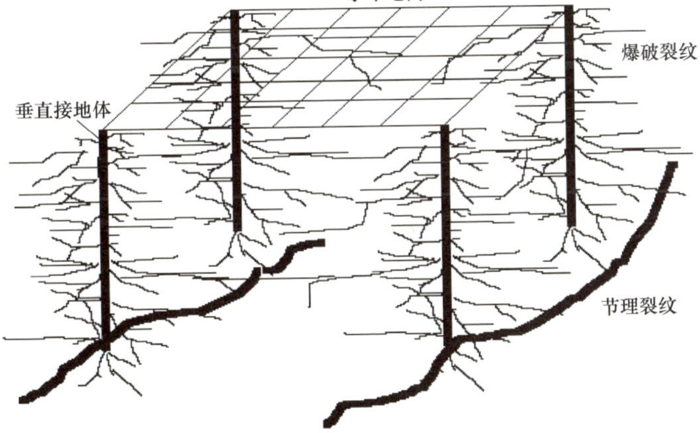

图8－9 变电站接地网采用爆破接地技术后形成的三维网状结构接地体

表8－5 20根不同深度的爆破接地极的电阻值

爆破深度（m）	外引后接地电阻（Ω）	加爆破接地极（Ω）	比例（加爆破接地极/外引）
100	5.6	1.04	0.19
80	5.6	1.72	0.31
60	5.6	2.66	0.47

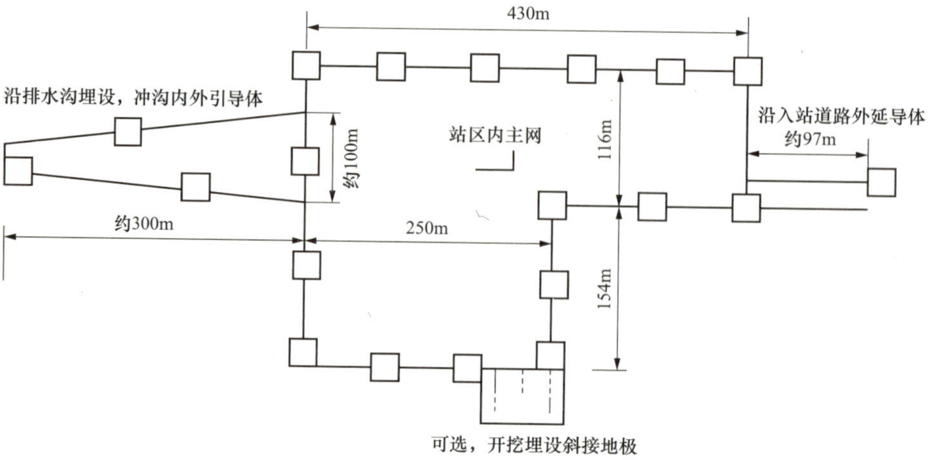

图 8-10　爆破接地极布置示意图

6. 接地系统实施方案

综上所述，福州变电站采用长爆破极方案降阻效果最佳，因此，实际工程中采用了外引接地＋长爆破极方案作为降阻方案。采用外引接地＋20 根 80m 深爆破接地极方案后，站内跨步电压与接触电压均满足限值要求。接地电阻实测和工程实际运行情况表明，福州变电站采用的接地方案安全、有效。

第六节　接 地 导 体 选 型

一、接地导体材质选择

（一）接地导体材质比较

接地系统长期安全可靠运行的关键在于接地导体材质选择以及接地线之间的可靠连接。常见的接地导体材质有钢材、铜及铜覆钢。国外接地导体材质一般以铜材为主，我国传统接地导体均采用钢材质，其主要原因是当时我国铜储探明量不足，其价格较高，为节约有色金属，在 20 世纪 50～60 年代提出“以钢代铜、以铝代铜”的技术原则，这种做法一直延续到现在。铜覆钢是近年出现的一种接地导体材质，具有热稳定性、导电性较好等特点，其焊接方式是使用放热焊接。

下面分别从导电性、热稳定性、耐腐蚀性等方面对以上材质进行比较。

1. 导电性

铜、铜覆钢及钢材在 20℃时的电阻率分别为 1.72、8.62μΩ · cm 及 20.10μΩ · cm，三种材质的相对电导率分别为 100%、20%及 8.6%。因此铜的电导率是钢的 11.7 倍，铜覆钢的电导率是钢的 2.3 倍。在相同的接地网结构和土壤条件下，铜地网的接地阻抗、地网内电位差占总电位之比最小，铜覆钢次之，钢材接地网最大。尤其是在集肤效应下，高频时铜覆钢导电性能远优于钢材。

2. 热稳定性

铜及铜覆钢的熔点为1083℃，即使采用常规铜银焊接法，其连接接头最高允许温度也可达到450℃，采用放热焊时其接头的最高允许温度达到1083℃；虽然钢的熔点为1510℃，但钢地网连接处最高允许温度却只有400℃。因此，接地导体截面相同时，铜材热稳定性较好。

3. 耐腐蚀性

接地导体的腐蚀主要受土壤的土质（土壤电阻率、土壤所含的有机物、无机物成分、土壤的密实度等）、土壤的pH值等诸多因素的影响，国内外专家均对其进行了大规模的实验研究。

研究表明，镀锌钢材有一定的抗腐蚀性，钢材经过热镀锌后的抗腐蚀能力有所提高，但是镀锌层一旦被腐蚀完或被破坏后，钢材的腐蚀速度便会加快。相较而言，铜的耐腐蚀能力较好，当铜被腐蚀时，在其表面会产生附着性极强的氧化物，对内部的铜或钢起到很好的保护作用。因此，铜材的耐腐蚀性最好，铜覆钢次之，钢材较差。

（二）不同材质接地导体的连接方式

1. 钢接地导体连接方式

钢接地导体之间的连接均为传统的电弧焊接法，在此过程中高温电弧可能破坏接地导体接头部位的镀锌层，有可能导致点腐蚀的出现，严重影响接地导体的寿命。此外，电弧焊接连接不是真正的分子性连接，为表面搭接，内部并没有熔合，导致焊接点处常常会存在较高的接触电阻，对于接地导体的导电性能也有影响。焊接接头的性能还取决于操作技术工的熟练程度。

2. 铜与铜覆钢接地导体连接方式

铜接地导体连接最常使用放热焊接法，原理为利用活性较强的铝把氧化铜还原，整个过程需时很短（仅数秒），速度大大快于电弧焊接法，反应所产生的热量足以使被焊接的导线端部融化形成永久性的分子合成。

放热焊接接头外形美观一致，连接点为分子结合，没有接触面，更没有机械压力，因此不会松弛和腐蚀；具有较大的散热面积，通流能力与原导体相同；接头电阻低，能承受故障大电流冲击而不至熔断。放热焊接可以完成各种导线间不同方式的连接，如直通型、丁字形、十字形等。这种焊接方式操作简单、焊接速度快，而且接头的耐腐蚀性好、电阻低、连接可靠，在工程中应用较多。

铜覆钢接地导体连接也同样适用放热焊接法，在高温放热反应后铜被置换出来，形成的纯铜液完全覆盖和包裹住焊接部位，因此焊接后的接头无论在物理属性上还是使用性能上都和纯铜一致。

（三）接地导体材质性能比较

常用接地导体材质的性能比较如表8-6所示。

表 8－6　　接地导体材质性能比较

比较项目	镀锌钢	铜覆钢	铜
导电性	20℃时的电阻率为 20.10μΩ·cm，电流在导体上产生的电位差最大	介于镀锌钢与铜之间	20℃时的电阻率为 1.72μΩ·cm，铜的电导率是钢的 11.7 倍，电流在导体上产生的电位差最小
热稳定性	接头的最高允许温度达到 400℃	接头的最高允许温度达到 1083℃	接头的最高允许温度达到 1083℃
耐腐蚀性	材质本身具备一定的耐腐蚀能力，经焊接并敷设于具有腐蚀性的环境后，接地装置整体防腐能力将有所降低	腐蚀率极低，可忽略	腐蚀率极低，可忽略
焊接方式	电弧焊接法	放热焊接法	放热焊接法
与 GIS 设备的兼容性	三相分箱母线会在接地网上产生较大的感应电流	三相分箱母线会在接地网上产生较大的感应电流	与 GIS 设备兼容较好
施工要求	施工时应尽量避免破坏镀锌层，否则易出现点蚀情况，因此对施工要求较高	施工时应尽量避免破坏铜层，否则易出现点蚀情况，因此对施工要求较高	铜厚度不应超过 6mm，以便成捆运输

（四）特高压变电站接地导体材质选择

根据上述分析可知，铜材在导电性、热稳定性、耐腐蚀性及连接可靠性上均具有较大优势。考虑到特高压变电站在系统中的重要性，特高压变电站中与土壤直接接触的直埋接地导体一般选择铜材。对于垂直接地极，考虑到铜材质相较于钢材质强度较弱，容易发生形变，不利于垂直接地极施工，基于耐腐蚀性和强度两方面考虑，可选择铜覆钢棒。而对于不与土壤直接接触的接地导体，可选择钢材。

二、接地导体截面选择

电气设备接地线的截面应按接地短路电流进行热稳定校验。钢接地线的短时温度不应超过 400℃，铜接地线不应超过 450℃。

按 GB/T 50065—2011《交流电气装置的接地设计规范》，未考虑腐蚀时，接地线的最小截面积应符合下式要求

$$S_g \geqslant \frac{I_g}{C}\sqrt{t_e} \tag{8-8}$$

式中　S_g——接地线的最小截面积，mm^2；

I_g——流过接地线的短路电流稳定值，A，对有效接地系统，为（两）相接地短路电流；

t_e——短路电流的等效持续时间，s；

C——接地线材料的热稳定系数。

特高压变电站短路电流一般接近 63kA，因此在特高压变电站设计中，短路电流 I_g 一般取 63kA。短路电流等效持续时间 t_e 根据特高压变电站保护配置及开关动作特性，一般取 0.35s。接地材料的热稳定系数 C 对于铜材按最大允许温度 700℃取为 249；对于钢材质则按最大允许温度 400℃取为 70；对于铜覆钢，按最大允许温度 700℃，并根据不同电导率分别取为 167（40%电导率）、144（30%电导率）、119（20%电导率）。

根据热稳定条件，在没有考虑腐蚀时，主接地网接地体的截面积不宜小于连接至主接地网的接地引下线截面积的 75%。实际工程中，设计应计算确定接地体截面积。

第七节 设 备 接 地

特高压变电站的核心设备有变压器、断路器、隔离开关、电抗器、电容器、电压互感器、避雷器等。对于一般设备，其设备接地方式可参考 500kV 变电站执行。

一、1000kV GIS 设备接地

GIS 设备由于母线、断路器、隔离开关等电气设备均封装在金属外壳里面。由于工作电流呈正弦交变，使设备外壳对地之间感应出电动势。同时，在 GIS 中存在快速暂态过程，在其作用下将产生快速暂态过电压（VFTO），在此过程中，可能在 GIS 接地的外壳上出现暂态地电位升高（transient ground potential rise，TGPR）。针对 1000kV GIS 设备的特点，为了确保人身和设备的安全，其接地网采用主网和辅助网并用的结构，且 GIS 外壳需多点接地。而当外壳多点接地时，由于电磁感应，又会在接地引下导体和辅助接地网中产生环流。对于 1000kV GIS，由于其输送容量大，导体载流量更大，因此其金属外壳感应电流更大，这使得其接地有一定的特殊性，在接地设计中需要特别考虑。

（一）1000kV GIS 外壳环流及涡流

由于 1000kV GIS 母线电流产生的交变磁场必然会在 GIS 外壳上产生感应电动势，为限制 GIS 外壳电位差，加强电磁屏蔽效果，同时也减少故障时导体受到的电动力，1000kV GIS 一般采用连续型外壳结构，即在沿同相母线安装的连续段彼此都是连接的，同时在三相之间设置了汇流排，这使得整个外壳在纵向和相间均提供了电气上的通路，母线在外壳中的感应电流可以在每相外壳纵向及相间流动，这种电流称为环流。另外，母线电流的交变使得通过外壳截面的磁通量发生变化，变化的磁通将在外壳的径向横截面上形成环形流动的涡流。GIS 母线电流在外壳中感应的环流及涡流如图 8-11 所示。

研究表明，当采用连续性外壳结构时，涡流产生的屏蔽效果远小于环流屏蔽效果，因此在进行 1000kV GIS 设备接地设计时可以做如下假设：

（1）连续型外壳的涡流效应对电压因素的影响可忽略不计。

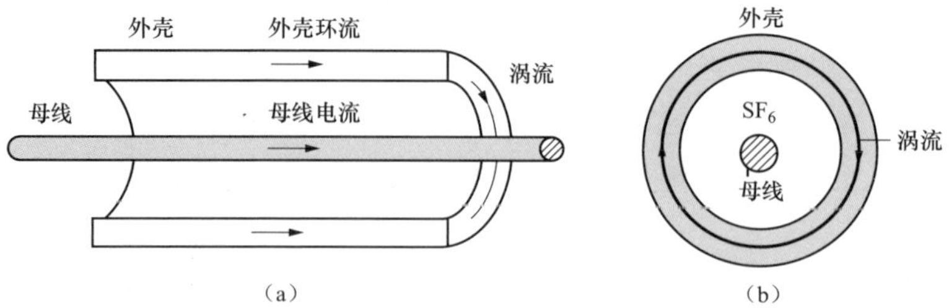

图 8-11 GIS 母线电流在外壳中感应的环流与涡流

(a) 正面图；(b) 断面图

(2) 任一相的内部导体对其他任何外部导体的耦合，可以认为不受其本身外壳涡流屏蔽效应的影响。

基于以上假设，对于 1000kV GIS 设备接地，在工程设计时一般仅计算其环流值，再根据环流大小选择合理的接地方式及接地导体。

(二) 1000kV GIS 环流计算方法

在上述假设条件下，采用连续外壳结构的 1000kV GIS 环流分布示意图如图 8-12 所示。

显然，外壳环流主要在接地导体和相间导流排中流通，环流的大小除和母线载流量有关外，还取决于三相母线布置位置，外壳材质、尺寸及厚度，导流排及接地材质、截面等，这些参数的影响最终都可以等效成导体、外壳、导流排、接地导体的自阻抗及它们之间的阻抗，基于此，可以得到如图 8-13 所示的 GIS 环流等值计算图，用于计算各导体中环流大小。

一些基本参数容易确定，如母线感抗、电源阻抗等，重点在于如何确立外壳电感、母线与外壳之间的耦合电感。推荐可参考 IEEE 标准提供的具体计算公式

$$
\begin{aligned}
l_s &= 4.61 \times 10^{-7} \lg(2h/GMR) \\
l_m &= 4.61 \times 10^{-7} \lg(GMD/GMR) \\
l_g &= 4.61 \times 10^{-7} \lg(2h/GMR_g)
\end{aligned}
\tag{8-9}
$$

式中 l_s、l_m、l_g——外壳自感、外壳和芯线互感、连接体电感，H/m；

GMR——外壳几何均半径，$GMR=D_e/2$；

D_e——内腔直径加上外壳厚度；

GMD——三相导线几何均距，$GMD=(d_{ab}d_{bc}d_{ac})^{1/3}$；

d_{ab}、d_{bc}、d_{ac}——AB 相间距、BC 相间距、AC 相间距；

h——外壳对地高度；

GMR_g——连接体的平均几何半径。

上述计算方法仅考虑了 GIS 母线的情况，实际上，GIS 内部除母线外，还包含了断路器、隔离开关、电流互感器等，其结构并非全是长直布置，其计算需要建模后利

用计算机进行数值仿真计算，其过程较为复杂。上述方法虽然无法精确计算 GIS 各接地点环流，但计算结论可以为工程设计提供有价值的参考。

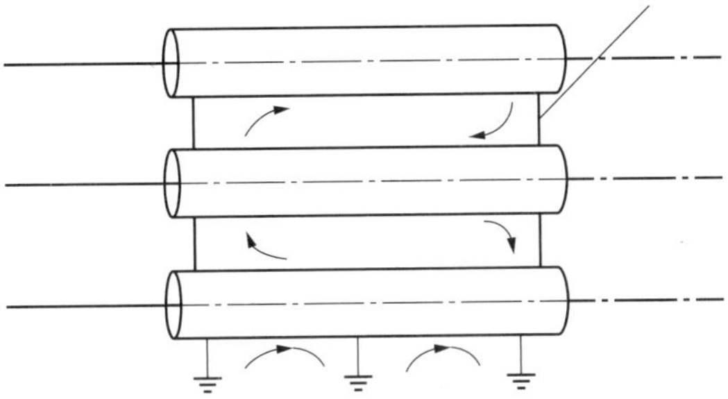

图 8-12　GIS 环流分布示意图

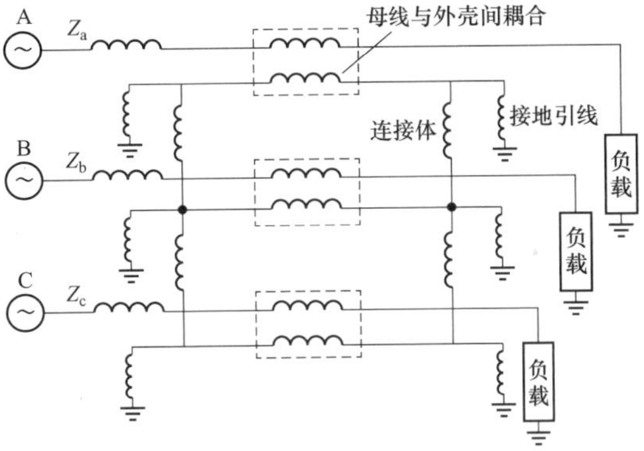

图 8-13　GIS 环流等值计算图

（三）1000kV GIS 辅助接地网

对于 1000kV GIS，根据 GB 50065—2011《交流电气装置的接地设计规范》的规定，GIS 所在区域应设置专用的辅助接地网，并与变电站主接地网相连。图 8-14 为 GIS 接地网构成示意图。

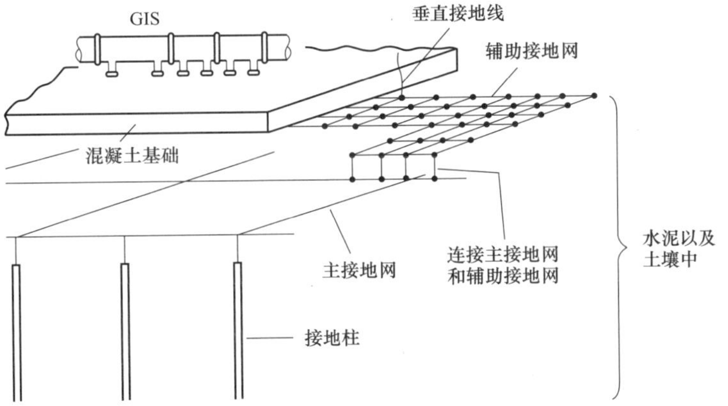

图 8-14　GIS 接地网构成示意图

1000kV GIS 专用辅助接地网的作用是：

（1）在系统正常运行时，将三相外壳上感应电流的不平衡电流引入接地网；当系统发生故障时，将在外壳上感应的瞬时电流快速引入接地网。

（2）将隔离开关开合母线充电电流时引起的特高频暂态电流快速引入接地网，以降低对运行人员和二次设备的不利影响。

（3）将 1000kV GIS 在正常运行和故障时在外壳上产生的接触电压和地面上的跨步电压限制在安全范围内。

1000kV GIS 的专用辅助接地网应采用铜材，网格的疏密和所用铜排或扁钢的截面取决于设备的布置、接地点的数量和可能通过的工频短路电流、雷电冲击电流和特高频电流的大小，应能确保在正常运行时和故障状态下，外壳上的感应电压和地面上的跨步电压满足运行人员安全要求及二次设备电磁干扰要求。

辅助接地网接地体截面和布置由 GIS 厂家提供给设计。为了保证外壳上的大电流和特高频电流能快速导入接地网并有较强的防腐性能，GIS 厂家一般要求特高压 GIS 专用辅助接地网采用截面积不小于 50mm×5mm 的铜排。辅助接地网通过放热焊接方式与变电站主接地网连接。辅助接地网的接地引下线应由可能通过的额定短路电流决定。GIS 厂家在三相外壳之间装设了足够数量的相间导流排并形成闭环回路，每个闭环回路应尽量以最短的距离与辅助接地网相连，并能承载额定短路电流的作用，相间导流排能承载额定电流。

（四）1000kV GIS 设备接地实施方案

1000kV GIS 一般采用大板基础，辅助接地网一般暗敷于基础下，GIS 设备接地线与辅助接地网的连接有三种方式：

（1）大板基础内直接预埋接地线上引至设备接地处，存在接地引出线与设备接地件易偏心、引出线根部易开裂、美观和成品保护差、不便于设备安装等缺点。

（2）大板基础上预埋封闭式不锈钢接地盒作为设备接地线和辅助接地网的连接点，接地线连接点封闭在接地盒内导致巡视不便。

（3）大板基础上预埋接地铜块作为设备接地线和辅助接地网的连接点，可依据设备接地位置对接地铜块进行钻孔，GIS 接地整齐、美观，但预埋铜块厚度较大，材料费用较高。

实际工程中大多采用预埋接地铜块的方式。预埋接地铜块方式是将 GIS 设备接地线与大板基础内预埋的铜件螺栓对接，将基础内接地预埋件通过铜绞线与辅助接地网连接，两端均采用放热焊接法。图 8-15 为引出点与放热焊点水平距离示意图。图 8-16～图 8-20 为现场施工照片。

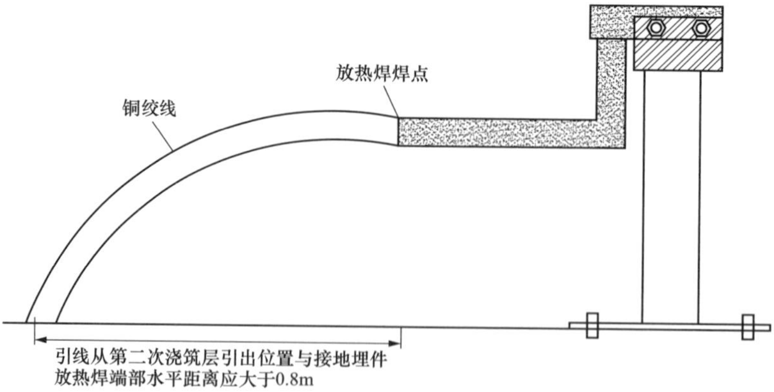

图 8-15　引出点与放热焊点水平距离示意图

图 8-16 采用钢筋托架接地引出线

图 8-17 对接地铜块钻孔

图 8-18 接地铜块攻丝

图 8-19 螺纹护套安装

图 8-20 接地引排螺栓紧固

螺纹护套采用不锈钢材质（规格为 M12－1.75 标准规格护套，内径为 M12，螺距为 1.75mm，长度为 2 倍直径）。此种螺纹护套自由状态下的直径比其预装入的螺孔直径稍大，装配时用专用工具使其直径因受扭力而变小，旋入螺孔中装好后，钢丝螺套将产生类似弹簧膨胀的作用，使其牢固在螺孔中，不随螺钉的运动而运动，保证了螺栓的连接牢靠。

预埋接地铜块方式的优点是可依据设备接地位置，对接地铜块进行钻孔，可以做到全站 GIS 接地整齐、美观，便于 GIS 设备安装；缺点是预埋铜块厚度较大，导致材料费用较高，经济性较差。

二、110kV 干式电抗器接地

110kV 干式串、并联电抗器电压等级高、容量大、空间漏磁较大，因此每台电抗器设置 2 根环形接地线（组成双 C 型），与电抗器接地端子连接，每根环形接地线分别与主接地网的不同点可靠连接。电抗器接地引下线与电抗器周围的其他接地线应避免成环，并满足电抗器的防磁距离要求，以防止引起接地线过热等问题。

当电抗器周围装设围栏时，围栏采用非磁性材料，设置在电抗器防磁范围外，围栏设有断开点、不闭合。围栏多点与主接地网可靠接地，每片围栏间可靠跨接，以保证围栏电气连接的连续性。

第九章　系统继电保护

1000kV 输电线路为了提高传输能力，减小其电压损耗和能量损耗，必须减小单位电阻，减小漏电导，采用多分裂导线，由此也带来了有别于常规超高压电压等级的电气量特性，如分布电容产生的高频分量频率可能距离工频很近、短路过程中非周期分量衰减常数较大、高阻接地时故障分量比较小及过电压严重等问题。

本章针对特高压系统的上述特点，阐述特高压对系统继电保护的影响，从而提出了特高压系统继电保护方案配置通用要求，介绍了 1000/500kV 系统继电保护、故障录波系统、故障测距系统、保护及故障信息管理子站系统的配置原则和方案，并对上述系统均提出了具体的功能要求。

第一节　系统继电保护综述

一、特高压系统继电保护的特点

由于特高压线路输电距离长、输送容量大，对系统稳定影响大；特高压输电线路继电保护除应满足“四性”（速动性、灵敏性、选择性、可靠性）的基本要求外，对可靠性、速动性要求更高，各种保护装置要有更高的独立性和更大的冗余度。因此，特高压系统继电保护的配置应着重考虑过电压、输电线路的分布电容电流、线路架设方式等多种因素的影响。

（一）过电压对保护的影响

为了避免在线路跳、合闸的暂态过程中引起系统工频过电压和操作过电压，特高压输电线路对线路两端跳闸和合闸的时间差有严格的要求，应充分利用通信通道使两端的保护紧密配合。

因此，特高压输电线路上发生任何故障时必须以最短的时间在两端同时切除故障，不允许两端保护相继动作（即一端断路器断开后另一端保护才动作）切除故障。

（二）特高压输电线路的分布电容电流

对长距离特高压输电线路，要分析线路分布电容电流对保护的影响。对特高压长线路的情况，其电容电流数值可以和负荷电流相比拟。根据相关资料，特高压线路的充电容量约为500kV线路的5倍，每100km线路约有530Mvar充电功率，这仅为稳态运行情况下的电容电流。在故障或重合闸时，暂态充放电电流将要增大数倍，尤其是在暂态状态下电压中有很多高频分量，电容电流与频率成正比，将会产生更大的高频电容电流，这将使线路区外故障时两端电流的波形、幅值和相位都发生严重畸变，影响保护特别是分相电流差动保护的正确动作。对保护装置，应研究补偿电容电流的算法，尤其是补偿暂态电容电流的算法。当电容电流补偿算法不完善时，还须考虑如何在外部故障时用适当的定值躲过电容电流，并须考虑特高压系统中保护的互补性，研究出较合理的保护配置方案。

（三）特高压系统同杆并架线路对保护的影响

采用同杆并架的特高压输电线路，线路保护除了要考虑平行线路故障会引起功率倒向、零序互感的影响外，还要考虑同杆并架线路的跨线故障、线路出口故障等故障类型对保护正确选相的影响，以及相应的纵联保护方案。较理想的保护是分相电流差动保护，在特高压电网建设初期，由于特高压暂态特性的复杂性，相关的参考运行经验不多，出于保护功能互补性、保护完备性及保护通道限制性方面的考虑，可能要配置其他原理的纵联保护。一般来说，对纵联距离或纵联方向保护，为了能正确区分所保护线路的故障相别，往往要求能传送三个或四个纵联保护信息。对同杆并架线路，还要考虑相适应的重合闸方式。

（四）特高压输电线路对重合闸应用的影响

特高压输电线路在使用单相重合闸时，必须考虑下列因素：当线路发生单相接地故障时，线路两侧单相跳开后，故障点的潜供电流很大，使故障点的熄弧时间长；由于并联电抗器容量大，对故障点产生衰减时间较慢的附加直流分量，直流分量不像交流分量那样存在过零点，使电弧熄灭困难；在线路断开时，线路对地电容与并联电抗器处于谐振状态，从而在断开的线路上产生很高的恢复电压。这些因素将导致重合闸失败。特高压输电线路在非全相运行状态下可能产生较高的过电压，因而限制了单相重合闸的使用（具体数值应根据过电压计算确定）。

为防止重合于永久性故障给系统造成再次冲击，宜选用能区分瞬时性和永久性故障自适应原理的重合闸装置。

（五）抗干扰能力

超高压变电站的保护测控装置通常集中布置于和一次设备毗邻的继电器小室，部分保护装置，如变压器保护、母线保护，需引入多侧或多条线路的模拟量和开关量，二次电缆需跨间隔连接，因此电缆长度较本间隔或本小室内连接的电缆增加至少100～150m。

特高压变电站中，由于绝缘和耐压的要求，变压器、电抗器和断路器等设备体积较超高压系统大，设备间隔之间、继电器小室和主控室之间的距离加大，二次电缆长度增加的问题更为突出，且特高压变电站的电场和磁场强度要远高于超高压变电站，较长的二次电缆连接会影响保护和测控装置的电磁兼容能力。因此，在特高压强电磁环境下工作的继电保护装置应具有很强的抗扰度性能，对保护设备抗扰度性能提出了更高的要求。

二、特高压系统继电保护通用要求

（一）方案配置的通用要求

特高压系统继电保护也是建立在继电保护基本原理之上，是由高压和超高压系统继电保护技术发展起来的，继电保护除了满足可靠性、选择性、灵敏性和速动性的要求，在方案配置上，按“强化主保护、简化后备保护和二次回路”的原则进行保护配置、选型。主后一体的电气量保护装置主保护和后备保护共用直流电源输入回路及交流电压、电流的二次回路。按双重化原则配置的保护，双重化范围包括保护装置的双重化及与保护配合回路（含通道）的双重化，即每套保护装置的二次输入/输出（含跳合闸回路）、纵联保护传输通道及电源输入回路独立于另一套保护装置，两套保护之间没有直接的电气联系。在组屏方面，双重化配置的继电保护装置分别组装在各自的保护屏内，保护装置退出消缺或试验时，可整屏退出。保护用电流互感器在配置上避免出现主保护的动作死区，接入保护装置的互感器二次绕组分配应避免当一套保护停用时出现被保护区内故障时的保护动作死区，同时应尽可能减轻电流互感器本体故障时所产生的影响。

（二）装置功能的通用要求

保护装置具备的基本功能有通信功能、对时功能和录波功能。

保护装置具备通信功能，能与监控系统通信，通信规约采用 DL/T 860《变电站通信网络和系统》系列标准，保护上传的信息量包括交流的采样值、保护动作的详尽信息、装置故障及异常信息等，要求保护装置的应答时间小于 50ms。保护装置还可接收监控系统对保护装置发送的保护投退、复归命令。保护动作时保护装置可将保护跳闸事件、跳闸报告、事件报告等信息同时上传至监控系统。每套保护装置具备至少 3 组以太网通信接口，其中 2 组用于与监控系统接口，1 组备用，另外具备 1 个调试接口和 1 个打印机接口。

保护装置具备通信网络对时和卫星时钟对时功能，对时误差小于 1ms。具备 IRIG-B（DC）对时功能，并通过保护屏端子排接线。

保护装置具有故障录波功能，记录故障前后主变压器电流、电压等模拟量，断路器位置、保护跳合闸命令等开关量。记录装置的操作事件、状态输入量变位事件、更改定值事件及装置告警事件等。记录的录波报告不少于 10 个，记录的事件不少于

500 条。记录的报告或事件可被 PC 机读取。

第二节　1000/500kV 系统继电保护

一、配置原则及方案

（一）1000/500kV 线路、远方跳闸及过电压保护

1. 配置原则

（1）采用微机型主后一体的保护装置，具有双通道功能，远方跳闸及过电压保护与线路保护集成。每回 1000kV 和 500kV 线路按近后备原则设置双套完整独立的、能反应各种类型故障、具有选相功能的全线速动保护。每套保护均具有完整的后备保护功能。

（2）对同塔双回线路，为保证选择性切除跨线故障，应优先选用光纤分相电流差动保护作为主保护；对重负荷、长距离的联络线，保护配置宜考虑振荡、长线路充电电容效应、1000kV 并联电抗器电磁暂态特性等因素的影响；对装有串联补偿电容的线路，应优先选用光纤分相电流差动保护作为主保护。

（3）每回 1000kV 和 500kV 线路设置双套远方跳闸保护。远方跳闸保护采用“一取一”经就地判别方式。远方跳闸保护采用与线路保护合一装置。断路器失灵保护、过电压保护、1000kV 并联电抗器保护均应启动远跳。为提高远方跳闸的安全性，防止误动作，执行端均设置就地故障判别元件。就地故障判别元件保证其保护的线路或电力设备故障有足够的灵敏度，只有在收到远方跳闸命令且就地故障判别元件启动时，才允许出口跳闸跳开相关断路器。远方跳闸保护动作应闭锁重合闸。

（4）根据系统工频过电压的要求，对可能产生过电压的 1000kV 和 500kV 线路应设置双套过电压保护。过电压保护应能在线路出现任何危及绝缘的不正常工频过电压时，断开有关的断路器。在系统正常运行或在系统暂态过程的干扰下均不应误动作。过电压保护的动作时间和整定值与特高压变电站一次设备过电压保护协调配合。

（5）1000/500kV 线路保护的通道均按双套保护两个通道相互独立的原则进行配置，即双重化配置的两套纵联保护相互独立，两套远方跳闸保护的信号传输通道相互独立。当远方跳闸和过电压保护采用与线路保护合一的装置，且线路纵联保护采用数字通道时，远方跳闸命令可以与线路保护共用远方传输通道，经线路纵联保护传输。

（6）对于 π 接线路应根据现有保护实际情况，进行保护搬迁、同型号配对或更换。

2. 配置方案

（1）每回 1000/500kV 线路配置 2 套光纤分相电流差动主保护，并配置三段式相

间距离保护、三段式接地距离保护、二段式零序保护、独立的反时限零序保护，具有选相功能的零差保护作为后备保护，以保证高电阻接地故障时能可靠地有选择地切除故障。保护应能反应被保护设备的各种故障及异常状态。同时配置2套过电压保护及远方跳闸就地判别装置。每套线路保护和过电压及远方跳闸就地判别装置组1面屏，过电压保护功能可集成在相应的线路主保护装置内。

（2）对于同塔双回线路，当有光纤通道时，为有选择性地切除跨线故障，应优先选用双套光纤分相电流差动保护作主保护。若线路没有光纤通道或没有迂回的光纤通道时，应使用传输分相通道命令的纵联距离保护。

（3）具有光纤通道的线路，两套纵联保护宜均采用光纤通道传输信息。非同塔双回或仅有部分同塔双回的线路，未敷设光纤通道线路的一套纵联保护可采用另一回线路的光纤通道，另一套纵联保护应采用电力载波或光纤的其他迂回通道。

（二）1000/500kV母线保护

1. 配置原则

（1）母线保护应能正确反应母线保护区内的各种类型故障，并动作于跳闸。每段1000kV和500kV母线按母线段设置双套母线差动保护。每套母线保护装置具备差动保护功能，边断路器失灵经母线保护跳闸功能，电流互感器断线判别功能，抗电流互感器饱和功能，即对各种类型区外故障，母线保护不会由于短路电流中的非周期分量引起电流互感器的暂态饱和而误动作。

（2）母线保护允许使用不同变比的电流互感器，并通过软件自动校正，但各支路电流互感器变比差不大于4。母线保护通过设置灵敏的、不需整定的电流元件并带50ms固定延时的方式，提高边断路器失灵保护动作后经母线保护出口的可靠性。

（3）母线保护仅实现三相跳闸，各连接元件设置独立的跳闸出口继电器。其跳闸出口接点满足启动跳闸、启动失灵保护、闭锁重合闸的要求。1000kV和500kV母线保护不设电压闭锁元件。

2. 配置方案

每段1000/500kV母线配置双套母线保护，1000/500kV母线的两套母线保护采用不同的TPY级电流互感器二次绕组，且分别装在不同的保护屏内。母线保护按集中布置式考虑，每套母线保护只作用于断路器的一组跳闸线圈。失灵保护需跳母线侧开关时，通过启动母差实现。

（三）1000/500kV断路器保护和重合闸

1. 配置原则

（1）3/2断路器接线的1000kV和500kV断路器保护按断路器单元设置，含断路器失灵保护、充电保护、死区保护、三相不一致保护（可选）和自动重合闸功能。保护装置应具有电压互感器断线、电流互感器断线报警功能。

（2）每个断路器单元设置1套双跳闸线圈的分相操作箱或Lockout继电器箱。断路器三相不一致保护、跳合闸压力闭锁操作、防跳功能均应由断路器本体机构完成。

（3）断路器失灵判别设置在断路器保护中。边断路器的失灵保护跳母线相邻断路器的出口回路宜与相应母差保护共用出口。死区保护与失灵保护应共用跳闸出口。

（4）失灵保护可选择瞬时再次动作于本断路器跳闸，再经一时限动作于断开其他相邻断路器。失灵保护动作跳闸应同时动作于两组跳闸回路，并闭锁重合闸。当断路器失灵保护动作，本侧线路保护接收到断路器失灵启动远跳的信号后，通过远跳通道向线路对侧发送远方跳闸信号。

（5）与线路相连的断路器保护应配置重合闸功能。

（6）重合闸应能实现单相重合闸、三相重合闸、禁止重合闸和停用重合闸四种方式。三相重合闸采用检无电压或检同期实现。

（7）重合闸只实现一次重合闸，在任何情况下不应发生多次重合闸。

2. 配置方案

1000/500kV每台断路器配置1套断路器保护和1台双跳圈分相操作箱，共组1面断路器保护屏。设置线路保护三个分相跳闸开入，变压器、线路保护（永跳）共用一个三相跳闸开入。设置相电流元件，零、负序电流元件，发变组单元设置低功率因数元件。保护装置内部设置“有无电流”的相电流元件判别元件，其最小电流门槛值大于保护装置的最小精确工作电流（$0.05I_N$）。

（四）短引线保护

1. 配置原则

（1）对于特高压变电站，由于工程建设的需要，会出现线路带电调试及投运滞后于站内相关断路器的调试及投运，线路保护不能与站内断路器保护同时投运的情况。此时，两台断路器之间的一小段连线无任何保护，成为保护死区，因此在串内断路器带电调试或投运而线路尚不具备调试及投运的过渡阶段，作为临时措施，为相应线路配置短引线保护装置。

（2）短引线保护双重化配置，每套保护包含差动保护和过流保护，差动保护瞬时动作于跳闸。

2. 配置方案

短引线保护按串集中组屏，一面屏最多布置4台短引线保护装置。在特高压变电站中，1000kV线路均未设置出线隔离开关，因此每台短引线保护无开关量输入回路；出口回路保护以三相跳闸方式跳2台断路器。

综上，以1000、500kV各2串，主变压器2台为例，给出特高压变电站系统继电保护配置方案如图9-1所示。

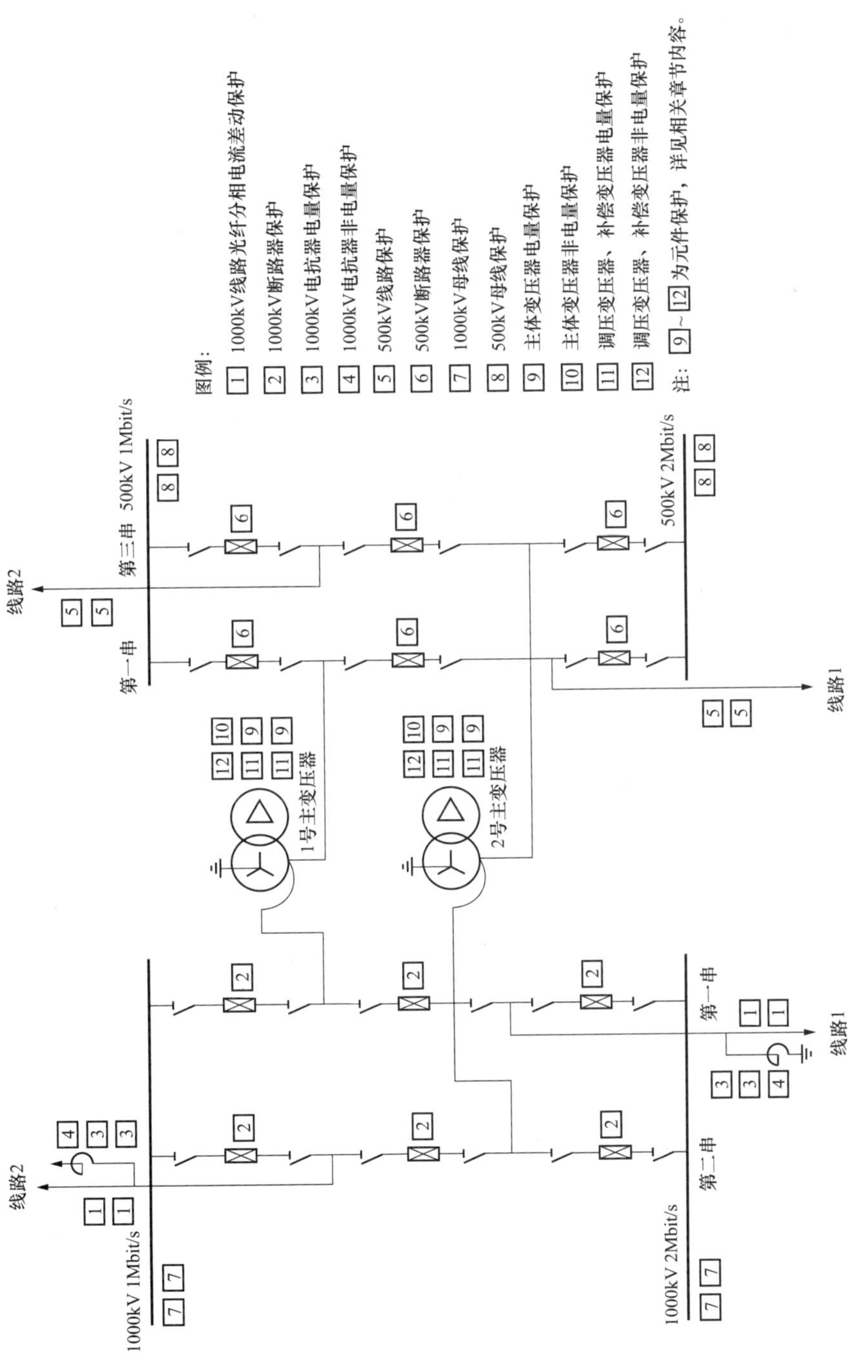

图9－1 特高压变电站系统继电保护配置方案

二、技术要求

（一）1000/500kV 线路、远方跳闸及过电压

1. 线路保护

（1）线路两侧纵联电流差动保护装置应互相传输可供用户整定的通道识别码，并对通道识别码进行校验，校验出错时告警并闭锁差动保护。

（2）保护装置应具有通道监视功能，如实时记录并累计丢帧、错误帧等通道状态数据，通道严重故障时告警，且不引起保护误动。

（3）纵联电流差动保护两侧启动元件和本侧差动元件同时动作才允许差动保护出口。线路两侧的纵联电流差动保护装置均应设置本侧独立的电流启动元件，必要时可用交流电压量等作为辅助启动元件，但应考虑在电压互感器断线时对辅助启动元件的影响，差动电流不能作为装置的启动元件。装置具有单相和三相跳闸逻辑回路，线路一相跳开后，再故障应跳三相。

（4）主保护应有独立的选相功能，选相元件应保证在各种故障条件下正确选择故障相，非故障相选相元件不应误动。主保护装置带有故障测距功能，测距原理采用双端测距，线路无串联补偿装置时测量误差应小于线路全长的 5%（金属性故障）。

（5）对于线路两侧电流互感器的特性及变比不完全一致的情况，线路电流差动保护应考虑相应的解决措施。在电流互感器饱和时，区内故障不应导致电流差动保护拒动，区外故障不应导致电流差动保护误动。

2. 远方跳闸及过电压保护

（1）就地故障判别装置应保证在相邻线路末端故障且本侧中断路器失灵时，具有足够的灵敏度。

（2）就地判据应采用综合电流变化量元件、零负序电流元件、有补偿功能的综合电压元件、低功率元件等。

（3）远跳及过电压保护出口应分开，并且出口均应装设连接片。

（4）远方跳闸应采用就地判据，即收到对侧保护发来的远方跳闸信号且本侧就地判据动作才允许跳闸。

（5）过电压继电器动作后，应发送远方跳闸信号，使对侧断路器跳闸。过电压保护远方跳闸信号的发送和接收，与失灵保护、电抗器保护共用。

（二）1000/500kV 母线保护

（1）装置应能在母线区内发生各种故障时正确动作，区外故障时装置不误动。

（2）母线保护应具有可靠的电流互感器饱和判别功能，区外故障电流互感器饱和时不应误动。

（3）母线保护应能快速切除区外转区内的故障。

（4）装置应能适用于各支路一次电流互感器变比差不大于 4 的系统，并通过软件

自动校正。

（5）具有电流互感器断线告警和电流互感器断线闭锁功能。

（6）对构成环路的各种母线，保护不应因母线故障时电流的影响而拒动。

（7）母线保护应具有比率制动特性，以提高安全性。

（三）1000/500kV 断路器保护和重合闸

1. 失灵保护

（1）失灵保护误动后果比较严重，且 3/2 断路器接线的失灵保护无电压闭锁，根据具体情况，对于线路保护分相跳闸开入和发变组（线路）三相跳闸开入，应采取措施，防止由于开关量输入异常导致失灵保护误启动，失灵保护应采用不同的启动方式：

1）任一分相跳闸接点开入后经电流突变量或零序电流启动并展宽后启动失灵；

2）三相跳闸接点开入后不经电流突变量或零序电流启动失灵；

3）失灵保护动作经母差保护出口时，应在母差保护装置中设置灵敏的、不需整定的电流元件并带 50ms 的固定延时，防止失灵开入异常等原因造成失灵联跳误动。

4）主变压器断路器失灵时，主变压器保护应设置灵敏的、不需整定的失灵开放电流元件并带 50ms 的固定延时联跳主变压器各侧断路器。

（2）失灵保护不设功能投/退压板。断路器保护屏上不设失灵开入投/退压板，需要投/退线路保护的失灵启动回路时，通过投/退线路保护屏（柜）上各自的启动失灵压板实现。

（3）断路器失灵保护跳相邻断路器的 2 个线圈，并启动线路保护的远跳。边断路器失灵还应通过母差跳闸出口跳该母线上相关断路器。

2. 充电过电流保护

包含两段相电流过流和一段零序过流，动作后应能启动失灵保护。可分别整定每段相电流过电流和零序过电流保护延时。充电过电流保护经充电过电流保护投入压板和整定值中相应段保护投入控制字投退。

3. 三相不一致保护

三相不一致保护可增加零、负序电流闭锁，其定值可以和失灵保护的零、负序电流定值相同，均按躲过最大负荷时的不平衡电流整定。

4. 自动重合闸

（1）自动重合闸由保护跳闸接点启动，断路器无故障跳闸应启动重合闸。

（2）自动重合闸由分相和三相跳闸启动回路启动。三相自动重合闸应有同期检查和无电压检查。

（3）重合闸装置应能将启动信号定时自保持。

（4）重合闸装置应有外部闭锁重合闸的输入回路，用于在手动跳闸、手动合闸、母线故障、变压器故障、断路器失灵、断路器三相不一致、远方跳闸、延时段保护动作、断路器操作压力降低等情况下接入闭锁重合闸接点。三相重合闸元件启动后，应闭锁单相重合闸时间元件。

（5）重合闸过程中出现的非全相运行状态，如有可能引起本线路或其他线路的保护装置误动时，应采取措施予以防止。

（6）重合闸的合闸脉冲应有足够的宽度（80～120ms），以保证断路器可靠合闸，不会使断路器产生二次重合闸或跳跃现象。

（7）重合闸装置应有“断路器操作压力降低闭锁重合闸”的回路，该回路应保证只检查断路器跳闸前的操作压力。

（四）短引线保护

对于3/2断路器接线，当线路或元件退出运行时，短引线保护有选择地切除该间隔两台断路器之间的故障。

三、Lockout继电器箱的配置

按照华东地区运维习惯及要求，所有1000kV及500kV的线路、主变压器、高抗、母线及断路器保护均需配置Lockout继电器箱。配置Lockout继电器箱和操作箱，可以有效隔离保护装置与操作回路，避免操作电流流入保护装置，降低操作对保护装置的冲击。

（一）Lockout继电器箱与操作箱的区别

（1）Lockout继电器箱是一个将Lockout锁存继电器及其他辅助继电器资源整合至一个整体的装置，操作箱则是一个将跳闸回路监视继电器及其他跳闸及辅助继电器资源整合至一个整体的装置。

（2）各保护Lockout继电器跳闸出口回路各自独立，Lockout继电器跳闸出口接点直接接至断路器操作回路，减少跳闸回路的中间环节；而操作箱则需要将保护出口跳闸接点在操作箱汇总后，由中间继电器统一出口至断路器操作回路。

（二）Lockout继电器箱配置要求

跳闸出口回路采用有接点继电器，各装置分相跳闸出口回路应有直流电流自保持功能，待断路器辅助接点返回后再返回，以保证断路器可靠跳闸，并且不损坏跳闸接点。

对于失灵保护、母线保护、变压器保护、远方跳闸回路等，若具有独立三相跳闸出口，则出口跳闸继电器应为非电自保持、人工复归的继电器，并具有动作指示，且提供一副常开接点供遥信使用，接点数满足分相跳闸的需要。Lockout继电器必须通过机械手动复归才能继续使用，提醒运维人员必须消除故障后才能将保护再次投入使用，降低了误操作的风险。

所有直接跳断路器跳闸线圈的接点均应为额定工作电压为直流220V的大容量继电器，为保证跳闸的快速性和可靠性，要求上述每组跳闸出口采用快速动作的继电器接点与额定工作电压为220V的大容量继电器（若为三相跳闸出口，则为非电自保持继电器）接点并联组成，同一断路器的不同跳闸线圈不能接同一组跳闸继电器。失灵保护的延时段应有足够的输出接点，满足相关断路器三相跳闸、启动失灵、闭锁重合闸的输出接点。重合闸装置应有足够的合闸出口接点，满足断路器分相合闸的要求。

涉及直跳、启动失灵等回路的光耦输入前需加装大功率继电器转接。

第三节 故障录波系统

一、配置原则及方案

（一）配置原则

特高压变电站内设置一套系统故障录波装置，故障录波装置按以下原则配置：

（1）故障录波装置按照电压等级配置，不跨小室配置。

（2）每套故障录波装置容量应不小于96路模拟量、256路开关量，分别记录线路电流、线路电压、保护装置动作、断路器位置及保护通道的运行情况等。

（3）配置故障录波装置时应留有适量裕度，按照全站需要记录的模拟量信号、开关量信号、直流电源等通道信号总量配置。装置及采集通道数量配置应综合考虑变电站过渡接线及终期接线的影响。

（4）全站故障录波装置应独立组网。

（二）配置方案

（1）1000kV及500kV电压等级按照2个完整串配置一套故障录波装置设置。

（2）主变压器故障录波装置宜单独设置，按一台主变压器配置一套故障录波装置设置。

（3）部分地区电网可根据当地运行习惯，为1000、500kV母线配置单独的母线故障录波装置，记录流入母线的各支路电流和母线电压，以便评价母线保护的动作特性。

（4）接入故障录波器的交流电流量应取自保护级电流互感器二次绕组，无独立录波绕组时，应串接在保护装置回路的末端。

（5）为采集和分析方便，宜将同间隔、同串、同段母线等有密切关联的模拟量信号和开关量信号记录在同一台故障录波装置中，允许不同装置重复记录同一信号。

（三）录波信号

1. 模拟量

（1）系统故障录波应包括母线电压、线路电压、线路电流，有条件可接入断路器电流。

（2）主变压器录波应包括主变压器三侧电压，主变压器高、中压侧电流，主变压器低压侧分支电流，零序电流，公共绕组电流，补偿变压器电流，调压变压器电流。

（3）高压电抗器录波应包括电抗器电压、电抗器进线侧电流、电抗器中性点侧电流。

（4）直流电源系统各母线段（控制、保护）对地电压。

2. 开关量

录波开关量信号根据工程电气主接线及保护配置确定，一般应包括以下内容：

（1）线路保护 A、B、C 三相各相分相跳闸及三相跳闸信号。

（2）断路器保护及重合闸装置 A、B、C 三相跳闸信号、重合闸信号及失灵出口信号。

（3）高抗保护各保护功能的跳闸信号、非电量保护动作信号。

（4）变压器保护各保护功能的跳闸信号、非电量保护动作信号。

（5）各套母线保护的跳闸信号。

（6）断路器操作箱 A、B、C 三相总出口信号。

（7）断路器分相分闸位置信号。

（8）部分地区电网可根据当地运行习惯，主变压器录波器同时采集主变压器 1000kV 侧、500kV 侧相应断路器信息。

二、功能与技术要求

（一）功能要求

1. 数据采集功能

交流故障录波装置的开关量采用无源触点方式，模拟量采样采用 57.7/100V 交流电压信号或 1A 交流电流信号。

2. 故障分析功能

装置应具有完善的录波数据综合分析软件，方便分析装置记录的故障数据设计，可再现故障时刻的电气量数据及波形，并完成故障分析计算，如谐波分析、相序量计算、幅值计算、频率计算、有功和无功计算等。

3. 对时功能

能接受全站统一时钟信号，采用 IRIG-B（DC）作为对时信号源。

4. 通信管理功能

具有本地和远方通信接口及与之相关的软件、硬件配置。既可在当地运行，实现录波数据存储、调试、定值整定和修改、信号监视、信号复归、控制操作、故障报告形成、远程传送、通信接口等功能；还可以通过以太网口与保护和故障信息管理子站系统通信，录波信息可经子站上传至各级调度部门进行事故分析处理，以实现对故障录波装置的故障警告、启动、复归和波形的监视、管理等。通信规约采用 103 和 DL/T 860 规约。

5. 测距功能

应具有测距功能，测距误差应小于线路全长的3%（金属性故障）。

（二）技术要求

1. 采样频率

具有连续记录功能并保存7天以上的采样数据，采样频率不低于1000Hz。模拟量采样频率在高速故障记录期间不低于5000Hz。

2. 测量范围

故障录波装置交流电流工频有效值线性测量范围为（0.1～20）I_N；交流电压工频有效值线性测量范围为（0.1～2）U_N。

3. 精度

包括采样精度、动作值精度、A/D转换精度3个方面的要求。

（1）采样精度：故障录波装置电流、电压波形采样精度为0.5%。

（2）动作值精度：事件量记录元件的分辨率应小于1.0ms。

（3）A/D转换精度：不低于16位。

4. 启动方式

有足够的启动元件，在系统发生故障或振荡时能可靠启动。故障启动方式包括模拟量启动、开关量启动和手动启动。装置可以同时由内部启动元件和外部启动元件启动，并可通过控制字整定。

5. 波形记录

波形记录满足以下要求：

（1）要求故障录波装置能记录因故障、振荡等大扰动引起的系统电流、电压、有功功率、无功功率及系统频率全过程的变化波形。

（2）故障录波装置应能连续记录多次故障波形。故障录波装置应能连续监视电力系统，任一启动元件动作即开始记录，故障消除或系统振荡平息后，启动元件返回，在经预先整定的时间后停止记录，在单相重合过程中也能记录。

（3）故障录波装置应能记录和保存从故障前150ms到故障消失时的电气量波形；应至少能清楚记录5次谐波的波形。

6. 录波数据分析

装置应具有完善的录波数据综合分析软件，方便分析装置记录的故障数据，可再现故障时刻的电气量数据及波形，并完成故障分析计算，如谐波分析、相序量计算、幅值计算、频率计算、有功和无功功率计算等。

7. 接口要求

装置应具备以下接口，并满足相关要求：

（1）硬接点接口。装置应具有录波启动、装置异常、装置失电硬接点信号输出。

（2）通信接口。

1）装置应具有不少于4个独立的以太网口，以实现就地和远方通信功能。

2）装置的所有通信端口均应采用独立的网络端口控制器实现，在任何情况下各个通信端口之间均不应出现数据渗透。

（3）对时接口。装置应具有IRIG-B（DC）对时接口。

第四节 故障测距系统

一、配置原则

1000kV线路和长度超过80km的500kV线路，或路径地形复杂、巡检不便的线路，为了准确定位故障、查找故障点、缩短故障停电时间，应配置专用故障测距装置。

特高压变电站故障测距系统按以下原则配置：

（1）测距装置宜采用基于测距精度较高的行波原理的双端故障测距装置，以保证故障测距的精度及可靠性，线路两侧的故障测距设备宜采用同一厂家的设备。

（2）与1000kV线路对侧的厂、站通信采用2M专线方式，与调度中心测距主站通信采用调度数据网方式。

（3）故障测距装置按不同的线路方向各采用1路复用2Mbit/s光纤数字通道至对侧的变电站，分别用于本站至对侧站线路双端测距。

（4）故障测距装置应采用数字式，有独立的启动元件，并具有将其记录的信息就地输出并向远方传送的功能。

（5）故障测距装置应采用高速采集技术、北斗/GPS同步技术、计算机仿真技术、匹配滤波技术和小波技术实现以双端行波测距为主，辅助以单端行波测距。

（6）1000kV故障测距宜按继电器小室设置，每个小室设置1面故障测距屏。

二、功能及技术要求

（一）功能要求

1. 自动测距

当线路发生故障时，对端或主站端自动调取该装置的故障信息进行双端自动测距，给出唯一的结果；在通信中断或对端无行波故障测距装置时，可实现故障测距单端数据的计算机辅助分析，以确定故障位置。

2. 通信功能

装置需具备3组通信接口（包括以太网或RS-232通信接口）和打印机接口，可通过数据网接入站端或远端的故障信息系统。

3. 对时功能

故障测距装置应具有接收北斗/GPS对时功能，以实现故障测距装置与北斗/GPS的同步，时间同步误差应小于1.0μs。

4. 自动识别功能

故障测距装置应具有自动识别故障线路的能力，有效地防止装置频繁误启动和漏检。

5. 打印功能

故障测距装置应具备故障波形及结果的当地或远方打印功能。

6. 告警功能

故障测距装置应具有装置异常告警信号指示灯。

（二）技术要求

（1）当故障测距装置电源失电时，故障测距装置不应当丢失已保存的故障测距数据。

（2）测距精度应不受线路参数、线路互感器类型及精度误差、电网运行方式变化、故障位置、故障类型、大地电阻率及一些较强干扰因素的影响，对经过渡电阻故障、雷击等造成的故障均能准确定位。

（3）故障测距装置可以选择线路保护装置动作信号作为辅助判据，或将线路断路器的位置接点引入测距装置，测距装置应能根据断路器位置接点的变化判断故障线路，但测距装置不应对保护装置有任何影响。

（4）在特殊情况下，装置可接入电压行波作为辅助判据。

第五节 保护及故障信息管理子站系统

一、配置原则

特高压变电站按有人值班考虑，为了提高继电保护系统管理和故障信息处理的自动化水平，宜设置独立的保护及故障录波信息子站，不独立设置保护信息网络，保护信息与监控系统共网传输。技术条件允许时子站功能也可由变电站监控系统实现。

保护及故障信息管理子站系统采集变电站继电保护装置、故障录波装置及安全自动装置等数据信息，对变电站保护、故障录波及安全自动装置的运行状态、通信状态进行监视，执行管理及分析功能。保信子站对采集的所有数据信息进行分类、分级后将数据存入数据库。

保护及故障信息管理子站（简称保信子站）作为电网继电保护运行、管理的技术支持系统，同时又作为电网故障时的信息支持、辅助分析和决策系统，在电网调度运行、事故分析中发挥着重要作用。

二、功能与总体要求

（一）主要功能

1. 自检和巡检设备

自检系统设备及巡检接入的保护装置，保信子站应保存所有联网装置的动作、异常、启动记录并建立相应档案，根据要求上传主站和就地监控系统发信号提示运行人员、显示打印。

2. 数据查询和检索、备份功能

可以根据权限随时查询站内的保护装置定值、开关量位置情况、历史动作报告，自检报告和录波器的定值和历史录波数据；具备数据库备份文件导入、导出功能；本系统记录、归档的信息均为只读文件，修改、删除归档信息和原始数据时需口令正确才能进行，且修改后有永久性标识。

3. 数据处理

应起到承上启下的作用，对所有保护装置上传的数据格式进行统一，并统一打包上传至主站。具备保存保护装置原始格式文件并能直接上传至主站的能力。

4. 数据上传

保护及故录的报告按优先级传送至主站。

第一级：保护动作总报告及故障录波简报，要求 2min 内自动上传至主站。

第二级：保护动作分报告、采样点数据、保护启动报告、保护自检报告，要求在主站空闲时 10min 内传送至主站。

第三级：故录的详细报告，就地保存在录波器内，管理柜可根据授权随时调阅。

电网故障应同时就地显示、打印信息和发出信号提示运行人员。

5. 远程通信

具有远传功能，故障信息远传系统经通信通道向总调和区调传送保护与故障录波器的有关信息。接口方式采用 10M/100Mbit/s 自适应以太网方式。

6. 联调通信

装置需具备 2 个以太网口，具备与监控系统联调通信的能力，并考虑相互间信息的共享。

7. 对时功能

装置应具有接收北斗/GPS 对时功能，以实现保信子站与北斗/GPS 的同步，时间同步误差应小于 1.0μs。

8. 安全性能

为保证系统的安全，保信子站应根据需要设置允许访问本系统的用户名称及密码，并需提供网络安全方案。

9. 系统设置

设置巡检设备、对时、自动进行时间报告上传的时间间隔；MODEM 的参数设置；添加、删除工作站和用户等。

10. 图形显示功能

反映站内的主接线图等。保信子站应能显示主接线图及开关状态，相关的软件应具有良好的界面及方便的图元编辑功能。在主接线图上可以定义相关的保护单元及开关量信息，并且该信息应可以传送到主站，做到设备原始参数的唯一性。

11. 断点续传功能

串口传输率应达到设备串口支持的最高速率；对各装置的通信规约转换软件采用模块化设计（使用单独的驱动程序库），现场可自动完成连接设备的设置、更改、添加等维护调整工作，以保证变电站的扩建。

12. 信息发布

主站与子站之间采用 Web 技术，实现主站对子站各种查询和操作。如对微机保护实现复归动作信号、修改保护时钟、召唤采样值、查询事件报告、召唤开关量状态、召唤故障报告、召唤保护定值、召唤最新报告、召唤自检报告、退出查询与操作等；对微机故障录波器实现召唤时钟、曲线分析、报告检索、查看定值、启动录波、复制录波、开关量配置、退出查询与操作等。

13. 操作界面

管理柜拥有良好的人机操作界面，对上述信息会进行必要的处理。保护装置的动作报告、自检报告等综合分析报告可以通过打印机以中、西文两种格式输出，而且具有完善的在线帮助系统。

（二）总体要求

1. 安全性

保信子站系统内部的任何元件，均不能影响保护装置的正常运行。在系统设计上，应做到没有使保护装置动作出口的可能性。

2. 适应性

与调度端主站之间的通信既适应低速通道（如拨号网络），又适应高速通道（拨号方式、10M/100Mbit/s 以太网方式）。

3. 兼容性

保信子站能与不同厂家的继电保护、故障录波器及安全自动装置接口，并做到规约统一。

4. 可扩展性

保信子站应预留标准接口，以便为其他系统提供数据发布和资源共享。保护及故障信息管理子站对保护装置具有调取查询保护定值、投/退软压板及复归功能；对故障录波装置具有定值修改和系统参数配置、定值区查看、启动、复归功能。

三、通信

（一）通信接口

保护及故障信息管理子站应支持的通信接口有：

（1）串行口：支持 RS-232/RS-422/RS-485 方式，支持多串口卡扩展（一般为 8、16、24 口）或串口终端服务器扩展。

（2）以太网口：子站内的局域网至少采用 10M/100Mbit/s 以太网。

（3）主站—子站通信通过电力数据网 SPDNET，基于 TCP/IP 协议。

（4）主站—子站通信采用电话拨号方式，并预留纵向加密认证装置的位置。

（二）通信规约

保护及故障信息管理子站应支持的通信规约除了 DL/T 860 规约外，主站和子站通信推荐采用 103 规约或其他用户指定通信协议，也可根据需要扩展；支持国内外主要保护采用的通信规约，推荐使用 DL/T 860 规约；支持国内主要使用的录波器通信规约，并可根据需要扩展。

（三）数据格式

数据格式采用 ANSI/IEEE/COMTRADE，数据库采用 ANSI/ISO 关系形 SQL 标准。

（四）装置接口

各保护设备均通过双以太网口，采用 DL/T 860 通信协议接入全站统一设置的站控层 MMS 网络，保护子站通过双网口、防火墙与站控层网相连，进而实现全站各保护设备、保信子站、监控系统信息共享。各小室不单独设置子站采集屏。

对于站内故障录波器，各小室的故障录波装置单独组网后，通过光以太网接口、光缆接至保护及故障录波信息管理子站。

保护及故障录波信息管理子站系统通过防火墙接入站控层网络并通过调度数据网接入设备接入电力数据网，通过电力调度数据网，接入国调及相关调度的保护及故障信息系统主站。调度中心主站端能查询站内各继电保护装置和故障录波装置的动作信号、运行状态信号。

第十章 系统调度自动化

特高压调度自动化系统，由各类调度自动化信息采集装置、数据通信设备、安全防护设备及变电站计算机监控系统组成，实现特高压变电站自动化信息采集和交互。

本章介绍了特高压变电站远动系统、电能量计量系统、相量测量装置、调度数据通信网络接入设备及二次系统安全防护的方案配置原则、系统功能、技术要求等内容。

第一节 远动系统

一、远动系统配置方案

（一）调度管理关系的确定

根据电力系统概况、调度管理范围划分原则和调度计算机监控系统现状，确定调度管理关系，并确定变电站远动信息的传输原则。

根据国家电网和各分调调度管理体制，1000kV 和 110kV 无功补偿设备、500kV 母线、重要的 500kV 出线等由国调直接负责调度，其余由分调直接负责调度。远动信息直接送往国调（包括备调）和分调。为便于各省（市）调了解特高压变电站电气设备运行工况，特高压变电站远动信息也送至省调。考虑到特高压变电站需满足对端网调和相关省调对其运行情况进行监视的需要，变电站的远动信息除上送国调和网调外，还应上送对端网调和相关省调。

（二）配置方案

网关机的配置结合计算机监控系统统一考虑，在监控系统中冗余配置两套互为热备用的网关机，实现无扰动自动切换，采用高速以太网接口连接在站内监控系统网络上。网关机和计算机监控系统共用数据采集单元，直接采集和处理测控单元送来的各类实时信息，并将实时信息向各级调度发送；接收调度下发的控制命令，但同一时刻只能执行一个调度端的控制命令。

（三）远动信息传输

远动信息采用双平面调度数据网实现信息上传。冗余的网关机通过以太网接口接入调度数据网接入设备，分别按照各级调度要求的通信规约以主备通道进行通信。网络通信采用101规约。

二、远动信息

远动信息内容需满足DL/T 5003—2017《电力系统调度自动化设计规程》和相关调度端对变电站的监控要求。根据DL/T 5003—2017，结合各级调度自动化总体功能要求，特高压变电站远动信息配置如表10－1～表10－3所示。表中所列信号可根据工程具体情况进行增减。

表10－1　特高压变电站电网运行数据

序号	设备名称	信号名称		备注
		模拟量	开关量	
1	1000、500kV线路	电流、电压、有功功率、无功功率	—	A相电流为越限测点
2	1000、500、110kV母线	电压、频率	—	1000kV和500kV母线A相电压、110kV母线AB相线电压为越限测点
3	1000、500kV断路器	电流	三相及分相位置信号	变位，告警直传
4	主变压器	各侧电流、电压、有功功率、无功功率、油温、绕组温度	主变压器分接开关挡位信号	1000kV侧和500kV侧A相电流、主体变压器、调压变压器油温、绕组温度为越限测点
5	1000kV电抗器	电流、无功功率、油温、绕组温度	—	A相电流、高抗油温、绕组温度、中性点小电抗油温为越限测点
6	110kV电抗器	电流、无功功率	—	
7	110kV电容器	电流、无功功率	—	
8	站用变压器	电流、电压、有功功率、无功功率、油温、绕组温度	—	
9	站外电源	电流、电压、有功功率、无功功率	—	
10	110kV、380V断路器	—	位置信号	
11	隔离开关、接地开关	—	位置信号	告知、告警直传
12	直流电源系统	各段母线电压、蓄电池电压、通信电源电压	—	

表 10-2 特高压变电站电网故障信号

序号	信号名称	备注
1	全站事故总信号	事故，告警直传
2	间隔事故信号	事故，告警直传
3	继电保护动作信号	事故，告警直传
4	断路器机构三相不一致跳闸信号	事故，告警直传
5	重合闸信号	事故，告警直传
6	稳控装置动作信号	事故

表 10-3 特高压变电站设备监控数据

序号	信号名称	备注
1	断路器（隔离开关）分/合	
2	调度允许的其他遥控操作	
3	一次设备故障	异常（合并信号）
4	一次设备告警	异常（合并信号）
5	二次设备或回路故障	异常（合并信号）
6	二次设备或回路告警	异常（合并信号）
7	站内交、直流电源告警	异常，告警直传
8	重要的输变电设备状态监测数据	

综上，以 1000、500kV 各 2 串，主变压器 2 台为例，给出特高压变电站远动信息范围如图 10-1 所示。

三、远动系统技术要求

远动系统应满足以下技术要求：

（1）应具有遥测越限死区传送、遥信变位传送优先传送功能。

（2）应有事件顺序记录及将其传送的功能。

（3）设备应成熟可靠、智能化、用户可编程。

（4）具有网络接口和串行接口，网络接口支持 101 规约。

（5）具有接收站内时钟同步系统传来的对时信号功能。

（6）具备通道自动监视功能，主备通道手动和自动切换功能。

（7）具有在线自诊断、远方诊断和组态功能。

（8）应支持失电后电源恢复自启动功能。

（9）对实时性的要求：遥信变位传送时间不大于 2s；遥测信息传送时间不大于 3s；遥控、遥调命令传送时间不大于 3s；测量值精度不大于 0.2%；SOE 分辨率不高于 1ms。

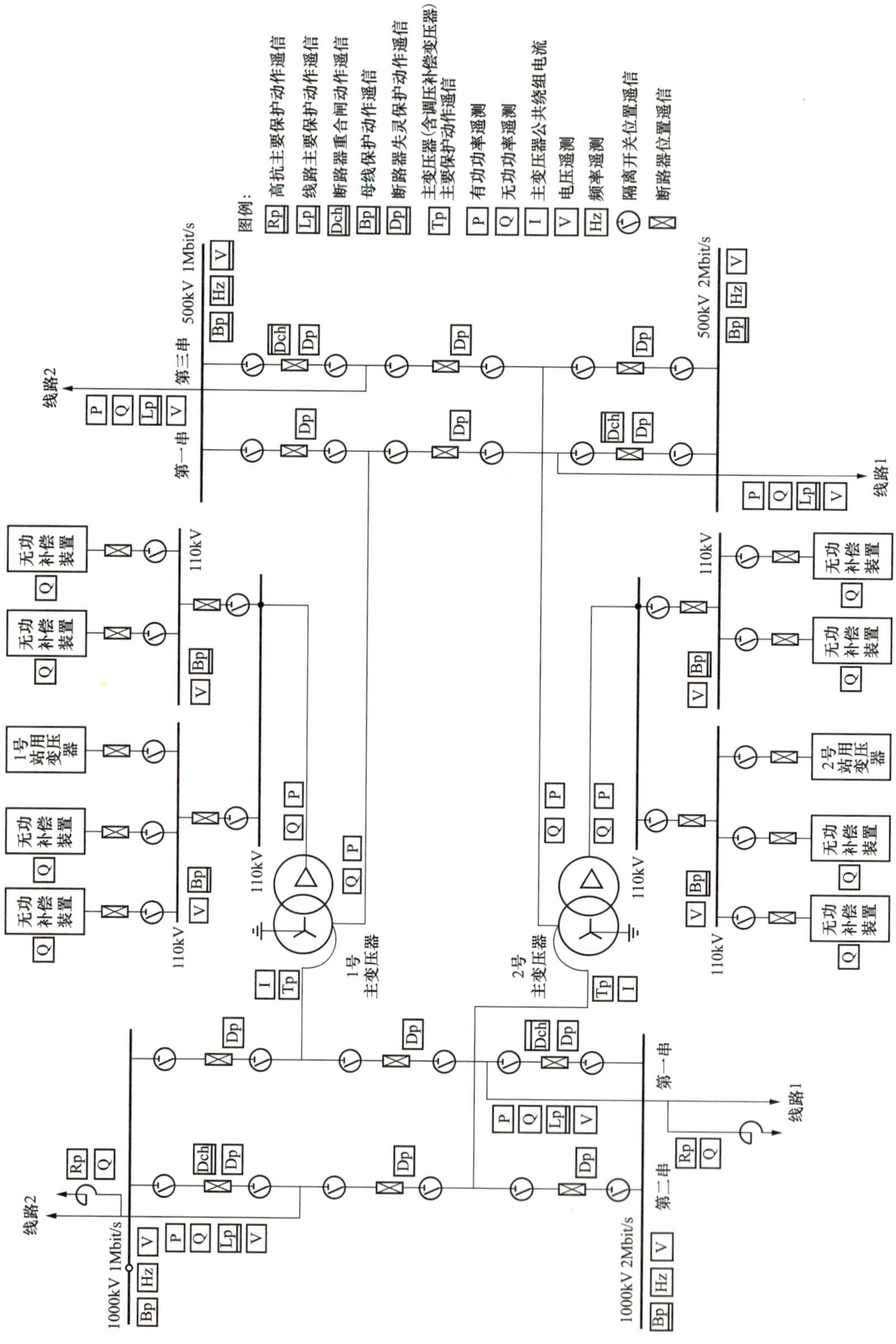

图 10－1　特高压变电站远动信息范围

第二节 电能量计量系统

一、基本配置

（一）电能量计量系统配置

特高压变电站内设置1套电能量计量系统，该系统包括电能表和电能量远方终端等。电能量信息采集涵盖变电站内所有电能计量点，采集内容包括各电能计量点的实时、历史数据和各种事件记录等。电能量远方终端采取一发多收方式将电能量信息传送到国调、分调和省调电能计量主站。

（二）计量关口点的设置

特高压变电站计量关口点一般设置在1000kV线路侧、500kV线路侧、站用电外引电源高压侧、变压器中压侧；考核点一般设置为主变压器高、低压侧。

在每个关口点、考核点配置双向0.2S级、多费率电能量计量表计；关口点按主、备双表配置，考核点按单表配置。关口点计量电能表与电能量远方终端之间采用串行口通信，布置在小室的关口点电能量计量表计和布置在主控楼的电能量远方终端之间通过光纤连接。

以1000、500kV各2串，主变压器2台为例，给出特高压变电站计费关口点范围如图10-2所示。

（三）信息传输

特高压变电站电能量数据的传输采用调度数据网方式为主，拨号方式作为备用。通信应采用DL/T 719或DL/T 645通信规约和TCP/IP网络通信协议。

二、技术要求

（一）电能表技术要求

电能表精度要求有功电能量优于0.2S级，无功电能量优于1级；具有双向计量功能和至少2个RS-485串口输出端；分辨率设置成1min能存储7天的电能量。

（二）电能量远方终端技术要求

（1）应能接受电能表RS-485串口输入，具有对电能量数据自动或人工设置多个时段进行分时累计存储。站内所有的关口表及电能表通过RS-485串口在各小室内分类并接后经光缆接至电能量远方终端。

（2）应配置足够的通信口，可通过电力调度数据网与国调、分调主站系统通信，实现电能量数据的传输。

（3）通信采用DL/T 634.5101通信协议。

（4）当存储数据分辨率设置成1min及电能量输入达到电能量处理装置允许的最大数量时，电能量处理装置应能存储14天采集的电能量。

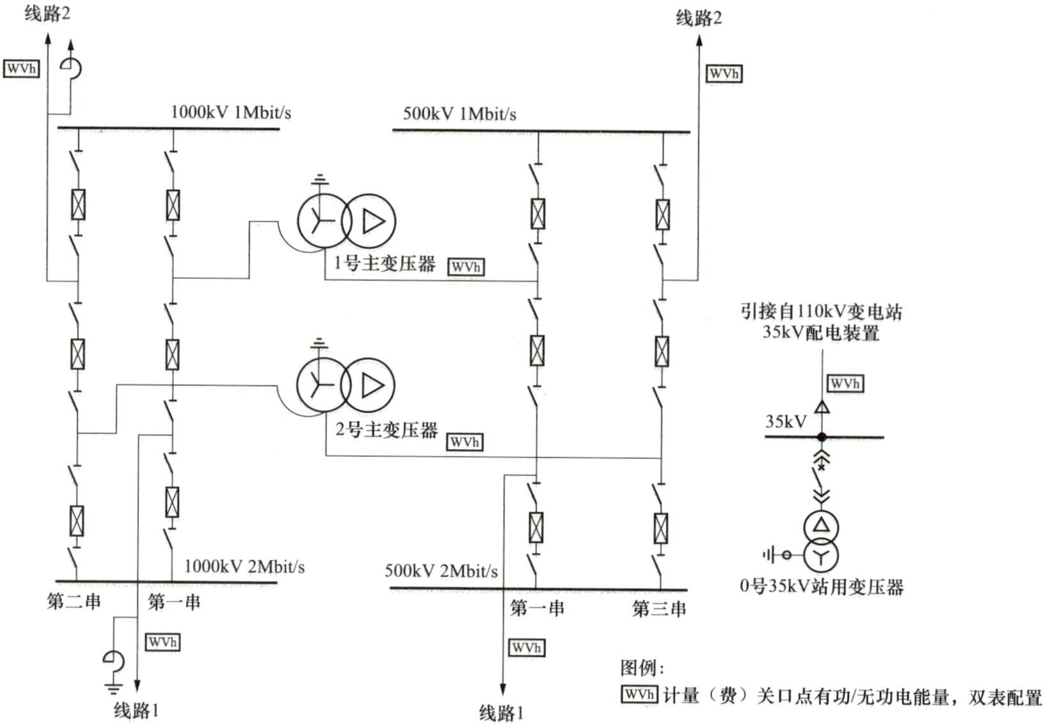

图 10-2　特高压变电站计费关口点范围

第三节　相量测量装置

一、基本配置

特高压变电站配置1套相量测量装置，用于采集站内1000、500kV线路的三相电流、三相电压，1000、500kV母线电压，主变压器高压侧、中压侧三相电流、三相电压及系统频率等信息。

特高压变电站相量测量装置按以下原则配置：

（1）相量测量装置模拟量取自站内交流电压互感器、交流电流互感器，装置的电流、电压采用互感器的测量级二次绕组。

（2）相量测量装置采用分布式布置，同步相量主机屏（内含同步相量主机，双重化冗余配置）布置在主控楼计算机室，同步相量测量采集屏（内含同步相量测量装置）布置在各继电器小室。各继电器小室同步相量采集屏与主控楼计算机室同步相量主机屏之间分别采用光缆进行连接。

（3）相量测量装置与主站通信通道带宽不低于2Mbit/s，采用电力系统调度数据网进行数据传输。

（4）相量测量单元具有不少于2个100Mbit/s网络接口和不少于2个RS-232/RS-485接口，数据集中器具有不少于4个100Mbit/s网络接口和不少于2个RS-

232/RS-485 接口，接入主站数量不少于 4 个。

(5) 相量测量装置内网应采用工业级以太网进行组网，以太网交换机应通过电力行业质量检验测试中心的检测。

二、功能及要求

(一) 基本功能

相量测量装置由相量测量单元（PMU）、数据集中处理单元、通信附件、人机维护单元等组成。

相量测量装置同时具有时钟同步、实时监测、实时通信、暂态录波、连续录波、文件通信功能，且各功能不能相互影响和干扰。

相量测量单元利用同步时钟作为数据采样的基准时钟源，同步相量信息通过电力调度数据网向调度端实时动态监测系统（WAMS）主站传送。

(二) 人机接口

装置提供人机接口，供人机维护单元接入，通过人机维护单元可以实现数据显示、参数配置、定值整定、故障分析、历史曲线查看、装置的运行状态显示等功能。

(三) 时钟同步

相量测量单元应采用全站统一时钟系统对时接口，要求统一时钟的对时精度优于 $\pm 1\mu s$，守时精度 1h 内不超过 $55\mu s$。对时信号类型采用 IRIG-B（DC），对时信号可采用多模光纤接口或电 RS-485 接口。当接收授时信号丢失或者异常时，相量测量装置应能维持正常工作，并建立事件标识。要求在失去同步时钟信号 60min 以内，在额定频率下，相量测量单元采集的相位误差小于 1°。

(四) 实时监测功能

(1) 能同步测量安装点的三相电压和三相电流，计算三相基波电压相量、三相基波电流相量、正序基波电压相量、正序基波电流相量、频率和频率变化率。

(2) 能计算所接入装置线路的有功功率、无功功率。

(3) 能采集接入装置开关量的状态信息。

(4) 能对时钟同步状态、扰动、装置运行状态等在动态数据中进行标识。

(五) 动态数据记录功能

(1) 能连续记录所测电压电流基波正序相量、三相电压基波相量、三相电流基波相量、频率、频率变化率、有功功率、无功功率及开关量状态信号等信息。

(2) 当装置监测到电网扰动时，装置能结合时标建立事件标识，并向主站发送告警信息。

(3) 记录的动态数据应有足够的安全性。不应因直流电源中断而丢失已记录的数据；不应因外部访问而删除记录数据；不应提供人工删除和修改记录数据的功能。

(4) 当装置工作电源消失时，应能将停电时刻前所记录的动态数据完整存储。

（六）暂态数据记录功能

（1）当装置监测到电网扰动时，装置能启动暂态数据记录功能，记录扰动过程中各模拟量通道采样点值以及开关量状态等信息。

（2）记录的暂态数据应有足够的安全性。不应因直流电源中断而丢失已记录的数据；不应因外部访问而删除记录数据；不应提供人工删除和修改记录数据的功能。

（3）当装置工作电源消失时，应能将停电时刻前 2s、停电时刻后 3s 所记录暂态数据完整存储。

（七）通信功能

（1）向主站实时传送动态数据、装置的状态信息。

（2）向当地厂站监控系统传送装置的状态信息。

（3）接收并响应主站下发的命令、参数、参考点相量等。

（4）接收并响应主站的动态记录数据和暂态记录数据的召唤命令。

（5）与各主站的通信应不相互干扰。

第四节　调度数据通信网络接入设备

一、配置原则

特高压变电站设置 2 套电力调度数据网接入设备，含相应的调度数据网络交换机及路由器，满足调度网双平面需求，两点就近接入国家电力调度数据网国调接入网和调控分中心接入网，将变电站远动信息、相量测量信息、电能量信息、保护及故障录波信息等传送至调度端。

数据网接入设备的设计原则为设备冗余、满足本站至各级调度中心的网络链路冗余，并逐步取消各站的远动、计量专线通道。特高压变电站的电力调度数据网接入设备均按冗余配置，包括路由器、交换机等。

二、配置方案

特高压变电站作为国调的直调变电站，应配置 2 套电力调度数据网接入设备，将相关的调度生产、管理信息通过 4×2Mbit/s 中继两点接入国家电力调度数据网国调接入网（国调、分调节点）和调度分中心接入网［分调、各省（市）汇聚节点］。变电站的远动设备、电能计量系统、保护及故障录波子站接入特高压变电站电力调度数据网接入设备，以实现变电站信息至调度端的网络化传输。

为使特高压变电站电力调度数据网接入设备能顺利接入国家电力调度数据网，且在设备调试期间对已运行的网络设备及应用不产生干扰，特高压变电站调度数据网接入设备的配置及型号应与国家电力调度数据网一致。

根据双平面调度数据网的接入要求，特高压变电站应配置 2 面调度数据网接入设备屏，每面屏包含 1 台路由器和 2 台交换机，1 台交换机作为实时数据网交换机，1 台作为非实时数据网交换机。配置方案如图 10－3 所示。

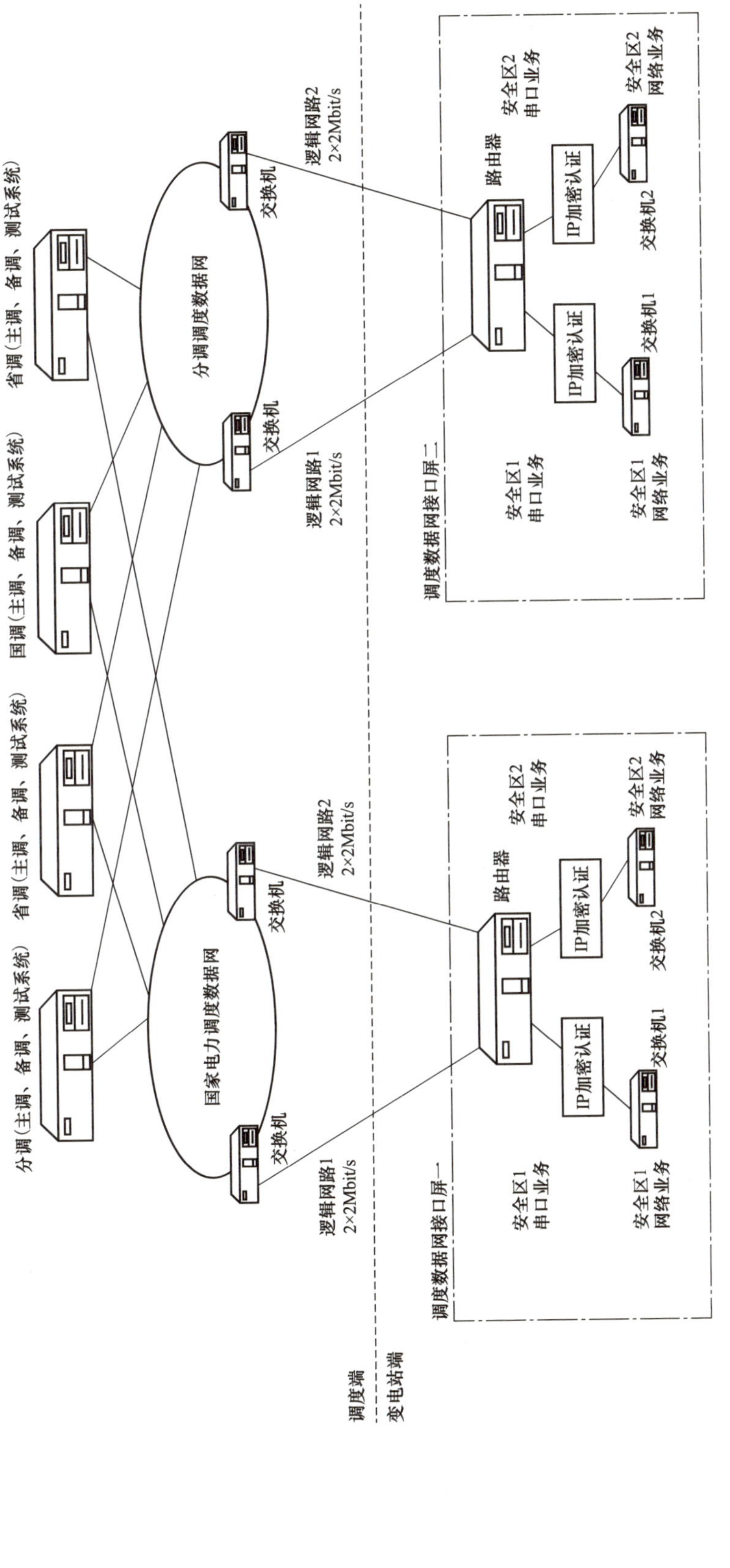

图 10－3 调度数据网接入设备配置图

第五节　二次系统安全防护

一、防护原则

为保证特高压变电站数据的安全，在特高压变电站内配置1套变电站二次系统安全防护设备。

电网企业内部基于计算机和网络技术的业务系统，原则上划分为生产控制大区和管理信息大区。生产控制大区可以分为控制区（又称安全Ⅰ区）和非控制区（又称安全Ⅱ区）。在不影响生产控制大区安全的前提下，管理信息大区（包括安全Ⅲ区和安全Ⅳ区）内部可以根据各企业不同安全要求划分安全区。

属于安全Ⅰ区的设备有变电站计算机监控系统、相量测量装置、保护装置、安全自动装置。

属于安全Ⅱ区的设备有电能量计量系统、继电保护及故障信息管理子站、故障测距装置。

属于安全Ⅲ区的系统有调度生产管理系统、统计报表等。

属于安全Ⅳ区的系统有管理信息系统、办公自动化系统等。

根据应用系统实际情况，在满足总体安全要求的前提下，可以简化安全区的设置，但是应避免形成不同安全区的纵向交叉连接。在各系统安全区之间应满足纵向和横向安全防护的要求，总的防护原则如下：

（1）安全Ⅰ区的各应用系统接入电力调度数据网前应加装纵向加密认证装置，安全Ⅱ区的各应用系统接入电力调度数据网前应加装防火墙。

（2）安全Ⅰ区和安全Ⅱ区的各应用系统之间网络互联应安装硬件防火墙，实施逻辑隔离措施。

特高压变电站安全分区网络架构如图10－4所示。

二、防护方案

二次系统安全防护设备主要配置有防火墙、纵向加密认证装置、正向安全隔离装置和反向安全隔离装置。随着电力监控系统网络安全管理平台建设的推进，变电站监控系统需根据部署要求配置网络安全监测装置，计列上线安全评估费用。

1. 横向安全防护

安全Ⅰ区设备和安全Ⅱ区设备之间通信设置防火墙，变电站自动化系统与安全Ⅲ/Ⅳ区数据通信网关机之间设置正/反向安全隔离装置传输数据。

安全Ⅰ区和安全Ⅱ区的各应用系统之间网络互联应安装硬件防火墙，实施逻辑隔离措施。

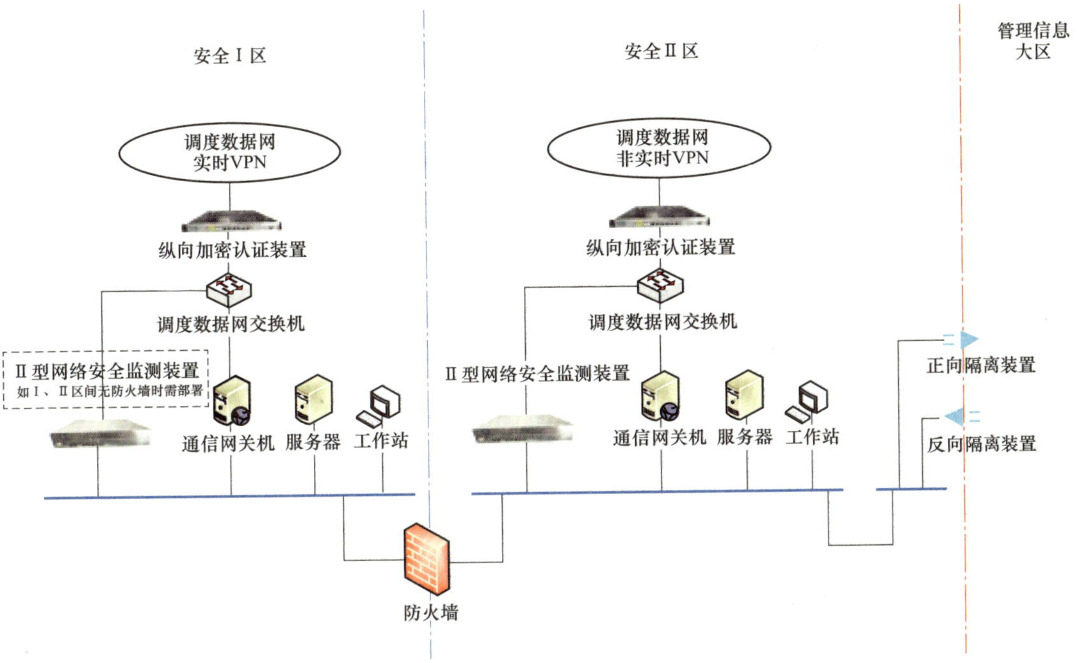

图 10-4 特高压变电站安全分区网络架构图

生产控制大区与管理信息大区之间的互联，应加装正/反向安全隔离装置。

2. 纵向安全防护

特高压变电站自动化系统与远方调度（调控）中心设置纵向加密认证装置进行数据通信。

安全Ⅰ区和安全Ⅱ区的各应用系统接入电力调度数据网前应加装纵向安全防护装置。

安全Ⅱ区的各应用系统接入综合数据网前应加装硬件防火墙。

3. 网络安全监测

特高压变电站（站控层）部署1套网络安全监测装置。网络安全监测装置部署于电力监控系统局域网中，用于对监测对象的网络安全信息采集，为网络安全管理平台上传事件并提供服务代理功能。

根据性能差异分为Ⅰ型网络安全监测装置和Ⅱ型网络安全监测装置两种。Ⅰ型网络安全监测装置采用高性能处理器，可接入500个监测对象，主要用于主站侧；Ⅱ型网络安全监测装置采用中等性能处理器，可接入100个监测对象，主要用于厂站侧。特高压变电站配置1套Ⅱ型网络安全监测装置。

网络安全监测装置接入站控层网络，采集特高压变电站站控层的服务器、工作站、网络设备和安防设备自身感知的安全数据及网络安全事件，实现对网络安全事件的本地监视和管理，同时通过调度数据网将信息转发至调度端的网络安全监管平台。

4. 上线安全评估

特高压变电站计列一项上线安全评估工作。通过电力监控风险评估对电力监控系统所面临的威胁及其存在的脆弱性进行系统分析，评估安全事件一旦发生可能造成的危害程度，提出有针对性的抵御威胁的防护策略和整改措施，为防范和化解信息安全风险，将风险控制在可接受的水平，最大限度地防止由于电力监控系统安全事件引发电力安全事故，全面提高电力监控系统安全防护水平提供科学依据。

安全测评的范围和内容全面覆盖特高压变电站监控系统所涉及的各个层面，并考虑各个层面的相互关系。测评工作应尽可能小地影响网络和系统的正常运行，不能对系统的业务产生显著影响。例如，避免造成被测评系统的性能明显下降、网络拥塞、服务中断等。

第十一章　监控系统

监控系统以计算机、网络和通信技术为基础，实现特高压变电站全景数据信息采集、处理、监视、控制、运行管理等功能。特高压变电站一体化监控系统纵向贯通调度、生产等主站系统，横向联通变电站内设备状态监测、辅助设备、时钟同步、计量等自动化设备。

本章从设计原则、监控范围、网络结构三个方面，提出特高压变电站监控系统应满足的总体要求和设备功能需求；从硬件、软件两个方面介绍特高压变电站计算机监控系统站控层、间隔层及网络设备的配置方案，提出监控系统与站内其他二次系统的接口要求；并根据国家电网有限公司有关一键顺控的文件，详细介绍了一键顺控功能在特高压变电站应用的总体架构、应满足的功能要求，同时提出具体配置方案，供同类工程参考。

第一节　监控系统总体要求

特高压变电站运行管理方式按照有人值班设计，监控系统按无人值班原则设计，设备配置满足无人值班功能。

特高压变电站监控系统满足优化简化网络结构、统一建模、统一组网、信息共享的要求，通信规约统一采用 DL/T 860 系列标准，实现站控层、间隔层二次设备互操作。变电站内信息具有共享性和唯一性，保护故障信息、远动信息不重复采集。

一、设计原则

计算机监控系统应基于安全可靠、成熟稳定和技术先进的原则，并充分考虑特高压变电站数据流量大、传输距离远、电磁环境复杂等特殊因素，满足现阶段有人值班，远期实现无人值班、少人值守的管理模式要求。特高压变电站监控系统采用一体化监控，以统一的基于 DL/T 860 系列标准的信息平台为基础建模，采用成熟先进的分层分布式系统结构。采用“三层设备、两层网络”的结构体系，按照全站信息数字化、通信平台网络化、信息共享标准化的基本要求进行设计，直接采集站内电网运行信息和二次设备运行状态信息，建立变电站全景数据，满足基础数据的完整性、准确性和一致性的要求。通过标准化接口与设备状态监测、辅助应用、计量等进行信息交互，实现全站信息的统一接入、统一存储和统一展示，提供统一规范的数据访问服务，实现运行监视、操作与控制、综合信息分析与智能告警、运行管理和辅助应用等功能。

二、监控范围

一体化监控系统的监控对象包括全站的断路器、隔离开关、电动操作的接地开关、直流电源系统、站用电源、火灾报警系统（包括消防系统）、主变压器的分接头调节、高/低压无功补偿装置自动投切和站内辅助管理系统。监控范围如表 11－1 所示。

表 11－1　特高压变电站监控范围

序号	设备名称	信号名称	备注
模拟量输入			
1	1000、500kV 线路	三相电流、三相电压、线电压、零序电压、三相有功功率、三相无功功率	
2	1000、500、110kV 母线电压互感器	单相电压、频率	当母线设置三相电压互感器时，应采集三相电压
3	1000、500kV 断路器	三相电流、同期用单相电压	
4	1000kV 主变压器	各侧三相电流、各侧三相有功功率、各侧三相无功功率、公共绕组三相电流、高/中压侧三相相电压和线电压、绕组温度、油面温度	
5	1000kV 高抗	三相电流、三相无功功率、中性点小电抗电流、绕组温度、油面温度	
6	110kV 电抗器	三相电流、三相无功功率、油温	
7	110kV 电容器	三相电流、三相无功功率	
8	站用变压器	高/低压侧三相电流、三相有功功率、三相无功功率、油温	
9	站用备用变压器	高/低压侧三相电流、三相有功功率、三相无功功率、三相进线电压	
10	380V 进线	三相电流	交流采样或网络通信输入
11	380V 分段	三相电流	交流采样或网络通信输入
12	380V 母线电压互感器	三相相电压、线电压	交流采样或网络通信输入

续表

序号	设备名称	信 号 名 称	备 注
13	直流系统	直流母线电压、蓄电池回路电流电压、充电回路电流电压	直流采样或网络通信输入
14	UPS 系统	输出电压、输出频率、输出电流	直流采样或网络通信输入
15	通信直流	通信电源电压	直流采样或网络通信输入
开关量输入			
1	1000、500、110kV 断路器	分/合闸位置（A 相、B 相、C 相、三相）、远方/就地切换开关位置、三相不一致跳闸、操动机构告警信号	
2	电动隔离开关、接地开关	分/合闸位置、远方/就地切换开关位置、操动机构告警信号	
3	1000kV 主变压器	分接头位置、冷却器告警信号、主体变压器本体告警信号、调压补偿变压器本体告警信号、调压开关本体信号、灭火装置告警信号	
4	1000kV 高抗	冷却器告警信号、本体告警信号	
5	1000、500kV 线路保护	保护动作、远跳收发信、通道告警、运行异常、装置故障告警	
6	1000、500kV 断路器保护	保护动作、重合闸动作、运行异常、装置故障告警、控制回路断线、电源消失、保护跳闸、事故音响	
7	1000、500kV 母线保护	差动动作、边断路器失灵经母线保护跳闸、运行异常、装置故障告警	
8	110kV 母线保护	差动动作、失灵动作、运行异常、装置故障告警	
9	1000kV 主变压器保护	主体变压器保护动作、非电量保护动作、过负荷、运行异常、装置故障告警；调压补偿变压器保护动作、非电量保护动作、运行异常、装置故障告警；低压侧分支控制回路断线、电源消失、保护跳闸、事故音响	
10	1000kV 高抗保护	保护动作、非电量保护动作、过负荷、运行异常、装置故障告警	
11	110kV 电抗器保护	保护动作、控制回路断线	
12	110kV 电容器保护	保护动作、控制回路断线	
13	站用变压器保护	保护动作、非电量保护动作、控制回路断线	
14	测控装置	远方/就地信号、防误解除、装置故障告警、通信中断	
15	备自投装置	备自投动作、装置故障告警、运行异常	
16	监控系统站控层设备	装置故障告警	
17	时钟同步系统	装置故障告警	

续表

序号	设备名称	信 号 名 称	备 注
18	故障录波装置	装置故障告警、录波启动	
19	故障测距系统	装置故障告警、测距启动	
20	同步相量装置	装置故障告警	
21	保护子站	装置故障告警	
22	电能量采集装置	装置故障告警	
23	稳控装置	稳控动作、装置故障告警、通道告警	
24	失步解列装置	失步解列动作、装置故障告警	
25	站用电断路器	分/合闸位置、远方/就地切换开关位置、故障告警	直采或网络通信输入
26	站用电动机	开关位置、故障告警	直采或网络通信输入
27	直流系统	直流系统接地、交流输入故障、监控通信中断、故障告警	直采或网络通信输入
28	UPS系统	交流输入故障、直流输入故障、交流输出告警、故障告警、旁路运行	直采或网络通信输入
29	通信直流	故障告警	直采或网络通信输入
30	火灾报警系统	火灾报警动作、故障告警	直采或网络通信输入
31	消防系统	消防装置动作、故障告警	直采或网络通信输入
32	安防系统	防盗告警、故障告警	直采或网络通信输入
33	设备状态监测系统	故障告警	直采或网络通信输入
34	视频监控系统	故障告警	直采或网络通信输入
		开关量输出	
1	1000、500、110kV 断路器	合闸、跳闸	
2	电动隔离开关、接地开关	合闸、跳闸、防误闭锁	
3	站用电断路器	合闸、跳闸	
4	需远控的电动机开关	合闸、跳闸	
5	变压器有载调压分接头	升、降、停止	
6	备自投装置	投、退	
7	保护及安全自动装置	复归	根据需要
8	操作箱	复归	根据需要

注 本表所列信号可根据工程具体情况进行增减。

三、网络结构方案

（一）系统结构

特高压变电站一体化监控系统采用分层、分布开放式的网络结构，采用DL/T

860系列标准对站控层设备和间隔层设备建模，站控层和间隔层之间的网络称为站控层网络（MMS网络），采用1000Mbit/s、负载自动平衡式多模光纤以太网，双星形网络结构，网络中主要传输间隔层与站控层设备之间的通信数据。

站控层网络传送间隔层闭锁报文等。站控层网络的构建应满足后期适时构建过程层网络的智能化发展需要。

间隔层设备完成本小室各种模拟量、信号量及保护信息的采集、处理，执行主机发出的各种操作命令，并可在小室内按操作逻辑完成就地控制功能。

（二）组网方式

站控层、间隔层设备之间的站控层网络拓扑结构采用双星形网络方式。

监控信息与保护信息合并组网，站内所有保护、控制信息共用站控层网络传输。保护装置以DL/T 860通信规约通过以太网口，直接接入监控系统站控层网络，实现保护信息的上传；保护及故障信息管理子站通过硬件防火墙接入监控系统站控层网络，通过监控网络采集保护信息。故障录波单独组网后接入非实时网交换机与子站连接。

特高压变电站站控层实施DL/T 860规约；在间隔层与站控层之间采用DL/T 860规约；间隔层保护之间采用硬接线连接。

第二节 监 控 系 统 功 能

监控系统作为整个变电站运行监控的主要手段，其系统功能直接影响系统的安全运行。作为特高压变电站，除具有常规500kV变电站计算机监控系统的所有功能外，还应满足特高压变电站所要求的如下功能。

一、运行监视

通过可视化技术，实现对电网运行信息，保护信息，一、二次设备运行状态等信息的运行监视和综合展示，包含以下三个方面：

（1）运行工况监视。实现特高压变电站全景数据的统一存储和集中展示，同时提供统一的信息展示界面，综合展示电网运行状态、设备监测状态、辅助应用信息、事件信息、故障信息，还能实现装置压板状态的实时监视，当前定值区的定值及参数的召唤、显示。

（2）设备状态监测。实现一次设备运行状态的在线监视及综合展示和辅助设备运行状态的综合展示。

（3）远程浏览。调控中心可以通过数据通信网关机及图形网关机，实现远方查看变电站计算机监控系统的运行数据，包括电网潮流、设备状态、历史记录、操作记录、故障综合分析结果等各种原始信息及分析处理信息。

二、操作控制

实现变电站内设备就地和远方的操作控制，包括顺序控制、无功优化控制、正常或紧急状态下的断路器/隔离开关操作、防误闭锁操作等。调控中心通过数据通信网关机实现调度控制、远程浏览等，包含以下内容：

（1）站内操作。具备对全站所有断路器、电动开关、主变压器有载调压分接头、无功功率补偿装置及与控制运行相关的设备的控制及参数设定功能；具备事故紧急控制功能，通过对开关的紧急控制实现故障区域快速隔离；具备软压板投退、定值区切换、定值修改功能。

（2）调度控制。支持调控中心对站内设备进行控制和调节，对保护装置进行远程定值区切换和软压板投退操作。

（3）自动控制。自动控制包含无功优化控制、负荷优化控制和顺序控制三个方面。无功优化控制是指监控系统根据电网实际负荷水平，按照一定的策略对站内电容器、电抗器和变压器档位进行自动调节，并可接收调控中心的投退和策略调整指令。负荷优化控制是指监控系统根据预设的减载目标值，在主变压器过载时根据确定的策略切负荷，可接收调控中心的投退和目标值调节指令。顺序控制即监控系统在满足操作条件的前提下，按照预定的操作顺序自动完成一系列控制功能，宜与智能操作票配合进行。

（4）防误闭锁。根据变电站电气设备的网络拓扑结构，进行电气设备的有电、停电、接地三种状态的拓扑计算，自动实现防止电气误操作逻辑判断。

（5）生成操作票。在满足防误闭锁和运行方式要求的前提下，自动生成符合操作规范的操作票。

三、信息综合分析与智能告警

通过对变电站各项运行数据（站内实时/非实时运行数据、辅助应用信息、各种报警及事故信号等）的综合分析处理，提供分类告警、故障简报及故障分析报告等结果信息。包含以下内容：

（1）站内数据辨识。检测可疑数据，辨识不良数据，校核实时数据准确性，对变电站告警信息进行筛选、分类、上送。

（2）故障分析决策。

1）故障分析：在电网事故、保护动作、装置故障、异常报警等情况下，通过综合分析站内的事件顺序记录、保护事件、故障录波、同步相量测量等信息，实现故障类型识别和故障原因分析。

2）分析决策：根据故障分析结果给出处理措施。宜通过设立专家知识库，实现单事件推理、关联多事件推理、故障智能推理等智能分析决策功能。

3）人机互动：根据分析决策结果提出操作处理建议，并将事故分析的结果进行可视化展示。

（3）智能告警。建立变电站故障信息的逻辑和推理模型，进行在线实时分析和推理，实现告警信息的分类和过滤，为调控中心提供分类的告警简报。

四、运行管理

通过人工录入或系统交互等手段，建立完备的变电站设备基础信息，实现一、二次设备运行、操作、检修、维护工作的规范化。具体内容如下：

（1）源端维护。利用图模一体化建模工具生成包含变电站主接线图，网络拓扑，一、二次设备参数及数据模型的标准配置文件，提供给计算机监控系统与调控中心。计算机监控系统与调控中心根据标准配置文件自动解析并导入到自身系统数据库中。变电站配置文件改变时，装置、计算机监控系统与调控中心之间应保持数据同步。

（2）权限管理。设置操作权限，根据系统设置的安全规则或者安全策略，操作员可以访问且只能访问被授权的资源。能自动记录用户名、修改时间、修改内容等详细信息。

（3）设备管理。通过变电站配置描述文件的读取、与生产管理信息系统交互和人工录入三种方式建立设备台账信息。通过设备的自检信息、状态监测信息和人工录入三种方式建立设备缺陷信息。

（4）定值管理。接收定值单信息，实现保护定值自动校核。

（5）检修管理。通过检修计划工作站，实现检修工作票生成和执行过程的管理。

五、辅助应用

通过标准化接口和信息交互，实现对站内电源、安防、消防、视频、环境监测等辅助设备的监视与控制。包含以下四个方面内容：

（1）电源监控。采集交流、直流、不间断电源、通信电源等站内电源设备运行状态数据，实现对电源设备的管理。

（2）安全防护。接收安防、消防、门禁设备运行及告警信息，实现设备的集中监控。

（3）环境监测。对站内的温度、湿度、风力、水浸等环境信息进行实时采集、处理和上传。

（4）辅助控制。实现与视频、照明的联动。

六、智能化高级应用

特高压变电站采用的高级应用功能如下：

（1）一体化监控系统。采用一体化监控系统，遵循“告警直传、远程浏览、数据优化、认证安全”的原则，实现全站信息的统一接入、统一存储和统一展示，实现运行监视、操作与控制、综合信息分析与智能告警、运行管理和辅助应用等功能。

（2）基于一体化监控系统的智能化高级应用。高级应用是特高压智能变电站的最终目标，实施基于一体化监控系统的智能化高级应用，为变电站运营提供智能化决策支持平台，为变电站大运行和大检修体系建设提供更好的技术支撑，从而满足电网的安全性、可靠性、灵活性、经济运行的要求。智能化高级应用主要包括顺序控制、智能告警及故障信息综合分析决策、信息分层优化处理、源端维护、设备状态可视化、支撑经济运行与优化控制、智能操作票等。

第三节　系统配置及接口要求

一、系统配置

站控层设备主要包括操作员工作站、服务器（主计算机）、工程师站、保护及故障录波信息子站、辅助二次系统后台等。间隔层设备包括联络站控层和间隔层设备的网络交换机、保护测控装置、电能表计、故障录波装置等二次设备。这些二次设备与站控层通过网络交换机连接，所有接口均按照 DL/T 860 规约建模。间隔层设备对下采集一次设备的电流电压值和断路器、隔离开关的信息。

（一）硬件配置

1. 站控层设备配置

站控层提供站内运行的人机联系界面，实现管理控制间隔层设备等功能，并与调度中心通信。

站控层设备负责整个系统的集中监控，按终期规模配置，集中布置在主控楼计算机室内。站控层数据库及主接线图等按变电站远景规模设置参数化，便于以后扩建工程的实施。

按照功能分散配置、资源共享、避免设备重复设置的原则，站控层硬件设备由以下几部分组成：

（1）站控层Ⅰ区，主要设备包括监控主机 2 台、操作员站 2 台、工程师工作站 1 台、数据服务器 1 台、数据通信网关机（兼图形网关机）2 台、时钟同步对时装置 1 套、网络防火墙等。

（2）站控层Ⅱ区，主要设备包括综合应用服务器 1 台、数据通信网关机 2 台、正反向隔离装置 2 台、网络分析服务器 1 台、“五防”工作站 1 台、站长工作站 1 台、智能辅助系统及其他智能设备接口装置 2 套等设备。

为适应特高压变电站有人值班的现况，会议室通常设置 1 套监控终端及投影仪，有效避免现场调试、指挥或参观人员对运行值班人员的影响。

(3) 站控层Ⅲ/Ⅳ区，主要设备包括数据通信网关机1台（可选，根据主站需求配置）、检修计划终端2台。

2. 间隔层设备配置

间隔层设备负责各间隔就地监控，按一次设备间隔本期规模配置，按相对集中方式分散下放到各个继电器小室，按串或间隔组屏。

间隔层设备具有面向单元设备的监测控制等功能，包括就地设备信息的采集、处理，断路器的监控、防误操作闭锁，同期合闸等。

间隔层设备配置原则如下：

(1) 测控单元采用模块化结构的成熟可靠产品，按照对实时运算和处理的过程控制单元的要求，其连续工作寿命应在十年以上。

(2) 测控单元按断路器或电气元件配置。

(3) 测控单元屏上应配备操作面板，用于对断路器进行控制。

3. 网络设备配置

由网络接口装置、网络交换机或网络集线器、光端接口装置、硬件隔离设备及通信电缆、光缆等设备组成，用以实现数据采集处理层设备与后台主机层设备、后台主机层设备与设备间的数据通信。

网络采用双以太网结构，双网互为备用，其网络通信速率应满足系统实时性要求，不小于1000Mbit/s。

网络交换机采用工业级产品，继电器小室内通信介质采用超五类屏蔽双绞线，也可采用尾缆，需穿越继电器室外电缆沟的通信媒介采用光缆。

监控A网和B网交换机分别组屏，主控楼计算机室和每个继电器小室各配置2面交换机屏，分别装设用于保护设备及测控装置网口连接的交换机，同一小室内的监控A网交换机同组1面屏、监控B网交换机同组1面屏。

(二) 软件配置

1. 总体要求

软件配置应满足开放式系统要求，操作系统和数据库均满足国际上主流先进、安全可靠、具有标准版本的基本要求，且均具有软件许可证，操作系统还应采用主机加固的操作系统。系统功能模块可自由组合，数据库组件应为各应用组件提供一致的读写接口。

2. 软件组成

软件配置由实时多任务操作系统软件、支持软件及监控应用软件组成，采用模块化结构，包含数据库管理子系统、网络通信管理子系统、图形管理子系统、报表管理子系统和系统管理子系统、组态工具、专业应用等模块，具有实时性、可靠性、适应性、可扩充性及可维护性。

对于系统软件，操作系统应具有持续发展性，满足多任务、多窗口功能和方便的操作性，提供编辑程序、调试程序、自诊断程序、编程用程序。支持软件包括实时数据库、历史数据库、数据库生成及管理软件、汉字库及其管理软件、交互式图形编辑软件、交互式统计报表编辑软件、双机切换软件、数据库备份软件等。应用软件采用模块化结构，包括无功补偿装置自动调节、数据采集与处理、数据记录和存储、事故告警、事故追忆、事件顺序记录、打印输出、数据通信等模块，软件运行中应做到实时数据共享，相互支持。

二、接口要求

为了实现对全站设备的监视和控制，监控系统与站内其他二次系统都有接口。

（一）与公用智能系统设备的接口

监控系统应能接收来自公用智能系统的故障报警或状态信号，以及需要监测的模拟量。可根据工程要求和具体设备的情况采用网络、串行接口或硬接线方式进行通信，实现运行人员对站内公用智能系统运行状态和设备信息的监视。

1. 与微机保护装置的接口

（1）监控系统与微机继电保护的接口应支持硬接点和通信两种方式。重要的保护动作、装置故障信号等通过无源接点输入；其余保护信号通过以太网接口与监控系统通信获得各类保护信息。

（2）通信方式应支持串口和以太网两种方式，串口方式通信规约应采用 DL/T 667；以太网方式通信规约宜采用 DL/T 860。

2. 与电能计量系统的接口

应具有与电能计量系统通信的接口，通信规约宜采用 DL/T 719。

3. 与其他设备的接口

应具有与一次设备在线监测系统、视频系统、直流系统、UPS 系统、火灾报警及消防系统、安防系统接口的能力。

对于具备 DL/T 860 系列标准通信规约接口的系统，可直接接入站控层网络；对于采用非标准通信规约的其他二次系统，通过规约转换装置接入站控层网络，实现与监控系统的通信。

（二）与时钟同步对时系统的接口

支持接收北斗、GPS 或者基于电网的对时系统的信号并进行对时。

站内同步对时系统授时信号，宜采用 IRIG-B（DC）、1PPS 对时方式，站控层设备宜采用网络对时方式，对时误差不大于 1ms。

（三）与电源的接口

间隔层设备（包括小室网络交换机）采用 DC220V 供电，站控层各工作站、主机设备采用交流不停电电源（UPS）AC220V 供电。

第四节 一键顺控功能应用

一键顺控属于一体化监控系统智能化高级应用中的一个主要功能，是一种新型的操作模式，可实现操作项目软件预制、操作任务模块式搭建、设备状态自动判别、防误联锁智能校核、操作步骤一键启动、操作过程自动顺序执行，减轻了运行人员倒闸操作的压力，提高了效率。

一、总体要求

在特高压变电站采用一键顺控功能，有利于减少开关设备操作时间，降低运维人员劳动强度和作业风险，避免恶劣天气环境对倒闸操作的影响，进一步提高特高压变电站的运维质量和效率。

特高压变电站一键顺控功能通过监控系统实现对变电站主设备“运行、热备用、冷备用”三种状态之间的转换，其对应范围包括特高压变电站 1000、500、110kV 断路器及隔离开关。一键顺控通信规约遵循 DL/T 860 系列标准的有关规定，实现信息统一接入、统一存储。

二、总体架构

根据国家电网有限公司相关技术规范中关于一键顺控的组织架构，变电站一键顺控系统应为分层、分区布置，主要由站端系统和主站系统构成，依靠电力调度数据网，组成一个完整的多级联网系统。特高压变电站一键顺控总体架构要求如下：

（1）一键顺控功能随变电站监控系统部署于安全Ⅰ区，由站控层设备（监控主机、Ⅰ区数据通信网关机）、间隔层设备（测控装置）及一次设备传感器构成，整体结构如图 11－1 所示。

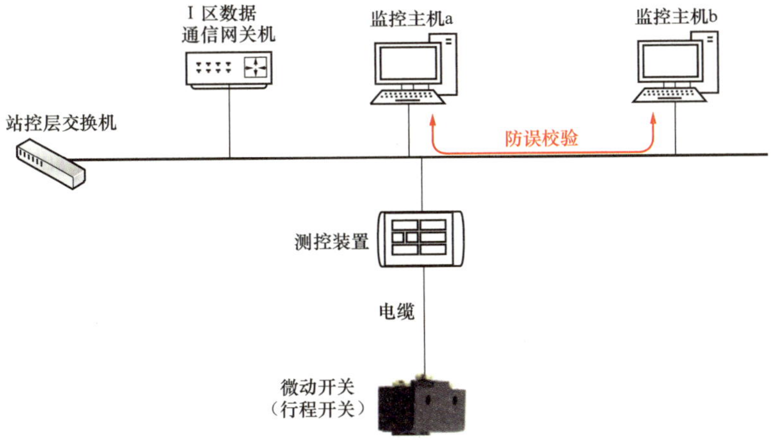

图 11－1 一键顺控的整体结构图

（2）一键顺控操作时可通过物理隔离设备与安全Ⅳ区视频联动。

（3）在运特高压变电站均为有人值班变电站，故一键顺控建设只考虑为站端系统设备配置，在站内实现一键顺控功能，具备信息远传各级主站系统功能，并预留调度端实现一键顺控功能的接口，远期具备无人值班条件时，再升级或改造各级主站系统。

三、功能要求

（1）可实现操作项目软件预制、操作任务模块式搭建、设备状态自动识别、防误联锁智能校核、操作步骤一键启动、操作过程自动顺序执行，具备手动/自动暂停功能。

（2）应具备对时功能，对时时钟源应采用站内统一的授时时钟。

（3）在工程规划规模内扩建时，各功能和运行状态不应受扩建影响。

（4）宜与监控系统主机集成，实现对受控设备进行远程控制的功能。

（5）应能对所采集的信息进行分类存储。

（6）应对所有操作及报警确认均保留详细的日志并生成报表。

（7）应具备权限管理功能，按工作性质对每个操作人员赋予不同权限，对平台登录及操作进行权限查验。

（8）应具有较强的容错能力，以及备份和维护保障能力。

特高压变电站一键顺控功能结构如图 11－2 所示。

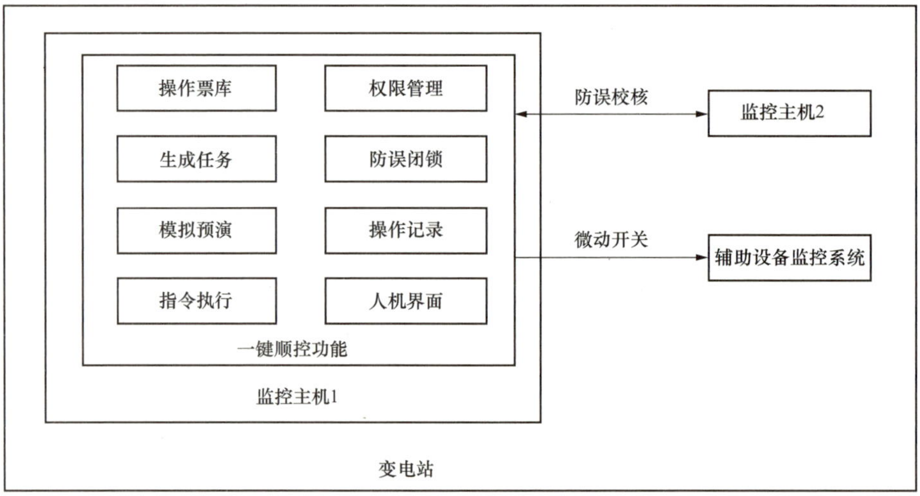

图 11－2　一键顺控功能结构图

四、设备配置

（一）站控层设备

站端系统主要采集变电站断路器及隔离开关位置信息、带电显示装置信息，通过调度数据网将信息上传到省、地（市）公司的主站系统，满足各级运维人员远程监控的需求。

为实现一键顺控功能，站控层设备应配置顺控主机、智能防误主机、正向隔离装置、交换机及一键顺控软件。智能防误主机与顺控主机内置防误逻辑实现双套防误校核。

顺控主机应采用安全操作系统，负责站内数据的采集、处理，具备站内设备的一键顺控、防误闭锁、运行监视、操作与控制等功能。

智能防误主机应采用安全操作系统，具有面向全站设备的操作闭锁功能，为一键顺控操作提供模拟预演、防误校核功能。

特高压变电站一键顺控站控层设备配置应满足下列要求：

(1) 一键顺控主机不独立配置，由监控系统其中一台主机内置一键顺控功能软件实现。

(2) 智能防误主机不独立配置，由监控系统两台主机内置“五防”逻辑实现防误双校核功能。

(3) 一键顺控数据通信网关机不独立配置，由监控系统Ⅰ区数据通信网关机集成。

(二) 间隔层设备

为实现一键顺控功能，间隔层设备应配置测控装置、隔离开关分合位置“双确认”判据采集装置及接收装置。“双确认”是指设备远方操作时，至少应有两个非同样原理或非同源指示发生对应变化，且所有这些指示均已同时发生对应变化，才能确认该设备已操作到位。

一键顺控测控装置是间隔层隔离开关分合位置“双确认”信息的采集装置，同时采集各间隔接收装置的故障及告警信息。一键顺控测控装置可集中配置，也可与间隔测控装置共用。

特高压变电站隔离开关、接地开关“双确认”微动开关信息开入量原则上接入本间隔断路器测控装置，经监控系统站控层网上传至监控主机。

在测控装置开入量不具备条件的情况下，也可配置公用测控装置接入多间隔隔离开关“双确认”微动开关信息。测控装置宜按电压等级按小室分别配置。

(三) 一次设备传感器配置

要实现一键顺控，断路器、隔离开关、接地开关必须具备遥控操作功能，并满足位置“双确认”条件。

1. 断路器位置“双确认”

断路器位置“双确认”采用“遥信位置＋遥测数据”判据，断路器位置遥信作为主要判据，采用分、合双位置辅助接点，分相断路器遥信量采用分相位置辅助接点。遥测数据采用三相电流或电压。三相电流取自本间隔电流互感器，电压取自本间隔电压互感器或母线电压互感器。在特殊情况下操作时，若辅助判据无法满足，可由人工确认断路器位置无误后选择忽略“双确认”判据结果继续一键顺控操作。

2. 隔离开关及接地开关位置“双确认”

隔离开关及接地开关位置“双确认”有以下三种方式：①辅助开关接点位置遥信+姿态传感器位置遥信；②辅助开关接点位置遥信+微动开关位置遥信；③辅助开关接点位置遥信+视频联动位置遥信。以上三种方式中辅助开关接点位置遥信作为主要判据，姿态传感器、微动开关或视频联动位置遥信作为辅助判据。

3. 隔离开关及接地开关位置辅助判据的选择

特高压变电站 1000kV 和 500kV 配电装置均采用 GIS 或 HGIS 设备，隔离开关及接地开关位置辅助判据不适合采用视频联动方式；姿态传感器和微动开关在国家电网有限公司各改造项目中实施较多，具有一定的可行性。这两种方式的主要区别在于，姿态传感器需额外配置接收装置，各电压等级按间隔配置，而微动开关不需要，因此姿态传感器方式较微动开关方式相对复杂，设备投资较大，故特高压变电站隔离开关及接地开关位置“双确认”辅助判据采用微动开关的方式对分合闸状态进行监测。

微动开关是一种具有微小接点间隔和快动机构、用规定的行程和力进行开关动作的接点机构，触点间距比较小，外壳覆盖，外部有驱动杆。微动开关安装在隔离开关机构箱内或相应的传动拐臂上，实现分合闸到位信号的检测，直接输出无源接点信号。

为每相 1000kV 及 500kV 隔离开关/接地开关配置 2 台微动开关，每组 110kV 隔离开关/接地开关配置 2 台微动开关，与隔离开关辅助开关接点共同构成具备两种不同源开关位置识别判据。

微动开关由一次设备厂家集成，宜采用行程开关方式，可直接反应主触头分闸合闸位置。输出的位置信号直接接入测控装置。

五、特高压变电站一键顺控实施方案

自 2018 年起，一键顺控功能升级及改造项目在国家电网有限公司 500kV 及以下电压等级变电站陆续实施，根据各地运检部门的要求，分地区、分电压等级具体实施方案各不相同。2021 年，特高压变电站在总结以往 500kV 及以下电压等级经验的基础上，结合特高压变电站的特点，按照运检要求，统一了特高压变电站一键顺控的设计原则和技术要求，并在南昌、长沙特高压变电站中实施。

特高压变电站一键顺控实施方案具体配置如表 11-2 所示，供同类工程参考使用。

表 11-2　特高压变电站一键顺控实施方案配置

序号	设备名称	型式及规范	单位	数量	备注
1	一键顺控主机	整合于站内计算机监控系统主机 A	台	1	

续表

序号	设备名称	型式及规范	单位	数量	备注
2	智能防误主机	整合于站内计算机监控系统主机 B	台	1	
3	一键顺控软件	含站内计算机监控系统	套	1	
4	智能防误软件	含站内计算机监控系统	套	1	
5	测控装置	与间隔测控共用或单独配置	台	按需	
6	微动开关	1000、500kV（三相分相机构）： 每相隔离开关/接地开关配置分到位和合到位微动开关各 1 只，每相共计 2 只，每组共计 6 只	只	按需	与 GIS 成套
		110kV（机构不分相）： 每组隔离开关/接地开关配置分到位和合到位微动开关各 1 只，每组共计 2 只	只	按需	与 GIS 成套
7	母线带电显示装置	1000kV 母线 2 台；500kV 母线 2 台或 4 台（母线分段）	台	6	与 GIS 成套
8	控制电缆		km	按需	

注 一键顺控辅助判据采用的微动开关应与电气一次设备统一采购，由电气一次设备供货商按国家电网有限公司相关文件集成安装。

站控层设备随监控系统统筹组屏，布置于主控楼计算机室；测控装置组屏分散布置于各继电器小室；前端微动开关布置于开关机构箱或机构运动拐臂上。箱（柜）内温湿度控制措施满足设备运行的要求。站控层设备由 UPS 供电，测控装置由直流系统电源供电，微动开关采用直流供电方式。

第十二章 元件保护及自动装置

特高压变电站的元件保护及自动装置包括1000kV主变压器保护、1000kV并联电抗器保护、站用变压器保护及备用电源自投装置、110kV无功设备保护及110kV母线保护。1000kV变压器的接线方式和结构形式、110kV站用变压器接线形式、主变压器低压侧采用110kV电压等级均为特高压变电站所特有，与之相适应的元件保护配置及技术要求均应考虑其特殊性。

本章介绍了1000kV变压器保护、1000kV并联电抗器保护、站用变压器保护、110kV无功设备保护和110kV母线保护配置的原则、技术要求和具体实施方案。

第一节 1000kV 变压器保护

一、1000kV变压器接线方式

特高压变电站的高、中压侧为3/2断路器接线，低压侧为单母线双分支接线并装设有总断路器。1000kV变压器为分相自耦变压器。

1000kV变压器采用分体结构，分为主体变压器和调压补偿变压器两部分，采用两个箱体分开配置的结构，一个箱体中配置主体变压器绕组，另一个箱体中配置调压绕组与补偿绕组。变压器绕组采用YNynd11接线，主体变压器和调压补偿变压器通过户外导体连接组合后可以作为一台完整的变压器使用，也可以将主体变压器单独使用。图12-1为1000kV变压器单相接线图。

二、配置原则

1000kV变压器由于电压等级高、容量大，其主接线方式和调压方式与500kV变压器存在显著差异，因此1000kV变压器的保护配置与传统变压器保护配置有较大区别。

（1）1000kV变压器保护范围包括主体变压器、调压补偿变压器。其保护配置充

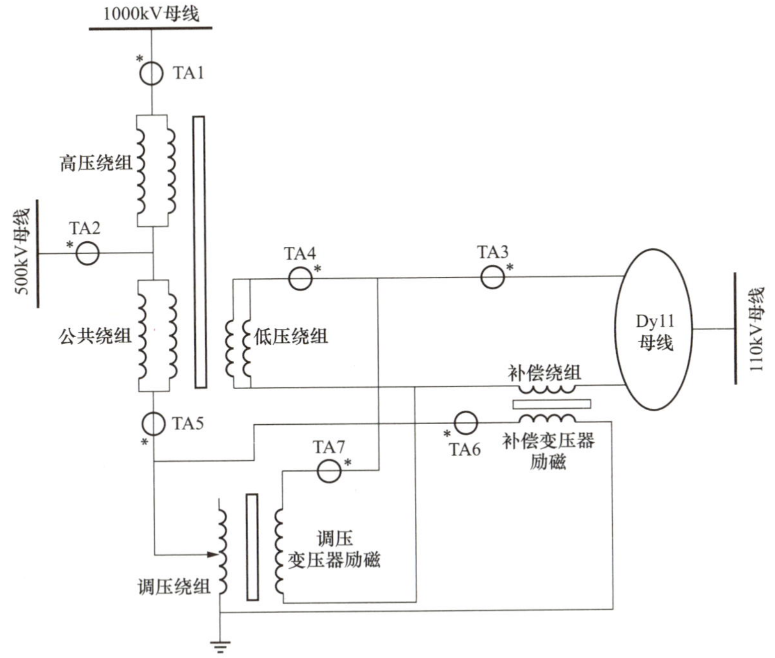

图 12-1　1000kV 变压器单相接线图

注：TA1、TA2、TA3 为主变压器三侧的开关 TA，电流均以指向主变压器为正方向。

分考虑到特高压变压器的结构特点，主体变压器和调压补偿变压器保护相互独立，以“加强差动主保护，简化后备保护”为原则进行方案配置。

（2）保护采用微机型。主体变压器及调压补偿变压器的电气量保护按双重化原则配置，非电量保护单套配置。

（3）主体变压器电气量保护采用主后一体化装置，具有被保护变压器所要求的主后备保护功能。

（4）为保证调压补偿变压器匝间故障的灵敏度，配置独立于主体变压器保护的调压补偿变压器保护装置。

（5）调压补偿变压器电气量保护仅配置主保护，不配置差动速断和后备保护。

（6）在调压补偿变压器退出时，主体变压器保护应能独立运行。

三、配置方案

（一）主体变压器电气量保护配置

主体变压器主保护采用电流差动保护，包括主体大差保护和 Y 侧分侧差动保护。主体大差保护由各侧断路器电流互感器构成，能反应变压器各侧各类故障；Y 侧分侧差动保护由 Y 侧断路器电流互感器和公共绕组套管电流互感器电流构成。所有电流均按正极性接入保护装置，电流采用“Y”形接线接入保护装置，电流相位和电流补偿及需要反极性接入的电流均由保护装置软件实现。

主体变压器各侧后备保护简化配置，正方向指向可调整。高、中压侧后备保护配置相间阻抗保护、零序过电流保护、过电流保护、过励磁保护；低压侧后备保护配置过电流保护，公共绕组配置零序过电流保护，采用自产零序电流。

（二）调压补偿变压器电气量保护配置

调压补偿变压器主保护采用电流差动保护，包括调压变压器差动保护和补偿变压器差动保护。调压变压器差动保护由公共绕组、调压变压器及补偿变压器的套管电流互感器电流构成；补偿变压器差动保护由低压侧、调压变压器及补偿变压器的套管电流互感器电流构成。所有电流均按正极性接入保护装置，电流采用“Y”形接线接入保护装置，电流相位和电流补偿及需要反极性接入的电流均由保护装置软件实现。

（三）非电量保护配置

主体变压器、调压补偿变压器非电量保护按相配置，非电量保护包括瓦斯、压力释放、油温、绕组温度等。

四、功能要求

（一）主体变压器保护的功能要求

主体变压器应装设差动保护作为主保护，用于切除绕组匝间短路、相对地短路及其引出线相间短路、相对地短路故障。差动保护可由大差保护、分侧差动保护、零序差动保护等组成。

1. 差动保护要求

差动保护应能适用于 TPY 型电流互感器，即在暂态状态下继电器应能可靠、瞬时动作。对有直流分量的稳态或暂态电流、励磁涌流或外部穿越性故障电流的情况下，保护装置应不误动。

（1）在投切变压器、变压器外部故障及切除外部故障时，保护装置不应误动。

（2）电流互感器二次回路单相及两相断线时，差动保护应能够发出断线告警信号，并能选择闭锁差动或允许差动保护动作跳闸，但不闭锁差动速断，当电流大于额定电流时应自动解除闭锁并可动作出口跳闸，同时发出断线信号。

（3）在同一相上出现两点接地故障（一点区内、一点区外）时，可动作出口。

（4）应具有差动电流速断功能。

（5）应具备切除变压器高压绕组 3%及以上匝间短路故障的能力。

（6）由于各侧电流互感器的变比可能不同，应有平衡差动保护各侧电流的措施。

（7）有防止由于电流互感器饱和、暂态特性不一致而引起变压器保护误动的措施。当电流互感器饱和、正常波形维持时间大于 5ms 时，区内故障应瞬时正确动作，区外故障不应误动。

（8）应有防止励磁涌流和过励磁引起误动的功能。

（9）动作电流的整定范围应为（0.05～15）I_n（I_n 为额定电流），整定值允许误差为±2.5%。

（10）差动保护整组动作时间不大于30ms（差流大于2倍整定值时）。

（11）差流速断保护动作时间不大于20ms（差流大于1.5倍整定值时）。

（12）对于有载调压变压器保护，应设置不灵敏段差动保护，并能通过外部输入确认有载调压变压器调档状态或正常运行状态。当有载调压变压器保护确认为调档状态时，保护自动切换至不灵敏段差动，退出灵敏段差动；当有载调压变压器保护确认为正常运行状态时，保护自动切换至灵敏段差动，退出不灵敏段差动。

2. 高压侧和中压侧后备保护要求

高压侧和中压侧均装设一套阻抗保护和一套过电流保护。

（1）保护应与相邻元件的相间后备保护相配合，保证动作的选择性。

（2）阻抗元件应具有偏移特性，正、反向阻抗均可分别整定。

（3）应能防止电压互感器断线和电压切换时的误动。

（4）电流整定值允许误差为±2.5%；阻抗整定值允许误差为±5%。

（5）电流元件返回系数不小于0.95；阻抗元件返回系数不大于1.1。

（6）固有延时不大于40ms。

（7）1000kV采用带偏移特性的阻抗保护，一段两个时限带方向，保护正方向指向1000kV侧母线，保护动作第一时限跳开1000kV侧断路器，第二时限跳开变压器相关断路器（方向指向可整定）。

（8）500kV采用带偏移特性的阻抗保护，一段两个时限带方向，保护正方向指向500kV侧母线，保护动作第一时限跳开500kV侧断路器，第二时限跳开变压器相关断路器（方向指向可整定）。

（9）1000kV过流，一段两个时限带方向，保护正方向指向1000kV侧母线，保护动作第一时限跳开1000kV侧断路器，第二时限跳开变压器相关断路器（方向指向可整定）。

（10）500kV过流，一段两个时限带方向，保护正方向指向1000kV侧母线，保护动作第一时限跳开1000kV侧断路器，第二时限跳开变压器相关断路器（方向指向可整定）。

3. 低压侧后备保护要求

低压侧装设限时速断和过电流保护等。主变压器低压侧采用2个分支的典型接线，具体要求如下：

（1）110kV限时速断保护，接入分支开关电流互感器，设一段时限，跳开110kV分支上的总断路器。

（2）110kV过电流保护，接入分支开关电流互感器，设一段两个时限，保护动作第一时限跳开110kV分支上的总断路器；第二时限延时跳开变压器相关断路器。

（3）110kV接地保护，设零序过电压继电器，接地时告警。

4. 单相接地保护要求

在1000kV变压器的高压侧和中压侧均应装设单相接地保护，以保护单相接地故障。

（1）装置应设有多个时限，当发生接地故障时，能有选择地切除故障的变压器。

（2）整定值允许误差为±2.5%；返回系数不小于0.95。

（3）固有延时（1.2倍整定值时）不大于40ms。

（4）1000kV零序电流保护，保护装置设有定时限和反时限两个部分。定时限保护为二段式，第一段带两个时限带方向，方向指向1000kV侧母线，保护动作第一时限延时跳开1000kV侧断路器，第二时限延时跳开变压器各侧断路器；第二段带一个时限不带方向，延时跳开变压器相关断路器（方向元件可投退、方向指向可整定）。

（5）500kV零序电流保护，保护装置设有定时限和反时限两个部分。定时限保护为二段式，第一段带两个时限带方向，方向指向500kV侧母线，保护动作第一时限延时跳开500kV侧断路器，第二时限延时跳开变压器各侧断路器；第二段带一个时限不带方向，延时跳开变压器相关断路器（方向元件可投退、方向指向可整定）。

（6）公共绕组零序过电流保护：保护动作跳开变压器相关断路器。

5. 过励磁保护要求

保护变压器过励磁，即当频率降低和电压升高时，引起铁芯的工作磁通密度过高而过热使绝缘老化的保护装置。保护为反时限特性，反时限特性应能整定，以与变压器过励磁特性相匹配。过励磁保护低定值报警，高定值延时跳开变压器各侧断路器。

（1）保护装置应设有定时限和反时限两个部分，反时限部分可整定至少5点样值以便和变压器过励磁特性近似匹配。

（2）装置适用频率范围为45～65Hz，电压整定范围为1.0～1.5倍额定电压，过励磁倍数整定值允许误差为±2.5%，返回系数不小于0.95，装置固有延时（1.2倍整定值时）不大于40ms，反时限长延时应可整定到1000s。

6. 断路器失灵启动变压器保护跳开变压器各侧断路器

1000kV变压器的1000、500kV断路器失灵保护电流判别和失灵启动回路由1000、500kV断路器保护实现，变压器启动失灵保护单开出；1000kV变压器保护接到失灵信号后，经延时跳开变压器各侧断路器。

7. 过负荷保护

1000、500、110kV及公共绕组均装设过负荷保护，保护为单相式，延时动作于信号。

8. 非电量保护

变压器本体内部的瓦斯、温度及冷却系统故障等，均应设有信号和保护装置。非电量保护跳闸不启动1000kV及500kV失灵保护。

（1）启动变压器冷却器的电流元件，其电流整定值允许误差为±2.5%；回路延时（1.2倍整定值时）不大于40ms。

（2）变压器重瓦斯、轻瓦斯动作应瞬时动作于断开变压器相关断路器。

（3）变压器压力释放动作于“信号”，也可切换至跳变压器相关断路器。

（4）变压器本体油温保护一段动作于“信号”，也可切换至跳变压器相关断路器。

（5）变压器绕组温度动作于“信号”，也可切换至跳变压器相关断路器。

（6）变压器冷却器全停瞬时动作于“信号”，并具备2段延时（配2个独立时间继电器，时间可整定），经油温闭锁20min出口，跳变压器相关断路器，不经油温闭锁60min出口，跳变压器相关断路器。

（7）预留1000kV套管油压一段和油压二段动作“信号”接点，其中油压二段可切换至跳变压器相关断路器。

9. 主变压器110kV分支总断路器失灵保护措施

110kV母线故障时，主变压器110kV分支总断路器失灵必须采取如下措施：主变压器保护应能接受110kV系统母线保护的一对跳闸出口开入接点，经电流（分支电流）判别（110kV母线保护实现），短延时跳开变压器各侧断路器。

（二）调压变压器及补偿变压器保护的功能要求

1. 差动保护

调压变压器及补偿变压器应装设差动保护，以保护调压变压器及补偿变压器绕组的匝间短路及接地短路。

（1）应具有防止区外故障误动的制动特性。

（2）应具有电流互感器断线判别功能，并能闭锁差动或报警，当电流大于额定电流时应自动解除闭锁并可动作于出口跳闸，同时发出断线信号。

（3）取消差动电流速断功能。

（4）应具备切除调压变压器高压绕组3%及以上匝间短路故障的能力；应具备切除补偿变压器高压绕组5%及以上匝间短路故障的能力。

（5）由于各侧电流互感器的变比可能不同，应有平衡差动保护各侧电流的措施。

（6）应具有防止由于电流互感器饱和、暂态特性不一致而引起变压器保护误动的措施。当因电流互感器饱和，正常波形维持时间大于5ms时，区内故障应瞬时正确动作，区外故障不应误动。

（7）应有防止励磁涌流和过励磁引起误动的功能。

（8）动作电流的整定范围应为（0.05～15）I_n，整定值允许误差为±2.5%。

（9）差动保护整组动作时间不大于30ms（差流大于2倍整定值时）。

2. 非电量保护

调压变压器及补偿变压器本体内部的瓦斯、温度及冷却系统故障等，均应设有信号和保护装置。非电量保护跳闸不启动1000kV及500kV失灵保护。

（1）启动变压器冷却器的电流元件，其电流整定值允许误差为±2.5%；回路延时（1.2倍整定值时）不大于40ms。

（2）变压器重瓦斯、轻瓦斯动作应瞬时动作于断开变压器各侧断路器。

（3）变压器压力释放动作于"信号"，也可切换至跳变压器相关断路器。

（4）变压器本体油温保护一段动作于"信号"，也可切换至跳变压器相关断路器。

（5）变压器绕组温度动作于"信号"，也可切换至跳变压器相关断路器。

（6）变压器冷却器全停瞬时动作于"信号"，并具备2段延时（配2个独立时间继电器，时间可整定），经油温闭锁20min出口，跳变压器相关断路器，不经油温闭锁60min出口，跳变压器相关断路器。

（三）装置功能要求

1. 通信功能

具备通信管理功能，与监控系统通信，通信规约采用DL/T 860，在保护动作时可将保护跳闸事件、跳闸报告、事件报告等信息同时上传至监控系统，并可接收监控系统对保护装置发送的保护投退、复归命令。

保护装置需具备3组以太网通信接口（2组用于与监控系统接口，1组备用）、1个调试接口和1个打印机接口。

保护上传的信息量包括交流的采样值、保护动作的详尽信息、装置故障及异常信息等，保护装置的应答时间应少于50ms。

2. 对时功能

保护装置应具备通信网络对时和卫星时钟对时功能，对时误差小于1ms。应具备IRIG-B（DC）对时功能，并通过保护屏端子排接线。

3. 录波功能

保护装置应具有故障录波功能，记录故障前后主变压器电流、电压等模拟量，断路器位置、保护跳合闸命令等开关量；记录装置的操作事件、状态输入量变位事件、更改定值事件及装置告警事件等。可记录的录波报告不少于10个，可记录的事件不少于500条。记录的报告或事件可被PC机读取。

第二节 1000kV并联电抗器保护

一、配置原则

配置双重化的主、后备一体电气量保护和一套非电量保护。对于母线高压并联电抗器还需要配置断路器保护及操作箱（或Lockout继电器箱）。

二、配置方案

（一）电气量保护配置

电气量保护分为主保护和后备保护。主保护包括差动保护和匝间保护，差动保护分相设置，接于电抗器两侧电流互感器上，保护动作瞬时跳闸，匝间保护作为电抗器匝间短路故障的保护，保护动作瞬时跳闸。后备保护包括过电流保护和过负荷保护，过电流保护采用三相式接线，接于电抗器高压侧套管电流互感器上，保护延时动作于跳闸；对电抗器和中性点电抗器分别装设过负荷保护，保护延时动作于信号。

（二）非电量保护配置

高抗和中性点电抗器本体内部的瓦斯、温度及冷却系统故障等，均设有信号和保护装置。高抗三相非电量分相输入，作用于跳闸的非电量保护三相共用一个功能压板，中性点电抗器非电量保护具有独立的输入、输出和信号回路。作用于跳闸的非电量保护，启动功率应大于5W，动作电压在额定直流电源电压的55%～70%范围内，额定直流电源电压下动作时间为10～35ms，应具有抗220V工频干扰电压的能力。重瓦斯、轻瓦斯保护动作于跳闸，其余非电量保护动作于信号。非电量保护动作均有动作报告，非电量保护跳闸均不启动断路器失灵保护。

（三）启动远跳

1000kV线路并联电抗器的保护在无专用断路器时，其动作除跳开线路本侧的断路器外，还应启动远方跳闸装置，跳开线路对侧断路器。

三、功能要求

（一）主保护功能要求

（1）具有防止区外故障保护误动的制动特性。

（2）具有防止电流互感器饱和引起保护误动的功能。

（3）匝间保护能灵敏地反应电抗器内部接地故障。

（4）具有电流互感器断线告警功能，可通过控制字选择是否闭锁差动保护。

（二）后备保护功能要求

1. 高抗后备保护

过电流保护采用首端电流，反应电抗器内部相间故障；过负荷保护反应电压升高导致的电抗器过负荷，延时作用于信号。

2. 中性点电抗器后备保护

过电流保护反应三相不对称等原因引起的中性点电抗器过流，过负荷保护监视三相不平衡状态，延时作用于信号。

（三）装置功能要求

1. 通信功能

具备通信管理功能，与监控系统通信，通信规约采用DL/T 860，在保护动作时可将保护跳闸事件、跳闸报告、事件报告等信息同时上传至监控系统，并可接收监控系统对保护装置发送的保护投退、复归命令。

保护装置需具备3组以太网通信接口（2组用于与监控系统接口，1组备用）、1个调试接口和1个打印机接口。

保护上传的信息量包括交流的采样值、保护动作的详尽信息、装置故障及异常信息等，保护装置的应答时间应少于 50ms。

2. 对时功能

保护装置应具备通信网络对时和卫星时钟对时功能，对时误差小于 1ms。应具备 IRIG－B（DC）对时功能，并通过保护屏端子排接线。

3. 录波功能

保护装置应具有故障录波功能，记录故障前后电流、电压等模拟量，保护跳合闸命令等开关量；记录装置的操作事件、状态输入量变位事件、更改定值事件及装置告警事件等。可记录的录波报告不少于 10 个，可记录的事件不少于 500 条。记录的报告或事件可被 PC 机读取。

第三节　站用变压器保护

一、站用变压器接线方式

特高压变电站 110kV 站用电系统设置了 3 组站用变压器，其中 1 号工作站用变压器引接自 1 号主变压器低压侧 110kV 母线，2 号工作站用变压器引接自 2 号主变压器低压侧 110kV 母线，0 号备用站用变压器引接自站外可靠电源。380V 系统采用中性点直接接地方式并设 2 段 380V 母线，母线按变压器分为工作Ⅰ段和工作Ⅱ段，如图 12－2 所示。

1000kV 变压器低压侧电压等级为 110kV，若采用一级降压方式，通过 110/0.4kV 变压器直接对站用负荷供电，相对于经过两级变压器降压方式，具有接线简单、可靠性高的优点。但是，由于由 110kV 一级降压至 380V 的变压器尚不成熟，且 380V 系统的短路电流可能达到几千安培，造成 380V 断路器等设备选型困难，因此特高压变电站站用电系统采用两级降压方式，通过 110/35kV、35/0.4kV 两级变压器串联，中间经电缆引接且不设任何开断设备。

二、配置原则

特高压变电站站用电系统通常采用两级降压方式，低压侧具有电压等级高、设备容量大和结构特殊等特点，因此对继电保护的动作性能和可靠性要求更高，需采取更有针对性的措施和方案保证其动作速度、灵敏度、选择性和可靠性。

（1）保护采用主、备独立配置的原则，不采用保护测控一体化装置。

（2）工作站用变压器采用两级变压器串联连接方式，保护配置将两台串联变压器按一个被保护元件考虑。

（3）工作站用变压器装设单套差动保护、过电流保护、低压侧零序过流和非电量

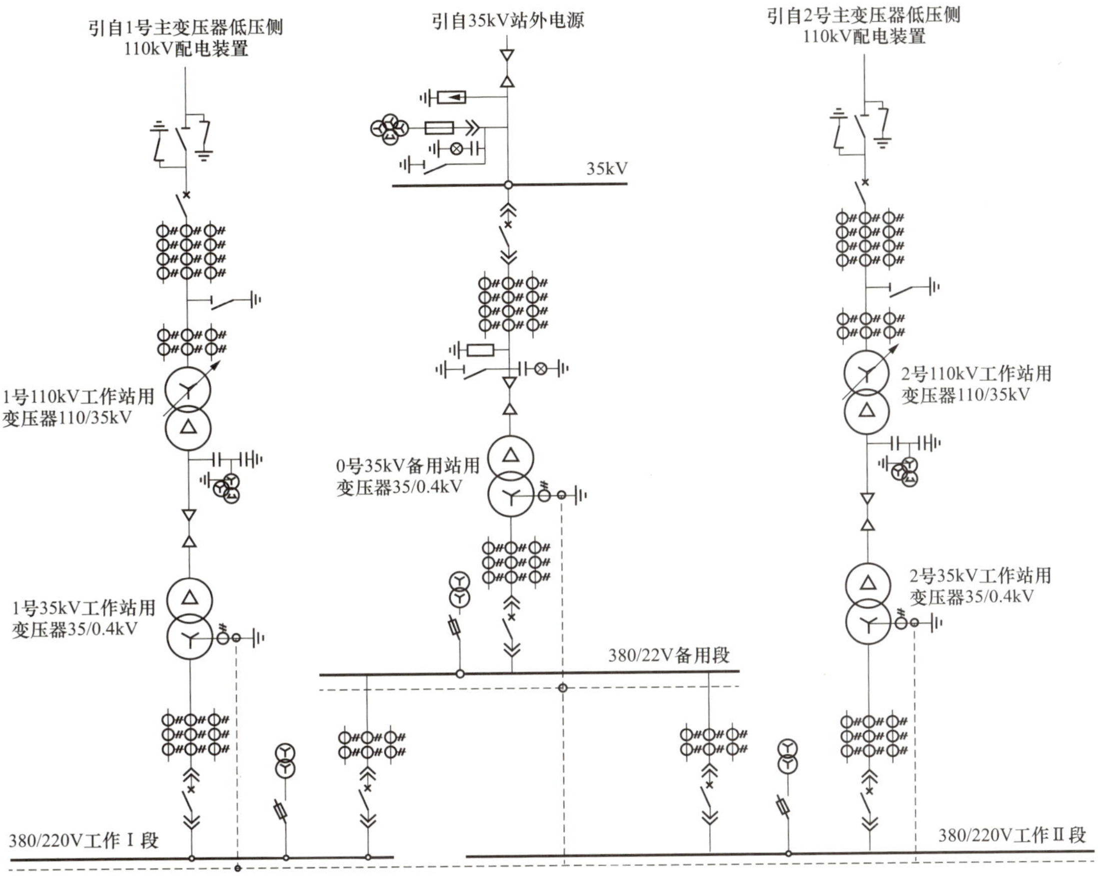

图 12-2　特高压变电站站用电系统接线图

保护等。

（4）备用站用变压器装设单套差动保护、过电流保护、低压侧零序过流和非电量保护等。

（5）设置备用电源自投装置。

（6）为每段 380V 工作母线进线配置 1 套过电流保护，用于工作母线故障时闭锁备用电源自投装置。

三、配置方案

（一）主保护

主保护为比率差动保护，差动两侧电流取自高压侧 110kV 电流互感器和低压侧 0.4kV 电流互感器。比率差动保护反应变压器内部相间短路故障、高压侧单相接地短路及匝间层间短路故障，保护动作跳开高压及低压侧断路器。

（二）后备保护

1. 高压侧后备保护（三段式复压过电流保护）

电流取自 110kV 站用变压器高压侧电流互感器，保护动作跳开高压侧断路器。

2. 低压侧后备零序过电流保护

由于低压侧为三相四线制 380V 站用变压器系统，中性点装设有零序电流互感器，一般配置三段定时限零序过电流保护作为变压器绕组、引线接地故障的后备保护或相邻元件接地故障的后备保护，每段保护各有三个时限，电流固定取自低压侧（0.4kV）中性点电流互感器二次电流。

3. 低压侧后备限时速断过电流保护

作为变压器低压母线的主保护或出线的后备保护，电流取自低压侧 0.4kV 电流互感器。

（三）非电量保护

站用变压器本体内部的瓦斯、温度及调压开关故障等，均设有信号和保护装置，跳开变压器两侧断路器。根据站用变压器要求，跳闸型非电量保护瞬时或延时跳闸，信号型非电量保护瞬时发信号。

四、功能及要求

两级串联变压器的主保护差动需引接 110kV 和 0.4kV 侧的电流互感器电流。在低压侧故障时，低压侧电流有几十千安，而折算到高压侧仅几百安。由于两侧电流数据相差较大，给站用变压器的电流互感器选型及站用变压器保护的配置、原理、整定带来一些问题。

对于差动保护，无论高压侧采用大变比电流互感器，还是采用小变比电流互感器，都无法正确工作，而高压侧后备保护采用大变比电流互感器，也同样无法正常工作。针对该种情况，特高压变电站的站用变压器差动保护装置同时引接一组大变比电流互感器和一组小变比电流互感器，分别与低压侧电流互感器构成两套差动保护，并限制其工作条件，两套差动保护相互补充构成完整的站用变压器差动保护。

对于高压侧后备保护，保护装置也同时引接一组大变比电流互感器和一组小变比电流互感器，配置高定值及低定值两套过电流保护，分别切除严重故障和弱故障。

（一）双套差动保护功能要求

差动保护装置配置两套比率差动，严重故障由采用大变比电流互感器的差动保护动作切除，弱故障由采用小变比电流互感器的差动保护动作切除。两套保护由一台装置完成。

考虑到低压侧区外故障（最大一次短路电流为 40kA，折算到高压侧为 138A），高压侧不出现稳态饱和。暂态饱和严重的可能性也很小，故采用小变比电流互感器差动保护配差流速断保护。

（二）双电流互感器接入的高压侧后备保护功能要求

高压侧后备保护装置接入大变比和小变比两组电流互感器二次电流，配置两套复压过电流保护相或出口，设置两套定值单独整定，以提供完整的保护方案。

高压侧复压过电流保护设置过流元件分为大变比过流元件和小变比过流元件，过流元件分别接于大变比电流互感器二次三相电流回路和小变比电流互感器二次三相电流回路中，其中任一相电流大于高压侧复压过电流保护动作电流整定值时，相应的过流元件动作。

（三）装置功能要求

1. 通信功能

具备通信管理功能，与监控系统通信，通信规约采用 DL/T 860，在保护动作时可将保护跳闸事件、跳闸报告、事件报告等信息同时上传至监控系统，并可接收监控系统对保护装置发送的保护投退、复归命令。

保护装置需具备 3 组以太网通信接口（2 组用于与监控系统接口，1 组备用）、1 个调试接口和 1 个打印机接口。

保护上传的信息量包括交流的采样值、保护动作的详尽信息、装置故障及异常信息等，保护装置的应答时间应少于 50ms。

2. 对时功能

保护装置应具备通信网络对时和卫星时钟对时功能，对时误差小于 1ms。应具备 IRIG－B（DC）对时功能，并通过保护屏端子排接线。

3. 录波功能

保护装置应具有故障录波功能，记录故障前后电流、电压等模拟量，保护跳合闸命令等开关量；记录装置的操作事件、状态输入量变位事件、更改定值事件及装置告警事件等。可记录的录波报告不少于 10 个，可记录的事件不少于 500 条。记录的报告或事件可被 PC 机读取。

五、110kV 站用变压器低压侧单相接地故障判别

特高压变电站的两级站用变压器之间通过 35kV/10kV 电缆连接，由于 35kV/10kV 系统为中性点不接地系统，当发生单相接地故障时，由于流过故障点的电流仅为系统对地电容电流，电流数值很小，站用变压器相间故障保护均不能反应该故障。故在 110kV 站用变压器低压侧配置一组电压互感器，该电压互感器配置有两个二次绕组，准确级分别为 0.5 级和 6P 级。0.5 级主二次绕组输出三相电压至测控装置，实现对低压侧电压实时监视。6P 级开口三角零序电压接至保护装置，当 110kV 站用变压器低压侧发生单相接地故障时，保护出口发出告警信号。

第四节　110kV 无功补偿设备保护

一、配置原则

在变电站主变压器低压侧装设无功补偿设备是无功调节的重要手段之一，与系统

相连的电抗器、电容器继电保护装置决定设备、变电站及电网是否能够安全运行。

特高压变电站 110kV 系统中性点采用不接地方式，而 110kV 中性点不接地系统在我国变电站中应用得较少。因此，特高压变电站的 110kV 无功设备继电保护设计与配置有其特殊性，与 500kV 变电站存在很大差别。

特高压变电站 1000kV 变压器低压侧电抗器、电容器的保护配置按以下原则考虑：

（1）110kV 并联电抗器、110kV 并联电容器均装设单套保护，且不采用保护测控一体化装置。

（2）110kV 并联电抗器装设电流速断保护、过电流保护等。

（3）110kV 并联电容器组装设短时限电流速断和过电流保护、过电压保护及失压保护、不平衡电流保护等。

二、配置方案

（一）电抗器保护

（1）110kV 电抗器保护由电流速断保护、过电流保护及其本体保护组成，保护并联电抗器的内部短路和接地故障。装置应带有跳合闸操作回路。

（2）110kV 电抗器保护应具有解除复合电压闭锁、失灵启动等出口接至对应 110kV 母线保护。

（3）具有独立的操作回路，可进行断路器（或负荷开关）的正常遥控分、合；具有断路器（或负荷开关）的控制开关及就地/远方切换开关。

（4）当 110kV 电抗器配置负荷开关时，电抗器保护动作不跳负荷开关，直接跳 1000kV 变压器低压侧断路器，同时启动 110kV 断路器失灵保护并解除失灵复压闭锁。

（二）电容器保护

（1）110kV 电容器保护由电流速断保护、过电流保护、过电压保护、母线失压、电容器不平衡（适合于双“Y”形电容器组与单“Y”形电容器组）和电压差动等保护组成，保护电容器的内部短路和接地故障。装置应带有跳合闸操作回路。

（2）110kV 电容器保护应具有解除复合电压闭锁、失灵启动等出口接至对应 110kV 母线保护。

（3）具有独立的操作回路，可进行断路器（或负荷开关）的正常遥控分、合；具有断路器（或负荷开关）的控制开关及就地/远方切换开关。

（4）当 110kV 电容器配置负荷开关时，电容器保护动作不跳负荷开关，直接跳 1000kV 变压器低压侧断路器，同时启动 110kV 断路器失灵保护并解除失灵复压闭锁。

（三）操作箱

（1）三相操作箱具有一组三相跳闸回路及合闸回路，具有手跳和手合输入回路，跳闸具有自保持回路。

（2）操作箱具有防跳回路，防止断路器发生多次重合。操作箱的防跳回路应能够方便地取消。

（3）操作箱具有气（液）压闭锁输入回路。

（4）跳、合闸均具有监视回路，且分别引上端子。跳闸位置监视与合闸回路的连接应便于断开。

（5）操作箱具有足够的输出接点供发中央信号、远动信号和事件记录。

三、功能要求

1. 通信功能

具备通信管理功能，与监控系统通信，通信规约采用 DL/T 860，在保护动作时可将保护跳闸事件、跳闸报告、事件报告等信息同时上传至监控系统，并可接收监控系统对保护装置发送的保护投退、复归命令。

保护装置需具备 3 组以太网通信接口（2 组用于与监控系统接口，1 组备用）、1 个调试接口和 1 个打印机接口。

保护上传的信息量包括交流的采样值、保护动作的详尽信息、装置故障及异常信息等，保护装置的应答时间应少于 50ms。

2. 对时功能

保护装置应具备通信网络对时和卫星时钟对时功能，对时误差小于 1ms。应具备 IRIG-B（DC）对时功能，并通过保护屏端子排接线。

3. 录波功能

保护装置应具有故障录波功能，记录故障前后电流、电压等模拟量，保护跳合闸命令等开关量；记录装置的操作事件、状态输入量变位事件、更改定值事件及装置告警事件等。可记录的录波报告不少于 10 个，可记录的事件不少于 500 条。记录的报告或事件可被 PC 机读取。

第五节　110kV 母线保护

一、配置原则

与 220kV 和 500kV 变压器低压侧设备不同，1000kV 变压器低压侧两个分支均装设了总断路器，考虑到 110kV 分支总断路器失灵后的故障切除要求，为了提高特高压变电站及 110kV 设备的运行安全性，110kV 母线配置有独立的母线差动保护及失灵保护。

110kV 母线保护的配置按以下原则考虑：

（1）110kV 母线应按段配置双套母线差动保护。

（2）110kV 每段母线分别按相设置差动继电器，包括启动元件、差动元件、断线监视元件等。110kV 母线保护应考虑复合电压闭锁。

（3）110kV 母线保护应包含差动保护、失灵保护、大电流闭锁保护等功能。

二、配置方案

（一）母线保护

（1）母线保护应具有可靠的电流互感器饱和判别功能，区外故障电流互感器饱和时不应误动。

（2）母线保护应能快速切除区外转区内的故障。

（3）母线保护不应受电流互感器暂态饱和的影响而发生不正确动作，并应允许使用不同变比的电流互感器。

（4）具有电流互感器断线告警功能，支路电流互感器断线后固定闭锁差动保护。

（5）母线保护动作时应跳开对应的变压器 110kV 侧总断路器。

（6）当电容器、电抗器间隔配置断路器时，母线保护动作同时跳开电容器、电抗器。

（7）当电容器、电抗器间隔配置负荷开关时，母线保护动作只跳主变压器低压侧断路器，不跳电容器、电抗器。

（二）母线失灵保护联跳

（1）对于 1000kV 变压器 110kV 侧分支总断路器，110kV 母线保护应提供失灵联跳接点跳开变压器各侧。

（2）对于采用负荷开关的电容器、电抗器间隔，母线失灵保护动作不考虑联跳。

三、功能要求

1. 通信功能

具备通信管理功能，与监控系统通信，通信规约采用 DL/T 860，在保护动作时可将保护跳闸事件、跳闸报告、事件报告等信息同时上传至监控系统，并可接收监控系统对保护装置发送的保护投退、复归命令。

保护装置需具备 3 组以太网通信接口（2 组用于与监控系统接口，1 组备用）、1 个调试接口和 1 个打印机接口。

保护上传的信息量包括交流的采样值、保护动作的详尽信息、装置故障及异常信息等，保护装置的应答时间应少于 50ms。

2. 对时功能

保护装置应具备通信网络对时和卫星时钟对时功能，对时误差小于 1ms。应具备 IRIG-B（DC）对时功能，并通过保护屏端子排接线。

3. 录波功能

保护装置应具有故障录波功能，记录故障前后母线电压模拟量，保护跳合闸命令等开关量；记录装置的操作事件、状态输入量变位事件、更改定值事件及装置告警事件等。可记录的录波报告不少于 10 个，可记录的事件不少于 500 条。记录的报告或事件可被 PC 机读取。

第十三章　其他二次系统

本章内容包括一体化电源系统、时间同步系统、智能辅助控制系统、设备状态监测系统、智能巡视系统、二次回路设计及设备布置。

一体化电源系统用于向特高压变电站内控制、信号、保护、自动装置、事故照明、主机或服务器、工作站等负荷供电；时间同步系统为特高压变电站内各被授时系统或设备提供全站统一的时间基准；智能辅助控制系统实现图像监视及安全警卫功能；设备状态监测系统通过监测 1000kV 主变压器、1000kV 并联电抗器、1000kV GIS/HGIS 等主要设备的当前运行状态来评估其健康状况，对于制定状态检修策略有重要意义；智能巡视系统用于辅助运维人员开展日常巡视工作，可提高特高压变电站设备监控质量，降低运维人员劳动强度和作业风险；二次回路设计及设备布置涵盖特高压变电站电流互感器、电压互感器参数选择，二次设备的组屏及布置，特高压变电站二次系统的接地、防雷、抗电磁干扰措施等内容。

第一节　一体化电源系统

一体化电源系统能够为全站交、直流设备提供安全、可靠的工作电源，包括 380/220V 交流电源、DC220V 直流电源、交流不停电电源，主要由充电单元、交流不停电电源、蓄电池组及各类监控管理模块组成。

一体化电源系统采用分层分布架构，各功能测控模块采用一体化设计、一体化配置、一体化监测。各功能测控模块运行工况和信息数据采用 DL/T 860 协议建模并接入信息一体化平台，实行一体化电源各子单元分散测控和集中管理，实现对一体化电源系统运行状态信息的实时监测。智能一体化电源系统监控配置如图 13－1 所示。

一体化电源系统监控软件集成到信息一体化平台中，不独立设置智能一体化电源监控工作站。

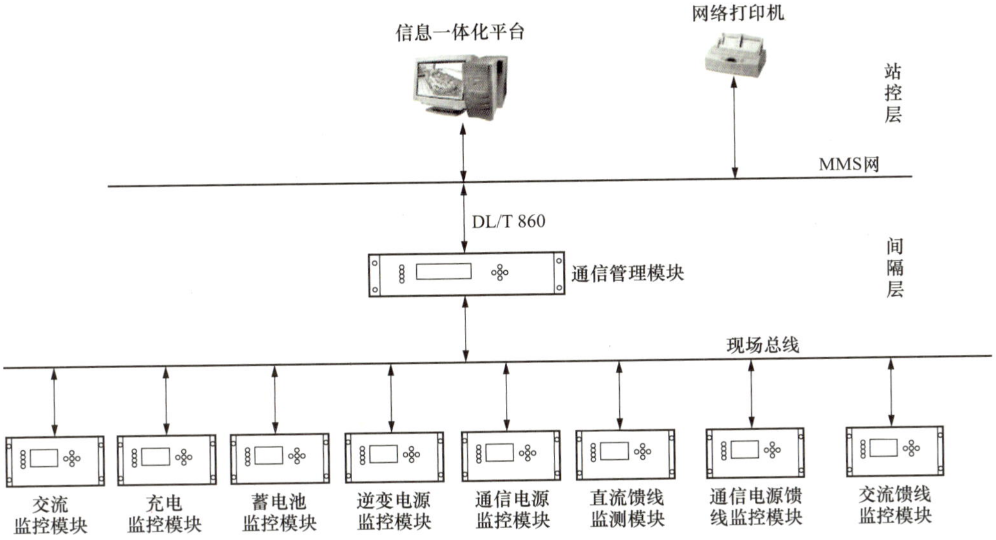

图 13-1 智能一体化电源系统监控配置图

一、直流电源系统

（一）电压等级选择

变电站直流负荷通常没有大容量的直流电动机等动力负荷，因此直流电源系统一般采用控制负荷和动力负荷合并供电方式。变电站直流电源系统电压可采用 110V 或 220V，两种电压等级技术上各有优缺点，在 500kV 变电站工程设计中均有比较，在此不再赘述。

特高压变电站直流负荷容量大且相对分散，配电装置占地面积大，尤其是 1000kV 配电装置占地是相同规模和型式 500kV 配电装置的 4～5 倍。因此，为了保证特高压变电站控制、监视、继电保护和自动装置在正常情况下和事故情况下的正确动作，直流电源系统的设计必须安全可靠，资源利用最为有效，确保设备配置及布置合理优化。

在充分考虑 500kV 变电站直流电源系统电压等级比选结论的基础上，特高压变电站直流电源系统电压优先选用 220V，主要是基于以下因素：

（1）直流电源系统采用 220V 电压，在相同操作功率、相同供电距离的情况下，由于控制电缆中电流与采用 110V 相比小一半，因此可减少电缆截面，特别是远距离供电时，电缆截面的减小将非常显著。

（2）直流电源系统采用 220V 电压，方便动力负荷的供电，事故照明接线简单，并可简化切换回路。

（3）特高压变电站电磁环境恶劣，220V 直流电压较 110V 具有更高的电磁抗干扰能力。

（二）直流电源系统接线方式

直流电源系统接线与蓄电池组数、充电设备配置情况及直流负荷的供电方式等因素有关。考虑到特高压变电站直流电源系统的用电负荷极为重要，对直流电源系统的可靠性要求也非常高，因此每套直流电源系统均包括 2 组蓄电池和 3 套充电装置。根据 DL/T 5044—2014《电力工程直流电源系统设计技术规程》的规定，对于 2 组蓄电池的直流电源系统，直流母线接线方式采用单母线接线，每段母线接 1 组蓄电池和 1 套充电装置，同容量公共备用充电装置通过双投隔离开关同时接入两段母线。两段母线之间设有联络用隔离开关，正常时两段母线独立运行。在两段母线切换过程中允许 2 组蓄电池短时并列运行。

直流电源系统供电网络均采用辐射状方式，邻近蓄电池布置的继电器小室的控制保护负荷采用一级供电方式，同一电压等级配电装置另一继电器小室或主控楼的控制保护负荷采用两级供电方式。即直流主馈电屏除分别对本小室的各测控、保护屏直接馈电外，还通过电源馈线对另一继电器小室或主控楼的直流分屏供电，各分屏再对本小室各测控、保护屏馈电。该接线方式具有下述特点：

（1）接线简单、清晰，有双重化要求的保护装置及断路器跳闸线圈则分接在直流主屏或分屏的对应母线段上，单电源供电要求的事故照明、长明灯、故障录波装置、电能表等回路则按其容量平均分接在各段母线上。

（2）接线方式可靠，操作维护方便灵活，当一组蓄电池因故退出运行时，可通过联络隔离开关实现直流负荷的转移，保证两段母线切换时不中断对直流负荷的供电。

（3）2 组蓄电池系统相对独立，电气上无连接，不仅有助于提高直流系统供电可靠性，同时也能有效地减小直流系统的对地电容，减少直流接地时产生的电容电流。

（4）辐射状供电网络不仅便于查找直流接地故障点，而且主、分屏馈线回路的隔离开关状态或保护电器跳闸情况均可引接至变电站监控系统，满足运行人员的实时监视要求。

特高压变电站直流电源系统可采用如图 13－2 所示的典型接线。

（三）配置原则及方案

1. 配置原则

特高压变电站具有系统地位重要、设备容量大、进出线回路多、配电装置占地面积大、直流负荷容量大且相对分散等特点，直流电源系统遵循安全可靠、资源利用有效、设备配置合理的原则设计，确保测控、保护和自动装置的安全可靠运行。配置原则如下：

（1）每套直流电源系统装设 2 组阀控式密封铅酸蓄电池和 3 套高频开关电源模块型充电装置，直流电压等级采用 220V。

（2）蓄电池容量、充电装置配置按远期规模选择，蓄电池事故放电时间按 2h 考虑。

（3）直流母线采用 2 段单母线接线，蓄电池组分别接于不同母线段。2 段直流母线之间设联络隔离开关。在 2 段母线切换过程中允许 2 组蓄电池短时并列。

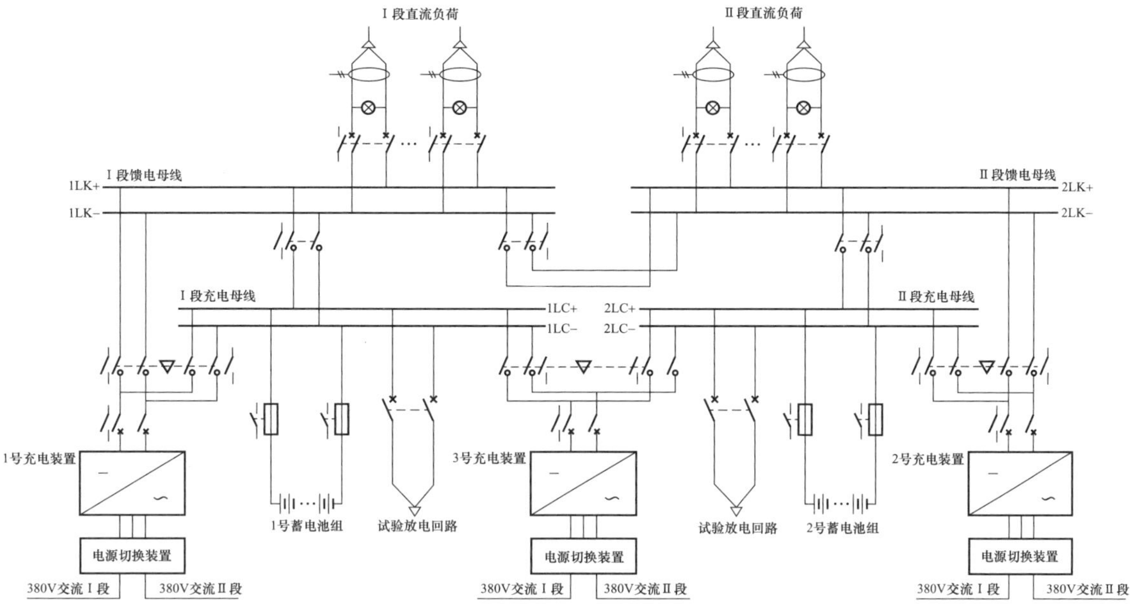

图 13－2　特高压变电站直流电源系统接线图

（4）2 台主充电装置经直流断路器分别接于 2 段母线，为 2 组蓄电池充电，并提供经常负荷所需容量。第 3 台充电装置经切换隔离开关分别接于 2 组蓄电池，当任意 1 台充电装置故障退出运行，将第 3 台充电装置投入。

（5）各继电器小室设直流分屏，直流负荷采用辐射供电方式。直流分屏内只设置 1 段直流母线，由同一主屏引 2 路进线，1 主 1 备运行方式，分屏内设进线隔离开关。

（6）每组蓄电池设专用的试验放电回路，该回路经直流断路器直接与蓄电池出口回路并接。

2. 配置方案

综合考虑 1000kV 配电装置间隔跨距长度和就地继电器小室的设置数量等因素，特高压变电站按直流负荷相对集中方式一般配置 2～3 套直流电源系统，在具体工程设计时，既可按配电装置电压等级分别配置，如 1000kV（含主控楼）、500kV、主变压器及 110kV 配电装置各配置 1 套，或 1000kV 配电装置（含主控楼）配置 1 套，500kV 和主变压器及 110kV 配电装置配置 1 套，也可按本期建设规模，结合总平面布置分期配置。

每套直流电源系统直流设备容量按相应配电装置区域的直流负荷考虑，蓄电池室毗邻其中一个继电器小室布置，充电装置和直流主馈电屏布置在该小室内，对另一继电器小室直流负荷则通过设置在该小室的直流分屏馈电。

主控楼的直流供电由距离最近的一套直流电源系统供电，直流负荷通过设置在计算机室内的直流分屏供电。

蓄电池安装于独立蓄电池室内，且每组蓄电池布置在不同的蓄电池室内。

（四）功能要求

1. 直流电源系统的保护和监控

蓄电池出口回路采用熔断器或具有选择性保护的直流断路器，熔断器带有报警接点，信号上传至变电站监控系统；充电装置直流侧出口、蓄电池试验放电回路均采用直流断路器；直流馈线回路采用直流断路器，其中直流主屏至直流分电屏的回路采用具有短路短延时保护特性的直流断路器，上下级之间应有2～4倍配合系数。

为每套充电装置配置1套微机监控装置。微机监控装置是直流电源系统的智能监控管理单元，对直流电源系统各单元运行状态和参数进行采集、显示，并完成各单元运行参数的设定，控制各单元的正常运行；根据采集的运行数据完成蓄电池组的自动均浮充转换；通过RS-485通信接口完成与站内监控系统的通信，通信内容包括反映直流电源系统运行工况的所有信息，实现信息上送并接收监控系统下发的控制指令，实现遥控、遥测、遥信功能。

2台主监控装置分别对所接母线的全部设备进行监控；第3台监控装置通过切换对每段母线的设备及第3套充电装置进行监控。保证任一监控装置退出均不影响整个系统的监控。

2. 直流系统绝缘及接地选线装置

两段直流母线各设置1套直流系统绝缘及接地故障定位选线装置。当直流母线电压超出规定值时发出声光报警信号；当直流电源系统发生接地或绝缘电阻小于规定值时发出声光报警信号，并显示正、负极母线对地的电压值、绝缘电阻值和接地回路编号。报警电压和绝缘电阻值均可调整。

直流分电柜上设置直流绝缘监视功能，与直流屏上绝缘监视装置通信，完成每面分电柜上两段直流母线及馈线的直流绝缘监视及接地故障定位选线功能。

3. 蓄电池自动巡检装置

每组蓄电池配置1套蓄电池自动巡检装置，实时监测单体电池的端电压、内阻、电流及温度，监测蓄电池组电压，对蓄电池充、放电进行动态监测，可设定报警值，能与直流监控装置通信，并具有与一体化信息平台进行信息交互的功能。

二、交流不停电电源系统

特高压变电站设置1套交流不停电电源系统（UPS），为计算机监控、保护及故障信息管理、电能计量等重要负荷提供可靠的交流电源。

（一）配置原则及方案

1. 配置原则

UPS系统按主机双套冗余的原则进行配置，每套UPS系统主机容量按100%计算负荷选择，直流备电时间为2h。UPS不自带蓄电池，由站内直流电源系统蓄电池供电。

UPS系统主机采用双主机并联冗余或双重化冗余的接线方式。双主机并联冗余的

UPS共用1套旁路装置；双重化冗余的2套UPS分别设置旁路装置。2套UPS主机的交流电源由不同站用电源母线引接，直流电源由站内直流电源系统的不同母线段引接。

UPS电源交流输入、交流输出端应分别配置2台隔离变压器，直流输入端配置防反充电二极管，实现交流输入、直流输入、交流输出三端完全电气隔离。

2. 配置方案

每套UPS装置及馈线开关组屏1面，共计2面屏，布置在主控楼计算机室。各继电器小室的UPS负荷采用逆变电源方式，每个小室设置2套单相逆变装置，组屏1面，直流电源直接采用相应继电器小室的直流系统，直流备电时间按2h考虑。

图13-3、图13-4为特高压变电站UPS典型接线。

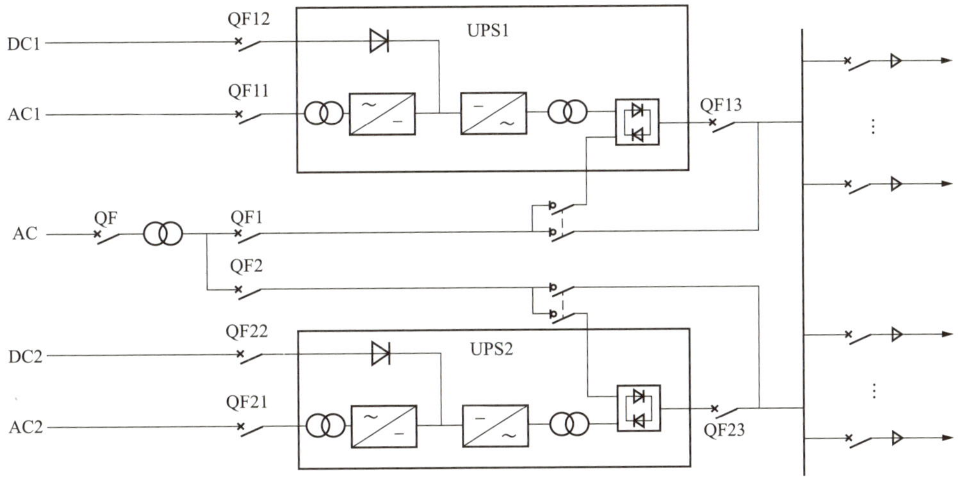

图13-3 特高压变电站双主机并联冗余UPS接线图

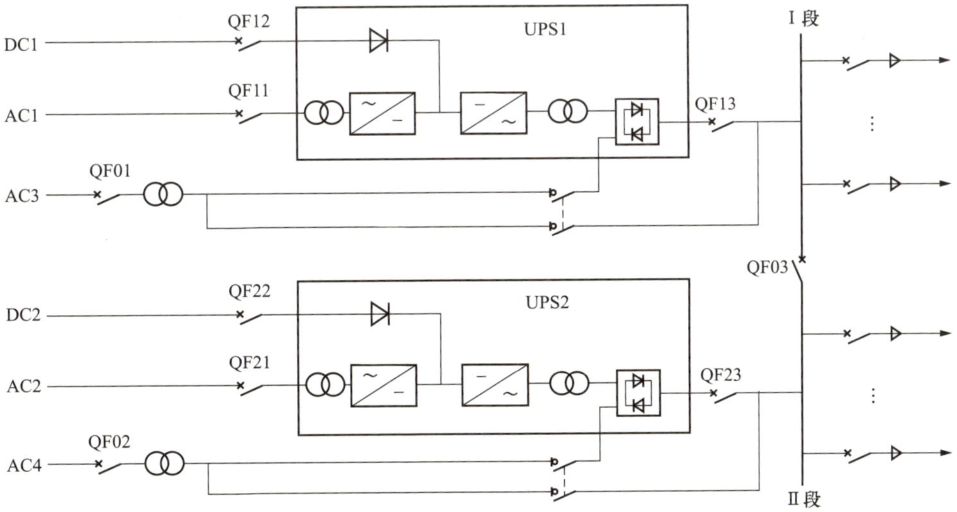

图13-4 特高压变电站双重化冗余UPS接线图

采用并联冗余UPS接线方式。正常运行时，2台主机同步并联运行，均匀分担负荷；当1台主机故障或需要退出运行时，则由另1台主机承担全部负荷，确保负荷供电的不间断。此接线方式的2台UPS主机一般应为同容量、同厂家、同型号的产品。双主机应完全同步，其逆变器输出的频率、相位及电压必须相同，2台主机之间无环流。

采用双重化冗余UPS接线方式。正常运行时，2套UPS系统采用分列运行方式，每套系统向对应母线段的UPS负荷供电；当任意1套UPS系统故障或需要退出运行时，手动合上母联断路器，由另1套UPS承担全部负荷。

3. 负荷统计

交流不间断电源负荷分为计算机负荷和非计算机负荷。计算UPS容量时，应对不间断负荷进行统计，按UPS负荷可能出现的最大运行方式计算，统计计算遵循以下原则：

（1）连续运行的负荷应予以计算。

（2）不经常而连续运行的负荷，应予以计算。

（3）经常而短时及经常而断续运行的负荷，应予以计算。

（4）由同一UPS供电的互为备用的负荷只计算运行的部分。

（5）互为备用而由不同UPS供电的负荷，应全部计算。

冗余配置的监控主机、操作员工作站等设备分别由不同UPS电源供电。2套供电系统间相互独立，不作自动投切，当其中1套UPS电源供电系统故障时，监控主系统仍保证能够正常运行。

（二）功能要求

UPS装置由整流器、逆变器、静态旁路开关、手动检修旁路开关、逆止二极管、旁路隔离变压器、旁路调压器等组成。UPS装置采用三相输入、单相输出，直流电源由第1套直流系统提供。UPS系统采用单母线接线，负荷供电采用辐射方式。

1. UPS电源功能要求

（1）切换功能。

UPS电源要求具备切换功能，即当交流输入电源正常时，交流输入电源经整流器由交流变成直流，再经逆变器由直流变成交流输出到负荷；当交流输入电源故障时，UPS电源由交流输入电源供电切换至由直流系统经逆变器供电，切换时间应为0ms；当交流输入电源恢复正常后，UPS电源自动由直流系统供电切换至由交流输入电源供电，切换时间应为0ms；当两台UPS电源其中一台故障退出时，该电源所带负荷可通过手动闭合两段交流输出母线的母联开关由另一台UPS电源供电；UPS电源配置旁路检修断路器，在UPS电源退出检修维护时可闭合检修断路器为负荷供电。

（2）监控单元功能。

UPS电源要求具备监控单元功能，如操作权限密码管理功能，任何改变运行方式和运行参数的操作均需要权限确认，具备定值设置功能，能对交流输入保护定值、

UPS电源运行及告警参数定值进行设置，如交流输入电压高/低告警值、交流输入频率高/低告警值、交流输出电压高/低告警值、直流工作电压高/低告警值、交流输入过/欠压值、直流电压低值及交流输出过欠压值等，定值设置值具有掉电保持功能。

监控单元功能还包括显示和存储功能，面板能用中文实时显示模拟量测量值、开关量状态、告警信息；能以模拟盘方式显示UPS电源的不同工作状态；存储功能包括能查询保护定值、开关量记录和告警记录，开关量记录和告警记录等信息存储能力均不少于200条。

监控单元功能还包括测量功能，测量量包括交流输入线电压、相电流；交流旁路输入线电压和相电流；交流输出线电压、相电流；交流输入、输出和旁路频率；直流输入电压、直流输入电流、三相交流输出每相负荷率等模拟量，及整流器运行状态、自动旁路运行状态及逆变器运行状态等开关量。

监控单元功能同时具备告警功能，如交流输入/输出电压超限告警、交流输入中断告警、交流输入频率超限告警、直流输入电压高/低告警、整流器关闭告警、逆变器关闭告警、旁路供电告警、交流输入断路器跳闸告警、交流旁路输入断路器跳闸告警、交流输出断路器跳闸告警、直流输入断路器跳闸告警、交流馈线开关跳闸告警、监控单元故障等。告警或故障时，监控单元发出声光报警，并以硬接点形式和通信口输出，保留不少于6个硬接点输出。当监控装置失压、故障时不影响报警。

监控单元至少有1个RS-485和2个以太网通信接口，通信规约采用DL/T 860，并具备与监控系统通信能力。

(3) 保护功能。

交流输出短路保护、交流输出过负荷保护、整流器/逆变器/静态旁路开关等过温度保护、直流电压低保护、交流输入缺相保护、交流输入过/欠压保护及交流输出过/欠压保护。具有紧急关机保护功能。

2. 旁路稳压器功能要求

旁路稳压器的容量应满足135%额定负荷持续工作的能力，并能承受瞬间200%过负荷，交流输入范围满足（1±15%）AC220V的要求，具有过压、欠压和短路自动保护功能，稳压后输出电压范围为（1±5%）AC220V。

3. UPS电源主断路器、母联开关及交流馈线开关的功能要求

UPS电源主断路器由交流主断路器（交流输入断路器、旁路输入断路器、交流输出断路器、维修旁路断路器）和直流输入断路器组成。直流输入断路器选用直流专用断路器，不得用交流断路器替代，且主断路器带有辅助触点和报警触点，交流馈线开关带有报警触点。交流输出断路器与交流馈线开关之间满足2～4级的级差配合要求。

在对UPS电源主断路器进行选择时，要求UPS电源带输入隔离变压器的交流输入断路器额定电流按照躲过隔离变压器启动冲击电流选择；UPS电源带旁路输入隔离变压器的旁路输入断路器额定电流按照躲过隔离变压器启动冲击电流选择；UPS

电源不带旁路输入隔离变压器的旁路输入断路器额定电流按照 UPS 电源额定电流的 1.5～2 倍选择；交流输出断路器、维修旁路断路器额定电流按照 UPS 电源额定电流的 1.5～2 倍选择；直流输入断路器额定电流按照 UPS 电源最大直流电流选择；母联开关额定电流按照 UPS 电源额定电流的 1.5～2 倍选择。

手动维修旁路开关具有防误操作的闭锁措施，母联开关具有防止两段母线带电时闭合母联开关的防误操作措施。

4. 测量表计的配置和功能要求

UPS 电源应配置交流输入电压表、交流输入电流表、直流输入电压表、直流输入电流表、交流输出电压表、交流输出电流表。测量表计宜选用 $3\frac{1}{2}$位及以上精度的数字式表计。

三、一体化总监控装置

站用交直流电源系统采用一体化方案，即分散测控、集中管理的模式，将交流进线智能监控单元、交流馈线智能监控模块、直流馈线智能监控模块等智能监控设备分散安装在各电源柜内，蓄电池在线监测模块布置在蓄电池室，各智能监测设备通过总线方式与一体化总监控装置连接。

一体化总监控装置对上通过 DL/T 860 协议与变电站站控层设备连接，实现对一体化电源系统的分散数据采集和集中管理，可远程实时查看各电源的参数、运行状态、事件信息等，可修改系统参数、运行方式，遥控开关设备，实现一体化电源系统的在线监测和远程维护管理，提高电源系统的可靠性、安全性。

第二节　时间同步系统

一、系统构成

特高压变电站配置 1 套时间同步系统，由主时钟和时钟扩展装置组成，时钟扩展装置数量按小室需求确定。时间同步系统采用时间同步信号扩展装置来进行扩展对时信号方式和数量，以满足站内计算机监控系统、保护装置、故障测距装置、故障录波器、实时动态监测装置、图像监视系统、安全警卫系统、在线监测系统及 PMU 等设备需要的各种时间同步信号。

时间同步系统主时钟双重化冗余配置并自动切换，支持北斗导航系统（BD）、全球定位系统（GPS）和地面授时信号，优先采用北斗导航系统。站控层设备采用 SNTP 对时方式，间隔层设备采用 IRIG－B（DC）对时方式。

主时钟组 1 面屏，布置在主控楼计算机室，在各继电器小室配置扩展屏。主时钟与位于不同继电器小室的扩展时钟之间采用光纤连接，扩展时钟与被授时设备之间应根据对时信号的类型选择合适的传输介质，并充分考虑传输距离对时间信号强度及精度的影响。

二、系统功能

时间同步系统应采用高精度时钟源，主时钟应能接收多路不同的卫星对时信号（北斗、GPS等），具备高抗干扰数字设计。在接收卫星对时信号时，能提供精确度±1μs的同步时钟。

主时钟内部应具备时间保持单元，当接收到外部时间基准信号时，主时钟被外部时间基准信号同步；当接收不到外部时间基准信号时，保持一定的走时准确度，使主时钟输出的时间同步信号仍能保持一定的准确度。当外部时间基准信号接收恢复时，自动切换到正常状态工作，切换时主时钟输出的时间同步信号不得出错。

时间同步信号扩展装置的时间基准信号输入应同时分别接收两台主时钟输出的时间基准信号，并实现两个时间基准信号互为备用。主时钟应满足所有时间同步信号扩展装置的接入。

时间同步系统既可以报文方式对时，也可以脉冲方式硬对时。对时输出单元可接收系统对时命令（接收时钟对时），对测控单元、计算机、保护等具有时标的设备进行时钟对时，精度误差小于1ms。输出的时间信号应包括（1PPS）秒、（1PPM）分、（1PPH）时、天脉冲、（IRIG）时码及串行口等多种方式对时功能。

表13-1为时间同步信号接口类型及精度对照表。

表13-1　时间同步信号接口类型及精度对照

接口类型	光纤	RS-422，RS-485	静态无源触点	TTL	AC	RS-232C	FE（RJ-45）
1PPS	1μs	1μs	3μs	1μs	—	—	—
1PPM	1μs	1μs	3μs	1μs	—	—	—
1PPH	1μs	1μs	3μs	1μs	—	—	—
串口时间报文	～10ms	～10ms	—	—	—	～10ms	—
IRIG-B（DC）	1μs	1μs	—	1μs	—	—	—
IRIG-B（AC）	—	—	—	—	20μs	—	—
网络授时（NTP）	—	—	—	—	—	—	～10ms
网络授时（PTP）	—	—	—	—	—	—	1μs

第三节 智能辅助控制系统

一、系统构成

特高压变电站配置1套智能辅助控制系统，实现图像监视及安全警卫功能，以及与照明、采暖通风、环境监测、给排水等系统的智能联动控制。主要设备包括摄像机、云台、网络视频编码器、防盗告警装置（电子围栏，红外对射报警器，微波、红外双鉴报警器）、门禁、视频服务器、视频工作站、灯光控制器、网络设备及监控软件等。

智能辅助控制系统实时接收各终端装置上传的各种模拟量、开关量及视频图像信号，分类存储各类信息并进行分析、计算、判断、统计和其他处理，有效实现各辅助系统子项目功能整合、信息共享、信息远传、简化配置。

智能辅助控制系统以网络通信 DL/T 860 协议为核心，直接接入站内非控制区网络，不设独立的后台系统，通过综合应用服务器实现智能辅助控制系统的数据分类、存储分析、智能联动等功能，并经过正反向隔离装置与综合数据网连接，实现与调度和运检公司的信息交换。

由于受国内消防法规和管理体制的限制，特高压变电站火灾报警系统仍独立配置，采用 DL/T 860 协议接入一体化监控系统综合应用服务器。

二、系统方案

1. 摄像机的配置

摄像机的安装位置应减少和避免图像出现逆光，并且能够清楚地显示出入监控区域人员的面部特征、机动车牌号等。实际工程中可根据实际需要配置具有智能视频分析功能的网络摄像机。摄像机输出接口应为光接口，能够通过光纤线缆与视频服务器连接。

此外，视频监控系统设计采用运动物体检测跟踪拍摄技术，可实现对外部闯入变电站人员的图像自动跟踪拍摄。当报警出现在夜间时，视频监控系统能够控制变电站照明系统点亮照明灯。

（1）户外摄像机的配置。

室外配置（模拟/网络）高速球机、（模拟/网络）云台机，均立杆安装。室外摄像机按以下要求配置：

1）周界围墙：考虑到识别人脸需要，周界摄像机布点距离间隔约为 100m，每个布点布置 1 台球机，用于周界环境监视。

2）大门：大门处布置 1 台枪机，满足大门出入口人员和车辆监视的需要。

3）配电装置区域：GIS/HGIS 配电装置区域采用全景视频监控摄像机，正常情况下对 GIS/HGIS 设备外观和场地环境进行整体监控，当区域内有人进行检修或施工时对场地人员进行监控。

根据站区建筑及设备布局方案配置如下：①在专用检修车间和消防营房屋顶各配置 1 台全景摄像机，用于 1000、500kV 配电装置区全景监控；②在 500kV 构架外按照主变压器单元分别配置 1 台全景摄像机，用于 110kV 配电装置区全景监控，同时兼顾110kV隔离开关触头监视，以及无功补偿设备和站用变压器设备的安防监控。

按照监视范围不重复原则，主变压器和高抗设备区常规视频监控由智能巡检监控摄像机统一考虑，不单独设置，详见本章第五节智能巡视系统。

（2）户内摄像机的配置。

室内配置（模拟/网络）中速球机、（模拟/网络）固定机。室内摄像机按以下要求配置：①在主控楼的计算机室、主控室、通信室、蓄电池室等分别设置1～2台户内摄像机，其中，蓄电池室应选择防爆摄像机；②在每个继电器小室内设置2台摄像机；③在备品备件库、综合水泵房、消防设备间等建筑物内设置1～2台摄像机。

2．围墙及门窗安全防护

（1）围墙安全防护。

为防止外来人员非法侵入，对设备和人身安全产生危害，特高压变电站围墙四周安装高压脉冲电子围栏。

电子围栏每个防区按照50～100m考虑，每个防区配置1台主机，主机通过RS-485接口接入视频编码器，实现视频、报警联动。

电子围栏采用带有电压高于5000V、能量小于5J、持续时间少于0.01s的高压脉冲电的导线，在变电站围墙上方设防。电子围栏的金属线有较强的拉力，能有效地防止鸟类和其他小动物及小树枝等对其干扰而引起的误报警。电子围栏在对人体无直接伤害的前提下，可以起到强大的威慑作用，有效阻退入侵者，防护变电站周界区域，可以更好地进行事前预防。

（2）门窗安全防护。

变电站入口大门安装红外对射报警器，在建筑物门窗处安装报警探测器，如门禁和微波、红外双鉴报警器。对外来人员非法闯入提供防范措施，并进行报警。

表13-2以某特高压变电站为例，给出安防视频监控摄像机布点方案供参考，具体实施方案可根据各站实际规模及布置情况适当调整。

表13-2　特高压变电站安防监控摄像机布点

摄像机类型	安装方式	监视范围	所需数量（台）	小计（台）
大门（1处）				
1号高清枪机	立杆安装	满足大门出入口、人员、车辆监视要求	1	1
周界				
1～13号高清球机	围墙内侧立杆安装，边界、转角处	变电站周界，覆盖全部围墙、路口、转角	13	13
全景				
1～4号全景摄像机	立杆或建筑楼顶，以及设备区构架安装	站内环境、设备区全景	4	4

续表

<table>
<tr><th>摄像机类型</th><th>安装方式</th><th>监视范围</th><th>所需数量（台）</th><th>小计（台）</th></tr>
<tr><td colspan="5">1000kV GIS/HGIS 设备区</td></tr>
<tr><td>全景摄像机</td><td>立杆或建筑楼顶安装</td><td>开关设备附近环境</td><td colspan="2">与建筑物全景摄像机共用</td></tr>
<tr><td colspan="5">500kV GIS/HGIS 设备区</td></tr>
<tr><td>全景摄像机</td><td>立杆或建筑楼顶安装</td><td>开关设备附近环境</td><td colspan="2">与建筑物全景摄像机共用</td></tr>
<tr><td colspan="5">110kV AIS 设备区</td></tr>
<tr><td>全景摄像机</td><td>设备区构架安装</td><td>开关设备附近环境，兼顾隔离开关触头监视</td><td colspan="2">与 500kV 构架全景摄像机共用</td></tr>
<tr><td colspan="5">高压室（共 3 个）</td></tr>
<tr><td>1～3 号高清球机</td><td>室内壁装，面对柜体</td><td>柜体外观</td><td>3/室</td><td>9</td></tr>
<tr><td>4 号高清枪机</td><td>定制支架，安装于墙壁或天花板吊顶</td><td>出入口监测</td><td>1/室</td><td>3</td></tr>
<tr><td colspan="5">低压室（共 1 个）</td></tr>
<tr><td>1、2 号高清球机</td><td>室内壁装，面对柜体</td><td>满足指示灯、开关状态、表计及屏柜外观、出入口、环境、人员等监视要求</td><td>2/室</td><td>2</td></tr>
<tr><td colspan="5">继电器小室（6 个）、站用电室（1 个）</td></tr>
<tr><td>1、2 号高清球机</td><td>吸顶安装</td><td>满足屏柜外观、出入口、环境、人员等监视要求</td><td>2/室</td><td>14</td></tr>
<tr><td colspan="5">通信机房</td></tr>
<tr><td>1、2 号高清球机</td><td>吸顶安装</td><td>满足屏柜外观、出入口、环境、人员等监视要求</td><td>2</td><td>2</td></tr>
<tr><td colspan="5">主控室</td></tr>
<tr><td>1 号高清球机</td><td>吸顶安装</td><td>满足出入口、环境、人员等监视要求</td><td>1</td><td>1</td></tr>
<tr><td colspan="5">计算机室</td></tr>
<tr><td>1、2 号高清球机</td><td>吸顶安装</td><td>满足屏柜外观、出入口、环境、人员等监视要求</td><td>2</td><td>2</td></tr>
<tr><td colspan="5">蓄电池室（6 个：电气 4 个，通信 2 个）</td></tr>
<tr><td>1 号高清防爆半球机</td><td>吸顶安装</td><td>满足设备、出入口、环境、人员等监视要求</td><td>1/室</td><td>6</td></tr>
<tr><td colspan="5">综合水泵房</td></tr>
<tr><td>1、2 号高清球机</td><td>吸顶安装</td><td>满足屏柜外观、出入口、环境、人员及消防等监视要求</td><td>2</td><td>2</td></tr>
<tr><td colspan="5">雨淋阀间（2 个）</td></tr>
<tr><td>1、2 号高清球机</td><td>吸顶安装</td><td>满足观察有无渗漏水、检查消防管网压力及阀门状态等消防监视要求</td><td>2</td><td>4</td></tr>
</table>

续表

摄像机类型	安装方式	监视范围	所需数量（台）	小计（台）
走廊、门厅				
1～9号高清球机	吸顶安装或壁装	满足出入口、环境、人员等监视要求	9	
小计		高清球机	58	
		高清枪机	4	
		高清防爆半球机	6	
		全景摄像机	4	
合计			72	

3. 其他

根据《电力系统治安反恐防范要求　第1部分：电网企业》（GA 1800.1—2021）要求，1000kV及以上特高压变电站为治安反恐防范一级重点目标，为保障特高压变电站安全稳定运行，治安反恐防范设计要求根据GA 1800.1—2021规定的常态一级防范要求执行。

三、功能要求

（一）运行视频图像监视

利用安装在监视目标区域的摄像机及可移动摄像设备实现对一、二次设备和环境等进行监控和录像，并将被监视目标的动态图像传输到主控视频后台系统。

关于摄像机的配置，各设备小室和蓄电池室内结合二次设备运行图像监视和防火图像监视需要，考虑设置固定摄像机或户内轨道遥控行进移动视频系统。鉴于特高压变电站均有运行值班人员，故可按设置固定摄像机考虑。

（二）与站内计算机监控系统的联动

特高压变电站视频监控系统子站和变电站计算机系统站控层设备通过网络或串行通信接口采用专用规约或DL/T 860协议互联通信。

（三）与智能巡视系统的融合

特高压变电站智能巡视系统配置在安全Ⅳ区，智能辅助控制系统配置在安全Ⅱ区，智能巡视系统与智能辅助控制系统的站控层设备分别独立建设配置，与智能辅助控制系统中的视频监控子系统深度融合，该子系统功能在智能巡视系统中按统一实现统筹考虑。

第四节　设备状态监测系统

一、配置方案

特高压变电站在线监测系统采用分层分布式结构，由传感器、状态监测智能电子设备（Intelligent Electronic Device，IED）、后台系统构成。传感器与状态监测 IED 间采用现场总线方式传输模拟量数据；状态监测 IED 与后台系统间采用 DL/T 860 协议通信，通信网络采用 100Mbit/s 及以上高速以太网。根据实际运行需求，在线监测系统还需具备对时功能。

状态监测不设独立的后台系统，通过综合应用服务器集成状态监测信息，状态监测信息通过 DL/T 860 标准数据格式上送综合应用服务器，实现状态监测系统与变电站一体化监控系统的信息交互。

状态监测系统布置于安全Ⅱ区，在安全Ⅱ区中，综合应用服务器既是一个全局状态信息的数据库，也是一个设备状态信号的发布平台，同时还是故障诊断、运行和检修维护的咨询管理平台。采用 DL/T 860 协议与自动化系统后台通信，并可通过 104 规约与主站接口，经安全Ⅱ区数据网关发送。

综合应用服务器与各输变电设备状态监测子系统进行通信，采集的监测信息经过分析和处理后进行可视化展示，并将数据存入数据服务器。

为确保特高压变电站关键设备的安全、可靠运行，综合考虑经济合理、运行维护方便等要求，且特高压设备的在线监测应基于成熟可靠的原则，特高压变电站在线状态监测设备的范围与监测的参量配置如下。

（一）1000kV 变压器及高抗

特高压变电站 1000kV 变压器及高抗配置一套状态综合监测装置，由传感单元、综合监测单元和综合监测后台组成，如图 13－5 所示。综合监测后台应部署在变电站主控室中，具备条件时可集成在站端综合应用主机中。

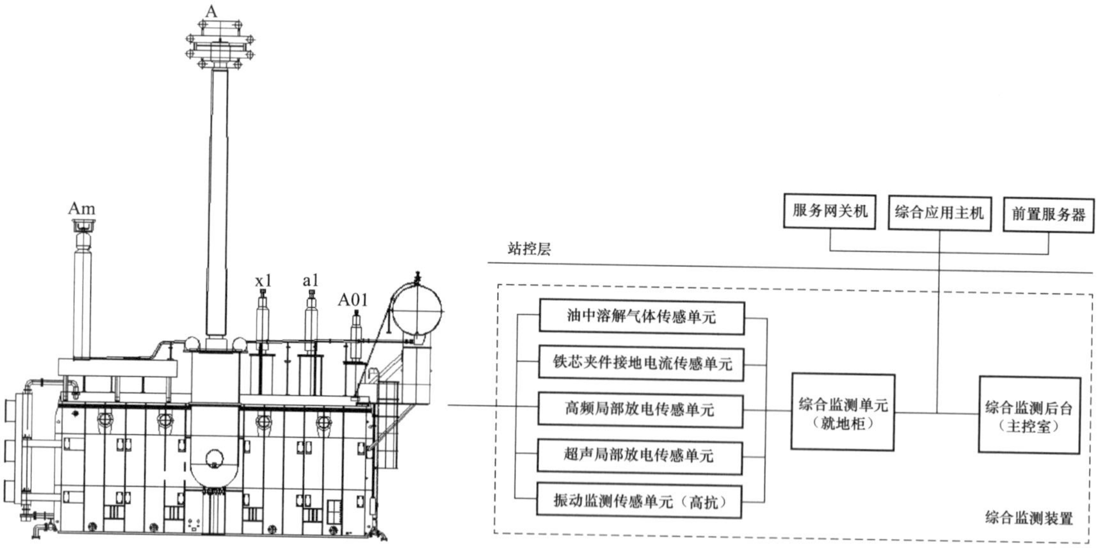

图 13－5　1000kV 变压器及高抗状态综合监测装置组成示意图

状态综合监测装置可对变压器及高抗的油中溶解气体、铁芯和夹件接地电流、超声波局部放电、高频局部放电、振动（高抗）等进行综合监测、分析和预警。

传感单元安装在变压器及高抗表面或附近，由传感器及信号处理模块组成，用以自动采集、处理和发送变压器及高抗状态信息。传感单元可通过现场总线、以太网、无线等通信方式与综合监测单元通信。

综合监测单元由分析模块、电源管理模块、通信模块等组成，汇集传感单元发送的数据，实现数据处理、联合分析、就地判断、阈值设定、实时预警等功能。综合监测单元通过统一通信协议将监测数据、预警信息上传至站控层服务网关机、综合应用主机和前置服务器等，满足设备运行状态集中监测预警需求。

综合监测后台接收站内综合监测单元的监测数据、分析及预警结果，实现状态综合监测装置的管理，具备对状态综合监测装置的参数设置、数据召唤、对时、阈值设定、强制重启等控制功能。

1000kV变压器及高抗的油中溶解气体分析、局部放电、铁芯和夹件接地电流监测相对较成熟，另外几种技术已经有实际应用，但尚需积累更多的经验。

（二）1000kV和500kV GIS设备

1000kV和500kV GIS设备装设SF_6气体状态在线监测装置，1000kV GIS设备还装设局部放电在线监测装置。

GIS的封闭性结构加大了运行维护的难度，其故障隐患更难发现，可能造成的损失会更大，对GIS实行在线监测就显得尤为重要。

1. SF_6气体状态在线监测

监测SF_6气体的温度、压力、密度和含水量。每个断路器气室配置一个SF_6气体监测探测器。

2. 局部放电在线监测

局部放电在线监测较成熟的方法是超高频法（UHF法），采用超高频法的局部放电在线监测，能够辅助运行人员判断GIS运行状态。

每相断路器配置一个内置式局部放电在线监测探测器，局部放电探测器采集的数据用同轴电缆传输，其传输距离最远为20m左右，故每三相配置一个控制单元用于汇集三相监测数据并远传。

（三）金属氧化物避雷器（MOA）

避雷器绝缘在线监测装置应具备对避雷器的全电流、阻性电流、阻容比、运行电压等状态参量进行连续实时或周期性自动监测功能。监测方法主要有总泄漏电流法、阻性电流三次谐波法、基波法和常规补偿法等。

特高压变电站为1000kV避雷器配置泄漏电流及放电次数在线监测。

二、功能要求

（一）安全性能要求

在线监测装置的接入不应改变被监测设备的连接方式，不影响被监测设备的密封性能和绝缘性能，不影响现场设备的安全运行；对于需从被监测设备接地线上获取信号的在线监测装置，应不改变原有的接地性能，接地引下线应可靠接地并满足相应的通流能力；对于带有运动部件的在线监测装置，应不因其故障影响被监测设备的性能。

（二）基本功能要求

特高压变电站在线监测系统应具备的基本功能包括监测功能、记录功能、报警功能、自检测与自恢复功能及通信功能。

1. 监测功能

实现被监测设备状态参量的自动采集、信号调理、模数转换和数据的预处理功能；装置应满足每天至少1次的采样周期，并可按需要采用远程或现场方式更改采样周期。还能实现监测参量就地数字化和缓存，至少可存储一个月的在线监测数据。还应具备定期发送、相应召唤、主动报送等数据传输方式，具备监测数据本地读取功能。

2. 记录功能

装置运行后应能正确记录和存储实时监测数据，装置异常等情况下应能够正确建立事件标识；现场监测装置应能存放至少连续2年以上的监测数据，可本地提取，并能进行数据备份。

保证记录数据的安全性，不应因电源中断、快速或缓慢波动及跌落等原因丢失已记录的动态数据；不应因外部访问而删除动态记录数据；不允许人工删除和修改动态记录数据；按任意一个开关或按键，不应丢失或抹去已记录的信息。

3. 报警功能

具有监测功能故障和通信中断等异常情况的自动报警功能；具备数据超标报警、产气率超标报警、装置功能异常报警等故障报警功能，且设备状态参量报警阈值可设置。

报警信息应能区分各种不同类型的异常情况，包括监测数据、装置自检异常等。报警信息还应实现实时远传，报警策略设置可修改。

4. 自检测与自恢复功能

装置应具有自检测功能，提供装置运行状态自检信息，记录故障日志。装置还应具有自恢复功能，当出现类似异常供电终止等情况后，装置能够自动恢复正常运行，且存储数据不丢失，并能实现自动补发，通过综合处理单元或省级主站的安全接入区实现数据上送至主站系统。

5. 通信功能

采用 DL/T 860 的通信协议，通信接口满足监测数据交换所需要的、标准的、可靠的现场工业控制总线、以太网总线或无线网络的要求。采用统一的数据格式，特殊情况下采用自有数据格式的应公开所用数据格式并负责解释其含义。

第五节 智能巡视系统

随着特高压工程大规模建设，生产人员人力资源紧张和巡检工作量增长之间的矛盾日益突出，传统“人工巡检、手动记录”的巡视作业方式难以适应当前电力系统精益化、集约化的发展要求。因此通过新技术、新手段改变运维模式，提高巡视工作的智能化水平，有利于降低运维成本及运维人员的工作强度，有助于保障电力设备的安全可靠运行。

相较于常规变电站，特高压变电站具有电压等级高、占地面积大、巡视任务点较多、人员作业风险较高等特点，常规视频监控系统主要用于变电站安防，布点不足、清晰度较低，无法实现主变压器和高抗等重点巡视点位全覆盖。设置智能巡视系统有利于提升特高压变电站的运维质量和效率，降低运维人员劳动强度和作业风险。利用视频监控技术、信息集成技术、信息安全技术及智能分析技术建设特高压变电站远程智能巡视系统，实现主变压器、高抗等重点巡视任务点的远程巡视全覆盖及安防消防设施监视，实现 1000kV GIS/HGIS、500kV GIS/HGIS、110kV AIS/HGIS 及其他配电装置巡视任务点的自动巡视与人工巡视相结合。

一、总体架构

智能巡视系统应满足安全可靠、智能巡视、节约高效、因地制宜、灵活可扩的技术原则。

智能巡视系统采用分层、分布、开放式的网络构架，由站层设备和前端设备构成，部署在安全Ⅳ区，满足安全防范的要求。系统架构如图 13－6 所示。

站控层巡视服务器通过综合数据网与主站系统通信，上传实时图像信息、音频信息、智能分析结果和告警信息。智能巡视系统向主站的传输通道带宽为 100Mbit/s，传输协议可采用 SIP、RTSP 或 RTP/RTCP 等标准协议。

智能巡视系统与其他辅控子系统、一键顺控系统通过网络接口交换数据，主辅助设备监控主机、一键顺控主机与巡视主机通过Ⅱ区与Ⅳ区之间正反向隔离装置通信，支持采用 TCP/UDP 协议、E 文件格式，巡视主机接收、返回主辅设备的联动信息，实现巡视系统主辅设备联动功能。

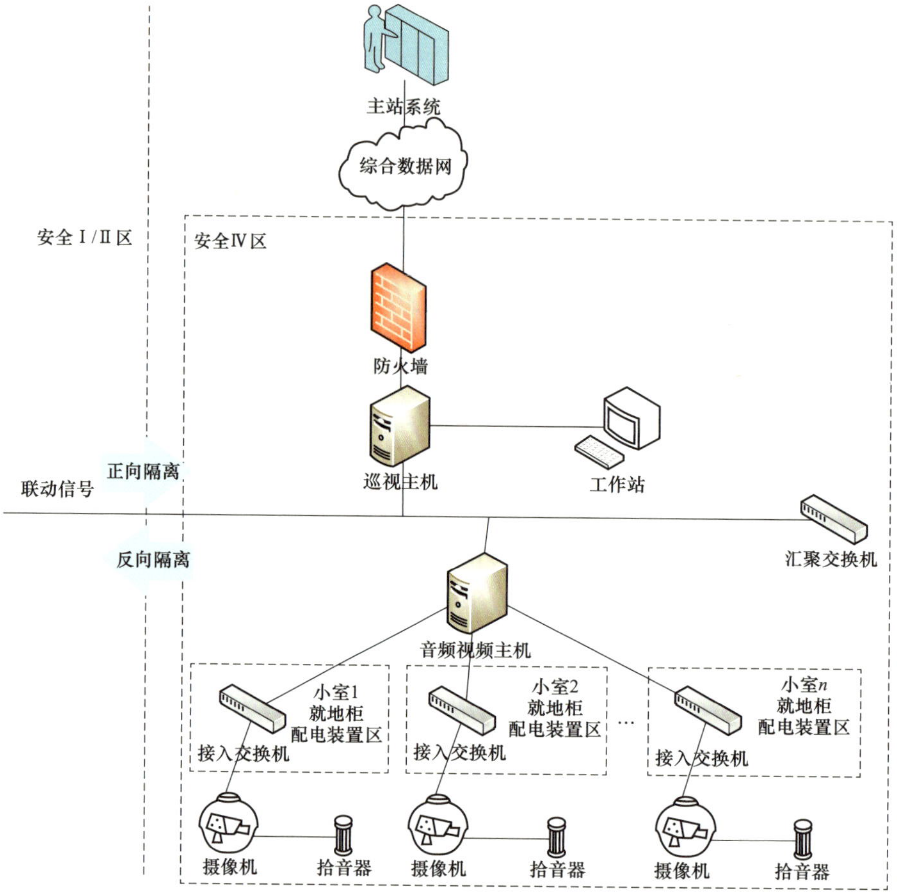

图 13－6　智能巡视系统架构图

二、设备配置要求

（一）站控层设备配置要求

1．站控层设备独立配置

智能巡视系统站控层宜配置 1 套巡视主机、1 套视频主机、1 套声音分析服务器、1 套视频编码/处理设备、1 套存储设备（可与视频编码/处理设备合并）、1 套网络交换机、1 套人机工作站等设备。服务器、存储设备的容量应满足变电站远景规模的要求，在工程规划规模内扩建时，各功能和运行状态不应受扩建影响。

智能巡视系统录像设备的存储容量宜按远期规模配置，周界摄像机及大门摄像机视频图像存储时间不应少于 90 天，远程智能巡视系统其他摄像机视频图像存储时间不应少于 30 天。

2．与其他系统的互联

智能巡视系统应统筹特高压变电站内安防消防视频监视（原辅助控制系统中的视频监视功能）及智能巡视视频监视功能，实现主变压器、高抗等重点巡视任务点的远程巡视全覆盖，并具备各电压等级配电装置巡视任务点的自动巡视与人工巡视相结合的功能，以及变电站安全环境及消防设施的监视功能。

智能巡视系统应支持与辅助控制系统的其他子系统等外部系统互联，应具备巡视机器人接入的接口。

（二）前端设备配置要求

系统前端设备主要包括全景摄像机、高清枪机、高清球机、高清防爆半球机、云台摄像机、红外热成像摄像机、拾音器等。前端设备宜按本期规模配置。

智能巡视系统前端设备配置遵循以下原则：

（1）对于能够实现数据远传的表计（油温表、绕组温度表、油压表等），可不配置摄像机进行图像采集数据，但可考虑远传数据断链情况下的摄像机备用监视。

（2）对于未能实现数据远传的表计（如套管油位表），应配置摄像机进行图像采集数据。

（3）汇控柜及端子箱内不宜配置用于监视内部环境的摄像机。

（4）主变压器（含调压补偿变压器）、高抗应配置红外测温设备，实现套管、引线头、引流线、末屏的自动测温巡视。

（5）主变压器（含调压补偿变压器）、高抗应配置拾音器，监测本体运行声音是否正常。拾音器布置在主变压器和高抗防火墙两侧摄像机下，用以采集主变压器、高抗设备运行声音。

（6）系统应充分利用高清网络视频监控、全景视频监控、智能分析、红外测温等先进音/视频监控技术，满足设备异常、缺陷情况下的智能识别和自动预警需要，满足入侵检测、物体移除检测、绊线检测等需要。

根据监测设备及位置的不同，选择不同类型摄像机，采用立杆、壁装等不同安装方式。智能巡视系统前端设备安装方式应安全可靠，安装位置应满足户外配电装置安全净距的要求，并采取防雷击损坏及抗电磁干扰措施。

（三）系统功能要求

（1）具备自动巡视功能，支持定期全覆盖快速智能巡视、无触发状态下的智能漫游巡视及快速定制分类和分区巡视任务。

（2）具备视频图像实时监控功能、视频监控录像存储功能及录像检索、回放、下载功能。

（3）具备红外热成像图像监控功能和远程控制功能，支持对受控设备的云镜控制、远程设置及重启。

（4）具备语音通信、报警联动功能。

（5）具备电子地图功能，支持电子地图上显示告警状态，点击摄像机可实时播放、录像回放，以及查看摄像机配置及运行信息。

（6）具备图像质量分析、管理功能，图像和声音智能识别功能，支持图像对比分析、智能分析与自动判断。

（7）具备外部接口功能，支持多种互联接口协议。

三、巡视需求

（一）设备缺陷及安全风险智能识别要求

特高压变电站智能巡视能够识别10类设备缺陷、7类安全风险及4类设备运行状态，如表13-3所示。

表13-3　特高压变电站设备状态识别功能需求

<table>
<tr><th>序号</th><th>缺陷类型</th><th>缺陷名称</th><th>缺陷描述</th><th>实现方式</th></tr>
<tr><td>1</td><td rowspan="10">缺陷识别</td><td rowspan="3">表计破损</td><td>表盘模糊</td><td rowspan="10">图像识别</td></tr>
<tr><td>2</td><td>表盘破损</td></tr>
<tr><td>3</td><td>外壳破损</td></tr>
<tr><td>4</td><td>绝缘子破损</td><td>绝缘子破损</td></tr>
<tr><td>5</td><td>渗漏油</td><td>地面油污</td></tr>
<tr><td>6</td><td>呼吸器破损</td><td>呼吸器破损</td></tr>
<tr><td>7</td><td>箱门闭合异常</td><td>箱门闭合异常</td></tr>
<tr><td>8</td><td rowspan="2">异物</td><td>挂空悬浮物</td></tr>
<tr><td>9</td><td>鸟巢</td></tr>
<tr><td>10</td><td>盖板破损或缺失</td><td>盖板破损或缺失</td></tr>
<tr><td>11</td><td rowspan="7">安全风险识别</td><td>未戴安全帽</td><td>未戴安全帽</td><td rowspan="3">图像识别、视频识别</td></tr>
<tr><td>12</td><td>未穿工装</td><td>未穿工装</td></tr>
<tr><td>13</td><td>吸烟</td><td>吸烟</td></tr>
<tr><td>14</td><td>越线/闯入</td><td>越线/闯入</td><td rowspan="4">视频识别</td></tr>
<tr><td>15</td><td>烟火识别</td><td>烟火识别</td></tr>
<tr><td>16</td><td>小动物识别</td><td>小动物识别</td></tr>
<tr><td>17</td><td>积水监测</td><td>积水监测</td></tr>
<tr><td>18</td><td rowspan="4">状态识别</td><td>表计读数</td><td>表计读数</td><td rowspan="4">图像识别</td></tr>
<tr><td>19</td><td>油位状态</td><td>呼吸器油封油位异常</td></tr>
<tr><td>20</td><td>硅胶变色</td><td>硅胶变色</td></tr>
<tr><td>21</td><td>压板状态</td><td>压板状态</td></tr>
</table>

（二）巡视类型设置要求

针对以上状态识别功能要求，特高压变电站智能巡视系统需进行例行巡视、熄灯巡视、特殊巡视、专项巡视、自定义巡视五类自动巡视。

通过例行巡视设备的本体外观、运行声音，及时发现设备外壳破损、表计破损、绝缘子破损、渗漏油、箱门闭合异常等各类缺陷。

通过熄灯巡视结合可见光照片及红外图谱，及时发现各套管有无闪络、放电，引线及接头有无放电、发红迹象。

特殊巡视可应对包括大风、雷暴、雾霾（含毛毛雨、大雾等）、雨后、下雪、气温骤变（含低温天气）、高温、冰雹、覆冰、沙尘暴 10 类恶劣天气，及时发现设备上有无飘落积存杂物、是否存在设备断裂、温度及散热是否异常等情况。

通过专项巡视可及时进行设备红外测温、油温表抄录、位置状态识别抄录等工作。

结合运维工作安排，还可通过自定义巡视灵活制定巡视内容及巡视方案。

四、特高压变电站智能巡视实施方案

2019 年，国网设备部组织国网江苏、安徽电力等 17 家单位运用高清视频和机器人等先进手段开展了智能巡视系统试点建设工作，初步实现了表计免抄录、数据自动分析比对、外观异常自动识别等功能，对提升运维人员巡视质量起到了重要作用。

2021 年，特高压变电站总结以往其他电压等级经验，结合特高压变电站的特点，按照运检要求，统一了特高压变电站智能巡视系统的设计原则和技术要求，并在南昌、长沙特高压变电站中实施。

特高压变电站的智能巡视部位、巡视内容及实现设备配置如表 13-4 所示，供同类工程参考使用。

表 13-4　特高压变电站的智能巡视部位、巡视内容及实现设备配置

序号	巡视部位	巡视需求	巡视内容	实现设备
1	本体及套管	外观检查	本体顶盖有无积雪（冰水）、杂物；冷却器（散热器）是否运行；有无破损、裂纹、渗漏油；各部件是否接地完好	高清摄像机
		表计读取	套管油位表计读取、油位是否正常	高清摄像机
		外观检查+红外测温	套管、绝缘子有无严重电晕、放弧、闪络现象或痕迹，有无破损、裂纹；套管有无渗漏油；引线和接头有无积雪（覆冰）、挂搭杂物、断脱和放弧现象/痕迹；引线摆动情况，接头是否松动；套管、引线头、引流线、末屏是否异常发热	红外双光谱 高清摄像机
		声音检测	本体运行声音是否正常，套管末屏有无异常声音	拾音器
		外观检查	事故油池有无积水	高清摄像机
		外观检查	事故油池排油口是否正常	漏油告警远传，不配置摄像机
2	储油柜	外观检查	储油柜外观有无破损、锈蚀等	高清摄像机
		外观检查	本体呼吸器（吸湿器）油杯内油封及油色是否正常，表面是否洁净，吸湿剂潮解变色部分是否从底部开始，变色部分是否超过总量的 2/3	高清摄像机

续表

序号	巡视部位	巡视需求	巡 视 内 容	实现设备
3	非电量保护装置	表计读取	油温表、绕组温度表、油压表、分接开关等表计示数或位置是否异常，油流继电器、气体继电器是否动作	数据远传，不配置摄像机
		外观检查	气体继电器及压力释放阀防御措施完好，压力释放导油管外观是否正常	高清摄像机
4	汇控柜	外观检查	检查汇控柜内环境及端子是否松动、汇控柜门是否异常打开	数量较多，实用价值不高，不配置摄像机

系统站控层设备宜组柜安装，布置于主控楼计算机室；宜按区域范围就近汇集的原则配置配电箱，安装交换机及电源模块等设备，配电箱也可与区域其他箱（柜）共同组柜。

智能巡视系统应配置1套综合电源系统。综合电源提供两路AC 220V/50Hz交流电源输入接口，当主供电线路停电时，可自动切换到备用供电线路，并保证负荷供电连续性；各区域前端设备电源由综合电源集中辐射式供电。

第六节　二次回路设计及设备布置

一、电流互感器、电压互感器参数选择

（一）电流互感器参数配置

特高压变电站电流互感器二次绕组的数量和准确级应满足继电保护、自动装置、电能计量和测量仪表的要求，且保护用电流互感器的配置还应避免出现主保护死区。两套主保护分别接入电流互感器的不同二次绕组。故障录波器、故障测距装置与保护共用一个二次绕组；关口计量使用独立的二次绕组。

电流互感器二次额定电流应选用1A，二次负荷根据实际负荷需要经过计算后选择，一般为10VA。对中性点有效接地系统，电流互感器按三相配置；对中性点非有效接地系统（110kV），依具体要求可按三相或两相配置。

计量用电流互感器绕组准确级采用0.2S级，测量用的电流互感器准确级采用0.2级，当回路工作电流不大于电流互感器的20%额定一次电流时，电流互感器准确级可采用0.2S级。电流互感器二次绕组所接入负荷，应保证实际二次负荷在25%～100%额定二次负荷范围内。为保证二次电流在合适的范围内，宜采用复式变比或二次绕组带抽头的电流互感器。

1000kV和500kV线路保护及母线保护、主变压器三侧差动保护采用能适应暂态

要求的 TPY 类电流互感器；断路器失灵保护采用 5P 级。

特高压变电站电流互感器二次参数配置见表 13－5。

表 13－5　　电流互感器二次参数配置

电压等级（kV）	1000	500	110
主接线	3/2 接线	3/2 接线	单母线，双分支
二次额定电流（A）	1	1	1
准确级	边： TPY/TPY/0.2S/0.2S/ 5P/TPY/TPY； 中： TPY/TPY/0.2S/0.2S/5P/ 0.2S/0.2S/TPY/TPY	边： TPY/TPY/0.2S/0.2/ 5P/TPY/TPY； 中： TPY/TPY/0.2S/0.2/5P/ 0.2/0.2S/TPY/TPY 分段： 5P/5P/5P/ 0.2/0.2S/5P/5P	主变压器进线断路器： 5P/5P/0.5S/0.2S/TPY/TPY； 站用变压器： 5P/0.5S/5P/5P/5P 电抗器、电容器： 0.5S/5P/5P/5P
二次绕组数量	中间互感器：5＋4 母线互感器：4＋3	中间互感器：5＋4 母线互感器：4＋3 分段互感器：3＋4	主变压器进线：6 站用变压器：5 电抗器、电容器：4

注　测量、计量用电流互感器带中间抽头，电流互感器排序从母线侧开始。

（二）电压互感器参数配置

特高压变电站电压互感器二次绕组的数量、准确等级应满足电能计量、测量、保护和自动装置的要求。

两套主保护的电压回路分别接入电压互感器的不同二次绕组，故障录波器可与保护共用一个二次绕组。对于计费用途的计量装置，宜设置专用的电压互感器二次绕组。技术上无特殊要求时，保护装置中的零序电流方向元件采用自产零序电压，电压互感器可不再配置保护用剩余电压绕组。

电压互感器二次负荷根据实际负荷需要经过计算后选择，一般为 10VA。对 1000kV、500kV 3/2 断路器接线，每回线路装设三相式电压互感器，母线可装设单相式电压互感器，110kV 汇流母线装设三相式电压互感器。

计量用电压互感器的准确级，最低要求选 0.2 级；测量用电压互感器的准确级，最低要求选 0.5 级；保护用电压互感器的准确级为 3P；保护用电压互感器剩余电压绕组的准确级为 3P。电压互感器的二次绕组额定输出，应保证二次负荷在额定输出的 25％～100％，以保证电压互感器的准确度。

测量、计量用电压互感器二次回路允许的电压降应满足不同回路要求；保护用电压互感器二次回路允许的电压降应在互感器负荷最大时不大于额定二次电压的 3％。

特高压变电站电压互感器二次参数配置见表 13－6。

表 13－6　　电压互感器二次参数配置

电压等级（kV）	1000	500	110
主接线	3/2 接线	3/2 接线	单母线
相别类型	母线：单相	母线：单相	主变压器低压侧：三相（双分支，每个分支母线上装设电压互感器）
	进、出线：三相	进、出线：三相	
准确级	母线、进、出线：0.2/0.5（3P）/0.5（3P）/3P	母线、进、出线：0.2/0.5（3P）/0.5（3P）/3P	母线：0.2/0.5（3P）/0.5（3P）/3P
二次绕组数	母线、进、出线：4	母线：3；进、出线：4	4
额定变比	母线、进、出线：$\frac{1000}{\sqrt{3}}/\frac{0.1}{\sqrt{3}}/\frac{0.1}{\sqrt{3}}/\frac{0.1}{\sqrt{3}}/0.1$	母线、进、出线：$\frac{500}{\sqrt{3}}/\frac{0.1}{\sqrt{3}}/\frac{0.1}{\sqrt{3}}/\frac{0.1}{\sqrt{3}}/0.1$	$\frac{110}{\sqrt{3}}/\frac{0.1}{\sqrt{3}}/\frac{0.1}{\sqrt{3}}/\frac{0.1}{\sqrt{3}}/\frac{0.1}{3}$

二、二次设备布置及组屏

（一）一般要求

特高压变电站二次设备的布置应满足下列原则：

（1）二次设备的布置要结合工程远景规模规划，充分考虑分期扩建的便利性，屏柜的布置宜功能明确、紧凑成组，使光缆、电缆最短，敷设时交叉最少，并应合理设置预留和备用屏位。

（2）主控制楼按规划建设容量在一期工程一次建成，控制楼内按照功能分区的原则来设置主控制室、计算机室、交接班室等。

（3）直流电源屏及交流不间断电源屏应该靠近负荷中心布置，且直流电源屏宜布置在蓄电池室相邻的房间内。

（4）主控制楼、就地继电器小室需要考虑适当的电磁屏蔽措施。主控制楼二层及以上主控制室、计算机室等二次设备房间采用抗静电活动地板，主控制楼一层、就地继电器小室采用电缆沟。

（二）就地继电器小室布置

就地继电器小室主要用于布置户外配电装置相关的二次设备，其设置的数量应根据变电站的建设规模、一次设备的型式和布置确定。特高压变电站就地继电器小室的主要设置原则从以下几个方面考虑：

（1）设在一次设备相对集中的位置附近，尽量缩短一次设备与二次设备之间控制电缆的长度。二次设备布置在对应的一次配电装置邻近的就地继电器小室内，各安装单位的屏柜布置应与配电装置的排列次序相对应，应使控制电缆、光缆最短，敷设时交叉最少。

（2）为了运行维护方便，就地继电器小室一般不宜设置太多。小室数量应综合考虑电缆长度、公用设备数量、永临结合、便于扩建及运行维护方便等因素。

(3) 新建本期规模的就地继电器小室，预留远期规模的就地继电器小室。在满足电气安全净距的条件下，就地继电器小室可利用配电装置内的空余位置下放布置，布置位置应尽量避开可能产生强电磁场的设备。

(三) 布置方案

特高压变电站继电器小室、主控制室、计算机室设备布置按远景规划要求设计。

主控制楼内主要设主控制室、计算机室、通信机房、资料室及运行值班和办公室等，用于变电站的自动化监控、运行操作、办公管理，以及安装计算机监控系统的站控层计算机及网络设备等。

1000kV 和 500kV 部分 GIS/HGIS 采用 3/2 接线，配电装置占地面积很大，继电器小室数量按照远景规模，1000kV 和 500kV 分别设置 1～2 个小室，分别布置在对应的一次配电装置区域。

主变压器及 110kV 部分按远景规模设置 1～2 个继电器小室，每个小室按 2 台主变压器及其 110kV 无功设备、公用系统屏柜布置相应屏柜。

直流蓄电池室按照分别设置且靠近负荷中心的原则进行配置，满足供电需求，蓄电池室布置在相应区域的继电器小室旁。

(四) 二次设备组屏方案

1. 站控层

站控层设备包括监控系统、保护及故障信息管理子站、时间同步系统、火灾报警及消防联动系统、智能辅助控制系统等系统的主机、工作站等，布置于特高压变电站主控制楼计算机室及主控制室。

主控制楼主控制室及计算机室二次设备屏柜估算表见表 13－7。

表 13－7　　主控制楼主控制室及计算机室二次设备屏柜估算表

序号	设备名称	数量	单位	备注
一	主控制室			
1	操作员工作站	2	套	
2	工程师工作站	1	套	可选
3	站长工作站	1	套	
4	仿真培训工作站	1	套	可选
5	通用服务器（安全文件网关）	1	套	
6	调度计划工作站	1	套	
7	检修计划工作站	1	套	
8	综合应用工作站	1	套	
9	保护信息子站	1	套	
10	智能辅助控制系统工作站	1	套	

续表

序号	设备名称	数量	单位	备注
11	打印机	2～3	台	
二	计算机室			
1	监控系统主机屏	1	面	双机冗余配置
2	数据服务器屏	1	面	
3	Ⅰ区数据通信网关机/兼图形网关机屏	1	面	双机冗余配置
4	Ⅱ区数据通信网关机屏	1	面	
5	Ⅲ/Ⅳ区数据通信网关机屏	1	面	可选，根据主站需求配置
6	站控层网络设备屏	2	面	A、B网分别组屏
7	公用测控屏	1	面	
8	调度数据网接口屏	2	面	
9	网络分析屏	1	面	
10	保信子站及录波屏	2	面	
11	时钟同步对时系统主机屏	1	面	北斗、GPS双主时钟
12	电能处理器屏	1	面	
13	相量测量系统主机屏	1	面	
14	一体化电源监控屏	1	面	
15	UPS电源屏	2	面	
16	直流电源屏	2	面	
17	智能辅助控制系统屏	1	面	
18	火灾报警及消防联动控制屏	1～2	面	
19	安稳设备屏	2	面	
20	照明动力屏	1	面	
21	主变压器应急排油控制屏	2	面	
22	智能巡视系统屏	2	面	

2. 间隔层

间隔层设备包括各间隔测控及保护屏和公用系统屏柜，如一体化电源系统的直流屏和逆变电源屏、时钟同步对时系统的扩展屏、故障录波屏、故障测距屏、相量采集屏、电能表屏等，均布置在对应的继电器小室。

(1) 保护装置组屏。

双重化的继电保护装置分别组装在各自的保护屏内，单套配置的保护（如断路器保护）按间隔组屏。

对于110kV无功补偿设备，在建和已投运的特高压交流工程中，110kV无功回路普遍采用的是满足投切寿命的敞开式断路器和负荷开关。针对这两种不同的一次设备的方案，对应的二次屏柜组屏也有不同的设计方案。

1）110kV 无功补偿设备采用断路器。当 110kV 无功分支开关采用断路器时，需配置单独的断路器分相操作箱，并按无功设备间隔组屏，每面无功设备保护屏含 1 台无功设备保护装置、1 台断路器分相操作箱，同时由一次厂家提供选相合闸装置组于此屏，预留安装位置。

2）110kV 无功补偿设备采用负荷开关。当 110kV 无功补偿设备采用负荷开关时，每个无功补偿设备间隔配置 1 套保护装置，采用保护装置内的操作回路，无须配置单独的断路器操作箱，也无须配置选相合闸装置，按母线段组屏，每段母线的 3～5 个无功补偿保护装置组 1 面屏。

（2）测控装置组屏。

测控装置按间隔配置，2～3 台装置组 1 面屏；母线测控装置按母线单独配置，公用测控装置按继电器小室配置 1～2 台；交换机按继电器小室分别配置 4～6 台，A/B 网分别组屏。

（3）直流及逆变电源屏。

直流电源屏包括直流充电机屏、直流联络屏、直流馈线屏，每个继电器小室直流电源屏的配置和数量根据全站直流电源方案的配置确定。

每个继电器小室配置 1 面逆变电源屏。

（4）其他二次设备组屏。每个继电器小室配置 1 面时钟同步扩展屏、相量测量装置采集屏、1000kV 故障测距屏；每个继电器小室配置 2～3 面故障录波屏、电能表屏。

以终期 4 组主变压器，1000、500kV 出线各 6 串，500kV 母线分段，主变压器低压侧 110kV 采用 2 分支接线，每分支 3 组无功设备的典型特高压变电站规模为例，1000kV 继电器小室、500kV 继电器小室、主变压器及 110kV 继电器小室各 2 个，设置 2 套直流电源系统，直流电源充电机屏、联络屏布置在 1000、500kV 第一继电器小室，其他小室布置直流分屏的方案。继电器小室二次设备屏柜估算表见表 13－8。

表 13－8　继电器小室二次设备屏柜估算表

序号	设备名称	数量	单位	备注
一	1000kV 第一继电器小室			
1	断路器保护屏	9	面	单套配置，独立组屏
2	线路保护屏	8	面	双重化配置，分别组屏
3	高抗保护屏	8	面	双重化配置，分别组屏，非电量保护单套配置，与第一套保护共同组屏
4	1000kV 母线保护屏	4	面	双重化配置，分别组屏
5	1000kV 故障测距屏	1	面	
6	1000kV 故障录波器屏	2	面	

续表

序号	设 备 名 称	数量	单位	备 注
7	1000kV 断路器测控屏	3	面	每串 3 个断路器测控装置共组 1 面屏
8	1000kV 线路及高抗测控屏	4	面	线路、线路高抗 2 个测控装置共组 1 面屏
9	1000kV 母线及公用测控屏	1	面	公用测控、母线测控共组 1 面屏
10	1000kV MMS 网络交换机屏	2	面	MMS A 网和 B 网分别组屏
11	时钟同步对时扩展屏	1	面	
12	1000kV 电能表屏	2～3	面	
13	相量测量装置屏	1	面	
14	高频开关电源屏	3	面	
15	直流母线联络屏	1	面	
16	直流主馈线屏	2	面	
17	逆变电源屏	1	面	逆变电源双套配置，共同组屏
18	试验电源屏	1	面	
19	照明动力屏	1	面	
20	1000kV GIS 在线监测屏	1	面	
21	安稳系统屏柜	2～4	面	
二	500kV 第一继电器小室			
1	断路器保护屏	9	面	单套配置，独立组屏
2	线路保护屏	8	面	双重化配置，分别组屏
3	500kV 分段短路保护屏	2	面	单套配置，独立组屏
4	500kV 母线保护屏	4	面	双重化配置，分别组屏
5	1000kV 故障录波器屏	2	面	
6	500kV 断路器测控屏	4	面	每串 3 个断路器测控装置共组 1 面屏，2 个分段断路器测控装置共组 1 面屏
7	500kV 线路测控屏	2	面	2 个线路测控装置共组 1 面屏
8	500kV 分段断路器测控屏	1	面	2 个分段断路器测控装置共组 1 面屏
9	500kV 母线及公用测控屏	1	面	公用测控、母线测控共组 1 面屏
10	500kV MMS 网络交换机屏	2	面	MMS A 网和 B 网分别组屏
11	时钟同步对时扩展屏	1	面	
12	500kV 电能表屏	2	面	
13	相量测量装置屏	1	面	
14	高频开关电源屏	3	面	
15	直流母线联络屏	1	面	
16	直流主馈线屏	2	面	
17	逆变电源屏	1	面	逆变电源双套配置，共同组屏
18	试验电源屏	1	面	
19	照明动力屏	1	面	

续表

序号	设备名称	数量	单位	备注
20	安稳系统屏柜	2～4	面	
三	主变压器及 110kV 第一继电器小室			
1	主变压器保护屏	10	面	双重化配置，主体变压器和调压补偿变压器保护分开分别组屏，主体变压器非电量保护单独组屏，调压补偿变压器非电量保护与第一套保护共同组屏
2	无功设备保护屏	6	面	按无功回路采用断路器设备考虑
3	站用变压器保护及备自投屏	3～4	面	
4	110kV 母线保护屏	8	面	双重化配置，分别组屏
5	主变压器故障录波器屏	2	面	按主变压器间隔配置
6	主变压器测控屏	4	面	
7	无功设备测控屏	4	面	按分支组屏
8	站用变压器测控屏	2	面	
9	110kV 母线及公用测控屏	1	面	公用测控、母线测控共组 1 面屏
10	主变压器及 110kV MMS 网络交换机屏	2	面	MMS A 网和 B 网分别组屏
11	时钟同步对时扩展屏	1	面	
12	主变压器及 110kV 电能表屏	3～4	面	
13	相量测量装置屏	1	面	
14	直流分屏	2	面	
15	逆变电源屏	1	面	逆变电源双套配置，共同组屏
16	试验电源屏	1	面	
17	照明动力屏	1	面	
18	安稳系统屏柜	1～2	面	

注 本表仅列出各电压等级第一继电器小室的屏柜名称和数量供参考，第二继电器小室估列原则与此相同，不再重复列出。

三、二次系统的接地、防雷、抗电磁干扰措施

特高压变电站是一个强电磁场。当控制保护设备下放布置在配电装置中的继电器小室内时，其电磁兼容问题就显得尤为突出。这不仅需要监控、保护设备具有较强的抗干扰性能，而且还须采取屏蔽、滤波、限幅、接地等一系列抗干扰措施，以限制阻抗耦合产生的传导类干扰和空间电磁波产生的辐射类干扰，保证设备和系统的安全可靠运行。结合试验示范工程的经验及工程实际情况，特高压变电站采取如下抗干扰及屏蔽措施。

（一）接地

（1）二次控制电缆均采用屏蔽电缆，屏蔽层两端良好接地，计算机电缆外层两端

可靠接地，内层单端接地。

（2）所有敏感电子装置的工作接地不应与安全地或保护地混接。

（3）在主控制室、计算机室、继电器小室、敷设二次电缆的沟道、就地端子箱等处，使用截面积不小于 $100mm^2$ 的裸铜排敷设与变电站主接地网一点连接的等电位接地网。小室之间若存在相互连接的二次电缆，则小室的等电位地网之间应使用截面积不小于 $100mm^2$ 的铜排（缆）可靠连接，连接点应设在小室等电位地网与变电站主接地网连接处。继电器小室等电位地网与主控制室、通信室等的地网之间也应按上述要求进行连接。

（4）在主控制室、计算机室、继电器小室，沿屏布置方向逐排敷设截面积不小于 $100mm^2$ 的铜排（缆），将铜排（缆）的首端、末端分别连接，形成室内的等电位地网。为保证连接可靠，等电位地网与主接地网的连接应使用 4 根及以上截面积不小于 $50mm^2$ 的铜排（缆）。

（5）沿二次电缆的沟道敷设截面积不小于 $100mm^2$ 的裸铜排（缆），构建室外的等电位接地网。开关场的就地端子箱内应设置截面积不小于 $100mm^2$ 的裸铜排，并使用截面积不小于 $100mm^2$ 的铜缆与电缆沟道内的等电位接地网连接。

（6）公用电压互感器的二次回路只允许在控制室内有一点接地，为保证接地可靠，各电压互感器的中性线不得接有可能断开的开关或熔断器等。

（7）公用电流互感器二次绕组二次回路只允许且必须在相关保护屏内一点接地。独立的、与其他电流互感器的二次回路没有电气联系的二次回路应在开关场一点接地。

（8）微机型继电保护装置屏内的交流供电电源的中性线（零线）不应接入等电位接地网。

（9）由一次设备（如变压器、断路器、隔离开关和电流、电压互感器等）直接引出的二次电缆的屏蔽层应使用截面积不小于 $4mm^2$ 多股铜质软导线仅在就地端子箱处一点接地，在一次设备的接线盒（箱）处不接地，二次电缆经金属管从一次设备的接线盒（箱）引至电缆沟，并将金属管的上端与一次设备的底座或金属外壳良好焊接，金属管另一端应在距一次设备 3～5m 处与主接地网焊接。

（二）防雷

（1）在各种装置的交、直流电源输入端设防雷器，如在整流屏交流输入电源端、直流分屏进线端装设防雷器。

（2）监控系统应设有防雷和防止过电压的保护措施。

（3）监控系统跨小室的通信连接（包括网络和串口方式）和远动专用通道应有电气隔离措施。

（三）抗干扰

（1）继电器小室墙体采用金属板网屏蔽，屋面板内衬金属网屏蔽层，地面内夹金属网屏蔽层，继电器小室采用特制钢板门，为采光而设的窗户不应影响墙体屏蔽，并在轴流风机等通风口处设置波导管等。

（2）微机型继电保护装置所有二次回路的电缆均应使用屏蔽电缆。

（3）计算机监控系统的室外联系部分均采用光缆，避免将干扰信号引入计算机室及控制室，提高系统抗干扰能力。

（4）交流电流和交流电压回路、交流和直流电源回路、强电和弱电回路，以及来自开关场电压互感器二次的四根引入线和电压互感器开口三角绕组的两根引入线均应使用各自独立的电缆。

（5）双重化配置的保护装置、母线差动和断路器失灵等重要保护的启动和跳闸回路均应使用各自独立的电缆。

（6）针对来自系统操作、故障、直流接地等异常情况，应采取有效防误动措施，防止保护装置单一元件损坏可能引起的不正确动作。

（7）所有涉及直接跳闸的重要回路应采用动作电压为55%～70%额定直流电源电压的中间继电器，并要求其动作功率不低于5W。

（8）经过配电装置的通信网络连线均采用光纤介质。

（9）合理规划二次电缆的敷设路径。

第十四章　站址选择及总平面布置

站址选择根据系统规划设计的网络结构、负荷分布、城乡规划、土地利用、出线走廊规划、环境保护和拆迁赔偿等方面的要求，结合站址自然条件按最终规模统筹规划，充分考虑出线情况，本远期结合，再通过技术比较和经济效益分析，选择最优方案。总平面布置根据工程规模、工艺要求、交通运输、环境保护，以及防火、安全、施工、检修、扩建等要求，结合场地自然条件，经技术经济比较后确定。

与其他电压等级变电站相比，特高压变电站占地面积大，站址选择影响因素更多，总平面布置更加复杂，在站址选择及总平面布置设计过程中需树立全局观念，因地制宜，合理使用土地，提高土地利用率，节约用地。

本章主要研究内容包括站址选择、站址规划、总平面及竖向布置、站内外道路、站区管沟、场地及边坡。

第一节　站　址　选　择

一、选址基本原则

站址选择需要结合负荷接入、进出线情况，政策上需要配合地区规划、土地性质、拆建情况、环境影响，技术上需要避开不利地质、地形，满足场地处理、交通运输、给排水、施工组织等条件，实现技术经济性最优。

二、选址影响因素

（一）发展规划

1. 系统规划

特高压变电站站址需要根据该区域电力发展规划的需求进行选择，需要考虑未来国家或地区的总体建设来进行规划。

2. 当地规划及土地性质

站址位置原则上需要满足当地的城乡规划、土地利用总体规划、交通规划、水源地规划、自然保护区规划等地方规划要求，且需取得相关协议。

站址位于省界、市界等不同行政区划时，可能存在行政管理、执行标准、运行习惯等方面的差异，因此选择站址时尽量不跨行政区。当站区位于两个地区或交界处附近时，应查清分界线位置，尽量使站区布置在一个地区或村镇的土地范围内。

站址选择需贯彻保护耕地，合理利用土地，站址位置不占用基本农田，尽量少占经济农田、草场及林木，尽量少拆迁房屋、线路及坟墓。必要时，通过优化总平面来减少赔偿费用，降低总体造价。

（二）负荷因素

电力负荷中心为人口、工业集聚的集中消耗电能的地区。变电站站址的选择需要考虑供应需求、负荷分布、站外电源等，变电站站址越接近电力负荷中心，其线路投资费用及电能消耗越小，即经济性越高，电力系统的安全性和有效运作效率越高。因此在选择变电站站址时，应尽量接近负荷中心。变电站选址时应对线路投资费用及电能的消耗进行计算，其结果是选择变电站站址的依据之一。

（三）进、出线需要

变电站选址需要考虑线路进、出线的需要，进、出线越短越便利，线路越安全，维修越方便，投资经费及电能损耗越小，因此，应尽量避免进出线转角、交叉跨越等，节省投资及维修费用。

（四）环境因素

1. 工程地质地貌条件

选择变电站站址时需考虑站址的地质条件，避免在地质断层、地震多发带、洪水多发区等地建设变电站；需注意避开滑坡、泥石流、塌陷区和地震断裂带等地质灾害地段；宜避开溶洞、采空区、明和暗的荷塘、岸边、冲刷区及易发生滚石等潜在或次生地质灾害地段。

2. 水文气象条件

选择变电站站址时需考虑周围环境的水文条件。站址周围应有可靠的施工用水、生产生活用水、消防用水。选址应满足防洪要求，选址过程中应充分考虑历年洪涝灾害影响、地形地貌及地质情况，避开大江大湖的行洪区、蓄滞洪区分洪口及泄洪区最不利地段；避开新建水库等可能引起地下水位上升的地段；避开易变更为河道的危险地段；避开排水不利及地势低洼地段。无法避开上述地段时，受洪涝灾害影响地区应编制洪水影响评价报告进行专题论证，采取必要的加强措施，适当提高设防标准。

选择变电站站址时需考虑周围环境的气象条件。例如，大气污染、盐雾严重等地区，不适合建设变电站；有特殊气候条件时，应采取相关预防措施。

3. 交通运输

选择变电站站址时需考虑交通条件，尽量靠近主要公路，方便大件设备运输及运维要求等。

4. 邻近设施

变电站站址选择应避免对附近敏感设施的影响，如飞机场、电台、军事设施、水库等，并注意避让附近已建的其他企业设施、公路、铁路、输油（气）管线或其他重要基础设施。站址应尽量避开污染源，当完全避开污染源有困难时，应使变电站处在这些污染源主导风向的上风侧，并应对污染源的影响进行评估，采取相应措施。

三、选址基本方法

变电站选址过程中应结合选址影响因素，坚持选址基本原则，按照基本方法确定站址位置。

变电站选址一般分为初选和终选两个阶段。初选阶段一般是变电专业结合系统专业和送电专业的资料，在图上作业选出变电站在所属地市的大致方向，通过卫星图片查看所选区域的地形地貌是否适宜建站。终选阶段为在初选站址后，实地踏勘，结合站址所属地的土地发展规划、国土规划等职能部门的意见来确定站址是否成立。设计需选出两个及以上的站址做技术经济比选，最终确定最优的推荐站址。

第二节　站　区　规　划

变电站站区规划应根据系统规划协调出线规模和出线方向，结合站址附近的道路、河塘、地形及水系情况，确定站址摆放方位和竖向标高。站区规划应遵循的主要原则如下：

（1）站区总体规划应与当地城镇、居住区、工业区、基本农田保护区、林业和草场保护区、自然保护区或旅游风景区规划相协调，站址应避开已有或潜在滑坡、泥石流、大型溶洞、矿产采空区等地质灾害地段，尽量选择地震烈度较低区域建站，应避开抗震不利地段，应避免压覆矿产及文物，与军事、航空和通信设施的距离应满足国家相关标准的要求。

（2）站址落点地区的站外铁路、公路或水路等社会运输通道和设施应能满足大件设备的运输要求。应充分利用就近的生活、文教、卫生、交通、消防、给排水等公用设施。

（3）站址位于城市建设用地或乡镇土地总体规划要求的代征地区域时，应将代征地面积一并纳入站区总体规划，并与规划和国土部门协调好代征地范围。

（4）站区总体规划应结合各级交（直）流电压等级线路走廊方位、外引站用备用电源出线方向、进站道路的引接方向、外引水源及站区排水方向、人员汇集建筑的主要朝向、主要设备和岩土工程条件等因素，按站区最终建设规模，采用远近结合、以近为主、统筹规划的原则进行全站总体规划。

（5）站区总体规划应结合当地气象、环境条件，避免将站址布置于产生粉尘、危险化学品等环境污染源或企业全年主导风向的下风向。

（6）变电站应有可靠的水源，饮用水的水质应符合国家饮用水卫生标准。生活污水应符合国家或地方排放标准。

（7）变电站的进站道路、大件运输路径、水源、给排水设施、防排洪设施、站用外引电源、进出线走廊、终端塔位等站外设施应一并纳入变电工程的总体规划，统筹安排，合理布局。

（8）位于山区、丘陵等特殊地形地貌的变电站，其总体规划应考虑地形、山体稳定、边坡开挖洪水及内涝的影响。在有山洪及内涝影响的地区建站，宜充分利用当地现有的防洪、防涝设施，并应满足 GB 50201—2014《防洪标准》的要求。

（9）位于盐渍土地基上的变电工程，其总体规划应符合 GB/T 50942—2014《盐渍土地区建筑技术规范》的要求，应选择溶陷性、盐胀性和腐蚀性小的场地，宜避开水环境变化大的地段。

（10）位于膨胀土地区的变电站，其总体规划应符合 GB 50112—2013《膨胀土地区建筑技术规范》的要求，应选择地形条件比较简单且土质比较均匀、胀缩性较弱、排水畅通或易于进行排水处理的地段，宜避开地裂、冲沟发育、地下溶沟或溶槽发育、地下水变化剧烈的地段。

（11）位于湿陷性黄土地区的变电站，其总体规划应满足 GB 50025—2018《湿陷性黄土地区建筑标准》的要求，应选择排水畅通或利于组织场地排水的地形条件，避开不良地质环境发育和地下坑穴集中地段、新建水库等可能引起地下水位上升的地段、由于建设可能引起工程地质环境恶化的地段，避免重要建设项目布置在很严重的自重湿陷性黄土场地、厚度大的新近堆积黄土或高压缩性的饱和黄土等地段。

第三节　总平面及竖向布置

一、总体要求

（1）全面贯彻国家有关法律法规和方针政策，保证做到技术先进、生产安全、节约资源、保护环境、布置合理。

（2）总平面及竖向布置设计须贯彻珍惜和合理利用土地，切实保护耕地的基本国策，因地制宜，合理布置，节约集约用地，提高土地利用率。

（3）总平面及竖向布置设计应根据项目的地形、地质条件和工艺特点，选择合适的总平面和竖向布置方案，使特高压变电站的总布置设计满足扩建要求。

（4）总平面及竖向布置设计应进行多方案技术经济比较，使站区外形规整，合理利用地形，减少场地平整的土石方量和现有设施、建（构）筑物拆迁量，降低工程造价，缩短建设周期。

（5）改建和扩建的变电站工程总布置设计需合理利用、改造现有设施，并尽量减少扩建、改建工程施工对生产的影响。

二、总平面布置

1. 一般原则

（1）总平面布置按最终规模进行规划设计，根据系统负荷发展要求，不宜堵死扩建的可能。

（2）总平面布置应满足总体规划要求，根据工程规模、生产流程、交通运输、环境保护，以及防火、安全、节能、施工、安装及检修、扩建等要求，结合场地自然条件，经技术经济比较后择优确定。

（3）总平面布置应节约集约用地，提高土地利用率，以减少站外待征地和站内空置场地面积，并应符合下列规定：

1）功能分区内各项设施的布置应紧凑、合理。

2）站区功能分区及建（构）筑物的外形宜规整。

3）应按建设规模和功能分区合理地确定通道（包括道路、电缆沟、管线等）宽度。

4）在符合生产流程、操作要求和使用功能的前提下，建（构）筑物等设施宜采用集中、联合多层布置。

5）位于高纬度地区的变电工程，征地时宜考虑围墙、站内建筑或设施对站外农作物所需日照光线的投影影响。

（4）总平面布置的预留发展用地应符合下列规定：

1）分期建设的变电站，本、远期工程应统一规划，本期工程应与远期工程合理衔接。

2）远期工程用地宜预留在站区外，当本、远期工程建设施工间隔很短，或远期工程和本期工程在生产工艺、运输要求等方面密切联系不宜分开时，可预留在站区内。预留用地内不应修建永久性建（构）筑物等设施。

（5）当站区地形坡度较大时，站区及建（构）筑物的长轴宜平行等高线布置。

（6）变电站的主控通信楼、户内配电装置楼、大型变电构架等重要建（构）筑物，以及 GIS 设备、主变压器、高抗、电容器等大型设备宜布置在土质均匀、地质条件较好的地段。

（7）变电站征地指标需满足《电力工程项目建设用地指标（火电厂、核电厂、变电站和换流站）》相应规模指标。

2. 建筑物布置

（1）特高压变电站的主控通信楼宜布置在便于运行人员巡视检查、观察户外设备、减少电缆长度、避开噪声影响和方便连接进站大门的地段，主控制楼的控制室宜有较好的朝向、采光和自然通风条件。

（2）继电器室结合工艺要求合理布置，并使电缆敷设路径短和方便巡视。

（3）站区辅助生产建筑物的布置结合工艺要求和使用功能统一规划，宜结合工程条件优先采用联合或多层建筑。

（4）站内设有 GIS 室时，进出 GIS 室道路的转弯半径需满足运输设备车辆和检修车辆通行要求。

（5）结合电气要求设置检修厂房时，需注意靠近主变压器广场布置，结合搬运轨道和搬运空间的需求，并不宜影响其他建筑物进出。

（6）在站区总平面外形规整的前提下，备品备件库应充分利用站区主要建（构）筑物布置后的边缘地带进行布置，进出备品备件库道路的转弯半径必须满足运输备用设备车辆通行要求。

（7）雨淋阀室或消防设备间等宜布置在变压器、电抗器等带油设备的附近。

（8）站内供水建筑物，如生活消防水泵房，宜按工艺流程集中布置于所服务的建筑、设备附近，并注意管道布置的便利性。

（9）变电站内布置消防值勤楼，应在独立区域单独布置，不与生产建筑物交叉，方便消防车进出及消防人员训练。

3. 构筑物布置

（1）各电压等级配电装置应结合地形和所对应的出线方向进行优化组合，避免或减少线路交叉跨越。

（2）变电站各电压等级配电装置相互间的相对位置应使主变压器、无功补偿装置至各配电装置的连接导线、站内道路和电缆敷设顺直短捷。

（3）站内给排水设施宜分开布置，其最小净距应满足 GB 50015—2019《建筑给水排水设计标准》的相关规定。埋地式生活饮用水贮水池周围 10m 以内不得有污水处理装置等污染源；周围 2m 以内不得有污水管和污染物，当达不到此要求时，应采取防污染的措施。

（4）地埋式生活污水处理装置宜就近布置在主控通信楼附近隐蔽的一侧，或布置在站前区边缘地带；事故油池宜布置在变压器、电抗器等带油设备的附近。

（5）站内供水构筑物，如深井泵房、消防水池和雨水泵房等，宜按工艺流程集中布置于所服务的建筑、设备附近。当站区采用强排水时，雨水泵房宜布置在站区场地较低的边缘地带。

4. 建（构）筑物间距

变电站内建（构）筑物间距应综合防火、工艺、运维、安装、交通、给排水管沟的要求进行布置。变电站站内各建（构）筑物及设备的防火间距应符合 GB 50229—2019《火力发电厂与变电站设计防火标准》的规定，见表 14-1。

表 14-1　　变电站内建（构）筑物及设备之间的防火间距（m）

<table>
<tr><th colspan="2" rowspan="2">建（构）筑物、设备名称</th><th colspan="2">丙、丁、戊类
生产建筑
耐火等级</th><th colspan="2">屋外配电装置
每组断路器
油量（t）</th><th rowspan="2">可燃介质
电容器
（棚）</th><th rowspan="2">事故
贮油池</th><th colspan="2">生活建筑
耐火等级</th></tr>
<tr><th>一、二级</th><th>三级</th><th><1</th><th>≥1</th><th>一、二级</th><th>三级</th></tr>
<tr><td rowspan="2">丙、丁、戊类
生产建筑耐火等级</td><td>一、二级</td><td>10</td><td>12</td><td rowspan="2">—</td><td rowspan="2">10</td><td rowspan="2">10</td><td rowspan="2">5</td><td>10</td><td>12</td></tr>
<tr><td>三级</td><td>12</td><td>14</td><td>12</td><td>14</td></tr>
<tr><td rowspan="2">屋外配电装置每组
断路器油量（t）</td><td><1</td><td colspan="2">—</td><td colspan="2" rowspan="2">—</td><td rowspan="2">10</td><td rowspan="2">5</td><td rowspan="2">10</td><td rowspan="2">12</td></tr>
<tr><td>≥1</td><td colspan="2">10</td></tr>
<tr><td rowspan="3">油浸式变压器、
油浸式
电抗器单台设备
油量（t）</td><td>≥5
≤10</td><td colspan="2" rowspan="3">10</td><td colspan="2" rowspan="3">见 GB 50229
—2019
第 11.1.9 条</td><td rowspan="3">10</td><td rowspan="3">5</td><td>15</td><td>20</td></tr>
<tr><td>>10
≤50</td><td>20</td><td>25</td></tr>
<tr><td>>50</td><td>25</td><td>30</td></tr>
<tr><td colspan="2">可燃介质电容器（棚）</td><td colspan="2">10</td><td colspan="2">10</td><td>—</td><td>5</td><td>15</td><td>20</td></tr>
<tr><td colspan="2">事故贮油池</td><td colspan="2">5</td><td colspan="2">5</td><td>5</td><td>—</td><td>10</td><td>12</td></tr>
<tr><td rowspan="2">生活耐火等级</td><td>一、二级</td><td>10</td><td>12</td><td colspan="2">10</td><td>15</td><td>10</td><td>6</td><td>7</td></tr>
<tr><td>三级</td><td>12</td><td>14</td><td colspan="2">12</td><td>20</td><td>12</td><td>7</td><td>8</td></tr>
</table>

三、竖向布置

1. 布置原则及要求

（1）竖向设计一般与总平面布置同时进行，注意站区外排水系统、周围场地标高情况，结合站区防洪、防涝、安装与检修、排水管线敷设及土（石）方工程等要求，满足交通运输条件，综合地形和地质条件进行比较后确定。

（2）竖向设计应符合下列规定：

1）站区及大门处标高应满足防洪、防涝及防潮要求。

2）应满足安装、检修和运输要求。

3）应有利于节约用地。

4）应合理利用自然地形，减少土（石）方、建（构）筑物基础、护坡和挡土墙等工程量。

5）挖填方工程应防止产生滑坡、塌方。山区建站应注意保护植被，避免水土流失、泥石流等自然灾害。

6）应充分利用和保护现有排水系统。当必须改变现有排水系统时，应保证新的排水系统水流通畅。

7）分期建设的工程，在场地标高、道路坡度、排水系统等方面，使近期与远期工程相协调。远期扩建场地设计标高适当降低，预留扩建基槽余土平衡位置。

8）改建、扩建工程应与原有场地竖向相协调。

（3）竖向设计形式应根据场地的地形地貌、地质条件、站区面积、建筑物大小、交通运输、地下管线敷设、施工方法等因素合理确定采用平坡式或阶梯式。

（4）站区竖向布置应合理利用自然地形，尽量避免深挖厚填并确保边坡的稳定。当站区地形高差较大且有明显单一方向的等高线时，站区竖向布置可采用阶梯式布置。台阶的划分应满足工艺功能分区、台阶上下建（构）筑物及管沟布置要求，方便设备运输、运行和检修，并宜减少台阶的数量，其划分应符合下列规定：

1）应与地形及总平面布置相适应。

2）生产联系紧密的建（构）筑物应布置在同一个台阶或相邻台阶上。

3）台阶的长边宜平行于等高线布置。

4）台阶的宽度应满足建（构）筑物、道路、管线等布置要求，以及操作、检修、消防和施工要求等需要。

5）台阶的高度应按生产要求及地形和工程地质、水文地质条件，结合台阶间的运输联系和基础埋深等综合因素确定，并不宜高于4m。

6）相邻台阶之间应采用自然放坡、护坡或挡墙等连接方式，应根据场地条件、地质条件、台阶高度、景观、荷载要求等因素，进行综合技术经济比较后确定。

（5）位于膨胀土、湿陷性黄土地区的变电工程，其竖向设计应符合GB 50112—2013《膨胀土地区建筑技术规范》和GB 50025—2018《湿陷性换土地区建筑规范》的相关要求。膨胀土地区竖向设计宜保持自然地形和植被，并宜避免大挖大填；位于湿陷性黄土地区的山前斜坡地带的变电工程，站区宜尽量沿自然等高线布置，填方厚度不宜过大。

（6）站内外道路连接点标高的确定应便于行车和排水。站区出入口的路面标高宜高于站外路面标高，避免雨水倒灌。否则应有防止雨水流入站内的措施。

（7）场地设计综合坡度应根据自然地形、工艺布置（主要是户外配电装置型式）、土质条件、排水方式和道路纵坡等因素综合确定，宜为0.5%～1%；有可靠排水措施时，可小于0.5%，但应大于0.3%。户外配电装置与母线平行时，场地设计坡度不宜大于1%。特高压变电站场地较大，若场地坡度过大的话，场地内高差较大。

（8）建筑物的室内地坪标高应高出室外场地地面设计标高不小于0.3m（体型较大的建筑物室内外高差宜采用0.45m）。下列建筑物应加大室内外高差采用坡道或台阶连接。

1）建筑物位于排水条件不良地段和有特殊防潮要求、有贵重设备、受淹后损失较大的车间和仓库，高填方、软土、湿陷性黄土及盐渍土地基地段等，可根据需要加大建筑物的室内外高差。

2）有运输要求的建筑物室内地坪标高应与站区道路标高相协调，建筑物室内外可采用坡道连接。

3）在满足生产和运输条件下，建筑物室内外可采用台阶连接。

（9）当场地竖向设计有坡度时，应符合下列规定：

1）宜避免建筑物长轴垂直竖向等高线布置，不能避免时应充分考虑其周围散水、电缆沟场地等标高协调一致，合理确定建筑室内地坪标高。

2）建筑物长轴平行于竖向等高线布置时，宜避免将建筑物布置在道路一侧较低的场地，必要时局部调整此区域的场地标高，否则应采取适当增加室内外高差等措施，避免建筑物产生雨水倒灌。

2. 设计标高的确定

（1）场地设计标高应符合下列规定：

1）应与站区地形、地貌及地质条件相协调；

2）应与所在城镇、相邻企业和居住区等现有和规划设施的标高相适应；

3）使站区土方、挡土墙、护坡及地基处理工程量最省；

4）站区近远期发展相结合。

（2）特高压变电站站址场地设计标高应高于频率为1%（重现期）的洪（潮）水位或历史最高内涝水位；变电设施防洪标准的重现期（年）不少于100年。

（3）站址场地设计标高宜高于或局部高于站外自然地面，以满足站区场地自流排水要求。

3. 场地排水

（1）站内场地排水应根据站区地形、地区降雨量、土质类别、站区竖向及道路布置，合理选择排水方式，宜采用地面自然散流渗排、雨水明沟、暗管排水方式。

1）自然散流渗排方式是指不设置任何排水设施，利用地形坡度、地质和气象的特点等排出雨水。自然散流渗排一般用于以下情况：①降雨量小、蒸发量大；②土壤渗透性强；③局部小面积地段，当雨水排入管沟有困难时。

2）雨水明沟方式，除用一般明沟外，还包括城市型道路路面排水槽、郊区型道路侧沟、建筑物散水沟等排出雨水。雨水明沟方式一般用于以下情况：①阶梯式布置的场地；②场地有适合明沟排水的地面坡度；③站区边缘地带及多尘易堵的地段；④埋设雨水管道不经济的岩石地段；⑤雨水充沛地区的建筑物四周；⑥地下水位较高、地基土为饱和粉细砂、暗管易堵塞的场地。

3）暗管排水方式，除设置地面集水设施（如明沟、带盖板或篦子排水沟槽）外，还设有雨水箅井、雨水下水道和检查井等排出雨水。暗管排水方式一般用于以下情况：①场地平坦不适宜采用明沟排水的场地；②建筑物屋面采用内排水时；③场地运输路线复杂的地段；④卫生和美观要求较高时。

（2）采用部分散流排水时，在排水侧围墙下部应留有足够的排水孔，排水孔宜设防护网，多雨地区在设有排水孔的站外侧尚应有妥善的排水和防冲刷设施。

（3）采用雨水明沟排水时，排水明沟宜平行于建筑物、道路布置，水流路径应短捷，应尽量减少与道路的交叉，当必须交叉时宜为正交，斜交时交叉角不应小于45°。

明沟宜做护面处理。如采用砌石或混凝土材质时，明沟断面及型式应根据水力计算确定。明沟起点深度不应小于 0.2m，且应比计算深度加深 0.2～0.4m。明沟纵坡宜与道路纵坡一致且不宜小于 0.3%，湿陷性黄土地区不应小于 0.5%。当明沟纵坡较大时，应设置跌水或急流槽，其位置不宜设在明沟转弯处。

（4）采用雨水下水道排水系统时，雨水口应位于汇水集中的地段，雨水口型式、数量和布置应按汇水面积范围内的流量、雨水口的泄水能力、道路纵坡、路面种类等因素确定。雨水口间距宜为 20～50m，当道路纵坡大于 2%时，雨水口间距可大于 50m；且在道路交叉口处应增设雨水口。

（5）户外配电装置场地排水应畅通，对被高出地面的电缆沟、郊区型道路巡视小道拦截的雨水，宜采用排水渡槽、增设雨水口并敷设雨水下水道或在迎水面侧设排水明沟排出。

（6）站区雨水宜自流排放，当无条件自流时应设雨水泵房采用强排水。当无明显的排放河流或沟渠时，可设置蒸发池或渗水池。

4. 土石方工程

（1）站区场地平整设计应考虑站区、进站道路、边坡、防排洪等相关设施的竖向设计及土（石）方量的关系，站区土（石）方量宜达到挖、填方总量基本平衡，其内容包括站区场地平整、建（构）筑物基础及地下设施基槽余土、站内外道路、防排洪设施等的土（石）方工程量。当进站道路较长时，应首先考虑自身的土方平衡，尽量避免和减少土方的二次倒运。

当站区土（石）方量受条件限制不能平衡时，应选择合理的弃土或取土场地，明确弃土或取土数量、运输距离和其他弃（取）土要求，并应考虑复耕还田的可能性。相关取弃土情况，应满足环境保护和水土保持要求。

当站区出现土方和石方时，应根据 GB 50021—2001《岩土工程勘察规范》（2009 年版）分别计列出土石比例。

（2）场地平整填方区域可采用强夯法和碾压法施工。强夯处理地基适用于碎石土、砂土、低饱和度的粉土与黏性土、湿陷性黄土、素填土和杂填土等地基。采用强夯法时，强夯区域应在场平图中表示。采用碾压法时，分层厚度及压实遍数应根据所选用的压实设备并通过试验确定，设计要求可参考表 14－2 执行。

表 14－2　　一般填土分层厚度及压实遍数

施工设备	每层铺填厚度（m）	每层压实遍数
平碾（8～12t）	0.20～0.30	6～8（矿渣 10～12）
羊足碾（5～16t）	0.20～0.35	8～16
蛙式夯（200kg）	0.20～0.25	3～4
振动碾（8～15t）	0.60～1.30	6～8

续表

施工设备	每层铺填厚度（m）	每层压实遍数
插入式振动器	0.20～0.50	—
平板式振动器	0.15～0.25	—

（3）填土填料选用场地土，当场地土不能满足要求时，选用砾石、卵石或块石等。填土需满足 JGJ 79—2012《建筑地基处理技术规范》的相关规定。

（4）土方填方应考虑场地地表土压实后的压缩（松散）系数。压缩（松散）系数应通过现场试验或工程经验确定。填土的最优含水量宜采用击实试验确定。场地平整时，填土的含水量宜接近最优含水量。

（5）站区场地平整地表土处理应符合下列要求：

1）站区场地地表土为耕植土或淤泥，有机质含量大于5%时，必须先挖出后再进行回填。该层地表土宜集中堆放，覆盖于站区地表用作绿化或覆土造田，可计入土方工程量。

2）当填方区地表土土质较好、有机质含量小于5%时，应将地表土碾压（夯）密实后再进行回填。

（6）场地平整填料的质量应符合有关规范要求，填方应分层碾压密实，分层厚度宜为250～300mm，压实系数不应小于0.94。当填土作为建筑地基时，应满足建筑地基填土密实度要求，依据结构类型和填土部位，密实度在0.95～0.97之间。

湿陷性黄土（膨胀土）场地，在建筑物周围6m内应平整场地，当为填方时，应分层夯（压）实，压实系数不得小于0.95；当为挖方时，在自重湿陷性黄土场地，表面夯（压）实后宜设置150～300mm厚的灰土面层，压实系数不得小于0.95。

（7）在雨季、冬季进行粉质黏土、粉土压实填土施工时，应采取防雨、防冻措施，防止填料受雨水淋湿或冻结，并应采取措施防止出现“橡皮土”。

（8）当场地含水量过高，场平过程中出现“橡皮土”时，应根据现场实测含水量情况，按下列要求进行处理：

1）对填土进行翻松晾晒。

2）暂停使用含水量较高的填土，取用挖方区的干土。

3）上述方法不可取时，可考虑掺入一定比例的吸水掺和填料，如粉煤灰、炉渣、砂石、碎石、生石灰、水泥等。

（9）场地平整施工前应完成站外截洪沟等疏排水设施的施工，并提前疏干场地上的积水。施工过程中雨季应采取临时排水沟、掺生石灰、铺设路基箱等适宜的施工措施。

5. 永久基准点及变形观测

（1）永久基准点。

1）站区永久基准点是在站区设置的、永久性的、用于记录平面定位坐标及高程的控制点。永久基准点需长期保存，要求土质坚实，不会沉降，相邻基准点之间应保证两两通视良好，便于校核、扩展和寻找。

2）永久基准点可布置于空场地上，也可布置于道路或广场的边缘地带，不易被破坏，位置应视野开阔、便于测图，并应有明显的标记，以免被破坏。

3）全站永久基准点的数量不应少于3个。

（2）建筑变形测量要求及站内基准点设置。

1）建筑变形测量的平面坐标系统和高程系统应与变电站设计采用的系统协调一致，宜采用国家平面坐标系统和高程系统或所在地方使用的平面坐标系统和高程系统，也可以采用独立系统。当采用独立系统时，必须在设计文件中明确说明。

2）变形测量的基准点应设置在变电站围墙外变形区域以外、位置稳定、易于长期保存的地方，并应定期复测。

3）变形测量的工作基点应避开站内主干道、地下管线、松软填土、机器振动，以及其他易使标识、标志遭受腐蚀和破坏的地方，一般布置在站前区空地。

4）变形观测点布设位置及数量应符合JGJ 8—2016《建筑变形测量规范》的相关规定。

（3）建筑场地沉降观测要求。

1）相邻地基沉降观测点可选在建筑纵横轴线或边线的延长线上，也可选在通过建筑重心的轴线延长线上。

2）场地地面沉降观测点应在相邻地基沉降观测点布设线路之外的地面上均匀布设。

3）边坡施工期每一个结构分段（15～30m）设2个观测断面，工程交验后的长期观测断面可1个结构分段设置1个断面；施工测量放线时考虑变形观测用的能永久固定的基准点或基线，用以观测相对测量基点或相对基线的绝对变化值，施工时以基础前沿线为监测相对基线，长期观测可以模块挡墙基础前沿线或帽石前沿线为观测相对基线，每个观测断面上用铅垂线和经纬仪或钢尺测量其相对变形值，并做好记录；边坡工程施工初期，宜每天监测一次，且应根据地质环境复杂程度、周边建（构）筑物、管线对边坡变形敏感程度、气候条件和监测数据调整监测时间和频率；高填方和高边坡可结合工程实际适当延长观测时间。

第四节　站内、外道路

一、总体要求

（1）特高压变电站道路与广场设计应根据大件设备运输、运行、检修和消防等要求，结合站区总平面布置、竖向布置、站外道路状况、自然条件、当地发展规划等因素综合确定。

（2）站内、外道路的平面、纵断面及横断面设计应协调一致，相互平顺衔接。

（3）站内、外道路结构层设计应考虑施工期间车辆通行的建设工序要求，宜采取临时硬化措施。

（4）位于寒冷冰冻、积雪地区的变电工程应采用增大路面摩擦系数或增加路面防滑条等技术措施和手段，改善冬季行车条件。

（5）位于季节性冻土地区的道路和广场结构层设计，应满足季节性冻胀土对结构层设计的要求。

（6）位于软弱土地区的道路和广场设计，应考虑地基沉降对路面和广场的破坏作用，并应采取适当的地基处理和路床加强措施。

（7）位于湿陷性黄土、膨胀土、盐渍土等特殊土地区的道路和广场地基处理应满足 JTG D30—2015《公路路基设计规范》的要求。

（8）采用水泥混凝土路面和广场，路面荷载应按 JTG B01—2014《公路工程技术标准》二级公路的荷载标准取值（以 100kN 双轮组荷载作为设计轴载，极限状态下验算荷载以大件运输车辆作用下最大轴载进行验算），混凝土面板宜采用抗弯抗拉强度标准值不小于 4.5MPa（相当于 C30）的混凝土，所使用的水泥宜采用抗裂性能较好的道路专用硅酸盐水泥。水泥混凝土路面和广场应设置消除温度应力胀缝、缩缝和纵缝，分缝尺寸的长宽比不应大于 1.35。

（9）采用沥青路面的道路和广场，其面层和结构层的设计应参照 JTG D50—2017《公路沥青路面设计规范》的要求设计，路面设计采用双轮组单轴载 100kN 为标准轴载。其路用材料、结构层与组合设计、路基、垫层、面层、基层、底基层宜按二级公路标准采用。

（10）站内道路限界应满足 GBJ 22—1987《厂矿道路设计规范》、GB 4387—2008《工业企业厂内铁路、道路运输安全规程》的要求，道路边线至建（构）筑外缘的距离一般不小于 1.0m，困难情况下不应小于 0.5m；站外道路限界应满足 JTG B01—2014《公路工程技术标准》中三、四级公路的净空限制要求。

二、站内道路

（1）变电站站内道路布置除满足运行、检修、消防及设备安装要求外，还应符合带电设备安全间距的规定。

（2）站内道路应结合场地排水方式选型，可采用城市型或公路型。当采用公路型时，路面宜高于场地设计标高 100～150mm，宜在道路外侧设置路面雨水收集和排水设施。湿陷性黄土、膨胀土、具有溶陷性盐渍土等特殊地质条件地区的站内道路宜采用城市型道路，并在路面内的道牙侧设置路面雨水收集和排水设施。

（3）站内主干道和大件设备运输通道应呈环形布置，满足大件设备运输牵引车辆回转的需要，非大件设备运输通道的道路布置成环形有困难时，应在端头或适当部位设置回车场地。回车场地的尺寸应根据通行车辆的大小选择 12m×12m 或 18m×18m 的场地尺寸。

（4）站内有消防要求的功能区或地段应设置宽度不小于 4m 的消防通道，应布置成环形，消防通道的宽度和净空限界应满足消防车通行的要求。

（5）变电站站内道路宽度确定原则。

1）变电站大门至主控通信楼、主变压器的主干道宽 5.5m，转弯半径为 21.0m（桥式车组运输时，圆弧段扫空半径不小于 42m）。

2）1000kV 高抗运输道路路面宽度为 5.0m，转弯半径为 18.0m（桥式车组运输时，圆弧段扫空半径不小于 42m）。

3）站内主要环形道路应满足消防要求，路面宽度一般为 4m，转弯半径为 9.0m。

4）屋外配电装置内的检修道路和相间道路宽度宜为 3.0m，转弯半径为 7.0m。

5）站内巡视小道路面宽度宜为 1m，接入建筑物的人行道宽度宜为 1.5～2.0m。

根据变电站现场交流耐压试验经验，考虑运行维护和事故抢修，为了提高工作效率，减轻现场试验的工作量，减少现场设备的重复安装，避免耐压设备不稳定，1000kV GIS 出线侧设置相间道路。1000V GIS 出线侧与高抗间道路宽度按 4m 设计，避雷器至出线套管附近设置 3.5m 相间道路。考虑高抗快速搬运的工艺带电距离要求，高抗出线侧道路宽度为 5m。

（6）特高压变电站中常用沥青路面，为减少路基沉降和路面裂缝，一般可在填挖交界结合部铺设双向土工格栅，混凝土面层内掺入抗裂纤维或增配钢筋网片。

（7）站内道路基层宜使用半刚性材料，路基层厚度应根据地基条件、气候条件和道路荷载情况综合计算确定。

三、进站道路

（1）进站道路路径宜顺直短捷，并宜利用已有的道路或路基，减少桥梁、涵洞及人工构筑物工程量，避开不良地质地段、地下采空区，不压矿藏资源。位于工业园、工矿等规划区内的进站道路路径，应与规划区的路网布置协调一致，并尽量利用规划区内路网布置，减少本体工程进站道路的长度。进站道路设计宜做到沿线厂矿企业共同使用，兼顾地方交通运输的要求。

（2）进站道路无法避开沟谷、河流、铁路、高速公路等自然环境和设施时，应在相应的地段设置桥梁或涵洞设施，桥梁或涵洞的选址和设计应满足 JTG D60—2015《公路桥涵设计通用规范》的要求，桥涵设计的汽车荷载采用车道—Ⅰ级荷载，车道均布荷载标准值取 10.5kN/m。集中荷载标准值按照 JTG D60—2015 的规定取值。

（3）进站道路应有良好的防洪、排水措施，并与道路周围的水系相连通；当有自然水系、沟渠穿越道路时，应有相应的疏浚措施，不得破坏原有水系。进站道路两侧根据路面排水、路基外地形排水条件设置排水沟或截洪沟，截洪沟距坡顶的距离不小于 2.5m。

（4）位于平原内涝、洪水、风沙和积雪地区的进站道路，应根据防洪、防涝、防风沙和积雪的要求设置路堤式道路断面，路面高程应不低于自然地面 500mm。

（5）路堤式道路断面高出自然地面 2.0m 的路段，应在路肩外侧设置防止车辆坠落的安全防护设施，此时路堤顶面的宽度根据路面、路肩和防护设施的需要宽度确定。

（6）变电站的进站道路的平面线形应按 JTG D20—2017《公路路线设计规范》四级公路标准设计，路面结构层应按二级公路标准设计，横断面宜采用公路型断面。

（7）进站道路平曲线和竖曲线应满足以下要求：

1）进站道路的平曲线半径一般不小于 65m，困难条件下不小于 30m，方向角不小于 90°转弯处的扫空曲线半径不应小于 45m。

2）进站道路的竖曲线半径一般不宜小于 700m，困难情况下不应小于 100m。

（8）进站道路最大限制纵坡应能满足大件设备运输车辆的爬坡要求，一般不宜大于 8%，位于寒冷冰冻、积雪地区的进站道路纵坡不宜大于 6%，最大坡长不应超过 300m；连续上坡或下坡时，应在限制坡长处设置缓和坡段，缓和坡段纵坡应不大于 3%，坡段长度不小于 60m。

（9）站区大门前的进站道路宜按直段设置，直段长度应根据地形条件和一般载重车辆长度确定，且纵向坡度应不大于 3%。

（10）特高压变电站进站道路路面宽度为 6.0m，路基宽度不小于 7.0m。路面两侧应设置路肩，路肩宽度宜为 0.5m，路肩结构层宜采用总厚度小于路面板厚度的柔性材料或刚性材料。

（11）进站道路的路基设计应按照 JTG D30—2015《公路路基设计规范》的要求，进行路床、路堤式或路堑式路基的边坡防护与支挡、路基排水、特殊岩土路基等相关内容的设计。

（12）进站道路宜采用与站内道路相同的次高级路面。道路路基及结构层设计应根据沿线地质、气候条件、道路荷载等级等条件确定，道路结构层设计应同时满足路面成品保护和施工现场建设工序的要求。

四、广场

（1）主变压器和高抗等重型设备的安装就位侧，应设置便于安装和检修的刚性硬化场地，硬化场地的面层和基层设计承载能力应满足设备质量要求，并应按要求设置消除温度应力的纵缝、缩缝和胀缝，分缝时应注意与搬运轨道区域相衔接。

（2）广场采用混凝土面层时，应设置纵向和横向分格缝，分格缝间距不宜大于 3m；浇筑混凝土面层时，应按照每条板宽不大于 4.5m 间隔浇筑方式设置，并按照道路胀缝、纵缝、缩缝的设置原则，合理进行分缝设计，并应按分缝尺寸和间距要求，考虑缝的美观性和对称性。

（3）人员集中的主控通信楼前应设置小型广场，方便临时停车和人员活动，广场结构层可与站内道路结构层同等设置，北方寒冷区域广场面层需考虑防滑措施。

第五节 站 区 管 沟

一、总体要求

（1）地下管线（沟道）布置应与站区总平面布置、竖向设计和场地处理（包括局部绿化布置）相结合，统一规划。管线（沟道）之间、管线（沟道）与建（构）筑物之间、管线（沟道）与道路之间在平面与竖向上应相互协调、紧凑合理、整洁有序。同时符合下列要求：

1）满足工艺要求，路径短捷，便于施工和检修。

2）在满足工艺和使用要求的前提下应尽量浅埋，并宜与站区竖向坡度和坡向一致，避免倒坡。

3）地下管线（沟道）发生故障时，不应损害建（构）筑物基础，污水不应污染饮用水或渗入其他沟道内。

4）沟道应有排水及防小动物的措施。

（2）地下管线（沟道）宜沿道路及建（构）筑物平行布置，宜布置在道路行车部分以外。主要管线（沟道）应布置在支沟较少的道路一侧，或将管线（沟道）分类布置在道路两侧。管线综合布置宜按下列顺序，自建筑物向道路方向排列：

1）生产及生活给水管道；

2）生活污水管道；

3）消防水管道；

4）雨水排水管道。

（3）地下管线（沟道）布置应减少自身及与道路的交叉，交叉时宜垂直相交。在困难条件下，其交叉角不宜小于45°。

（4）地下管线布置有直埋、沟内敷设两种形式，应根据工艺要求、地质条件、管材特性、地下建（构）筑物布置等因素确定。

（5）在满足安全运行和便于检修的条件下，可将同类管线或不同用途但无相互影响的管线采用共沟布置。

（6）严寒和寒冷地区必须将给水管线埋置在最大冻深以下，必要时采取保温措施，避免冻结。

（7）通过挡墙的管线（沟道）布置应满足工艺要求，处理方式应与挡土墙协调。

（8）分期建设的工程，管线（沟道）布置应全面规划、近期集中、远近结合。近期管线（沟道）穿越远期用地时，不得影响远期用地的使用。

（9）扩建、改建工程应充分利用原有地下管线（沟道），新增地下管线（沟道）不应影响原有地下管线（沟道）的使用。

二、地下管线

（1）类别相同和埋深相近的地下管线（管沟）应集中平行布置，但不应平行重叠敷设。

（2）在避免管道内液体冻结的前提下，管线应减少埋深。

（3）地下管线（管沟）不应布置在建（构）筑物基础压力影响范围内，同时应避免管线（管沟）在施工和检修开挖时影响已有建（构）筑物基础。图 14－1 为建（构）筑物基础至地下管线距离示意图。

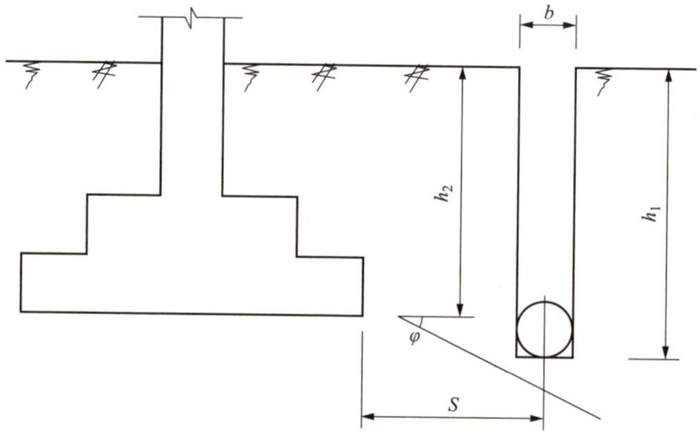

图 14－1　建（构）筑物基础至地下管线距离示意图

S—建（构）筑物基础外缘距管道中心距离；h_1—管道敷设深度；

h_2—建（构）筑物基础埋置深度；b—管线直径；φ—土壤内摩擦角

（4）地下管线（管沟）不宜平行敷设在道路下，在确有困难必须敷设时，可将检修少或检修时对路面损坏小的管线敷设在路面下，并应符合国家标准的有关规定。

（5）地下管线综合布置时，应符合下列规定：

1）压力管应让自流管。

2）管径小的应让管径大的。

3）易弯曲的应让不易弯曲的。

4）临时性的应让永久性的。

5）工程量小的应让工程量大的。

6）新建的应让现有的。

7）施工、检修方便的应让施工检修不方便的。

（6）地下管线交叉布置或共沟敷设时，应符合下列规定：

1）给水管道应在排水管道上面。

2）有腐蚀性介质的管道及碱性、酸性介质的排水管道应在其他管道下面。

3）电力电缆与油管道交叉时，电力电缆应在油管道下面、其他管道上面；油管道不应与电力电缆共沟敷设。

4）可燃气体和液体、毒性气体和液体，以及腐蚀性介质管道，不应共沟敷设，并严禁与消防水管共沟敷设。

5）凡有可能产生相互有害影响的管线，不应共沟敷设。

（7）各种废水及污水管道应沿道路两侧布置，并与上水管道分开布置，否则二者之间应留有必要的安全防护距离。

（8）地下管线（管沟）穿越道路时，管顶或沟盖板顶覆土厚度应根据其上面荷载大小及分布、管材强度和土壤冻结深度等条件确定。管顶至道路路面结构层底的垂直净距不应小于0.5m，当不能满足时，应加防护套管或设管沟，其两端应伸出路边不小于1m。

（9）位于湿陷性黄土、膨胀土及具有溶陷性的盐渍土地区的地下给排水管道应采取防渗措施，管道距建（构）筑物外墙基础外缘的净距不应小于3m。

（10）站内主要地下管线与建（构）筑物之间的最小水平间距宜符合表14－3的规定，并应满足管线和相邻设施的安全生产、施工和检修的要求。其中，位于湿陷性黄土地区、膨胀土地区和具有溶陷性的盐渍土地区的管线，尚应符合国家有关设计标准的规定。

表14－3　　地下管线与建（构）筑物的最小水平间距（m）

管线名称	建筑物基础外缘	构支架基础外缘	围墙基础外缘	道路边缘	排水沟外缘	照明杆柱（中心）
压力水管	1.0、2.5	0.8、1.0	1.0	0.8、1.0	0.8、1.0	0.5、1.0
自流水管	1.5、2.5	0.8、1.2	1.0	0.8、1.0	0.8、1.0	0.8、1.2
排油管	3.0	1.5	1.0	1.5	1.0	1.0

注 1. 表中所列的间距均自管壁或防护设施的外缘算起；城市型道路自路面边缘算起，公路型道路自路肩边缘算起。
2. 表中所列的埋地管道与建（构）筑基础外缘的间距，均指埋地管道与建（构）筑的基础埋深在同一标高或其以上的情况；当管线埋深大于邻近建（构）筑物的基础埋深时，应根据土壤性质计算确定，但不得小于表中所列数值。
3. 同一栏内列有两个数值的，当压力水管直径大于200m、自流水管径大于60m时用大值，反之用小值。

（11）站内主要地下管线之间的最小水平间距宜符合表14－4的规定。

表14－4　　地下管线之间最小水平间距（m）

管线名称	压力水管	自流水管	电缆沟	电力电缆	通信电缆	排油管
压力水管	—	0.7、1.2	0.8、1.2	0.6、1.0	0.5、1.0	0.5
自流水管	0.7、1.2	—	1.0、1.2	0.6、1.0	0.8、1.0	1.2

续表

管线名称	压力水管	自流水管	电缆沟	电力电缆	通信电缆	排油管
电缆沟	0.5	1.0、1.2	—	0.5	0.5	1.0
电力电缆	0.6、1.0	0.6、1.0	0.5	—	0.5	1.0
通信电缆	0.5、1.0	0.8、1.0	0.5	0.5	—	1.0
排油管	0.5	1.2	1.0	1.0	1.0	—

注 1. 表中所列的净距均自管壁、沟壁成防护设施的外缘或最外一根电缆算起。
2. 同一栏内列有两个数值的，当压力水管直径大于200mm、自流水管直径大于600mm时用大值，反之用小值。
3. 表中所列数值系按给水管在污水管上方制定的。生活饮用水给水管与生产、生活污水排水管间的水平净距，应按表中数据增加50%。
4. 110kV及220kV电力电缆，应按表中数据增加50%。
5. 表中“—”表示间距未做规定，可根据具体情况确定。

（12）站内主要地下管线之间的最小垂直净距可参照GB 50187—2012《工业企业总平面设计规范》的有关规定执行。

三、电缆沟（隧）道

（1）电缆沟（隧）道布置应符合下列要求：

1）电缆沟（不包括盖板）宜高出场地设计标高不小于100mm。

2）室内外电缆沟（隧）道可采用砌体、素混凝土或钢筋混凝土结构，但在地质条件较差、地基土不均匀地段，以及严寒和寒冷地区、湿陷性黄土地区、膨胀土地区、盐渍土地区或地下水、地基土对结构有腐蚀作用的地区，不宜采用砌体沟道。位于湿陷性黄土、盐渍土或软弱地基等特殊地质条件的地下沟（隧）道，其基础应采取相应的加固处理措施。电缆沟过道路并有车辆通行要求或沟深大于1.2m时，宜采用钢筋混凝土电缆沟。

3）电缆沟（隧）道的截面根据工艺要求设置，沟壁最小厚度一般不小于120mm；穿越道路的电缆沟（隧）道应满足工艺最小净空要求，并保证电缆沟（隧）道敷设电缆的净空要求和沟底排水要求。

4）电缆沟（隧）道底部应设置纵、横向排水坡度，其纵向排水坡度不宜小于0.5%，有困难时不应小于0.3%，横向排水坡度一般为1.5%～2%，并在沟道内有利排水的地点及最低点设集水坑和排水引出管。排水点间距不宜大于50m，集水坑坑底标高应高于下水井的排水口标高200～300mm。

5）防止各类水倒灌入电缆沟（隧）道内，应设有排除内部积水的技术措施。电缆沟（隧）道底部宜采用自流排水至就近引接集水井。当集水坑底面标高低于下水道管面标高或周围无可接入的雨水管网时，可设置独立集水井采用机械排水。

6）通行和半通行隧道的顶部设检修孔时，孔壁应高出设计地面0.15m，并加设盖板。两人孔最大间距一般不宜超过 75m，且在隧道变截面处，不通行时间距还应减小，一般至安装孔最大距离为 20～30m。

7）位于回填土地段的地下沟（隧）道，应采取措施防止沟（隧）道产生不均匀下沉。

（2）在寒冷和严寒地区，地下水位较低，可在电缆沟下增设沙石类抗冻胀变形层。

（3）地下沟（隧）道的结构形式和防水设计。地下沟（隧）道的结构形式和材料的选择应根据工艺布置要求、地下水位、工程地质和气象条件等因素综合考虑确定，并符合下列规定：

1）室内外沟（隧）道可采用砌体、素混凝土或钢筋混凝土结构。但在地质条件较差、地基土不均匀地段，以及严寒和寒冷地区、湿陷性黄土地区、膨胀土地区、盐渍土地区或地下水、地基土对结构有腐蚀作用的地区，不宜采用砌体沟道。

2）砌体沟壁顶部宜设置混凝土压顶，压顶高度不宜小于 150mm，砌体侧壁预埋件处需设置混凝土块。

3）年降雨量较少、地下水位较低而地基土渗透性较好又无不良地质情况的场地，其室外电缆沟可采用无底自渗电缆沟。

4）电缆沟（隧）道的防水设计，可按以下三类地下水位的不同标高采取不同措施。

a. 第一类，最高地下水位标高低于沟（隧）道底面标高；

b. 第二类，最高地下水位标高低于沟（隧）道底面标高，但沟（隧）道对防潮要求高；

c. 第三类，最高地下水位标高高于沟（隧）道底面标高。

对于第一类可采用砖砌或钢筋混凝土结构；对于第二、三类宜采用混凝土或钢筋混凝土结构。

地下沟（隧）道的防水设计：对于第一类可按一般防潮处理，如采用防水砂浆内部抹面；对于第二类应在底板及沟壁外侧涂两层沥青或其他防水涂料，内部抹防水砂浆；对于第三类一般采用防水混凝土。

（4）根据工艺要求或施工条件，电缆沟（隧道）过道路可采用下列不同的方法：

1）暗沟（隧道）。电缆隧道施工完成后即可进行道路路面施工，然后在隧道内焊接电缆支架，电缆敷设为穿越方式。

2）带盖板明沟。电缆沟为槽型结构，上口开启并设置企口，再在沟内焊接电缆支架，沟顶按跨道路荷载设置沟盖板，沟盖板就位后再对道路路面施工，电缆敷设可选择明敷和穿越两种方式。

3）电缆埋管。在道路下将集中的电缆埋管与包裹混凝土同时浇筑，完成后即可进行道路路面施工，电缆敷设为穿越方式。

(5) 电缆沟（隧）道通过站区围墙或与建（构）筑物的交接处，应设防火隔断（防火隔墙或防火门），其耐火极限不应低于3h。穿越隔墙的电缆空隙应采用非燃烧材料密封。

(6) 设置电缆沟（隧）道沉降缝的位置：

1）电缆沟（隧）道刚度较小，且荷载突变的交界处（如汽车通行地段）。

2）电缆沟（隧）道下地基压缩性差异较大的土交界处。

3）电缆沟（隧）道与建筑物相接处。

(7) 电缆沟（隧）道应根据结构类型、工程地质和气温条件设置伸缩缝，缝内应有防水、止水措施，并宜在地质条件变化处设置。各类沟（隧）道伸缩间距可按表14－5采用。

表14－5　混凝土沟道、钢筋混凝土沟（隧）道及砖沟道伸缩缝间距

沟（隧）道温度条件			混凝土沟道		钢筋混凝土沟（隧）道	砖砌沟道
			现浇沟道（配构造筋）	现浇沟道（无构造筋）	整体沟道	≥MU10砖 ≥M5砂浆
不冻土层内			25	20	30	50
冻土层内	年最高最低平均气温差（℃）	≤35	20	15	20	40
		>35	15	10	15	30

(8) 电缆沟宜采用钢筋混凝土结构。穿越道路的地下沟道和盖板宜按公路-Ⅱ级汽车荷载设计。

(9) 当土壤或地下水对沟道结构有腐蚀性时，沟壁应采用防腐措施；寒冷地区电缆沟外侧应采取保温措施。

(10) 电缆沟盖板应符合下列规定：

1）电缆沟可采用成品沟盖板、包角钢钢丝网盖板、钢筋混凝土盖板、钢盖板、铝合金盖板或其他成熟材料的盖板。

2）预制钢筋混凝土盖板宜采用上下双面钢丝网配筋，当采用单面配筋时应有正反面的明显标识。

3）电缆沟盖板在沟壁支承处可以采用嵌入式或搭盖式。当采用嵌入式时，宜在沟壁企口处预埋角钢以保证盖板搁置平整和沟壁企口完整，搁置长度不宜小于80mm；当采用搭盖式时，盖板每边宜伸出电缆沟外壁30～50mm，并采取防止盖板晃动的措施。

4）钢盖板及混凝土盖板的外露铁件等均应做防腐处理。

5）主变压器及高抗附近一定距离范围内的电缆沟盖板应采取防油渗入措施。

6）嵌入式盖板一般应设有吊钩，且不妨碍人或车辆的通行，设置电缆沟过水槽时，不应影响使用净空。

（11）电缆沟电缆支架固定方式通常有两种：①即沟壁预埋扁钢（兼接地）焊接电缆支架；②采用膨胀螺栓固定电缆支架，支架上敷设接地扁钢。

第六节 场地及边坡

一、总体要求

（1）为改善和美化站内运行环境，提高环境质量，为运行人员创造良好的生产条件和整洁美观的工作环境，应对站区内裸露场地加以适当的覆盖保护。

（2）站区内裸露场地覆盖保护方式，在站区主入口、站前区宜适当绿化；在户外配电装置场地应根据站区地理位置、土质特点等采取适宜的覆盖保护措施。

（3）为防止水土流失，加强水土保持，确保特高压变电站安全运行，对于填挖高度较大部位及边坡采取支挡、加固与防护措施。常用的支护结构形式有重力式挡墙、扶壁式挡墙、悬臂式支护、板肋式或格构式锚杆挡墙、排桩式锚杆挡墙、锚喷支护等。

（4）站区内场地覆盖方式和站区边坡支护措施应贯彻国家节地、节水、节能政策，建设资源节约、环境友好的特高压变电工程。

二、配电装置场地

（1）地表碎（卵）石覆盖。户外配电装置区裸露场地，可采用碎（卵）石等粒状材料进行覆盖处理，覆盖层厚度宜为100～200mm，并在场地内均匀摊铺。碎（卵）石材料来源广泛，主要缺点是碎（卵）石间缝隙容易被风沙填充，防风沙效果不理想，且清理维护成本大。

（2）简单绿化处理。户外配电装置区绿化可有效地抑制地面扬尘，减少污染，改善小气候，是最为环保的覆盖方案。碎（卵）石匮乏且雨水充沛地区，裸露场地可采用简单绿化方式进行覆盖保护。

（3）预制混凝土地砖硬化封闭。预制混凝土地砖硬化封闭的主要优点是方便运行，避免了地面裂缝影响美观，修复方便，能有效抑制扬尘，易于清扫，满足站区场地排水要求等；缺点是工程造价较高。

（4）绝缘场地。未采用碎（卵）石覆盖保护的户外配电装置场地，应根据工艺要求在需要巡视、操作和检修的设备周围设置巡视小道和操作地坪，其铺砌材料和范围由工艺专业确定。

1）站内巡视小道、操作地坪应根据运行巡视和操作绝缘的要求，设置适宜的结构层，位于季节性冻土地区的结构层中采取防冻胀的措施。

2）巡视小道应结合站内电缆沟进行布置，并使巡视小道与电缆沟、站内道路相互连通。

3）巡视小道路面宽度宜为0.6～1.0m，两侧应设置与路面平齐的立道牙。易结冰地区的巡视小道宜设置防滑措施。

4）巡视小道、操作地坪铺砌材料的选择在满足工艺要求的前提下，应符合经济实用、就地取材的原则。操作地坪的结构层和绝缘层材料应根据电气专业要求进行设计。

三、站前区及其他场地

（1）绿化场地。

1）利用建筑物周围、道路两侧及其他空闲场地进行适当绿化。其中站区主入口、站前区建筑物周围宜配置观赏性和美化效果好的常绿树种、花草，以美化站区环境，进出线下的绿化应满足带电安全距离要求。

2）场地绿化应根据地区特点、土质、自然条件及植物的生态习性选择适宜的草种、树种或其他植物种类，并与周围环境相协调，绿化面积应满足环境保护和水土保持要求。

3）湿陷性黄土、膨胀土及具有溶陷性的盐渍土场地局部绿化时，绿化区域500～800mm的深度范围内应采用熟土，其下应设置土工布、黏性土或灰土隔水层，防止绿化浇水引发地面不均匀沉降。

4）扩建、改建工程应对原绿化场地进行保护，尽量保留原有的绿地、灌木，因施工需要损毁的原有绿化场地应考虑施工结束后的恢复措施和费用。

（2）硬化场地。

场地硬化时，对降雪及易结冰区域需考虑使用防滑地砖，对降雨较多地区可采用透水砖或者混凝土硬化地面。

四、边坡与挡土墙

边坡及支护结构的正常使用年限应不低于受其保护的相邻建（构）筑物的正常使用年限。边坡支护结构形式可根据场地地质和环境条件、边坡侧压力的大小和特点、边坡高度、对边坡变形的控制要求及边坡工程安全等级等因素确定，具体可按表14－6选定。

表14－6　边坡支护结构常用形式

支护结构	边坡环境条件	边坡高度 H（m）	边坡工程安全等级	备注
重力式挡墙	场地允许，坡顶无重要建（构）筑物	土质边坡，$H\leqslant10$ 岩质边坡，$H\leqslant12$	一、二、三级	土方开挖后边坡稳定较差时不应采用
悬臂式支护 扶壁式挡墙	填方区	悬臂式支护，$H\leqslant6$ 扶壁式挡墙，$H\leqslant10$	一、二、三级	适用于土质边坡

续表

支护结构	边坡环境条件	边坡高度 H（m）	边坡工程安全等级	备　注
桩板式挡墙		悬臂式，$H \leqslant 15$ 锚拉式，$H \leqslant 25$	一、二、三级	桩嵌固段土质较差时不宜采用，当对挡墙变形要求较高时宜采用锚拉式桩板挡墙
板肋式或格构式锚杆挡墙		土质边坡，$H \leqslant 15$ 岩质边坡，$H \leqslant 30$	一、二、三级	坡高较大或稳定性较差时宜采用逆作法施工，对挡墙变形有较高要求的边坡宜采用预应力锚杆
排桩式锚杆挡墙	坡顶建（构）筑物需要保护，场地狭窄	土质边坡，$H \leqslant 15$ 岩质边坡，$H \leqslant 30$	一、二级	适用于较软弱的土质边坡、有外倾软弱结构面的岩质边坡、垂直逆作法开挖施工尚不能保证稳定的边坡
岩石锚喷		Ⅰ类岩质边坡，$H \leqslant 30$	一、二、三级	适用于岩质边坡
		Ⅱ类岩质边坡，$H \leqslant 30$	二、三级	
		Ⅲ类岩质边坡，$H < 15$	二、三级	

1. 边坡

（1）山区工程建设时宜根据地质、地形条件及工程要求，因地制宜设置边坡，避免形成深挖厚填的边坡工程。对稳定性较差且坡高较大的边坡工程宜采用后仰放坡或分阶放坡方式进行治理。

（2）边坡工程的平面布置、竖向及立面设计应考虑对周边环境的影响，做到美化环境，体现生态保护要求，并符合 GB 50330—2013《建筑边坡工程技术规范》坡面防护与绿化的相关要求。

（3）边坡距建（构）筑物的距离应符合下列规定：

1）边坡坡脚至建（构）筑物的距离尚应满足采光、通风、排水及开挖基槽对边坡或挡土墙的稳定性要求，且不应小于 2m。

2）位于稳定土坡坡顶上的建（构）筑物，对于条形基础或矩形基础，当垂直于坡顶边缘线的基础底面边长不大于 3m 时，其基础底面外边缘线至坡顶的水平距离应符合 DL/T 5056—2007《变电站总布置设计技术规程》的要求，且不得小于 2.5m。

3）当基础底面外边缘线至坡顶的水平距离不满足 DL/T 5056—2007《变电站总布置设计技术规程》的要求时，可根据基底平均压力按 GB 50007—2011《建筑地基基础设计规范》的有关规定确定基础距坡顶边缘的距离和基础埋深。

4）当边坡坡角大于 45°、坡高大于 8m 时，尚应按 GB 50007—2011《建筑地基基础设计规范》的有关规定进行坡体稳定性验算。

（4）场地挖方坡率允许值应满足 GB 50330—2013《建筑边坡工程技术规范》的有关要求，并符合下列规定：

1）土质边坡的坡率允许值应根据工程经验，按工程类比的原则并结合已有稳定边坡的坡率值分析确定。当无经验且土质均匀良好、地下水贫乏、无不良地质作用和地质环境条件简单时，边坡坡率允许值可按表 14－7 确定。

表 14－7　土质开挖边坡坡率允许值

边坡土体类别	状态	坡率允许值（高宽比）	
		坡高小于 5m	坡高 5～10m
碎石土	密实	1∶0.35～1∶0.50	1∶0.50～1∶0.75
	中密	1∶0.50～1∶0.75	1∶0.75～1∶1.00
	稍密	1∶0.75～1∶1.00	1∶1.00～1∶1.25
黏性土	坚硬	1∶0.75～1∶1.00	1∶1.00～1∶1.25
	硬塑	1∶1.00～1∶1.25	1∶1.25～1∶1.50

注　1. 表中碎石土的填充物为坚硬或硬塑状态的黏性土。
2. 对于砂土或填充物为砂土的碎石土，其边坡坡率允许值应按砂土或碎石土的自然休止角确定。

2）在边坡保持整体稳定的条件下，岩质边坡开挖的坡率允许值应根据工程经验，按工程类比的原则结合本地区已有稳定边坡的坡率值分析确定。对无外倾软弱结构面的边坡，其放坡坡率可按表 14－8 确定。

表 14－8　岩质开挖边坡坡率允许值

边坡岩体类型	风化程度	坡率允许值（高宽比）		
		$H<8m$	$8m\leqslant H<15m$	$15m\leqslant H<25m$
Ⅰ类	微风化	1∶0.00～1∶0.10	1∶0.10～1∶0.15	1∶0.15～1∶0.25
	中等风化	1∶0.10～1∶0.15	1∶0.15～1∶0.25	1∶025～1∶0.35
Ⅱ类	微风化	1∶0.10～1∶0.15	1∶0.15～1∶0.25	1∶0.25～1∶0.35
	中等风化	1∶0.15～1∶0.25	1∶0.25～1∶0.35	1∶0.35～1∶0.50
Ⅲ类	微风化	1∶0.25～1∶0.35	1∶0.35～1∶0.50	
	中等风化	1∶0.35～1∶0.50	1∶0.50～1∶0.75	
Ⅳ类	中等风化	1∶0.50～1∶0.75	1∶0.75～1∶1.00	
	强风化	1∶0.75～1∶1.00		

注　1. 表中 H 为边坡高度。
2. Ⅳ类强风化包括各类风化程度的极软岩。
3. 全风化岩体可按土质边坡坡率取值。

3）高度较大的边坡应分级开挖放坡。分级放坡时应验算边坡整体和各级的稳定性。

4）下列挖方边坡的坡率允许值应通过稳定性计算分析确定：有外倾软弱结构面的岩质边坡、土质较软的边坡、坡顶边缘附近有较大荷载的边坡、边坡高度超过表 14－8 和表 14－9 范围的边坡。

（5）填方区压实填土的边坡坡率允许值，应符合 GB 50007—2011《建筑地基基础设计规范》的有关要求，并符合下列规定：位于斜坡上的填土，应验算其稳定性；对由填土而产生的新边坡，当填土边坡坡率符合表 14－9 的要求时，可不设置支挡结构；当天然地面坡率大于 20%时，应采取防止填土可能沿坡面滑动的措施，并应避免雨水沿斜坡排泄。

表 14－9　　压实填土的边坡坡率允许值

填料类型	边坡坡率允许值（高宽比）		压实系数 λ_c
	坡高在 8m 以内	坡高为 8～15m	
碎石、卵石	1：1.50～1：1.25	1：1.75～1：1.50	0.94～0.97
砂夹石（碎石、卵石占全重的 30%～50%）	1：1.50～1：1.25	1：1.75～1：1.50	
土夹石（碎石、卵石占全重的 30%～50%）	1：1.50～1：1.25	1：2.00～1：1.50	
粉质黏土，黏粒含量 $\rho_c \geq 10\%$ 的粉土	1：1.75～1：1.50	1：2.25～1：1.75	

注　当压实填土厚度大于 15m 时，可设计成台阶或采用土工格栅加筋等措施，验算满足稳定性要求后进行压实填土的施工。

（6）边坡坡率应按岩土的自然稳定倾角确定，坡面应做护面处理，坡脚宜设排水沟；坡脚至雨水明沟之间，对砂土、黄土、易风化的岩石或其他不良土质，应设明沟散水，其宽度宜为 0.4～1.0m，如边坡高度低于 1m 或边坡已做防护处理，可不设明沟散水（见图 14－2）。

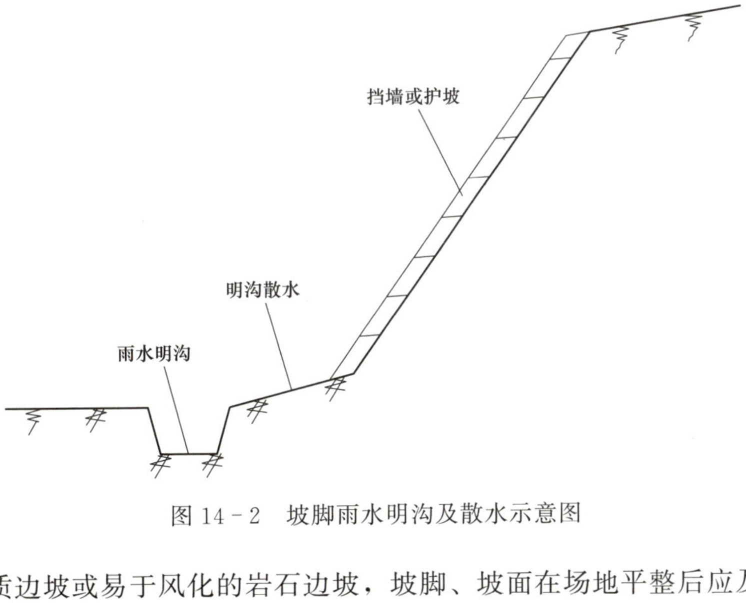

图 14－2　坡脚雨水明沟及散水示意图

（7）土质边坡或易于风化的岩石边坡，坡脚、坡面在场地平整后应及时采取防护措施。护坡形式应根据气候条件、土质、边坡坡度和当地材料来源等因地制宜选择，并满足环境保护、水土保持的要求。具体形式包括砌体护坡、护面墙防护（分为窗孔式和拱式两种）、喷射砂浆防护、植草护坡、骨架植物防护、湿法喷播绿化、客土喷播与绿化。

（8）护坡材料及厚度应符合下列规定：

1）砌体护坡的石料强度等级不应低于 MU30，厚度不宜小于 250mm。预制块的混凝土护坡的混凝土材料强度等级不应低于 C20，厚度不小于 150mm。砌筑砂浆强度等级不应低于 M7.5，应设置伸缩缝和泄水孔。

2）护面墙的石料强度等级不应低于 MU30，混凝土强度等级不应低于 C20，墙顶宽不应小于 500mm，墙底宽不应小于 1000mm。

3）喷射砂浆防护的砂浆强度等级不应低于 M20，厚度不宜小于 50mm。护面墙应设置伸缩缝和泄水孔。

4）骨架植物防护的混凝土强度等级不应低于 C20，厚度不应小于 150mm。

（9）边坡工程应根据实际情况设计坡顶、坡面和坡脚排水系统。

1）应在边坡潜在塌滑区上缘外侧设置截水沟。

2）分级且大面积边坡表面应设置地表排水系统，按汇水面积、排水路径、沟渠排水能力等因素确定。

3）不宜在边坡上或边坡顶部设置蓄水池、沉淀池等可能造成渗水的设施，必须设置时应做好防渗处理。

4）边坡坡体应设泄水孔。岩质边坡泄水孔宜优先设置于裂隙发育、渗水严重的部位，且泄水孔宜深至裂隙面内。

5）挖方边坡坡脚前应设排水明沟。

6）有汇水的边坡，应考虑增设边坡坡顶截水沟，其截水沟尺寸应根据汇水流量确定。

（10）坡脚至雨水明沟之间，对砂土、黄土、易风化的岩石或其他不良土质，应设明沟平台，其宽度宜为 0.4～1.0m，如边坡高度低于 1m 或边坡已做防护处理，可不设明沟平台。

（11）下列边坡的设计和施工应专题研究：

1）地质和环境条件很复杂且稳定性极差的边坡。

2）地质条件复杂，邻近有重要建（构）筑物，破坏后后果严重的边坡。

3）发生过严重事故的边坡。

4）采用新结构、新技术的安全等级为一、二级的边坡。

5）坡高大于 15m 的土质边坡、坡高大于 30m 的岩质边坡。

（12）边坡设计应对施工和质量验收及维护管理提出下列要求：

1）挖方边坡，要求按自上而下、分段跳槽、及时支护的逆作法或部分逆作法施工。未经设计许可严禁大开挖、爆破作业。弃土应及时分散处理，不得将弃土堆置在坡顶及坡面上。开挖结束后应及时夯实或清理并进行防护处理。

2）土质或易软化的岩质边坡开挖时，应先完成坡顶截水沟施工。在任何情况下，坡脚和坡面上都不应积水。

3）填方边坡应结合场地平整施工，要求自下而上分层碾压夯实，密实度不应小于0.94。

4）坡顶和坡脚应设排水沟，有冲刷可能的边坡与排水沟之间的场地宜夯实并做混凝土防水封闭处理。

5）在施工期和使用期，应控制不利于边坡稳定的因素产生和发展。应避免随意开挖坡脚，防止坡顶超载。应避免地表水及地下水大量渗入坡体，并应对有利于边坡稳定的相关环境进行有效保护。

（13）边坡应重视坡脚稳定，坡脚前缘是耕地时，坡脚基础应适当加深加强，坡脚基底应埋置于耕种活动影响土层以下，地表周围不应有积水。

（14）填方区围墙中心线至坡顶线的水平距离宜为1.5～2m。

（15）地震区边坡工程的设计应符合GB 50330—2013《建筑边坡工程技术规范》的相关要求。

2. 挡土墙

挡土墙按结构形式一般可分为重力式、薄壁式、锚定式、加筋土挡土墙等。其中，薄壁式挡土墙包括悬臂式和扶壁式两种，锚定式包括锚杆式和锚定板式两种。

（1）常用挡土墙材料及厚度应符合下列规定：

1）重力式挡土墙的石料强度等级不应低于MU30，墙顶宽度不宜小于400mm。毛石混凝土、素混凝土挡土墙的混凝土强度等级不应低于C15，墙顶宽度不宜小于200mm。砌筑砂浆强度等级不应低于M5。

2）悬臂式挡土墙和扶壁式挡土墙的混凝土强度等级不应低于C25，立板顶宽和底板厚度不应小于200mm。扶壁的厚度不宜小于300mm。

（2）挡土墙应根据实际情况设计墙顶、墙背和墙基脚排水系统。

1）为了减少雨水和地表水下渗使挡土墙承受静水压力，墙顶宜结合地形采取有组织排水。墙顶松土应进行夯实，并根据工程情况加设灰土、黏土或混凝土封闭层。

2）墙背排水应在墙身设置泄水孔，泄水孔应沿着横竖两个方向以梅花形设置，外倾坡度不宜小于5%，间距宜为2～3m，孔眼边长或直径不宜小于100mm。在裂隙发育处、地下水较多或有大股水流出处，泄水孔应加密。

3）泄水孔进水侧应设置反滤层或反滤包。反滤层厚度不应小于500mm，反滤包尺寸不应小于500mm×500mm×500mm，滤水层顶部设封闭地面，滤水层底部应设厚度不小于300mm的黏土隔水层，并夯实。

4）墙趾的回填土要分层夯实做坡度硬化或设排水沟，保证雨水及时疏散，避免影响挡土墙基础。

（3）挡土墙墙背填土，应优先选择抗剪强度高和透水性较强的填料。当采用黏性土作填料时，宜掺入不小于30%的石块或石渣，不应采用淤泥质土、耕植土、膨胀性黏土等软弱有害的土体作为填料。挡土墙墙背填土应分层夯实，填土质量应符合下列要求：

1）Ⅰ类，碎石土，密实度应为中密，干密度不小于 2g/cm³。

2）Ⅱ类，砂土，包括砾砂、粗砂、中砂，密实度应为中密，干密度不小于 1.65g/cm³。

3）Ⅲ类，黏土夹块石，干密度不小于 1.90g/cm³。

4）Ⅳ类，粉质黏土，干密度不小于 1.65g/cm³。

5）在季节性冻土地区，墙背填土应选用非冻胀性填料，如炉渣、碎石、粗砂等。

（4）挡土墙墙背回填土的技术要求：

1）混凝土挡土墙拆模前后应加强湿水养护，避免过早拆模。

2）在挡土墙混凝土强度达到 100%后，方可进行墙背土方回填；墙后回填必须均匀摊铺平整，不能连续施工到顶时，应设不小于 3%的横坡坡向远离墙背方向以利排水，不容许向着墙背斜坡填筑。

3）应先对称分层回填挡土墙站内外侧基坑内填土，再分层回填挖方区站外侧填土、填方区站内侧填土，且填方区站外侧墙根应尽量培土夯实，并向站外侧形成倒坡。

4）不论是挖方区还是填方区，土方回填前应确定填料的最佳含水量和最大干密度，根据碾压机具和填料性质分层填筑压实，每层虚铺厚度不大于 250mm，压实系数不小于 0.94。

（5）挡土墙的抗滑、抗倾覆措施宜按以下要求执行：

1）合理选择墙身形式，在地面横坡较缓条件下适当放缓墙面和墙背。

2）基底力求粗糙，对黏性土地基或潮湿土地基，宜夯填 500mm 厚砂石垫层。

3）挡土墙的基底做成逆坡，有利于抗滑稳定，但对于土质地基宜小于 1∶10，对岩质地基宜小于 1∶5。

4）墙趾台阶的主要作用是增大墙底面积，减少挡土墙对基底的压力，使基底压应力不超过地基承载力；同时，可以提高挡土墙的抗倾覆和抗滑稳定能力。墙趾台阶的尺寸应满足基底偏心距 $e \leqslant 0.25B$（B 为不加墙趾前挡土墙基底宽度），墙趾台阶宽度宜大于 200mm。

5）墙背后自然地面横坡较陡时，原地面应开挖成台阶，以免基坑回填土沿开挖面滑动。

（6）挡土墙的地基应符合下列要求：

1）对于土质地基，挡土墙应置于老土或经处理后满足要求的回填土上。

2）当基底为回填土时，应要求分层夯实，在最佳含水量时，密实度不小于 0.94，并根据实验资料核查地基承载力是否符合设计要求。

3）当基底为局部性淤泥性软弱土时，可以考虑换土、抛石或桩基处理。换填厚度宜为 0.50～3m，换填层顶面每边超出基础底边宜大于 0.30m。换土材料应根据挡土墙基底压力要求和当地材料，选用砂石、粉质黏土、灰土、粉煤灰、矿渣、其他工业矿渣和土工合成材料。

4）膨胀土地区挡土墙基坑底应采用混凝土封闭处理，厚度宜为100～150mm。

5）挡土墙设计，应要求施工期采取有效的场地排水措施，宜避开雨季施工，做到挡土墙基坑不应出现积水。

（7）重力式挡土墙的伸缩缝间距，对条石、块石挡土墙宜为20～25m，对混凝土挡土墙宜为10～15m。在挡土墙高度突变处及与其他建（构）筑物连接处应设置伸缩缝，在地基岩土性状变化处应设置沉降缝。沉降缝、伸缩缝的缝宽宜为20～30mm，缝内应采用沥青麻丝或其他有弹性的防水材料嵌填，填塞深度不应小于150mm。

（8）挡土墙墙基纵坡陡于5%时，应沿纵向将墙基做成台阶式，台阶的宽度宜大于1m。

（9）挡土墙基槽开挖后不稳定或欠稳定的边坡，应根据地质特征和可能发生的破坏等情况，要求采取分段施工或跳槽施工，严禁无序大开挖和大爆破作业主要生产建（构）筑物附近的挡土墙，宜采取加配钢筋提高挡土墙的刚度、调整挡土墙的基础尺寸或埋深及采用人工地基等措施，尽量减少不均匀沉降。

（10）挡土墙和边坡工程施工时的临时排水措施应满足地下水、暴雨和施工排水要求，有条件时宜结合工程设计的排水措施采取永临结合的方式进行。

（11）滑坡治理应根据工程地质、水文地质条件、滑坡附近设施的重要程度及施工条件等，综合分析滑坡发生及可能发展的影响因素，可采取排水、支挡卸载、反压、清理、回避等措施。

（12）挡墙墙背应做好防排水措施，在泄水孔（排水孔）进水侧应设置滤水层或滤水包，挡墙后填土面应设置地表排水系统。

1）泄水孔应沿着横竖两个方向按梅花形设置，其间距宜取2～3m，外斜坡度宜为5%，孔眼尺寸不宜小于100mm。

2）滤水层厚度不应小于500m，滤水包尺寸不应小于500mm×500mm×500mm，滤水层顶部设封闭地面，滤水层底部应设厚度不小于300m的黏土隔水层。

（13）挡墙后面的填土，应优先选择抗剪强度高和透水性较强的填料。当采用黏性土作填料时，宜掺入适量的砂砾或碎石，不应采用淤泥质土、耕植土、膨胀性黏土等软弱有害的土体作为填料。

（14）重力式挡墙的伸缩缝间距，对条石、块石挡墙宜为20～25m，对混凝土挡墙宜为10～15m。在挡墙高度突变处及与其他建（构）筑物连接处应设置伸缩缝，在地基土性状变化处应设置沉降缝。缝宽宜为20～30mm，缝中应填塞沥青麻筋或其他有弹性的防水材料，填塞深度不应小于150mm。

（15）位于膨胀土地区的挡墙背后土的膨胀力较大，挡墙高度符合GB 50112—2013《膨胀土地区建筑技术规范》的相关要求，并不宜大于3m。否则应考虑土体膨胀后抗剪强度衰减的影响，并计算水平膨胀力的作用，应符合下列构造要求（见图 14－3）。

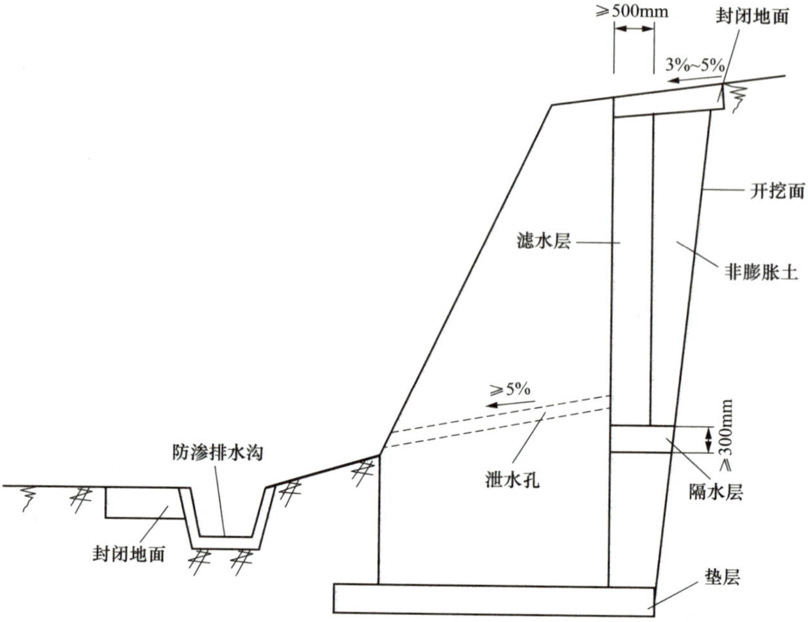

图 14－3　挡墙构造示意图

1）墙背碎石或砂卵石滤水层的宽度不应小于 500mm。滤水层以外宜选用非膨胀土回填，并应分层压实。

2）墙顶和墙角地面应设封闭层，宽度不宜小于 2m。

3）挡墙每隔 6～10m 应设变形缝。

4）挡墙墙身泄水孔沿横竖两个方向按梅花形设置，其间距宜取 2～3m，坡度不应小于 5%，墙背泄水口下方应设置隔水层，厚度不应小于 300mm。

（16）部分已投运的特高压变电站边坡挡土墙方案见表 14－10。

表 14－10　　部分已投运的特高压变电站边坡挡土墙方案

序号	工程名	边坡挡土墙方案
1	南京变电站	填方边坡采用浆砌块石重力式挡土墙方案，挖方边坡采用方格型混凝土骨架植草联合护坡方案
2	泰州变电站	钢筋混凝土防洪墙兼作站内填土挡土墙，站区无边坡
3	苏州变电站	站外边坡采用挡土墙
4	晋东南变电站	站区边坡为混凝土护坡，进站道路边坡为毛石护坡
5	南阳变电站	自然地形较低的部位设挡土墙，自然地形高的部位设浆砌块石护坡
6	荆门变电站	站区边界支护结构采用挡土墙加护坡的联合方案，边坡采用 2000mm×2000mm 带引流槽钢筋混凝土骨架结构结合土工网植草联合护坡方案
7	淮南变电站	站区边坡为混凝土护坡，进站道路边坡为浆砌石护坡

续表

序号	工程名	边坡挡土墙方案
8	皖南变电站	填方边坡高度小于 3m 时不设放坡，边界处设置挡土墙，围墙直接砌筑于挡土墙顶；填方边坡高度大于 6m 时边坡分段处设置 1.5m 宽马道。填方边坡坡脚均采用浆砌块石重力式挡土墙加护坡的联合方案，边坡采用 1500mm×1500mm 方格型钢筋混凝土骨架植草联合护坡方案
9	浙北变电站	站区边界支护结构采用生态加筋土挡墙、毛石挡土墙加护坡的联合方案，挖方区边坡采用岩石锚杆结合喷射护坡方案
10	沪西变电站	钢筋混凝土悬臂式挡土墙
11	浙中变电站	边坡采用分级放坡，坡比根据各处地质情况确定。坡面采用预制护坡砖护砌。填方边坡下设置重力式毛石混凝土挡土墙，采用 C20 毛石混凝土，外砌条石
12	浙南变电站	填方边坡采用浆砌块石重力式和扶壁式钢筋混凝土挡土墙的联合方案，挖方边坡采用方格型预制混凝土骨架植草联合护坡方案
13	福州变电站	采用自然放坡与挡土墙相结合的方案，填方边坡采用网格植草护坡，挖方边坡采用挂网植草技术对岩石坡面进行绿化防护
14	锡盟变电站	边坡采用浆砌毛石重力式挡土墙方案
15	北京东变电站	边坡采用毛石砌筑护坡
16	济南变电站	用钢筋混凝土挡土墙兼作围墙基础
17	蒙西变电站	边坡采用自然放坡方案，坡面采用六角形预制混凝土块护面，坡脚采用毛石混凝土护脚
18	天津南变电站	钢筋混凝土悬臂式挡土墙兼作站区围墙基础，站区无边坡
19	临沂变电站	采用边坡方案，对于征地范围不足的位置，考虑采用重力式挡土墙/悬臂式挡土墙支护。坡底或者马道设置截洪沟。站区填方区主要采用悬臂式挡土墙，部分浅填方区域采用重力式挡土墙

第十五章　建（构）筑物设计

特高压变电站建筑物设计应保障变电站设备及设施安全和人员生命安全，充分考虑基层运检人员的工作生活需要，在保证特高压变电站运检安全的同时，为运检人员日常值班、办公及生活创造便利条件。特高压变电站构筑物设计应满足工艺流程、设备布置及功能需求、运行维护需要，考虑防火、安全疏散等相关技术要求。重视建（构）筑物地基的稳定，按照建筑物或电气设备的要求，对地基进行必要的加固或改良，提高地基土的承载力，保证地基稳定，减少上部结构的沉降或不均匀沉降。

本章主要内容包括建筑物设计、构筑物设计及地基处理三部分。

第一节　建筑物设计

一、变电站建筑物简述

特高压变电站建筑设计在根据工程的实际情况和工艺要求的基础上，应全面贯彻执行国家电网有限公司通用设计和“两型一化”文件中关于建筑设计的指导思想和设计原则，本着“科学、严谨、求实、创新”的态度和“以人为本”的设计理念，在满足工艺设备布置要求及运行人员工作、生活要求的前提下，使站内建筑物在平面布局、功能分区上更为合理，运行管理上更为方便，并精心处理与周围环境的关系，使建筑的人工环境与自然环境融为一体。

站内建筑物按工业建筑标准设计，应统一标准、统一风格布置，方便生产运行。

站内建筑物包括主控通信楼、1000kV 继电器小室、500kV 继电器小室、主变压器及 110kV 继电器小室、1000kV GIS 室（如有）、消防值勤楼（如有）、站用电室、备品备件库、综合水泵房、警卫室、雨淋阀室、消防设备间等，表 15－1 为各建筑物一览表。

表 15－1　　各建筑物一览表

序号	建筑物名称		火灾危险性类别	最低耐火等级	层数	建筑面积（m^2）
1	主控通信楼		丁	二级	三层或四层	根据规模及运检要求
2	1000kV 继电器小室		丁	二级	单层	根据规模
3	500kV 继电器小室		丁	二级	单层	根据规模
4	主变压器及 110kV 继电器小室		丁	二级	单层	根据规模
5	1000kV GIS 室		戊	二级	单层	根据规模
6	站用电室		丁	二级	单层	根据规模
7	综合水泵房		戊	二级	单层	根据规模
8	雨淋阀室		戊	二级	单层	根据规模
9	消防设备间		戊	二级	单层	根据规模
10	消防值勤楼		戊	二级	二层	一般不大于 600
11	备品备件库	有含油设备	丁	二级	单层	一般不大于 750
		无含油设备	戊			

二、主控通信楼

（一）建筑

主控通信楼作为全站控制中心和运行检修人员工作、生活休息的“综合载体”，是站内建筑物设计的重点，其设计不仅要满足工艺的要求，还应充分体现“人性化”“绿色节能”的设计思想。

1. 主控通信楼平面布置

部分已建工程主控通信楼建筑方案见表 15－2。

表 15－2　　部分已建工程主控通信楼建筑方案

序号	工程名	房间布置	建筑面积（m^2）	备注
1	浙北变电站	一层：门厅、安全工具间、安全办公室、通信蓄电池室、检修办公室、通信机房、备品设施间、卫生间； 二层：主控制室、计算机室、站长室、专工室、资料综合办公室	606	另设置综合楼
2	沪西变电站	一层：门厅、警卫室、阅览室、安全工具间、通信蓄电池室、检修工具间、餐厅、保洁室、卫生间； 二层：站长室、通信机房、计算机室、控制室、办公室及资料室、卫生间； 三层：值休室（10 间）、活动室、卫生间	1800	

续表

序号	工程名	房 间 布 置	建筑面积（m^2）	备注
3	福州变电站	一层：门厅、门卫及休息室、通信设备间、安全工具间、通信蓄电池室、检修工具间、配电间、餐厅、厨房、物业办公室（2间）、接待室、安全帽间、卫生间； 二层：主控室、计算机室、小会议室、交接班室兼开票室、站长室、办公室（1大3小）、资料室、卫生间； 三层：视频会议室、办公室（3间）、检修办公室、值休室（9间）、洗漱间、卫生间	1824	
4	浙南变电站	一层：门厅、餐厅、备餐间、储藏室、接待室、通信蓄电池室、安全工具间、运维备品室、通信机房、警卫室； 二层：电视电话会议室、音控室、活动室、休息室（10间）、卫生间； 三层：检修办公室、计算机室、主控室、资料室、站长室、专工室、办公室（2间）	1815	
5	锡盟变电站	一层：门厅、通信设备间、安全工具间、通信蓄电池室、检修工具间、配电间、餐厅、厨房、库房、仪器仪表室、值休室（2间）、卫生间； 二层：电视电话会议室、音控室、办公室、检修办公室、会议室、值休室（4间）、卫生间； 三层：主控室、计算机室、资料室、交接班室、办公室（一大一小）、值休室（6间）、卫生间	1823	
6	长沙变电站	一层：门厅、通信机房、通信蓄电池室（2间）、检修工具间、配电间、餐厅、厨房、油化室、值休室（8间）、楼梯间（2间）、电梯间、公共卫生间（2间）； 二层：电视电话会议室、党务活动室、储藏室、仪表仪器室、大办公室、小办公室（2间）、值休室（8间）、楼梯间（2间）、电梯间、公共卫生间（2间）； 三层：主控室、计算机室、档案室、大办公室、小办公室、专责办公室、值休室（8间）、楼梯间（2间）、电梯间、公共卫生间（2间）	2488	
7	南昌变电站	一层：门厅、值休室（4间）、安全工具间、公共卫生间、餐厅、厨房、配电间、通信室、蓄电池室； 二层：值休室（6间）、公共卫生间、会议室、音频准备间、仪器仪表室、办公室（1间）、计算机室； 三层：值休室（6间）、公共卫生间、办公室（5间）、视频会议室、主控室； 四层：值休室（6间）、材料室、党务工作室、活动室、排烟机房、资料室	2475	

建筑物内的设备运输、出入口设置及防火措施均按照 GB 50016—2014《建筑设计防火规范》（2018 年版）、GB 50229—2019《火力发电厂与变电站设计防火标准》及相关设计规程的规定进行设计，充分满足防火、疏散、运行、检修等方面的要求。

参照 Q/GDW 11424.4—2015《国家电网公司供电企业内控劳动定员标准　第 4 部分：运维检修》的要求，特高压交流站建成投运后，运行维护及综合管理人员配置为 37 人（运维人员 28 人＋综合管理 9 人）。

结合运行的最新要求，在每年迎峰度夏（每年 6 月 15 日～9 月 15 日）和迎峰度冬（每年 12 月 15 日～次年 2 月 15 日）期间，各检修单位安排各专业骨干 24h 驻站值守。根据运行经验，特高压变电站需要各类专业检修人员常驻站。年度检修期间，按照专业化检修的要求，变电一次、变电二次、变压器（高抗）等专业需要驻站检修。按以上三项工作需求，需要预留驻站检修人员共 20 人。

为保证变电站正常运转，站内还有司机、厨师、保安、保洁、辅助设施维修等常驻人员 8 人。

为了合理地满足运行对房间的需求，根据特高压变电站的特点、站前区布置形式，从建筑面积、建筑物数量及建筑体积方面合理优化站内建筑物，在满足变电站运行、值班等基本功能要求的前提下，以人为本，进一步合理布置房间功能区域，提高利用率。在建的南昌、长沙、武汉变电站主控楼建筑设计方案，响应运检单位的需求，主控通信楼建筑总面积调整到 $2500m^2$ 左右。

2. 立面造型特点

建筑立面造型结合建筑平面布局，通过横竖对比、虚实对比、凸凹对比及色彩对比来丰富建筑体型。建筑外立面主入口突出、构图均衡、光影效果强烈、通透开阔，整个建筑和谐统一。

3. 建筑装修

外墙：采用外墙面砖、保温装饰一体化板或者环保型外墙涂料饰面，建筑色采用国网标准色系。

门窗：根据房间使用功能，室内门采用成品木门及防火门，室外门可采用塑钢门或铝合金门，外窗采用塑钢窗或铝合金窗，门窗玻璃采用中空镀膜玻璃。

外窗的气密性、水密性、抗风压性能分别不应低于 GB/T 7106—2019《建筑外门窗气密、水密、抗风压性能检测方法》规定的 4 级、3 级、5 级。

屋面：防水等级Ⅰ级，屋面采用有组织排水，屋面保温隔热层厚度依据变电站所在区域气象条件自行计算确定。

墙体：符合国家节能环保要求的墙体材料。

楼梯栏杆及扶手：室内楼梯可采用铁艺栏杆及硬木扶手、室外可采用钢质栏杆。

4. 室内装修（见表 15-3）

表 15-3　　室内装修建议做法

房间名称	地面	墙面	平顶
主控室、计算机室、通信机房	防静电地板	乳胶漆涂料	乳胶漆涂料
门厅、走廊、楼梯	地砖地面	乳胶漆涂料	乳胶漆涂料
厨房	防滑地砖	内墙面砖	塑料扣板吊顶
卫生间	防滑地砖	内墙面砖	塑料扣板吊顶
其余房间	地砖地面	乳胶漆涂料	乳胶漆涂料

（二）结构

主控通信楼安全等级一级，抗震设防类别按乙类建筑物考虑，地震作用及抗震措施均按照 GB 50011—2010《建筑抗震设计规范》（2016 年版）及相关设计规程的规定进行设计。

主控通信楼为三层或四层建筑，框架结构，楼面及屋面均为现浇钢筋混凝土板，混凝土强度等级采用 C30，钢筋采用 HPB300、HRB400。

三、备品备件库

（一）建筑

备品备件库是存放特高压变电站设备和材料备品备件的场所，为变电站附属生产建筑物。通常情况下，备品备件库采用单层布置，其室内空间应满足故障设备检修和备品备件存放要求，备品备件库建筑平面呈规则的矩形，轴线尺寸一般为 15m×48m。

1. 建筑防火

备品备件库的火灾危险性根据储存物资确定，如储存少油物资为丁类，储存无油物资为戊类，耐火等级为二级。

2. 安全疏散

为满足安全疏散要求，备品备件库的安全出口不应少于 2 个，安全出口可单独设置或与运输出入口合并设置，安全出口门应向室外开启。备品备件库室内任一点至安全出口的距离不限。

3. 设备运输

备品备件库的运输出入口应与站区道路相衔接，以便于备品备件的运输。

备品备件库运输门宜采用电动卷帘门或电动推拉门，其净空尺寸应能满足最大备品备件的运输要求。

备品备件库室内应设置电动单（双）梁起重机，起重机的主要技术参数（包括额定载重量、起升高度行驶速度、自重等）及台数（通常配置 1～2 台）由工艺提供。为方便工作人员操作、检修及维护，检修备品库端部应设置起重机配套作业钢梯。

4. 防排水

备品备件库屋面防水等级为Ⅰ级。

钢筋混凝土屋面：宜采用1层柔性防水卷材（或1道柔性防水涂料）进行防水设防，结构找坡方式的屋面排水坡度不应小于3%，建筑找坡方式的屋面排水坡度宜为2%。

压型钢板屋面：当采用紧固件连接方式的压型钢板围护结构进行防水设防时，屋面排水坡度不宜小于10%。

5. 围护结构

（1）墙体围护结构。备品备件库墙体围护结构应根据具体工程的要求，并结合建筑物的主体结构进行合理选择，可分为下列两种：

1）当主体结构采用钢筋混凝土框（排）架结构时，墙体围护结构宜采用砌体填充墙围护结构。

2）当主体结构采用钢框（排）架结构时，墙体围护结构宜采用压型钢板围护结构。

（2）屋面围护结构。备品备件库屋面围护结构应根据具体工程的要求，并结合建筑物屋顶承重构件进行合理选择，可分为下列两种：

1）当屋顶承重构件采用钢筋混凝土梁时，屋面围护结构宜采用钢筋混凝土板围护结构。

2）当屋顶承重构件采用钢屋架或钢梁时，屋面围护结构宜采用压型钢板围护结构。

（3）地坪。备品备件库地坪由基层、混凝土垫层、防水（防潮）隔离层（选用）、钢筋混凝土结构层、饰面层等构造层组成，设计应满足以下要求：

1）地坪的均布活荷载标准值不应小于$10kN/m^2$。

2）防水（防潮）隔离层宜采用2道柔性防水涂料或2层柔性防水卷材（当地下水位较高或土壤较潮湿时采用）。

3）地坪的钢筋混凝土结构层应设置纵、横向缩缝。

4）地坪应采用耐磨、抗冲击、不起尘、防潮、防滑、易清洁的饰面材料。

5）位于膨胀土地区、湿陷性黄土地区、软土地区、盐渍土地区、永冻土地区的变电站，其地基层应采取适当的构造处理，以消除不良地基条件的影响。

6. 其他

备品备件库应设置带安全护笼的屋面检修钢爬梯，该爬梯应与墙体连接牢固，并采取防止未经授权人员随意攀爬的措施。

备品备件库宜设置洗涤池。当变电站位于严寒、寒冷、夏热冬冷地区时，洗涤池宜设于室内；当变电站位于夏热冬暖、温和地区时，洗涤池可设于室外。

（二）结构

（1）备品备件库结构设计使用年限为50年，结构安全等级为二级，抗震设防分类为丙类。

（2）备品备件库的荷载和荷载效应组合应按 GB 50009—2012《建筑结构荷载规范》、GB 50011—2010《建筑抗震设计规范》（2016 年版）的有关规定进行设计计算。

（3）结构选型。备品备件库为单层工业厂房，内设电动单（双）梁起重机，厂房跨度 15m，承受的荷载比较简单，主体承重结构宜采用钢筋混凝土框（排）架结构。当跨度较大时，也可采用钢框（排）架结构。屋盖结构可根据承重结构形式和厂房跨度确定，当承重结构采用钢筋混凝土框（排）架结构且厂房跨度不大于 15m 时，屋盖可采用现浇钢筋混凝土板；厂房跨度大于 15m 时，屋盖宜采用轻型钢结构；当承重结构采用钢框（排）架结构时，屋盖宜采用轻型钢结构。

四、GIS 室

（一）建筑

1000kV GIS 室建筑平面尺寸根据工艺布置确定，单层钢结构房屋，跨度根据设备宽度确定，纵向长度根据设备长度确定，采用门型钢架结构，屋面采用有檩屋盖体系，复合压型钢板围护。

为了设备检修及安装方便，建筑内设桥式起重机，屋面采用装配式钢屋架，上铺压型钢板复合保温屋面，屋面檐口处设置钢结构天沟，水平方向间隔设置落水管，将屋面汇水排至地面。起重机额定起重量为 50t，厂房高度根据不同设备确定，以保证吊装高度，在厂房的纵向端部布置检修区及吊装运输车辆出口，可以满足电气设备的运行检修要求。

（二）结构

GIS 室结构设计使用年限为 50 年，结构安全等级一级，抗震设防分类为乙类，基本风压按百年一遇考虑，地震作用及抗震措施均按照 GB 50011—2010《建筑抗震设计规范》（2016 年版）及相关设计规程的规定进行设计。

GIS 室为单层建筑，为方便远期扩建，同时兼顾房间大跨度要求，宽度根据设备要求，长度根据规模需要，采用钢结构排架结构，钢结构屋面，钢结构强度等级为 Q355，H 型钢柱，屋面梁采用安装制造简单的实腹钢梁、压型钢板保温屋面，在 GIS 配电装置室内布置桥式起重机。

五、继电器室和站用电室

（一）建筑

1000kV 继电器室、500kV 继电器室、主变压器及 110kV 继电器室建筑平面尺寸根据工艺布置确定，层高 3.6～4.0m。

继电器室和站用电室装修标准及构造做法：地面可采用地砖、环氧砂浆或聚氨酯自流平工业地坪涂料；内墙及顶棚均采用乳胶漆涂料；外立面装修材料及风格、色调与主控通信楼保持一致；门采用普通钢质门，窗可采用塑钢窗、铝合金窗，或依据变电站所在区域地域特点自行确定。

（二）结构

继电器室及站用电室抗震设防类别均为乙类建筑，地震作用及抗震措施均按照 GB 50011—2010《建筑抗震设计规范》（2016 年版）及相关设计规程的规定进行设计。

继电器室及站用电室均为单层建筑，现浇钢筋混凝土框架结构，现浇钢筋混凝土屋面板。混凝土强度等级采用 C30，钢材采用 HPB300 级、HRB400 级钢。

六、辅助及附属建筑

（一）建筑

辅助及附属建筑包括雨淋阀室、综合水泵房、警卫室和事故油池、雨水泵站、污水处理设施等。

建筑装修标准及构造做法：地面可采用地砖、环氧砂浆或聚氨酯自流平工业地坪涂料；内墙及顶棚均采用乳胶漆涂料；外立面装修材料及风格、色调与主控通信楼保持一致；门采用普通钢质门，窗可采用塑钢窗、铝合金窗，或依据变电站所在区域地域特点自行确定。

（二）结构

雨淋阀室可采用框架或者砌体结构，根据项目建设地点的气候特点和规模情况也可以采用成品阀箱结构。

综合水泵房采用上下布置（或左右布置），水池为钢筋混凝土箱型结构，泵房为框架结构。

警卫室采用钢筋混凝土框架结构。

事故油池、雨水泵站、污水处理设施等地下构筑物均采用现浇钢筋混凝土结构。

七、建筑节能

近年来建筑节能技术已成为全世界关注的热点，也是当前国内外节能领域的一个热点研究课题。西方发达国家的建筑能耗占社会总能耗的 30%～45%。我国建筑能耗占社会总能耗的 20%～25%，正逐步上升到 30%。因此建筑节能是目前节能领域的当务之急。

工程需结合项目所在地区的周围环境、气候条件、投资规模、运营费用等因素来进行节能方面的综合考虑。

同样形状的建筑物，南北朝向比东西朝向的冷负荷小，因此建筑物应尽量采用南北向。站内建筑物在满足电气总布置的前提下，尽量做到南北朝向，减少不规则凹凸。除主控通信楼因立面造型需要局部做凹凸处理外，其他辅助建筑物全部为规则矩形。

外门窗是建筑物能耗散失的最薄弱部位，其能耗占建筑物总能耗的比例较大，在保证采光、通风、工艺要求的条件下，尽量减小建筑物外门窗洞口的面积，提高外门窗的气密性，减少冷风渗透，提高外门窗本身的保温性能，减少外门窗本身的传热量。改善建筑的保温隔热性能可以直接有效地减少建筑物的冷热负荷，有效地减少采暖及空调的负荷。

八、建筑防风沙设计

大风沙天气对建筑物、电气设备等均有较大影响。风沙会影响运行人员生活质量，缩短建筑构件的使用寿命，增加建筑维护成本。

根据气候特点，对全站建筑物防风沙设计进行研究，主要针对建筑门窗设置、质量要求、选型、开启面积及方向、洞口收边，以及建筑外围护结构的薄弱点进行构造细节处理；特别是建筑外墙洞口的收边、板的搭接、变形缝的处理、外板端部泡沫堵头应用、勒脚收边等细节处理；保证建筑材料技术性能，加强现场施工质量及隐蔽工程的验收。

针对建筑物防风沙问题，通过采用在建筑物入口处增加防风沙门斗、针对风沙气候进行门窗选型、控制门窗的开启方向和开启面积、控制门窗质量、控制门窗数量、加强洞口收边及变形缝处理等手段改善风沙对建筑的影响。

1. 在建筑物入口处增加防风沙门斗

门斗是进入建筑物内部空间的过渡区域，既可起到保温作用又可阻挡风沙的侵入，由于变电站内主控通信楼、继电器室的二次设备屏柜很多，对洁净要求高，在外门内增加门斗并选用密闭性能高的户外门，有利于建筑物防风沙。

2. 针对风沙气候进行门窗选型

以往变电站中备品备件库、车库大门常采用卷帘门或推拉门，这两种大门都存在离墙面及地面缝隙大、密闭性差等问题，不适用于多风沙地区。结合本站当地气候条件，将备品备件库及车库大门设计为钢制平开折叠门，门下设置密封条，开启方便，密闭性好，可以替代卷帘门上不好开小门的不足。

3. 控制门窗的开启方向和开启面积

大风沙地区，建筑物保温及防风沙是建筑节能设计的重点，而建筑物的开窗部位又是建筑节能的最薄弱环节，因此将全站建筑物外墙窗设计为断桥铝合金双层窗，外侧外开，内侧内开。窗框设置密封垫，使得空气渗透率大大降低，避免风沙吹入窗框内槽进入室内，保温与防风沙性能得以保证，并控制可开启扇数量及面积，满足换气面积即可。

4. 控制门窗质量

全站外墙的建筑门窗应满足 GB/T 29737—2013《建筑门窗防沙尘性能分级及检测方法》的要求。

5. 控制门窗数量

主控通信楼内二次设备间、通信机房、主控室与各电压等级继电器室等有电气盘柜的房间，外墙应少开窗。窗应设为固定中空断桥铝合金节能窗，如有屏蔽要求，应设为钢制屏蔽窗。

6. 加强洞口收边及变形缝处理

门窗框与洞口墙体的安装间隙应有防水密封处理。出屋面洞口及屋面、墙面、楼面的变形缝应选用同一系列产品，保证各部位装置的衔接构造相容统一，选用的密封材料应能承受接缝位移的能力。

7. 屋面檐口及天沟防风构造

备品备件库屋面设计为复合压型钢板保温屋面，考虑到大风对屋面的影响，减小屋面檩条间距，在屋脊、檐口部位加密檩条，从而增加屋面板与檩条的固定点，避免大风掀起屋面。考虑站址所处环境风沙较大，全站建筑不设置外挑屋檐及天沟。

8. 屋面雨水落水管设置清沙口

处于寒冷地区的特高压变电站，屋面排水方式采用有组织内排水系统，能有效避免因雨雪冻融使排水立管冻裂或雨水口堵塞造成的雨水渗漏及积水现象。屋面雨水落水管在离地 1m 高处设清沙口防止堵塞，并在建筑物周边设沉沙井，防止因沙尘堆积堵塞屋面落水管，从而造成屋面排水不畅等现象。

9. 单体建筑物空调和通风口防风沙

（1）继电器室、配电室、蓄电池室的排风口、进风口、空调室外机位置应避免主导风向，不宜布置在聚沙区。

（2）全站通风系统进风口、排风口均设置电动型双层防沙百叶窗。通风方式为下部设置双层百叶窗进风，上部轴流风机排风，同时轴流风机外设置双层电动百叶窗，电动百叶窗和轴流风机联动，风机开启时电动百叶窗开启，风机关闭时电动百叶窗关闭。双层电动/手动百叶窗外设置 6 目不锈钢钢丝网，密闭严实，相比自垂防雨百叶窗可以有效地防止沙尘、雨水和小动物进入室内。风管穿墙处应做好防沙封堵措施。

（3）在百叶窗边框和百叶之间增加密封条，提高密封性；改进百叶窗安装方法，避免沙尘从叶边缝隙进入室内。改进方法见图 15－1。

建筑防风沙设计重点在于处理好建筑薄弱环节，即门、窗、洞口、屋面檐口、雨水口等细节部位，设计加强措施与施工质量都至关重要，处理好以上细节可有效改善由于大风沙气候所造成的建筑物使用寿命缩短、建筑物理环境受损、建筑使用功能舒适度下降等问题。

九、建筑物抗震

（1）站内重要建筑物按乙类采取抗震构造措施，应按高于本地区抗震设防烈度 1 度的要求确定。

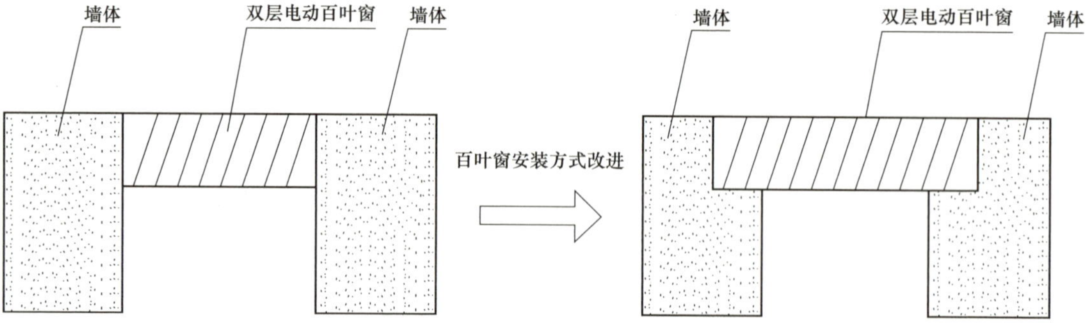

图 15－1　百叶窗安装改进图

（2）一般建筑物按丙类采取抗震措施，其地震作用按本区域抗震设防烈度的要求确定。建筑物抗震措施应符合 GB 50011—2010《建筑抗震设计规范》（2016 年版）的有关规定。

（3）建筑物宜优先采用规则的形体，其抗侧力构件的平面布置宜规则对称、侧向刚度沿竖向宜均匀变化、避免侧向刚度和承载力突变。

（4）对于平立面不规则的建筑，应根据不规则程度、地基基础条件等因素确定是否需要设置防震缝，当不设置防震缝时需要对薄弱部位加强处理；当设置防震缝时要留有足够的宽度，其两侧上部结构应完全分开。

（5）建筑结构的地震作用和结构抗震验算，应符合下列规定：

1）一般情况下，应至少在建筑结构的两个主轴方向分别计算水平地震作用，各方向的水平地震作用应由该方向抗侧力构件承担，并进行抗震验算。

2）质量和刚度明显不对称的结构，应计入双向水平地震作用下的扭转影响，并从结构布置和抗震构造方面采取措施，尽量减轻其不利影响。

3）计算地震作用时，建筑的重力荷载代表值应取结构和构配件的自重标准值和各可变荷载组合值之和，各可变荷载的组合值系数按表 15－4 采用。

表 15－4　可变荷载组合值系数

项数	荷 载 类 别	组 合 值 系 数
1	雪荷载	0.5
2	按等效均布荷载计算的楼面活荷载	0.5
3	屋面活荷载	不计入

注　当按实际情况考虑楼面活荷载时组合值系数取 1.0。

4）多层建筑结构抗震计算时，应考虑楼梯构件的影响。必要时可设置滑动支座，以减轻楼梯构件对整体结构的影响。

（6）变电站内建筑物可根据抗震设防烈度、场地类型选用可靠的结构类型。

1）主控通信楼宜采用框架结构，楼、屋盖为现浇钢筋混凝土结构；

2）继电器室及站用电室宜为单层框架结构，屋盖为现浇钢筋混凝土结构；

3）1000kV GIS室宜采用门式刚架结构；

4）备品备件库宜采用框架结构或排架结构；

5）其他生产、生活建筑物可采用框架结构或砌体结构。

第二节　构筑物设计

一、构架

1. 1000kV构架

1000kV构架安全等级一级，抗震设防类别按丙类考虑，基本风压采用百年一遇风压。特高压变电站中采用的构架结构形式有两种：①人字钢管柱与三角形变截面格构式钢梁组合形成门型构架；②自立式全钢管矩形变截面格构式塔架与矩形等截面格构式钢梁组合形成门型构架。

1000kV人字钢管柱构架，构架柱为人字钢管柱、刚性法兰连接，构架梁为三角形、主材为钢管、斜材为角钢、螺栓连接结构，地线支架、避雷针采用拔稍钢管结构或格构式结构。1000kV人字钢管柱构架透视图和实景图见图15-2、图15-3。

1000kV格构式构架柱采用自立式四边形变截面格构式钢柱，钢梁采用矩形截面格构式钢梁，柱和梁主材、腹杆均采用圆钢管。梁主材采用刚性法兰，柱采用刚性或柔性法兰连接，主、腹杆采用螺栓连接。1000kV格构式塔架透视图和实景图见图15-4、图15-5。1000kV人字钢管柱构架与格构式钢管构架钢材量比较见表15-5。

表15-5　1000kV人字钢管柱构架与格构式钢管构架钢材量比较表（t）

序号	构件名称	人字钢管柱结构			格构钢管柱结构		
		单重	数量	小计	单重	数量	小计
1	边柱	24.1	5	120.5	39	8	312
2	中柱	30.9	5	154.5	48	7	336
3	桁架支撑边柱	30.9	4	123.6			
4	桁架支撑	16.3	2	32.6			
5	端撑柱	42.9	1	42.9			
6	构架梁	23.3	10	233	28.5	10	285
合计		707.1			933		

注　表中按最终出线规模10回计算钢材用量，人字钢管柱为4+2+4组合，格构钢管柱为3+2+3+2组合，其中人字钢管柱的2跨组合为端撑柱组合，4跨为桁架支撑组合。

实际工程中，设计应根据构架受力情况进行技术经济比较后确定构架结构形式。

2. 500kV构架

500kV构架安全等级一级，抗震设防类别按丙类考虑，构架柱采用直缝焊接人字型圆钢管柱，钢梁采用三角形变截面格构式钢梁，主材为钢管，斜材为角钢。构架柱及构架梁弦杆拼接接头处均采用法兰连接。

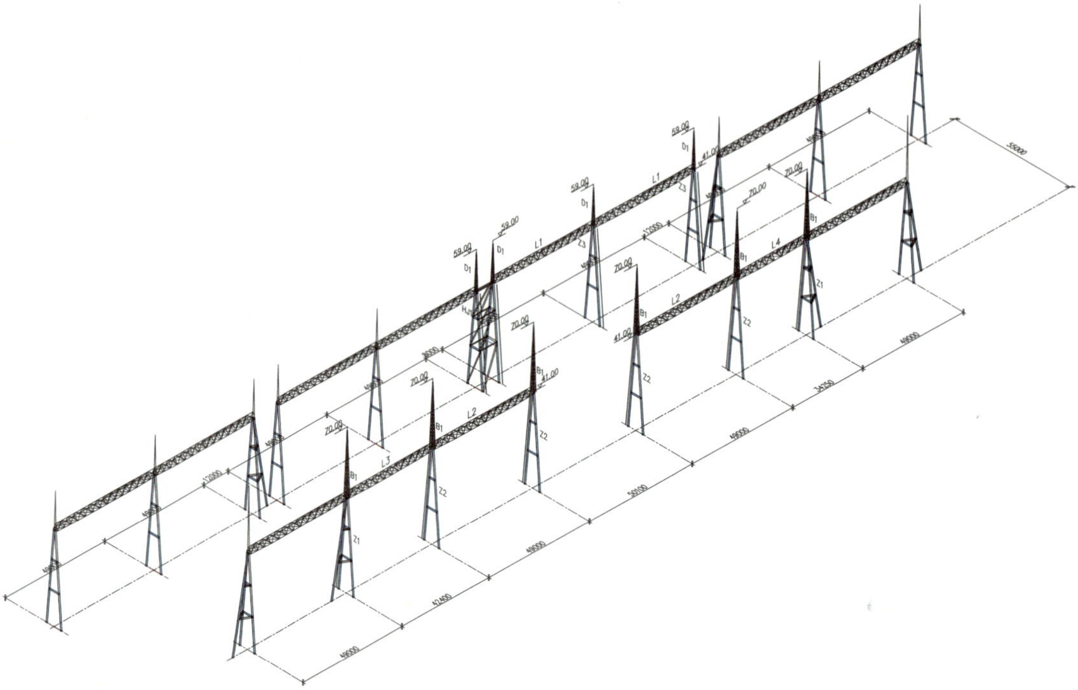

图 15－2　1000kV 人字钢管柱构架透视图

图 15－3　1000kV 人字钢管柱构架实景图

3. 主变压器构架

主变压器构架安全等级一级，抗震设防类别按丙类考虑，构架立于主变压器防火墙上。主变压器构架柱采用人字钢管柱结构形式，三角形变截面格构式钢梁，主变压器钢梁主材采用钢管，法兰连接。图 15－6 为 500kV 及主变压器构架透视图。

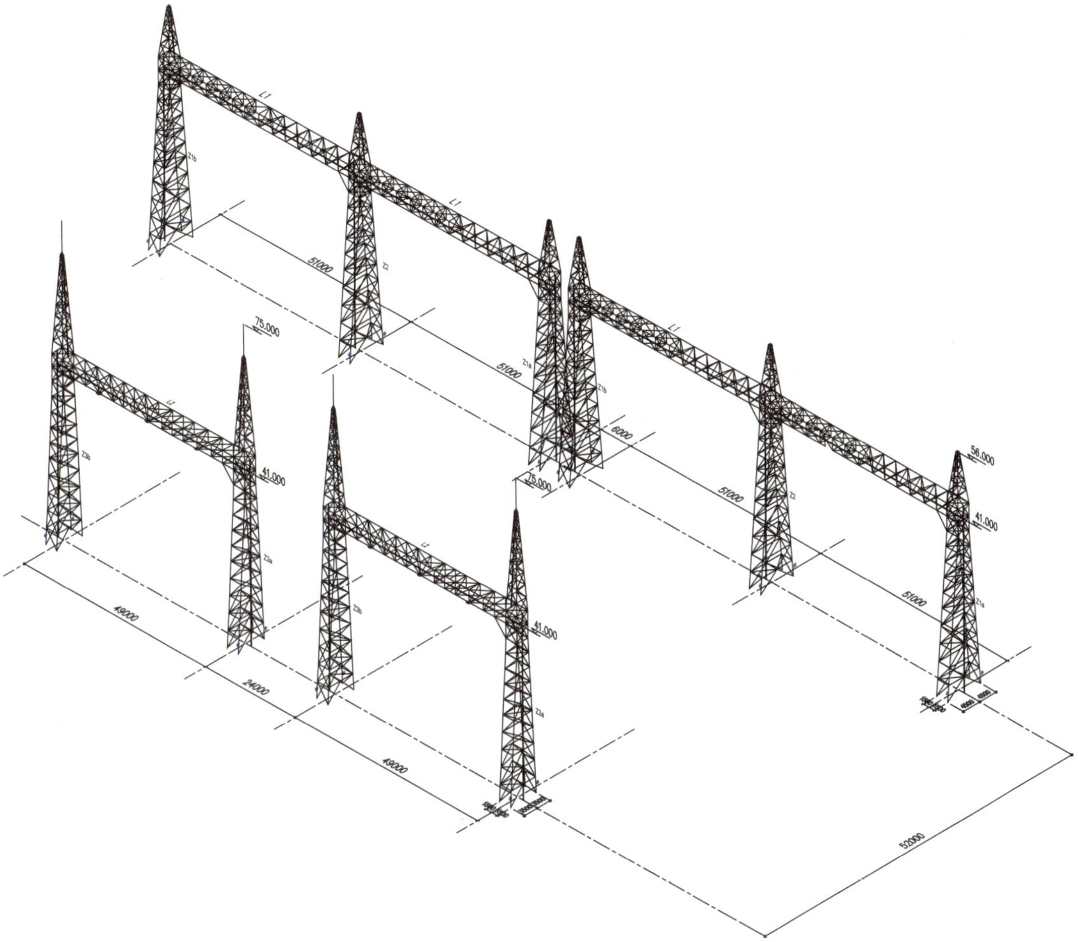

图 15－4　1000kV 格构式构架透视图

图 15－5　1000kV 格构式构架实景图

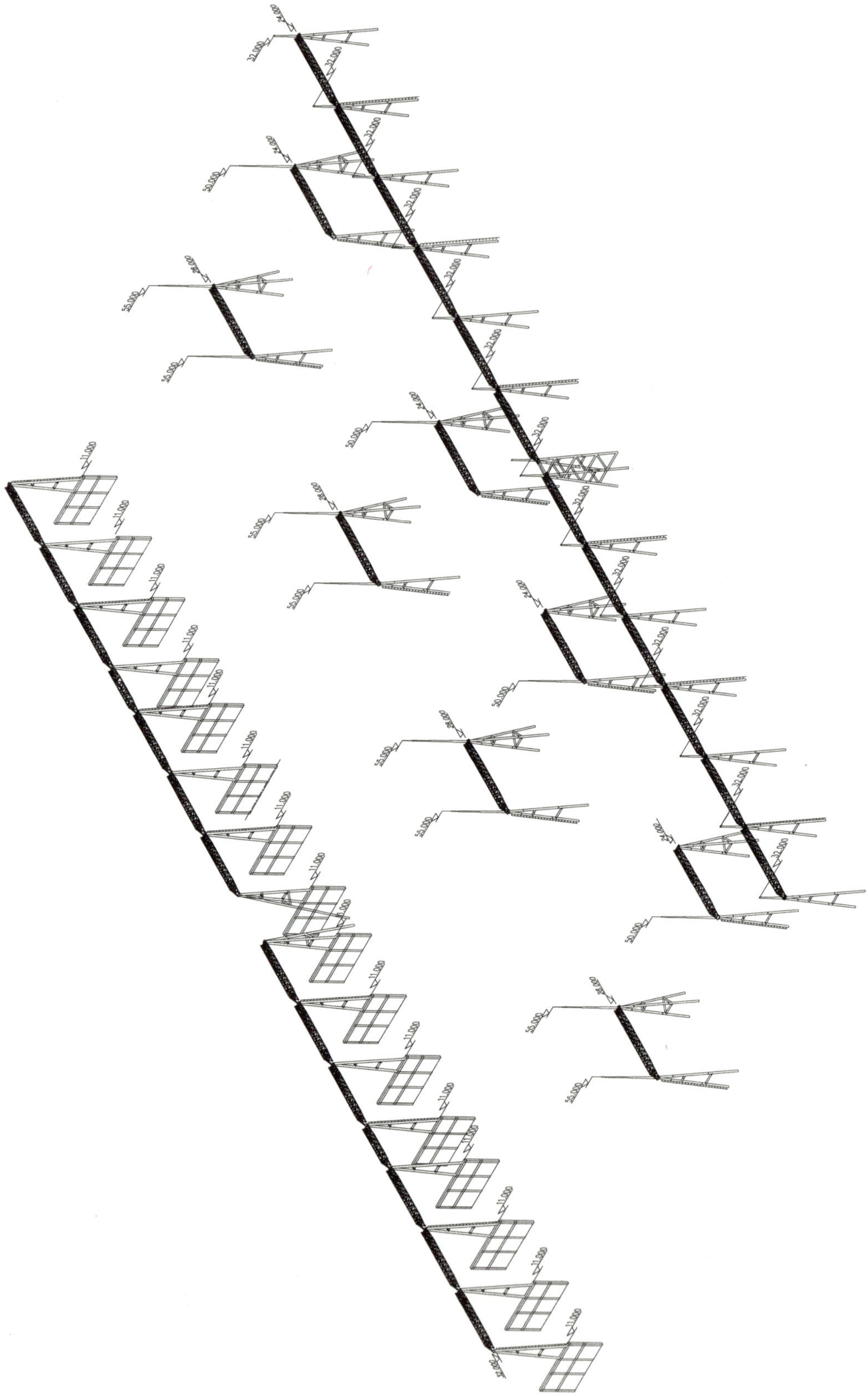

图 15-6　500kV 及主变压器构架透视图

4．避雷针

构架避雷针设计时应统筹考虑站址环境条件、配电装置构架结构形式等，采用格构式避雷针或圆管型避雷针等结构形式。特高压变电站的避雷针高度较高，通过选取适合的结构形式来提高稳定性及抗疲劳能力。

构架避雷针结构形式应与构架主体结构形式协调统一，通过优化结构形式，有效减小风阻。构架主体结构为人字钢管柱时，宜采用变截面钢管避雷针；构架主体结构采用格构柱时，宜采用变截面格构式避雷针。构架避雷针如采用管型结构，法兰连接处应采用有加劲肋板法兰刚性连接。

在大风地区的变电站，避雷针设计应考虑风振的影响，结构形式宜选用格构式，以降低结构对风荷载的敏感度；当采用圆管型避雷针时，应严格控制避雷针针身的长细比，法兰连接处应采用有劲肋板刚性连接，螺栓应采用 8.8 级高强度螺栓，双帽双垫，螺栓规格不小于 M20，结合环境条件，避雷针钢材应具有冲击韧性的合格保证。

5．法兰

法兰连接是构架结构设计的重要环节，工程中应依据受力特点和使用位置等实际条件确定法兰型式。针对 1000kV 变电站构架柱法兰型式选择问题，通过不同输入条件下的结构受力分析，给出了不同法兰型式的适用条件和选择建议，以提高构架的结构安全性。

（1）加工工艺。

刚性法兰具有刚度大、承载力高、法兰盘厚度薄等优点。但由于有过多焊缝，易发生焊接变形。1000kV 构架法兰盘和钢管之间一般有 20 片以上的加劲板，每片加劲板与法兰盘及钢管分别由两条焊缝连接，总计有 80 条焊缝，进而整个节点有 160 条焊缝。过多的焊缝不仅加工繁琐，耗材增加，而且焊接残余应力难以计算。

柔性法兰采用中空插入式连接，即法兰盘与钢管通过内焊缝和外焊缝直接连接，避免了在法兰盘与钢管之间设置加劲肋。柔性法兰虽然在刚度上不如刚性法兰，但由于无加劲肋板，使其具有焊接工作量小、加工和安装方便、法兰平整度更易得到保证、焊接残余应力少等优点。

（2）法兰选择。

综合考虑构架受力性能、构架组合安装、法兰焊缝加工工艺、螺栓操作便利性、钢材用量及整体感观效果，自立式四边形变截面格构式构架柱底部首段法兰连接点采用刚性连接，其余段法兰连接点采用柔性法兰。构架梁采用柔性法兰。人字钢管柱与三角形变截面格构式钢梁构架均采用刚性法兰。构架柱内力最大处连接法兰采用刚性法兰。

构架柱其他法兰连接点柔性连接比刚性连接钢材用量节省约 33％～47％，构架整体简洁美观，法兰焊接工艺少，组合安装操作便利。

构架柱柔性法兰的法兰盘厚度为 22～24mm，焊缝应力比控制在 0.5 左右，同等设计条件下，法兰盘厚度可优化为20mm。优化后的法兰盘均满足设计荷载作用下的强度要求，也进一步节省钢材，既节省又美观。

构架梁法兰采用柔性法兰，较常规方案钢材用量可节省15.5%，焊缝工作量可减少76%，同时有构架梁整体美观、法兰盘焊接工艺少、组合安装操作便利、施工周期短等优点。

6. 构架抗震

(1) 1000kV构架宜采用格构式钢管柱和桁架梁组成的门型排架，也可采用人字形柱和三角形梁组成的排架结构。

(2) 构架应分段按多质点体系进行地震作用计算。地震作用效应计算简图与静力效应计算简图应一致，应分别验算沿导线方向和垂直导线方向的水平地震作用，且应由相应方向的抗侧力构件承担。

二、支架

1000kV设备支架采用自立式矩形变截面格构式结构，设备支架柱底部截面尺寸为1.2m×1.2m，上部截面尺寸为0.8m×0.8m。支架主材及腹杆均采用圆钢管。上部设备通过螺栓与设备支架连接。

500kV及110kV设备支架采用圆形钢管支架结构。

500kV以下电压等级设备支架的抗震计算通常将设备简化为一个质点，而1000kV设备高度高、体型细长，这种简化方法在地震作用计算时会产生较大的误差。因此，在对设备支架抗震计算时，地震加速度和地震影响系数的选取应与设备保持一致，将对支架和设备整体建模计算地震作用，按多质点进行地震作用计算，并考虑设备支架放大系数。采用钢管格构式台形设备支架，钢管格构柱能够提供更大的刚度并能承受更大的荷载，台形布置也能够提供较大的刚度。

设备支架多为细长且头重脚轻的结构，主要承受水平风荷载和支架顶设备的重力荷载。在支架设计中，采用增加钢管壁厚或杆件规格等措施以提高支架的抗震能力，为解决支架顶设备被剪断的问题，还应在构造上考虑加强与设备连接处的抗震能力，满足抗震构造措施。

三、围墙及大门

1. 围墙

(1) 特高压变电站宜采用不低于2.5m高的实体围墙，当控制噪声需设隔声屏障或围墙加高时，宜采用钢筋混凝土框架填充墙结构。

(2) 围墙宜采用环保材料，就地取材，不应采用高档装饰材料，围墙多采用清水砖墙或砂浆饰面。清水围墙构造柱采用定型钢模现浇，再植入水平拉结筋与后砌小型混凝土空心砌块连接牢靠，待砌筑完成养护一段时间后，再浇筑压顶、勾缝，该法施工工期相对较长。

（3）水泥砂浆饰面先砌筑墙，采用马牙槎预留构造柱位置，养护完成后即可浇筑混凝土压顶，最后进行墙体抹灰、拉毛，并在表面设分格缝。该法施工周期与清水围墙相当，但工艺要求相对较低，施工较为方便。

（4）变电站应根据噪声计算要求，合理设置降噪围墙（围墙上设置隔声屏障）。当降噪围墙高度不大于 2.5m 时，均可采用实体围墙；当降噪围墙高度大于 2.5m 时，2.5m 以上可采用实体围墙或者隔声屏障。隔声屏障段框架结构柱间距与隔声屏障厂家配合确定，屏障立柱宜采用 H 形钢结构，与框架结构柱顶宜采用地脚螺栓连接。

（5）站区砌体或框架结构的实体围墙应设伸缩缝，伸缩缝间距不宜大于 30m，严寒和寒冷地区不宜大于 20m。在围墙高度及地质条件变化处应设沉降缝。

（6）挖方区高边坡坡顶应设置钢丝网安全围栏，防止人员从高空跌落，围栏高度应不低于 1.5m。

（7）站内有安全防护要求的电气设备，应在设备或装置的周围设置安全防护围栏。

（8）站区主入口大门两侧的围墙、警传室应与站前区建筑相协调。

2. 大门

（1）站区主入口应面向当地主要道路方向，并考虑进站道路引接的便利。

（2）站区大门应与进站道路及站内主设备运输道路中心线对齐，门宽应满足站内大型设备的运输要求，并应设计便于人员出入的侧门。

（3）站区大门应根据站区所处地气候条件、安全保障要求及使用习惯，有针对性地选择实体平开大门、电动推拉大门、电动悬臂平移大门等站区大门型式。

（4）站区大门选型后，应由专业生产厂家进行深化设计、生产、安装、调试，以确保大门的质量及安全。

（5）有安全保障需求的变电站，需按要求考虑相应的安防设施。根据电力系统治安反恐防范要求，大门（包含大门一侧供人员通行的小门）应采取全封闭钢制结构，应达到防冲撞、防攀爬要求，设置高度（含防攀爬设施）应不小于 2.5m。

四、防火墙

（1）主变压器、1000kV 并联电抗器防火墙可采用钢筋混凝土框架填充墙结构或钢筋混凝土剪力墙结构。

（2）防火墙应满足不低于 3h 的耐火极限。

（3）基础可采用独立基础、条形基础或筏板基础。

（4）防火墙顶部宜设置压顶，并设置滴水槽。

（5）现浇钢筋混凝土防火墙的抗震等级应根据抗震设防类别按照 GB 50011—2010《建筑抗震设计规范》（2016 年版）确定，并应符合结构受力、变形和构造措施的相关要求。

（6）主变压器及高压电抗器防火墙应根据工艺要求设置爬梯。

（7）根据工艺要求，主变压器防火墙上部一般设置构架底座，用于固定主变压器构架。高压电抗器防火墙上部或侧面一般设置固定支柱绝缘子等设备的底座。底座宜布置在防火墙的主体结构上。

五、主变压器备用相快速更换用轨道

1. 轨道选择

轨道型号一般由变压器厂家提供，主要由变压器小车型号和变压器质量决定。轨道可以选择铁路重轨和起重机钢轨，铁路重轨有 38、43、50、60kg/m 和 75kg/m 规格，起重机钢轨有 QU70、QU80、QU100 和 QU120 规格。

起重机钢轨相对于铁路重轨有以下特点：

（1）起重机钢轨轨顶宽度较大，与车轮接触面较宽，可以减小接触应力。轨顶与腹板连接弧度半径较小，可以承受较大的轮压。

（2）起重机钢轨腹板厚度厚，抗侧向能力强。

（3）起重机钢轨截面高度较小，平面内抗弯刚度小，适用于轨道下有连续支撑的情况。

变压器搬运轨道承受荷载的特点是承受轮压大、使用频率低。变压器质量较大，一般选用起重机钢轨，运输轨道可选择 QU70 或 QU80 规格。若选用铁路重轨，应选择 50kg/m 以上规格。

2. 轨道安装

搬运轨道一般采用焊接连接或扣件固定连接，在基础伸缩缝处宜采用扣件固定连接。搬运轨道安装应满足误差要求，安装误差要求一般由变压器小车厂家提供。

3. 轨道基础和牵引孔设计

轨道基础可采用平筏板基础或带肋筏板基础，基础的宽度根据地基承载力确定，地基土承载力不满足时，轨道基础可采用桩基。带肋筏板基础两肋之间难以采用重型机械压实回填土，回填土压实困难，且钢筋绑扎和模板支设均不如平板筏形基础施工方便，因此一般情况下优先采用平筏板基础。

采用桩基时，轨道基础应按桩筏基础计算。采用天然基础时，轨道基础可按弹性地基梁计算。运输轨道基础一般长度可达 100～400m，属于超长结构。根据工程设计经验，基础可每隔 80m 左右设置一道温度伸缩缝，两道温度缝之间在中部设置一道后浇带，伸缩缝宽 30mm，缝内填充硅酮耐候密封胶封口或用其他高效防水材料填塞。

牵引孔采用圆形，采取预埋镀锌钢管成孔，避免牵引时对孔周围混凝土的挤压破坏，孔顶设置镀锌钢盖板，钢盖板与镀锌钢管之间设置橡胶垫，钢盖板与孔顶混凝土间设置扁铁边框保护，牵引孔四周设置加强钢筋。

4. 轨道基础与沟道的交叉处理

轨道基础的设计应考虑与电缆沟或电缆隧道、给水管道、排水管道及检修井、变压器排油管及检修井等构筑物的关系。

电缆沟在穿越轨道基础时，可以采用轨道基础中间开电缆孔，电缆孔截面尺寸同电缆沟，轨道基础在电缆孔顶部设置暗梁，电缆沟侧面和底部均设置加强钢筋。

给水管道与轨道基础交叉处，给水管道可从基础下方通过，也可以在轨道基础中部预留套管，套管四周设置加强钢筋。排油管道、排水管道与轨道基础交叉处，管道一般应从基础下方通过，也可以在轨道基础中部预留套管，套管四周设置加强钢筋。一般变压器排油管需连续穿越分支管道基础，需设置排水坡度。由于各处轨道基础标高不一致，因此难以将全部排油管均设计为从基础下方通过，必要时也可在轨道基础中预埋排油管套管。

六、GIS基础

已建的1000kV GIS多采用户外布置，仅锡盟和胜利1000kV变电站由于气候原因采用户内布置。已建的大部分GIS设备基础采用平板式筏形基础，部分变电站采用薄板基础与梁板式筏形基础。锡盟变电站采用钢筋混凝土箱形结构，GIS设备布置在箱体顶板上。

1000kV GIS设备基础上部为纵横交错布置的电缆沟，深度在0.4～1.0m之间，工艺要求主设备区域全部为平板，母线基础可采用支墩基础。因此，筏板的结构厚度约1.0m，主设备上部、在沟道之间填充1.0m厚相同强度的混凝土，主设备区域筏板总厚度约2.0m，受土壤冻结深度影响，寒冷地区筏板厚度在2.5m以上。

1. 筏板基础

结合GIS设备荷载大且分布不均的特点，设备主体基础可采用平板式筏形基础＋支墩组合的形式。筏板基础刚度大，可以减少地基土的压力并有效地调整基础的不均匀沉降，上部基础采用支墩，支墩之间采用硬化封闭，可减少大体积混凝土水化热及温度裂缝。但筏板基础混凝土用量大，经济性较差。

2. 箱形基础

箱形基础刚度大，抵御不均匀沉降能力强，有效减小填方区基础不均匀沉降；与筏板基础相比，减小了混凝土用量；顶板厚度较薄，大体积混凝土表面裂缝易控制；箱体内空腔兼作电缆沟，方便电缆敷设与检修，表面无盖板，外形美观；箱体底部根据冻深要求可换填毛石混凝土，箱体外侧苯板保温，有效提高基础防冻胀能力。但较筏板式基础，箱型基础配筋率较高，施工速度较慢，同时需考虑基础空箱内的排水问题。图15－7为箱形基础示意图。

3. 梁板式筏形基础

梁板式筏形基础，纵向（平行主母线方向）基础梁与桩相对应，断面为600mm×1200mm；上部筏基梁以电缆沟为界限，每组3根，间距3m左右，断面为300mm×

950mm，与电缆沟相邻的筏基梁兼作沟壁；顶部板厚350mm，满足化学锚栓的锚固要求。梁板式筏形基础比常规的平板式筏形基础具有更优越的温度变形协调性，有利于减小设备自身的温度应力，基础表面裂缝得到了有效控制。梁板式筏形基础平面、断面示意图见图15-8、图15-9。

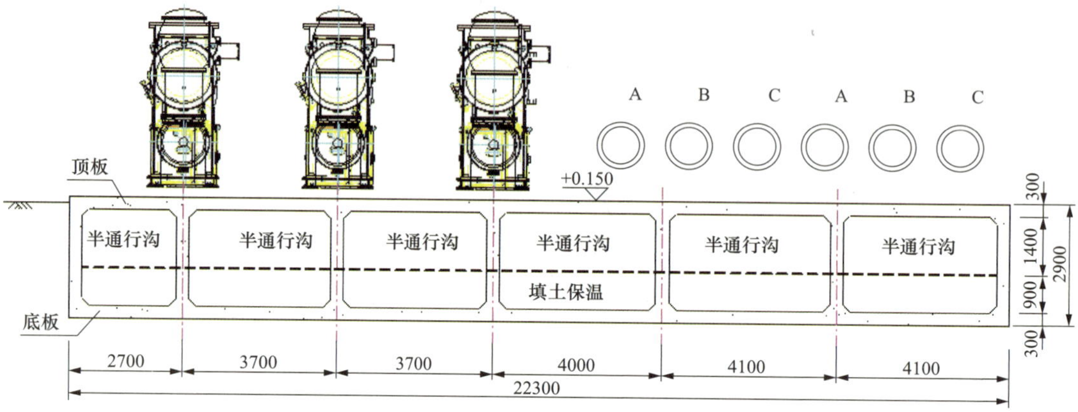

图15-7　箱形基础示意图

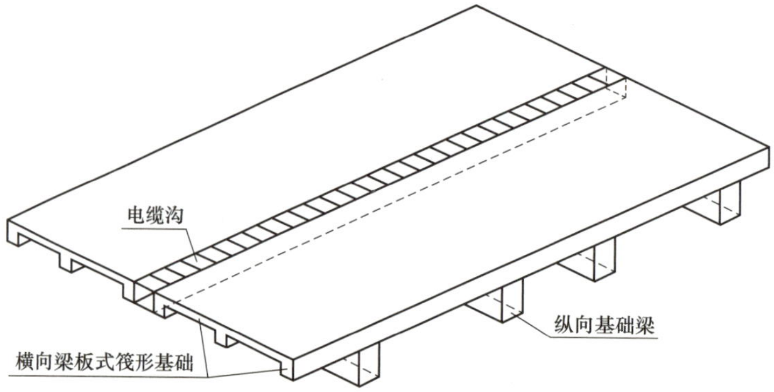

图15-8　梁板式筏形基础平面示意图

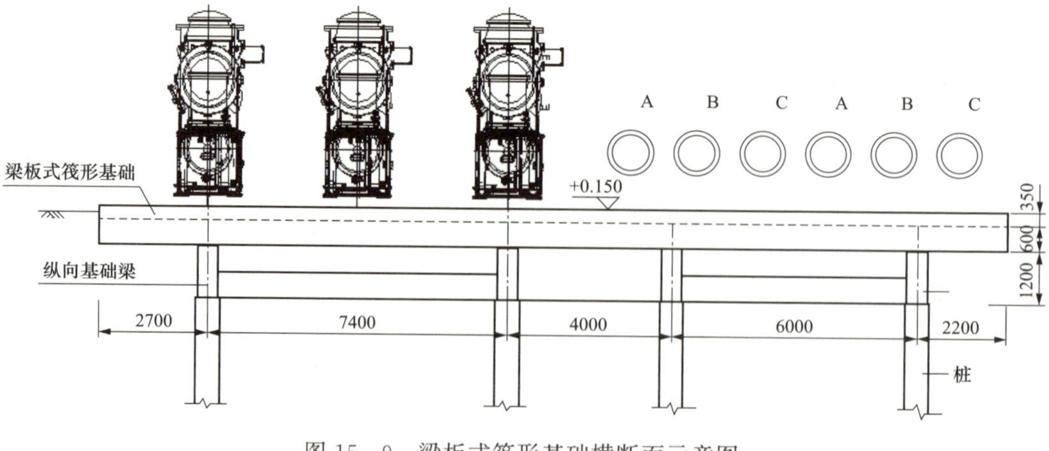

图15-9　梁板式筏形基础横断面示意图

4. 沉降要求

各 GIS 厂家对基础沉降的要求不同。设计应按照 GIS 厂家对基础沉降的要求进行基础设计，以确保 GIS 设备安全。各 GIS 厂家的通用要求如下：

（1）GIS 基础顶面为混凝土平板，母线设备可以采用支墩基础，但场地必须为混凝土地面。与设备厂家协商确定基础的沉降差要求。

（2）1000kV GIS 基础每个完整串设置一个伸缩缝（长度约 70m），GIS 设备在相应位置设置伸缩节。

（3）同一基础上任意相邻两块埋件的沉降差值与两块埋件之间的距离比不大于 1/1000，同一基础上所有埋件沉降差值不大于 30mm，伸缩缝处垂直方向最大沉降差不大于 20mm。

5. 大体积混凝土

按照 GB 50496—2018《大体积混凝土施工标准》规定，特高压变电站 GIS 基础属于大体积混凝土。大体积混凝土由于水泥凝结硬化过程中释放出大量的水化热，易产生温度裂缝；混凝土降温阶段如果降温过快，由于厚板收缩，又受到强大的摩阻力，可能导致收缩贯穿裂缝。此外，混凝土本身的收缩也可能造成裂缝的产生。因此，应该采取必要的措施控制 GIS 基础裂缝的产生和发展。

（1）优先选用收缩小的或具有微膨胀性的水泥。这种水泥在水化膨胀期（1～5d）可产生一定的预压应力，而在水化后期预压应力部分抵消温度徐变应力，减少混凝土内的拉应力，提高混凝土的抗裂能力。

（2）选择线膨胀系数小、岩石弹性模量低、表面清洁、无弱包裹层、级配良好的骨料，这样可以获得较小的空隙率及表面积，从而减少水泥的用量，降低水化热，减少干缩，减小了混凝土裂缝的开展。

（3）尽可能减少水的用量。水对混凝土具有双重作用，水化反应离不开水，但多余水贮存于混凝土体内，不仅会对混凝土的凝胶体结构和骨料与凝胶体间的界面过渡区（相）的结构发展带来影响，而且一旦这些水分损失后，凝胶体体积会收缩，如果收缩产生的内应力超过界面过渡区（相）的抗力，就有可能在此界面区产生微裂缝，降低混凝土内部抵抗拉应力的能力。

（4）混凝土中掺用适量的外加剂。例如，在混凝土中掺加粉煤灰，可提高混凝土的抗渗性、耐久性，减少收缩，降低胶凝材料体系的水化热，提高混凝土的抗拉强度，抑制碱集料反应，减少新拌混凝土的泌水等。这些措施均有利于提高混凝土的抗裂性能。另外常用的外加剂还有硅粉、减水剂、引气剂等。

（5）优化大体积混凝土配合比设计。主要是在满足工程结构设计的基础上，采用“三低复掺一高”（低砂率、低坍落度、低水胶比，掺高效减水剂、高性能引气剂、聚合物微纤维和其他需要掺加的材料，高粉煤灰掺量）的混凝土配合比设计准则，采取合理的材料配比，形成材料互补的优势，配制出具有较强适应恶劣环境条件的低发热量、中低弹性模量、低收缩或微膨胀、高徐变变形和高抗拉强度的抗裂混凝土。

（6）采用细直径、密配筋原则，增配构造筋提高抗裂性能。超长结构设计应考虑后浇带、膨胀带、膨胀混凝土、纤维混凝土等防裂措施。对于结构中高低错落处及结构交接处应通过增加构造钢筋予以加强；结构中的边缘部位应设置暗梁，提高该部位的配筋率，提高混凝土的极限拉伸；在孔洞周围以及转角处布置一些斜筋，从而让钢筋代替混凝土承担拉应力，这样可以有效的控制裂缝的发展。

（7）优化施工方案。采用适当的浇注方法和顺序，如“分段定点，一个坡度，薄层浇筑，循序推进，一次到顶”的方法等。严格控制混凝土入模温度，自来水可先放入地下蓄水池中降温，必要时对碎石洒水降温。在基础面筋上加设铁丝网或小直径钢筋网，以提高混凝土表面抗裂性。加强混凝土浇筑后的养护。

浙南1000kV变电站1000kV GIS基础表面裂缝（见图15－10）均处于300mm厚的面层混凝土中（基础分三层浇筑，底板厚1000mm，中间层厚650mm，面层厚300mm），裂缝未贯穿底部和中间层混凝土，目前GIS基础结构仍处于稳定可靠状态，满足设计要求，不影响设备稳定运行，暂未对此裂缝进行处理。后续对不影响设备底座支撑以及施工安全的裂纹基础，拟将面层300mm的混凝土破除，布置抗裂钢筋网片后重新浇筑混凝土；对影响设备底座支撑以及施工安全的裂纹基础，拟对裂缝采取环氧树脂灌注法进行修补加固。

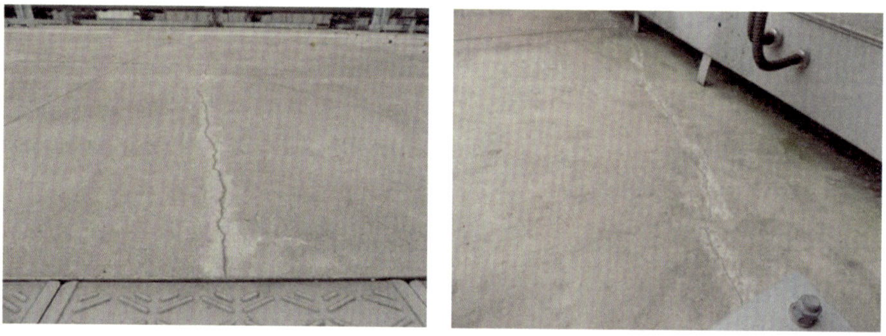

图15－10　1000kV GIS基础表面裂缝图

第三节　地　基　处　理

判别天然地基是否属于软弱地基或不良地基没有明确的界限，设计常常将不能满足建（构）筑物对地基要求的天然地基称为软弱地基或不良地基。因此，天然地基是否属于软弱地基或不良地基是相对的，并无严格的标准。

在土木工程建设中常常将下述地基土称为软弱土和不良土，主要包括软黏土、人工填土、部分砂土和粉土、湿陷性土、有机质土和泥炭土、膨胀土、盐渍土、垃圾土、多年冻土、岩溶、土洞和山区地基等。

一、已建及在建特高压变电站地质条件及地基处理方案

1. 软黏土

软黏土是软弱黏性土的简称。它是第四纪后期形成的海相、潟湖相、三角洲相、溺谷相和湖泊相的黏性土沉积物或河流冲积物，有的软黏土属于新近淤积物。软黏土大部分处于饱和状态，其天然含水量大于液限，孔隙比大于1.0。当天然孔隙比大于1.5时，称为淤泥；当天然孔隙比大于1.0而小于1.5时，称为淤泥质土。软黏土的特点是天然含水量高、天然孔隙比大、抗剪强度低、压缩系数高、渗透系数小。在荷载作用下，软黏土地基承载力低，地基沉降变形大，可能产生的不均匀沉降也大，而且沉降稳定历时比较长，一般需要几年，甚至几十年。软黏土地基是在工程建设中遇到最多需要进行地基处理的软弱地基，它广泛地分布在我国沿海及内地河流两岸和湖泊地区，如天津、连云港、上海、杭州、宁波、台州、温州、福州、厦门、湛江、广州、深圳、珠海等沿海地区，以及昆明、武汉、南京、马鞍山等内陆地区。

石家庄1000kV变电站站址内粉土承载力较低，压缩性较高，承载力特征值为100kPa，不适宜采用天然地基方案，对沉降变形敏感的设备地基处理方式为采用PHC高强预应力混凝土管桩基础。

泰州1000kV变电站站址区域内在勘探深度范围内，揭露的地层为①层素填土、①-1层淤泥、②层粉质黏土、③层黏粉土、④-1层黏土、④-2层黏土、④-3层黏土、⑤层粉质黏土、⑥-1层粉土、⑥-2层粉土、⑦层粉质黏土、⑧-1层黏土、⑧-2层黏土、⑨-1层粉质黏土、⑨-2层粉质黏土、⑩层粉砂夹粉土。①~④层分别是流塑至可塑状态，承载力低于110kPa，且存在液化层，地基处理方式为采用PHC高强预应力混凝土管桩基础。

北京东1000kV变电站站址区域内①层和②层粉质黏土的地基承载力特征值较高，可作为建（构）筑物的持力层。但①层和②层粉质黏土压缩模量偏低，因此站区内建（构）筑物（1000kV GIS基础和500kV GIS基础除外）的基础均以①层粉质黏土或②层粉质黏土为基础持力层，局部区域承载力或变形不满足要求时，采用换填级配碎石法处理，使级配碎石下卧层满足承载力和变形要求即可。一般情况下，换填厚度不大于3m。1000kV GIS设备基础和500kV GIS设备基础对沉降及沉降差要求较高，站区内①层和②层粉质黏土厚度较大，不易满足GIS设备基础的变形要求，因此北京东变电站1000kV GIS设备基础和500kV GIS设备基础采用桩筏基础，采用预制钢筋混凝土实心方桩，截面大小为500mm×500mm，桩端持力层为③层粉质黏土层，桩尖进入持力层1m，桩长为15~19m。

2. 人工填土

素填土是由碎石、砂或粉土、黏性土等的一种或几种组成的填土，其中不含杂质或含杂质较少。若经分层压实后则称为压实填土。近年开山填沟筑地、围海筑地工程

较多，填土常用开山石料，大小不一，有的直径达数米，填筑厚度有的达数十米，极不均匀。人工填土地基性质取决于填土性质、压实程度及堆填时间。

杂填土是人类活动形成的无规则堆积物，其成分复杂，性质也不相同，且无规律性。在大多数情况下，杂填土是比较疏松和不均匀的。在同一场地的不同位置地基承载力和压缩性也可能有较大的差异。

冲填土是由水力冲填泥沙形成的填土。冲填土的性质与所冲填泥沙的来源及冲填时的水力条件有密切关系。含黏土颗粒较多的冲填土往往是欠固结的，其强度和压缩性指标都比同类天然沉积土差。以粉细砂为主的冲填土，其性质基本上和粉细砂相同。

潍坊1000kV变电站填方区填土较厚地段，对于沉降敏感的建（构）筑物（1000kV GIS基础），采用桩基础，桩基持力层为强风化泥质砂岩层，桩型采用钻孔灌注桩。

临沂1000kV变电站站址区挖填较大，岩土工程条件及地基土的物理力学性质差，因此填方区主要建筑物初步推荐采用混凝土灌注桩，以②-4层作为桩基持力层，其他附属建筑物可根据其荷载大小，对上覆土层采用换填进行处理。

锡盟1000kV变电站站址填方区采用分层碾压的地基处理方案，即每300mm厚度碾压一次，并请具有检测资质的检测单位检测，由于场地回填土中砂土占比较大，碾压前掺15%石灰后能提高碾压回填质量，控制施工质量，碾压结束后提供可靠的地基设计参数，作为基础设计的依据。

胜利1000kV变电站站址地层上部有场平填土、素填土、碎石填土，最大填方深度6m，填方区建构筑物基础采用级配碎石换填，基底级配碎石换填与场平土方工程同时进行，清除场地耕植土及冻土后回填级配碎石至基底标高。此方案在降雨比较大时，应谨慎采用。

3. 部分砂土和粉土

主要指饱和粉砂土、饱和细砂土和砂质粉土。粒径大于0.25mm的颗粒不超过全重的50%，粒径大于0.075mm的颗粒超过全重的85%的称为细砂土。粒径大于0.075mm的颗粒不超过全重的85%，但超过50%称为粉砂土。粒径大于0.075mm的颗粒不超过全重的50%，而粒径小于0.005m的颗粒含量不超过全重的10%，塑性指数I不大于10的称为砂质粉土。处于饱和状态的细砂土、粉砂土和砂质粉土在静载作用下虽然具有较高的强度，但在机器振动、车辆荷载、波浪或地震力的反复作用下有可能产生液化或产生较大的震陷变形。地基会因地基土体液化而丧失承载能力。

济南1000kV变电站站址区域场地土①层粉土、②层粉质黏土、③层粉土、④层粉质黏土，其夹层物理力学特性较差，含水量大，属于饱和土，承载力较低，且①、②-1、③、④-1粉土按7度判别时，地震液化等级为中等至严重液化。根据变电站内建（构）筑物的重要性，针对本工程的地形、地貌及岩土工程地质条件的特点，应对站区内乙类建筑考虑液化影响，对沉降敏感的构筑物需要地基处理。工程实施方案为采用400mm×400mm截面的预制混凝土方桩。

晋中1000kV变电站站址区域地基土的工程性质总体上较差，属高压缩性土，且②-1层粉细砂、③-2层粉细砂液化，因此主要建筑物初步推荐采用混凝土预制桩，以⑥层可塑至硬塑粉质黏土层作为桩基持力层，其他附属建筑物可根据其荷载大小，对上覆土层采用换填处理。

4. 湿陷性土

湿陷性土包括湿陷性黄土、粉砂土，以及干旱、半干旱地区具有崩解性的碎石土等。是否属湿陷性土可根据野外浸水载荷试验确定。当在200kPa压力作用下附加变形量与载荷板宽之比大于0.015时称为湿陷性土。在工程建设中遇到较多的是湿陷性黄土。湿陷性黄土是指在覆盖土层的自重应力或自重应力和建筑物附加应力综合作用下，受水浸湿后，土的结构迅速破坏，并发生显著的附加沉降，其强度也迅速降低的黄土。黄土在我国特别发育，地层多、厚度大，广泛分布在甘肃、陕西、山西大部分地区，以及河南、河北、山东、宁夏、辽宁、新疆等部分地区。当黄土作为建筑物地基时，首先要判断它是否具有湿陷性，然后才考虑是否需要地基处理以及如何处理。

北京西1000kV变电站站址区域场地土①-1层黄土状粉土、①-2层黄土状粉质黏土、②-1层细砂、②-2层细砂和中粗砂、②-3层粉质黏土和粉土、③层粉质黏土、④层中粗砂，初步设计阶段采用强夯法地基处理方案，考虑站址土层情况及雨季施工考虑添加碎石，试夯后经过检测，发现承载力仅有50k～75kPa，不满足设计要求，工程实施过程中对地基处理方案进行了调整，采用PHC管桩及灰土换填方案。

5. 膨胀土

膨胀土是指黏粒成分主要由亲水性黏土矿物组成的黏性土。膨胀土在环境的温度和湿度变化时会产生强烈的胀缩变形。利用膨胀土作为建（构）筑物地基时，如果没有采取必要的地基处理措施，膨胀土饱水膨胀、失水收缩常会给建（构）筑物造成危害。膨胀土在我国分布范围很广，广西、云南、湖北、河南、安徽、四川、河北、山东、陕西、江苏、内蒙古、贵州和广东等地均有不同范围的分布。

南京1000kV变电站站址区域粉质黏土及黏土中含有灰白色高岭土，根据膨胀性检测报告，自有膨胀率为53.6%～63.5%，具有弱膨胀潜势，膨胀等级为一级。根据当地气象资料计算，站址地区大气影响深度为3m左右，大气影响急剧层深度为1.4m，需采取措施防止膨胀土的不利影响。采用增大基础埋深作为主要的防治措施，同时采用隔水、碎石垫层、宽散水、刚性混凝土地坪、二八灰土隔水层等作为辅助措施。

6. 山区地基

在山区常有可能遇到滑坡、崩塌和泥石流等不良地质现象，给建（构）筑物造成直接的或潜在的威胁。在山区修建建（构）筑物时要重视地基的稳定性，避免过大的不均匀沉降，必要时需进行地基处理。

浙北1000kV变电站站址区内地貌为构造低山剥蚀丘陵区，地貌主要为浑圆状的低山，地形起伏较大，地表高程为36.30～93.72m。站址范围内黏性土、碎石及全风化粉砂岩，下伏强风化、中等风化粉砂岩。

浅填方区（深度不大于3m）及围墙周围30m范围内采用机械碾压地基，深填方区采用强夯法加固地基，对于沟底软土层采用强夯置换或换填碎石土处理方案。强夯分层厚度为4m，夯击能为5000kN·m，锤径为2.4m，夯点间距为4.2m，正方形布置，停锤标准为最后2击平均夯沉量不大于5cm，点夯后以1500kN·m满夯一遍，每遍4击。

二、其他地质条件

1. 有机质土和泥炭土

土中有机质含量大于5%时称为有机质土，大于60%时称为泥炭土。基土中有机质含量高，强度往往降低，压缩性增大，特别是泥炭土，其含水量极高，有时可达200%以上，压缩性很大，且不均匀，一般不宜作为建筑物地基，如用作建筑物地基要进行地基处理。

2. 垃圾土

城市废弃的工业垃圾和生活垃圾形成的地基土。垃圾土的性质很大程度上取决于废弃垃圾的类别和堆积时间。垃圾土的性质十分复杂，垃圾土成分不仅具有区域性，而且与堆积的季节性有关。生活垃圾比工业垃圾更为复杂。垃圾堆场的地基处理已成为岩土工程师的工作内容，不仅要保持垃圾土地基稳定，而且要解决垃圾污染地下水源等环境保护问题。垃圾堆场的再利用也已引起人们的重视。

3. 盐渍土

土中含盐量超过一定数量的土称为盐渍土。盐渍土地基浸水后，土中盐溶解可能产生地基溶陷，某些盐渍土（如含硫酸钠的土）在环境温度和湿度变化时，可能产生土体体积膨胀。除此外，盐渍土中的盐溶液还会导致建筑物材料和市政设施材料的腐蚀，造成建筑物或市政设施的破坏。

我国盐渍土主要分布在西北干旱地区地势低洼的盆地和平原中，滨海地区也有分布。

4. 多年冻土

多年冻土是指温度连续三年或三年以上保持在摄氏零度或零度以下，并含有冰的土层。多年冻土的强度和变形有许多特殊性。例如，冻土中因有冰和未冰水存在，故在长期荷载作用下有强烈的流变性。多年冻土在人类活动影响下，可能产生融化。因此多年冻土作为建筑物地基需慎重考虑，需要采取必要的地基处理措施。

5. 岩溶、土洞

岩溶或称“喀斯特”，它是石灰岩、白云岩、泥灰岩、大理石、岩盐、石膏等可溶性岩层受水的化学和机械作用而形成的溶洞、溶沟、裂隙，以及由于溶洞的顶板塌落使地表产生陷穴、洼地等现象和作用的总称。

土洞是岩溶地区上覆土层被地下水冲蚀或被地下水潜蚀所形成的洞穴。

岩溶和土洞对建（构）筑物的影响很大，可能造成地面变形、地基陷落，发生水的渗漏和涌水现象。在岩溶地区修建建筑物时要特别重视岩溶和土洞的影响。回山区地基地质条件比较复杂，主要表现在地基的不均匀性和场地的稳定性两方面。山区基岩表面起伏大，且可能有大块孤石，这些因素常会导致建筑物基础产生不均匀沉降。

已投运和在建的特高压变电站建设过程中还未遇见过以上这几种地质情况。后续工程中，如果站址区域处在以上列举的地质条件下，设计应通过详细的技术经济比较，充分论证后确定地基处理方案，以确保变电站安全运行。

第十六章　水工及暖通

特高压变电站的水工和暖通作为辅助系统，保障变电站的日常生产及安全运行。

水工部分主要包括给水、排水和节水设计。给水设计主要研究特高压变电站的室外给水、建筑给水和消防给水；排水设计研究排水系统、雨水排水、生活污水处理、事故排油、排水泵房（池）、蒸发池、排水管道及其附属构筑物和消防排水；节水设计研究建筑节水、雨水和污废水再利用措施。与超高压变电工程相比，特高压变电工程消防用水量增大，变电站对站址水源、供排水设施等提出了更高的要求。

暖通部分主要包括室内环境标准及供暖、空调、通风、空调防火设计。暖通设计研究在一定的室内环境标准条件下，供暖设计和空调设计的系统型式、负荷计算，各建筑物的通风负荷和通风设计，以及防火设计。

第一节　水　　工

一、主要原则

特高压变电站给排水设计应符合国家的基本建设方针和技术经济政策，安全可靠、先进适用、经济合理、资源节约、环境友好；执行国家环境保护方面的法律、法规，遵循“清洁生产、总量控制、达标排放”的原则，对生产过程中所产生的各类污染物进行有效治理，减轻废水等对环境的影响。

特高压变电站给排水设计按照特高压变电站规划容量统一规划和布置，对于扩建和改造工程要充分发挥原有设施的效能。工程设计中，应与水文地质、水文气象、勘测、工程地质等专业密切配合；结合工程所在地具体情况，通过技术经济比较，选择经济合理的设计方案；应注意节约用水，降低耗水量，提高水的综合利用率。

二、给水设计

（一）室外给水

1. 用水量、水质、水压

室外给水系统应满足特高压变电站的用水量、水质、水压的要求。特高压变电站用水项目包括生活用水（包括饮用水、洗涤水、便器冲洗水等）及淋浴用水、消防用水（详见第十七章消防部分）、生产用水（只有当站内有 SVC 且冷却方式采用水冷方式时需要冷却用水）、浇洒及绿化用水、未预见用水及管网漏失水量。

特高压变电站用水量应符合国家的相关标准，其中用水量定额标准为：生活用水定额可采用 30～50L/（人·班），每班用水时间宜取 8h，小时变化系数宜采用 2.5～3.0；淋浴用水定额可采用 40～60L/（人·次），延续用水时间宜取 1h；消防用水量根据工程具体情况通过计算确定，特高压变电站的消防用水量比超高压变电站大，详见第十七章消防部分；生产用水项目及用水量根据工程具体情况和工艺要求确定；浇洒及绿化用水量可合并采用 1.0～2.0L/（m^2·日）；设置给水处理设施时应考虑系统自用水量；未预见用水量及管网的漏失水量可合并计算，可按除消防用水以外的最高日用水量的 15%～25%计算。

处理后达标的污（废）水或雨水用于浇洒道路和绿化时，计入特高压变电站用水项目的浇洒及绿化用水量可相应减少。

特高压变电站生活饮用水水质应符合 GB 5749—2006《生活饮用水卫生标准》的规定。当采用非饮用水作为便器冲洗、浇洒、绿化等用水时，其水质应符合 GB/T 18920—2020《城市污水再生利用城市杂用水水质》的要求；生产用水水质应符合现行国家标准的相关规定。

特高压变电站供水管网水压应满足最不利点所需压力要求，经计算确定。

2. 水源选择

特高压变电站的用水量较大，所以水源应稳定可靠。水源可选用自来水、地下水或地表水，有条件时宜优先选用自来水。水源选择满足特高压消防用水的要求，当水源采用永临结合方式时，应满足施工期间的用水需要，否则应采取临时供水措施。

特高压变电站的水源选择前，必须进行水资源的勘察，取得准确的勘察资料。水源的选择应通过技术经济比较后综合考虑确定。在规划所允许的取水区域取水；可取水量充沛可靠，满足特高压变电站全寿命周期的需要；原水水质符合国家有关现行标准要求；当水源为地表水时，水源应满足 GB 3838—2002《地表水环境质量标准》中Ⅲ类及以上水域标准；当水源为地下水时，水源水质应满足 GB/T 14848—2017《地下水质量标准》中Ⅲ类及以上水质标准或经适当处理后可作生活饮用水的Ⅳ类水质标准。水源应满足施工、运行、维护管理方便的要求。

当采用地下水作为供水水源时，应有确切的水文地质资料，水源水质应符合 GB/T

14848—2017《地下水质量标准》的规定，取水量必须小于允许开采量，严禁盲目开采。地下水开采后，不应引起水位持续下降、水质恶化及地面沉降。

当采用地表水作为供水水源时，水源水质应符合 GB 3838—2002《地表水环境质量标准》的规定，其设计枯水流量的保证率宜采用 90%～97%，且应设置安全可靠的取水措施；当有生产用水时，设计枯水流量的保证率宜采用 97%，当不满足要求时，应对水源安全性进行论证后确定。

确定水源、取水地点和取水量等，应取得相关部门同意。生活饮用水水源的卫生防护应符合有关标准、规范的规定。特高压变电站的取水量较大，应选择距离较近的稳定可靠水源。

3. 供水方式

特高压变电站的供水方式应根据水源条件和用水要求确定，当水源水量、水压、水质均能满足用水要求时，可采用直接供水方式；当水源的水量不能满足要求时，应设置相应的贮水调节设施；当水源的水压不能满足用水要求时，应设置加压装置；当水源的水质不能满足用水要求时，应设置给水处理装置。生产给水系统（若有）、消防给水系统应独立设置，其他给水系统可合并设置。给水系统应设置计量装置。

生活加压给水系统宜采用变频调速或气压供水方式，设计应符合 GB 50015—2019《建筑给水排水设计标准》和 CJJ 140—2010《二次供水工程技术规程》的规定。

生活水箱（池）的有效容积宜按最高日生活用水量的 20%～25%确定，当用水量变化较大或水源条件不稳定时，水箱有效容积应适当加大，比如西北缺水地区或其他取水困难地区的站址，其生活水箱（池）的有效容积适当加大。生活水箱（池）内的水在 48h 内不能得到更新时，应设置水消毒处理装置，并应设置液位显示及高低液位报警装置，信号应传至有人值班处。寒冷地区的生活水箱（池）和供水设施应有防冻措施。

水箱（池）人孔、通气管、溢流管应有防止昆虫爬入水箱（池）的措施，泄空管和溢流管的出口，不得直接与排水构筑物或排水管道相连接，应采取间接排水的方式。水箱（池）应设有水位监测和溢流报警装置，信息应传至有人值班处。

中水、回用雨水等非生活饮用水管道严禁与生活饮用水管道连接。生活饮用水不得因管道内产生虹吸、背压回流而受污染。从生活饮用水管道接至消防用水管道时，在消防管道起端应设置倒流防止器。

4. 取水构筑物

当特高压变电站水源采用地下水或地表水时，应进行取水构筑物的设计，并按 GB 50013—2018《室外给水设计标准》的有关规定执行。

地下水取水构筑物形式应根据实际工程水文地质条件具体分析确定，采用管井取地下水时，管井设计应按 GB 50296—2014《管井技术规范》的规定执行。打井数量应根据水量需要和供水安全性要求确定。特高压变电站采用管井或大口井取水时不设置备用井。当采用多井联合供水方式时，为避免干扰，井间应有足够的距离，距离视当地水文地质条件确定。地下水取水构筑物应有防止地面污水和非取水层水渗入的措施。

地表水取水构筑物的形式应根据取水量和水质要求，结合河床地形及地质、河床冲淤、水深及水位变幅、泥沙及漂浮物、冰情和航运等因素以及施工条件，在保证安全可靠的前提下，通过技术经济比较确定。

特高压变电站的取水量较大，取水设备规格也较大，设计时应进行相应计算。

5. 输水管道

特高压变电站的输水量较大，从水源至特高压变电站的输水管道的设计流量应通过计算确定，当站内设有调节构筑物时，应按最高日平均时供水量确定；当无调节构筑物时，应按最高日最高时供水量确定。当输水管道的设计流量负有消防给水任务时，应包括消防流量或消防补充流量。

特高压变电站的输水管道系统输水方式主要有重力方式、压力方式，应根据工程情况经技术经济比较后确定，系统运行中，应保证在各种设计工况下，管道不出现负压。输水管道压力不能满足供水要求时，应设置二次增压设施。并且，特高压变电站每路水源宜设置独立的输水管道。输水管道的水力计算应符合 GB 50013—2018《室外给水设计标准》的相关规定。

输水管道路径的选择宜缩短管线长度，避开不良地质构造处，沿现有或规划道路敷设；减少拆迁，少占良田，少毁植被，保护环境；施工、维护方便，节省造价，运行安全可靠。长距离输水工程应深入进行管线实地勘察和管线路径方案比选优化；进行管材、管径、设备的比选优化；进行必要的水锤分析计算，并对管路系统采取水锤综合防护设计；设置测流、测压点，并根据需要设置遥测、遥信、遥控系统。

输水管道设计应符合 GB 50013—2018《室外给水设计标准》的相关规定。输水管道宜在起点、终点，穿越河道、铁路、公路段以及需要事故检修的地方设置阀门；在隆起点和一定距离处应设空气阀等排气措施；输水管道低洼处及阀门间管段低处，应根据工程的需要设置泄（排）水阀门；输水管道的埋设深度应根据外部荷载、管材性能、抗浮要求及与其他管道交叉等因素确定，冰冻地区，管顶最小覆土深度宜采用土壤冰冻线以下 0.30m；输水管道的地基、基础、垫层、回填土压实密度等要求应根据管材的性质，结合管道埋设处的具体情况，按 GB 50332—2002《给水排水工程管道结构设计规范》的规定确定。

非整体连接输水管道在垂直和水平方向转弯处、分叉处、管道端部堵头处，以及管径截面变化处宜设置支墩，根据 GB 50332—2002《给水排水工程管道结构设计规范》的要求计算确定。

输水管道材质的选择应根据管径、内压、外部荷载和管道敷设区的地形、地质、管材的供应条件确定，应满足运行安全、耐久、减少漏损、施工和维护方便、经济合理及防止二次污染的原则要求。金属管道进站前应采取绝缘隔离措施。敷设在膨胀土、湿陷性黄土、多年冻土、地震区、断层或断裂带等特殊地区的管道还应满足相关规范要求。

管道施工后应进行管道冲洗和水压试验，按 GB 50268—2008《给水排水管道工程施工及验收规范》的有关规定执行。

6. 给水泵房

给水泵房的设置根据水源条件、供水方式等情况确定，给水泵房可单独设置或与其他建筑物合建。泵房的主要通道宽度不应小于 1.2m，泵房内应设有检修水泵的场地，保证泵轴和电动机转子在检修时能拆卸。泵房内的起重设备应根据最大一台设备的质量确定：起重量小于 0.5t 时，采用固定吊钩或移动吊架；起重量为 0.5～3t 时，采用手动或电动起重设备；起重量在 3t 以上时，采用电动起重设备。

给水泵房附设在有办公、休息用房的建筑物内时，应采用减振防噪措施：选用低噪声水泵机组；吸水管和出水管上应设置减振装置；水泵机组的基础应设置减振装置；管道支架、吊架和管道穿墙、楼板处应采取防止固体传声措施；必要时，泵房的墙壁和天花应采取隔声吸声处理。

泵房应根据工程具体情况设计相应的采暖、通风、排水设施。采暖应满足给水设备安全运行的要求。

水泵宜采用自灌式吸水，应设置备用，备用水泵型号宜与最大一台工作水泵一致，水泵宜自动切换交替运行，水泵的选择应符合高效节能要求。水泵机组布置及管道的设计应符合 GB 50265—2010《泵站设计规范》、GB 50015—2019《建筑给水设计规范》的规定。设备运行及故障信号应传至有人值班处，必要时可进行远程控制。智能化特高压变电站给水系统设计应满足智能化设计要求，设备运行及故障信号传至有人值班处，必要时应实现远方控制。

7. 给水管网

特高压变电站内的给水管网应按最高日最高时供水量及设计水压进行水力计算，可布置成枝状管网。生活给水管道敷设应避免受到污染，与污水管道交叉时，给水管道宜敷设在上面，且不应有接口重叠；当给水管道敷设在下面时，应采用钢套管保护，钢套管的两端应采用防水材料封闭。敷设在室外综合管沟内的给水管道，管道间距应满足管道和阀门的安装、操作、检修的要求，管沟应设有检修孔及排水措施，寒冷地区管沟和敷设在管沟内的管道应采取防冻措施。

非饮用水管道严禁与生活饮用水管道连接，在非饮用水管道上接出用水设施时，应采取防止误饮误用的措施。

站区给水管道的覆土深度应根据土壤冰冻深度、车辆荷载、管道材质及管道交叉等因素确定。管顶最小覆土深度不得小于土壤冰冻线以下 0.15m，在行车道下的管线覆土深度不宜小于0.7m。露天管道应有调节管道伸缩设施，并设置保证管道整体稳定的措施，还应根据需要采取防冻保温措施。

室外给水管道与建（构）筑物及其他地下管线的最小水平和垂直净距应符合GB 50013—2018《室外给水设计标准》、GB 50015—2019《建筑给水设计规范》和DL/T 5056—2007《变电站总布置设计技术规程》的规定。

室外给水管道上的阀门宜设置阀门井或阀门套筒，寒冷地区阀门井应设置防冻措施。管道的地基、基础、垫层、回填土压实密度等要求应符合GB 50332—2002《给水排水工程管道结构设计规范》的规定。敷设在膨胀土、湿陷性黄土、多年冻土、地震区、断层或断裂带等特殊地区的管道还应满足相关规范要求。

给水管道的材质可根据管径、内压、外部荷载和管道敷设区的地形、地质、管材的供应情况确定，应符合运行安全、耐久、减少漏损、施工和维护方便、经济合理，以及生活给水管道防止二次污染的原则。给水管网应根据需要设置检修泄（排）水阀门。

给水管道施工后应进行冲洗和试压，生活给水管道应进行消毒，应按GB 50268—2008《给水排水管道工程施工及验收规范》的有关规定执行。

8. 给水处理

当水源水质不能满足特高压变电站用水水质要求时，应采取处理措施。

设计给水处理措施时，应取得水质的全分析资料；给水处理的工艺流程及设备选择应根据原水水质和所要求达到的水质标准确定。特高压变电站应采用技术成熟的给水处理设备，如一体化净水设备不设备用。给水处理过程应实现自动控制，设备运行及故障信号应传至有人值班处。在寒冷地区给水处理设施应采取防冻措施。

9. 管材及附件

特高压变电站内的生活给水管道一般采用塑料给水管（PE）、塑料给水管（PPR）、衬塑镀锌钢管或钢丝网骨架塑料（聚乙烯）复合管。

降温冲洗及绿化浇洒管道可采用镀锌钢管、PE管或PPR塑料管。

寒冷及严寒地区的地下给水管应敷设在冻土深度以下，当不能满足时应增设相应保温措施。

（二）建筑给水

建筑给水系统应满足建（构）筑物内各用水点的设计流量和水压需求。建筑室内给水管道设计应按GB 50015—2019《建筑给水排水设计标准》的规定执行。室内给水管道不应穿越或布置在电气设备房间内。室内给水管道防结露保冷设计应按GB/T 4272—2008《设备及管道绝热技术通则》的规定执行。

室内生活给水系统宜采用塑料给水管、有衬里的铸铁给水管、铜管或不锈钢管。

生活给水管的设计秒流量应根据卫生器具类型、用水定额、使用人数、使用时数等参数计算得出。

给水干管上接出的支管宜设检修阀门，支管一般采用暗敷。生活饮用水不得因管道内产生虹吸、背压回流而受污染。

热水供应系统的选择，应根据使用要求、耗热量及用水点分布情况，结合热源条件确定，一般选择电热水器、太阳能热水器等。

（三）消防给水

特高压变电站的规划和设计应同时设计消防给水系统。消防水源应有可靠的保证。当站内建筑物满足耐火等级不低于二级，体积不超过 $3000m^3$，且火灾危险性为戊类时，可不设消防给水。

特高压变电站的消防给水系统应独立设置。特高压变电站消防给水水量应按同一时间内一次最大灭火用水量计算。

室外变压器、电抗器采用固定式水灭火系统时，应设置室外消火栓系统，其消防用水的设计流量应由同时作用的固定式水灭火系统设计流量和室外消火栓系统设计流量组成。特高压变电站的室内消火栓系统、室外消火栓系统、固定式水灭火系统等消防给水系统可合并设置，供水管路沿水流方向应在报警阀前分开设置。

特高压变电站的消防给水系统设计应符合 GB 50016—2014《建筑设计防火规范》（2018 年版）、GB 50229—2019《火力发电厂与变电站设计防火标准》及 GB 50974—2014《消防给水及消火栓系统技术规范》的规定。

建筑室内外消防用水量、水压及延续时间应符合 GB 50016—2014《建筑设计防火规范》（2018 年版）、GB 50229—2019《火力发电厂与变电站设计防火标准》和 GB 50974—2014《消防给水及消火栓系统技术规范》的有关规定。

由于特高压变电站的消防用水量较大，通常需设消防水池。消防水池补水时间不宜大于 48h，进水管管径不应小于 DN100。消防水池溢流排水采用间接排水。

消防泵应采取自灌式吸水方式，消防泵应设置备用泵，备用泵的性能应与工作泵性能一致。

消防给水系统埋地管道可选用钢管、钢丝网骨架塑料复合管、球墨铸铁管等管材，金属管道应采取接地和可靠防腐措施；室内外架空管道应采用热浸镀锌钢管等金属管材。

三、排水设计

（一）排水系统

特高压变电站的排水设计应符合 GB 50014—2021《室外排水设计标准》和 GB 50015—2019《建筑给水排水设计标准》的规定。排水宜包括雨水排水、生活污水处理、事故排油、生产废水、消防排水等。排水系统宜采用分流制。排水系统宜设置为自流排水系统，不具备自流排水条件时应采用水泵升压排水方式。

（二）雨水排水

雨水排水系统负责收集并排出站区围墙内的地面/屋面雨水。径流系数可按表16－1的规定取值，汇水面积的平均径流系数按地面种类加权平均计算。

表16－1 径流系数

地面种类	径流系数
各种屋面、混凝土或沥青路（地）面	0.85～0.95
干砌砖石或碎石地面	0.35～0.40
非铺砌土地面	0.25～0.35
绿地	0.10～0.20

特高压变电站应根据不同地区的暴雨强度公式计算设计暴雨强度。

由于特高压变电站的规模和输送容量越来越大，短期积水对变电站的安全运行造成较严重威胁，对于气象资料要重点关注近几年的降雨趋势，为防止站内洪涝灾害可适当提高设计暴雨流量。雨水管渠设计重现期应根据汇水地区性质、地形特点和气候特征等因素确定。雨水管渠设计重现期宜采用2～3年，特高压变电站的雨水管道设计重现期可适当提高，采用3～5年。对于降雨量比较大的南方地区、湿陷性黄土或其他重要地区可选用较高的重现期。

当雨水径流量增大，排水管渠的输送能力不能满足要求时，可设雨水调蓄池。

雨水排水需结合站址附近的水体情况，并在征得当地水务部门的同意后，确定排入的最终水体。根据站址边坡特点及环保要求，有条件的站址可考虑设置2个及以上总排出口，以减少管道埋深。

雨水排水尽量采取重力自流方式，在地形等外界条件不容许的情况下考虑采取抽排方式。

当站址附近地形较为平坦，无合适的排入水体而当地的蒸发量比较大时，也可考虑设置蒸发池或雨水调蓄池作为雨水最终出路。

对于湿陷性黄土或其他重要地区，可酌情增设雨水口，加大站区雨水排水管的排水能力，避免场地因水浸泡塌陷。

电缆沟内排水坡度及排水口设置应合理，避免积水及防冻。变电站场地应合理布置雨水口，注意场地被电缆沟、巡视小道及建筑物进出通道等分割后的排水，避免形成排水死角。检查井应避免布置在道路上。

为避免室外排水管道埋设过深，应合理布置地下管道，尽量减少管道之间的相互交叉以及管道与电缆沟的交叉；合理布置事故油池的位置，尽量避免排油管穿越电缆隧道，尽量将事故油池布置于排水干管下游，减少深埋管道长度。

排水压力管道应进行水压试验，无压管道应进行严密性试验，试验应符合GB 50268—2008《给水排水管道工程施工及验收规范》的规定。

（三）生活污水处理

生活污水量根据生活用水量的情况来考虑。一般生活污水排水定额为其相应的生活给水系统用水定额的80%～90%。小时变化系数与其相应的生活给水系统小时变化系数相同。

由于特高压变电站的生活污水量较少，生活污水排水量可按90%生活用水量考虑。

变电站的生活污水处理方案按站址附近有无城镇污水处理设施考虑。如站址附近有城镇污水管网，变电站内需设置化粪池及食堂排水隔油池，出水水质应符合GB/T 31962—2015《污水排入城镇下水道水质标准》的规定。当站址附近无城镇污水管网时，一般站区生活污水经生化处理达到GB/T 18920—2020《城市污水再生利用城市杂用水水质》标准后储存在复用水池内，回用于站区绿化或采用环卫车拖走，不外排。

污水处理设备的处理能力根据生活污水量确定，原则上全站设置一套，布置在站前区主控通信楼附近。

公共食堂的含油污水应经除油装置后方可排入污水管道。温度高于40℃的排水，在排入排水管道之前应设降温池。

生活污水处理设施的工艺流程应根据污水性质、回用或排放要求确定。生活污水处理宜采用小型一体化污水处理设备，不设备用。生活污水处理设备宜采用地埋式敷设，不宜设置在车行道路下，当无法避免时，应按照地面荷载情况进行设计计算。生活污水处理设备前应设调节池，调节池有效容积可根据最大日生活污水量确定。生活污水处理设施与生活水池水平净距不得小于10m。生活污水处理设施应选用耐腐蚀材料或进行防腐处理。寒冷地区生活污水处理设施应有防冻措施。生活污水处理构筑物运行噪声不得超过GB 3096—2008《声环境质量标准》的要求。站内污水有条件接入城镇下水道或污水处理厂时，其出水水质应符合GB/T 31962—2015《污水排入城镇下水道水质标准》的规定。

特高压变电站内设有化粪池时，化粪池距离地下水取水构筑物不得小于30m；化粪池宜设置在接户管的下游端，便于机动车清掏的位置；化粪池池外壁距建筑物外墙不宜小于5m，并不得影响建筑物基础；化粪池池壁和池底应采取有效防渗措施，防止渗漏；化粪池顶板上应设有通气管、人孔和盖板。

（四）事故排油

变电站内油浸电气设备（包括主变压器、站用变压器、高压电抗器等）的事故排油，经设备下部的油坑收集，通过地下排油管道汇入布置在设备附近的事故集油池内，进行油水分离后，水排出至雨水排水管网，事故油保留在事故集油池内，可通过有资质的单位回收。

事故集油池设计有效容积，按容纳接入的油量最大的一台含油设备100%油量考虑。

事故油池有效容积等于最大单台换流变压器油量/绝缘油密度。

排油管的管径和坡度设计宜按 20min 将事故油排尽确定，当油浸式电气设备等含油设备设有固定灭火设施时，应包含灭火系统流量。

排油管设计流量等于排油流量与灭火系统流量之和。

变电站的事故集油池根据油浸电气设备（包括换流变压器、站用变压器、电抗器等）的布置合理确定数量和位置。

设置了应急排油系统的应急排油管宜直接排至附近的排油检查井。

事故油池可设置为圆形或方形，其进出管高差需满足可将水全部排出的要求。

事故排油检查井的做法按污水排水检查井国标图实施。

（五）排水泵房（池）

当特高压变电站附近地形等外界条件不容许排水采取重力自流方式排除的情况下可考虑采取抽排方式。由于特高压变电站的规模和输送容量越来越大，为防止站内洪涝灾害，排水泵房（池）宜按远期规模设计，水泵机组可按本期规模配置。水泵机组出口应设置止回阀或其他防倒灌措施，防止管路中的水流倒灌损坏水泵和水淹泵房。排水泵房（池）的设计应符合 GB 50014—2021《室外排水设计标准》、GB 50015—2019《建筑给水排水设计标准》的规定。

排水泵房（池）宜设计为单独的建（构）筑物。

集水池的设置原则。污水泵站集水池的容积不应小于最大一台水泵 5min 的出水量；雨水泵站集水池的容积不应小于最大一台水泵 30s 的出水量；水泵机组为自动控制时，集水池的容积应满足水泵每小时启动不得超过 6 次的要求；集水池内应设置液位控制开关，排水泵的运行应根据液位的变化自动控制；污水和雨水流人集水池前均应通过格栅，人工清除格栅的栅条间隙宽度宜为 25～40mm，安装角度宜为 30°～60°；集水池的最低设计水位应满足排水泵吸水要求，并设有高低液位报警功能，信号应传至有人值班处；集水池底应设有坡度。

排水泵的设置原则。水泵宜选用同一型号，台数不应少于 2 台，当水量变化很大时，可配置不同规格的水泵，但不宜超过两种；污水泵应设置备用泵，雨水泵可不设置备用泵；排水泵宜采用自灌式吸水方式；排水泵应选择耐腐蚀、大流通量、不易堵塞的设备；每台排水泵的出水管上均应设置止回阀、闸阀；地下建筑物应设置自动排水设施；宜根据水泵安装和检修需要设置起吊设施。

（六）蒸发池

特高压变电站在工程前期应确定可靠排水点，一般情况下不采用设置蒸发池的方案。

采用设置蒸发池方案，应经技术经济比较并征求运维部门意见。蒸发池的容积应不小于排入其中的排水量之和减去蒸发量。雨水蒸发池的容积按多年雨季平均降水量计算，考虑到雨水收集过程中下渗导致的土壤储水等因素，按 0.65 的系数考虑，特高压变电站可适当加大系数。此外还应结合全年和逐月蒸发量综合考虑。

蒸发池的布置位置应便于运维部门清运。

（七）排水管道及其附属构筑物

排水管道应根据特高压变电站最终规模统一规划和布置。排水管材应根据排水水质、水温、冰冻情况、断面尺寸、管内外所受压力、土质、地下水位、地下水腐蚀性及施工条件等因素进行选择。

1. 排水管道材料

除特殊环境外，站内雨污水排水管道管径 DN 不小于 300mm 时采用钢筋混凝土管，过道路的雨水口连接管采用钢筋混凝土管，其他雨水口连接管可以采用 FRPP 或 HDPE 等塑料管。对于设有雨水泵站的变电站，雨水泵站加压后的排水管可采用焊接钢管。

事故排油管可采用加厚级无缝钢管、焊接钢管，埋地管道采取管内外防腐措施，外防腐采取不小于加强级外防腐措施。

输送腐蚀性污水或生产废水的管道必须采用耐腐蚀材料，其接口及附属构筑物必须采取相应的防腐蚀措施。

2. 排水管道接口

管道接口应根据管道材质和地质条件确定，污水及合流管道应采用柔性接口。当管道穿过粉砂、细砂层并在最高地下水位以下，或在地震设防烈度为 7 度及以上设防区时，必须采用柔性接口。塑料管道与检查井应采用柔性连接。

3. 排水管道基础

管道基础应根据管道材质、接口形式、埋设深度和地质条件确定，埋地塑料排水管道不应采用刚性基础。管顶最小覆土深度应根据管材强度、外部荷载、土壤冰冻深度和地基承载力等条件，结合当地埋管经验确定，人行道下不宜小于 0.60m，车行道下不宜小于 0.70m。排水管道宜埋设在冰冻线以下，生活污水接户管道埋设深度可按不高于土壤冰冻深度以上 0.15m 设计，浅埋时应有依据。风沙大的地区的雨水系统应设置沉砂措施。管道基础的选择可按相关国家标准图集进行选择。回填土的压实系数必须满足 GB 50268—2008《给水排水管道工程施工及验收规范》及相关国标图集的要求。

4. 检查井及井盖

检查井及井盖做法可按相关国家标准图集进行选择，对于有防沉降要求的站址，检查井建议采用钢筋混凝土检查井。

对于检查井来说，考虑到圆形检查井的受力及稳定性比方形检查井好，接管方向也更为灵活，采用圆形检查井。

检查井、雨水口的井盖材质一般有铸铁、玻璃钢、高分子复合材料（树脂）、水泥。其中玻璃钢材质井盖强度比复合材料好，外观较铸铁材质美观，对不同的系统可以采用不同色系标识，且图案和文字标识丰富，但抗紫外线较差，存在脱色现象。铸铁材质井盖相对较重、颜色单一，且图案和文字标识简单，但强度高，使用寿命长。高分子复合材料（树脂）良莠不齐，部分站破损较多。水泥井盖固性强，缺少耐性和刚性，易脆裂，又笨重，使用很少。考虑到井盖的使用寿命及强度，建议检查井、雨水口的井盖均采用铸铁材质。

有重载需求的道路及硬化场地检查井井盖采用重型球墨铸铁井盖，无重载需求或非硬化场地检查井井盖采用轻型。

5. 其他要求

建筑物内的排水管道设计应按 GB 50015—2019《建筑给水排水设计标准》执行。

室内排水管道不得布置在遇水会引起燃烧、爆炸的原料、产品和设备的上面。排水横管不得布置在食堂、饮食业厨房的主副食操作、烹调和备餐的上方。当受条件限制不能避免时，应采取防护措施。厨房和卫生间的排水立管应分别设置。

生活排水立管的最大设计排水能力，应满足 GB 50015—2019《建筑给水排水设计标准》的要求。

地下室排水宜采用水泵抽排。

站区及站外排水管道及附属构筑物的设计应按 GB 50014—2021《室外排水设计标准》执行。当没有合适的排水点时，可设置蒸发池、集水池等设施。

压力管道应进行水压试验，无压管道应进行严密性试验，试验应符合 GB 50268—2008《给水排水管道工程施工及验收规范》的规定。排水管道与其他管线及建（构）筑物最小净距应符合 GB 50014—2021《室外排水设计标准》、GB 50015—2019《建筑给水排水设计标准》和 DL/T 5056—2007《变电站总布置设计技术规程》的规定。

（八）消防排水

特高压变电站的下列建筑物和场所采取了消防排水措施：消防水泵房、设有消防给水的地下室、雨淋阀间（室）。

室内消防排水的设计原则。室内消防排水宜排入室外雨水管道；地下室的消防排水设施宜与地下室其他地面废水排水设施共用。室内消防排水设施应采取防止倒灌的技术措施。

消防给水系统试验装置处应设置专用排水设施，消防泵房试验排水可回收部分宜排入消防水池循环再利用。

四、节水设计

设计人员应提高特高压变电站工程节水意识，将节水设计贯彻于每个设计环节中。设计中对工业用水设计方案进行优化，条件允许时应优先选择耗水量少或不耗水的设计方案，对工业用水应提高水的重复利用率。在主要用水点和排水点处可设置水表，用以监测水量的使用情况。在设备区内采用碎石地面，减少绿化用水量。

（一）建筑节水措施

特高压变电站的建筑给水设施宜选用节水型卫生器具，减少用水量。可采用衬瓷芯节水龙头和充气水龙头代替普通水龙头；选用节水型大便器，大便器带有水箱时，应使用两档冲洗水箱大便器；设置小便器时，应采用延时自闭式冲洗阀或感应式自动冲洗装置；洗面盆、洗涤盆等卫生器具宜采用感应式水嘴。

在给水系统水压设计合理、供水压力较高时应合理配置减压装置，将水压控制在限值要求内，减少超压出流。

（二）雨水、污废水再利用措施

1. 雨水利用

特高压变电站建设在水资源缺乏、水质性缺水、地下水位下降严重的地区时，宜设置雨水综合利用设施。

雨水利用包括雨水直接利用和间接利用两种方式，雨水直接利用是对雨水经收集、储存、处理后用于冲洗、灌溉和绿化等；雨水间接利用是通过雨水渗透设施把雨水转化为土壤水的方式，设施主要有地面渗透、埋地渗透管渠和渗透池等，自重湿陷性黄土、膨胀土、高含盐土等特殊土壤地质场所不得采用雨水入渗系统。

雨水利用系统设计可按 GB 50400—2016《建筑与小区雨水控制及利用工程技术规范》的规定执行。

2. 污废水再利用

对站内生活污水进行生化处理、消毒，经过处理后的生活污水达到水质要求后可进行再生利用。污水处理及再生利用，既可节约新鲜水，又可解决排放所产生的污染问题。生产废水可根据水质情况采取相应的处理设施，达到水质要求后进行再生利用。

3. 雨水、污废水再利用要求

雨水、污废水再生利用其水质应符合 GB/T 18920—2020《城市污水再生利用城市杂用水水质》的规定。当站区内设置回用贮水池时，贮水池容积和供水设施应根据杂用水需求量情况确定。雨水、污废水回用系统应建成独立系统，严禁与饮用水管道连接。回用系统管道应有防渗防漏措施，明装时应涂上有关标准规定的标志颜色和“再生水”字样，管道上严禁安装饮水器和饮水龙头。

4. 应用实例

福州 1000kV 变电站针对杂用水水量大、水质要求低及福州地区雨量充沛的特点，设置了雨水收集处理系统及中水回用系统。其复用水由站前区主控综合楼及消防水泵房屋面洁净雨水、主控综合楼前地面雨水和经生化处理达到一级排放标准的生活污水三部分组成，经过滤后用作站前区绿化浇洒，厕所、道路、汽车冲洗等杂用水。

通过 100m³ 复用水池调节，复用水能满足 7.15m³/d 杂用水用水量需求。

为节省占地及不影响站前区美观，中间水箱、中间水泵、活性高效节能过滤器及复用水供水机组组合成地埋式一体化中水处理装置，安装于站前区绿化带以下。

雨水收集处理系统的雨水收集、弃流及截污挂篮装置组合成地埋式一体化雨水处理装置，安装于站前区主控综合楼及生活消防水泵房间的空地以下。

福州 1000kV 变电站雨水、污水综合利用措施既减少了雨污水的排放、节约了水资源，又为变电站运行值班人员创造了优美舒适的工作、生活环境。

第二节 暖 通

一、室内环境标准

特高压变电站暖通专业设计范围为主控通信楼、继电器室、站用电室及蓄电池室、备品备件库、生活消防水泵房、泡沫消防设备间、消防小间和雨淋阀间的采暖、通风和空调设计。

为了保证工艺设备的正常运行，同时为运行人员提供舒适的工作环境，室内应保持一定的环境标准，工艺房间的室内温湿度等要求应由电气专业提出，当无明确要求时可按表 16-2 选用。

表 16-2 特高压变电站各建筑物室内空气计算参数推荐值

房间名称	夏季		冬季	
	温度（℃）	相对湿度（%）	温度（℃）	相对湿度（%）
主控通信楼				
主控室、餐厅、厨房、检修办公室、检修工具间、警卫及休息室、接待室、会议室、交接班室、资料室、站长室、办公室、值班休息室	26～28	50～70	18～20	50～70
计算机室、通信机房、安全工具间	26～28	50～70	16～18	50～70
通信电源室、蓄电池室	≤30	—	20	—
配电间	≤35	—	5	—
继电器室	26～28	50～70	16～18	50～70
站用电室及蓄电池室	—	—	—	—
站用电室	≤35	—	5	—
蓄电池室	≤30	—	20	—
户内 GIS 室	—	—	−25	—
备品备件库	—	—	10	—
生活消防水泵房	—	—	5	—

续表

房间名称	夏季		冬季	
	温度（℃）	相对湿度（%）	温度（℃）	相对湿度（%）
泡沫消防设备间	—	—	5	—
消防小间	—	—	0	—
雨淋阀间	—	—	5	—

二、供暖设计

（一）系统型式

严寒、寒冷地区的特高压变电站，当特高压变电站附近有城市供暖热网、区域供暖热网、电厂蒸气或热水等外部热源时，全站可充分利用外部热源设置热水集中供暖系统。其他情况下，特高压变电站应采用分散式电热供暖系统。

（二）设计原则

严寒、寒冷地区的特高压变电站，冬季需要设置供暖的建筑有主控通信楼、继电器室、蓄电池室、备品备件库、生活消防水泵房、泡沫消防设备间、消防小间、雨淋阀间。供暖应满足设备安全运行的要求。

主控通信楼内电气设备房间冬季采暖设计温度为18℃，辅助性房间冬季采暖设计温度为20℃。继电器室的冬季采暖设计温度为18℃。备品备件库冬季采暖设计温度为10℃。生活消防水泵房、雨淋阀间冬季采暖设计温度为5℃。消防小间冬季采暖设计温度为0℃。泡沫消防设备间冬季采暖设计温度为5℃。

室内GIS室冬季宜采用电伴热保证电气设备温度，电伴热由GIS电气厂家提供，当采用电伴热不满足要求时，可采用电采暖保证室内温度，GIS室冬季采暖设计温度为−25℃。

交流配电室的冬季室内温度有可能低于−5℃时，应设置采暖设施，室内温度按5℃设计。

根据《国家电网有限公司关于印发十八项电网重大反事故措施》（国家电网设备〔2018〕979号）第5.3.1.5条，酸性蓄电池室（不含阀控式密封铅酸蓄电池室）采暖设施应为防爆型，开关和插座等应装在蓄电池室的门外。

（三）负荷计算

围护结构的耗热量应包括基本耗热量和附加耗热量。

1. 围护结构的基本耗热量

围护结构基本耗热量为外门、外窗、外墙、地面和屋顶耗热量的总和。

2. 围护结构的附加耗热量

按GB 50019—2015《工业建筑供暖通风与空气调节设计规范》的规定，具体要求如下：

（1）朝向附加耗热量。围护结构耗热量朝向修正率应根据当地冬季日照率、辐射照度、建筑物使用和被遮挡等情况选用，宜符合下列规定：北、东北、西北宜为 0～10%，东、西宜为 −5%，东南、西南宜为 −10%～−15%，南宜为 −15%～−30%。

（2）风力附加耗热量。当建筑物位于不避风的高地、河边、旷野上时应考虑风力附加耗热量，风力附加率宜取 5%～10%。

（3）高度附加耗热量。散热器供暖房间高度大于 4m 时，每高出 1m 应附加 2%，但总附加率不应大于 15%。

（4）冷风渗透附加耗热量。主要为由门窗缝隙渗入室内的冷空气的耗热量，应根据建筑物的内部隔断、门窗构造、门窗朝向、室内外温度和室外风速等因素确定。

三、空调设计

（一）设计原则

1. 主控通信楼

主控通信楼空调宜采用多联空调机组，电气设备房间的空调系统宜与辅助性房间的空调系统分开，以此解决电气设备房间和辅助性房间在冬季可能产生的工况需求不同问题，也可以减少运行风险。同时为保障工作人员的新风需求并减少引入新风的冷量损耗，主控通信楼部分房间（主控室、会议室等）还需设置全热交换新风系统。

主控通信楼的空调室外机考虑布置在屋顶，空调冷凝水宜采用有组织接水，统一就近接入室外排水井后再排入站区雨水管道。

2. 其余建筑物

继电器室、站用电室、蓄电池室宜采用分体空调，其中蓄电池室选用防爆型空调。空调室外机布置在建筑物背立面、侧面或屋顶，空调机外采用铝合金百叶遮挡，降低对外立面影响。空调冷凝水宜采用有组织接水，统一就近接入室外排水井后再排入站区雨水管道。

（二）负荷计算

夏季空调区域冷负荷应根据各项热量进行逐时计算得出，包括：①通过围护结构传入的热量；②通过围护结构透明部分进入的太阳辐射热量；③人体散热量；④照明散热量；⑤设备散热量；⑥渗透空气带入热量；⑦非空调区或其他空调区转移来的热量。

空调负荷计算方法及公式详见 GB 50019—2015《工业建筑供暖通风与空气调节设计规范》。

四、通风设计

特高压变电站通风设计主要包含配电室、蓄电池室、继电器室、备品备件库、水泵房等建筑物的通风设计。

（一）设计原则

1. 配电室

（1）当周围环境洁净时，宜采用自然进风、机械排风系统；当周围空气含尘严重时，应采用机械送风系统，进风应过滤。室内保持正压。配电室排风机控制开关应在室外。

（2）当夏季通风室外计算温度不小于30℃时，通风系统宜采取降温措施。

1）风机应与火灾信号联锁。

2）排风口宜布置在房间上部，同时应避免进风、排风短路。

3）布置有干式变压器的配电室，当采用自然进风、机械排风系统时，排风口宜靠近干式变压器的排热口布置。当采用风管送风、机械排风系统时，应合理组织通风气流，避免干式变压器周围局部区域形成高温。

4）所有通风进风口、排风口为防雨型，并设置防止小动物、昆虫进入室内的不锈钢网或铝板网。

5）风沙较大地区，进风口和排风口都应考虑防风沙措施，如设置电动风阀及防沙百叶窗等。

（3）根据《国家电网有限公司关于印发十八项电网重大反事故措施》（国家电网设备〔2018〕979号）第12.4.1.16条，当室内日最大相对湿度超过95%或月最大相对湿度超过75%时，应配置除湿机。

2. 蓄电池室

（1）当室内未设置氢气浓度检测仪时，平时通风系统排风量应按换气次数不少于每小时3次计算，排风机宜按2×100%配置；事故通风系统排风量应按换气次数不少于每小时6次计算。排风可由2台平时通风用排风机共同保证。

（2）当室内设置氢气浓度检测仪时，事故通风系统排风量应按换气次数不少于每小时6次计算，风机宜按2×50%配置，且应与氢气浓度检测仪联锁。当氢气泄漏时，事故排风机应自动投入运行。

1）当夏季通风系统不能满足设备对室内温度的要求，需要采取降温措施时，降温设备可采用防爆型空调机，并应与氢气浓度检测仪联锁。当氢气泄漏时，空调应能自动停运。

2）排风系统不应与其他通风系统合并设置，排风应排至室外。

3）风机及电机应采用防爆型，防爆等级不低于氢气爆炸混合物的类别、级别、组别（IICT1），通风机及电机应直接连接。室内不应装设开关和插座。

4）风机应与火灾信号联锁。

5）通风系统的设备、风管及其附件，应采取防腐措施。

6）蓄电池室不允许吊顶，当蓄电池室的顶棚被梁分隔时，每个分隔均应设置吸风口，吸风口上缘距顶棚平面或屋顶的距离不应大于 0.1m。

3. 户内 GIS 室

气体绝缘金属封闭开关设备（GIS）室应设置机械通风和事故排风系统，并应符合下列规定：

（1）室内空气不得再循环，室内空气中六氟化硫的含量不得超过 6000mg/m^3。

（2）平时通风量应按换气次数不少于 4 次/h 计算，事故排风量应按换气次数不少于 6 次/h 计算。

（3）平时通风系统的吸风口应设在室内下部，其下缘与地面距离不应大于 0.3m。

（4）事故排风量宜由平时通风使用的下部排风系统和上部排风系统共同保证。

（5）排风口应接至室外并高出屋面；当排风口设在无人员停留或无人经常通行处时，排风可直接排至室外。

（6）六氟化硫电气设备室内的地下电缆隧道（或电缆沟）及与其相通的室外部分应设独立机械排风系统；系统排风的换气次数不少于 4 次/h，通风系统设计范围只计算至地下电缆隧道室外的第一道防火墙为止；吸风口设置在电缆隧道下部，其下缘与底部距离不应大于 0.3m。

（7）通风设备、风管及附件应采取防腐措施。

（8）GIS 配电装置室内的六氟化硫浓度检测仪发出报警信号时，事故排风系统应能自动投入运行。

4. 其余建筑物

（1）继电器室宜设置换气次数不少于 6 次/h 的检修换气通风系统。采用门窗自然进风、轴流风机机械排风的通风方式，风机平时不开启。

（2）备品备件库设置换气次数不少于 2 次/h 的自然进风、机械排风系统以排除室内余湿。

（3）水泵房设置换气次数不少于 6 次/h 的自然进风、机械排风系统。

（二）通风负荷

1. 配电室

盘柜散热量应由设备制造厂提供，当缺乏数据时，可按表 16-3 取值。

表 16-3　电气盘柜散热量

电气盘柜类别	每面散热量（W）
10kV 或 35kV 高压开关柜	200～300
380/220V 低压配电柜	250～350
控制柜	200～250

当配电室内有干式变压器时，应计算干式变压器的散热量。

干式变压器的散热量由负载功率损耗和空载功率损耗两部分组成，由设备制造厂提供。

配电室机械排风系统所需风量应为排热通风量与换气通风量之间较大值。

2. 蓄电池室及其余建筑物

蓄电池室的设备产生的负荷可以忽略不计，所以除了配电室、主变压器室等主要设备房间外，其余房间基本都用换气次数来计算负荷。

五、空调防火设计

（1）空调防火系统宜与建筑防火分区一致。

（2）通风及空调设备应与火灾信号联锁，火灾时其电源应被自动切断。

（3）空调设备、风道及附件材料、保温材料应采用不燃型。

（4）当符合下列条件之一时，空调系统的送风管和回风管应设置防火阀：

1）送、回风总管穿过通风、空调设备间的隔墙或楼板处。

2）通过重要或火灾危险大的房间隔墙或楼板处。

3）每层送、回风水平干管同垂直总管交接处的水平管段上。

4）穿越防火分区处。

5）穿越防火分隔处的变形缝两侧。

（5）风管不宜穿过防火墙和非燃烧体楼板，如必须穿过时，应在穿过处设防火阀。穿过防火墙两侧各 2m 范围内的风管材料应采用不燃烧材料，穿过处的缝隙应采用不燃烧材料堵塞。

第十七章　消　防

变电站消防设计是为了确保变电站消防安全，预防和减少火灾危害，保障人身、生产和财产安全。变电站消防设计严格执行相关设计规程规范，针对不同对象采取技术先进、经济适用、安全可靠的消防手段，预防火灾的发生和蔓延。

与500、750kV变电站相比，特高压变电站安全可靠性要求更高，特高压主变压器、高抗等大型带油设备的本体尺寸比500、750kV大，且油量更多。因此特高压变电站在消防设计原则及具体实施方案方面开展了专门的研究，部分消防设计标准和措施在现行国家标准和规范的基础上进行了有针对性的提升。

本章主要研究了设备消防、建（构）筑物消防、电缆防火、火灾探测报警四个方面，重点介绍特高压变电站消防提升技术原则的研究成果及实施措施，为后续工程设计和设备研制提供重要的技术支持和参数。

第一节　设　备　消　防

一、大型带油设备消防特点

特高压变压器比超高压变压器储油量大，特高压主变压器单相器身油量170t以上，其储油量是750kV变压器储油量的1.7倍，是500kV变压器储油量的2.8倍，各电压等级主变压器油重的比较见表17-1。特高压高抗储油量远大于超高压高抗，各电压等级高抗油重的比较见表17-2。

表17-1　　各电压等级主变压器油重比较

序号	电压等级（kV）	容量（MVA）	油重（t）	生产厂家
1	1000	单相容量1000	主体变压器129， 调压补偿变压器44，共173	沈变
2	750	单相容量700	100	保变
3	500	单相容量334	62	特变

表 17-2　　各电压等级高抗油重比较

序号	电压等级（kV）	容量（MVA）	油重（t）	生产厂家
1	1000	单相容量 240	86	西电
2	750	单相容量 120	29	保变
3	500	单相容量 40	15	衡变

特高压变电站主变压器、高抗露天布置，与周边建筑物距离较远，每相变压器、高抗之间设置防火墙。变压器、高抗相对独立，火灾不易蔓延至其他区域。

结合大型带油设备起火后无法继续使用、难以修复的特点，特高压变电站消防设计以力争初期火灾事故快速灭火、确保控制火灾事故不扩大为原则。结合自身特点，在执行常规变电站消防设计标准的基础上，对固定灭火系统供给强度、持续灭火时间、消防管道耐火能力、末端管网及喷头布置、室外消火栓、消防水池、事故油池、构架、防火墙、主变压器及高抗油坑、大型带油设备区域电力电缆防火封堵及消防管道敷设方式进行设计研究。

二、固定灭火系统

（一）水喷雾灭火系统

1. 规范规定的基本设计参数

根据现行消防规范，特高压变电站的主变压器及高抗固定消防方式采用水喷雾灭火系统。水喷雾灭火系统的基本设计参数如表 17-3 所示。

表 17-3　　水喷雾灭火系统的基本设计参数

防护目的	保护对象	水喷雾供给强度［L/（min·m²）］	持续供给时间（h）	响应时间（s）
电气火灾	油浸式电力变压器、油断路器、高抗	20	0.4	60
	油浸式电力变压器的集油坑	6		
	电缆	13		

2. 灭火和控制火灾的关键因素

水喷雾灭火系统进行灭火和控制火灾的关键因素为水喷雾供给强度、持续供给时间。针对特高压变电站的主变压器和高抗等大型充油带电设备油量大、一旦起火扑救困难的特点，加强水喷雾供给强度对扑灭初期火灾比较有利；延长持续供给时间可以控制火灾，为消防救援赢得时间。因此，在国家、行业等相关规范的基础上适当提高设计标准，有利于控火、灭火，且费用增加不多。

结合特高压工程实际情况和灭火经验，并分析了国内外消防标准差异，特高压变电站的主变压器本体水喷雾供给强度由 20L/（min·m^2）提高至 30L/（min·m^2）；保护油坑的水喷雾供给强度由 6L/（min·m^2）提高至 10L/（min·m^2）。同时根据变电站周边消防救援能力，适当增加消防水池容积。如站外消防力量 60min 内能到现场，消防水池容积应满足水喷雾系统持续 1h 供给时间；如站外消防力量 60～90min 内能到现场，消防水池容积应满足水喷雾系统持续 1.5h 供给时间；其他情况，消防水池容积应满足水喷雾系统持续 2h 供给时间。

3. 水喷雾消防管道及喷头材质

考虑到变压器或高抗发生火灾时周边温度较高，因此水喷雾消防管道外壁应采用耐火材料进行保护，水雾喷头应采用不锈钢材质。

（二）灭火器配置

油浸式变压器、油浸式电抗器、柴油发电机等处应配置一定数量的手推车式灭火器、消防砂箱和砂桶，内装干燥细黄砂。消防砂箱容积为 1.0m^3，并配置消防铲，每处 3～5 把，消防砂桶应装满干燥黄砂。灭火器数量可按 DL 5027—2015《电力设备典型消防规程》的有关规定配置。

第二节　建（构）筑物消防

一、建筑物防火

（一）建筑物火灾危险性类别

1000kV 变电站各建筑物的火灾危险性类别及最低耐火等级详见表 17－4。

表 17－4　各建筑物的火灾危险性类别及最低耐火等级

序号	建筑物名称		火灾危险性类别	最低耐火等级
1	主控通信楼		丁	二级
2	站用电室		戊	二级
3	1000kV 继电器室		丁	二级
4	500kV 继电器室		丁	二级
5	主变压器及 110kV 继电器室		丁	二级
6	1000kV GIS 室		戊	二级
7	雨淋阀室		戊	二级
8	综合水泵房		戊	二级
9	备品备件库	有含油设备	丁	二级
		无含油设备	戊	二级
10	警卫室		戊	二级
11	消防执勤楼		戊	二级
12	车库		丙	二级
13	消防设备间		戊	二级
14	事故油池		丙	二级

（二）建筑物防火分区

根据 GB 50016—2014《建筑设计防火规范》（2018 年版）的规定，变电站建筑的层数和每个防火分区的最大允许建筑面积应符合表 17-5 的规定。

表 17-5　　变电站建筑的层数和每个防火分区的最大允许建筑面积

火灾危险性类别	厂房的耐火等级	最多允许层数	每个防火分区的最大允许建筑面积（m^2）			
			单层厂房	多层厂房	高层厂房	地下或半地下厂房（包括地下或半地下室）
甲	一级 二级	宜采用单层	4000 3000	3000 2000	— —	— —
乙	一级 二级	不限 6	5000 4000	4000 3000	2000 1500	— —
丙	一级 二级 三级	不限 不限 2	不限 8000 3000	6000 4000 2000	3000 2000 —	500 500 —
丁	一、二级 三级 四级	不限 3 1	不限 4000 1000	不限 2000 —	4000 — —	1000 — —
戊	一、二级 三级 四级	不限 3 1	不限 5000 1500	不限 3000 —	6000 — —	1000 — —

同一建筑物内的各防火分区有不同火灾危险性时，同一建筑物的生产火灾危险性类别应按火灾危险性最大的部分确定。

每个防火分区之间应采用防火墙分隔，防火墙应防止火灾蔓延至相邻建筑或相邻水平防火分区且耐火极限不低于 3h。特高压变电站内建筑物防火分区按表 17-6 确定。

表 17-6　　特高压变电站内建筑物防火分区

序号	建筑物名称	防　火　分　区
1	主控通信楼	建议每层一个防火区
2	站用电室	一个防火区
3	1000kV 继电器室	一个防火区
4	500kV 继电器室	一个防火区
5	主变压器及 110kV 继电器室	一个防火区
6	1000kV GIS 室	一个防火区
7	雨淋阀室	一个防火区
8	综合水泵房	一个防火区
9	备品备件库	建议一个防火区
10	警卫室	一个防火区

续表

序号	建筑物名称	防 火 分 区
11	消防执勤楼	建议每层一个防火区
12	消防设备间	一个防火区

（三）结构构件耐火极限

根据 GB 50016—2014《建筑设计防火规范》（2018 年版）表 3.2.1 的规定，变电站各建筑物结构构件的耐火极限需满足表 17 - 7 要求。

表 17 - 7　　变电站各建筑物结构构件的耐火极限一览表（h）

序号	建筑物	柱及柱间支撑	梁	屋顶承重构件及屋盖支撑
1	主控通信楼	2.5	1.5	1.0
2	站用电室	2.5	1.5	1.0
3	1000kV 继电器室	2.5	1.5	1.0
4	500kV 继电器室	2.5	1.5	1.0
5	主变压器及 110kV 继电器室	2.5	1.5	1.0
6	1000kV GIS 室	2.0	1.5	1.0
7	雨淋阀室	2.5	1.5	1.5
8	综合水泵房	2.5	1.5	1.0
9	备品备件库	2.5	1.5	1.0
10	警卫室	2.5	1.5	1.0
11	消防执勤楼	2.5	1.5	1.0
12	消防设备间	2.5	1.5	1.0

（四）建筑物安全疏散

（1）每个防火分区或一个防火分区内的每个楼层，其安全出口的数量应经计算确定，且不应少于 2 个。

（2）疏散楼梯的最小净宽度不宜小于 1.10m，疏散走道的最小净宽度不宜小于 1.40m，疏散门的最小净宽度不宜应小于 0.90m。首层外门的总净宽度应按该层及以上疏散人数最多的一层疏散人数计算，且该门的最小净宽度不应小于 1.20m。

（3）建筑面积超过 $250m^2$ 的 GIS 室、配电装置室安全出口不宜少于 2 个。

（4）水泵房内下泵坑的楼梯宜采用敞开楼梯布置。

（五）建筑物消防救援

主控通信楼、消防执勤楼等 2 层及以上厂房建筑的外墙应在每层的适当位置设置可供消防救援人员进入的窗口，每个防火分区不应少于 2 个，窗口的净高度和净宽度均不应小于 1.0m，下沿距室内地面不宜大于 1.2m。窗口的玻璃应易于破碎，并应设置可在室外易于识别的明显标志。

电网工程中很多单层建筑物内部无人或仅在运行巡视时有很少的人，同时根据18J811－1《建筑设计防火规范》图示第7.2.4条，单层建筑物疏散门可作为消防救援使用，疏散门的设计应便于逃生、救援。

（六）建筑防排烟

1. 防烟系统设计

站内建筑防烟系统的设计应根据建筑高度、使用性质等因素，采用自然通风系统或机械加压送风系统。

2. 排烟系统设计

站内建筑排烟系统的设计应根据建筑的使用性质、平面布局等因素，优先采用自然排烟系统。

（1）走廊排烟。当主控通信楼走廊长度大于40m时设置排烟系统，消防执勤楼走廊可按大于20m设置排烟系统。当机械排烟系统沿水平方向布置时，每个防火分区的机械排烟系统应独立设置。

（2）门厅排烟。当门厅采用通高设计时，门厅应按中庭设置排烟设施；当中庭与周围场所未采用防火隔墙、防火玻璃隔墙、防火卷帘时，中庭与周围场所之间应设置挡烟垂壁；中庭及其周围场所和回廊应根据建筑构造及相关规程，选择设置自然排烟系统或机械排烟系统。

（3）房间排烟。建筑面积大于50m^{2}且无外窗的集中控制室或单元控制室设置排烟设施。

（4）防烟分区。同一个防烟分区应采用同一种排烟方式，防烟分区内任一点与最近的排烟口之间的水平距离不应大于30m。当采用自然排烟方式时，储烟仓的厚度不应小于空间净高的20%，且不应小于500mm；当采用机械排烟方式时，不应小于空间净高的10%，且不应小于500mm。

储烟仓底部距地面的高度应大于安全疏散所需的最小清晰高度。对于有吊顶的空间，当吊顶开孔不均匀或开孔率不大于25%时，吊顶内空间高度不得计入储烟仓厚度。

设置排烟设施的建筑内，敞开楼梯穿越楼板的开口部应设置挡烟垂壁等设施。

（七）建筑物灭火器配置

灭火器配置场所的火灾类别及危险等级应根据该场所内的物质及其燃烧特性进行分类，划分为五类三级。建筑物、设备火灾类别及危险等级如表17－8所示。

表17－8　　建筑物、设备火灾类别及危险等级

建筑物	火灾类别	危险等级
主控制室	E（A）	严重
配电装置楼（室）（有含油电气设备）	E（A）	中

续表

建筑物	火灾类别	危险等级
配电装置楼（室）（无含油电气设备）	A、B、E	中
继电器室	E（A）	轻
油浸式变压器（室）	B、E	中
气体或干式变压器	E（A）	轻
油浸式电抗器（室）	B、E	中
干式铁芯电抗器（室）	E（A）	轻
电容器（室）（有可燃介质）	B、E	中
干式电容器（室）	E（A）	轻
蓄电池室	C	中
电缆夹层	E（A）	中
柴油发电机室及油箱	B	中
检修备品仓库（有含油设备）	B、E	中
检修备品仓库（无含油设备）	A	轻
生活、工业、消防水泵房（有柴油发动机）	B	中
生活、工业、消防水泵房（无柴油发动机）	A	轻
污水、雨水泵房	A	轻
警卫传达室	A	轻

灭火器配置应符合 GB 50140—2005《建筑灭火器配置设计规范》、GB 4351—2005《手提式灭火器》系列标准、GB 8109—2005《推车式灭火器》及 DL 5027—2015《电力设备典型消防规程》的有关规定。灭火器的设置应符合下列要求：

（1）灭火器应设置在位置明显和便于取用的地点，且不得影响安全疏散。

（2）露天设置的灭火器应有遮阳挡水和保温隔热措施，北方寒冷地区应设置在消防小室内。

（3）对有视线障碍的灭火器设置点，应设置指示其位置的发光标志。

（4）手提式灭火器宜设置在灭火器箱内或挂钩、托架上，其顶部离地面高度不应大于 1.50m，底部离地面高度不宜小于 0.08m。

（5）各类变电站的灭火器配置规格和数量应按 GB 50140—2005《建筑灭火器配置设计规范》计算确定，实配灭火器的规格和数量不得小于计算值。每个计算单元内配置的灭火器不得少于 2 具，每个设置点的灭火器不宜多于 5 具。

（6）手提式灭火器充装量大于 3.0kg 时应配喷射软管，其长度不小于 0.4m，推车式灭火器应配喷射软管，其长度不小于 4.0m。

（7）灭火器配置的设计与计算应按计算单元进行。灭火器最小需配灭火级别和最少需配数量的计算值应进位取整。

（8）每个灭火器设置点实配灭火器的灭火级别和数量不得小于最小需配灭火级别和数量的计算值。

（9）灭火器设置点的位置和数量应根据灭火器的最大保护距离确定，并应保证最不利点至少在1具灭火器的保护范围内。

（10）灭火器配置设计的计算单元应按下列规定划分：当一个楼层或一个水平防火分区内各场所的危险等级和火灾种类相同时，可将其作为一个计算单元；当一个楼层或一个水平防火分区内各场所的危险等级和火灾种类不相同时，应将其分别作为不同的计算单元。同一计算单元不得跨越防火分区和楼层。计算单元保护面积的确定应按其建筑面积确定。

二、构筑物防火

（一）事故油池

GB 50229—2019《火力发电厂与变电站设计防火标准》规定，户外单台油量为1000kg以上的电气设备，应设置贮油或挡油设施，其容积宜按设备油量的20%设计，并能将事故油排至总事故贮油池。总事故贮油池的容量应按其接入的油量最大的一台设备确定，并设油水分离装置。当不能满足上述要求时，应设置能容纳相应电气设备全部油量的贮油设施，并设置油水分离装置。

因此，特高压变电站的事故油池容积容量按最大一台变压器容量的100%确定。

（二）构架

变电站内构架梁、柱均采用钢结构。1000kV主变压器构架梁底标高一般为32m左右（考虑隔震框架后为33m），防火墙高度一般为9m（考虑隔震框架后为11m）。主变压器构架柱立于防火墙上，采用钢结构，而钢结构在火灾升温下构件升温快，在高温条件下存在强度降低和蠕变现象。对建筑用钢而言，在260℃以下强度不变，260～280℃开始下降；达到400℃时，屈服现象消失，强度明显降低；450～500℃钢材内部再结晶使强度快速下降；随着温度的进一步升高，钢结构的承载力将会丧失。

无防火保护的钢结构耐火时间通常为15～20min。变压器火灾会对构架柱安全造成影响，构架柱距离变压器最近处约2m，一旦发生火灾，火球直接燃烧构架柱。主变压器构架布置方案一般连跨布置，结构体系为无多余约束体系。局部构架柱破坏会引起整体构架连续性倒塌，造成更大经济损失。为防止火灾事故扩大，需考虑构架柱进行防火保护。具体工程应结合实际情况采取防火措施。

特高压变电站可采用如下措施对构架柱进行防火保护：

（1）主变压器构架柱根部可考虑耐火性能较高的材料和结构形式。

（2）钢结构构架柱应考虑高温时钢材强度折减，为保证构架结构可靠性，主变压器构架刷涂防火涂料，耐火时间不小于2h。

（三）防火墙

GB 50229—2019《火力发电厂与变电站设计防火标准》和 DL 5027—2015《电力设备典型消防规程》均规定，防火墙的高度应高于变压器储油柜，其长度不应小于变压器的贮油池两侧各 1m。

防火墙是大型带油设备间距离小于防火距离时必须设置的防火设施，为实现发生火灾时事故不扩大的目标，特高压变电站适当加高了防火墙高度。加高防火墙既能加强对相邻变压器、高抗保护，防止火灾对相邻变压器、高抗造成影响，又对主变压器防火墙上的钢构架防火有利。特高压变电站主变压器、高抗防火墙高度高于储油柜顶端 1m。

（四）主变压器及高抗油坑

主变压器及高抗油坑内设置双层格栅，卵石放置于下层格栅上，卵石层下应有足够空间容纳设备 20%的油量。油坑设计应相应增大油水混合物排放能力，防止其外溢。

主变压器油坑可采用双层钢格栅板方案，下层钢格栅板用于架空卵石层，上层钢格栅板用于运行检修。卵石空间以下空隙应容纳不小于 20%的设备油量。

主变压器油坑可采用双排油孔方案，降低油水混合物的流动距离，加速排放，同时在油坑坡度不变的情况下可以降低油坑深度，节约工程量。在油坑深度不变时，排放距离变短可使排油坡度得到加大，有利于油水混合物的排放。

（五）大型带油设备区域电缆沟防火

电缆沟盖板密封可以有效防止带油设备火灾时外溢的着火液体沿电缆沟盖板缝隙进入电缆沟，进而防止火灾次生灾害的扩大。

电缆沟与盖板采取一体化浇筑方式或采用砂浆抹面进行封闭，使带油设备区域电缆沟成为全封闭结构。当电缆沟与盖板采用一体浇筑时，电缆沟按照检修要求设置宽度不小于 800mm 的检修孔，检修孔侧壁高于电缆沟顶 100mm，并与电缆沟统一浇筑，检修孔盖板采用四周倒扣型，形成封闭结构，防止带油设备火灾时外溢的着火液体由电缆沟检修孔进入电缆沟内。

DL 5027—2015《电力设备典型消防规程》及 GB 50229—2019《火力发电厂与变电站设计防火标准》仅要求带油设备区域电缆沟盖板封闭，但均未对电缆沟盖板密封范围做出明确的规定。根据特高压工程实际经验，特高压变电站主变压器区域电缆沟封闭范围包括平行油坑外轮廓 1000kV 侧 20m、110kV 侧 10m 范围内电缆沟；高抗区域电缆沟封闭范围包括平行油坑外轮廓 10m 范围内电缆沟。电缆沟盖板材质采用不燃材料，盖板封闭方式可采用砂浆抹面或其他可防止流淌油进入电缆沟的封闭措施。

三、消防给水及灭火

特高压变电站站区内设置室内外消火栓系统、自动喷水灭火系统、水喷雾灭火系统时，消防给水系统可合并设置。

（一）消防用水量计算

1. 计算原则

（1）根据 GB 50016—2014《建筑设计防火规范》（2018 年版），同一时间内的火灾次数为一次。

（2）建筑全部消防用水量为室内外消防用水量之和。

（3）室外消防用水量为变电站内厂房室外设置的消火栓、主变压器及高抗等含油设备的水喷雾等灭火系统需要同时开启的用水量之和。

（4）室内消防用水量为室内设置的消火栓、自动喷水等灭火系统需要同时开启的用水量之和。

（5）车库的消防用水量应按室内外消防用水量之和计算，并需符合 GB 50067—2014《汽车库、修车库、停车场设计防火规范》的相关要求。

在扑救火灾时，不同的灭火系统作用不同，如站区中的消火栓、主变压器水喷淋系统，应予叠加计算。在计算消防用水量时，取用水量较大系统的值。

2. 计算公式

消防用水量按下式计算

$$Q=(q_1h_1+q_2h_2+\cdots+q_nh_n)\times3.6 \tag{17-1}$$

式中 Q——消防用水量，m^3；

$q_1\sim q_n$——同时开启的灭火系统的消防用水量，L/s；

$h_1\sim h_n$——同时开启的灭火系统的延续时间，h。

（二）消防水池

（1）特高压变电站主变压器本体水喷雾设计供给强度提高到不小于 30L/（min·m^2），油坑提高到不小于 10L/（min·m^2）。

（2）特高压变电站可设置补水池，提升消防供水能力。消防水池补水量中的水喷雾用水量应按主变压器及高抗消防提升后的水喷雾强度考虑，水喷雾持续时间按规范要求时间执行，水源水量不考虑补水池容量。

（3）消防水池补水量及补水时间需满足规范相关要求。补水时间不宜大于 48h，但当消防水池有效容积大于 2000m^3 时，不应大于 96h，消防水池进水管径应经计算确定，且不应小于 DN100。

（三）消防水泵、稳压泵及稳压水罐

1. 消防水泵

（1）消防水泵的技术要求。

1）消防水泵的设计应符合 GB 50229—2019《火力发电厂与变电站设计防火标准》及 GB 50974—2014《消防给水及消火栓系统技术规范》的规定。

2）消防水泵应设置备用泵，备用泵的性能应与工作泵性能一致。

3）消防水泵外壳宜为球墨铸铁，叶轮宜为青铜或不锈钢材质。

4）消防水泵应在泵房内设置流量和压力测试装置。

（2）消防水泵的选择。

1）变电站常用的临时高压消防给水系统的消防水泵应采用一用一备或多用一备，备用消防水泵的工作能力不应小于其中最大一台工作消防水泵。

2）选择消防水泵时，其水泵性能曲线应平滑无驼峰，消防水泵零流量时的压力不应大于设计工作压力的140%，且宜大于设计工作压力的120%。当出流量为设计流量的150%时，其出口压力不应低于设计工作压力的65%。设计消防水泵时应结合水泵性能曲线合理选择。

2. 稳压泵及稳压罐

变电站内建筑物的功能和体量特点，决定了现有变电站中不设置高位消防水箱而设置稳压泵及稳压罐的情况较为普遍，也有变电站所处地域的消防部门要求必须设置消防水箱的情况，但较为少见。当不设置高位消防水箱而设置稳压泵及稳压罐时，消防系统需满足关于高位消防水箱替代的相关规定。

（1）稳压罐的设置条件。

当屋顶消防水箱的高度不能满足要求时，可采用稳压罐稳压；当建筑物无法设置屋顶消防水箱时，消防给水系统采用可靠双电源或电泵与柴油机互为备用时，消防给水系统可采用稳压罐稳压，但需经当地消防部门批准。调节水容量不小于450L；稳压水容量不小于50L，最低工作压力应为最不利点所需的压力。

当采用稳压罐时，其调节容积应根据稳压泵启泵次数不大于15次/h计算确定，稳压罐的有效容积不宜小于150L。

（2）稳压泵的设置条件。

1）稳压泵宜采用单吸单级或单吸多级离心泵，泵外壳和叶轮等主要部件的材质宜采用不锈钢。稳压泵的设计流量不应小于消防给水系统管网的正常泄漏量和系统自动启动流量。消防给水系统管网的正常泄漏量应根据管道材质、接口形式等确定；当没有管网泄漏量数据时，稳压泵的设计流量宜按消防给水设计流量的1%～3%计，且不宜小于1L/s。消防给水系统所采用的报警阀压力开关等自动启动流量应根据产品确定。

2）稳压泵吸水管应设置明杆闸阀，稳压泵出水管应设置消声止回阀和明杆闸阀。

3）稳压泵的设计压力应满足系统自动启动和管网充满水的要求，并应保持系统自动启泵压力设置点处的压力在准工作状态时大于系统设置的自动启泵压力值，且增加值宜为0.07M～0.10MPa。稳压泵的设计压力应保持系统最不利点处水灭火设施在准工作状态时的静水压力大于0.15MPa。

（四）消防水泵房

1. 消防水泵房管道系统设计要求

特高压变电站消防水泵房为独立建筑物。消防水泵房管道系统设计要求如下：

（1）消防水泵房应设不少于两条的供水管与环状管网连接，当其中一条出水管检修时，其余的出水管应能供应全部用水量。

（2）一组消防水泵的吸水管不应少于两条，当其中一条损坏或检修时，其余吸水管应仍能通过全部水量。

（3）消防水泵吸水管和出水管上应设置压力表。出水管压力表的最大量程不应低于其设计工作压力的2倍，且不低于1.6MPa。消防水泵吸水管宜设置真空表、压力表或真空压力表，压力表的最大量程应根据工程具体情况确定，但不应低于0.7MPa，真空表的最大量程宜为－0.10MPa。压力表的直径不应小于100mm，应采用直径不小于6mm的管道与消防水泵吸水管、出水管相接，并应设置关断阀门。

（4）在消防水泵出水管上装设报警阀等压力开关时，有些压力开关需要一定的流量才能启动，稳压泵的流量应大于压力开关的启动流量。

（5）消防水泵的吸水管上应设置明杆闸阀或带自锁装置的蝶阀，当设置暗杆阀门时应设有开启刻度和标志；当吸水管管径超过DN300时，宜设置电动阀门。稳压泵吸水管应设置明杆闸阀，稳压泵出水管应设置消声止回阀和明杆闸阀。

（6）每台消防水泵出水管上应设置DN65的试水管，并应采取排水措施；消防水泵出水管上宜设置检查用的放水阀门、安全泄压装置及压力测量装置。

2. 消防水泵房起重设施

消防水泵房内应设置起重设施，并应符合下列规定：

（1）消防水泵的质量小于0.5t时，宜设置固定吊钩或移动吊架；

（2）消防水泵的质量为0.5～3t时，宜设置手动起重设备；

（3）消防水泵的质量大于3t时，应设置电动起重设备。

3. 设备布置要求

（1）消防水泵房的主要通道宽度不应小于1.2m。

（2）相邻消防机组及机组至墙壁间的净距要求如表17-9所示。

表17-9　相邻消防机组及机组至墙壁间的净距

序列	电机容量 P（kW）	净距（m，不宜小于）
1	$P<22$	0.6
2	$55\geqslant P\geqslant 22$	0.8
3	$255>P>55$	1.2

注　当采用柴油机消防水泵时，机组间的净距宜按本表格规定值增加0.2m，但不应小于1.2m。

（3）当消防水泵房内设有集中检修场地时，其面积应根据消防水泵或电动机外形尺寸确定，并应在周围留有宽度不小于0.7m的通道。

4. 消防水泵停泵水锤压力计算及技术措施

消防水泵出水管应进行停泵水锤压力计算，当计算所得的水锤压力值超过管道试验压力值时，应采取消除停泵水锤的技术措施。停泵水锤消除装置应装设在消防水泵出水总管上或消防给水系统管网其他适当的位置。停泵水锤压力计算公式应根据 GB 50974—2014《消防给水及消火栓系统技术规范》的相关规定执行。

（五）消火栓的选用和布置

1. 室外消火栓的选用和布置

（1）室外消火栓设计应符合 GB 50229—2019《火力发电厂与变电站设计防火标准》及 GB 50974—2014《消防给水及消火栓系统技术规范》的规定。GB 50974—2014 第 3.4.8 条规定，变压器（高抗）含油量大于 50t 时，室外消火栓设计流量为 30L/s，当室外变压器（高抗）采用水喷雾灭火系统全保护时，其室外消火栓给水设计流量可按规定值的 50%计算，但不应小于 15L/s。美国标准规定，设置水喷雾时室外消火栓设计流量为 31.5L/s。参考美国标准，并考虑室外消火栓主要是用来扑灭流散火灾，对周边持续辅助降温，是作为控火手段，结合特高压变电站站址水源情况，当水源能满足要求时，设计流量按 30L/s 考虑；当站址水源不满足要求时，设计流量按不小于 15L/s 考虑。室外消火栓持续供给时间为 2h。

（2）建筑室外消火栓应采用湿式消火栓系统。

（3）室外消火栓宜采用地上式，室外地上式消火栓应有一个直径为 150mm 或 100mm 和两个直径为 65mm 的栓口，室外地下式消火栓应有直径为 100mm 和 65mm 的栓口各一个。当采用地下式室外消火栓时，应有明显的永久性标志，地下消火栓井的直径不宜小于 1.5m，当地下式室外消火栓的取水口在冰冻线以上时，应采取保温措施。

（4）在道路交叉或转弯处的地上式消火栓附近，宜设置防撞设施。

（5）除采用水喷雾的主变压器、电抗器消火栓，户外配电装置区域可不设消火栓。当室外变压器、电抗器采用水喷雾灭火系统时，其室外消火栓给水设计流量不应小于 15L/s。

（6）室外消火栓数量及保护半径。建筑室外消火栓的数量应根据室外消火栓设计流量和保护半径经计算确定，保护半径不应大于 150.0m，每个室外消火栓的出流量宜按 10～15L/s 计算。

（7）室外消火栓应配置消防水带和消防水枪，带电设施附近的室外消火栓应配备直流/喷雾水枪。

2. 室内消火栓的选用和布置

（1）室内消火栓设计应符合 GB 50229—2019《火力发电厂与变电站设计防火标准》及 GB 50974—2014《消防给水及消火栓系统技术规范》的规定。特高压变电站备品备件库、主控通信楼均设置了室内消火栓。

（2）室内环境温度不低于 4℃且不高于 70℃的场所，应采用湿式室内消火栓系统。

（3）带电设施附近的室内消火栓应配备喷雾水枪。

（4）室内消火栓应设置在楼梯间及其休息平台和前室、走道等明显易于取用、以便于火灾扑救的位置，电气设备房间内不宜设置消防管道和室内消火栓。大房间、大空间需设置消火栓时应首先考虑设置在疏散门的附近，不应设置在死角位置。

（5）室内消火栓的保护半径可按下式计算

$$R=kL_{d}+L_{S}$$

式中 R——消火栓保护半径，m；

k——水带弯曲折减系数，宜根据水带转弯数量取 0.8～0.9；

L_{d}——水龙带长度，m；

L_{S}——水枪充实水柱长度在平面上的投影长度，m。

当水枪倾角为 45°时，$L_{S}=0.71S_{K}$，其中，S_{K} 为水枪充实水柱长度，m。

（6）室内消火栓宜按直线距离计算其布置间距。消火栓按两支消防水枪的两股充实水柱布置的建筑物，消火栓的布置间距不应大于 30m；消火栓按一支消防水枪的一股充实水柱布置的建筑物，消火栓的布置间距不应大于 50m。

（7）室内消火栓设计用水量小于 10L/s 时，宜采用 SN50 的室内消火栓；当设计用水量不小于 10L/s 时，应采用 SN65 的室内消火栓。

（8）栓口离地面高度宜为 1.10m，其出水方向应便于消防水带的敷设，并宜与设置消火栓的墙面成 90°角或向下。

（9）设置室内消火栓的建筑应设置带有压力表的试验消火栓。多层建筑应在其屋顶设置，严寒、寒冷等冬季结冰地区可设置在顶层出口处，应便于操作并采取防冻措施；单层建筑宜设置在水力最不利处，且应靠近出入口。

（10）室内消火栓栓口压力和消防水枪充实水柱应符合相关标准的规定。

（11）室内消火栓应采用单栓消火栓。确有困难时可采用双栓消火栓，但必须为双阀双出口型。

（六）消防管道、阀门及其敷设

1. 消防管道设计要求

（1）站区消防给水管网应设置为环状，并采用阀门分成若干独立段，每段内室外消火栓的数量不宜超过 5 个。室内消防给水管网应布置为环状，当室外消火栓设计流量不大于 20L/s 且室内消火栓不超过 10 个，无高位消防水箱和固定水灭火系统时，可布置为枝状。

（2）消防管道的管径应根据流量、流速、压力要求经计算确定，站区消防管道直径及室内消火栓竖管直径不应小于 DN100。

（3）系统管道的连接，埋地管道敷设应满足荷载和冰冻深度的要求，过道路等处应加套管保护。在寒冷地区，管顶最小敷土应满足在最大冻深下 0.30m。

2. 阀门

（1）消防给水系统阀门根据所设置的场所可采用耐腐蚀的明杆闸阀、蝶阀、带启闭刻度的暗杆闸阀等，阀门宜采用球墨铸铁或不锈钢材质。

（2）寒冷地区的阀门井、室外消火栓井应采取防冻保温措施。

3. 管材及管道敷设

（1）管材。消防给水系统埋地管道可选用钢管、钢丝网骨架塑料复合管等管材，金属管道应采取接地和可靠防腐措施；室内外架空管道应采用热浸镀锌钢管等金属管材。

（2）管道接口。钢管的连接方式有卡箍连接、螺纹连接、法兰连接和焊接连接；钢丝网骨架塑料复合管的连接方式有电热熔连接和法兰连接两种。

第三节 电 缆 防 火

一、电缆防火要求

1. 电缆防火特殊设计

阻燃电缆对火灾通过电缆通道内的电缆延燃有很好的抑制作用，电缆选型时，应根据回路敷设形式及规程规范等确定选用耐火或阻燃电缆。特高压变电站除根据消防等规程规范设计要求的回路采用耐火电缆外，其余电缆采用阻燃B类及以上电缆，以减小火灾通过电缆的蔓延范围，有效降低电缆延燃带来事故扩大。

站区总平面设计时，电缆防火封堵与土建配合，大型带油设备区域电缆沟排水孔设置在各个电缆防火封堵隔墙范围内，同时将电缆沟防火封堵隔墙侧设置为排水坡度高点，排水方向朝向防火封堵隔墙两侧。结合电缆沟排水设计，主变压器、高抗区域等大型带油设备区域电缆沟内防火封堵隔墙设置为不带排水孔。此段电缆沟防火区段内的排水在该段电缆沟防火分区内完成。

电缆沟道在进入室内的入口处、配电装置电缆沟道分支处、建筑物层间、不大于7m距离的电缆竖井及建筑物同层不同防火分区处应设置电缆防火墙，在电缆密集的电缆沟道内每间隔60m应设置一道电缆防火墙。

高压电缆采用单独通道敷设；同一电缆沟道内控制电缆与电力电缆分层敷设并采用组装防火隔板、耐火槽盒或其他成品防火分隔装置的形式设置层间防火分隔，与其他电缆共沟的线路通信光缆采用耐火槽盒敷设。电缆沟道防火封堵布置如图17－1所示。

2. 电缆沟防火隔墙的强度及耐火极限

电缆隧道、电缆夹层、穿越建筑物防火墙体的电缆耐火极限不少于3h；建筑物入口处、电缆竖井、建筑物层间、建筑物防火分区之间的电缆防火封堵耐火极限不少于2h并不得低于该处建（构）筑物的耐火极限的时效；其余电缆沟内电缆防火分隔耐火极限不少于1h，电缆防火墙两侧涂刷防火涂料长度不小于1.5m。依据对目前防

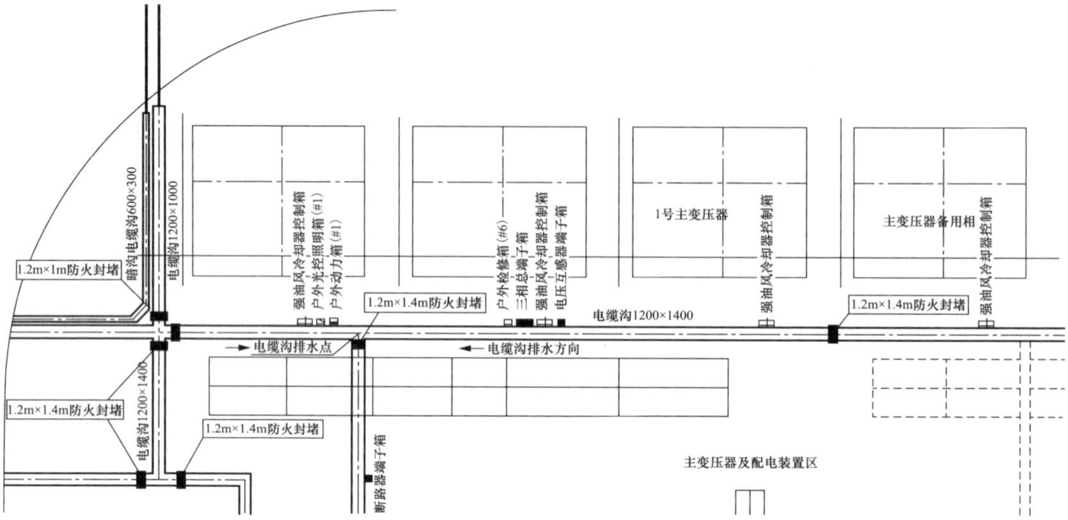

图 17-1 电缆沟道防火封堵布置

火封堵材料性能的调研，建议提升带油设备区域电缆沟内电缆防火墙的耐火等级为3h，两侧电缆涂刷防火涂料长度不小于 2m，涂料干后厚度不小于 1mm；所有电缆防火分隔应采用型钢等不燃型材固定，加强电缆沟内防火隔墙耐火工作时的耐冲击性能，防火隔墙外露的金属材料表面应涂刷防火涂料。

3. 带油设备区域电缆沟内电缆防火隔墙的密封性设计

电缆防火封堵制造厂普遍可提供防火、耐水耐油、环保型防火封堵材料，包括凝固型防火泥、阻火模块、非凝固型缝隙填塞防火堵料、防火板材、防火密封胶。电缆沟内的电缆防火封堵采用凝固型防火泥或阻火模块堆砌后周围包覆防火隔板，然后采用非凝固型防火材料填塞缝隙，结合特高压变电站消防设计提升，可达到即使电缆沟内有油液聚积也不会通过电缆沟扩散到其他区域。防火隔墙的密封性设计示意图如图 17-2 所示。

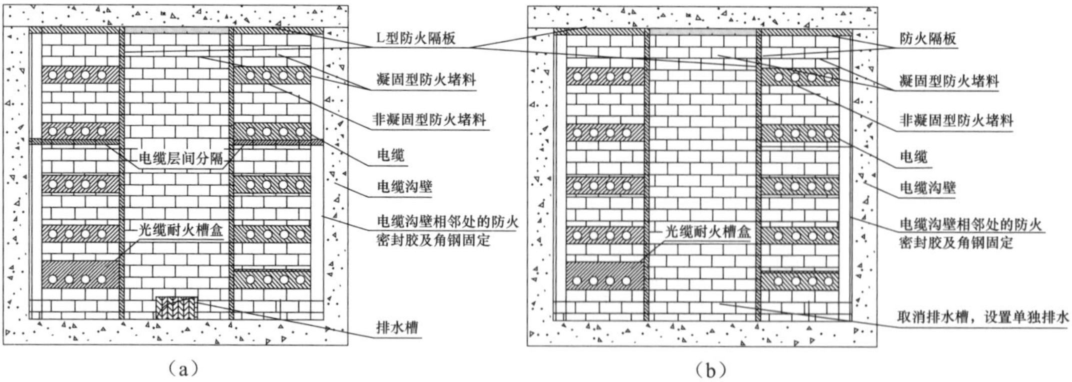

图 17-2 防火隔墙的密封性设计示意图

(a) 无带油设备区域电缆沟防火封堵断面图；(b) 有带油设备区域电缆沟防火封堵断面图

4. 带油设备区域电缆管强度及防火封堵密封性设计

带油设备本体的电缆通道采用电缆管敷设，电缆管采用热镀锌钢管从就近电缆沟道敷设到本体接线箱，电缆管水平段应具有一定缓坡度并不得有 V 形凹陷。电缆管根据电缆的型号、数量，以及到设备本体埋设地点的不同，设置合理的管径及数量，埋设时与设备油坑同时施工，避免后期穿越油坑壁的电缆管开孔及后期密封。电缆管接续采用套管螺纹或焊接后涂刷防腐漆。在油坑内设备本体端，电缆管直接进入设备本体接线箱或者高出油坑盖板或设备安装基础顶面，使管口不至于在火灾时浸没于油坑内，电缆敷设完成后两端采用防火堵料做密实填塞防火封堵，并可根据实际需要在设备端电缆管外侧包覆金属电缆槽盒到设备本体接线箱。电缆管防火封堵设计图如图 17－3 所示。

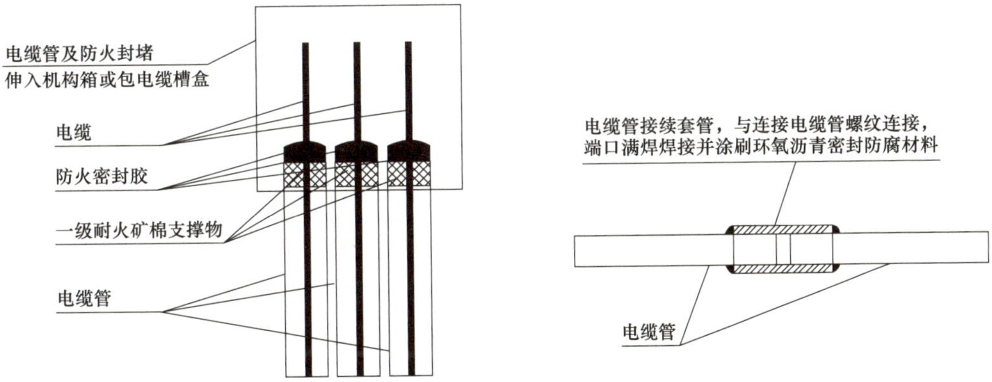

图 17－3　电缆管防火封堵设计图

5. 电缆敷设通道灭火措施

依据 DL 5027—2015《电力设备典型消防规程》规定，电缆层、电缆竖井和电缆隧道（固定灭火介质及系统型式），无人值班变电站可设置悬挂式超细干粉、气溶胶或火探管灭火装置。在特高压变电站的电缆竖井内应设置固定式灭火设施，固定式自动灭火设施宜采用干粉自动灭火器。

二、电缆沟道防火材料及防火设施

1. 防火材料

防火材料主要有涂料、包带、槽盒、隔板、堵料及砌料等，各防火材料的主要特征见表 17－10。

表 17－10　防火材料主要特征

名称	特　征
防火涂料	电缆及阻火段外表层涂刷，多次涂刷干燥后厚度不小于 1mm

续表

名称	特　征
防火包带	厚度约为0.5mm，层叠缠绕于电缆表层，不少于两层，带自黏功能或采用防火胶固定
凝固型防火堵料	电缆沟道隔墙非电缆穿越区域防火主材及电缆孔洞防火填充物
固态防火砌料	电缆沟道及孔洞防火隔墙非电缆穿越区域可拆卸防火主材
非凝固型防火堵料	电缆沟道、孔洞桥架及电缆管防火隔墙电缆穿越区域周围缝隙填充用软质非凝固型堵料或防火密封胶
隔板（防火板）	硬质耐火板材及耐火半硬质板，可采用阻燃金属件组成防火分隔空间
隔板（防火门）	带阻火功能的活动门，功能同建筑用防火门

2. 防火设施

主要的防火设施有阻火隔墙、阻火夹（隔）层、阻火段及阻火隔板层等，其制作要求如下。

（1）阻火隔墙。

1）电缆隧道阻火隔墙。

a. 材料可用堵料、砌料、隔板等填充密实，达到阻火隔烟的效果。

b. 阻火隔墙两侧1.5～2m长电缆涂刷防火涂料多次，每次干后再涂，全干后涂刷厚度不小于1mm。

c. 堵料及砌料隔墙整体应具备一定强度，火灾时在耐火时效内不开裂坍塌并保持烟密性，可采用型钢等不燃材料固定，保证整体耐冲击性。

d. 阻火隔墙的每层电缆穿越区域采用非凝固型软性防火堵料填充，包覆一定区域以便更换电缆及远期扩建施工敷设电缆。

e. 电缆隧道设置电缆防火隔墙，隧道内设置消防通风及疏散设施时，可在电缆防火隔墙间通道处加装防火门。防火门两侧沿电缆敷设方向各加装0.8m长的通高防火隔板，防火隔板固定在隧道两侧电缆支架上。

f. 电缆隧道两侧底脚或隧道排水沟处的防火墙设置120mm×120mm排水孔。

2）电缆沟阻火隔墙。

电缆沟阻火隔墙的做法与隧道阻火隔墙相同，但无须装设防火门及防火门两侧的防火隔板，电缆沟防火隔墙两侧应各涂刷1.5～2m的防火涂料。

（2）阻火夹层。

1）为了施工安全方便，在电缆敷设之前装好夹层防火隔墙固定支架。

2）阻火夹层上下用防火隔板，中间填充防火堵料、砌料或矿棉半硬板。

3）耐火板在电缆穿越处锯出条状孔，电缆敷设完毕后用软性防火堵料或矿棉密实填缝，使防火隔墙具备阻火及隔烟效果。

4）夹层上、下1.5～2m处用防火涂料多次涂刷电缆及支架，防火涂料干燥后厚度不小于1mm。

（3）阻火段。

1）电缆表面多次涂刷 1.5～2m 长防火涂料或缠防火包带，涂料干燥后厚度不小于 1mm，包带层叠缠绕总层数不少于两层。多层电缆如需要层间防火分隔，采用加装防火隔板、耐火槽盒或相同功能的防火分隔成品。

2）空间条件允许的直段，可采用耐火槽盒进行分段封堵。

（4）阻火隔板或相同功能的防火分隔成品。

用于不同电压、不同系统或控制电缆、电力电缆之间的阻火分隔，目前已有特高压变电站采用带抽拉功能的防火板层间防火分隔成品，具有层间防火分隔功能，且便于敷设，方便运维时更换电缆。其整体防火性能通过权威机构消防认证后可以推荐应用。

（5）电缆中间接头盒阻火段。

电缆接头盒周围电缆包阻火包带或涂刷防火涂料，涂料干燥后厚度不小于 1mm，包带层叠缠绕总层数不少于两层，每套或每回路电缆接头外侧包裹具有一定抗冲击性能的不燃材质护罩，并应防止护罩与交流单芯电缆及接头形成环流。

第四节　火灾探测报警系统

特高压变电站按有人值班变电站设计，应建设消防控制室，消防控制室应与主控制室合并设置，消防设备应集中设置，并应与其他设备间有明显的间隔。火灾报警器的容量、性能要求及相应的接口按照变电站的最终规模考虑，各类探测器按本期规模考虑。

一、系统设计

消防控制室内应设置火灾报警控制器、消防联动控制器、消防控制室图形显示装置、消防电话总机、消防应急广播装置、消防应急照明等消防设备或具有相应功能的组合设备。火灾报警系统设备还包括火灾探测器、消防联动控制设备、手动火灾报警按钮、火灾报警器等设备。

火灾探测报警系统应采用智能型、总线型网络结构，火灾探测报警系统总线回路应按变电站终期建设规模配置。

火灾探测报警系统总线上应设置总线短路隔离器，每只总线短路隔离器保护的火灾探测器、手动火灾报警按钮和模块等设备的总数不应超过 32 个，总线穿越防火分区时，应在穿越处设置总线短路隔离器。

图 17－4 为火灾自动报警系统原理图。图 17－5 为某 1000kV 变电站火灾报警系统图。

二、探测范围及区域划分

（一）探测范围

特高压变电站火灾探测范围包括主控通信楼和就地设备室。主控通信楼包括主控

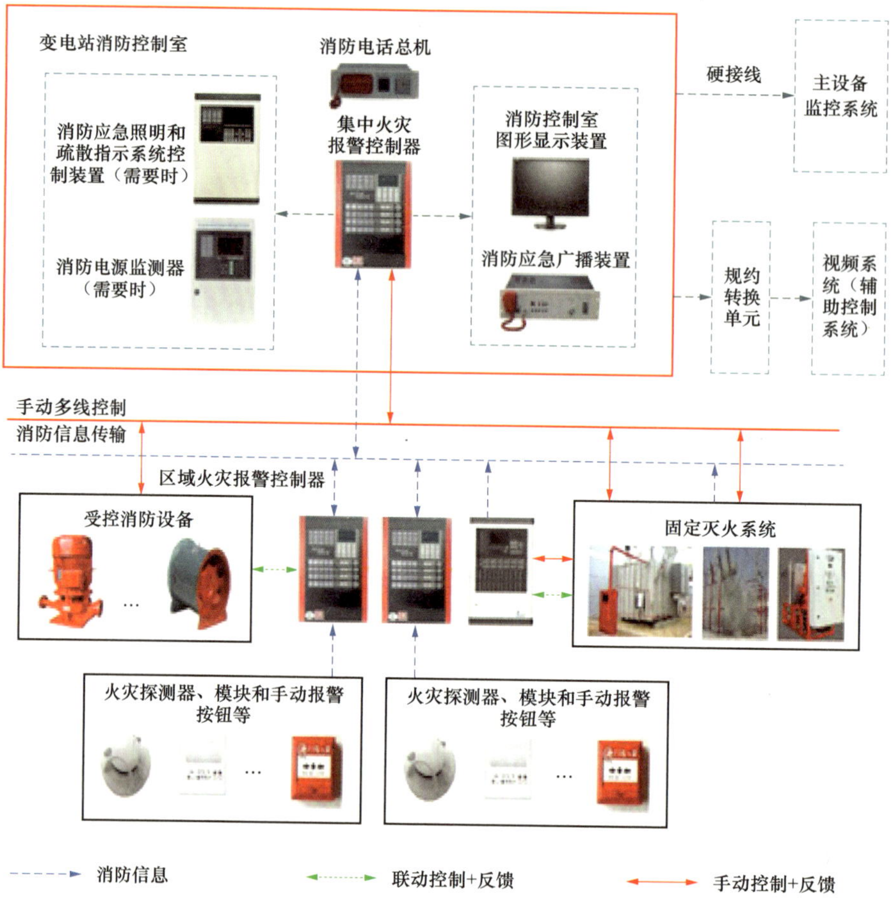

图 17-4　火灾自动报警系统原理图

制室、计算机室、通信设备室、资料室、会议室、休息室、备餐间、主控通信楼电缆竖井、电缆夹层等。就地设备室包括就地继电器小室、预制舱、蓄电池室、站用电配电室、综合水泵房、车库、警卫传达室、备品库、继电器小室电缆沟等。

（二）报警区域和探测区域的划分

变电站火灾报警区域应根据防火分区或楼层划分。可将一个防火分区或一个楼层划分为一个报警区域，也可将发生火灾时需要同时联动消防设备的相邻几个防火分区或楼层划分为一个报警区域。

变电站火灾探测区域应按独立房间划分。一个探测区域的面积不宜超过 $500m^2$；从主要入口能看清其内部且面积不超过 $1000m^2$ 的房间，也可划为一个探测区域。红外光束感烟火灾探测器和缆式线型感温火灾探测器探测区域的长度不宜超过 100m。

三、火灾探测器的选择

火灾探测器按火灾特征参数可分为感烟火灾探测器、感光火灾探测器、感温探测器等；按布置形式可分为点型火灾探测器、线型火灾探测器。

图 17－5 某 1000kV 变电站火灾报警系统图

（一）设置要求

对火灾初期有阴燃阶段、产生大量的烟和少量的热、很少或没有火焰辐射的场所，应选择感烟火灾探测器。对火灾发展迅速，有强烈的火焰辐射和少量烟、热的场所，应选择感光火灾探测器。应依据保护场所可能发生火灾的部位和燃烧材料，以及火灾探测器的类型、灵敏度和响应时间等选择相应的火灾探测器。对火灾形成特征不可预料的场所，可依据模拟试验的结果选择火灾探测器。

（二）点型火灾探测器的选择

主控制室、计算机室、通信设备室、资料室、会议室、休息室、就地继电器小室、站用电配电室、综合水泵房、警卫传达室等宜选择点型感烟火灾探测器。蓄电池室应选择防爆类的点型感温火灾探测器。车库、备餐间应选择点型感温火灾探测器。

（三）缆式线型感温火灾探测器的选择

特高压主变压器和并联电抗器、电缆竖井、电缆隧道、电缆桥架等区域采用缆式线型感温火灾探测器。

四、系统设备的设置

火灾报警控制器（组屏或壁挂式）及消防联动控制器均应设置在主控室内，消防控制室图形显示装置布置在控制台上。

（一）点型火灾探测器的设置

（1）探测区域的每个房间应至少设置一只火灾探测器。

（2）感烟火灾探测器和 A1、A2、B 型感温火灾探测器的保护面积和保护半径应按表 17－12 确定；C、D、E、F、G 型感温火灾探测器的保护面积和保护半径应根据生产企业设计说明书确定，但不应超过表 17－11 的规定。表 17－12 为点型感烟火灾探测器下表面至顶棚或屋顶的距离。

表 17－11　感烟火灾探测器和 A1、A2、B 型感温火灾探测器的保护面积和保护半径

火灾探测器的种类	地面面积 S（m^2）	房间高度 h	屋顶坡度 θ					
			$\theta \leqslant 15°$		$15° < \theta \leqslant 30°$		$\theta > 30°$	
			保护面积 A（m^2）	保护半径 R（m）	保护面积 A（m^2）	保护半径 R（m）	保护面积 A（m^2）	保护半径 R（m）
感烟火灾探测器	$S \leqslant 80$	$h \leqslant 12$	80	6.7	80	7.2	80	8.0
	$S > 80$	$6 < h \leqslant 12$	80	6.7	100	8.0	120	9.9
		$h \leqslant 6$	60	5.8	80	7.2	100	9.0
A1、A2、B 型感温火灾探测器	$S \leqslant 30$	$h \leqslant 8$	30	4.4	30	4.9	30	5.5
	$S > 30$	$h \leqslant 8$	20	3.6	30	4.9	40	6.3

表 17-12 点型感烟火灾探测器下表面至顶棚或屋顶的距离 d（mm）

探测器的安装高度 h（m）	顶棚或屋顶坡度 θ					
	$\theta \leqslant 15°$		$15° < \theta \leqslant 30°$		$\theta > 30°$	
	最小	最大	最小	最大	最小	最大
$h \leqslant 6$	30	200	200	300	300	500
$6 < h \leqslant 8$	70	250	250	400	400	600
$8 < h \leqslant 10$	100	300	300	500	500	700
$10 < h \leqslant 12$	150	350	350	600	60	800

（二）线型红外光束感烟火灾探测器的设置

（1）探测器的光束轴线至顶棚的垂直距离宜为 0.3～1.0m，距地高度不宜超过 20m。

（2）相邻两组探测器的水平距离不应大于 14m，探测器至侧墙水平距离不应大于 7m，且不应小于 0.5m. 探测器的发射器和接收器之间的距离不宜超过 100m。

（3）探测器的设置应保证其接收端避开日光和人工光源直接照射。

（三）线型感温火灾探测器的设置

（1）探测器用于保护主变压器、高抗等设备和电缆时，应采用接触式布置。

（2）设置在顶棚下方的线型感温火灾探测器至顶棚的距离宜为 0.1m。探测器的保护半径应符合点型感温火灾探测器的保护半径要求；探测器至墙壁的距离宜为 1～1.5m。

（3）设置线型感温火灾探测器的场所有联动要求时，宜采用两只不同火灾探测器的报警信号组合。

（4）与线型感温火灾探测器连接的模块不宜设置在长期潮湿或温度变化较大的场所。

（四）手动火灾报警按钮的设置

（1）每个防火分区应至少设置一只手动火灾报警按钮。从一个防火分区内的任何位置到最近的手动火灾报警按钮的步行距离不应大于 30m。手动火灾报警按钮宜设置在疏散通道或出入口处。

（2）手动火灾报警按钮应设置在明显和便于操作的部位。当安装在墙上时，其底边距地高度宜为 1.3～1.5m，且应有明显的标志。

（五）火灾报警器的设置

（1）火灾报警器应设置在每个楼层的楼梯口、建筑物的主要出入口、建筑内部拐角等处的明显部位，且不宜与安全出口指示标志灯具设置在同一面墙上。

（2）火灾报警器宜设置手动或自动两种控制方式。

（3）每个报警区域内应均匀设置火灾报警器，其声压级不应小于 60dB；在环境噪声大于 60dB 的场所，其声压级应高于背景噪声 15dB。

（六）模块、模块箱设置

（1）模块的设置。每个报警区域的模块宜相对集中设置在本报警区域内金属模块箱中，不应将模块设置在配电（控制）柜（箱）内。本报警区域的模块不应控制其他报警区域的设备。未集中设置的模块附近应有明显的标识。

（2）模块箱的设置。模块箱应采用金属结构，宜设置在箱内模块所连接设备的附近。

（七）消防专用电话的设置

（1）消防专用电话网络应为独立的消防通信系统。

（2）消防控制室应设消防专用电话总机。

（3）多线制消防专用电话系统中的每个电话分机应与总机单独连接。

（4）电话分机或电话插孔的设置，应符合下列规定：

1）消防水泵房、配电装置室、计算机室、继电器室等应设置消防专用电话分机。消防专用电话分机应固定安装在明显且便于使用的部位，并应有区分于普通电话的标识。

2）设有手动火灾报警按钮或消火栓按钮等处宜设置电话插孔，并宜选择带有电话插孔的手动火灾报警按钮。

3）电话插孔在墙上安装时，其底边距地面高度宜为1.3～1.5m。

（5）消防控制室、值班室等处应设置可直接报警的外线电话。

五、消防控制和消防联动

集中火灾报警控制器与固定灭火系统宜采用同一品牌设备，以协议通信方式接入集中火灾报警控制器。无法与集中火灾报警控制器以协议方式通信的，应将其干节点信号接入集中火灾报警控制器。

集中火灾报警控制器对有直接联动控制关系的受控消防设备直接进行联动控制，应能直接启动消防水泵，应能实现排烟风机、空调系统的联动控制。联动设备可通过消防联动控制器对其进行联动。

消防联动控制系统的联动输出接点应为无源接点，接点容量应满足受控设备控制回路的要求。

各受控设备接口的特征参数应与火灾报警控制器或消防联动控制器发出的联动控制信号相匹配。

需要火灾自动报警系统联动控制的消防设备，其联动触发信号应采用两个报警触发装置报警信号的“与”逻辑组合。

六、系统布线

火灾自动报警系统的电源线、消防联动控制线应采用耐火或A类阻燃铜芯绝缘导线或铜芯电缆；信号线、联网线、通信线宜采用耐火或A类阻燃铜芯绝缘导线或铜芯电缆。

不同建筑物（或户外设备）之间的火灾自动报警系统连接线缆宜采用耐火或A类阻燃铠装光缆；信号线、联网线、通信线和消防联动控制线的电缆还应有屏蔽功能。

火灾报警系统的传输线路穿的金属管宜采用热镀锌钢管，钢管的最小管径应满足钢管穿线根数的要求，不宜小于20mm。

建筑物内无吊顶处及墙面的火灾报警系统的管线应采用暗敷设，有吊顶的管线在吊顶内可明敷设。当穿管的管路长度过长或有弯曲时应加装过线盒，导线接头应在接线盒内焊接或用端子连接，管内不应有接头或扭结。

七、系统电源及接口

（一）供电电源

火灾自动报警系统应采用外接1路UPS交流电源供电，还需自备蓄电池作为备用电源。当交流电源消失时，系统应能自动切换至直流蓄电池电源。蓄电池容量应满足24h供电要求。

（二）与变电站其他系统通信接口要求

1. 与监控系统的接口

火灾报警系统应提供重要的火灾报警信号、装置异常信号、电源消失等硬接点信号接入监控系统。

2. 与辅助控制系统的接口

能与辅助控制系统通过数据接口（RS-485/RS-232）或以太网口进行通信连接，上传火灾报警系统的各种告警信号，并在辅助控制系统主站上进行显示。应能将火灾和故障信息通过通信接口送至辅助控制系统的主机，其接口方式采用RS-485串口或以太网口，并能在辅助控制系统的主机上推出相应的火灾报警画面和远传，并能在主控通信楼火警时联动安防子系统的门禁设备。

3. 与变压器（高抗）消防控制柜的接口

能通过数据接口（RS-485/RS-232）或以太网口与变压器（高抗）消防控制柜进行通信连接，接收变压器（高抗）消防系统的各种告警信号，并上传至一体化监控系统主站。

4. 与变压器排油系统的接口

能按变压器分相提供火灾报警动作硬接点信号给变压器排油系统，作为变压器排油系统的启动判据之一。

第十八章　大件运输

特高压变电站中的大件设备主要是指主变压器和1000kV并联电抗器。特高压主变压器、1000kV并联电抗器等设备的质量、运输尺寸远大于其他电压等级的同类设备，受现有铁路和公路运输限界尺寸及桥梁承载能力的限制，对运输车辆、道路状况及设备装卸均提出了新的要求。

大件运输涉及铁路运输、水路运输、公路运输、码头吊装、上基础就位等作业，是一项综合性工程。特高压工程大型设备单件运输质量大，运输尺寸大，运输的难度和复杂性增加。

本章分别从设备参数、运输方式、设备到货场地、运输船舶和车辆的配置、装卸设备、公路运输路线选择及运输沿线排障措施等内容分项阐释大件运输。

第一节　大件运输方案设计原则及大型设备运输技术参数

一、大件运输方案设计原则

根据工程所在地的交通运输条件，制定合理的大件运输方案，是保证关键设备安全运抵建设现场、工程顺利建设施工、按期投产的重要环节。大件运输是一种特种运输，本身就是一个复杂的系统工程，牵涉车辆、船舶、装卸工机具、道路、桥梁、航道和码头、铁路及货场等各方面。因此，必须对大件运输线路和方案进行认真的调查研究及分析，在确保安全的前提下，做到技术性和经济性的统一，即在技术上要确保安全，在经济上做到合理。

大件运输方案拟定应遵循以下原则：

(1) 安全可靠、技术可行是拟定大件运输方案的首要原则；大件运输过程中发生安全事故，会给国家经济建设和业主带来无法估量的经济损失，安全第一的原则是完成运输工作的根本。因此，在选择运输方式、确定运输路线时，首先考虑的因素是安全。

（2）在充分保障安全的原则下，选择的运输方式力求措施费用和运输费用最低，减少运输沿线道路改造和桥梁加固的费用，同时最大限度地降低运输成本，注重经济性。

（3）充分发挥水运约束限制条件小、费用低廉的优势，优先考虑延长水运距离，减少陆路运输距离。

（4）尽可能利用现有或规划建设的交通设施，降低改建或加固的技术难度和协调难度。

（5）尽可能减少对当地社会经济活动和日常生活的干扰，避免选择重要的、运输能力相对紧张或具有特殊功能（如防汛）的运输线路，确保大件运输畅通。

（6）由于大件运输需要，新建或改建的交通设施尽可能兼顾区域交通规划，以充分发挥交通设施的作用。

在满足本期大件设备运输的前提下，统筹考虑后期工程的交通需求。

二、大型设备运输技术参数

特高压变电站中，最重、体积最大的设备是主变压器。具体分析大型设备的运输技术参数是运输前期的一项重要工作，设备的运输技术参数主要指其装载运输时的最大尺寸、质量等。

（1）设备长度分析。设备长度受挂车承载货台有效长度的制约，配车时要根据设备的长度、形状、支点距离等特征配置合理车型，较长设备宜采用长货车组。无论采用何种车型，车组总长度要与运输线路的最小转弯半径相适应。

（2）设备宽度分析。设备宽度除要考虑挂车承载货台的有效宽度是否适应，必要时需横拼加宽外，还要考虑运输线路通道宽度的限制。在基本满足设备装载稳定性对挂车宽度需求的前提下，应尽量减少因车组宽度增加而带来的排障工程量。

（3）设备高度分析。运输线路的建筑限界是制约车组通行的主要因素，因此设备装车后车组的运行高度，即设备高度+挂车承载面高度（或桥式挂车承载梁高度）应低于运输线路立交桥或隧道等净空高度，否则需采取排障技术措施。分析设备高度，选择合理车型，控制车组的运行高度，可以尽量减少排障工程量。

（4）设备质量分析。桥涵、码头的承重能力，是决定车组能否安全通过和进行正常装卸作业的关键环节。根据设备质量选配合理的车型，将车组总重、轴荷分配值和轮压控制在一定范围内，以减少桥涵、码头的加固改造费用，并使车辆不因装载后受力而产生变形。

根据厂家提供的详细的设备参数，才能够选择大件设备合理的运输方式。表18-1为大型交流设备运输参数参考值。

表 18-1　大型交流设备运输参数参考值

设备名称	运输质量 (t)	运输外形尺寸 (mm)			备注
		长	宽	高	
1000kV/1000MVA 单相变压器	397.0	11400	4200	4970	多个工程采用
1000kV/1000MVA 单相变压器	388.0	11190	4070	4990	多个工程采用
1000kV/1000MVA 单相变压器	245.5	8810	4334	5000	多个工程采用
1000kV 并联电抗器	169.0	7544	4100	4840	多个工程采用

注　表中变压器宽度不包括吊钩或肩座的箱体宽度。

第二节　大件运输方式

一、运输方式比较

大件设备运输通常有全程公路运输，铁路和公路联运，水陆联运，以及水路、铁路和公路联运等多种方式。采用何种方式，须根据设备运输质量、运输外形尺寸、启运地和目的地距离、交通便利条件等确定。

大件设备运输方式的优缺点如表 18-2 所列。

表 18-2　不同运输方式优缺点

运输方式	铁路运输	水路运输	公路运输	水陆联运
运输工具	特型专用车	专用船舶	超重型车组	合理组合
运输量	较大	大	较小	中
运价指数	高	低	较高	较低
适应性	较差	较强	一般	强
运输措施费	费用较高	费用低	运输路线长时费用很高，山区公路和河网地区陆路运输费用特别高	中
运输周期	专列运行，每天行驶 150～300km，运行周期相对较短	每天行驶 100～200km，运行周期较长	每天行驶 40～80km，运行周期较长	中
主要制约因素	受机车车辆承载能力、桥梁荷载、隧道限界等制约	受航道航深航宽、跨河桥梁通航孔净空高度、气候、水位变化的限制	受通行高度、道路状况、桥梁荷载、路政管辖部门等限制	受中转装卸环节限制

各种运输方式均有其自身的优势特点和受制约的因素。一般来讲，铁路运输制约因素较多，运输成本高，办理超限运输手续繁杂、周期长。公路运输适应性强，运输成本较高，路桥改造和加固工程量大。采用水路运输，大件设备的质量和外形尺寸几乎不受限制，运量大，运输成本低，缺点是运输周期较长。

在评价选择各种运输方式时，水路运输由于其对设备质量和外形尺寸的限制条件少，运输成本低，是大件运输优先考虑的运输方式。在条件允许时，应尽量延伸水路运输距离，缩短公路运输距离，以减少排障技术措施费用。

二、铁路运输

铁路级别划分主要是按铁路年输送能力和在路网中的作用，以及最大轴重和每延米质量等条件而定。根据我国铁路行业标准要求，我国铁路分为三级：

（1）Ⅰ级铁路：在全国铁路网中起骨干作用，规划远期年输送能力不低于 800 万 t；

（2）Ⅱ级铁路：在全国铁路网中起联络、辅助作用，规划远期年输送能力不低于 500 万 t；

（3）Ⅲ级铁路：为某一地区服务的地方铁路，规划远期年输送能力小于 500 万 t。

根据我国铁路部门的规定，当货物装车后，在平直线路上停留时，货物的高度和宽度任何部位超过机车车辆限界或特定区段装载限界的，或在平直线路上停留虽不超限但行经半径为 300m 的曲线线路时，货物内侧或外侧的计算宽度仍然超限的，均为超限货物。

铁路运输超限等级分为一级超限、二级超限和超级超限 3 个等级。超限运输限界尺寸见图 18－1。

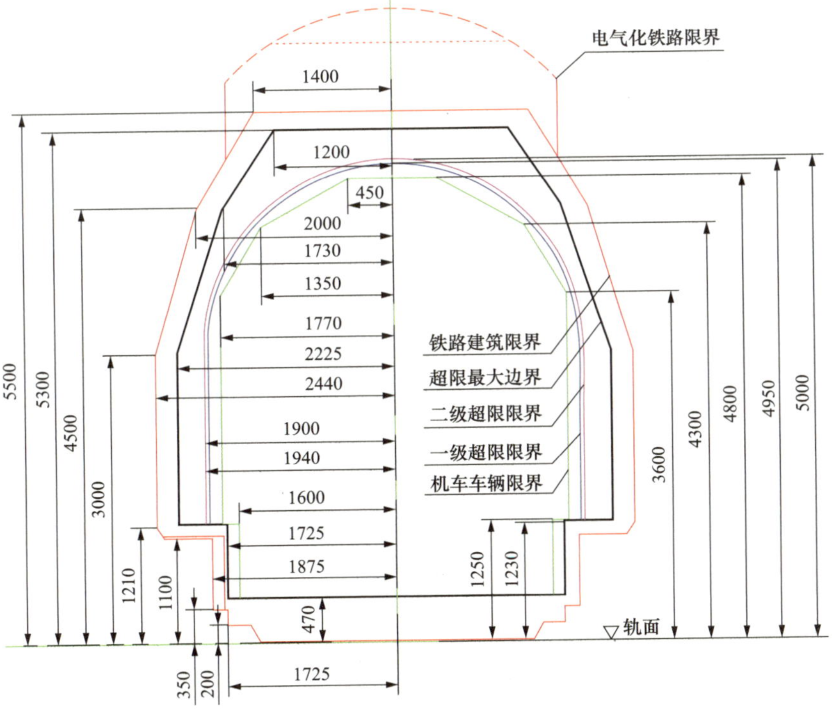

图 18－1　超限运输限界尺寸（单位：mm）

从图 18－1 中可以看出，铁路运输货物限界尺寸宽度和高度有一定的对应关系。国内特高压变电工程选择用铁路运输时，为满足运输限界要求，一般采用 DK36 落下孔车。此车型对变压器运输参数的限制条件是：①最大运输质量不超过 350t；②最大运输长度不大于 13m，本体宽度不大于 3.5m，高度不大于 4.85m。因此，铁路运输适用条件之一是大件设备的运输参数和构造需符合车型限制要求。

铁路超限运输还受隧道、桥涵、线路、中间站设施等方面限制。超限货物不论质量还是外形尺寸，任意一项超越限制，都不能实施运输。因此，铁路运输的第二个适用条件是运输路线须满足超限运输专列通过要求。运输路线应尽量选择限界相对较宽松、等级高的干线铁路，对不满足运输专列通过要求、等级较低的运输路径提出改造措施，或者选择别的运输路径组织运输。

铁路运输的第三个适用条件是与可以选择的其他运输方式比较，经济性差距不大。经济性比较不但要计算设备从供货厂家直至站址上基础的运输装卸费用、措施费用，还应计算由于限制设备尺寸而提出特殊构造要求增加的设备制造费用，以及设备过负荷等性能变化的影响。

三、水路运输

水路运输分为远洋运输、沿海运输和内河运输，远洋运输和沿海运输受环境因素影响小，只要根据货物尺寸、质量等条件选择合适的船舶即可。内河运输受通航河道位置、航道水深和航宽、航道上跨河桥梁通航孔净空高度等限制，运输大件能力不如远洋运输和沿海运输。但内河运输相对铁路和公路运输仍具有载重吨位大、对设备运输尺寸的限制少、运输费用低廉等特点，是大件运输优先选择的方式。

对内河航道的分析，主要是分析其航道等级、适航段水文水位的变化规律，以及跨河桥梁、船闸、水利设施的通航能力和规定能否保证船舶顺利通行。根据大量电网工程大件运输经验，一般Ⅳ级及以上航道，无论航道的航宽、航深，船闸通过能力，跨河桥梁通航孔净空高度等，均能满足大件运输船舶航行要求。较低等级天然和渠化河流航道受水位变化影响较大，如果枯水位时段也确要进行大件运输，应有保证通航的应对措施，比如选择大吨位、吃水浅的船舶，减载运输。

对于低等级限制性航道，巷道的沿线桥梁通航孔的净空高度小，通常采用吃水深的船舶，通过调节船舶吃水深度来解决船舶通过桥孔问题。航道水深不足时，可通过疏浚河道满足船舶通过要求。另外，限制性航道较狭窄，实施运输时应请地方海事部门引航护航，必要时进行水上交通管制，确保船舶在航道的中泓线行驶。

四、国内主要特高压设备厂家信息及运输工机具的选用原则

1. 国内主要特高压设备厂家信息

国内主要的特高压设备厂家有特变电工沈阳变压器集团有限公司、保定天威集团

变压器有限公司、山东输变电设备有限公司、西安西电变压器有限责任公司、特变电工衡阳变压器有限公司、天威保变（秦皇岛）变压器有限公司、常州西电变压器有限责任公司等。

特变电工沈阳变压器集团有限公司位于辽宁省沈阳经济技术开发区。保定天威集团变压器有限公司位于河北省保定市。山东输变电设备有限公司位于山东省济南市。西安西电变压器有限责任公司位于陕西省西安市。特变电工衡阳变压器有限公司位于湖南省衡阳市雁峰区。天威保变（秦皇岛）变压器有限公司位于河北省秦皇岛市经济技术开发区。常州西电变压器有限责任公司位于江苏省常州市钟楼经济开发区。

2. 运输工机具选用的基本原则

特（超）高压大件设备运输参数大、数量多、运输周期长、工期紧，宜采用多式联运。多式联运包括公路、铁路、水运以及它们的两者或者三者的多次组合。根据项目特点，存在多次使用某种运输方式的可能性。

运输工机具选用基本原则：

（1）设备长度分析。根据设备的长度、形状、支点距等特征配置合理车型。无论采用何种车型，车组总长度要与运输线路的最小转弯半径相适应。

（2）设备宽度分析。根据设备宽度，除要考虑挂车承载货台的有效宽度是否适应外，还要考虑运输线路通道宽度的限制。在满足设备装载稳定性对挂车宽度需求的前提下，应尽量减少因车组宽度增加而带来的排障工程量。

（3）设备高度分析。运输线路的建筑限界是制约车组通行的主要因素，因此，设备装车后车组的运行高度，即设备高度＋挂车承载面高度（或桥式挂车承载梁高度）应低于运输线路立交桥或隧道等净空高度，否则需采取排障技术措施。分析设备高度，选择最合理车型，控制车组的运行高度，以尽量减少排障工程量。

（4）设备质量分析。桥涵、码头的承重能力，是决定车组能否安全通过和进行正常装卸作业的关键环节。根据设备质量选配合理的车型，将车组总重、轴荷分配值和轮压控制在一定范围内，以减少桥涵、码头的加固改造费用，并使车辆不因装载后受力而产生变形。

选择多式联运方案时，要认真分析制约运输的每一个因素，因为许多因素是相互制约的，不能孤立考虑某一方面，要全面综合考虑，使最终配置的车船既能保证安全运输，又能体现经济合理。

第三节　大件设备到货场地的选择

一、铁路到货场地的选择

国内主要特高压交流变压器厂家均有铁路专用线通至厂内，变压器出运十分方便，而变压器铁路到货场地的选择原则是：

（1）离站址尽可能近，减少公路运输距离。

（2）超限运输专列能够抵达，或者经过整改后超限运输专列能够抵达。

（3）场地宽敞，满足设备换装作业要求；场地地面平整，承载力达到 $10t/m^2$ 以上，达不到要求须采取措施改善。

（4）到货场地道路的有效路面宽度、转弯半径、扫空半径、通行高度、路面承载力等满足车组安全通行的要求。

二、大件上岸码头的选择

与其他运输方式比较，水路运输优势明显。水路运输需要有一个大件上岸码头，根据以往多个特高压交流工程大件运输经验，此类码头的选择原则是：

（1）距离站址尽可能近，对外连接交通方便，缩短大件设备公路运输距离。

（2）码头与站址选择在通航河流的同一侧，可以减少公路运输通过较大桥梁的数量。因为跨越通航河流桥梁的长度都较长、单跨跨度较大，加固改建施工工期长、费用高。

（3）若无满足大件装卸条件、位置又合适的现成码头，宜选择砂石或建材类码头加固改建大件码头；改建码头比新建码头费用低，还避免了征地、报建码头等一系列工作。

（4）可考虑与航道部门合作，在合适地点租地建临时码头。临时码头作业面可较原自然地面低 60～80cm，码头使用完毕恢复原貌；工程扩建需再次使用码头，只要稍加整理，码头还可使用。

第四节　大件运输船舶、车辆的配置及装卸设备

一、大件运输船舶的配置

（一）沿海运输船舶的配置

我国沿海用于大件设备运输的船舶，根据每次运输设备的件数，一般选择 1000～3000t 级自航式深舱船。这种近海货船长 60～82m，宽 9～13m，空载吃水 1.7～2m，满载吃水 4.2～5.5m。

（二）内河运输船舶配置

我国内河运输大件设备的船舶主要有前驾驶舱、自航深舱驳船及甲板驳船等。选择船型时，主要考虑内河航道特点、航道等级、航道内船闸或水利设施通过能力，以及中转码头装卸船所采取的作业方式等因素。

前驾驶舱、自航深舱驳船特别适用于河面宽度相对较窄、航深较深的长三角和珠

三角流域限制性航道。

甲板驳船适用于河面宽度较宽、航深较浅的天然河流航道运输，如长江支流汉江、湘江、嘉陵江、岷江等流域。大件设备如采用以人工为主方式装卸船，须使用甲板驳船运输。

二、大件运输车辆的配置

适用于公路大件设备运输的超重型车辆较多。按其牵引部分和承载部分可分为牵引车、挂车和动力挂车。

牵引车车型可按挂接方式、驱动形式和用途进行分类。

（一）牵引车选择

根据汽车理论，保证车组正常行驶的必要条件是：驱动车轮附着力≥发动机牵引力≥行驶阻力。纵坡根据车辆牵引能力考虑，一般不大于4%。如不能满足，则考虑双车牵引和一机顶推，或在坡顶设置锚点进行机械牵引。

（二）承载车辆选择

承载车辆型式有全悬液压平板挂车、桥式（框架式）车组等。

1. 全悬液压平板挂车

全悬液压平板挂车基本型有4轴、5轴和6轴，轴载最大可达34t，轴距为1.5～1.6m，每轴线配置825/15轮胎8只。可实现横向和纵向的拼接，横向拼接有2纵列、3纵列、4纵列，纵向拼接包括从4轴线至30轴线的平板拼接方式，也可多纵列多轴线拼接。

车架和轮轴的连接采用轴间串联、独立平衡液压悬挂方式，并采用“三点支承”的液压系统分布，避免由于载荷分配不均引起少数轮胎超载，可保持挂车承载面的水平状态，减少车架由于受力不均引起的扭曲。采用全轮转向系统，每根轴上车轮都能按规定的角度转动，从而实现车组转弯半径最小、轮胎磨损最小。

在选择车型时，若公路运输沿线的硬性高空障碍净高满足6.5m以上，并且运输沿线软性障碍也不构成运输制约的因素，通常选择全悬液压平板挂车，不同型号液压平板挂车的主要技术性能参数见表18-3。图18-2为大型液压平板挂车结构图。

表18-3　　液压平板挂车主要技术性能参数一览表

NICOLAS SGT17.15型挂车			
纵列数	2纵列	3纵列	4纵列
车长（m）	1.6×轴线数	1.6×轴线数	1.6×轴线数
车宽（m）	3.6	5.7	7.5
车高（m）	1.08±0.27	1.08±0.27	1.08±0.27
额定载重（t）	29×轴线数	43×轴线数	58×轴线数
轴线距离（m）	1.6	1.6	1.6

续表

NICOLAS SGT17.15 型挂车			
纵列数	2 纵列	3 纵列	4 纵列
每轴线轴数（根）	2	3	4
车轴最大转角（°）	45	45	45
NICOLAS MDE55 型挂车			
纵列数	2 纵列	3 纵列	4 纵列
车长（m）	1.55×轴线数	1.55×轴线数	1.55×轴线数
车宽（m）	3	4.8	6.3
车高（m）	1.05±0.35	1.05±0.35	1.05±0.35
额定载重（t）	30.5×轴线数	47×轴线数	61×轴线数
轴线距离（m）	1.55	1.55	1.55
每轴线轴数（根）	2	3	4
车轴最大转角（°）	55	55	55
SCHEUERLE 型挂车			
纵列数	2 纵列	3 纵列	4 纵列
车长（m）	1.5×轴线数	1.5×轴线数	1.5×轴线数
车宽（m）	3	5	6.3
车高（m）	1.19±0.35	1.19±0.35	1.19±0.35
额定载重（t）	30.5×轴线数	45.7×轴线数	61×轴线数
轴线距离（m）	1.5	1.5	1.5
每轴线轴数（根）	2	3	4
车轴最大转角（°）	55	55	55

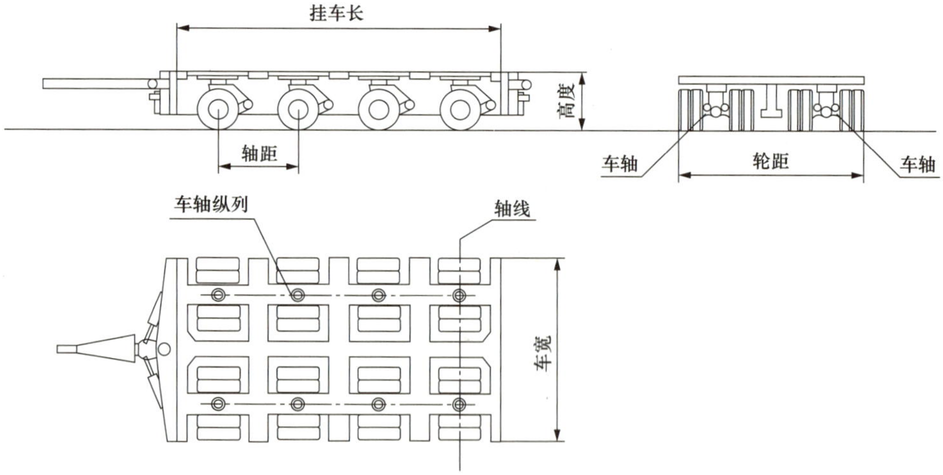

图 18-2　大型液压平板挂车结构图

2. 桥式（框架式）车组

为了提高公路超限运输的通过性，尤其是超重运输，根据交通部门规定，必须进行充分的检查与验算，必要时加固或改建桥梁。从运输工程的角度考虑，改进车辆结构的成本往往低于加固桥梁的成本，因此采用长轴线组合平板车通过桥梁等运输措施，可以有效地减轻装载超重大件车辆轴载负荷对桥梁的影响。

桥式（框架式）车组由于采用前后两组平板车均匀承载，分散了货物对车辆、道路、桥梁的集中压力，从而增加了运行中的安全系数，减少了道路整修的工作量。两组平板挂车均能够独立操作转向，使得运行车组转向灵活，车辆的转弯半径小，提高了运行车组通过弯道的能力。运行车组重心高度低，运行稳定性好，有利于安全运输。平板车的液压装置可以平稳地升降承载框架，使得变压器在通过临界高空障碍时可随时降低高度，紧贴地面行走，特别是使得变压器的装卸车简便、安全。

桥式（框架式）车组框架梁承载能力有 400t 级、500t 级、600t 级等，桥式（框架式）车组的主要技术性能参数见表 18－4。图 18－3 为液压全挂平板车组和桥式（框架式）车组运输示意图。图 18－4 为桥式（框架式）车组运输实况。

表 18－4　　桥式（框架式）车组主要技术性能参考表

序号	名　称	框架梁规格		
		400t 级	500t 级	600t 级
1	框架梁自重（t）	100.0	133.0	160
2	车辆总长（mm）	63830	88600	92000
3	框架内长（mm）	12500	1400	1400
4	框架内宽（mm）	3200～6000	3200～6000	3300～6000
5	配 2 纵列平板挂车（数量×轴数）	2×（10～12）	2×（12～15）	2×（13～18）

注　车辆总长包括两辆牵引车长度。

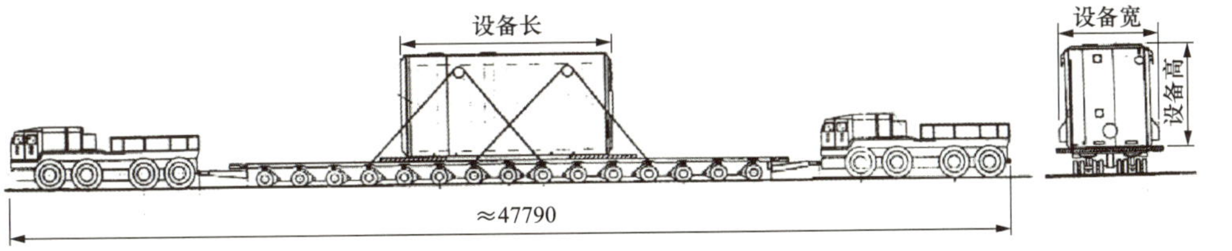

（a）

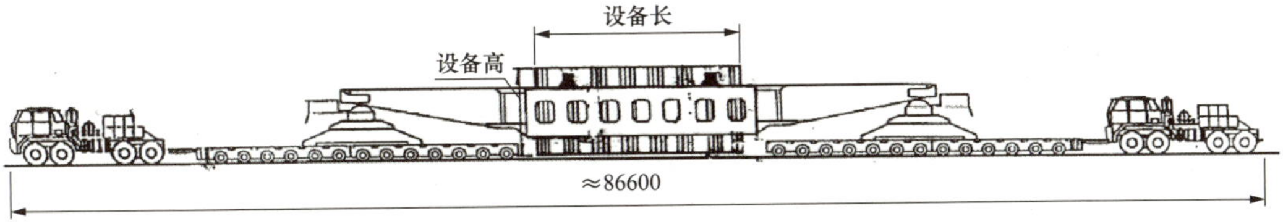

（b）

图 18－3　液压全挂平板车组和桥式（框架式）车组运输示意图

（a）2 纵列 15 轴液压全挂车组运输±500kV 换流变压器示例；（b）2 纵列 13 轴＋500t 桥架＋2 纵列 13 轴桥式车组运输±800kV 换流变压器示例

图 18-4　桥式（框架式）车组运输实况

三、大件装卸设备

在特高压变电主设备大件运输装卸吊运中，大件装卸设备包括人字桅杆式起重机、起重船，以及以人工为主装卸时需要的设备。

（一）人字桅杆式起重机

人字桅杆式起重机的主要优点是轻便灵活，在电力工程大件吊装项目中应用得最多。与重型汽车式起重机和履带式起重机相比，人字桅杆式起重机综合费用（包括码头、机具等总费用）低；如果重大件设备件数多，分批到货，延续时间长，人字桅杆式起重机可一直竖立在码头现场，设备随到随吊，只需考虑一次进退场和现场组装拆卸。所以，只要码头场地条件满足要求，应优先采用人字桅杆式起重机吊装重大件设备。图 18-5 为采用 500t 人字桅杆式起重机吊装大型变压器。

图 18-5　采用 500t 人字桅杆式起重机吊装大型变压器

（二）起重船

起重船长驻在沿海和长江下游大型港口，可以在本港或调遣到附近港口装卸大件设备。由于大型起重船吃水较深，所以仅能在具备条件的码头使用。图 18－6 为采用起重船吊装大型变压器。

图 18－6 采用起重船吊装大型变压器

（三）大型起重机

大型起重机主要有重型汽车式起重机和履带式起重机。采用这类起重机吊装大件设备不需要另外配备施工电源，施工作业场地较小。但重型汽车式起重机和履带式起重机调遣费和现场组装拆卸费、使用台班费均较高；另外，这类吊装设备使用的计划性很强，比较适合到货集中且到货期确定的设备吊装。

（四）以人工为主装卸时需要的设备

当码头不具备机械装卸条件或者机械装卸方式经济性较差时，在采用甲板驳船运输条件下，可考虑以人工为主的方式装卸大件设备，即采用钢梁、钢轨、液压千斤顶、液压推力杆、枕木、支撑墩等机具，采用人工的方法将设备从船上推移至岸上或车辆上，见图 18－7、图 18－8。

图 18－7 变压器卸船装车（船头卸变压器）

图 18-8　变压器卸船装车（船侧卸变压器）

第五节　大件运输公路运输路线选择及运输沿线排障措施

一、公路运输路线的选择

大件设备采用长途公路运输方式，运输过程中涉及的范围广、影响因素多、操作难度大、运输成本高，不论在技术上还是在经济上都显得不合理，因此在条件允许时，应尽量缩短公路运输距离，以降低运输成本和风险。但不论采用何种方式，通常都需要采用公路运输方式完成最终的运输。

特高压大件设备的单件质量及外形尺寸较大，运输过程中受到桥梁、空中硬性障碍、道路线形设计参数的限制，其中桥梁是超重大件设备运输最主要的限制性因素。为保障公路设施安全，加强超限运输车辆行驶公路管理，交通运输部发布《超限运输车辆行驶公路管理规定》，对超限运输车辆的车型及车货总高度、总宽度、总长度、总质量做出规定，并规定承运人应依法办理有关许可手续。

电力大件设备运输对桥涵等构筑物的承载能力等有许多特殊要求。为提高公路大件运输的通过性，所选择的公路线路应尽量做到：选择桥涵构造物规模较小的线路；避免选择结构形式不利于重件通过的、桥梁分布过多的线路；选择构造物设计荷载等级较高的线路；选择加固、改建工程较易实施的线路；选择桥梁设计、施工规范的线路；选择沿线干扰较少的线路。

电力大件设备运输对道路的要求是：路基坚实，路面较平坦，路基承载力和路面强度能满足大件设备运输车辆通过；运输道路弯道半径必须大于运输车辆的最小转弯半径；路面最大纵坡不应超过所装运设备、运输及牵引车辆的技术要求；弯道的路面宽度和横坡应满足大件设备运输车辆转弯行驶的要求。

二、运输沿线排障措施

（一）空中障碍排障措施

1. 立交桥等硬性障碍

立交桥等上跨大件运输道路若净空高度不够，一般采用降低路面来满足通过要求。降低路面设计和施工，应注意相邻立交桥基础的安全、地下管线保护、路面降低后不会产生积水。

2. 软性线障

对可以进行顶升的软性线障，采用临时顶升的方法通过；对无法顶升或顶升距离不够的软性线障采用松开线障和电线杆上的卡扣，提升卡扣的高度，永久性升高的方案，如电线杆长度不够，另立线杆。

（二）大件运输道路排障措施

1. 大件运输道路障碍

大件运输道路选择时若唯一路线道路宽度或者坡度满足不了大件运输车辆通行需求，一般采用拓宽路面、降低路面坡度的措施。路面的宽度及坡度只需满足大件运输车辆车型最低需求即可，道路路面、路基、基础满足大件运输车货荷载总重，运输后需考虑运输道路路面部分修复。

2. 大件运输弯道半径障碍

大件运输弯道半径满足不了大件车辆运输时，通常采用临时拓宽方案，拓宽弯道宽度，以增加道路宽度来减小弯道半径；或者直接增大弯道半径，运输后需考虑修复。

对于采用桥式车组运输方案时，除运输道路半径外，还需考虑扫空半径和扫空区域。扫空区域的大小通常和车组长度、宽度、牵引车数量有关。常规 2 纵列 15 轴线桥式车组扫空半径需 35m。扫空半径不足时，需采取跨越（障碍高度低于 0.60m）、拆除措施（障碍高度高于 0.60m）。

3. 大件运输高空障碍净空高度不足

（1）软性线障。对可以进行顶升的软性线障，在运输过程中采取撑线杆顶升线障的方法通过。对无法顶升或顶升距离不够的软性线障，可松开线障和电线杆上的卡扣，提升卡扣的高度；如电线杆长度不够，联系线障所属部门对线障进行永久性升高处理。设备上面铺绝缘胶皮，以防止电线放电击穿设备。

（2）硬性线障。对广告牌、收费站等硬性线障，一般采用升高处理，或者临时拆除部分上部结构，大件运输完成后恢复。对立交桥等上跨大件运输道路，若净空高度不够，一般采用降低路面来满足通过要求。降低路面设计和施工，应注意相邻立交桥基础的安全、地下管线保护、路面降低后不会产生积水。

（三）桥涵通过措施

电网工程特重件运输通常采用长轴线组合平板车通过桥梁等运输措施，从而有效地减轻车辆轴载负荷对桥梁的影响。桥梁的承载力与其荷载等级、建设年代、施工和维护水平等有关，桥况参差不一。若车货总重过重，须对其中部分桥梁进行加固，方能满足运输车组通过的要求。

大中型桥梁加固常采用的方法有：

1. 桥梁下增加钢管支撑加固

该方法可有效降低桥墩和桥台的压力，以及梁板的弯矩。图 18－9 为桥梁下增加钢管支撑加固。

图 18－9　桥梁下增加钢管支撑加固

2. 桥梁下粘贴钢板补强加固

采用此种加固方案的前提是桥梁桥台和桥墩能承受大件设备运输质量，只是桥梁跨度较大，无法满足大件设备运输时对桥梁抗弯承载力的要求。方法是采用环氧树脂胶或建筑结构胶粘剂将钢板直接粘贴在梁式桥结构的受拉区或抗剪薄弱部位，使之与被加固结构形成整体，共同受力，以提高结构的刚度，改善其受力状态，提高结构的承载力。图 18－10 为桥梁下粘贴钢板补强加固。

图 18－10　桥梁下粘贴钢板补强加固

3. 碳纤维布粘贴补强加固

采用环氧树脂胶将碳纤维布粘贴在混凝土构件表面，与被加固结构形成整体，当结构载荷增加时，碳纤维布因与混凝土协调变形而共同受力，提高结构承载能力。用纤维加固桥梁构件，不仅具有轻质高强、高弹模、耐腐蚀、抗冲击等优点，而且具有施工便捷、无须大型机械、工期短的优势。图 18－11 为碳纤维布粘贴补强加固示意图。

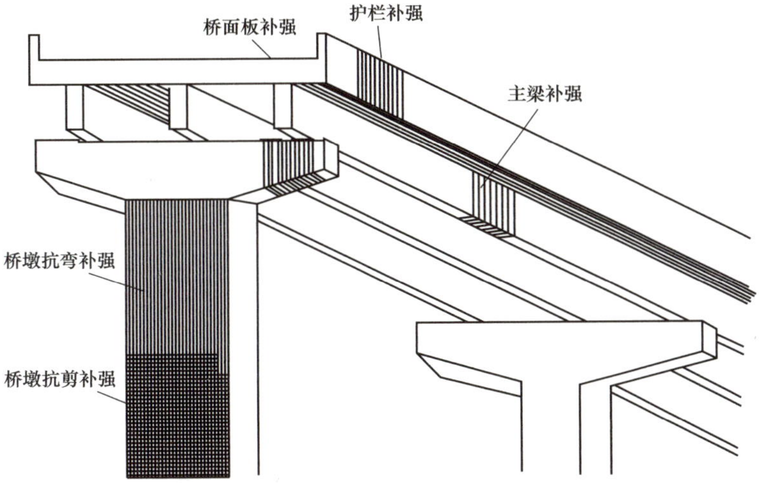

图 18－11　碳纤维布粘贴补强加固示意图

4. 桥下体外预应力加固桥梁

该方法是先在桥墩的上部安装用于固定预应力钢绞线的钢抱箍，再在两桥墩之间的桥面下临时支撑可紧顶着桥面下方的小钢架，将预应力钢绞线通过专用滑轮固定于钢抱箍上，再固定于小钢架上，然后将预应力钢绞线的两端固定在地面上的拉力支撑柱及支座上。通过调节预应力钢绞线的张紧力，产生预应力张拉，使小钢架受力后产生对桥面梁板的向上抬力。采用体外预应力加固桥梁方法，可使跨度较大的桥梁承载能力增加，达到满足大件运输车辆通过的要求。

桥下体外预应力加固桥梁的主要优点是：

（1）能充分发挥加固材料的性能，较大幅度提高桥梁的承载能力；加固后所能达到的最大承载能力，与原桥的设计标准及安全储备有关，一般情况下，可使原桥承载力提高 20％～30％。

（2）在桥下体外预加应力的作用下，原构件的裂缝全部或部分闭合，明显改善原构件的抗裂性能，提高结构的耐久性。

（3）桥下体外预应力加固可在不中断交通的条件下进行，所需设备简单，人力投入少，施工工期短，经济效益较好。

桥下体外预应力加固桥梁法设置示意图见图 18－12。

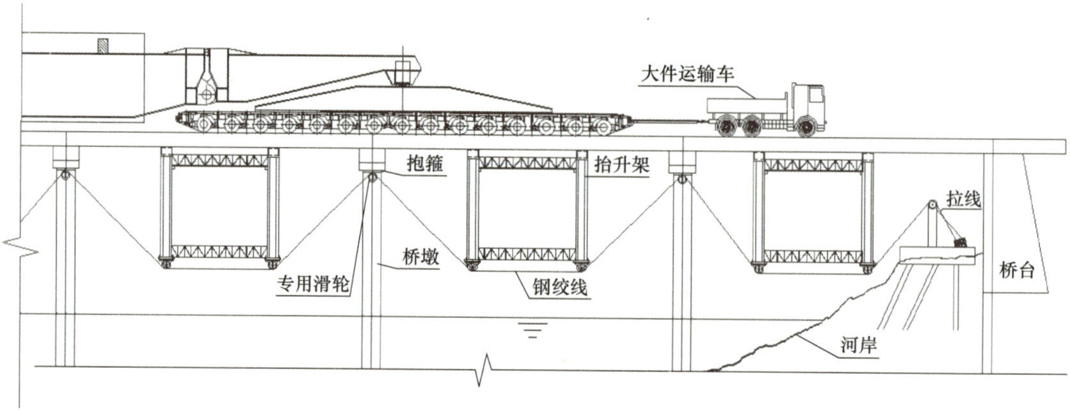

图 18－12　桥下体外预应力加固桥梁法设置示意图

桥梁长度长，平时桥下水面很窄，可以在桥旁的河床上铺设临时运输道路，水面架设临时桥梁供运输车组通过。水面架设临时桥梁示意图见图 18－13。

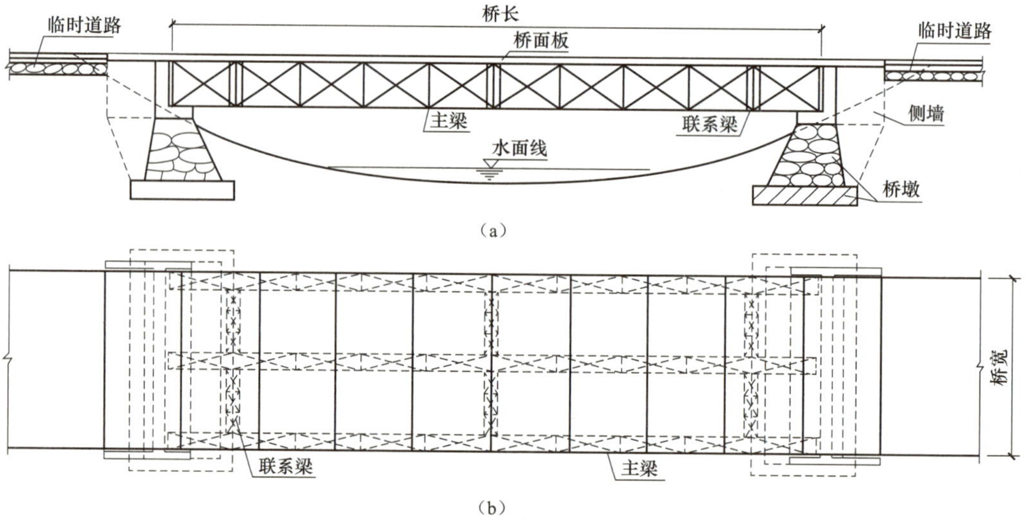

图 18－13　水面架设临时桥梁示意图

(a) 正视图；(b) 俯视图

此外，还有“增大截面加固法”等多种加固桥梁的方法，具体采用何种加固方案或通过措施，须根据桥梁的规模、结构形式、桥下河流通航与否、桥梁检测和承载力验算结果等情况确定。

对单跨跨度小、桥梁承载力不足的小型拱桥，可以架设“桥上桥”供运输车组通过，见图 18－14。

对跨度较小（15m 以下）的拱桥，可采取在拱圈下加拱的方式加固，见图 18－15。

图 18－14　小型拱桥架设“桥上桥”供大件运输车组通过

图 18－15　拱圈下加拱

第六节　大件运输方案设计实例

以下对南阳变电站大件运输方案进行简要介绍。

一、站址位置及交通运输条件

南阳变电站位于河南省南阳市方城县西南面约 25km 的赵河镇尚庄附近。站址靠近 S331 省道，附近还有 S83 兰南高速（许平南段）经过。离站址最近、有水运条件的城市是湖北省襄阳市和河南省周口市。

二、大件设备的运输参数

南阳变电站主变压器设备供货商为特变电工沈阳变压器集团有限公司（简称沈变）和常州西电变压器有限责任公司（简称西变常州分公司）。南阳变电站 1000kV/3000MVA 单相三绕组变压器运输参数见表 18－5。

表 18-5　南阳变电站 1000kV/3000MVA 单相三绕组变压器运输参数

运输参数＼生产厂家	沈变	西变常州分公司	备注
运输质量（t）	397.0	345.5	
运输长度（m）	11.50	8.81	
运输宽度（m）	4.20	4.33	不含肩座
运输高度（m）	4.97	5.00	
设备数量（台）	4	4	含备用 2 台

三、运输方式选择

南阳变电站大件设备供货厂家距站址都很远，变压器运输质量接近 400t，高度达 5m，如采用公路运输方式，运输车辆须经过承载力不足的桥梁，净空高度不满足大件运输车辆通过要求的立交桥等设施，需要处理，施工工程量和协调难度很大，费用也很高。因此，不宜采用全程公路运输方式。

目前国内用于运输特高压大件设备的铁路车辆，最大的是 D36 型落下孔式长大铁路货物车。该型车允许载重不超过 350t，设备宽度不超过 3.50m，设备高度不超过 4.85m，而南阳变电站主变压器设备的质量、宽度、高度均超出运输车辆的限制要求。因此，主变压器不具备铁路运输条件。

水路运输大件设备适应性强，虽然有水运条件的地点距离站址较远，但水陆联运在经济性上仍有绝对优势。因此，南阳变电站大件运输推荐水路和公路联运方式。

四、运输全过程简介

根据特高压变电站建设管理要求，当主变压器或高抗运输时需要采用联运方式时，一般将运输主变压器和高抗等大件设备的路线分为两段，两段路线分别称为“一程”运输和“二程”运输。“一程”运输是指大件设备从设备厂家通过水运或铁路运输至大件码头或车站的运输段；“二程”运输是指大件设备从大件码头或车站通过公路运输至变电站基础上的运输段。

1. 变压器“一程”运输

沈变供货 4 台主变压器运至周口港大件码头“一程”运输，由中特物流有限公司承担。该公司选择上海江南造船厂码头作为中转码头，水运里程减少了 184km，运输 1 台主变压器大约耗时 25 天。

运输路线为：沈变→（公路运距 260km）→葫芦岛渤海重工码头（装船）→（沿海航程 1354km）→上海江南造船厂码头（换驳）→（长江航程 295km，京杭运河苏北段航程 142.5km，洪泽湖航程 92km，淮河航程 178.5km，茨淮新河航程 134km，沙颍河航程 167km）→周口港大件码头。全程 2623km。

西变常州分公司供货 4 台主变压器，也由中特物流有限公司承担。西变常州分公司大件设备“一程”运输路线与原方案设计相同，运输 1 台主变压器大约耗时 12 天。

运输路线为：西变常州分公司→（公路运距 3km）→西变常州分公司重件码头（装船）→（京杭运河苏南段航程 65km，长江航程 15km，京杭运河苏北段航程 142.5km，洪泽湖航程 92km，淮河航程 178.5km，茨淮新河航程 134km，沙颍河航程 167km）→周口港大件码头。全程约 797km。

2. 变压器“二程”运输及运输调整情况

南阳变电站 8 台变压器“二程”运输，从内河船舱底接货，至变压器基础上就位，由河南电力博大实业有限公司承担。

运输路线为：周口港大件专用码头→出港道路、周口东环、周口大道（共 12km）→商周高速周口北入口→商周高速（6km）、大广高速（37km）、永登高速（57km）南兰高速（140km）→许平南高速方城出口→高速出入道路、环城北路、331 省道、进站道路（共 28km）→南阳变电站站址。运输全程 280km。

主变压器“二程”运输设备装卸、运输全过程见图 18－16。

（a） （b） （c） （d）

图 18－16 南阳变电站主变压器“二程”运输设备装卸、运输全过程（一）

（a）吊装准备；（b）调离船舱；（c）就位 1；（d）就位 2

(e) (f) (g) (h) (i) (j) (k) (l)

图 18-16 南阳变电站主变压器"二程"运输设备装卸、运输全过程（二）

（e）装车完成；（f）起运；（g）驶离码头；（h）道路行驶；

（i）保通人员；（j）保通车队；（k）经过大桥；（l）高速收费站

(m)

(n)

(o)

(p)

(q)

(r)

(s)

(t)

图 18－16　南阳变电站主变压器“二程”运输设备装卸、运输全过程（三）

（m）高速行驶；（n）桥梁居中行驶；（o）降低穿过空障；

（p）高速变道；（q）驶出高速；（r）经过大桥；（s）经过大桥；（t）进站道路

（u）　　　　　　　　　　（v）

图 18-16　南阳变电站主变压器“二程”运输设备装卸、运输全过程（四）

（u）进入站内；（v）基础就位

第十九章　环境保护与水土保持

环境保护和水土保持设计工作是落实工程环境影响报告书和水土保持方案报告书具体要求的重要手段，是实现工程建设与环境保护相协调的重要途径。

特高压变电站电气设备多、占地面积大、施工时间长，存在电磁环境、声环境、地表扰动等影响。

本章分为环境保护和水土保持两节。关于环境保护，在介绍特高压变电站主要环境影响特点的基础上，从电磁环境保护、声环境保护、水环境保护、固体废物处置、环境风险控制、生态环境保护等方面系统介绍特高压变电站环境保护设计的原则和具体措施要求。关于水土保持，在介绍特高压变电站水土流失特点的基础上，从表土保持措施、边坡防护措施、拦渣措施、截排水措施、降水蓄渗措施、土地整治措施、植物措施、防风固沙措施、临时防护措施等方面介绍特高压变电站措施布设及措施设计要求。

第一节　环　境　保　护

一、环境保护设计工作重点

特高压变电站环境保护设计工作应贯穿整个设计过程，不同设计阶段有其各自的工作重点。

可行性研究阶段，可研单位应排查生态敏感区等重点区域，并落实相关协议文件；开展可研方案环保自评估，排除环保颠覆性因素；编制环保内容，明确须落实的环保设计原则与要求，明确环保措施实施目标、原则、方案、工程量和投资估算。

初步设计阶段，初步设计单位应开展环保专项设计，落实因工程变动（对比可研阶段）新增的生态敏感区协议等；与环评单位进行沟通反馈，落实相关复核意见；依据环评报告和批复意见编制环保专项设计文件，明确环保措施实施目标、原则、方案、工程量和投资概算。

施工图设计阶段，施工图设计单位应编制环保措施专项设计卷册，确保逐站落实环保措施，确定工程量，针对施工道路、施工生产生活区等临时占地提出施工阶段环保要求，开展重大变动复核，尽可能减少重大变动。

二、电磁环境保护

变电站选址时，应关注以居住、医疗卫生、文化教育、科研、行政办公等为主要功能的区域，尽可能避让住宅、学校、医院、办公楼、工厂等有公众居住、工作或学习的建筑物，采取综合措施，减少电磁环境影响。

对站内配电装置进行合理布局，设计配电装置时，布置上充分考虑对工频电场的控制措施，根据地面工频电场的控制值及配电装置导线下方地面最大工频电场强度的计算结果确定导体对地最小电气距离。

通过在电气设备端子处设置多环结构的均压环，采用扩径耐热铝合金导线作为变电站内跳线，并对分裂形式进行优化，选择合适的设备间连接方式及相应的金具结构等一系列措施，合理控制带电导体表面的电场强度。

变电站内大部分区域的工频磁场水平较低，但低压侧并联电抗器因空心结构、线圈匝数较多，附近工频磁场较大，需要通过合理布置排列方式加以控制，如三相电抗器按三角形布置。

三、声环境保护

特高压变电站声环境保护应通过优化选址、选用低噪声设备、优化总平面布置，并采取加装隔声罩、隔声屏、加高围墙等方式综合设计噪声控制措施，防止噪声污染干扰周围声环境敏感目标的正常生活、工作和学习。

（1）避让措施。特高压变电站规划选址时，原则上选择对声环境质量要求较低的区域，避免在0类声环境功能区建设，且尽量避开声环境敏感建筑物。对处于乡村的特高压变电站，可考虑设置噪声防护区。

（2）控制声源。通过设备招标优先采用低噪声设备，包括主变压器、高抗等设备，提出噪声水平限值，从控制声源角度降低噪声影响。在变压器、电抗器选型过程中，将噪声指标作为衡量设备性能的重要参数进行控制。

（3）优化布局。站区总平面布置中充分利用站内建构筑物的挡声作用，将站内变压器等主要噪声设备布置在站址中央区域或远离站外声环境敏感目标的区域；将站内建筑物布置在主要噪声设备与站外声环境敏感目标之间。

（4）装设隔声罩。隔声罩适用于经过噪声预测计算对周边声环境及站界噪声值贡献较大的声源设备，如高抗等。隔声罩是用来阻隔设备向外传播噪声的罩体，可以和设备的外壳结合在一起，也可独立设置。隔声罩通常是具有隔声、吸声、消声、阻尼、隔振和通风等功能的综合体。隔声罩外壳一般为铺有阻尼层的钢板，内侧附加吸声材料，吸声材料上覆一层穿孔护面板。对于需要散热的设备，应在隔声罩上安装带有消声功能的通风管道。图 19－1 为特高压变电站高抗隔声罩。

图 19－1　特高压变电站高抗隔声罩

（5）设置防火墙。主变压器三相之间、高抗间设置防火墙（见图 19－2），可以有效控制噪声向侧面传播。防火墙也可以看成是一种砖混结构的隔声屏障。

图 19－2　特高压变电站主变压器、高抗防火墙

（6）加高围墙或设置声屏障。加高围墙或者在围墙上设置声屏障是特高压变电站常用的一项噪声治理措施。声屏障是一种专门设计的立于噪声源和受声点之间的声学障板，通常针对某一特定声源和特定保护位置或区域设计。声屏障一般采用钢板结构。特高压变电站通常在围墙上设置声屏障，对于某些声环境标准限值更为严格（比如执行 1 类标准）的特高压变电站，也可以在主要声源设备附近布设声屏障。特高压变电站围墙加高及设置声屏障见图 19－3。

图 19－3　特高压变电站围墙加高及设置声屏障

四、水环境保护

特高压变电站选址时应避免进入饮用水水源保护区。

特高压变电站应采取节水措施，加强水的重复利用，减少废（污）水排放。雨水和生活污水应采取分流制。

根据周边水环境质量及排放标准要求，特高压变电站应建设具有二级生化处理能力的生活污水处理设施。生活污水处理设施的处理方式、处理能力、水质要求和容纳污水能力应满足环保要求。生活污水处理设施前端应设置污水调节池，后端应设置污泥池、集水池。特高压变电站生活污水遵循尽量回用的原则，一般情况下生活污水经处理后站内回用，如用于站内植被绿化等。当站内不能完全回用时，生活污水经处理后收集清运。对附近有城镇污水管网的特高压变电站，生活污水经处理后应考虑纳管。特高压变电站生活污水处理装置见图 19－4。

图 19－4　特高压变电站生活污水处理装置

为防止变电站用油设备事故漏油可能对水环境产生不良的环境影响，变电站内设置有事故油排蓄系统，包括集油坑、排油槽和事故油池。变压器、高抗等用油设备下方均设有集油坑，坑内铺设卵石层并设有排油槽与事故油池相连。用油设备发生事故时，排油或漏油将渗过卵石层经排油槽排入事故油池。具体见本节“六、环境风险控制”。

五、固体废物处置

施工场地和变电站内均设置垃圾箱、垃圾桶，分类收集施工建筑垃圾和生活垃圾，定期清运至政府或环卫部门指定地点。

废弃电子零部件及废蓄电池暂存于固定地点，由有资质的单位回收处置。

六、环境风险控制

站内主变压器、高抗等电气设备为了绝缘和冷却的需要，其外壳内装有绝缘油。在正常运行状态下，无绝缘油外排，在用油设备出现故障或检修时会产生少量含油废水。用油设备一般情况下每 2～3 年检修一次，在检修过程中，油由专用工具收集，存放在事先准备好的容器内，在检修工作完毕后，再将油注入用油设备。检修过程中无绝缘油外排，一般只有事故发生时才会发生绝缘油外泄。站内设置污油排蓄系统，主变压器、高抗下铺设卵石层，四周设有排油槽并与事故油池相连。一旦设备发生事故时排油或漏油，产生的油水混合物将渗过卵石层并通过排油槽到达事故油池。排至事故油池内的油由厂家回收利用，含油废水、油泥等由有危险废物处理资质的单位进行安全处理。

根据 GB 50229—2019《火力发电厂与变电站设计防火标准》的要求，事故油池的有效容积应满足单台油量最大设备 100%油量的贮存要求。确保事故情况下事故油可以全部排入事故油池，降低环境风险。特高压变电站事故油坑、油池见图 19－5。

图 19－5　特高压变电站事故油坑、油池

七、生态环境保护

特高压变电站的建设会对当地生态环境产生一定影响。对于可能出现的生态问题，应该采取积极的生态保护和恢复措施。按照生态恢复的原则，应遵循“避让→减缓→补偿→重建”的优先顺序，能避让的尽量避让，对不能避让的情况则采取措施减缓，减缓不能生效的，应有必要的补偿和重建方案。

1. 避让措施

特高压变电站选址时，应充分考虑所在区域生态敏感区的分布情况，避让国家公园、自然保护区、世界文化和自然遗产地、风景名胜区、森林公园、饮用水水源保护区、地质公园、生态保护红线等生态敏感区。

2. 减缓措施

特高压变电站在建设时，应充分贯彻生态保护理念，采取围挡围栏、表土剥离、下垫和苫盖等措施降低工程建设的生态影响。

（1）围挡或围栏。采用围挡或围栏限定施工范围，减少扰动面积。一般情况下，站区、进站道路区、站外管线区等均应设置围挡或围栏。站区一般设置围挡，其他区域可视情况采用金属围栏或者彩旗绳围栏。围挡、围栏示例见图 19－6。

图 19－6　特高压变电站围挡、围栏

（2）表土剥离与堆放。对于占用耕地、林地、草地的特高压变电站，建设前应依据扰动情况进行表土剥离，剥离后的表土集中堆放，综合利用。表土堆放应采取拦挡苫盖等措施，底部应铺设彩条布，减缓清理堆土时对原地貌的扰动，表层苫盖密目网。

（3）下垫面隔离保护。下垫面隔离保护一般包括吸油毡、棕垫、彩条布及钢板隔离保护，见图 19－7。根据相关施工规范进行下垫面隔离保护措施的施工，根据环境背景、施工工艺等合理确定下垫面隔离保护的材料，减少对地表植被的碾压和破坏。在进行下垫面隔离保护施工时，应注意检查下垫面隔离保护的材料是否有破损，对所隔离物质是否全部进行隔离，是否有遗漏。一般情况下，建筑材料底部铺垫彩条布，带油机械设备下铺设吸油毡。

（4）苫盖。特高压变电站内起尘物质堆放点应进行遮盖。遮盖重点为临时开挖或堆放的土方，一般采用密目网苫盖，见图 19－8。

3. 补偿措施

（1）土地整治。对项目占地范围内除建（构）筑物、场地硬化占地外的扰动及裸露土地进行整治，土地整治的主要内容包括场地清理、平整和覆土等。应根据占地性质、类型和适宜性确定土地利用方向，根据扰动土地情况、覆土来源、土地利用方向等确定土地整治内容，土地整治后为植被恢复提供有利条件。

（2）植被恢复。工程扰动后的裸露土地及工程管理范围内未扰动的土地，应优先考虑植物措施；植物措施布局应符合生态和景观要求；植物措施设计应根据立地条件，因地制宜，优先采用乡土树（草）种。

图 19－7　下垫面隔离保护

图 19－8　特高压变电站苫盖

4. 重建措施

若特高压变电站永久及临时占地范围内存在受保护植物，可以就近选择立地条件相似的地方，采取移植措施，并加强后期生态抚育与管护，保证移植的成活率。

第二节　水　土　保　持

一、水土保持设计工作重点

特高压变电站水土保持设计工作应贯穿整个设计过程，不同设计阶段有其各自工作重点。

可行性研究阶段，可研单位提出水土流失防治标准，排查水土保持敏感区等重点区域，落实相关协议文件；开展可研方案水土保持自评估，排除水土保持颠覆性因素；编制水土保持设计内容，明确须落实的水土保持设计原则与要求，明确水土保持措施实施目标、原则、方案、工程量和投资估算。

初步设计阶段，初步设计单位开展水土保持专项设计，落实因工程变动（对比可研阶段）新增的变电站购土或弃土协议文件等；初步设计单位与水土保持方案编制单位进行沟通反馈，落实相关复核意见；依据水土保持方案和批复意见编制水土保持设计篇章，明确水土保持措施实施目标、原则、方案、工程量和投资概算。

施工图设计阶段，施工图设计单位编制水土保持措施专项设计卷册，落实水土保持措施，确定工程量，明确取（弃）土处置方式，提出施工阶段水土保持要求，开展重大变更复核，尽可能减少重大变更。

二、水土流失特点及防治目标

特高压变电站属于点式工程，工程建设阶段主要分为施工准备期和施工期。主要施工活动包括通水、通电、通路、通信、场地平整、基础开挖与回填、设备安装与调试等，扰动区域主要涉及变电站的站区、进站道路、站外供排水管线和施工用电、通信引接区等，运行期水土保持措施已布设到位，并开始发挥水土保持效益，基本不产生水土流失影响。

水土流失防治目标依据项目批复的水土保持方案执行。水土流失防治标准执行等级及防治目标应根据项目所处地区水土保持敏感程度和水土流失影响程度，依据 GB/T 50434—2018《生产建设项目水土流失防治标准》的规定确定。

三、选址水土保持约束性规定

变电站选址应避让水土流失重点预防区和重点治理区，避让河流两岸、湖泊和水库周边植物保护带，避让全国水土保持监测网络中的水土保持监测站点、重点试验区及国家确定的水土保持长期定位观测站。

变电站土石方挖填不平衡，需设置取土场和弃土场时，应注意取土场和弃土场选址。取土场设置应符合城镇、景区等规划要求，并与周边景观相互协调，在河道取土的应符合河道管理的有关规定。严禁在崩塌和滑坡危险区、泥石流易发区内设置取土场。弃土场设置应充分利用取土（石、砂）场、废弃采坑、沉陷区等场地，不宜布设在汇水面积和流量大、沟谷纵坡陡、出口不易拦截的沟道及泥石流易发区，涉及河道的应符合河流防洪规划和治导线的规定，不得设置在河道、湖泊和建成水库管理范围内。严禁在对公共设施、基础设施、工业企业、居民点等有重大影响的区域设置弃土场。

四、水土保持措施设计

（一）表土保护措施

1. 表土剥离、防护

地表开挖或回填施工区域，施工前应采取表土剥离措施。临时占地范围内扰动深度小于 20cm 的表土可不剥离，采取铺垫保护措施。高寒草原草甸地区，应对表层草甸土进行剥离、保护、利用。

根据施工扰动范围内表土厚度及分布均匀程度、土壤肥力、土层结构、土地利用现状和施工条件等因素，确定表土剥离的厚度、范围、数量和施工方式，表土剥离厚度可取0.10～0.80m。剥离的表层熟化土应作为覆土土源集中存放，并应采取临时防护措施。

2. 表土回覆

施工结束后，应将表土回覆到绿化或复耕区域，也可用于其他区域的土地整治，有剩余表土时，应明确其利用方向。

根据土源、恢复地自然条件、利用方向等因素分析确定覆土的必要性及覆土厚度。

（二）边坡防护措施

对主体工程设计的稳定边坡应布设边坡防护措施，主要包括植物护坡、工程护坡、工程和植物相结合的综合护坡。

对降水条件许可的低缓边坡应布设植物护坡措施，高（或陡）边坡应布设工程和植物相结合的综合护坡措施；极干旱区和干旱区不宜布设植物措施或坡脚容易遭受水流冲刷的边坡应布设工程护坡措施。

1. 植物护坡

对坡比小于1∶1.5、土层较薄的沙质或土质坡面，可采取种草护坡；对年平均降雨量大于600mm非高寒地区、坡度小于1∶0.3的稳定的硬质岩边坡、软质岩边坡、开挖的土质边坡（包括瘠薄土质、酸性土质等劣质土坡）可采用PMS植生基质生态护坡。

2. 工程护坡

工程护坡主要有砌石护坡、浆砌石护坡、混凝土护坡等护坡形式。坡面较缓（坡度在1∶2.5～1∶3.0之间）、受水流冲刷较轻的稳定土坡或土石混合堆积体边坡，可采用干砌块石护坡。对于坡度在1∶1～1∶2.0之间且下部可能遭受水流冲刷的边坡，宜采用浆砌石护坡。在边坡坡脚可能遭受洪水冲刷的陡坡段，可采用混凝土或钢筋混凝土护坡。

3. 综合护坡

综合护坡主要采用框格护坡形式。用浆砌石在坡面做成网格状，网格尺寸为2.0m×2.0m，或将每格上部做成圆拱形，上下两层网格呈“品”字形排列。浆砌石部分宽0.5m左右。

特高压变电站边坡设计奉行环境友好与安全稳定深度融合的理念，站区推广生态护坡设计，包括框格植草综合护坡、三维网植草护坡、植草护坡、PMS植生基质生态护坡等，通过实施生态护坡取得良好生态环境保护效果。

生态护坡实施效果见图19-9。

（三）拦渣措施

变电站土石方挖填不平衡设置弃土场时，应根据弃土情况设置拦渣措施。弃土场布置在沟道的，应布设拦渣坝或挡渣墙；弃土场布置在斜坡面的，应布设挡渣墙；弃土场布置在河（沟）道岸边的，应按防洪指导线布设拦渣堤或挡渣墙。

（a）（b）（c）（d）

图 19－9　特高压变电站生态护坡实施效果图

（a）框格植草综合护坡；（b）三维网植草护坡；（c）植草护坡；（d）PMS 植生基质生态护坡

拦渣措施应与防洪排水、土地整治措施统筹设计，满足弃土场整体稳定、安全运行的要求。

拦渣坝、挡渣墙、拦渣堤设计参照 GB 51018—2014《水土保持工程设计规范》的有关规定执行。

（四）截（排）水措施

根据项目具体情况和所在区域特点，结合地形和天然水系因地制宜地采取截水沟、排水沟、边沟、排水管、排洪沟等形式的截（排）水措施，并做好出水口位置选择，将工程区域和周边的地表径流安全排导至下游自然沟道区域内。

排水设施的位置、数量和断面尺寸应根据变电站地形条件、降雨强度、历时、分区汇水面积、坡面径流量和坡体内渗出的水量等因素计算分析确定。排水设施应采取措施防止出现堵塞、溢流、渗漏、淤积、冲刷和冻结等现象，末端应与自然水系顺接，并布设跌水步梯、急流槽、沉沙池、消力池、护坦等消能防冲措施。

截（排）水沟、截（排）洪渠（沟）、排水管工程设计参照 GB 51018—2014《水土保持工程设计规范》、GB 50014—2021《室外排水设计规范》的有关规定执行。沉沙池设计可参照 GB 51018—2014 的有关规定执行。急流槽、消力池、护坦设计可参照 SL 253—2018《溢洪道设计规范》的有关规定执行。

（五）降水蓄渗措施

特高压变电站降水蓄渗措施主要有蓄水池、透水砖、碎石地坪等。

蓄水池应设置在室外，蓄水容量根据汇水、用水和排水情况确定，池体强度应满足地面及土壤承载力的要求，池内构造应便于清理沉积泥沙。

透水砖宜在土基上建造，自上而下设置透水面层、找平层、基层和底基层，透水面砖的有效孔隙率不应小于 8%。

碎石地坪一般铺设在配电装置区，铺设厚度为 10～20cm。

特高压变电站因地制宜开展降水蓄渗设计，通过采取合理的降水蓄渗措施取得了良好水土流失防治效果，见图 19 - 10。

(a) (b)

图 19 - 10 特高压变电站降水蓄渗措施

（a）集雨池；（b）碎石地坪

（六）土地整治措施

施工结束后，对项目占地范围内除建（构）筑物、场地硬化占地外的扰动及裸露土地应进行整治，土地整治的主要内容包括场地清理、平整和覆土（含表土回覆）等。

根据土源、恢复地自然条件、利用方向等因素分析确定覆土的必要性及覆土厚度。

扰动后凹凸不平的地面应削凸填凹，进行粗平整。扰动后地面相对平整或粗平整后的土地，压实度较高的应予以翻松。根据土源、恢复地自然条件、土地利用方向，可适当进行土地改良。

（七）植物措施

工程扰动后的裸露土地及工程管理范围内未扰动的土地，应优先考虑植物措施，在不影响主体安全的前提下，应优先满足生态与景观要求。

特高压变电站在规划设计阶段应合理规划，减少征占、压埋植被的范围，站区因地制宜布设绿化，施工结束后临时占地应恢复植被，原占地属性为草地的，宜植草恢复植被，原占地属性为林地的，宜按一定比例配置，营造乔、灌、草复合的植物群落结构。

对于特高压变电站建设过程形成的高陡边坡及亟待提高绿化效果的边坡区域，可采用边坡绿化的方式进行植被建设。

植被恢复应在土地整治的基础上布置。干旱缺水地区设计植物措施应配套灌溉措施。高寒草原草甸地区应采取草皮移植措施对天然草皮进行植被保护。

植物措施设计应根据立地条件，因地制宜，适地适树（草）确定树（草）种、整地方式、栽种方法，优先采用乡土树（草）种。

（八）防风固沙措施

在易受风沙危害的地区，施工完毕后，施工生产生活区等临时施工用地采取防风固沙措施防止发生水土流失。

防风固沙措施主要包括沙障、砾石或碎石压盖等。

沙障可利用作物秸秆、活性沙生植物的枝茎、黏土、卵石、砾质土、纤维网等，在沙面上设置障碍物或铺压遮蔽物，固定地面沙粒，减缓和制止沙丘流动。栅栏沙障高度宜取 1.2～2.0m，高出沙面 50cm 以上，埋入地下 20～30cm，间距宜取高度的 7～12 倍，沙障带的宽度宜取 20～50m。草方格沙障规格一般可设为 1.0m×1.0m。

砾石或碎石压盖厚度宜取 40～80mm。

（九）临时防护措施

变电站施工期间临时堆土、施工场地等区域应布设临时拦挡、苫盖、铺垫、排水、沉沙、植草绿化等措施。根据地表裸露时间、区域、降雨、风速等因素选择适宜的措施类型，注重永临结合、防护效果。

临时堆土（料、渣）应布设拦挡、苫盖措施；施工扰动区域应布设临时排水和沉沙措施；相对固定的裸露场地宜布设临时覆盖措施，裸露时间超过 1 年且多年平均降水量在 800mm 以上区域宜布设临时植草措施，工期较长的施工生产生活区宜布设临时绿化措施。

第二十章　苏通 GIL 综合管廊工程

苏通 GIL 综合管廊工程是淮南—南京—上海 1000kV 特高压交流输变电工程跨越长江的关键节点，工程可研阶段为架空跨越方案。进入工程实施阶段后，因为交通行政审批的要求，架空方案难度和投资大幅提升，因此改为特高压 GIL+江底管廊穿越长江。这是世界上首次在重要输电通道中采用特高压 GIL 技术，两回 1000kV GIL 管线总长近 34.2km。苏通 GIL 综合管廊工程是世界上电压等级最高、输送容量最大、技术水平最高、距离最长的 GIL 创新工程，是穿越长江的大直径长距离隧道之一，也是当时国内水压最高的水下隧道工程。GIL 技术极大地压缩了输电线路空间尺寸，实现高度紧凑化、小型化设计，成为替代架空输电线路的紧凑型输电解决方案。这是我国在特高压交流输电领域取得的又一个重大技术成果。

第一节　总　体　设　计

工程总体设计主要包括工程建设条件的确定、隧道线位方案的比选和工程总体设计方案原则的确定。

管廊穿越的长江江底地质条件复杂、航道繁忙，工程勘测风险大、难度大。隧道线位的比选需要综合考虑隧道结构条件、盾构施工条件、GIL 设备布置条件、工程造价等多方面因素。总体方案设计需要将电力工程和隧道工程设计的理念高度融合，实现设计方案的最优化。

一、工程建设条件

（一）地理位置及地貌现状

工程所在位置为长江下游河漫滩和河床地貌，管廊隧道线位位于 G15 沈海高速苏通长江大桥上游附近徐六泾节点缩窄段。隧道位于长江下游白茆沙水道内，上接通州沙水道。两岸站址处的自然地面标高为 3.2～3.8m（1985 国家高程基准，以下同），百年一遇洪水位均为 4.89m。百年一遇内涝水位南岸为 2.90m，北岸为 3.90m。

（二）水文条件

工程河段位于长江澄通河段和长江口河段交界处的徐六泾附近，上游为澄通河段通州沙汊道段，下游为长江口河段白茆沙汊道段。根据长江大通站资料统计，工程河段平均径流量为 8271 亿 m^3，年平均流量为 $26539m^3/s$；实测历年最大流量为 $92600m^3/s$（1954 年 8 月 1 日），历年最小流量为 $4620m^3/s$（1979 年 1 月 31 日），年内水量主要集中在汛期（5～10 月），占全年的 70.8%，年际间径流分布不均，以 1954 年 13600 亿 m^3 为最大，1928 年 6310 亿 m^3 为最小，年际间多年平均年径流量无明显的变化趋势。

工程河段潮水位变化为非正规半日潮混合型，半潮过程似余弦波，每日两涨两落，半潮周期为 12 小时 25 分。历史最高潮位 4.83m，最低潮位－1.24m，多年平均潮位 0.83m，百年一遇洪水位为 4.89m，三百年一遇最高水位为 5.21m。

管廊工程自北向南分别穿越营船港专用航道、长江主航道和常熟港专用航道，最高通航水位 4.39m；设计最低通航水位－1.493m。

工程开展了 2 个线位方案的河势分析、泥沙数学模型、泥沙动床模型、徐六泾深槽稳定性分析等专题研究，成果如表 20－1 所示。

表 20－1　　工程线位最深点汇总表（m）

线位 专题	线位方案一		线位方案二		备注
	最深点	摆幅	最深点	摆幅	
淮南—南京—上海 1000kV 特高压交流苏通 GIL 管廊工程潮流泥沙动床模型试验研究报告	－63.6	107	－50.9	131	系列年＋百年一遇
	－63.8	155	－51.3	154	系列年＋三百年一遇
淮南—南京—上海 1000kV 特高压交流苏通 GIL 管廊工程平面二维潮流泥沙数学模型报告	－63.31		－49.97		2009～2013＋百年一遇
	－63.97	138	－50.46	210	2009～2013＋三百年一遇
徐六泾深槽稳定性分析及对苏通 GIL 管道工程影响研究	－63.0		－57.0		
淮南—南京—上海 1000kV 特高压交流苏通 GIL 管廊工程河势分析	－55.0		－44.0		

由表 20－1 可得，在设计工况（系列年＋百年一遇）下，对于线位方案一而言，断面最深点高程为－63.6m（物理模型试验成果）；对线位方案二而言，断面最深点高程为－57m（深槽稳定性分析成果）。

（三）气象条件

工程地处中纬度地区，属亚热带季风气候，四季分明，气候温和，雨量充沛。年平均气温为 15.6℃，极端高温为 39.1℃，极端低温为－11.3℃，年平均降水量为 1083.8mm，平均风速为 3.2m/s。

工程线路设计风速取 32m/s。管廊工程建筑用基本风压为 $0.45kN/m^2$，对应风速为 26.8m/s。导线设计覆冰取 10mm，地线设计覆冰取 15mm。

年平均气温取 15℃、最高气温取 40℃、最低气温取－15℃、设计雷暴日数取 40d。

（四）航道、河势和水工现状及规划

长江干线武汉以下航道等级为Ⅰ级，航道维护类别为一类航道维护，航标配布类别为一类航标配布。自 2014 年 7 月 9 日起工程河段航道水深提高至理论最低潮面下 12.5m，航道宽度为 500m，最小弯曲半径为 1500m。

根据《长江干线航道发展规划》及《长江干线航道总体规划纲要》，在 2020 年本水道通航需适应大型海船运输，可通航由 2000t 或 5000t 驳船组成的 2 万～4 万 t 级船队和 3 万～5 万 t 级海船。根据《长江澄通河段综合整治规划报告》和《长江口综合整治开发规划》，明确了工程河势规划情况。根据水利部采砂规划，明确了工程周边河段采砂规划。

经过多年的演变及人工治理，工程上游福姜沙汊道段和如皋沙群段在一段时间内将保持现有河势；徐六泾节点形成后，徐六泾节点河段的主槽和深泓线长期保持相对稳定状态；自上游通州沙河段及工程段两岸河道整治工程后，工程段河道两岸岸线变化趋小，河道平面形态宏观上基本稳定。

徐六泾深槽稳定性较好，具有较强的南移趋势；从断面变化看，河床断面与来水来沙条件较为适应，深槽进一步刷深的趋势明显趋缓；从深槽平面和历年最深点的平面分布变化看，深槽向下游、向深方向发展趋缓；从工程区深泓线纵断面和深泓线变化看，深泓线仍有南靠趋势，总体较为稳定，深槽下移幅度较小，最深点越往下游呈逐渐抬高趋势。

（五）防洪现状及规划

南岸主江堤位于常熟市，Ⅱ级堤防，始发井位于大堤内侧、江苏省统一堤防桩号为 360＋150 附近，堤顶高程为 6.3m，堤顶宽 6m，内坡 1∶1.25，外坡 1∶3。堤上筑有防浪墙，防浪墙顶高程为 7.1～7.4m。

北岸主江堤位于南通市，Ⅱ级堤防，对应的江苏省统一堤防桩号为 358＋000，堤顶高程为 7.4m。接收井位于苏通科技产业园吹填区，属于江堤外侧，现筑有新通海沙围堤，堤顶高程为 6.8m，挡浪墙顶高程为 7.3m，堤顶宽 6m，外坡 1∶3，内坡 1∶2.5。

根据《江苏省长江堤防防洪能力提升工程规划》，主江堤防洪标准达到百年一遇，穿堤建筑物防洪按百年一遇洪潮水位设计，大中型建筑物按 200～300 年洪潮水位校核。

（六）沿线建（构）筑物及管线

工程南岸段西距大车路约 130m，线路下穿苏通大桥展览馆门前道路，北岸段西距东方大道 80m 左右。工程拟建场地地势平坦、开阔。始发工作井北距长江大堤约

230m，北距苏通大桥展览馆约 60m，西距伟业路约 130m，东侧和南侧为空旷规划用地。

苏通大桥展览馆为 3 层框架结构，桩基采用 PHC－400（90）AB 型桩，桩长不小于 28m，基础埋深约 2.0m。盾构施工在穿越展览馆两侧时应保持一定的安全距离，确保盾构的顺利推进和展览馆不受影响。

工程隧道下穿地下管线较少，但在隧道施工过程中，仍对部分存在的管线进行了监测和保护。

（七）工程地质与水文地质

工程场地位于长江三角洲，主要为吹填土、软土、粉土和砂土等第四系地层，其中隧道盾构穿越密实砂土长度达 3000m 以上。

工程场地地表水主要为长江水体，地下水类型主要为潜水、承压水，与地表水连通性好，地下水的场地环境类型为Ⅱ类。

（八）场地和地基的地震效应

工程场地在长江深槽以北地段（包括深槽）综合建筑场地类别为Ⅲ类；在长江深槽以南段综合建筑场地类别为Ⅳ类。场地地基液化等级以深槽为界，长江深槽以北地段为中等至严重液化，长江深槽以南地段为轻微液化。

根据工程场地地震安全性评价报告，过江段隧道整体抗震计算地震波采用百年超越概率 10%（峰值加速度 0.150g，对应抗震设防烈度地震等级）和百年超越概率 2%（峰值加速度 0.205g，对应罕遇地震等级）两个概率水准的水平向地震波。

（九）不良地质条件及特殊性岩土

工程场地范围内长江两岸岸坡及防洪堤稳定，未发现失稳迹象。主要不良地质作用为地震液化、有害气体分布等。特殊性岩土主要为软土和吹填土。

（十）站址污秽条件

根据 2016 年江苏省污区分布图，本工程属于 d 级污秽地区。

（十一）站外电源及供、排水

南岸引接站设置 2 回 35kV 站外电源；北岸引接站设置 1 回 20kV 和 1 回 10kV 站外电源。

南、北岸引接站均由市政管线供水。

南岸引接站雨水就近接入长江大堤排水沟。北岸引接站排水接入市政雨水管线。

（十二）进站道路

南岸引接站进站道路由站区西侧的道路引接，长度约 56m；北岸引接站进站道路由站区西侧的东方大道引接，长度约 48m。

二、线位方案

工程位于沈海高速苏通长江大桥上游约 1km，起于南岸（苏州）引接站，止于北岸（南通）引接站。工程平面布置起终点位置受南、北岸引接站选址控制，影响线路平面布置的主要因素有南北岸的现有建（构）筑物及江中深槽位置。

北岸（南通侧）线路路径范围内，北岸工作井的西侧为江苏韩通赢吉重工有限公司，东侧为规划的“航母世界”旅游文化项目用地，为人工吹填地基，南侧为长江大堤。北岸平面控制性建（构）筑物相对较少。

南岸（常熟侧）线路路径范围内，南岸工作井的西侧有常熟电厂，北侧有苏通大桥展览馆，东侧为空旷规划用地；再往北有长江大堤、常熟电厂重件码头等既有构筑物。

综合考虑盾构机选型、隧道结构和防水设计、掘进难度及工期、施工风险、工程造价、运营维护等因素，经过 2 个线位方案的技术经济比选后，确定了本工程线位方案，具体如下。

1. 线位平面设计

考虑两端引接站的站址选择，同时考虑尽可能减小对地面相关建（构）筑物的影响，结合江中段既有深槽情况，平面线位设计方案如下：线路自南端始发工作井向北走行，在苏通大桥展览馆东侧（水平净距 32.13m）避让展览馆，随后下穿南岸长江大堤进入长江河道，下穿常熟港专用航道后在江中下穿既有－40m 深槽区向北走行（距－50m 深槽约 320m），依次下穿长江主航道及营船港专用航道，再下穿北岸大堤抵达北岸工作井，盾构段总长度 5468.545m。线位平面布置如图 20－1 所示。

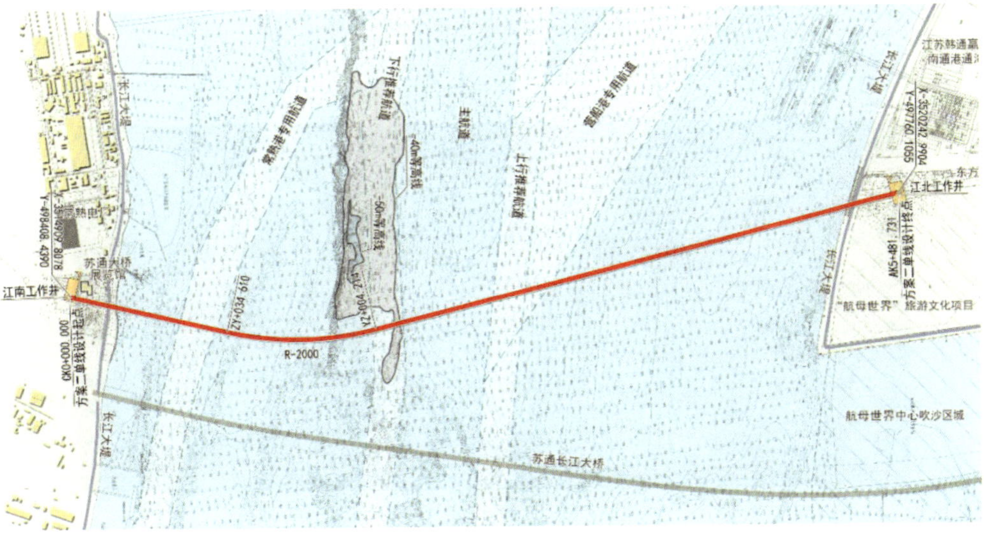

图 20－1 线位平面布置图

2. 线位纵断面设计

总结工程研究成果及影响因素，同时考虑隧道埋深、高水压段长度、冲刷及抗浮等因素，纵断面线位设计方案如下：线路出南端始发工作井以 5.0％的大坡度下行 420m，接 2.3457％的坡度下行 852.618m，后继续以 5.0％、0.5％的坡度下行，坡长分别为 360、300m，至隧道最低点（最低点位置隧道结构顶面标高−63.23m；底面标高−74.83m），后以 0.5%、3.1%的坡度连续上坡 300、580m，后接 0.5%的上坡，坡长 2215.03m，最后以 5%的上坡，坡长 440.897m 到达北岸接收井，线位纵断面布置如图 20-2 所示。

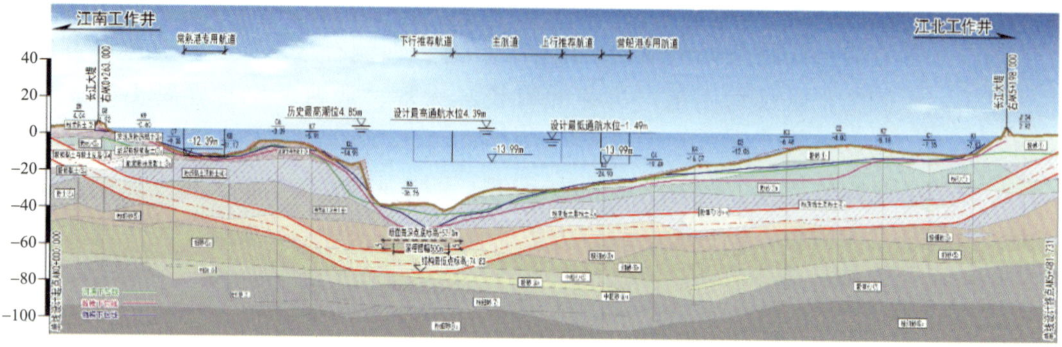

图 20-2　线位纵断面布置图

三、总体设计方案

本工程新建南北两个地面引接站、一条过江隧道管廊和两回 1000kV GIL。南北两个地面引接站一次征地、一次建设。管廊盾构段长 5468.545m，单相 1000kV GIL 长约 5700m，6 相合计总长为 34200m，GIL 布置在管廊内穿越长江，两端分别与已建成的 1000kV 线路连接。

工程总体设计示意图如图 20-3 所示。

图 20-3　工程总体设计示意图

考虑过电压和电磁感应，每回 GIL 两侧配置避雷器和感应电流快速释放装置；根据二次保护要求，GIL 两侧配置电流互感器和电压互感器。感应电流快速释放装置、电流互感器和电压互感器均内置于 GIL 中。同时，为了减少试验设备容量，降低 GIL 整体耐压试验难度，在 GIL 中间设置隔离单元，分段进行试验。

为保证线路从架空线至地下 GIL 管线的安全过渡，在 GIL 线路两端需设地面引接站，引接站主要需布置 GIL 与架空线路转接用设备，包括 GIL（含感应电流快速释放装置、电流互感器和电压互感器）、GIL 套管和避雷器。

考虑两回 GIL 引接设备相对独立，结合北岸 1000kV 线路走廊和地方规划，管廊工作井和地面建筑物布置在两回出线设备中间，两回线路采用对称布置方案，北岸引接站围墙内占地 136m×74m，电气总平面布置如图 20－4 所示。

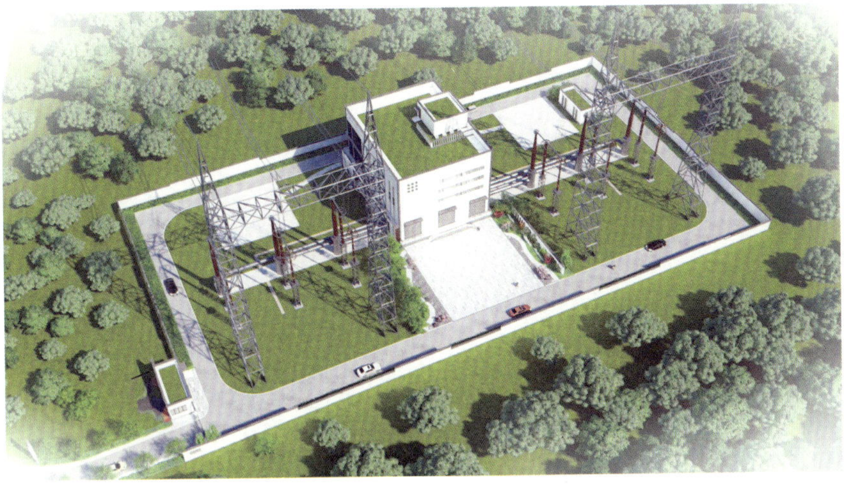

图 20－4 北岸引接站电气总平面布置图

南岸引接站东临苏通大桥，北侧设置有大桥展览馆，为保证隧道始发井盾构段施工不影响现有的大桥展览馆，结合地方规划要求，架空线路走廊尽量靠近西侧道路，将南岸管廊工作井和地面建筑物布置在引接站东侧，出线门架集中布置在引接站西侧，南岸地面引接站围墙内占地 149m×65m，电气总平面布置如图 20－5 所示。

图 20－5 南岸引接站电气总平面布置图

为充分利用圆形隧道空间，GIL 管廊内预留两回 500kV 电缆线路，设计方案考虑

GIL 布置在管廊上部区域，两回 GIL 采用垂直布置，分开布置在管廊两侧，中心间距按满足单轨单通道运输空间预留；500kV 电缆线路敷设在下层区域，分腔体布置，并在中间区域设置人员巡视通道。

按照特高压 GIL 设备外形尺寸，考虑安装维修，结合远景 500kV 电缆布置、管廊结构和通风等辅助设施要求，管廊断面最终确定外径为 11.6m，内径为 10.5m，其横断面如图 20－6 所示。

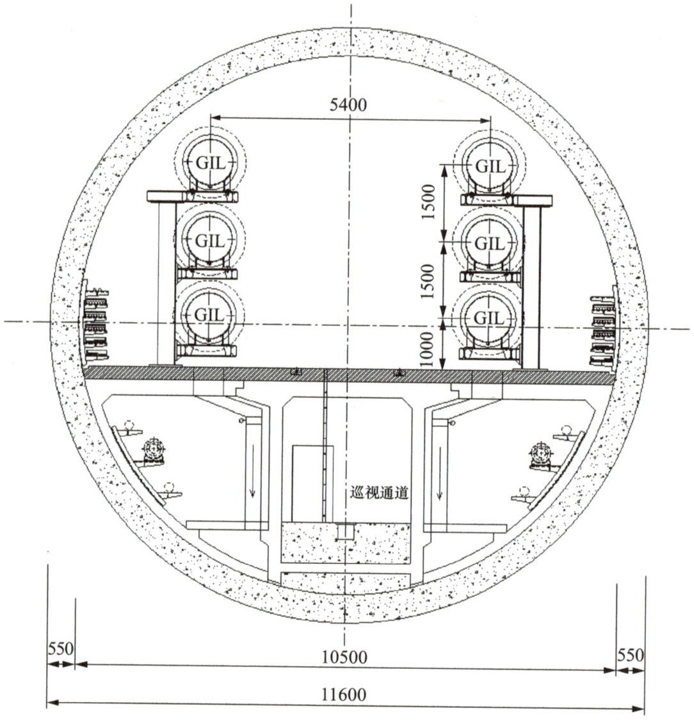

图 20－6　管廊横断面示意图

第二节　电　气　设　计

一、电气一次

（一）建设规模及电气主接线

工程在淮南—南京—上海 1000kV 特高压交流输变电工程长江大跨越位置建设两回 1000kV GIL，额定电流为 6300A，GIL 单回长度约为 5700m；GIL 布置在管廊内，穿越长江，两端通过地面引接站内的构架与特高压线路连接，分别引接至泰州 1000kV 变电站和东吴（苏州）1000kV 变电站。

根据系统接入要求和研究成果，每回 GIL 两侧配置避雷器和感应电流快速释放装置；根据二次保护要求，GIL 两侧配置电流互感器和电压互感器；感应电流快速释放装置、电流互感器和电压互感器均内置于 GIL 中，工程电气主接线见图 20-7。

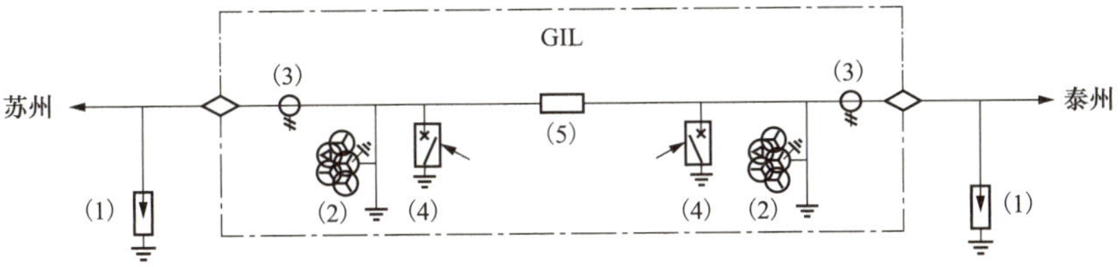

图 20-7 工程电气主接线

(1)—避雷器；(2)—电压互感器；(3)—电流互感器；(4)—感应电流快速释放装置；(5)—隔离单元

（二）绝缘配合

本站污秽等级属于国标 d 级。

本工程站址海拔不超过 1000m，设备的外绝缘水平不需修正。

从 GIL 雷电侵入波防护及限值故障清除过电压角度考虑，本工程 GIL 两端均装设避雷器，避雷器额定电压为 828kV，操作冲击残压和雷电冲击残压分别不大于 1460kV 和 1620kV。

泰州—苏州线路接入的特高压 GIL 长约 5.7km，GIL 两侧配置额定电压为 828kV 的避雷器后，GIL 两端线路合闸、单相重合闸及故障清除操作过电压最大值为 1.6（标幺值），避雷器能耗在允许范围内。

结合避雷器配置和参数，根据 GB/T 24842—2018《1000kV 特高压交流输变电工程过电压和绝缘配合》和 GB 50697—2011《1000kV 变电站设计规范》确定的 1000kV 电气设备的绝缘配合原则，考虑本工程 GIL 设置在线路中间的实际情况，GIL 和 1000kV 其他设备的绝缘水平如表 20-2 所示。

表 20-2　　GIL 和 1000kV 其他设备的绝缘水平（kV）

1min 工频耐受电压（方均根值）	1150
操作冲击耐受电压（峰值）	1800
雷电冲击耐受电压（峰值）	2400

1000kV 最小空气间隙推荐值如表 20-3 所示。

表 20-3　　1000kV 最小空气间隙（m，海拔≤1000m）

A_1				A_2	
A_1'		A_1''			
4 分裂导线-地 管型母线-地	6.80	均压环-地	7.5	4 分裂导线之间	9.2
				均压环之间	10.1
				管型母线之间	11.3

注　A_1（A_1'、A_1''）为相对地最小空气间隙；A_2 为相间最小空气间隙。

1000kV 交流户外配电装置内的静电感应场强（离地 1.5m 处的空间场强）一般不应超过 10kV/m，个别地区允许达到 15kV/m。经计算，同时结合特高压工程经验，1000kV 导体至地面之间最小距离如下：①对单根管型母线，取 17m；②对 4 分裂架空导线，取 19.5m。

（三）主要设备选择

本工程主要电气设备均为 1000kV 设备，包括 1000kV GIL、1000kV 避雷器、电流和电压互感器及感应电流快速释放装置。

1. 1000kV GIL

1000kV GIL 采用纯 SF_6 气体绝缘 GIL 产品，额定参数如表 20 - 4 所示。

表 20 - 4　GIL 额定参数表

额定电压（kV）	1100
允许持续运行电压（kV）	1133
额定电流（kA）	6300
1min 工频耐受电压（kV）	1150
操作冲击耐受电压（kV）	1800
雷电冲击耐受电压（kV）	2400
额定短时耐受电流（kA）	63
额定短路持续时间（s）	2
额定峰值耐受电流（kA）	170

2. 避雷器

根据过电压计算结论，从 GIL 雷电侵入波防护及限值故障清除过电压角度考虑，工程 GIL 两端均装设避雷器。工程 GIL 两端采用敞开式避雷器，额定电压保持 828kV 不变，持续运行电压提高至 664kV（1150/1.732）。

3. 电流互感器和电压互感器

根据系统和二次保护需求，考虑故障定位，工程在 GIL 两侧同时装设电流互感器和电压互感器，均装设在 GIL 内。电压互感器采用电磁式电压互感器。

4. 感应电流快速释放装置

根据系统适应性研究，GIL 与同塔双回架空线路混合架设的条件下，GIL 内部单相故障，线路保护切除故障线路后，由于同塔双回架空线路的耦合作用，在故障相仍可能存在感应引起的故障电流。因此，在 GIL 两侧配置感应电流快速释放装置，线路保护切除 GIL 内部故障后，尽快关合 GIL 两侧感应电流快速释放装置，可以彻底消除故障点电流。

每回 GIL 两侧考虑配置超 B 类感应电流快速释放装置，由 GIL 配套统一提供；容性感应电流、电压分别为 50A、180kV，感性感应电流、电压分别为 800A、40kV。

故障情况下，在继电保护装置动作跳开两侧变电站的断路器后，由自动控制装置动作实现感应电流快速释放装置的迅速合闸，合闸时间不超过 10s，该自动装置安装在南、北岸引接站内。

(四) 配电装置及电气布置

1. 引接站电气总平面布置设计

为保证线路从架空线转接至地下 GIL 管线的安全，在 GIL 线路两端设地面引接站，引接站主要布置 GIL 与架空线路转接用设备，地面主要电气设备均为 1000kV 设备，包括 GIL（含感应电流快速释放装置、电流互感器和电压互感器）、GIL 套管和避雷器。

根据过电压与绝缘配合研究成果、设备选型结论和总平面布置需要，结合现有特高压建设成果和 GIL 设计的特殊性，在兼顾布置合理性、经济性和安全性的前提下，确定工程引接站电气总平面布置设计原则如下：

(1) 一回 GIL 故障检修不影响另一回 GIL 带电运行；

(2) 不考虑远景预留 500kV 电缆的地面引接设施场地；

(3) 为满足安装和后期运行检修阶段的 GIL 标准单元进出要求，引接站地面建筑主入口前场地尺寸按不小于 21m×21m 预留；

(4) 考虑到 GIL 特殊性试验要求，预留 20m×20m 的硬化试验场地。

根据上述设计原则，考虑消防环道，北岸地面引接站围墙内占地 136m×74m，南岸地面引接站围墙内占地 149m×65m。

2. 管廊隧道断面及电气设备布置设计

根据系统整体方案研究，考虑远景发展，管廊内除考虑本期工程建设 2 回 1000kV GIL 管线外，同时预留系统过江通道，预留通道按布置两回 500kV 电缆设计。

(1) 特高压 GIL 外形尺寸。根据 GIL 设备研发技术成果，特高压 GIL 主要结构参数如表 20－5 所示。

表 20－5　　特高压 GIL 主要结构参数

序号	参数名称	单位	参数值
1	标准直线单元母线长度	m	≤18
2	标准直线单元母线吊装长度	m	≤18.6
3	壳体连接方式		法兰连接
4	壳体外径	mm	≤900
5	波纹管法兰外径	mm	≤1400
6	单位长度发热功率（6300A）	W/m	≤250
7	标准气室长度	m	108

(2) 管廊断面及布置。按照特高压 GIL 设备外形尺寸，考虑安装和维修，结合远景 500kV 电缆布置、管廊结构和通风等辅助设施要求，确定管廊断面直径和布置。

管廊外径 11.6m，内径 10.5m。管廊断面见图 20－8。

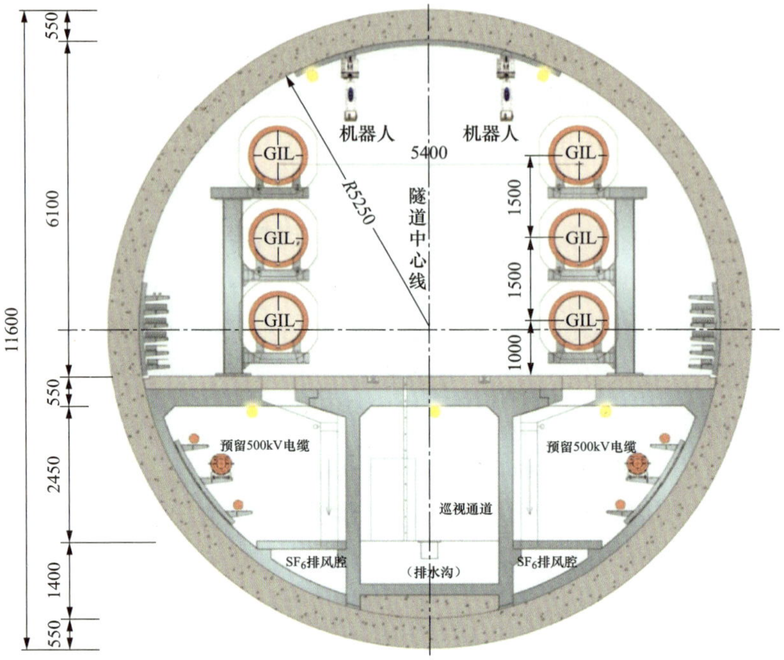

图 20－8　管廊内 GIL 及其他设备布置图

（五）配电系统

1. 站用电源

南岸引接站设置 2 回 35kV 站外电源，1 回由站外 220kV 金桥变电站引接，另 1 回由站外 220kV 周泾变电站引接；北岸引接站设置 1 回 20kV 和 1 回 10kV 站外电源，20kV 电源由站外 220kV 海亚变电站引接，10kV 电源由站外 110kV 通达变电站引接。

通过分析论证，管廊内采用 380V 供电。由于管廊较长，考虑电缆电压降，工程按照双端供电方式设计，以管廊纵向长度中心为分界点，南段由南岸引接站站用电系统供电，北段由北岸引接站站用电系统供电，并在管廊内间隔 500m 设置集中配电中心。

2. 站用电系统

380V 站用电母线分为 2 段工作母线，站外电源通过电缆引入，经开关柜和站用变压器降压后分别接入两段 380V 工作母线。380V 工作母线采用单母线分段接线方式。

3. 设备选择

经统计，站用变压器所承担的站用电负荷约 1822.5kVA，考虑远景设备的不确定性，站用变压器容量选择为 2500kVA，采用干式变压器。35、20kV 及 10kV 站用电进线采用户内小车式真空开关柜，进出线均为电缆。380/220V 站用配电屏选用抽屉式开关柜，前后开门。

考虑空间尺寸限制，管廊内采用动力配电箱供电，不设置交流分屏。

4. 配电屏回路配置及电缆选择

与常规变电站相比，工程管廊较长，用电设备多、布置分散，末端用电设备电压降较为显著且末端单相短路电流小，保护整定困难。全站电缆选择方案按满足远端局部照明回路压降不超过 10%、其余负荷回路压降均不超过 5%的原则。同时末端风机、水泵回路增设接地故障保护，灵敏度要求也可满足。

（六）防雷接地

1. 防直击雷保护

南岸引接站不设独立避雷针，全站共 4 根挂点高度为 58m 的避雷线和一根 70m 高构架避雷针，构成对户外电气设备、户外建筑及引线的直击雷保护。

北岸引接站不设独立避雷针，全站共 4 根挂点高度为 58m 的避雷线，构成对户外电气设备、户外建筑及引线的直击雷保护。

工程 1000kV 线路进线避雷线高度约 58m，主要电气设备均在避雷线的保护范围内；不在保护范围内的地面建筑物采用避雷带保护。

2. 接地

两岸引接站围墙内 1m 范围设置水平主接地网，竖井及管廊内通过 4 根铜排（铜排与管廊内结构钢筋互联）将两端地网连接起来，组成整个工程的主接地网。管廊内部接地干线和结构钢筋组成等电位的"法拉第笼"，基本处于等电位状态。

GIL 本体及套管处设置三相短接线，经一点接入主接地网，本体及支撑件多点接地，就近接入主接地网。

根据建模仿真计算，工程接地电阻计算值约 0.06Ω，管廊内及两岸引接站接触电势和跨步电势在规范规定范围内，满足设备和人员安全要求。

（七）隧道照明

管廊及管廊内照明照度：上腔主通道平均照度不小于 75lx；上腔电缆通道平均照度不小于 15lx；下腔巡视通道不小于 45lx；下腔电缆通道不小于 15lx。

管廊内的照明灯具选用防潮、防锈型，采用 LED 光源，GIL 腔体为可调光 LED 灯。灯具反射器经氧化处理，能有效地防止眩光；隧道照明灯具的截光保护角度为 ±70°，灯具安装后无论是对机车驾驶员或养护人员均不产生直接眩光。

管廊内的正常照明、应急照明灯具分别安装在上层和下层腔体顶部。

引接站和管廊内设置专用的 EPS 照明切换屏，为应急照明供电。

（八）电缆敷设及防火

隧道上腔在两侧各设置 2 排主支架，作为管廊配电线路和控制通信线路的主通道。

隧道下腔中间巡视通道两侧设置两排电缆通道，西侧设置双层电缆支架分别用于敷设动力电缆和控制电缆，东侧设置单电缆支架用于专门敷设检修箱回路电缆。

工作井是 GIL 布置由隧道转接至地面引接站的主要转换建筑，为配合 GIL 的安装设置了大量的辅助设施，统一采用防火型槽盒的敷设方案。

二、系统及电气二次

（一）系统继电保护及安全自动装置

1. 1000kV 线路保护

泰州—苏州 1000kV 线路全线由 2 段架空线路与 1 段 GIL 线路组成，形成架空—GIL 混合线路，线路阻抗不均匀。对于架空—GIL 混合线路，全线路任一处发生故障时，需判断是架空线路段发生故障还是 GIL 段发生故障，GIL 段发生故障时，线路重合闸应被闭锁。

工程线路保护配置采用“大差动+小差动”的方式。泰州—苏州全线路（包含 2 段架空线路与 1 段 GIL 线路）作为完整线路考虑，配置大差保护；针对独立的 GIL 段，在 GIL 段的两侧（北侧引接站、南侧引接站）按每回 GIL 线路配置小差保护。

2. 故障测距装置

拆除原泰州—苏州线路故障测距装置，在 2 段架空线路上配置故障测距装置，即在泰州—北岸引接站之间和南岸引接站—苏州之间配置故障测距装置。

3. 故障录波装置

按照常规变电站的二次系统设计要求，北岸、南岸引接站各配置 1 面故障录波器柜，用于记录 GIL 段故障后的电压、电流波形，以及引接站中控制保护设备的动作信息。

4. 感应电流快速释放装置自动控制

每回 GIL 两端均配置感应电流快速释放装置，根据快速接地开关的工作原理，在放电故障时自动合上，旁路感应电流，使故障电流熄灭。

根据计算分析结果，故障情况下，在继电保护装置动作跳开泰州和苏州 1000kV 变电站的断路器后，由自动控制装置动作实现感应电流快速释放装置的迅速合闸，合闸时间不超过 10s，该自动装置安装在南、北岸引接站内。

为确保感应电流快速释放装置合闸的可靠性，其对应的自动控制装置采用双重化配置方案。

5. 保护信息管理子站

在苏州 1000kV 变电站，增加 1 套保护信息管理子站，接入延伸的 GIL 监控网络Ⅱ区，接收引接站内相关的 1000kV 系统保护及故障信息。

（二）系统调度自动化

南、北岸引接站及综合管廊由国调中心、华东调控分中心和江苏省调控中心负责调度，分别将有关的远动信息传送到国调中心、华东调控分中心和江苏省调控中心。

南、北岸引接站各配置 1 套全站统一的双时钟源时间同步系统，对时主机双重化配置，每套主机均支持 GPS 与北斗对时。

站外电源进线设置为关口计量点，按单表配置关口电能表。

每台站用变压器的低压侧设置为考核计量点，按单表配置考核电能表。

南、北岸引接站各配置 1 面电能计量屏，包括电能表与电能量远方终端。

电能表接入电能计量终端后，电能计量终端以 DL/T 860 标准协议接入各站Ⅱ区网络；电能计量信息经由监控系统Ⅱ区网络传输。

（三）电气二次部分

1. 一体化监控系统

南、北岸引接站及综合管廊的一体化监控，以 1000kV 变电站计算机监控为基础，同时纳入管廊设备的监测控制，包括常规电气设备监控和综合监测两部分。其中，常规电气设备监控指 1000、35、20、10kV 电气设备、站用变压器等的监控；综合监测指引接站和管廊的视频、门禁、安防、环境监测、风机水泵监控、人员管理、广播及逃生指挥等。

引接站及综合管廊均按照无人值班进行设计，运维人员主要部署在苏州 1000kV 变电站。

2. 交直流一体化电源系统

南、北岸引接站及 GIL 管廊配置交直流一体化电源系统，通过系统自带的一体化电源监控装置，以 IEC 61850（DL/T 860）规约与一体化计算机监控系统Ⅱ区通信。

3. 避雷器在线监测

避雷器在线监测远传内容包含泄漏电流和放电次数。避雷器在线监测配置 IED，安装在就地的避雷器监测柜内。监测信息经监控系统Ⅱ区网络接入综合应用服务器。

4. GIL SF_6 在线监测

每回 GIL 线路的 SF_6 监测传感器分组接入 IED 设备，再将 IED 设备统一组网连接到子系统的内部交换机。

两回 GIL 线路的 SF_6 监测子系统均不配置独立的后台，相关监测信息经监控系统Ⅱ区网络接入综合应用服务器。

5. 火灾报警系统

火灾报警的设计范围包括南、北岸引接站及综合管廊。

工程火灾自动报警系统采用控制中心报警系统。

（四）辅助控制与综合监测

1. GIL 放电故障定位

泰州—苏州线路为架空—GIL 混合线路，线路阻抗分布不均匀，因此全线的故障测距方案为：在泰州—北岸引接站与南岸引接站—苏州的 2 段架空线路上配置常规的双端行波测距装置，在 GIL 段配置单独的放电故障定位子系统，包括超声波法、接地电流法、陡行波法定位系统。

2. 综合监测

管廊内的综合监测设备沿管廊分布，综合考虑运维便利性和经济性等因素，采取“分区采集、统一监控”的原则，将管廊划分为12个数据采集分区，每个分区配置前端传感器、区域采集控制单元、网络交换机等设备，每个分区内部布置一个屏柜集中区。监测内容包括环境（气体、水位）、视频、安全防范、人员定位、应急广播指挥等。

3. 隧道结构健康监测系统

在隧道沿线布设监测设备，对隧道在运营期的结构行为及影响进行监测和数据分析，对隧道的健康状况及使用寿命进行评估，得出隧道的安全程度，指导运营，同时给出实时的安全报警以合理配置隧道养护资源，降低成本，及时高效保证隧道的运营状态健康和安全。健康监测参量配置如表20-6所示。

表20-6　健康监测参量配置

序号	监测参量	传感器
1	管片钢筋应力	钢筋计
2	管片接头螺栓轴力	垫圈形电阻应变式轴力计
3	管片接缝张开量	测缝计
4	隧道沉降	静力水准仪

4. 巡检机器人系统

在隧道内配备轨道式巡检机器人，实现对GIL设备及隧道设施的定期巡检，对相关信息进行连续、动态采集。

三、系统通信

（一）业务及通道需求模型

1. 线路保护通道

（1）泰州—苏州GIL及架空混合线路段按照每回完整线路配置常规线路继电保护，变电站两侧各配置相应的线路保护，每回线路配置两套线路保护。每套线路保护以分相电流差动保护作为全线速动的主保护，再配以三段式距离和零序电流保护作为后备保护。均采用复用2Mbit/s通道，每套保护采用A、B口通道方式。

（2）南、北岸引接站GIL独立段：每回线路配置2套光纤电流差动保护，作为泰州—苏州全线段继电保护的补充，通道采用双专用光纤芯，由2根独立光缆承载，每根光缆需8芯。

（3）苏州、泰州1000kV变电站配置就地判别线路保护装置，分别接受南、北岸引接站GIL线路的远跳信号，经就地判别后跳闸和闭锁重合闸，通道采用双复用2Mbit/s通道，共4个复用2Mbit/s。

（4）每回线路配置 2 套感应电流快速释放装置系统通道，每套需组织泰州 1000kV 变电站、北岸引接站、南岸引接站及苏州 1000kV 变电站之间的直达通道，共 5 个通道，其中南、北岸引接站采用专用纤芯，其他站点之间采用复用 2Mbit/s 通道。

（5）故障测距通道，原泰州—苏州线路的故障测距通道调整为泰州—北岸引接站之间、南岸引接站—苏州 1000kV 变电站之间的故障测距通道，每回线路 1 个直达通道，采用复用 2Mbit/s 通道。

2. 监控系统（自动化）通道

将南、北岸引接站及管廊隧道作为一个整体考虑，按照一体化监控的要求，配置计算机监控系统与综合监测系统，范围覆盖整个 GIL 输电系统，监控及监测对象包括电气设备与辅助设施。同时南、北岸引接站及管廊配置的消防系统要求通过 FE 专线通道延伸至苏州 1000kV 变电站。

3. 通信业务网通道

（1）电话交换网中继通道。在南、北岸引接站各配置 1 套电话交换设备作为引接站的调度电话放号及管廊内有线巡检电话的放号，设备通过东吴供电公司及车坊变电站 2 点采用 2Mbit/s 中继方式接入调度电话交换网。

在南、北岸引接站各配置 2 套综合接入设备（IAD），作为引接站内行政内线电话的放号及行政内线中继号，通过本地数据通信网设备接入江苏电力 IMS 行政交换网。

（2）综合数据网通道。在南、北岸引接站各配置 2 台内网路由器及 2 台内网交换机，采用口字形连接方式分别通过东吴地区、南通地区综合数据通信网接入国网数据通信网络。

（二）光缆及通信电路

1. 光缆建设

本工程随新建管廊共计敷设 5 条 6km 的光缆，其中 2 条 36 芯通信光缆、2 条 12 芯保护专用光缆、1 条 48 芯备用光缆。2 条 36 芯通信光缆在南、北岸引接站与线路 OPGW 光缆联通。

2. 通信电路建设

工程在淮南—南京—上海 1000kV 特高压交流输变电工程通信电路的基础上构建泰州—苏州的国网一、二通道光通信电路，以及华东网、江苏省网及地区网通信电路，为南、北岸引接站的各种业务接入通道和相应线路保护通道提供了主备迂回的通信电路。

（1）国网一、二通道建设方案。在北岸引接站配置国网一、二通道 2.5Gbit/s SDH 设备各 1 套，在南岸引接站配置国网一通道 2.5Gbit/s SDH 设备 1 套，并将原东洲变电站 1 套国网中兴 S385 设备搬迁至南岸引接站作为国网二通道设备，建成泰州 1000kV 变电站—北岸引接站—南岸引接站—苏州 1000kV 变电站的国网一、二通道 2.5Gbit/s（1+1）SDH 通信电路。

（2）华东网。在北、南岸引接站各配置1套华东网2.5Gbit/s SDH设备，建成东洲变电站—北岸引接站—南岸引接站—苏州1000kV变电站的华东网2.5Gbit/s（1+1）SDH通信电路。

（3）江苏省网。在北、南岸引接站各配置1套省网2.5Gbit/s SDH设备，建成东洲变电站—北岸引接站—南岸引接站—苏州1000kV变电站的江苏省网2.5Gbit/s（1+1）SDH通信电路。

（4）地区网。在北岸引接站配置1套南通地区网622Mbit/s SDH设备，建成东洲变电站—北岸引接站—新丰变电站的南通地区622Mbit/s（1+0）SDH电路。在南岸引接站配置苏州地区网622Mbit/s SDH设备，建成南岸引接站—苏州1000kV变电站的苏州地区网622Mbit/s（1+1）SDH通信电路。

（三）专用有线通信系统

工程将南、北岸引接站及管廊内的电话作为一个整体交换网络来部署，通过南、北岸引接站的调度交换机及行政综合接入设备（IAD），实现管廊内同时具备拨打调度电话及行政电话的功能。并且，在管廊内下腔体每隔100m随检修箱设置1路运行检修电话，通过并线方式与上腔体应急通信电话相接，上、下两个腔体采用平行布置的方式，满足管廊内运行人员的日常通信需求及逃生应急通信需求。

（四）综合无线通信系统

工程在管廊内布置1套综合无线通信系统，包括1套消防用350Mbit/s集群系统及1套400Mbit/s双信道无线通信系统，通过布置泄漏电缆、光纤直放站等设备实现对整个管廊及两岸引接站所有区域的无线信号覆盖，为隧道内日常检修人员及两岸引接站管理人员之间建立灵活的通信联络。

（五）支撑及辅助系统

工程南、北岸引接站作为独立通信站，设置了独立通信机房和通信蓄电池室。为实现对引接站的远程监控，在南、北岸引接站各配置1套通信监控子站，按照属地化接入的方式分别通过综合数据网接入至所属地区通信监控主站系统。

第三节　隧道及引接站设计

一、隧道设计

隧道采用盾构法修建，全长5468.545m。盾构自南岸工作井始发，于北岸工作井接收，主要穿越地层为⑤-1粉细砂、⑤-2细砂、⑥-1中粗砂，局部切入④-1粉质黏土混粉土、④-2粉土层，最大覆土厚度约49.0m，最大水压约0.8MPa。粉细砂及中粗砂地层均为强透水层，河床中含水层厚度大，含水量极丰富。因此，隧道具有断面大、水文地质条件复杂、渗透系数大、水压高等显著特点。

隧道设计主要分为盾构隧道设计、明挖隧道设计、内部结构与轨道设计及防水设计。

（一）盾构隧道设计

工程圆形隧道采用单层衬砌加局部非封闭内衬。衬砌管片采用 C60 钢筋混凝土平板形管片，抗渗等级 P12。采用通用楔形环管片，环宽取 2.0m，管片的厚度为 0.55m。衬砌环采用“7＋1”的分块方式。楔形量按最小平曲线半径计算并考虑盾构施工纠偏的需要，取 36mm。封顶块拼装采用先径向搭接 2/3 后纵向插入的方式。接缝连接采用斜螺栓。

南岸始发工作井端头采用高压旋喷＋冻结法＋搅拌桩的综合加固设计方案。北岸接收工作井端头采用高压旋喷＋冻结法＋搅拌桩＋外包 800mm 厚素混凝土地下连续墙的综合加固设计方案。

（二）明挖隧道设计

1. 南岸始发工作井及施工通道设计

南岸始发工作井及施工通道的工程规模如表 20－7 所示，其中施工通道 U 形槽段与加深段均为临时结构，运营期采用压实填土回填。

表 20－7　　南岸始发工作井及施工通道的工程规模

分项	分节	起始里程	终点里程	长度（m）
施工通道 U 形槽段	S1～S6	DK0－252.166	DK0－066.500	185.666
施工通道加深段	S7	DK0－066.500	DK0－032.000	34.5
南岸工作井		DK0－032.000	DK0＋000.000	32

南岸始发工作井平面外包尺寸为 32m×22.8m（不含围护墙厚），基坑深度为 20.8m，采用 1.0m 厚地下连续墙作为围护结构，逆作法施工，地连墙与主体结构侧墙形成叠合墙结构共同受力，并同时作为工作井上方地面建筑的基础，地连墙按永久结构设计，地连墙接缝采用型钢接头。

施工通道加深段基坑深度为 15.2～16.8m，考虑其为临时结构，为节省工程造价，围护结构采用 1.0m 地连墙兼作主体结构侧墙。为加强止水，地连墙接缝采用型钢接头。

施工通道 U 形槽段基坑深度为 0.7～10.4m，基坑深度不大于 3m 段采用放坡开挖，基坑深度为 3～4.5m 段采用重力式挡墙，其余区段围护结构采用 ϕ850@600mmSMW 工法桩。

2. 北岸接收工作井结构设计

北岸接收工作井平面外包尺寸为 30m×22m（不含围护墙厚），基坑深度为 28.8m，采用 1.2m 厚地下连续墙作为围护结构，逆作法施工，地连墙与主体结构侧墙形成叠合墙结构共同受力，并同时作为工作井上方地面建筑的基础，地连墙按永久结构设计，地连墙接缝采用型钢接头。

（三）内部结构与轨道设计

1. 内部结构设计

为满足内部结构与盾构掘进同步施工的要求，内部结构采用“中间预制箱涵＋两侧现浇侧板”形式。中间箱涵顶板厚 0.3m，中墙厚 0.25m，箱涵总高度为 4.25m，考虑隧底填充后巡视通道净高 2.45m，净宽 2.5m。箱涵两侧路面板采用现浇型式，厚 0.45m，现浇路面板与预制箱涵通过钢筋接驳器连接。预制箱涵随盾构掘进，同步拼装，箱涵间纵向通过 4 根螺栓连接。

工程利用圆形隧道侧向及底部富余空间设置非封闭内衬（底部与两侧拱腰内衬厚度为 200mm），内衬、内部结构与管片间通过钢筋连接为叠合结构，这样既不增大隧道直径，又增加了结构的整体刚度，确保了隧道底部和两侧的防水效果及结构的长久稳定。同时，内衬的设置也增强了结构在偶然荷载工况下的安全性。

2. 轨道设计

管廊上腔设置运输车轨道，运输车轨道采用 50kg/m 钢轨、无缝线路、整体道床。钢轨采用 50kg/m、25m 定尺长、U71Mn 无螺栓孔钢轨。采用弹条Ⅰ型分开式扣件，铺设标准为 1600 对/km。采用扣件直接式整体道床。轨道结构高度为 250mm。

（四）防水设计

工程结构防水遵循“以防为主，刚柔结合，多道设防，因地制宜，综合治理”的原则，以混凝土结构自防水为根本，衬砌管片接缝、明挖结构施工缝和变形缝为防水重点，加强工作井与隧道接头等特殊部位防水，确保防水的可靠性和耐久性（使用期 100 年），以保证隧道结构物和营运设备的正常使用。防水等级为二级。

1. 盾构段防水设计

盾构段防水主要包含管片自防水、衬砌外注浆防水、衬砌接缝防水三部分。

管片自防水的关键在于混凝土配置及质量控制。隧道管片的混凝土等级为 C60，抗渗等级为 P12，限制裂缝开展宽度不大于 0.2mm。

衬砌外注浆防水是通过同步注浆及二次注浆（必要时采用）充填开挖断面与管片形成的空隙，形成一道外围防水层。同步注浆采用单液浆，二次注浆可采用水泥浆或双液浆。

衬砌接缝防水由内外侧两道弹性密封垫及遇水膨胀橡胶密封垫三道防线组成。

2. 工作井防水设计

工作井防水主要包含主体结构自防水、变形缝防水、施工缝防水三部分。

由于工作井采用叠合结构，因此不设置全包防水，底板采用预铺防水卷材。施工通道段为临时结构，以结构自防水为主，不设置外包防水层。

主体结构自防水的关键在于混凝土配置及质量控制，混凝土的原材料和配合比、最低强度等级、最大水胶比和每立方米混凝土的水泥用量等应符合耐久性要求，满足抗裂、抗渗、抗冻和抗侵蚀的需要。

工作井采用逆作法施工，在环框梁下部 500mm 位置的墙体上预留斜坡型纵向施工缝，施工缝下部应预留 300～500mm 空间，在下部浇混凝土施工 14 天后再行浇筑；浇筑前所有缝面应凿毛、清理干净，并应设置遇水膨胀止水胶和预埋注浆管。

工作井自身不设置变形缝。工作井与施工通道之间、施工通道结构分节之间设置变形缝。变形缝中间设置中埋钢边橡胶止水带。

3. 盾构始发及到达防水

盾构机通过洞口时，洞口环形钢板和盾构机外壳或衬砌管片外壁之间存在环形间隙，若不进行密封，外面土体和水极容易从间隙流入工作井内，长时间会使得洞外土体严重流失，导致土体沉降，因此，在洞口安装出洞防水装置以确保施工安全。同时始发防水装置使得盾构始发后能在盾尾形成相对密封的注浆空腔，以确保盾尾同步注浆能饱满地填充盾尾间隙。

二、引接站设计

（一）总平面布置

南岸引接站位于江苏省苏州市以北 69km 的苏通大桥展览馆附近。引接站一次建设，一次性征地，总用地面积 1.12hm^2。站址围墙中心线内占地面积为 0.9685hm^2。南岸引接站电气总平面布置如图 20－9 所示。

图 20－9　南岸引接站电气总平面布置图

北岸引接站位于江苏省南通市以南 21km 的南通市农场附近。引接站一次建设，一次性征地，总用地面积 1.16hm^2。站址围墙中心线内占地面积为 1.0064hm^2。北岸引接站电气总平面布置如图 20－10 所示。

（二）站区竖向布置

两岸引接站均采用平坡式竖向布置。两岸站址自然地面标高 3.2～3.8m（1985

图 20－10　北岸引接站电气总平面布置图

国家高程基准，下同），根据水文气象报告，两站址百年一遇洪水位均为 4.89m。北岸站址百年一遇内涝水位为 3.90m，南岸为 2.90m。

南岸引接站站址附近均有按百年一遇防洪标准修建的防洪堤坝，站址标高定为 4.55m，确保辅助建筑一层标高高于百年一遇洪水位。

根据北岸引接站所处场地的实际情况，站址标高定为 4.90m，高于百年一遇洪水位。

（三）建筑

1. 南岸综合楼方案

南岸综合楼作为与管廊连通的建筑物，位于江南常熟侧，建筑物满足 GIL 管道连通、安装要求，为管廊服务的辅助系统均设置于建筑物内。

南岸综合楼地上四层、地下三层布置，建筑结构形式为框架剪力墙结构。地上一层布置有大厅、站用电室、高压开关柜室、通风机房、消防控制室等，二层布置有通信机房、通信蓄电池室、通风机房、综合用房等，三层布置有二次设备室、监控室、蓄电池室、通风机房、综合用房等，四层布置有消防水箱间。地下一层为 GIL 垂直段安装区域，地下二层为 GIL 进入管廊的楼层，地下三层为预留 500kV 电缆进入管廊的楼层。南岸综合楼效果图如图 20－11 所示。

2. 北岸综合楼方案

北岸综合楼作为与管廊联通的建筑物，位于江北南通侧，建筑物满足 GIL 管道连通、安装要求，为管廊服务的辅助系统均设置于建筑物内。

北岸综合楼地上四层、地下四层布置，建筑结构形式为框架剪力墙结构。地上一层布置有大厅、站用电室、高压开关柜室、通风机房、消防控制室等，二层布置有通信机房、通信蓄电池室、通风机房等，三层布置有二次设备室、监控室、蓄电池室、通风机房、综合用房等，四层布置有消防水箱间。地下一、二层为 GIL 垂直段安装区域，地下三层为 GIL 进入管廊的楼层，地下四层为预留 500kV 电缆进入管廊的楼层。北岸综合楼效果图如图 20－12 所示。

图 20－11　南岸综合楼效果图

图 20－12　北岸综合楼效果图

（四）结构

南、北岸消防泵房及警卫室均采用钢筋混凝土框架结构，现浇钢筋混凝土楼、屋面，桩筏基础。

北岸引接站本期新建两榀单跨 1000kV Π 型构架，单跨跨度为 30m，导线挂点高度为 38m，地线挂点高度为 58m。

南岸引接站本期新建一榀两跨 1000kV 门型联合构架，单跨跨度为 51m，导线挂点高度为 38m，地线挂点高度为 58m。

1000kV 构架采用四边形格构式钢管结构。构架结构体系由矩形断面格构式柱和矩形断面格构式钢梁组成，与基础采用地脚螺栓连接。构架采用热镀锌防腐。

1000kV 设备支架采用全钢管格构式支架，顶部设置钢管与上部设备通过螺栓连接，底部通过预埋螺栓与基础连接。支架柱脚处设混凝土保护帽，支架基础采用钢筋混凝土独立承台。

三、通风设计

（一）隧道内发热情况及通风条件

本工程双回 GIL 分别布置于管廊上层两侧，每侧各一回共三根，结合 GIL 厂家提供的资料，不同工况设备发热量校核数据如下：

（1）部分负荷工况（回路轻载，每回电流为 2000A），单根发热量为 25W/m，六根共 150W/m；

（2）额定负荷工况（每回电流为 3150A），单根发热量为 80W/m，六根共 480W/m；

（3）事故负荷工况（一回 GIL 停运，另一回为额定电流 6300A），单根发热量为 250W/m，三根共 750W/m。

预留 500kV 电缆通道电缆发热量按 200W/m 考虑（一个电缆腔体 100W/m）。

SF_6 气体在 GIL 管道内具有 4 倍大气压力。SF_6 气体泄漏分年泄漏情况和事故泄漏情况。年泄漏量为万分之一，约 11.4m^3；事故泄漏量考虑一个 100m 气室全部泄漏，一次泄漏量约为 260m^3。SF_6 气体泄漏时人员活动区域最大允许浓度按 1000μL/L 控制。

根据特高压运维管理要求，故障发生后 1.5h，专业人员需要到现场进行故障分析，为制定抢修方案做好准备。因此事故发生后 1.5h 的隧道内空气品质需满足人员进入要求。

参考 JTG/T D70/2-02—2014《公路隧道通风设计细则》，人员进入隧道时内部风速不应低于 1.5m/s。

隧道沿线土壤温度取 19℃（根据现场多孔勘测数据取平均值）。

进风温度参考当地夏季通风室外计算，取 30.5℃。

（二）设计方案

由于工程隧道长度较长、规模较大，GIL 发热量大，且位于江底，不具备自然通风条件。因此，隧道需采用机械通风方案。同时，由于工程为单洞 GIL 隧道，江中无法增加中间风井，不具备通风区段划分条件，因此采用隧道两端工作井设置送、排风机，一送一排通风方式，如图 20-13 所示。

根据分析结果，以 160m^3/s 来配置隧道内风机，选取 3 台轴流风机 2 用 1 备，单台风量不小于 80m^3/s（风机选型时另外附加安全系数），全压约为 1400Pa，热沉全程为正，没有土壤对隧道内部的反向传热。

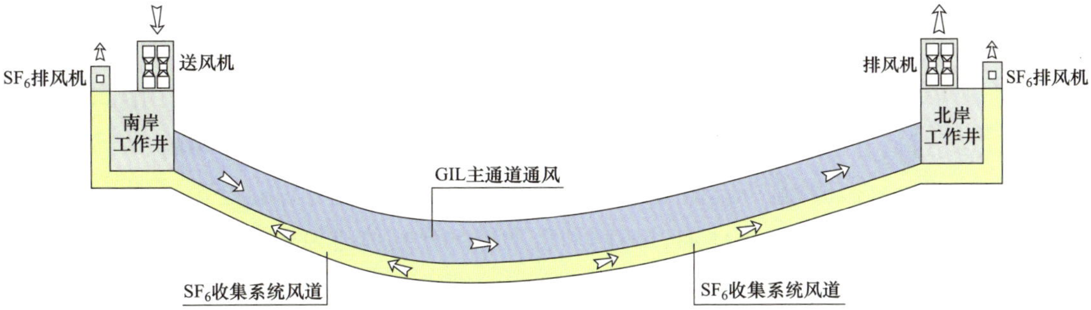

图 20－13　隧道通风方案示意图

（三）主通道排热通风分析

1. 部分负荷工况

当内部发热量在 225W/m 以下时，无须开启通风即可满足隧道内温度要求，隧道内温度为 39.2℃。在此发热量情况下，开启一台风机一半风量 $40m^3/s$，隧道出口温度降为 35.1℃。部分负荷工况的分析对运营期风机的控制策略有重要指导意义。

2. 额定负荷工况

当两回 GIL 设备载流量均为 3150A 时，选取风量 $160m^3/s$ 来维持隧道出口温度不大于 40℃。设计额定负荷工况的分析决定了本工程通风方案的整体配置。

3. 事故负荷工况

当一回 GIL 设备载流量为 6300A、另一回发生故障时，根据额定负荷工况进行选型的风机全部开启，总风量可达到 $240m^3/s$，但隧道出口温度为 43℃。

由于一回 GIL 发生故障的情况较少发生，且与其发生时的季节也有关系，当发生在室外温度不是很热的季节，隧道内的温度情况也会有较大的改善。只有当夏季最炎热且 GIL 载流量为 6300A 时，才会导致隧道出口温度超过 43℃，并且覆盖区域仅为隧道靠近北岸 1km 左右，其他 4.5km 左右隧道内温度仍在 40℃以下。

考虑经济性与事故发生的概率问题，设计工况选取两回 GIL 设备载流量均为 3150A 时。一回 GIL 设备载流量为 6300A、另一回发生故障的情况仅作为校验工况。所以事故负荷工况时仍按 $80m^3/s$ 风机 2 用 1 备选用，事故时将备用风机也投入运行，可保证隧道出口温度不大于 43℃，此时通风阻力约为 1800Pa。

（四）预留 500kV 电缆通道通风分析

计算原则：①远景电缆部分控制温度按 40℃计算；②控制隧道内风速在 5m/s 左右。预留 500kV 电缆通道电缆发热量按 200W/m 考虑（一个电缆腔体 100W/m）。据此，计算可得隧道内电缆平时运行时最大发热量为 1100kW。

电力电缆通道规范规定排风温度应不大于 40℃，但工程预留电缆通道仅通过通风无法将温度控制在允许范围内。如果控制隧道温度到 40℃以下，需要采取通风降温以外的其他措施。预留电缆通道将根据远景电缆情况进行深化设计，本期仅预留降温设备安装空间。

（五）SF_6 气体排放系统

SF_6 气体排放系统采用主通道通风系统＋SF_6 专用排风系统。SF_6 专用排风系统将预留电缆通道下方腔体作为 SF_6 专用排除通道。当 SF_6 气体泄漏报警时，主通道通风设备满负荷运行，并且开启附近风口下方电动阀门，每隔 100m 设置一处，通过风管将 GIL 管道泄漏的 SF_6 气体通过两侧抽至下部 SF_6 气体排风通道内排至室外，风机设置于工作井内，通风风管与隧道内管道连接。排风通道接至隧道最低处，平时少量泄漏的 SF_6 气体将堆积于最底部，通过该通道一同排除。

（六）通风控制原则

工程通风系统分排热工况、事故工况和巡视工况，通风控制系统根据不同工况及功能采取相应控制方式。控制策略主要分为降温自动控制、手动控制、定期自动开启和事故状态控制。

所有通风系统防火联动控制由消防监控系统完成。在所有设有火灾监控系统的区域，风机均应与监控系统联锁。当隧道内发生火灾时，由消防控制盘发出消防报警信号，自动关闭所有风机与风阀。

四、水工及消防设计

（一）水工部分

在 GIL 管廊上、下腔两侧设置排水沟，并在 GIL 管廊下腔底部中央设置汇集排水沟；在 GIL 管廊的最低点及距南岸始发井约 1.1km 处设置排水泵站，负责收集并排除始发井与接收井之间 GIL 管廊的结构渗漏水；配套辅助建筑底部排水泵站分别负责收集始发井和接收井的结构渗漏水及消防排水，所以底部排水泵站的设计控制因素为室内外消火栓的水量，即 65L/s。

南、北岸引接站均有单独的水源和给水系统。GIL 管廊内本期无给水系统。

生活给水系统采用独立管网，由站外自来水管网直接供水，从站外自来水管网上接一路 DN50 生活给水管，直接供给配套辅助建筑卫生间内各用水点。

引接站场地雨水采取有组织排放方式，雨水系统设计遵照本期及远景建设相结合的原则进行设计。

（二）消防部分

工程消防系统的设计，遵照国家“预防为主、防消结合”的方针，在火灾初期发出报警信号，能进行火灾的集中、就地监控和消防装置的远方和就地控制，并且设备容量考虑火灾一旦发生应足以扑灭火灾（该容量按同一时间内火灾次数一次设计）。

管廊上腔及下腔逃生通道均按照 GB 50140—2005《建筑灭火器配置设计规范》及有关消防设计规范，设置移动式干粉灭火设施。

管廊下腔逃生通道的屏柜集中区按照 GB 50347—2004《干粉灭火系统设计规范》及有关消防设计规范，设置悬挂式超细干粉自动灭火装置。

管廊下腔两侧远景布置电缆，考虑采用细水雾灭火系统对电缆进行保护，分别在南、北岸引接站配套辅助建筑内设置高压细水雾泵组设备。

引接站消防系统的设计按 GB 50229—2019《火力发电厂与变电站设计防火标准》、GB 50974—2014《消防给水及消火栓系统技术规范》、GB 50140—2005《建筑灭火器配置设计规范》及有关消防设计规范执行。引接站消防系统设有引接站消防给水系统，引接站室内、室外消火栓给水系统和移动式干粉灭火设施。

第四节　三　维　设　计

一、三维设计概述

（一）三维设计的必要性

由于长距离特高压 GIL 管廊工程的隧道内部空间有限，在 GIL 工程设计时既要保证隧道内具有足够的运输和安装空间，又要解决基础沉降、施工误差，以及管片错位和 GIL 发热、环流、热膨胀等问题。同时，工程隧道施工难度大（穿越地层复杂，河势多变，高腐蚀性地层掘进长度长）、可靠性要求极高（导电部件连接部位要求高，气体泄漏率控制难度极大）、运行维护难度大（管廊空间小、故障查找难，安装、检修需要特制工具）、现场试验难度大（需要大容量耐压试验装备，耐压试验击穿点查找困难）。因此，传统设计流程和技术手段已不能完全满足项目实施的基本需求。

工程根据管廊调线调坡数据和管廊模型，综合考虑管廊内设备运输、安装空间等边界条件开展三维设计，采用三维数字化设计流程和相关的技术手段进行工程优化和整体设计，通过建筑信息模型（building information modeling，BIM）技术手段对工程中的难点进行技术攻关，为工程设计、设备制造、工程建设、运维检修提供技术数据和参考信息，也为日后同类型的输电管廊工程建设提供宝贵的经验和借鉴。

（二）三维设计软件及接口

在工程三维设计中，采用 Inventor 软件作为管廊及管廊内辅助系统建模软件及厂家软件的中间格式转换软件。山东日立公司、河南平高公司分别采用 Solidworks、UG 软件作为 GIL 管道建模软件。华东院采用 Revit 软件作为引接站建模软件及工程设计总体软件。

Inventor 软件是厂家软件的中间格式转换软件。所有厂家模型需要经过 Inventor 软件处理后，属性经插件转换，导入 Inventor 和 Revit 软件中。

基于以上对三维软件接口的研究，GIL 管段的电气设备属性及编码等信息，由软件公司开发专用插件，转换或添加到 Inventor 转换的 *.adsk 和 *.xml 文件中，导入

Revit 软件中。

（三）三维设计技术路线

经研究分析有关软件的功能特性，工程确定采用 Inventor 为中间媒介，建立“UG/Solidworks→Inventor→Revit”的三维设计技术路线。

采用 Inventor 软件对铁四院的管廊结构模型、平高的 GIL 一回模型、日立的 GIL 一回模型进行模型总装，对总装模型详细等级进行规约，应满足模型精细程度的要求并利于显示。此总装模型中 GIL 管段的编码与属性通过开发插件，完成从厂家设计软件到设计院设计软件的无损转换。三维设计技术路线如图 20－14 所示。

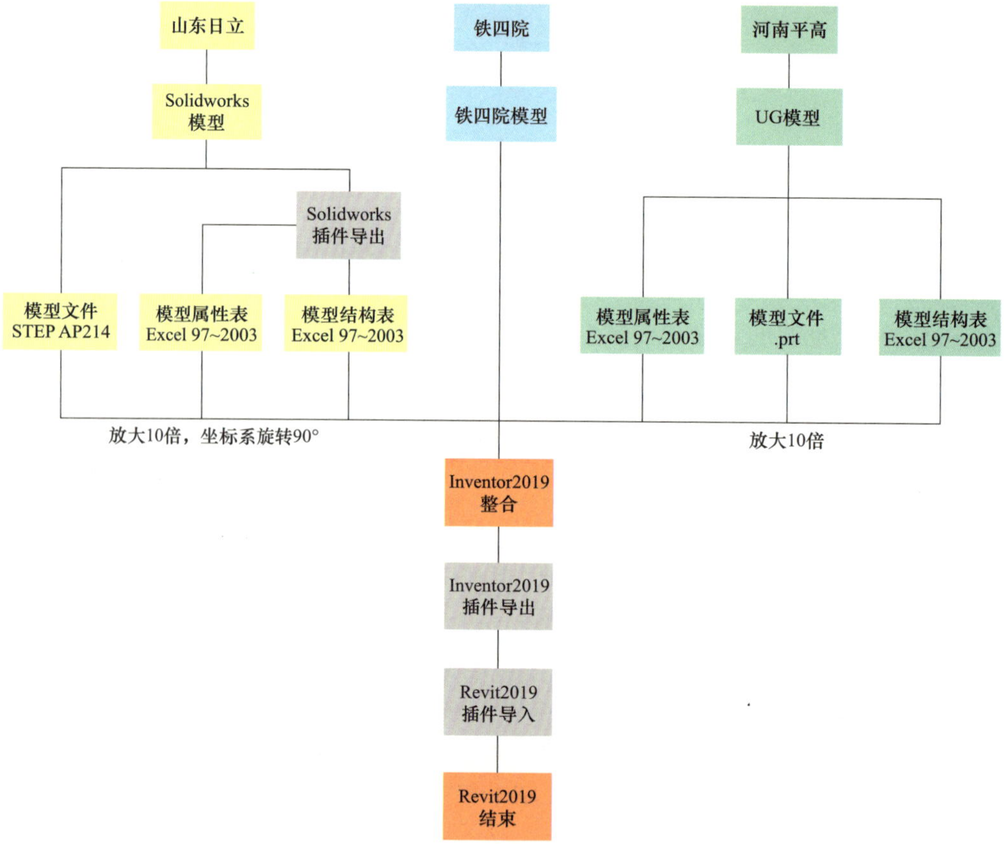

图 20－14　三维设计技术路线图

二、三维建模

（一）隧道建模

结合工程建设情况，采用 Inventor 软件对管廊进行三维模型设计，从构件族库出发，遵循三维建模标准规范，依据管廊线位信息建立可视化的管廊三维几何模型。将全线管廊分为 6 段，分别建立三维管廊模型，然后在项目文件中进行拼装，隧道模型如图 20－15 所示。

（二）GIL 设备建模

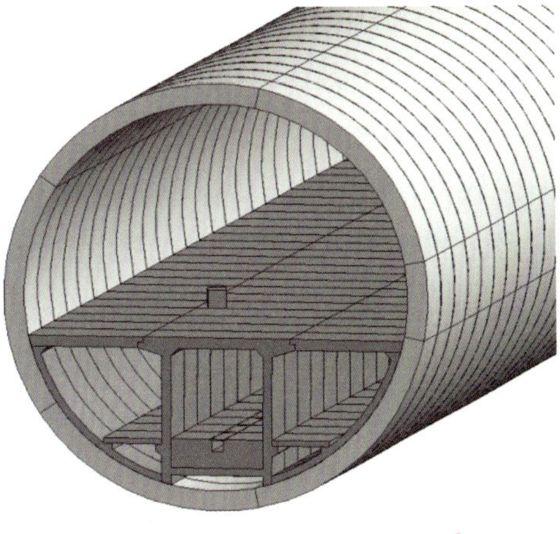

图 20－15　隧道模型

工程管廊内含多个横、纵向的弧线段和变坡点。三维软件在机械结构设计上具有直观性、可优化性、复杂工况简易化等优点，能够解决 GIL 设备排布跨度长、工况复杂等问题，有利于减少 GIL 设备规格，提高设备标准化率。

GIL 设备在管廊直线段采用长度为 18m 的标准金属壳体排布，弧线段和变坡点内需设计具有空间转角的特殊壳体，三维图纸能够准确提取相应壳体的空间角度，对指导零部件的制造具有至关重要的意义。同时，三维图纸建模后，可通过软件对 GIL 碰撞检查、净空分析，实现虚拟安装，提前预见安装工况。

三维建模对现场安装具有不可替代的指导作用，主要体现在提取 GIL 设备支架的三维坐标和倾斜角度，对支架进行现场定位；提取 GIL 设备壳体的倾斜角度，作为指导壳体正确安装的重要指标等。

（三）辅助系统和电缆设施建模

隧道内的辅助系统（含屏柜）包括辅控系统、火灾报警系统、消防系统、排水系统和通风系统。电缆设施包括电缆槽盒和电缆桥架等。

（四）引接站建模

引接站的主建筑物是一座生产综合楼，将 Revit 软件作为工程设计平台来构建引接站建筑物的主体 BIM 模型。然后在此基础之上，继续创建引接站内部的相关机电专业模型。最后导入由 Inventor 建立的引接站场地 GIL 管廊模型进行拼接，形成完整的引接站 BIM 模型。

（五）模型总装及属性信息

1. 模型总装

GIL 管廊部分建模时，由于功能限制及模型大小受限，SolidWorks 软件按 1∶10 的比例对一回 GIL 建模；UG 软件按 1∶10 的比例对另一回 GIL 建模。Inventor 软件按 1∶1 的比例对管廊建模。GIL 管廊模型按统一比例 1∶10 在 Inventor 中进行整合后，导入 Revit 软件中。

南、北两岸引接站单独采用 Revit 软件创建模型，模型中包含建筑、结构和内部机电三大专业。

最后在 Revit 软件中将管廊模型和引接站模型按照事先定好的基准点拼接在一起，完成整个工程项目的总装工作。

2. 属性信息

模型整合过程中，由于模型在不同的软件之间进行转换，使得原始模型中的属性信息不能带到转换后的模型中，因此软件公司开发了添加属性的插件，可以使 Inventor 软件模型导出 . adsk 格式的模型文件时，自动添加厂家 GIL 设备的相关属性。

经插件转换，GIL 管段的电气设备属性及编码等信息添加到 Inventor 软件转换的 *. adsk 和 *. xml 文件中，最后导入 Revit 软件中。

引接站设备属性参考 Q/GDW 11502. 1—2016《特高压输变电工程设计成果数字化移交技术导则　第 1 部分：变电部分》中的相关要求添加。

3. 数字化协同设计

工程采用基于 IE 浏览器的统一设计管理平台，平台具有严谨的文档管理能力，能够记录文档修改过程中的各个版本，结合校审、分发、检索等功能，并能展示、测量、批注轻量化模型，兼容其他常用应用软件的文件及数据，结合版本控制功能，形成数字化设计统一的模型数据管理平台。

三、三维模型应用

通过对施工工序模拟和运用虚拟现实技术在管廊内部进行漫游，并且采用第三人行走模式进行净空检查，进而提供直观清晰的施工方案，协助指导施工单位制定施工组织计划，带给业主直观的感受，方便其组织运维工作。最终向业主及施工单位交付的设计方案模型、三维设计模型、CFD 分析模型、仿真模拟模型及二维施工图纸等 BIM 成果，可以供施工单位进行深化与实际建造，项目投入使用后方便业主进行运维管理。另外，移动终端的虚拟交付还能令业主和施工单位通过平板电脑在现场非常便捷地对项目数据和信息进行测量和查询，对 BIM 模型和实际建造的实物成果进行比对、查验、审阅和注释。

在管廊项目中应用 BIM 技术，可以结合勘察资料和设计图纸，厘清关键隐蔽节点，提前制订施工管控措施；同时还能利用建筑、结构、管线的三维综合模型进行可视化交底，并在管线安装过程中实时对安装工况及效果进行评估，及时纠偏。甚至利用 BIM 技术的参数化与可视化等特点，进行拓展来集成物资、价格、形象进度等信息，方便施工资源调配及进度优化控制等方面的应用。

在工程中应用三维设计具有极其重要的意义。将设计作为工程信息的起点，通过应用三维设计可以进一步验证设计成果，及时发现设计过程中的潜在问题和错误，从而提高设计质量，可以为 GIL 设备制造、运输、安装、运行提供较准确的数据信息，使工程信息一次录入、多次采用，为运行管理提供充实、可靠的数据基础和信息依据。

附录　特高压变电站设计管理规定及标准

附表 1　　特高压变电站设计管理规定

序号	文件名称	文件号
1	国网交流部关于印发国家电网公司特高压交流工程优化设计指导意见（试行）的通知	国网交流输电〔2016〕32 号
2	国网交流部关于印发《特高压交流工程强化设计质量管控推进设计优化工作意见（试行）》的通知	国网交流输电〔2017〕12 号
3	国家电网有限公司关于印发十八项电网重大反事故措施（修订版）的通知	国家电网设备〔2018〕979 号
4	国家电网公司关于印发电网设备技术标准差异条款统一意见的通知	国家电网科〔2017〕549 号
5	国网交流部关于淮南—南京—上海等 5 项 1000kV 交流特高压工程设计质量回访总报告的通报	—
6	国网交流公司关于特高压交流输变电工程质量回访工作情况的报告	国网交流安质〔2017〕108 号
7	国网特高压部关于印发《特高压变电站智能巡视系统设计指导意见》和《特高压变电站一键顺控设计指导意见》的通知	—
8	国家电网有限公司关于进一步加强特高压全过程技术监督工作的通知	国家电网设备〔2020〕438 号

附表 2　　特高压变电站设计标准

序号	标准名称	标准号
1	标准电压	GB/T 156—2017
2	1000kV 输变电工程电磁环境影响评价技术规范	DL/T 1185—2012
3	1000kV 变电站电磁环境控制值	DL/T 1188—2012
4	1000kV 特高压交流输变电工程过电压和绝缘配合	GB/T 24842—2018
5	1000kV 交流系统电压和无功电力技术导则	GB/Z 24847—2009
6	1000kV 变电站设计规范	GB 50697—2011
7	1000kV 变电站监控系统技术规范	GB/T 24833—2009
8	1000kV 交流架空输电线路金具技术规范	GB/T 24834—2009
9	1100kV 气体绝缘金属封闭开关设备技术规范	GB/T 24836—2018
10	1100kV 高压交流隔离开关和接地开关技术规范	GB/T 24837—2018
11	1100kV 高压交流断路器技术规范	GB/T 24838—2018
12	1000kV 交流系统用支柱绝缘子技术规范	GB/T 24839—2018
13	1000kV 交流系统用套管技术规范	GB/T 24840—2018
14	1000kV 交流系统用电容式电压互感器技术规范	GB/T 24841—2018
15	1000kV 单相油浸式自耦电力变压器技术规范	GB/T 24843—2018

续表

序号	标准名称	标准号
16	1000kV交流系统用油浸式并联电抗器技术规范	GB/T 24844—2018
17	1000kV交流系统用无间隙金属氧化物避雷器技术规范	GB/T 24845—2018
18	1000kV电力系统继电保护技术导则	GB/T 25841—2017
19	1000kV变压器保护装置技术要求	GB/T 29322—2012
20	1000kV断路器保护装置技术要求	GB/T 29323—2012
21	1000kV电抗器保护装置技术要求	GB/T 29327—2012
22	1000kV线路保护装置技术要求	GB/T 31236—2014
23	1000kV交流电流互感器技术规范	GB/T 31238—2014
24	1000kV变电站金具技术规范	GB/T 31239—2014
25	1000kV变电站110kV电容器组成套装置技术规范	DL/T 1182—2012
26	1000kV罐式电压互感器技术规范	DL/T 1186—2012
27	1000kV串联电容器补偿装置技术规范	DL/T 1274—2013
28	1000kV母线保护装置技术要求	DL/T 1276—2013
29	1100kV交流空心复合绝缘子技术规范	DL/T 1277—2013
30	1000kV变电站监控系统验收规范	GB/T 25737—2010
31	1000kV电气装置安装工程电气设备交接试验标准	GB/T 50832—2013
32	1000kV系统继电保护装置及安全自动装置检测技术规范	GB/T 31237—2014
33	1000kV变电站接地技术规范	Q/GDW 278—2009
34	1000kV系统电压和无功电力技术导则	Q/GDW 286—2009
35	1000kV变电站变电金具技术规范	Q/GDW 291—2009
36	1000kV交流电流互感器技术规范	Q/GDW 295—2009
37	1000kV变电站用支柱绝缘子技术规范	Q/GDW 303—2009
38	1000kV输变电工程电磁环境影响评价技术规范	Q/GDW 304—2009
39	1000kV系统用油浸式并联电抗器技术规范	Q/GDW 306—2009
40	1000kV系统用套管技术规范	Q/GDW 308—2009
41	1000kV系统用电容式电压互感器技术规范	Q/GDW 309—2009
42	1000kV电气装置安装工程电气设备交接试验规程	Q/GDW 310—2009
43	1000kV系统用油浸式变压器技术规范	Q/GDW 312—2009
44	1000kV系统用高压断路器技术规范	Q/GDW 313—2009
45	1000kV系统用交流隔离开关和接地开关技术规范	Q/GDW 314—2009
46	1000kV系统用气体绝缘金属封闭开关设备技术规范	Q/GDW 315—2009
47	1000kV输变电工程过电压和绝缘配合	Q/GDW 318—2009
48	1000kV交流输电系统过电压和绝缘配合导则	Q/GDW 319—2009

续表

序号	标准名称	标准号
49	1000kV 环境污区分级标准	Q/GDW 323—2009
50	1000kV 变压器保护装置技术要求	Q/GDW 325—2009
51	1000kV 电抗器保护装置技术要求	Q/GDW 326—2009
52	1000kV 线路保护装置技术要求	Q/GDW 327—2009
53	1000kV 母线保护装置技术要求	Q/GDW 328—2009
54	1000kV 断路器保护装置技术要求	Q/GDW 329—2009
55	1000kV 系统继电保护装置及安全自动装置检测技术规范	Q/GDW 330—2009
56	1000kV 继电保护及电网安全自动装置运行管理规程	Q/GDW 331—2009
57	1000kV 交流系统用无间隙金属氧化物避雷器技术规范	Q/GDW 1307—2014
58	1000kV 交流线路金具电晕及无线电干扰试验方法	Q/GDW 1311—2014
59	1000kV 交流特高压输电线路用带串联间隙复合外套金属氧化物避雷器技术规范	Q/GDW 1779—2013
60	1000kV 变电站设计技术规范	Q/GDW 1786—2013
61	1000kV 交流棒形悬式复合绝缘子技术条件	Q/GDW 1832—2012
62	1000kV 变电站并联电容器装置技术条件	Q/GDW 1836—2012
63	1000kV 串联电容器补偿装置技术规范	Q/GDW 1846—2012